农业生态环境保护系列丛书

美国自然资源保护措施汇编

（上册）

农业农村部农业生态与资源保护总站
中国农业生态环境保护协会 编译
高尚宾 等 主编译

中国农业出版社
北京

编译人员名单

主 编 译	高尚宾	居学海	石　莹	习　斌	何爱丽
副主编译	黄宏坤	靳　拓	李　虎	张贵龙	马孝幸
编　　译	崔盟婧	翟文音	付银玲	傅慧珍	郭春阳
	贺鹏程	黄　静	李明豪	李　倩	李淑慧
	李伟梵	林　坤	刘　洁	刘　洋	马金东
	司鹏佼	孙　婷	汪文滢	王　倩	王　蕊
	王怡杉	许丹丹	杨精华	姚　曼	张月莹
	张战磊	赵明杨	朱　婷	朱雯聪	左俊娟
总 校 对	吴文良	郑艺平	王敬国		
校　　对	商建英	魏雨泉	吴　迪	杜章留	文伟发
	张　钧	李　贲			

前言

农业资源环境是农业生产的物质基础，也是农产品质量安全的源头保障。党中央、国务院高度重视农业资源保护和生态环境建设，特别是党的十八大以来，以习近平同志为核心的党中央站在中华民族永续发展的战略高度，作出了加强生态文明建设的重大决策部署，各地区、各部门积极探索统筹山水林田湖草一体化保护和修复，持续推进实施高标准农田建设、旱作节水农业、退牧还草等一系列重大工程，取得了显著成效，农业生态环境质量呈现稳中向好趋势，农业面源污染加剧的趋势得到有效遏制，农业生态系统恶化趋势基本得到遏制，农业各类资源得到有效保护、高效利用。

19 世纪末 20 世纪初，美国政府在面对环境恶化、生态失调、自然资源遭到严重破坏的情况下，发起了自然资源保护运动，采取了一系列具体措施，开创了现代保护资源和环境的先河，给我们提供了丰富的经验。如实行积极的政府干预，通过行政立法手段，使各项政策措施有效落实；大力提拔经验丰富的专家来管理和主持环保工作；加大教育力度，尤其在环境保护与资源开发利用方面，给予各种投入和支持，用以培养后备人才，同时加强环保意识的教育，调动各方面积极性，使民间和政府共同参与保护；扩大政府职能，加强对资源和环境的保护等都是值得我们学习和借鉴的。

经过 100 多年的发展，美国农业部形成了一套成熟完备的资源保护政策措施和标准规范，有效遏制了美国水土流失，显著提高了土壤质量，有效保护了生物多样性，大大改善了流域环境质量。2018 年，美国农业部发布《2018 年农业提升法案》，有效期 2019—2023 年，预计 5 年间支出 3 870 亿美元，其中资源保护项目农业财政支出增幅最大，以确保自愿“保护计划”将农场生产力与保护效益相平衡，使最肥沃最有生产力的土地仍然处于农业生产中，支持“保护计划”，确保提供有效的经济财政援助，以改善土壤、水和空气质量以及其他自然资源健康。

农业绿色发展是农业发展观的一场深刻革命，是新发展理念在农业农村领域的具体体现。“十三五”时期是我国农业绿色发展从提出到全面启动的关键时期，标志着我国农业发展理念和发展方式的巨大转变。“十四五”时期是我国农业绿色发展的快速提升期，我国将进入绿色发展驱动的农业高质量发展时期。推进农业绿色发展不仅是资源环境问题凸显带来的必须转变发展方式的迫切要求，更是适应经济社会发展对农业功能和需求变化的需要。我国农业资源环境遭受内源性污染和外源性污染的双重压力，农业资源和生态环境保护工作仍面临诸多困难和问题，区域性耕地质量退化、草原生态环境依然脆弱、农业面源污染等问题，日益成为农业绿色高质量可持续发展的瓶颈约束。

当前，我国农业绿色发展正处于“关键时期”向“快速提升期”转变的过渡期，系统研究美国农业部自然资源保护实践规范，学习和借鉴美国资源保护自愿“保护计划”的成功经验、支持政策和资源保护措施，对研究制订我国农业资源保护和生态环境建设的标准体系，加强法制建设，具有重要的显示意义。为此，我们收集、整理、翻译了美国农业部自然资源保护局2019年底前发布的保护实践170项（包括实践文本、信息单/实践概述、保护实践的效果——全国、作业单/执行要求、工作说明——国家模板、网络效果图）和国家保护行动标准4项，同时对国家保护实践标准进行跟踪整理翻译了2020年10月前更新的56项实践文本，形成了《美国自然资源保护措施汇编》，供从事农业资源保护和生态环境建设工作的行政管理部门、科研院所、企事业单位和工作者参阅。

本书在编写过程中得到了农业农村部科技教育司、河南农业大学、中国农业科学院农业资源与农业区划研究所、中国农业科学院农业环境与可持续发展研究所、农业农村部环境保护科研监测所、中国农业大学、广东省农业面源污染治理项目管理办公室、广州孺果信息咨询有限公司等单位的大力支持，在此表示衷心的感谢！同时，感谢国家重点研发计划“化肥农药减施增效的环境效应评价”项目“化肥农药减施增效技术环境效应监测技术研究及监测网络系统构建”课题（2016YFD0201201）、国家重点研发计划“化肥农药减施增效技术应用及评估研究”项目“化肥减施增效技术效果监测与评估研究”课题（2016YFD0201306）、第二次全国污染源普查项目（2110399）、农业生态环境保护项目（2110402）的资助。

在翻译汇编过程中，我们尽可能力求内容准确、忠于原文，但由于工作量较大，翻译水平有限，难免存在一定的错漏或不妥之处。敬请读者提出宝贵意见，以便今后汇编时修改、补充和完善。对译文如有异议，请以原实践文本为准。

目录

第一篇 自然资源保护实践

第一章 水资源保护

中 册

第一章 水资源保护

第二章 农田土壤保护

下册

第三章 生物多样性保护

第四章 节能减排

第二篇　国家保护行动

第三篇　自然资源保护实践更新

第一篇 自然资源保护实践

本篇主要介绍 2019 年底前发布的保护实践 170 项，包括实践文本、保护实践概述、保护实践的效果——全国、作业单 / 执行要求、工作说明——国家模板、网络效果图。根据保护实践目的，170 项保护实践可分为 4 类（详见附录 1 自然资源保护实践分类表），包括水资源保护、农田土壤保护、生物多样性保护、节能减排。

第一章

水资源保护

一、水资源管理与高效灌溉

此类措施的目的在于帮助合理设计、安装并维护灌溉系统，以确保水资源得以均匀且有效分配，从而实现节约用水、保护水资源。请注意，仅针对农田或牧草种植地使用时，才使用《泵站》（533）安装。

二、水质保护

水质是环境健康的指标，反映土壤情况。农业中的主要水质问题集中于沉积物、养分、农药、病原体方面，以及某些地区水体中的盐分问题。采取保护措施，以环保方式改善土地质量，从而改善饮用水水质，以及休闲、野生动物、渔业和工业用水水质。

清理和疏浚

（326，Ft.，2016年5月）

定义

清除两岸沿线的植被（清理）以及选择性清除天然或改良沟渠和溪流中的障碍物、漂流物或其他阻塞物（障碍物）。

目的

为降低农业资源或民用基础设施的使用风险，通过清除阻碍沟渠障碍物或沉积物，以实现以下目标：

- 恢复流量和引流。
- 防止涡流或水流改道造成的过度堤岸侵蚀。
- 减少出现淤堵情况。
- 尽量减少碎片和冰块造成的堵塞。

适用条件

任何需要清除植被、树木、灌木丛和其他障碍物的人为或非人为的改良沟渠的作业，都需要满足本实践所规定的一个或多个要求。

准则

土地所有者或承包商负责在施工区域内标记出所有埋置的公用设施，包括排水管和其他结构措施的位置。施工前，土地所有者还必须获得所有必要的施工许可证。

设计必须解决所有由清理和疏浚引起的水流条件的改变。

容量

根据《美国国家工程手册》第654部分“溪流修复设计”第6章“河流水力学”的规定确定修改前后的沟渠容量。通过曼宁粗糙系数（n）值测定修改后的沟渠容量，该值可反映出未来几年可能发生的自然变化，根据该变化推断未来所需的维护程度。

地点

包括待清理和疏浚区域内沟渠的周长和流道面积。河岸上倾斜的树木或有可能掉入沟渠的其他物体。

清理和疏浚标准也可用于本规范所规定的其他区域，如临时处理区域或其他水道。

稳定性

清理和疏浚工作可能会影响沟渠的稳定性。必须使用适当的流程分析在溪流和沟渠障碍物清除后对上游和下游河段的潜在影响。避免对河段产生负面影响，或破坏其稳定性。

碎屑处理

在处理或存放从洪泛区清理出的沉积物或碎屑时，要以不影响洪泛区的流量为前提条件。请在指定地点处理清理和疏浚作业期间遇到的任何垃圾，例如建筑材料、金属、橡胶、玻璃和塑料。

植被

在清理和疏浚作业期间，除非影响到植被的自然再生，否则应重建所有被侵蚀或受到作业影响区域的植被。在适用的地方种植原生植被。本实践中规定，应从当地选取适宜的物种在适用的地方重建植被。

尽量减少对湿地、河岸带的影响，以及避免干扰到鱼类和野生动物的栖息地。

在受干扰地区重建植被，必须符合保护实践《关键区种植》（342）所载的准则。

注意事项

水系中堆积的碎屑不仅影响河流的物理特性，而且还会影响其水生生物的多样性和丰富度。可聘请渔业专家或水生生物学家对水生条件和河岸湿地环境进行评估并提供改善方法：

根据需要和实际情况，提升鱼类和野生动物的资源价值。应特别注意保护景观美学，不要破坏树阴、食物和供动物栖身的树木。遵守保护实践《河流生境管理和改善》（395）的规定。

尽可能保留或恢复栖息地所包含的环境因素，包括提供掩护、食物、湍流强度等。

固定在河道边上的枯木根块或自然形成的木桩，可以提供鱼类生存的栖息地或保持河流的稳定性。沟渠容量水力分析需要将这些因素考虑进去。应保留土壤中现有的稳固根结构和树桩，以固定土壤以及促进木本植被的重新生长。

在设计中将木质物残体利用起来，以帮助稳定河岸，改变河道流动方向，为无脊椎动物提供锚地和食物，并为鱼类提供栖息地和遮盖物。需要注意的是应将木质物残体牢牢固定，以防木质物残体在漂移过程中可能会对下游结构（如桥梁、水坝或其他土木工程）造成潜在风险。根据《美国国家工程手册》第 654 部分“溪流修复设计”技术补充条款 14E，确定木质物残体的作用力，以及必要的锚地。

河岸受侵蚀的程度会随着河岸中根系率百分比的增加而下降。选择适当的河岸植被可提高河岸未来的抗侵蚀能力。

清理和疏浚作业可能会使水流中的沉积物重新悬浮于河流中。可通过促进有益沉积物沉积，或对沉积物、溶解性物质进行过滤两种方法进行处理。

在施工期间，木质物残体可能会漂浮在下游，进而随意漂浮，阻碍水流。根据需要和实际情况商榷具体措施和实施办法，以解决这一问题。

在河道内作业时，尽可能避开动物的产卵期和迁徙期等环境敏感期。

根据需要和实际情况商榷具体措施和实施办法，以解决修改后的流动条件，如：

- 水力坡度降低可以更快地排干邻近的洪泛区。
- 由于水流在沟渠和邻近洪泛区停留的时间缩短，相应的失水溪流的地下水补给也会相对减少。

与这种实践相关的干扰地面的举措有可能对受保护植物产生不利影响，并可能导致外来物种的入侵。快速重建受干扰区的植被可以最大限度地减少外来物种的入侵。

可采用临时侵蚀和泥沙控制的方法，尽量减少向邻近和下游河段输送细颗粒泥沙。

根据需要和实际情况，采用提高鱼类和野生动物资源价值的施工方法，包括：

- 使用手动设备、水基设备或小型设备，以尽量减少对土壤、水流和其他资源的干扰。
- 尽可能从邻近河岸的顶部操作重型机械。
- 将废物移出河岸后，限制机器进入河岸带，以尽量减少对河流生境的破坏。

计划和技术规范

制订清理和疏浚的计划和规范，对应用本实践以实现其预期目的的要求进行详细描述。

在计划和规范中至少应包括（如适用）以下内容：

- 包含整个区域的地图，包括清理和疏浚作业的限制范围。
- 进出现场的位置。
- 高造工程、移除范围和处置方式的描述。
- 处置区的位置和废弃物处置禁区的位置。
- 针对处置区有关整修、稳定性、排水功能和植被恢复的最终要求。
- 标注未受干扰的树木或木本植被的位置，并做相关描述。
- 碎屑处理方法。
- 应保障施工作业的方式和顺序尽量减少对环境的影响。
- 侵蚀控制措施（如适用）。

- 重建裸露和受干扰区域的植被要求（如适用）。

以安全和熟练的方式执行所有作业。遵守所有的施工规定和标准，并采取适当的安全措施。

运行和维护

向土地所有者 / 使用者提供运行维护计划，以保持沟渠容量和植被。其中包括：

- 评估每次大风暴过后树木倾倒和碎屑堆积的区域。尽快移走或处理倾倒的树木，并将有可能造成堤岸侵蚀问题的堆积物进行固定。
- 定期检查该区域河岸是否有被破坏的迹象或其他不稳定风险。清除可能导致潜在风险的所有堆积物，并密切监测该区域。
- 清除任何阻碍排水结构和沟渠的植被或杂物。

参考文献

USDA-NRCS. 2007. National Engineering Handbook, Part 654, Stream Restoration Design. Washington, D.C.

USDA-NRCS. 2009. National Biology Handbook, Part 614, Stream Visual Assessment Protocol Version 2. Washington, D.C.

保护实践概述

《清理和疏浚》（326）

清理和疏浚是指清除沟渠中的原木、巨石、漂流物和其他障碍物。

实践信息

沟渠的流通区域可能会被各种障碍物堵塞。发生这种情况时，河流流量减少，可能需要清除部分或全部障碍物。清理和疏浚是一种用于此目的的保护实践。

实践过程中，特别注意恢复、维护或改善与沟渠相关的自然资源。如果经过仔细研究，确定工程可能导致沟渠侵蚀、对鱼类和野生动物有损害或其他不利影响，则不得进行清理和疏浚，或在清理和疏浚的同时要采取相应措施，尽量减少此类损害。除现场注意事项外，还考虑了对下游的影响。

通过适当的规划，可制订出能够提高沟渠区域内鱼类和野生动物价值、美化、遮阴树和其他自然资源的措施和施工方法。

保护实践的效果——全国

土壤侵蚀	效果	基本原理
片蚀和细沟侵蚀	0	不适用
风蚀	0	不适用
浅沟侵蚀	0	不适用
典型沟蚀	0	不适用
河岸、海岸线、输水渠	2	清除不需要的障碍物，可防止涡流或水流改道造成的堤岸侵蚀。
土质退化		
有机质耗竭	0	不适用
压实	0	不适用
下沉	0	不适用
盐或其他化学物质的浓度	0	不适用
水分过量		
渗水	0	不适用
径流、洪水或积水	2	清除障碍物将减少洪水的发生。
季节性高地下水位	0	不适用
积雪	0	不适用
水分不足		
灌溉水使用效率低	0	不适用
水分管理效率低	0	不适用
水质退化		
地表水中的农药	0	不适用
地下水中的农药	0	不适用
地表水中的养分	0	不适用
地下水中的养分	0	不适用
地表水中的盐类	0	不适用
地下水中的盐类	0	不适用
粪肥、生物土壤中的病原体和化学物质过量	0	不适用
粪肥、生物土壤中的病原体和化学物质过量	0	不适用
地表水沉积物过多	-2	清除障碍物或大块木材可能会使沉积物重新悬浮在河流中。
水温升高	-1	清除遮阴冠层将导致地表水温度升高，特别是在低流量期间。
石油、重金属等污染物迁移	0	不适用
石油、重金属等污染物迁移	0	不适用
空气质量影响		
颗粒物（PM）和 PM 前体的排放	0	不适用
臭氧前体排放	0	不适用
温室气体（GHG）排放	0	不适用
不良气味	0	不适用
植物健康状况退化		
植物生产力和健康状况欠佳	0	不适用
结构和成分不当	0	不适用
植物病虫害压力过大	1	有害植物或侵入性植物可以被移除，重新种植适当的植物。
野火隐患，生物量积累过多	0	不适用
鱼类和野生动物——生境不足		
食物	-2	根据物种的不同，溪流中物质的清除可能会导致食物来源可得性的降低。
覆盖 / 遮蔽	-2	根据物种的不同，溪流中物质的清除可能会导致覆盖物可得性的降低。

（续）

鱼类和野生动物——生境不足	效果	基本原理
水	0	清除河岸植被和溪流中的树木通常会增加水流流速，并降低缓流栖息环境的复杂性。
生境连续性（空间）	-2	清除溪流中的木质物残体会减少水生物栖息地。
家畜生产限制		
饲料和草料不足	0	不适用
遮蔽不足	0	不适用
水源不足	0	不适用
能源利用效率低下		
设备和设施	0	不适用
农场 / 牧场实践和田间作业	0	不适用

CPPE 实践效果：5 明显改善；4 中度至明显改善；3 中度改善；2 轻度至中度改善；1 轻度改善；0 无效果；-1 轻度恶化；-2 轻度至中度恶化；-3 中度恶化；-4 中度至严重恶化；-5 严重恶化。

工作说明书—— 国家模板

（2016年5月）

此类可交付成果适用于个别实践。其他规划实践的可交付成果参考具体的工作说明书。

设计

可交付成果

1. 能够证明符合自然资源保护局实践中相关准则并与其他计划和应用实践相匹配的设计文件。
    a. 保护计划中确定的目的。
    b. 客户需要获得的许可证清单。
    c. 符合自然资源保护局国家和州公用设施安全政策（《美国国家工程手册》第 503 部分《安全》A 子部分“影响公用设施的工程活动”第 503.00 节至第 503.06 节）。
    d. 制订计划和规范所需的与实践相关的计算和分析，包括但不限于：
        i. 地质与土力学（《美国国家工程手册》第 531a 子部分）
        ii. 水文条件 / 水力条件
        iii. 结构
        iv. 环境因素
        v. 植被
        vi. 安全注意事项（《美国国家工程手册》第 503 部分《安全》A 子部分第 503.10 至 503.12 节）
2. 向客户提供书面计划和规范书包括草图和图纸，充分说明实施本实践并获得必要许可的相应要求。
3. 合理的设计报告和检验计划（《美国国家工程手册》第 511 部分，B 子部分“文档”第 511.11 节和第 512 节，D 子部分“质量保证活动”第 512.30 至 512.32 节）。
4. 运行维护计划。
5. 证明设计符合实践和适用法律法规的文件 [《美国国家工程手册》A 子部分第 505.03（a）（3）节]。
6. 安装期间，根据需要所进行的设计修改。

注：可根据情况添加各州的可交付成果。

安装

可交付成果

1. 与客户和承包商进行的安装前会议。
2. 验证客户是否已获得规定许可证。
3. 根据计划和规范（包括适用的布局注释）进行定桩和布局。
4. 安装检查（酌情根据检查计划开展）。
    a. 实际使用的材料（第 512 部分 D 子部分“质量保证活动”第 512.33 节）
    b. 检查记录
5. 协助客户和原设计方并实施所需的设计修改。
6. 在安装期间，就所有联邦、州、部落和地方法律、法规和自然资源保护局政策的合规性问题向客户 / 自然资源保护局提供建议。
7. 证明安装过程和材料符合设计和许可要求的文件。

注：可根据情况添加各州的可交付成果。

验收

可交付成果

1. 竣工文档。
    a. 实践单位
    b. 图纸
    c. 最终量
2. 证明安装过程符合自然资源保护局实践和规范并符合许可要求的文件［《美国国家工程手册》A 子部分第 505.03（c）（1）节］。
3. 进度报告。

注：可根据情况添加各州的可交付成果。

参考文献

NRCS Field Office Technical Guide（eFOTG）, Section IV, Conservation Practice Standard - Clearing and Snagging, 326.

NRCS Field Office Technical Guide（eFOTG）, Section IV, Conservation Practice Standard – Critical Area Planting, 342.

NRCS Field Office Technical Guide（eFOTG）, Section IV, Conservation Practice Standard – Streambank and Shoreline Protection, 580.

NRCS National Engineering Manual（NEM）.

NRCS National Environmental Compliance Handbook.

NRCS Cultural Resources Handbook.

National Engineering Handbook（NEH）Part 654, Stream Restoration Design.

National Biology Handbook（NBH）Part 614, Stream Visual Assessment Protocol.

注：可根据情况添加各州的参考文献。

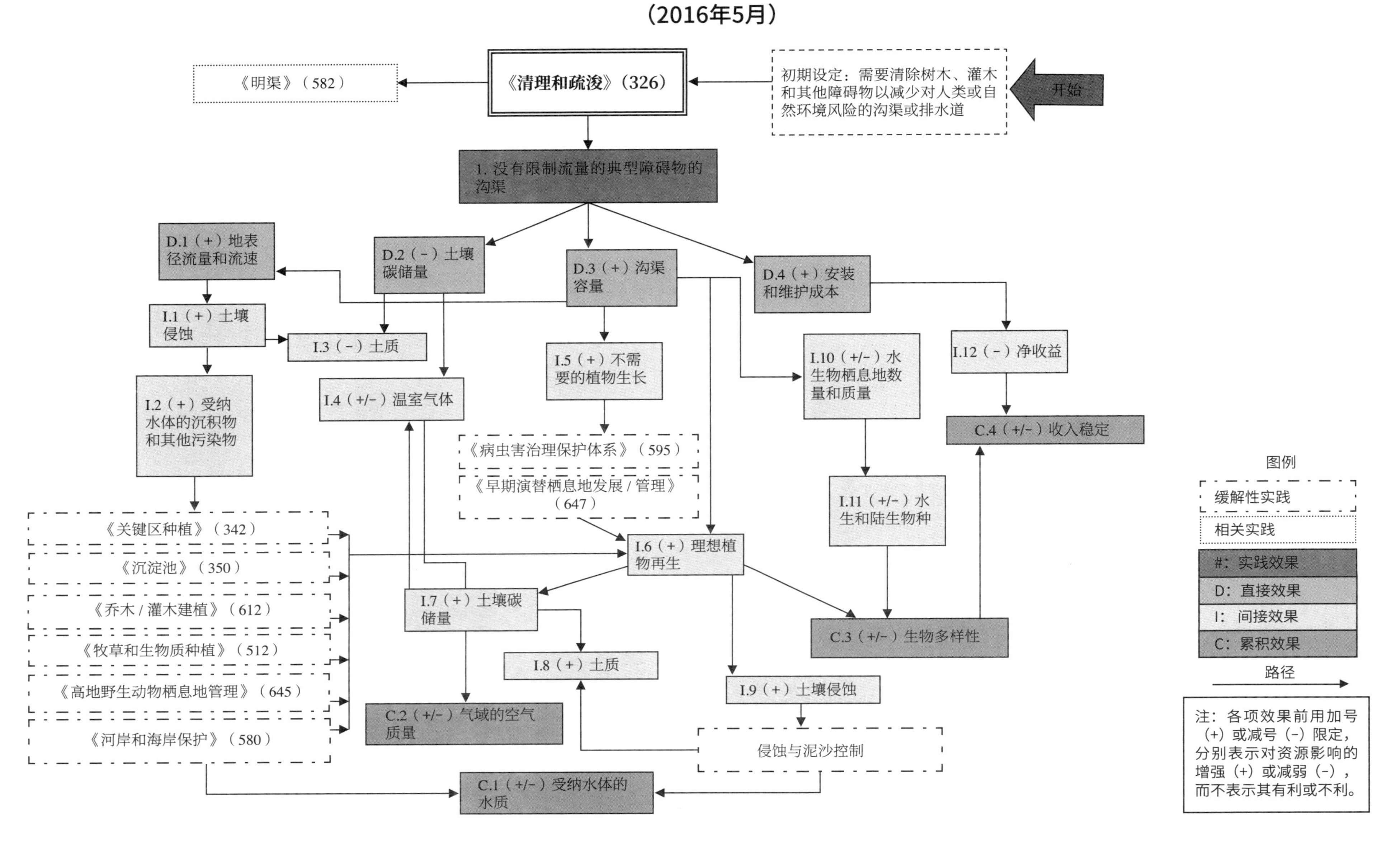

保护实践效果（网络图）
（2016年5月）
《明渠》（582）
《清理和疏浚》（326）
初期设定：需要清除树木、灌木和其他障碍物以减少对人类或自然环境风险的沟渠或排水道
开始
1. 没有限制流量的典型障碍物的沟渠
D.1（+）地表径流量和流速
D.2（-）土壤碳储量
D.3（+）沟渠容量
D.4（+）安装和维护成本
I.1（+）土壤侵蚀
I.3（-）土质
I.5（+）不需要的植物生长
I.10（+/-）水生物栖息地数量和质量
I.12（-）净收益
I.2（+）受纳水体的沉积物和其他污染物
I.4（+/-）温室气体
C.4（+/-）收入稳定
《病虫害治理保护体系》（595）
《早期演替栖息地发展 / 管理》（647）
I.11（+/-）水生和陆生物种
图例
缓解性实践
相关实践
#：实践效果
D：直接效果
I：间接效果
C：累积效果
路径
《关键区种植》（342）
《沉淀池》（350）
《乔木 / 灌木建植》（612）
《牧草和生物质种植》（512）
《高地野生动物栖息地管理》（645）
《河岸和海岸保护》（580）
I.6（+）理想植物再生
I.7（+）土壤碳储量
C.3（+/-）生物多样性
I.8（+）土质
I.9（+）土壤侵蚀
C.2（+/-）气域的空气质量
侵蚀与泥沙控制
C.1（+/-）受纳水体的水质
注：各项效果前用加号（+）或减号（-）限定，分别表示对资源影响的增强（+）或减弱（-），而不表示其有利或不利。

大坝

（402，No.，2017年10月）

定义

大坝是一种可以满足一个或多个有益用途而蓄水的人工屏障。

目的

该条例有以下一个或多个目的：

- 减少下游洪水造成的损失。
- 为一种或多种有益的用途提供储水，如灌溉或牲畜供应、消防、市政或工业用途、开发可再生能源系统或娱乐用途。
- 为鱼类和野生动植物创建栖息地或改善已有栖息地条件。

适用条件

这种做法只适用于符合以下所有条件的场地：

- 拟建场地的地形、地质、水文和土壤条件适合大坝和水库的建设。
- 上游保护措施保护该流域不受侵蚀，前提是产沙量不会显著缩短水库的计划寿命。
- 在不影响下游或邻近地区使用或功能的情况下，水的数量和质量足以满足预期目的。

准则

总准则适用于所有目标

根据本实践设计的水坝必须遵守适用的联邦、部落、州和地方法律、法规和规章。在施工前取得所有所需的许可证。

根据标题 210，《美国国家工程手册》第 520 部分、C 子部分、“大坝的规定”， 国家自然资源保护署（NRCS）技术发布 60（简称 TR-60），土坝和水库，以及其他适当的参考文献，将水坝分类为低、重大或高危险隐患。

TR-60 包含了所有水坝的最低设计标准，除了符合 NRCS 制定的保护实践《池塘》（378）中尺寸标准的低危害潜在土坝和附属设施。

提供一个主溢洪道和辅助溢洪道，并且提供所需的附属装置，除非一个泄洪道能安全地处理所有预期目的的流量和持续时间。

确定出口的尺寸，使其具有足够的容量，随时释放由组合需求产生的流量。

根据需要提供额外的出水后，以满足下游用水的供应，如牲畜用水、灌溉、鱼类和野生动物的需要。

根据保护实践《关键区种植》（342），在施工过程中，在土堤、溢洪道、取土区和其他受影响区域的裸露表面播种或铺草皮。对于那些由于气候条件无法使用播种或铺设草皮的地方，如有必要进行地表保护，可根据使用保护实践《覆盖》（484）的标准来安装无机覆盖材料，如砾石。

安全。根据 NEM 210，第 503 部分安全规定，为防止严重伤害或生命损失所必需的设计措施。

文化资源。评估项目区域内存在的文化资源，及任何项目对这些资源的影响。

减少下游洪水损害的附加准则

如果规定为此目的运行水库，使用水库设计洪水控制储存到永久库存容量。

确定防洪库容的大小，以控制预期发生径流，使其频率与下游受益区的规划保护水平一致，并适当考虑通过主溢洪道的流量。在考虑溢洪道材料的抗冲蚀性和提供的营养保护的基础上，确保有足够的防洪存储，以限制辅助泄洪道的适用，使其达到允许的频率和持续时间。

永久贮水使用的附加准则

水库有足够的库容，以满足用户对水库的所有预定用途的需求。考虑需求的季节变化、渗漏和蒸发造成的预期损失，以确定预期用途所需的永久存储容量。

选择溢洪道和泄洪工程的方法、材料、位置和容量，以安全地通过洪水排放，并满足所有必要的功能要求，便于将储存的水用于预期目的的需求。

对于为灌溉提供永久储存的水坝，使用保护实践《灌溉水库》（436）。

为了达到预期的休闲娱乐效果，应制定特定地点的设计标准，体现水库、大坝和附属设施的功能要求。

野生动物栖息地的创造或改善的附加准则

制订针对特定地点的具体措施，以反映水库、大坝和附属设施的功能要求，以达到保护野生动物的预期功能。

在可行的情况下，保留现有的生态环境结构或特征，如水库上游的树木或水池区域的树桩。在适宜的情况下，塑造水库上游，以提供浅水域、河床、灌木湿地等栖息地。

在放养鱼类时，使用保护实践《鱼塘管理》（399）。有关野生动物栖息地的标准，可采用保护实践《湿地野生动物栖息地管理》（644）。

注意事项

该计划应考虑到大坝的建造给水道和河岸走廊形式及功能上带来的潜在影响。酌情减轻对自然资源或其他用水不可能接受的负面影响，或受设计或大巴强制运行而影响的区域。

视觉资源设计

考虑在公众能见度高的地区和与娱乐相关地区的大坝和水库区域的视觉设计。所有视觉设计的基本实践需要是适当的。池塘的形状和形式、挖掘物以及植被应与其周边及功能保持视觉的相关性。

将路堤的形状与自然地形相融合。将该储藏地边缘塑造成一定形状，通常是曲线而不是矩形。对挖掘的材料进行整形，使最终的形态是平滑的、流动的，并且与邻近的景观相匹配，而不是几何形状的土堆。如果可行，可以将水下和外露的（高于正常水位）的岛屿添加到视觉兴趣区，并吸引野生动物。

水量

应考虑对下游水流的潜在影响、对湿地和含水层的环境影响以及对下游使用者的社会经济影响。

考虑径流储存、水库表面的蒸发和池底或湖床的渗漏导致下游地表水资源枯竭的可能性。

考虑由于长期储层释放导致的正常低流量期间地表水量增加的可能性。

考虑到由于水库侧面和底部渗漏而导致地下水深层渗透增加的可能性。

水质

考虑通过捕获池区中悬浮沉积物、沉积物质以及相关营养素和杀虫剂来改善下游地表水质的潜力。

考虑河床和河岸不稳定性增加的可能性。从大坝排放的水将减少泥沙的含量，因此与大坝之前的情况相比，大坝下游的泥沙输送能力将增加。

考虑沉积物、燃料、油类、化学物质和其他物质在施工过程中降低地表水质的可能性。

考虑低出水口高度对沉积物中吸收养分和农药量的潜在影响，以及其从水库中排放的潜力。

考虑出水口结构设计可能导致的下游水温和溶解氧含量变化的可能性。如果可能的话，减少结构设计中的不利变化。在出口位置可能减少溶解氧时，计划一些快速恢复溶解氧的方法。

考虑由于水库边和底部渗透引起深层渗透水中水溶性营养物质、农药和其他污染物增加的可能性。天然或人为的污染物可能来自于地域结构和库区中产生的污染物，或可能溶解在流域区域的水中。

考虑对湿地和与水有关野生动物栖息地的潜在影响。

考虑水位对土壤养分过程的潜在影响，如植物氮的使用或反硝化作用。

考虑土壤水位控制对土壤、土壤中水或下游水盐度的潜在影响。

考虑发现或重新分配有毒物质的可能性，例如由于移动作业导致的坝址和取土区的盐渍土。

鱼类和野生动物栖息地

如果鱼类和野生动物栖息地的创建或增强不是该结构的主要目的，该计划仍应考虑维持鱼类和野生动物的栖息地，以及建大坝的潜在影响，例如：

- 项目地点和施工应尽量减少对现有鱼类和野生动物栖息地的影响。
- 在可行的情况下，保留在池塘上游的树木和池塘区域的树桩等结构。形成池塘的上游，提供浅水区和湿地栖息地。

考虑在安装大坝后，由于水流质量、时间或持续时间的变化而改变鱼类和野生动物栖息地的可能性。

考虑在安装大坝后，由于水流质量、数量、时间或持续时间的变化而产生的非本地或不良的动植物创造竞争优势的可能性。

计划和技术规范

根据此实践，准备描述应用实践要求的计划和说明。至少包括：

- 一份关于大坝布局的平面图。
- 大坝的典型剖面和横截面。
- 出口系统的详细资料。
- 详细描写施工要求的结构图。
- 根据需要，对营养物质和覆盖物的要求。
- 安全特性。
- 特定场地施工和材料要求。

运行和维护

应为操作员配备一份运行和维护方案。

运行和维护计划应至少包括以下项目：

- 定期检查所有建筑物、土堤、泄洪道和其他重要附属物。
- 及时清除管道入口和拦污栅内的垃圾。
- 及时修理或更换损坏的部件。
- 当沉积物到达预定的储存高度时，及时清除沉积物。
- 定期清除树木、灌木和有害物种。
- 定期检查安全部件，必要时及时修理。
- 维持植被保护，并根据需要及时播种裸露区域。

参考文献

USDA NRCS. Engineering Technical Release, TR-210-60, Earth Dams and Reservoirs. Washington, DC.

USDA NRCS. National Engineering Handbook （NEH）, Part 628, Dams. Washington, DC.

USDA NRCS. NEH, Part 630, Hydrology. Washington, DC.

USDA NRCS. NEH, Part 633, Soil Engineering. Washington, DC.

USDA NRCS. NEH, Part 636, Structural Engineering. Washington, DC.

USDA NRCS. NEH, Part 650, Engineering Field Handbook. Washington, DC.

USDA NRCS. NEH, Section 3, Sedimentation. Washington, DC.

USDA NRCS. National Engineering Manual. Washington, DC.

保护实践概述

（2017年10月）

《大坝》（402）

大坝是一种人工屏障，可以为一个或多个有益用途蓄水。

实践信息

建造大坝的其中一个目标就是临时储存暴风雨造成的径流，通过控制洪水流量的释放速度来减少洪水在下游造成的破坏。通过这些设施，还可以使用更经济的渠道改造措施和其他下游改进工程。

本实践要求进行彻底的场地勘察，确保以下各项情况：

- 满足设施建造、运行和维护要求的地形、地质和土壤条件。
- 拟建设施上方的养护处理满足要求，因此径流中的沉积物不会过多。
- 总体计划中考虑环境影响。

作为阻挡洪水设施而建造的大坝通常是分水岭计划的一部分，该计划由一个有组织的且对特定分水岭的自然资源具有既得利益的当地团体发起。

在实践的预期年限内，大坝需要进行维护。

常见相关实践

保护实践《大坝》（402）通常与《边坡稳定设施》（410）及《堤坝》（356）等保护实践一起应用。

保护实践的效果——全国

土壤侵蚀	效果	基本原理
片蚀和细沟侵蚀	0	不适用
风蚀	0	不适用
浅沟侵蚀	0	不适用
典型沟蚀	2	路堤对冲沟具有稳定作用。
河岸、海岸线、输水渠	1	洪峰流量从溪流下游降低。
土质退化		
有机质耗竭	0	不适用
压实	0	不适用
下沉	0	不适用
盐或其他化学物质的浓度	-1	将盐分和化学物质集中在同一个地方，随着时间的推移会产生积聚现象。
水分过量		
渗水	-2	积水可能会造成渗漏。
径流、洪水或积水	20	径流减少、洪峰流量降低。

（续）

水分过量	效果	基本原理
季节性高地下水位	-1	积水造成渗漏。
积雪	0	不适用
水源不足		
灌溉水使用效率低	2	为灌溉提供永久蓄水量。
水分管理效率低	0	不适用
水质退化		
地表水中的农药	0	不适用
地下水中的农药	0	不适用
地表水中的养分	0	不适用
地下水中的养分	-1	蓄积的养分物质可能会污染地下水。
地表水中的盐分	0	不适用
地下水中的盐分	0	不适用
粪肥、生物土壤中的病原体和化学物质过量	-2	因水生动物饲料或腐烂的植被，或因径流中养分物质过多造成的。
粪肥、生物土壤中的病原体和化学物质过量	0	不适用
地表水沉积物过多	2	悬浮泥沙被截留。
水温升高	0	根据现场条件，从蓄水池释放的水可能比受纳水体温度更高或更低。
石油、重金属等污染物迁移	0	不适用
石油、重金属等污染物迁移	0	不适用
空气质量影响		
颗粒物（PM）和 PM 前体的排放	0	不适用
臭氧前体排放	0	不适用
温室气体（GHG）排放	0	不适用
不良气味	0	不适用
植物健康状况退化		
植物生产力和健康状况欠佳	0	不适用
结构和成分不当	0	不适用
植物病虫害压力过大	0	不适用
野火隐患，生物量积累过多	0	不适用
鱼类和野生动物——生境不足		
食物	2	蓄积的水改善了一些鱼类和野生动物的食物供应，但减少了其他物种的食物来源，特别是溪流中的栖身物种。
覆盖 / 遮蔽	2	蓄积的水改善了一些鱼类和野生动物的覆盖 / 遮蔽，但减少了溪流物种的覆盖 / 遮蔽处。
水	0	虽然水被蓄积起来供流水中的物种使用，但鱼类和其他水生野生动物不可能进入上游和下游的栖息地。
生境连续性（空间）	2	池塘和邻近地区为野生动物和池塘栖身物种提供了额外的生存空间，但消除了溪流物种的生存空间。
家畜生产限制		
饲料和草料不足	0	不适用
遮蔽不足	0	不适用
水源不足	4	大坝还可以提供畜牧用水。
能源利用效率低下		
设备和设施	0	不适用
农场 / 牧场实践和田间作业	0	不适用

CPPE 实践效果：5 明显改善；4 中度至明显改善；3 中度改善；2 轻度至中度改善；1 轻度改善；0 无效果；-1 轻度恶化；-2 轻度至中度恶化；-3 中度恶化；-4 中度至严重恶化；-5 严重恶化。

工作说明书—— 国家模板

（2011年5月）

此类可交付成果适用于个别实践。其他规划实践的可交付成果参考具体的工作说明书。

设计

可交付成果

1. 能够证明符合自然资源保护局实践中相关准则并与其他计划和应用实践相匹配的设计文件。
    a. 保护计划中确定的目的。
    b. 客户需要获得的许可证清单。
    c. 符合自然资源保护局国家和州公用设施安全政策（《美国国家工程手册》第 503 部分《安全》A 子部分“影响公用设施的工程活动”第 503.00 节至第 503.06 节）。
    d. 制订计划和规范所需的与实践相关的计算和分析，包括但不限于：
        i. 地质与土力学（《美国国家工程手册》第 531a 子部分）
        ii. 水文条件 / 水力条件
        iii. 结构，包括适当的危险等级
        iv. 植被
        v. 环境因素
        vi. 安全注意事项（《美国国家工程手册》第 503 部分《安全》A 子部分第 503.10 至 503.12 节）
2. 向客户提供书面计划和规范书包括草图和图纸，充分说明实施本实践并获得必要许可的相应要求。
3. 合理的设计报告和检验计划（《美国国家工程手册》第 511 部分，B 子部分“文档”，第 511.11 和第 512 节，D 子部分“质量保证活动”，第 512.30 至 512.32 节）。
4. 运行维护计划。
5. 证明设计符合实践和适用法律法规的文件［《美国国家工程手册》A 子部分第 505.03（a）（3）节］。
6. 安装期间，根据需要所进行的设计修改。

注：可根据情况添加各州的可交付成果。

安装

可交付成果

1. 与客户和承包商进行的安装前会议。
2. 验证客户是否已获得规定许可证。
3. 根据计划和规范（包括适用的布局注释）进行定桩和布局。
4. 安装检查（酌情根据检查计划开展）。
    a. 实际使用的材料（第 512 部分 D 子部分“质量保证活动”第 512.33 节）
    b. 检查记录
5. 协助客户和原设计方并实施所需的设计修改。
6. 在安装期间，就所有联邦、州、部落和地方法律、法规和自然资源保护局政策的合规性问题向客户 / 自然资源保护局提供建议。
7. 证明安装过程和材料符合设计和许可要求的文件。

注：可根据情况添加各州的可交付成果。

验收

可交付成果

1. 竣工文档。
    a. 实践单位
    b. 图纸
    c. 最终量
2. 证明安装过程符合自然资源保护局实践和规范并符合许可要求的文件［《美国国家工程手册》A子部分第505.03（c）（1）节］。
3. 进度报告。

注：可根据情况添加各州的可交付成果。

参考文献

NRCS Field Office Technical Guide（eFOTG）, Section IV, Conservation Practice Standard – Dam, 402.

NRCS National Engineering Manual（NEM）.

NRCS Technical Release 60, Earth Dams and Reservoirs.

NRCS National Environmental Compliance Handbook.

NRCS Cultural Resources Handbook.

注：可根据情况添加各州的参考文献。

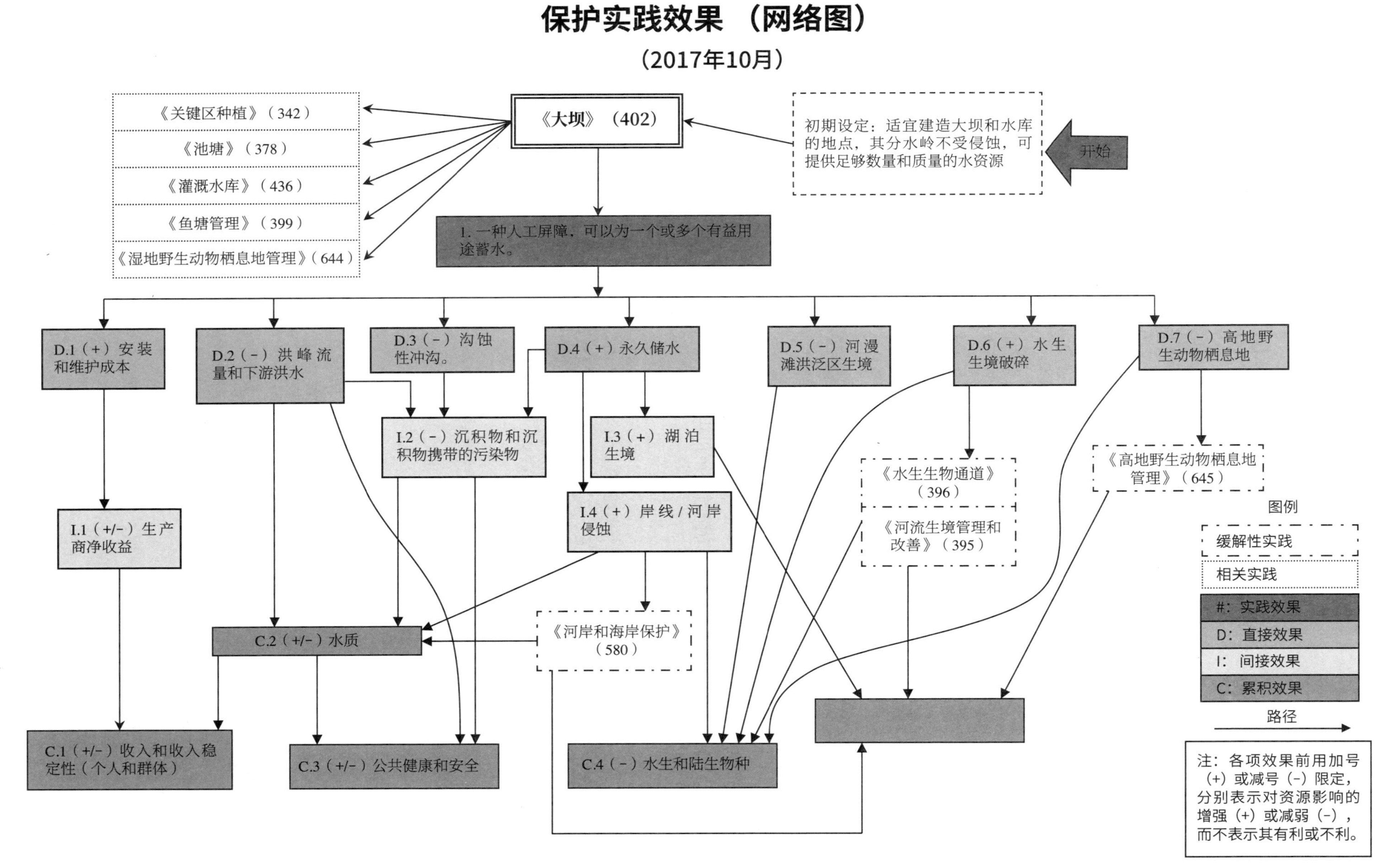
保护实践效果（网络图）
（2017年10月）
开始
初期设定：适宜建造大坝和水库的地点，其分水岭不受侵蚀，可提供足够数量和质量的水资源
《大坝》（402）
《关键区种植》（342）
《池塘》（378）
《灌溉水库》（436）
《鱼塘管理》（399）
《湿地野生动物栖息地管理》（644）
1. 一种人工屏障，可以为一个或多个有益用途蓄水。
D.1（+）安装和维护成本
D.2（-）洪峰流量和下游洪水
D.3（-）沟蚀性冲沟。
D.4（+）永久储水
D.5（-）河漫滩洪泛区生境
D.6（+）水生生境破碎
D.7（-）高地野生动物栖息地
I.1（+/-）生产商净收益
I.2（-）沉积物和沉积物携带的污染物
I.3（+）湖泊生境
I.4（+）岸线/河岸侵蚀
《水生生物通道》（396）
《河流生境管理和改善》（395）
《高地野生动物栖息地管理》（645）
《河岸和海岸保护》（580）
C.1（+/-）收入和收入稳定性（个人和群体）
C.2（+/-）水质
C.3（+/-）公共健康和安全
C.4（-）水生和陆生物种
图例
缓解性实践
相关实践
#：实践效果
D：直接效果
I：间接效果
C：累积效果
路径
注：各项效果前用加号（+）或减号（-）限定，分别表示对资源影响的增强（+）或减弱（-），而不表示其有利或不利。

大坝——引水

（348，No. 或 Ft.，2011年5月）

定义

一种把全部或部分水从水道或溪流中引出的设施。

目的

- 以一种使其能够得到控制和有益利用的方式将全部或部分水从水路引出，如灌溉或牲畜用水、消防、市政或工业用途、发展可再生能源系统或娱乐。
- 将具有周期性的破坏性水流从一个水道分流向另一个水道，从而降低水流可能造成的破坏。

适用条件

本实践适用于永久性质的结构，该结构由预期寿命期与设计结构目的相符的材料制成。本实践不适用于应用保护实践《引水渠》（362）、《双壳类水产养殖设备和生物淤积控制》（400）、《大坝》（402）或《边坡稳定设施》（410）的区域。

本实践应用于：

- 导流坝为灌溉系统或扩水系统的重要组成部分，其设计目的是促进水利资源的保护利用；
- 可以把水从不稳定的水道引到稳定的水道；
- 可供使用的供水设施足以供其改道；
- 应用此标准所产生的不良环境影响是可以克服的。

准则

本实践的应用应符合各联邦、各州和地方的所有法律、法规和规章。

环境影响。应评估拟建水坝对水质、鱼类和野生动物栖息地、森林和视觉资源的影响，并确定和施行用以克服不良影响的技术和措施。

材料。用于建造导流坝及其附属物的所有材料，须具备符合场地安装及使用条件的强度、耐用性及可操作性。

结构设计。设计的附属结构应能承受所有预期载荷。

出口工程。如果要对部分水流进行分流，出口工程必须提供与分流目的一致的最大和最小流量的正控制。考虑到废物和沉积物积累可能引起的侵蚀、气蚀和流量减少的风险，出口工程必须为所有预期流量提供安全分流。

旁路工程。旁路工程必须能够满足下游优先次序所需的所有流量，以及超过了分流要求的所有流量，包括预期的洪水流量。为达到场地要求，可能需要结合孔、拦河坝和闸门。考虑到侵蚀、空化和由于废物堆积而导致的流量减少等潜在危险因素，旁路工程必须为预期的所有流量提供安全的旁路。

特殊用途工程。如果在需改道的水流条件下，仍有废物、底沙物质或沉淀物，则应辟设旁路，或移除可能对排水口工程、工程其他部分或改道地区的运作有害的物质。根据地质条件，可能需要使用沉淀池、废物捕集器、垃圾桶或水渠。

植被。在施工完成后，应尽快将没有其他覆盖或受保护的受干扰区域种上植物。如果土壤或气候条件无法使用植被，则需要使用保护层，可以使用非植物性材料，如覆盖物、碎石和岩石抛石。苗床的准备、播种、施肥和覆盖至少应符合当地技术指南中的说明。应当保持植被，控制不良物种。

可再生能源。关于发展可再生能源系统的详细准则，请参照暂行保护实践《可再生能源生产》（716）。

注意事项

在规划过程中，应考虑实行此实践对水量、水质和环境的影响。要考虑的影响是：

- 对水平衡、流量、径流量、渗透、蒸发、蒸腾、深度渗滤、地下水补给的影响；
- 利用分流的水进行灌溉所产生的影响；
- 对原有河道的影响，对新建的水道以及对水的来源地区和被分流到的地区的影响；
- 对侵蚀和径流携带的泥沙、病原体、可溶性和附着物质的运动的影响；
- 由不同水道中河岸线遮阳的差异导致的下游水域潜在的温度变化；
- 渗透和可用于地下水回灌的可溶物质的潜在变化以及采盐的可能性；
- 将新植物物种或动物物种引入上游或下游水域的可能性；
- 对鱼类自然迁徙的影响。

计划和技术规范

安装导流坝的计划和技术规范应符合本实践，并应说明为达到预期目的而实施此实践的要求。

运行和维护

应规定运行和维护要求，对于较大型、较复杂的导流坝，正式计划可包括在内。实践的维护工作可能包括清除建筑物中堆积的垃圾和废物，以及修理大闸门、屏风和其他附属设施。

保护实践概述

（2012年6月）

《大坝——引水》（348）

大坝——引水是指一种把全部或部分水从水道引至另一水道进行水源保护的设施。

实践信息

引水坝的设计可将水从水道或溪流等水道引向另一水道、灌溉渠、溪流、漫流系统或其他水道。

本实践旨在改善对水的用途，或将具有破坏性的水流转移到另一个更稳定或损害降低能力更强的水道中。本实践的一个常见用途是将水从溪流或河流引向用于灌溉的沟渠中。

应对拟建引水坝进行评估影响，保证结构设计和布局会将水质、鱼类和野生动物栖息地、美观性和其他环境问题纳入考量。本实践也进行了仔细评估，确保符合国家和地方有关天然水道的法律规定。

大坝——引水需在实践的预期年限内进行维护。

常见相关实践

《大坝——引水》（348）通常与《草地排水道》（412）、《地下出水口》（620）、《灌溉水库》（436）、《水生生物通道》（396）以及《灌溉渠道衬砌》（428）等保护实践一起应用。

保护实践的效果——全国

土壤侵蚀	效果	基本原理
片蚀和细沟侵蚀	0	不适用
风蚀	0	不适用
浅沟侵蚀	0	不适用
典型沟蚀	0	不适用
河岸、海岸线、输水渠	-1	如果不采取保护措施，分流的水流可能会造成侵蚀。
土质退化		
有机质耗竭	0	不适用
压实	0	不适用
下沉	0	不适用
盐或其他化学物质的浓度	0	不适用
水分过量		
渗水	0	不适用
径流、洪水或积水	2	水流被引至其他沟渠，缓解问题。
季节性高地下水位	0	不适用
积雪	0	不适用
水源不足		
灌溉水使用效率低	2	引出的水可以用来灌溉。
水分管理效率低	2	可以将水引出用于有益用途。
水质退化		
地表水中的农药	0	不适用
地下水中的农药	0	不适用
地表水中的养分	0	不适用
地下水中的养分	0	不适用
地表水中的盐分	0	不适用
地下水中的盐分	0	不适用
粪肥、生物土壤中的病原体和化学物质过量	0	不适用
粪肥、生物土壤中的病原体和化学物质过量	0	不适用
地表水沉积物过多	0	不适用
水温升高	-2	在需要进行灌溉的暖期引出河川径流可降低水流深度，使水流更容易受到太阳辐射的影响并提高溪流温度。
石油、重金属等污染物迁移	0	不适用
石油、重金属等污染物迁移	0	不适用
空气质量影响		
颗粒物（PM）和 PM 前体的排放	0	不适用
臭氧前体排放	0	不适用
温室气体（GHG）排放	0	不适用
不良气味	0	不适用
植物健康状况退化		
植物生产力和健康状况欠佳	0	不适用
结构和成分不当	0	不适用
植物病虫害压力过大	0	不适用
野火隐患，生物量积累过多	0	不适用
鱼类和野生动物——生境不足		
食物	-2	虽然减少河流流量将减少溪流物种的食物供应，但池塘或湖泊鱼类和野生动物的食物供应会随之增加。

（续）

鱼类和野生动物——生境不足	效果	基本原理
覆盖 / 遮蔽	-2	减少河流流量将减少溪流中栖身水生物种的栖息地。
水	0	减少河流流量将减少水生物种的栖息地以及河岸物种的供水量。
生境连续性（空间）	-2	减少河流流量将减少水生和河岸物种的栖息地。
家畜生产限制		
饲料和草料不足	0	不适用
遮蔽不足	0	不适用
水源不足	4	大坝还可以提供畜牧用水。
能源利用效率低下		
设备和设施	0	不适用
农场 / 牧场实践和田间作业	0	不适用

CPPE 实践效果：5 明显改善；4 中度至明显改善；3 中度改善；2 轻度至中度改善；1 轻度改善；0 无效果；-1 轻度恶化；-2 轻度至中度恶化；-3 中度恶化；-4 中度至严重恶化；-5 严重恶化。

工作说明书—— 国家模板

（2011年5月）

此类可交付成果适用于个别实践。其他规划实践的可交付成果参考具体的工作说明书。

设计

可交付成果

1. 能够证明符合自然资源保护局实践中相关准则并与其他计划和应用实践相匹配的设计文件。
   a. 保护计划中确定的目的。
   b. 客户需要获得的许可证清单。
   c. 符合自然资源保护局国家和州公用设施安全政策（《美国国家工程手册》第 503 部分《安全》A 子部分“影响公用设施的工程活动”第 503.00 节至第 503.06 节）。
   d. 制订计划和规范所需的与实践相关的计算和分析，包括但不限于：
      i. 地质与土力学（《美国国家工程手册》第 531a 子部分）
      ii. 水文条件 / 水力条件
      iii. 结构
      iv. 植被
      v. 环境因素
      vi. 安全注意事项（《美国国家工程手册》第 503 部分《安全》A 子部分第 503.10 至 503.12 节）
2. 向客户提供书面计划和规范书包括草图和图纸，充分说明实施本实践并获得必要许可的相应要求。
3. 合理的设计报告和检验计划（《美国国家工程手册》第 511 部分，B 子部分“文档”，第 511.11 和第 512 节，D 子部分“质量保证活动”，第 512.30 至 512.32 节）。
4. 运行维护计划。
5. 证明设计符合实践和适用法律法规的文件［《美国国家工程手册》A 子部分第 505.03（a）（3）节］。
6. 安装期间，根据需要所进行的设计修改。

注：可根据情况添加各州的可交付成果。

安装

可交付成果

1. 与客户和承包商进行的安装前会议。
2. 验证客户是否已获得规定许可证。
3. 根据计划和规范（包括适用的布局注释）进行定桩和布局。
4. 安装检查（酌情根据检查计划开展）。
    a. 实际使用的材料（《美国国家工程手册》第512部分D子部分“质量保证活动”第512.33节）
    b. 检查记录
5. 协助客户和原设计方并实施所需的设计修改。
6. 在安装期间，就所有联邦、州、部落和地方法律、法规和自然资源保护局政策的合规性问题向客户/自然资源保护局提供建议。
7. 证明安装过程和材料符合设计和许可要求的文件。

注：可根据情况添加各州的可交付成果。

验收

可交付成果

1. 竣工文档。
    a. 实践单位
    b. 图纸
    c. 最终量
2. 证明安装过程符合自然资源保护局实践和规范并符合许可要求的文件［《美国国家工程手册》A子部分第505.03（c）（1）节］。
3. 进度报告。

注：可根据情况添加各州的可交付成果。

参考文献

NRCS Field Office Technical Guide（eFOTG）, Section IV, Conservation Practice Standard - Dam, Diversion, 348.

NRCS National Engineering Manual（NEM）.

NRCS National Environmental Compliance Handbook.

NRCS Cultural Resources Handbook.

注：可根据情况添加各州的参考文献。

保护实践效果（网络图）

（2014年3月）

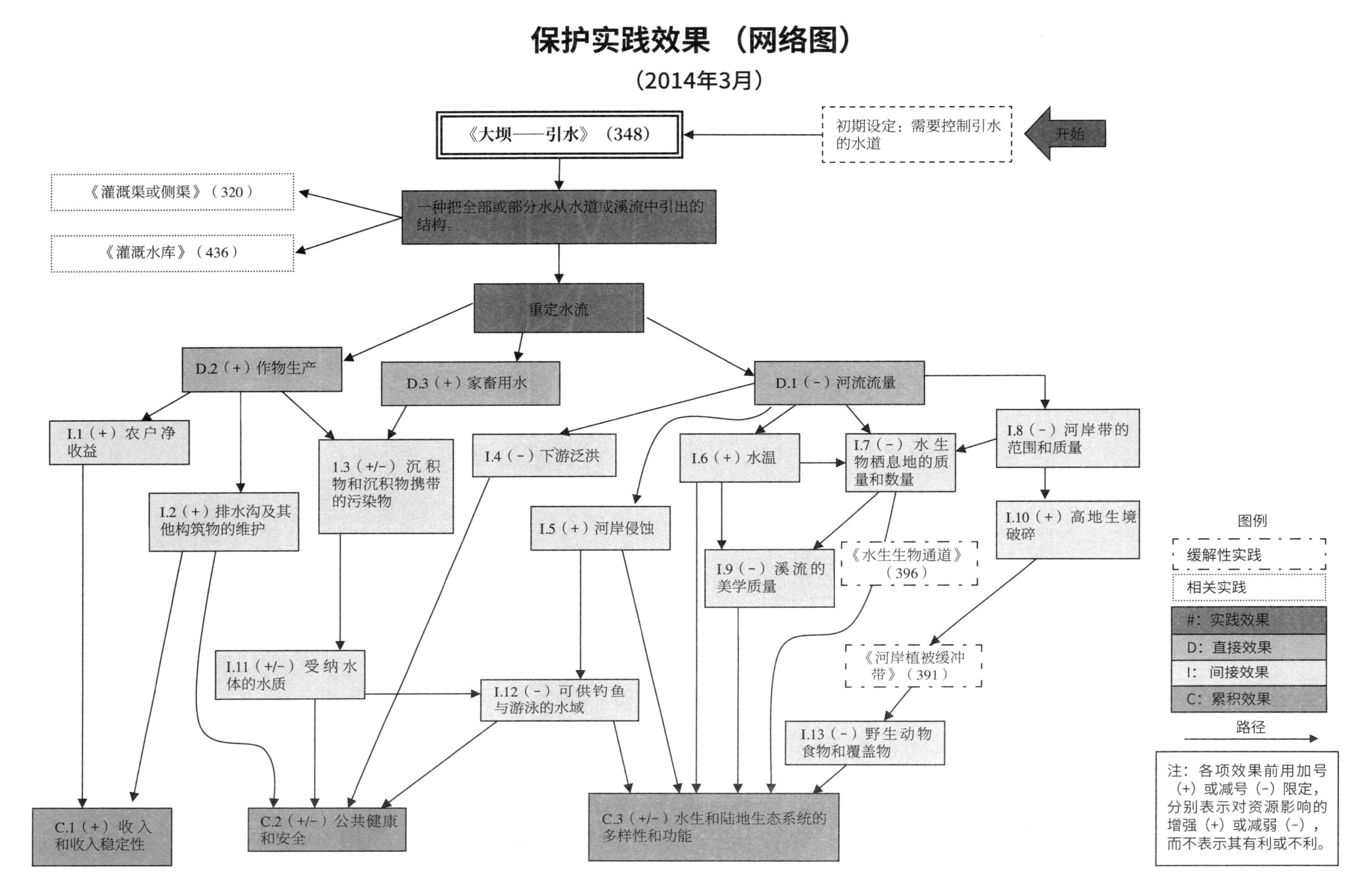

堤坝

（356，Ft.，2002年11月）

定义

由土壤或人造材料建造的屏障。

目的

- 保护人身和财产免受洪水侵袭。
- 控制与作物生产相关的水位，管理鱼类和野生动物，或维护、改善、恢复或建设湿地。

适用条件

所有可能遭受洪水泛滥或洪水破坏的场所，以及希望减少洪水对人的危害、减少土地和财产损失的场所。

需要控制水位的地点。

堤坝实践不适用于以下场所：自然资源保护局保护实践《池塘》（378）、《水和沉积物滞留池》（638）、《引水渠》（362）或《梯田》（600）的适用地点。堤坝通常建在与溪流、河流、湿地或水体相邻或平行的地方，而不是横跨溪流、河流或水体。用于控制水位的堤坝的内部排水面积比调节水位的表面面积小。

准则

类别。堤坝分类由危害生命严重程度、水位设计以及受保护土地、作物和财产的价值决定。分类必须考虑在堤坝使用寿命内可能发生的土地使用变化。

如果堤坝位于可能会威胁生命或对住宅、主要公路、工业建筑物、商业建筑、主要铁路或重要公共设施等造成严重损坏的场地，则堤坝列为Ⅰ类。

设计水位高于正常地面 12 英尺 * 以上的堤坝，不包括淤泥、旧水道或低水位的交叉口，应列为Ⅰ类。

当堤坝位于可能对独立房屋、二级公路、铁路、相对重要的公共设施、高价值土地或高价值作物造成损害的地点，堤坝列为Ⅱ类。

当堤坝位于灾害发生概率小的地点，堤坝列为Ⅲ类。

筑建高程。为防止洪水而筑建的堤坝高程应为以下总和：

- 水位由表 1 所示的洪水或涨潮的设计频率决定，且与临界持续时间有关。这是设计高水位。
- 表 1 最小干舷值中的较大值或由风或船运行引起的波浪高度。
- 预留沉降量。

用于为控制水位而筑建的堤坝高程应为以下总和：

- 最高控制水位。
- 由表 1 所示设计频率的洪水引起的高于最高水位控制的水位上升。这是设计高水位。
- 表 1 最小干舷值中的较大值或表 1 所示设计频率的风引起的波浪高度。
- 预留沉降量。

沉降沉积量。沉降量应在分析填充材料、基础材料和条件以及压实方法的基础上确定。

基于分析，预留沉降量如下：

---

* 英尺为非法定计量单位，1 英尺 ≈ 0.3048 米。——编者注

1. 对于由压实土填充材料筑建的堤坝，其高度至少应为堤坝高度的 5%。
2. 从外部拖运填充材料后倾倒成型（称为“倾倒成型”），其预留沉积量最少应为堤坝 高度的 15%。对于在堤坝附近开挖并从挖掘机上落下的填料（称为“掉落”），沉降量应至少为堤坝高度的 20%。倾倒成型或倾倒的有机土填料的沉积量应至少为堤坝高度的 40%。有机土仅允许用于 6 英尺或以下高度的Ⅲ类堤坝。堤坝高度过高会导致过度的沉降和分解。

为了达到这个标准，有机土壤说明如下：

1. 如果有 20% 及以上的有机碳并且土壤层水分超过数天仍不饱和，该土壤为有机土壤。
2. 土壤层水分长期处于饱和状态，或者在排水前处于饱和状态，如果满足以下情况，则是有机土壤：
   a. 其包含 12% 及以上有机碳，没有黏土；
   b. 至少包含 18% 及以上的有机碳和至少 60% 的黏土；
   c. 黏土含量在 0 ~ 60%，有机碳的比例在 12% ~ 18%。
3. 当地土壤调查中所有土壤都是有机土壤。

坝顶宽度和边坡。堤坝的最小坝顶宽度和边坡数据如表 1 所示。

所有堤坝都必须便于维修。通常情况下，沿着堤坝的顶部或沿着护堤维修。通道宽度应便于维护设备和检查车辆进出。车辆进出的最小宽度应为 12 英尺。应有较大区域便于车辆定期出入和掉头。通道需保持畅通以防止发生破坏、事故和损害。

护堤。基于堤坝和地基稳定性分析的结果，需要在堤岸上筑建护堤。如果没有进行稳定性分析，所有的土堤应有两面自然形成的护堤，且符合以下标准：

- 建造的护堤应处于一个恒定的高度并且远离堤坝边坡。
- 如果堤坝横跨渠道、沟渠、取土区、河流、泥土、洼地、水沟等，则每边都应建造一个护堤。这些护堤的顶部高程应至少比渠道、沟渠、取土区、河流、泥土、洼地、水沟等两侧的平均地表高出 1 英尺，并且远离倾斜的堤坝。
- 自然形成或建筑的护堤的最小坝顶宽度如表 1 所示。
- 筑建堤坝的最小边坡比例为 2:1（水平:垂直）。

筑堤材料。制造材料是耐腐蚀材料，符合堤坝所需的结构强度和耐久性，如混凝土、PVC、钢或其他材料。应对由制造材料筑建的堤坝进行结构分析，以保证堤坝在其使用期间荷载正常。这包括流体静力、冰、隆起、土壤和设备。对于每种荷载条件，应使用可接受的安全系数对堤坝进行稳定性分析。

筑堤材料应从要求挖掘和指定取土场地获得。材料的选择、调配、路径和处理应经过工程师或设计人员的批准。填充材料不得包含冻土、草皮、灌丛植物、根部或其他易腐物质。在放置和压实填充材料之前，应清除大于每种填充物所规定的最大尺寸的岩石颗粒。各种填料使用的材料类型应在说明书和图纸中列出并说明。

路堤和坝基渗流。根据现场调查、实验室数据、渗流分析和稳定性分析，设计路堤和坝基排水及防渗措施。设计应尽量减少渗流，防止管道破裂，并提供稳定的路基和坝基。

所有高度为 6 英尺或更高的Ⅰ类堤坝和高度为 8 英尺或更高的Ⅱ类堤坝都需要进行分析。

在缺乏更详细的数据和分析的情况下，以下标准适用于高度小于 6 英尺的Ⅰ类堤坝，高度小于 8 英尺的Ⅱ类堤坝和Ⅲ类堤坝的基础截面：

- 深度最低：H<3 英尺。
- 至少 3 英尺深：H=3 英尺。
- 至少 4 英尺底宽。
- 1:1 或平边边坡。

河流、沟渠、壕沟、取土区、泥土、洼地、沟壑等应远离堤坝，堤坝一侧的设计高水位线向另一侧的堤趾水线延伸的线不应与任何河流、河道等交叉（图 1）。本条标准适用于堤坝两侧。这一标准将减少管道穿过地基对堤坝造成的危害。

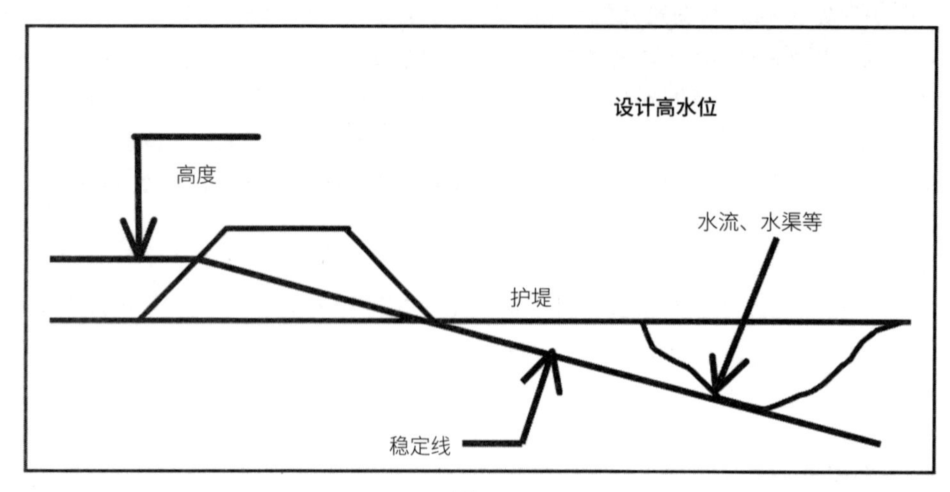

图 1

内部排水系统。在防洪堤坝应安装内部排水系统以起到保护作用。排水系统应防止在 1 ~ 10 天的风暴持续时间内，因表 1 设计频率的洪水对内部区域造成洪水破坏。内部排水系统包括存储区域、重力出口和抽水站，以提供所需的防洪能力。

管道。除了最小尺寸要求，在设计高水位超过 12 英尺的 I 类堤坝下安装管道应符合自然资源保护局《技术发行版 60——土坝和水库》的主要溢洪道的要求。

其他堤坝的管道应满足自然资源保护局保护实践中的主要溢洪管道的要求，即《池塘》（378）。

通过适当的措施防止管道出入口的水流冲刷堤坝。如果可行的话，应在设计高水位以上安装通过堤坝的泵排水管。泵排水管应配备柔性连接或类似的联轴器，以防止泵送设备振动传递到排放管。

边坡防护。堤坝坡度应受到保护，免受木质表皮、小溪和沟渠侵蚀、洪水侵蚀，以及由风和船运动引起的波浪侵蚀。根据需要，应采用防止侵蚀的措施，如铺设非木质植被、护坡、岩石碎石、沙砾石或土壤水泥。

监管要求。堤坝筑建应符合所有联邦、州和地方法律法规的要求。

注意事项

洪水记录。对于 I 类堤坝，在建立堤坝顶部高程时应有洪水记录。

选址。在确定堤坝的位置时，应考虑地基土、建筑红线、建筑红线退让、暴露于开放水域、与河岸的距离、重力或泵送出口、掩埋、公用事业、文化资源和自然资源等，如湿地、自然区域、鱼类和野生动物栖息地。

在堤坝靠近河流时，应参照《美国国家工程手册》第 653 部分河流廊道恢复原则、流程和条例中所包含的河流地貌概念。

护堤。当邻近侵蚀或流动溪流时，应考虑加宽护堤、增加逆流或保护护堤边坡，以延长护堤使用寿命。

不利影响。评估拟建堤坝对环境的负面影响。在未受保护区域，对堤坝流量限制引起的洪水水位上升产生的不利影响进行评估。应尽量减少不利影响。

计划和技术规范

应根据本实践编制计划和规范，并应说明实施规程以实现达到其预期目的的要求。

运行和维护

将所有堤坝的运行和维护要求提供给土地所有者。对于高度大于 12 英尺的 I 类堤坝，应在堤坝施工前完成符合《国家运行和维护手册》500.70 要求的应急计划。I 类和 Ⅱ 类堤坝，应按照《国家运行和维护手册》500.40 至 500.42 的要求完成详细的书面运行和维护计划，并提供给所有人。

表 1　堤坝最低设计标准

分类	材料①	高度（H）英尺②	最小风暴设计频率（年）	最小干舷（英尺）	最小坝顶宽度（英尺）	最小边坡比例③（H∶V）	护堤宽度（英尺）
Ⅰ类	土壤	0 ～ 6	100	H/3	10	2∶1	12
		>6 ～ 12	100	2	10	注释④	注释④
		>12 ～ 25	100	3	12	注释④	注释④
		>25	100	3	14	注释④	注释④
	人造材料	0 ～ 8	100	H/4	不适用	不适用	注释④
		>8 ～ 12	100	2	不适用	不适用	注释④
		>12	100	3	不适用	不适用	注释④
Ⅱ类	土壤	0 ～ 6	25	H/3	6	2∶1	12
		>6 ～ 12	25	2	8	2∶1	15
	人造材料	0 ～ 8	25	H/4	不适用	不适用	注释④
		>8 ～ 12	25	2	不适用	不适用	注释④
Ⅲ类	矿质土壤	0 ～ 3	10	H/3	4	2∶1	8
		>3 ～ 6	10	1	6	2∶1	8
		>6 ～ 12	25	2	8	2∶1	8
	有机土壤⑤	0 ～ 2	10	H/2	4	2∶1	10
		>2 ～ 4	10	1	6	2∶1	10
		>4 ～ 6	10	2	8	2∶1	15

①土壤包括岩石。人造材料须为耐腐蚀材料，如混凝土、PVC 和钢，为堤坝提供结构强度。

②高度是堤坝中心线距正常地面高程与设计高水位之间的差值。在确定正常地面高程时，排除沟渠、坡道、小低地、小山脊、洼地或沟壑。

③压实土的边坡比最小。没有压实处理的倾倒土将被压平。

④边坡比率和护坡宽度通过稳定性分析确定。

⑤有机土壤仅适用于高度为 6 英尺及以下的Ⅲ类堤坝。较高的堤坝高度会导致沉降和分解过度。

保护实践概述

（2012年12月）

《堤坝》（356）

堤坝是用泥土或人造材料建造的屏障，用来保护土地免受洪水的侵袭或调节水源。

实践信息

在需要控制水位的地方建造堤坝，主要用于防止或者减少洪水对生命和财产造成的损害、与排洪道一起进行流量控制、为鱼类和野生动物管理蓄水或调节水源、为水稻或蔓越莓等季节性受淹作物的生产管理用水，或用于湿地的维护、改善、恢复或建设。

堤坝的设计标准取决于其危险等级。而危险等级是根据需要保护的财产或作物的价值和对生命损失造成威胁程度而定的。在三个危险等级中，每个等级允许的堤高、设计暴雨径流量、建筑材料、坝顶超高、顶宽和边坡都是不同的。

规划堤坝时，重要的是要考虑对地下水和地表水布局的潜在影响。由于有可能会出现场外损害，考虑对邻近财产的潜在影响也是很重要的一点。需要评估的其他因素包括在开放水域和预埋公用设施中的暴露情况、场地与出口结构及文化资源的兼容性，湿地、自然区域、鱼类和野生动物栖息地也可能会受到影响。

本实践要求在其预期年限内进行维护。维护要求包括定期检查、清除穴居动物、对侵蚀地区进行修复和植被恢复，以及对堤坝进行分级以便保持规划标高。

常见相关实践

《堤坝》（356）通常与《控水结构》（587）、《灌溉用水管理》（449）、《湿地野生动物栖息地管理》（644）以及《湿地创建》（658）等保护实践一起应用。

保护实践的效果——全国

土壤侵蚀	效果	基本原理
片蚀和细沟侵蚀	0	不适用
风蚀	0	不适用
浅沟侵蚀	0	不适用
典型沟蚀	1	减少坡面漫流。
河岸、海岸线、输水渠	-2	造成更高的水深和流速。
土质退化		
有机质耗竭	0	不适用
压实	0	不适用
下沉	0	不适用
盐或其他化学物质的浓度	0	不适用
水分过量		
渗水	-1	由于堤坝后方临时蓄水，渗水可能会增加。
径流、洪水或积水	2	水被蓄积在沟渠内，防止洪水泛滥。
季节性高地下水位	-1	由于堤坝后方临时蓄水，渗水可能会增加。
积雪	0	不适用
水源不足		
灌溉水使用效率低	0	不适用
水分管理效率低	0	不适用
水质退化		
地表水中的农药	2	这一举措将地表水引流至农药施用地点之外。
地下水中的农药	2	这一举措将地表水引流至农药施用地点之外。
地表水中的养分	0	不适用
地下水中的养分	0	不适用
地表水中的盐分	0	不适用
地下水中的盐分	0	不适用
粪肥、生物土壤中的病原体和化学物质过量	0	不适用
粪肥、生物土壤中的病原体和化学物质过量	0	不适用
地表水沉积物过多	0	如果建造堤坝是为了蓄水，则悬浮泥沙和浊度会减少；如果建造堤坝是作为防洪措施，由于水流、沟渠水的冲刷作用，悬浮泥沙和浊度会增加。
水温升高	0	地表水温度取决于场地条件和堤坝位置。
石油、重金属等污染物迁移	0	不适用
石油、重金属等污染物迁移	0	不适用

（续）

空气质量影响	效果	基本原理
颗粒物（PM）和 PM 前体的排放	0	不适用
臭氧前体排放	0	不适用
温室气体（GHG）排放	0	不适用
不良气味	0	不适用
植物健康状况退化		
植物生产力和健康状况欠佳	0	不适用
结构和成分不当	0	不适用
植物病虫害压力过大	0	不适用
野火隐患，生物量积累过多	0	不适用
鱼类和野生动物——生境不足		
食物	-2	限制洪泛区使溪流和河里栖息的野生物种失去了栖息地。
覆盖 / 遮蔽	-2	限制洪泛区使溪流和河里栖息的野生物种失去了栖息地。
水	0	堤坝可以保留水源，使一些物种受益；但如果堤坝被安置在洪泛区，则水生物栖息地就会支离破碎。
生境连续性（空间）	1	堤坝可以保留水源，使一些物种受益；但如果堤坝被安置在洪泛区，则水生物栖息地就会支离破碎。
家畜生产限制		
饲料和草料不足	0	不适用
遮蔽不足	0	不适用
水源不足	0	不适用
能源利用效率低下		
设备和设施	0	不适用
农场 / 牧场实践和田间作业	0	不适用

CPPE 实践效果：5 明显改善；4 中度至明显改善；3 中度改善；2 轻度至中度改善；1 轻度改善；0 无效果；−1 轻度恶化；−2 轻度至中度恶化；−3 中度恶化；−4 中度至严重恶化；−5 严重恶化。

工作说明书—— 国家模板

（2004年4月）

此类可交付成果适用于个别实践。其他规划实践的可交付成果参考具体的工作说明书。

设计

可交付成果

1. 能够证明符合自然资源保护局实践中相关准则并与其他计划和应用实践相匹配的设计文件。
   a. 保护计划中确定的目的。
   b. 客户需要获得的许可证清单。
   c. 符合自然资源保护局国家和州公用设施安全政策（《美国国家工程手册》第 503 部分《安全》A 子部分“影响公用设施的工程活动”第 503.00 节至第 503.06 节）。
   d. 制订计划和规范所需的与实践相关的计算和分析，包括但不限于：
      i. 地质与土力学（《美国国家工程手册》第 531a 子部分）
      ii. 水文条件 / 水力条件
      iii. 结构物，含堤坝分类
      iv. 植被
      v. 环境因素

vi. 安全注意事项（《美国国家工程手册》第 503 部分《安全》A 子部分第 503.10 至 503.12 节）

2. 向客户提供书面计划和规范书包括草图和图纸，充分说明实施本实践并获得必要许可的相应要求。
3. 合理的设计报告和检验计划（《美国国家工程手册》第 511 部分，B 子部分“文档”，第 511.11 和第 512 节，D 子部分“质量保证活动”，第 512.30 至 512.32 节）。
4. 运行维护计划（《国家运行和维护手册》第 500.70 部分以及第 500.40 至 500.42 部分）。
5. 证明设计符合实践和适用法律法规的文件［《美国国家工程手册》A 子部分第 505.03（a）（3）节］。
6. 安装期间，根据需要所进行的设计修改。

注：可根据情况添加各州的可交付成果。

安装

可交付成果

1. 与客户和承包商进行的安装前会议。
2. 验证客户是否已获得规定许可证。
3. 根据计划和规范（包括适用的布局注释）进行定桩和布局。
4. 安装检查（酌情根据检查计划开展）。
   a. 实际使用的材料（第 512 部分 D 子部分“质量保证活动”第 512.33 节）
   b. 检查记录
5. 协助客户和原设计方并实施所需的设计修改。
6. 在安装期间，就所有联邦、州、部落和地方法律、法规和自然资源保护局政策的合规性问题向客户 / 自然资源保护局提供建议。
7. 证明安装过程和材料符合设计和许可要求的文件。

注：可根据情况添加各州的可交付成果。

验收

可交付成果

1. 竣工文档。
   a. 实践单位
   b. 图纸
   c. 最终量
2. 证明安装过程符合自然资源保护局实践和规范并符合许可要求的文件［《美国国家工程手册》A 子部分第 505.03（c）（1）节］。
3. 进度报告。

注：可根据情况添加各州的可交付成果。

参考文献

NRCS Field Office Technical Guide（eFOTG）, Section IV, Conservation Practice Standard - Dike, 356.

National Operation and Maintenance Manual.

NRCS Technical Release 60, Earth Dams and Reservoirs.

NRCS National Engineering Manual（NEM）.

NRCS National Environmental Compliance Handbook.

NRCS Cultural Resources Handbook.

注：可根据情况添加各州的参考文献。

保护实践效果（网络图）

（2014年3月）

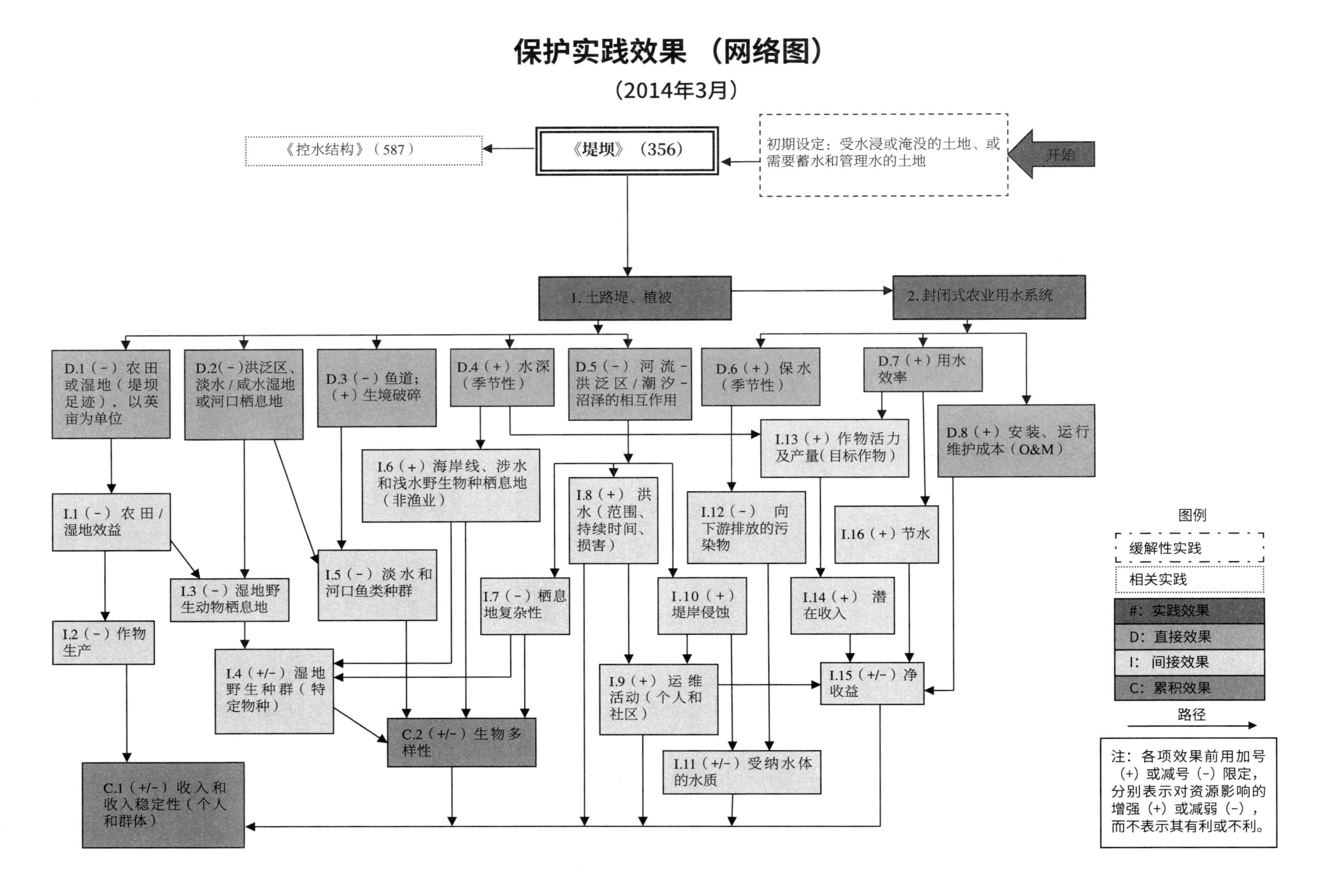

灌溉渠或侧渠

（320，Ft.，2010年9月）

定义

一条用于将灌溉水从供水源输送到一个或多个灌溉区域的永久性通道。

目的

促进灌溉土地上水的有效分配和使用。

适用条件

- 需要灌溉渠或侧渠和相关水利设施作为灌溉水输送系统的组成部分。
- 所供应地区的水资源应充足，使对所种植作物的灌溉及所使用的灌溉用水方法切实可行。

对于农田灌溉输水，或不超过每秒25立方英尺的水输送须采用保护实践《灌溉田沟》（388）。

准则

容量要求。灌溉渠和侧渠的容量要满足：

- 有能力输送可以进入灌溉渠的地表径流。
- 足以满足所有灌溉系统的运输需求，以及弥补灌溉渠或侧渠运输中损失预计所需的水量。
- 要满足缺水地区的可用水供应，这些地区通常无法满足灌溉需求。

速率。灌溉渠和侧渠的设计应以对流经通道的材料不产生侵蚀的速率进行。对于无衬砌灌溉渠，如果可行的话，应采用当地特定土壤的限制速率。如果上述速率不可用，那么最高设定速率不能超过《美国国家工程手册》第654部分《水体恢复设计手册》第654.0803节中的规定或者其他等效方法中的规定。对于使用土工材料建造的无衬砌灌溉渠和侧渠来讲，应使用不超过0.025的曼宁糙率系数“n”来检验速率是否超过了容许值。

容量。灌溉渠和侧渠应设计成可以安全输送最大可能阻碍条件下的所需流量。对于容量设计来讲，要根据建造灌溉渠和侧渠的材料、队列、水力半径、营养生长的预期值和计划的操作以及保养来选择曼宁糙率系数值。

干舷。最大设计水位以上所需的干舷应至少是设计流深的1/3，且不得小于0.5英尺。

水位。水位应设计成能够提供足够的液压头，使所有从灌溉渠和侧渠分流的沟渠或其他输水构筑物都能顺利运行。

侧坡斜坡。根据所使用的特定土壤或地质材料，灌溉渠和侧渠应有稳定的斜坡。灌溉渠和侧渠堤岸设计的斜坡坡度不应比《工程现场手册（EFH）》第650部分第14章第650.1412节中的规定坡度大。

顶宽。灌溉渠或侧渠的顶部宽度应能保证其稳定性，防止过度渗水并便于维护。堤岸顶宽不应小于2英尺，且应等于或大于水深。

地表水的保护。在实际可行情况下，应在灌溉渠的上方或下方输送邻近地区的径流。如果允许径流流进灌溉渠或侧渠，应避免斜坡受到侵蚀，并应对其处置方式进行规划。如允许含泥沙水进入灌溉渠或侧渠时，设计需通过灌溉渠或侧渠运输沉积物或安装收集和清除沉积物的装置等措施在内。

相关装置。灌溉渠或侧渠应为成功运行设备提供足够的道岔、裂隙、交叉口和其他相关装置。所有装置须符合适用的自然资源保护局实践。预防或控制侵蚀所需的装置应在灌溉渠或侧渠投入使用前进行安装。

衬砌。在土壤渗透速度适中至渗透性极高的地方，或将发生侵蚀性水流速度的地方，根据《沟渠和灌溉渠衬砌或管道》的规定，灌溉渠或侧渠应铺上衬砌或管道。

维修通道。按照要求提供维修规定。如果要将堤岸或护堤的顶部当作道路，则其应足够宽，以使设备可以安全地在其上方行驶并开展操作。

注意事项

在对此举措进行规划时，请根据适应情况考虑以下内容：

- 特性中需包含安全因素。
- 要注意径流携带到地表水中泥沙以及可溶性沉积物附着物质的移动，以及溶解物质流向地下水的移动。
- 使用缓冲器或过滤器去除径流中的沉积物。

计划和技术规范

建造灌溉渠或侧渠的计划和技术规范应说明应用该做法以达到其预期目的的要求。场地具体包括灌溉渠和侧渠的位置、横截面详图、路堤 / 堤岸的要求、渠道的等级、弃土位置和附属设施细节。

如果可以，须提供推荐的植被覆盖物种、覆盖物建立和维护的信息。

如果可以，须纳入保护实践《关键区种植》（342）。

运行和维护

在实施本实践之前，应向土地所有者提供因地制宜的具体运行和维护计划并与其一起进行审核。本计划应包括以下条例：

- 定期并在风暴后进行检查，以检测并尽量减少对灌溉渠或侧渠的损害。
- 及时修理或更换损坏的部件。
- 清除阻碍系统操作的杂物和异物。
- 在所有斜坡和河道上保留推荐的植被覆盖。如果可能的话，应在草巢物种主要筑巢季节之外，安排刈割草类或其他植物干扰活动。

参考文献

USDA，NRCS.2001.National Engineering Handbook，Part650，Engineering Field Handbook，Chapter 14，Water Management（Drainage）.

USDA，NRCS.2007.National Engineering Handbook，Part654，Stream Restoration Design Handbook，Chapter 8，Threshold Channel Design.

保护实践概述

（2012年6月）

《灌溉渠或侧渠》（320）

建造灌溉渠或侧渠将灌溉水从供水源输送到一个或多个农田。

实践信息

本实践旨在将灌溉水输送到农田灌溉系统，以此减少侵蚀、防止水质退化，并通过最大限度地减少渗流或结构故障造成的输送损失，提高灌溉水的有效利用。

所有的灌溉渠、侧渠和相关结构均应规划为整个系统的某一组成部分，促进一个或一组农田实现自然资源保护。

灌溉渠或侧渠配套设施计划包括相关结构，如道岔、道岔口以及作为一个有效系统成功运行所需的其他设施。所有相关结构的设计和安装均应符合自然资源保护局的质量标准。

灌溉渠或侧渠需在实践的预期年限内进行维护。

常见相关实践

《灌溉渠或侧渠》（320）通常与《灌溉用水管理》（449）、《泵站》（533）、《灌溉系统——微灌》（441）、《喷灌系统》（442）、《灌溉系统——地表和地下灌溉》（443）、《灌溉水库》（436）、《水井》（642）、《控水结构》（587）以及《灌溉渠道衬砌》（428）等保护实践一起使用。

保护实践的效果——全国

土壤侵蚀	效果	基本原理
片蚀和细沟侵蚀	0	在坡面上修建的沟渠可以截留径流、缩短坡面长度。
风蚀	0	不适用
浅沟侵蚀	0	在坡面上修建的沟渠可以截留径流。
典型沟蚀	0	可以防止少量侵蚀。
河岸、海岸线、输水渠	0	不适用
土质退化		
有机质耗竭	0	不适用
压实	0	不适用
下沉	0	不适用
盐或其他化学物质的浓度	0	不适用
水分过量		
渗水	0	灌溉渠可以作为渗流出口，也可以成为渗流水源。
径流、洪水或积水	2	灌溉渠可以截留径流，起到泄洪的作用。
季节性高地下水位	-2	可以成为渗入水源，从而增加地下水量。
积雪	0	不适用
水源不足		
灌溉水使用效率低	5	灌溉渠将灌溉水输送到灌溉地区。
水分管理效率低	0	不适用
水质退化		
地表水中的农药	0	不适用
地下水中的农药	0	不适用
地表水中的养分	-2	灌溉渠中的回流可能将溶解的养分以及附着在沉积物上的养分物质输送到地表水中。
地下水中的养分	0	不适用
地表水中的盐分	0	不适用
地下水中的盐分	0	不适用
粪肥、生物土壤中的病原体和化学物质过量	-2	灌溉渠中的回流会将可能存在的污染物输送到地表水中。
粪肥、生物土壤中的病原体和化学物质过量	0	不适用
地表水沉积物过多	0	不适用
水温升高	0	不适用
石油、重金属等污染物迁移	0	灌溉渠可以更有效地分配灌溉水，或者可以增加向地表水输送污染物的回流。

（续）

水质退化	效果	基本原理
石油、重金属等污染物迁移	0	不适用
空气质量影响		
颗粒物（PM）和 PM 前体的排放	0	不适用
臭氧前体排放	0	不适用
温室气体（GHG）排放	0	不适用
不良气味	0	不适用
植物健康状况退化		
植物生产力和健康状况欠佳	2	增加水资源可利用量，可促进植物的生长、健康和活力。
结构和成分不当	0	不适用
植物病虫害压力过大	0	不适用
野火隐患，生物量积累过多	0	不适用
鱼类和野生动物——生境不足		
食物	0	存在植被的灌溉渠可为鱼类提供食物。
覆盖 / 遮蔽	0	存在植被的灌溉渠可为鱼类提供掩护。
水	0	灌溉渠中的水暂时可用。
生境连续性（空间）	0	不适用
家畜生产限制		
饲料和草料不足	0	不适用
遮蔽不足	0	不适用
水源不足	0	不适用
能源利用效率低下		
设备和设施	0	不适用
农场 / 牧场实践和田间作业	0	不适用

CPPE 实践效果：5 明显改善；4 中度至明显改善；3 中度改善；2 轻度至中度改善；1 轻度改善；0 无效果；−1 轻度恶化；−2 轻度至中度恶化；−3 中度恶化；−4 中度至严重恶化；−5 严重恶化。

工作说明书—— 国家模板

（2017年10月）

此类可交付成果适用于个别实践。其他规划实践的可交付成果参考具体的工作说明书。

设计

可交付成果

1. 能够证明符合自然资源保护局实践中相关准则并与其他计划和应用实践相匹配的设计文件。
    a. 保护计划中确定的目的。
    b. 客户需要获得的许可证清单。
    c. 符合自然资源保护局国家和州公用设施安全政策（《美国国家工程手册》第 503 部分《安全》A 子部分“影响公用设施的工程活动”第 503.00 节至第 503.06 节）。
    d. 制订计划和规范所需的与实践相关的计算和分析，包括但不限于：
        i. 地质与土力学（《美国国家工程手册》第 531a 子部分）
        ii. 容量
        iii. 沟渠流速
        iv. 植被
        v. 环境因素

2. 向客户提供书面计划和规范书包括草图和图纸，充分说明实施本实践并获得必要许可的相应要求。
3. 合理的设计报告和检验计划（《美国国家工程手册》第 511 部分，B 子部分“文档”，第 511.11 和第 512 节，D 子部分“质量保证活动”，第 512.30 至 512.32 节）。
4. 运行维护计划。
5. 证明设计符合实践和适用法律法规的文件（《美国国家工程手册》A 子部分第 505.3 节）。
6. 安装期间，根据需要所进行的设计修改。

注：可根据情况添加各州的可交付成果。

安装

可交付成果

1. 与客户和承包商进行的安装前会议。
2. 验证客户是否已获得规定许可证。
3. 根据计划和规范（包括适用的布局注释）进行定桩和布局。
4. 安装检查（酌情根据检查计划开展）。
    a. 实际使用的材料（第 512 部分 D 子部分“质量保证活动”第 512.33 节）
    b. 检查记录
5. 协助客户和原设计方并实施所需的设计修改。
6. 在安装期间，就所有联邦、州、部落和地方法律、法规和自然资源保护局政策的合规性问题向客户 / 自然资源保护局提供建议。
7. 证明安装过程和材料符合设计和许可要求的文件。

注：可根据情况添加各州的可交付成果。

验收

可交付成果

1. 竣工文档。
    a. 实践单位
    b. 图纸
    c. 最终量
2. 证明安装过程符合自然资源保护局实践和规范并符合许可要求的文件（《美国国家工程手册》A 子部分第 505.3 节）。
3. 进度报告。

注：可根据情况添加各州的可交付成果。

参考文献

NRCS Field Office Technical Guide（eFOTG）, Section IV, Conservation Practice Standard - Irrigation Canal or Lateral, 320.

NRCS National Engineering Manual（NEM）.

NRCS National Environmental Compliance Handbook.

NRCS Cultural Resources Handbook.

注：可根据情况添加各州的参考文献。

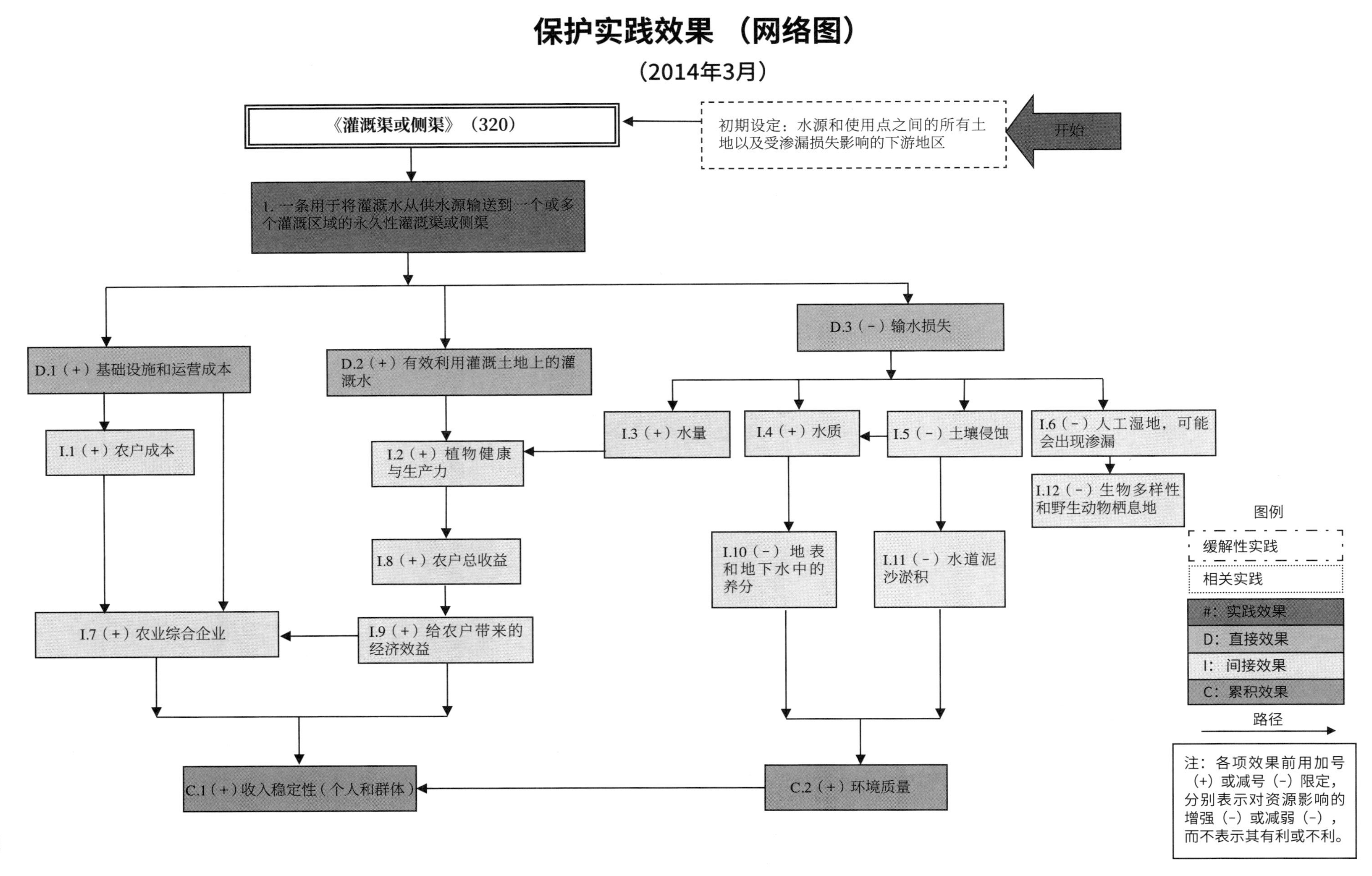

保护实践效果（网络图）
（2014年3月）
《灌溉渠或侧渠》（320）
初期设定：水源和使用点之间的所有土地以及受渗漏损失影响的下游地区
开始
1. 一条用于将灌溉水从供水源输送到一个或多个灌溉区域的永久性灌溉渠或侧渠
D.1（+）基础设施和运营成本
D.2（+）有效利用灌溉土地上的灌溉水
D.3（-）输水损失
I.1（+）农户成本
I.2（+）植物健康与生产力
I.3（+）水量
I.4（+）水质
I.5（-）土壤侵蚀
I.6（-）人工湿地，可能会出现渗漏
I.12（-）生物多样性和野生动物栖息地
I.8（+）农户总收益
I.10（-）地表和地下水中的养分
I.11（-）水道泥沙淤积
I.7（+）农业综合企业
I.9（+）给农户带来的经济效益
C.1（+）收入稳定性（个人和群体）
C.2（+）环境质量
图例
缓解性实践
相关实践
#：实践效果
D：直接效果
I：间接效果
C：累积效果
路径
注：各项效果前用加号（+）或减号（-）限定，分别表示对资源影响的增强（-）或减弱（-），而不表示其有利或不利。

灌溉渠道衬砌

（428，Ft.，2011年5月）

定义

在灌渠、渠道或侧面，使用防渗材料或进行化学处理。

目的

作为资源管理系统的一部分，可以实现以下目标：

- 改善灌溉用水的输送。
- 防止地面积水。
- 保持水质。
- 防止侵蚀。
- 减少水分流失。
- 降低能耗。

适用条件

适用于受侵蚀或过度渗漏的已建沟渠，这些沟渠是灌溉水分配或输送系统的组成部分。

适用于所服务地区的供水和灌溉供应满足将要种植的作物和所使用灌溉用水方法的需求。

不适用于天然河流。

准则

适用于上述所有目的的总体准则

渠道衬砌应位于不易受侧面排水泛滥损坏的地方，或应有措施使其免受此类损坏。

当衬砌因过热或火灾而受到损坏时，须采取措施保护衬砌免受外部水压、冻胀、与土壤和水的化学反应、动物和火灾等的损害。

渠道衬砌的厚度必须根据每个场地的工程情况来确定。在确定使用厚度时，应评估以下几个方面：位置、渠道尺寸、流速、路基状况、施工方法、运行方式、衬砌材料和气候等。

材料。如果场所内有损害衬砌的成分，如硫酸盐、盐类或其他强化学物质，衬砌材料必须能抵抗或以其他方式防止该类化学物质损坏衬砌。

混凝土。根据本实践安装的混凝土衬砌只适用于具有下列条件的沟渠：

- 底部宽度不超过 6 英尺；
- 流量等于或小于每秒 100 立方英尺；
- 设计速度等于或小于每秒 15 英尺。

不使用其他火山灰时，粉煤灰可代替 15% 的水泥（按重量计算）。粉煤灰材料应符合 ASTM—618《混凝土用粉煤灰和生料或煅烧的火山灰标准规范》的要求。

如果使用加气外加剂改善混凝土的可加工性并减少冻融循环造成的损坏，则空气含量不得超过混凝土体积的 7%。

在硫酸盐浓度较高的土壤中，应按照表 1 所示的数值安装混凝土衬砌。

表 1 混凝土与硫酸盐接触时的水泥要求

水溶性硫酸盐（SO_4^{2-}）重量百分比	水中溶解的硫酸盐（SO_4^{2-}）（毫克/升）	水泥类型 ASTMC150 或 C595
$SO_4^{2-} \geqslant 0$	$SO_4^{2-} \geqslant 0$	任意
$SO_4^{2-} \geqslant 0.10$	$SO_4^{2-} \geqslant 150$	Ⅱ，IP（MS），IS（MS），P（MS），I（PM）（MS），I（SM）（MS）
$SO_4^{2-} \geqslant 0.2$	$SO_4^{2-} \geqslant 1\ 500$	V
$SO_4^{2-} > 2.00$	$SO_4^{2-} \geqslant 10\ 000$	V+ 火山灰★

★已知或显示火山灰与 V 型水泥混合来改善混凝土中抗硫酸盐性能。

矩形截面普通混凝土衬砌的最小厚度应为 3½ 英寸*。对于梯形或抛物线形截面，最小厚度应符合表 2。

表 2 梯形或抛物线形截面、普通混凝土渠和渠道衬砌的最低要求厚度

设计速度①（英尺/秒）	不同气候区域的最小厚度②（英寸）	
	暖	冷
< 9.0	1.5	2.0
9.0 ~ 12.0	2.5	2.5
12.0 ~ 15.0	2.5	3.0

①短溜槽段的速度不应考虑设计速度。
②气候区域：
暖：1 月平均气温为 40° F** 及以上。
冷：1 月的平均气温低于 40° F。

钢铁和有色金属。当土壤或水中的盐分或其他化学成分浓度较高时，钢和有色金属会受到损害，此时应使用涂层、阴极保护或其他专门设计的方法保护衬砌免受这些化学物质的损害。

镀锌衬砌材料应符合或高于 ASTMA—525《热浸镀锌钢板的一般要求》。对于宽度为 84 英寸或更小的单个薄板，衬砌材料的最小厚度应为 24 个单位值，对于较宽的薄板，最小厚度为 22 个单位值。隔板及相关结构所用钢板的最小厚度应为 20 个单位值。

衬板的边缘应轧制或压成一个形状，使其能在弯角处提供额外的强度，在衬砌顶部的沟岸护堤上应有一个牢固的锚固处。

衬垫配件中使用的紧固件和锚钉应采用镀锌、镀镉、不锈钢或环氧树脂涂层。接缝应灵活、防水，并以密封材料填充，能够承受衬砌材料的收缩、膨胀，适应现场预期的温度变化。

柔性膜和半刚性塑料。应保护柔性膜和半刚性塑料衬砌免受动物、过热或火灾的损害。

由土或土及砾石覆盖的柔性膜衬砌，防护罩厚度不得小于 6 英寸，并且必须在衬砌顶部边缘上方延伸 6 英寸及以上，除非制造商建议不要覆盖。

在受牲畜运输影响的地区，防护罩的最小厚度须为 9 英寸，且不得有大于 3/8 英寸的颗粒、角质颗粒和其他锋利物体。

使用底部 3 英寸防护罩中的材料时，土壤中不应有大于 3/8 英寸颗粒、有棱角的岩石颗粒和其他尖锐物体。根据制造商的建议，可能需要加厚沟渠底部的衬砌。

被覆衬砌需要切断和锚沟，以确保衬砌的路基。

如果接缝裂开，外露的衬砌需要切断和锚沟，以确保衬砌不会从底部和侧面撕开、隆起或撕裂。

任何外露的建造衬砌材料都应具有足够的紫外线防护能力，防止过早老化。

根据制造商的建议，在安装聚氨酯/土工织物复合衬砌时需外露。

柔性膜、化学处理、压实黏土和半刚性塑料所需的厚度应根据次级条件、在衬砌上施加的静水力

---

* 英寸为非法定计量单位，1 英寸 =0.0254 米。——编者注

** ° F 为非法定计量单位，1° F≈-17.22℃。——编者注

和衬砌在安装期间或安装后的损坏敏感性确定（表 3）。

表 3 柔性膜、化学处理、压实黏土和半刚性塑料衬砌的最小所需厚度

材料	最小厚度（密耳 ★★，除非注明）
聚氯乙烯 ★	20
地面控制截击 ★	0.75 磅 ★★★/ 平方英尺钠基膨润土
三元乙丙橡胶	45
三元乙丙橡胶（加强）	45
聚氨酯 / 土工织物复合材料	45
高密度聚乙烯	30
线型低密度聚乙烯	20
聚乙烯（加强）	24
聚丙烯（加强）	24
沥青	
土工膜	120
化学处理	3in
压实黏土	3in

★ 所需防护罩（不得外露安装）。★★ 密耳为长度单位，1 密耳 =0.0254 毫米。★★★ 磅为非法定计量单位，1 磅 ≈ 0.45 千克。

化学处理。化学处理包括将化合物应用于土沟渠表面，除非另有说明，否则应要求掺入和压实复合土壤 / 化学混合物（表 4）。

表 4 渠道化学处理用压实衬砌的最小施用量

材料	最小施用量 / 压实厚度（磅 / 平方英尺）/ 英寸
焦磷酸四钠 ★	0.012 5
三聚磷酸钠 ★	0.012 5
碳酸钠	0.025
钠基膨润土	参照土壤类型
砂浆	0.375
粉砂质砂	0.5
纯质砂	0.625
硅酸盐水泥	1.25

★ 所需防护罩（不得外露安装）。

容量。有衬砌的渠道容量应满足其作为计划灌溉用水中分配或输送系统的一部分的要求，且不造成损坏或溢流。

出于设计目的，容量应根据表面最大粗糙度使用曼宁公式计算，其中“n”值不得小于：

- 混凝土：0.015
- 钢 / 有色金属：0.013
- 柔性膜 / 半钢性塑料（SRFP）（覆盖）：0.025
- 柔性膜 /SRFP（暴露）：0.011
- 化学处理：0.025

速度。在无覆盖混凝土或金属衬砌的渠道中，直线段的流速限制在临界速度的 1.7 倍，避免不稳定的浪涌流动，这种流速流入沟渠段或装置里的目的是将流速降低到临界速度以下。在这些直道中的最大速度应为每秒 15 英尺。

在使用柔性膜衬砌时，应按照制造商的建议进行速度限制。

在有覆盖衬砌的渠道中，用曼宁粗糙度系数来计算速度，其中“n”不大于0.025，进而评估覆盖材料的稳定性。

在衬垫上使用土壤材料作为保护层时，沟渠中的流速不得超过土壤材料或材料经过渠道或沟渠的非侵蚀速度，以较小者为准。若适用，可使用当地关于特定土壤极限速度的信息。如果没有这些信息，稳定极限应参考美国农业部农业市场服务部（USDA-ARS）指定的农业手册第667号—《草地明渠的稳定性设计》或其他类似渠道稳定性标准中的牵引应力设计方法。

通过闸门、岔道、虹吸管或类似方式将水输送到田间的沟渠中的速度应小于超临界值且足够低，允许计划的装置运行。

干舷。所需干舷根据沟渠、流速、水平和垂直方向、可截留的风暴或废水量以及任何控制装置运行时可能发生的水面高度变化而变化。任何有衬砌的沟渠或河道的最低干舷须在3英尺的衬砌上，高于设计水面。如果设计速度在临界速度的 ±30% 以内，干舷至少应为6英寸。

最低干舷要求是基于假设，即完成的沟渠底部的高度与设计高度的差异不超过0.1英尺。如容许建筑偏差大于0.1英尺，则应增加最小干舷。

如流速、水流深度、排列、障碍物、曲线和其他现场条件需要，则应提供额外的干舷。

水面高度。所有有衬砌的沟渠设计，在野外的外泄点，应保持足够高的水面高度，这样才能提供所需的水流流到地表。如果要使用沟渠检测或其他控制结构来提供必要的水源，则在计算干舷要求时必须考虑回水效应。

在地表以上的水面高度随所使用的外带结构或设备类型和所需水量变化，且需设置最少4英寸的封头。如预计出口处会发生腐蚀，则应使用消能装置。

沟边坡。对于以下所示的施工方法和材料，边坡的坡度不得超过以下标准：

手工放置形成的混凝土：

衬砌高度小于1.5英尺（垂直）

手工放置压平的混凝土：

衬砌高度小于2.5英尺（3/4H至1V*）

衬砌高度大于2.5英尺（1H至1V）

滑模混凝土：

衬砌高度小于3英尺（1H至1V）

衬砌高度大于3英尺（¼H至1V）

化学处理：

喷雾/阶梯应用（1H至1V）

斜坡上的掺入（3H至1V）

覆盖的衬砌：

不少于（3H至1V）

注：*H：水平，V：垂直。

对于以上未列出的材料，请遵循制造商的建议。

沟岸。沟岸的土壤形状至少应与衬砌的顶部边缘成形，并为衬砌顶部边缘提供必要的锚固。在切割部分，除岩石以外，护堤应在衬砌顶部上方不少于2英寸的地方建造。沟岸和护堤的宽度应足以确保填料、衬砌的稳定性，并防止切割部分过度沉积。

使用虹吸管时，在建成沟渠两侧衬砌的顶部应设置12英寸及以上的护堤或岸线。所有其他渠道和外侧应在衬砌顶部至少有18英寸宽的护堤或岸线。

如本堤岸或护堤作为道路使用，则其最小顶部宽度须满足条件。直线段道路的最小推荐宽度为12英尺。

开挖段的外侧岸坡和护堤高度以上的坡度必须足够平坦，从而确保其稳定性。建议最小斜率为2H至1V。需要除草维护植被的地方，其最小坡度应为3H至1V。

路基。对于柔性膜，衬砌材料应放置在相对光滑和牢固的表面上。6 英寸路基的顶部不得含有机物质、大于 3/8 英寸的颗粒、角质岩石颗粒、其他锋利物体或任何可能损坏衬砌的物质。如果路基不符合这些标准，则需要 6 英寸厚的沙或土层，不含直径大于 3/8 英寸的颗粒、角岩颗粒和其他尖锐物体，或 8 盎司* 无纺布材料、土工膜复合材料，这些材料应用作衬砌下面的填充物。

相关结构。为便于管理灌溉用水排水沟安装计划，应提供适当的出入口、岔道、格子、十字路口和其他相关结构。

装置的建造或安装，不能减少该渠的容量或干舷，且衬砌的有效性亦不受损害。

为配合衬砌而形成的隔板，其大小须足以在整个渠道衬砌宽度范围内，向土沟衬垫中延伸至少 12 英寸，并须安装在衬砌段的始端及末端，以及所需的中间点（视需要而定），用于提供足够的锚固。

减少能耗的附加准则

分析证明从实践实施中减少能耗。

与以前的运行条件相比，能耗的减少量为平均年度或季节性能源减少量。

注意事项

- 增加纤维增强材料以提高耐久性，并减少混凝土轻微开裂的可能性。
- 下游水流的影响或将影响到其他用水或用户的含水层。
- 消除系统渗漏后，运输工具旁边的植被的生长和蒸腾作用可能发生变化。
- 对溶质进入地下水的影响。
- 对湿地或与水生动物栖息地的影响。
- 对水资源能见度的影响。
- 减少水流失，改善灌溉用水管理，进而节省能源。
- 短期和建筑相关的空气质量影响。

计划和专项说明

安装灌溉沟渠和渠道衬砌的计划和专项说明应符合本实践，并应说明应用本实践达到其预期目的的要求。

运行和维护

应针对灌渠沟渠和渠道衬砌制订运行和维护计划。为确保这些做法在其整个预期寿命期间充分运行，本计划应记录需要采取的措施。

运行和维护的要求应作为设计的一部分来确定。任何要求都应记录在计划、规范或保护计划的概述中，或者作为单独的操作维护计划。典型的操作维护可能还包括泥沙和碎片清除、混凝土裂缝修补、更换损坏了的衬砌。

---

* 盎司为非法定计量单位，1 盎司 =28.35 克。——编者注

保护实践概述

（2012年12月）

《灌溉渠道衬砌》（428）

排水沟或水渠的灌溉渠道衬砌是在现有或新建的灌溉沟渠、水渠或使用不透水材料，或进行化学处理。

实践信息

灌溉渠道衬砌实践可作为资源管理系统的一部分，用以实现改善灌溉水的输送、防止土地积水、维持水质、防止侵蚀、减少失水量和利用消费。

实践适用于易受侵蚀或过度渗漏的竣工排水沟，此类排水沟是灌溉水配水或输水系统的组成部分。

灌溉渠道衬砌实践适用于供水量和灌溉输送量足以使作物种植和灌溉水施用方法得以实行的区域。

这一实践不适用于天然溪流。

灌溉渠道衬砌需在实践的预期年限内进行维护。

常见相关实践

《灌溉渠道衬砌》（428）通常与《灌溉用水管理》（449）、《灌溉系统——微灌》（441）、《喷灌系统》（442）、《地表和地下灌溉系统》、《灌溉水库》（436）、《水井》（642）、《控水结构》（587）以及《灌溉渠或侧渠》（320）等保护实践一起使用。

保护实践的效果——全国

土壤侵蚀	效果	基本原理
片蚀和细沟侵蚀	0	不适用
风蚀	0	不适用
浅沟侵蚀	0	不适用
典型沟蚀	0	不适用
河岸、海岸线、输水渠	0	不适用
土质退化		
有机质耗竭	0	不适用
压实	0	不适用
下沉	0	不适用
盐或其他化学物质的浓度	0	不适用
水分过量		
渗水	1	清除排水沟或渠道渗漏。
径流、洪水或积水	0	不适用
季节性高地下水位	-1	清除排水沟或渠道渗漏。

（续）

水分过量	效果	基本原理
积雪	0	不适用
水源不足		
灌溉水使用效率低	5	衬砌消除了失水量，保障了灌溉用水。
水分管理效率低	0	不适用
水质退化		
地表水中的农药	0	不适用
地下水中的农药	0	不适用
地表水中的养分	1	衬砌排水沟减少了附着在沉积物上的养分向地表水的输送。
地下水中的养分	1	衬砌消除了渗漏。
地表水中的盐分	1	这一实践禁绝了灌溉水从排水沟中带走盐分。
地下水中的盐分	2	这一举措消除了土渠渗漏，否则土渠可能将可溶盐转移到地下水中。
粪肥、生物土壤中的病原体和化学物质过量	-1	可收集径流和回流，将污染物输送至地表水。
粪肥、生物土壤中的病原体和化学物质过量	1	这一举措消除了渠渗漏损失，从而降低了病原体向地下水迁移的可能性。
地表水沉积物过多	1	不透水材料防止侵蚀。
水温升高	0	节水灌溉系统应尽量减少对地表水水质的影响。
石油、重金属等污染物迁移	-1	这一实践可能会收集径流、回流，将可能存在的污染物迁移至地表水。
石油、重金属等污染物迁移	1	这一举措消除了渠渗漏损失，从而降低了重金属向地下水迁移的可能性。
空气质量影响		
颗粒物（PM）和 PM 前体的排放	0	不适用
臭氧前体排放	0	不适用
温室气体（GHG）排放	0	不适用
不良气味	0	不适用
植物健康状况退化		
植物生产力和健康状况欠佳	2	增加水资源可利用量和获取量，可促进植物的生长、健康和活力。
结构和成分不当	0	不适用
植物病虫害压力过大	0	不适用
野火隐患，生物量积累过多	0	不适用
鱼类和野生动物——生境不足		
食物	0	不适用
覆盖 / 遮蔽	0	不适用
水	0	操作中临时供水。
生境连续性（空间）	0	不适用
家畜生产限制		
饲料和草料不足	0	不适用
遮蔽不足	0	不适用
水源不足	0	不适用
能源利用效率低下		
设备和设施	0	不适用
农场 / 牧场实践和田间作业	2	减少渗透损失，从而减少泵送能源利用。

CPPE 实践效果：5 明显改善；4 中度至明显改善；3 中度改善；2 轻度至中度改善；1 轻度改善；0 无效果；-1 轻度恶化；-2 轻度至中度恶化；-3 中度恶化；-4 中度至严重恶化；-5 严重恶化。

工作说明书—— 国家模板

（2011年5月）

此类可交付成果适用于个别实践。其他规划实践的可交付成果参考具体的工作说明书。

设计

可交付成果

1. 能够证明符合自然资源保护局实践中相关准则并与其他计划和应用实践相匹配的设计文件。
   a. 保护计划中确定的目的。
   b. 客户需要获得的许可证清单。
   c. 符合自然资源保护局国家和州公用设施安全政策（《美国国家工程手册》第 503 部分《安全》A 子部分“影响公用设施的工程活动”第 503.00 节至第 503.06 节）。
   d. 制订计划和规范所需的与实践相关的计算和分析，包括但不限于：
      i. 容量
      ii. 沟渠流速 / 稳定性
      iii. 衬砌详图（如类型、厚度、路基）
      iv. 环境因素
2. 向客户提供书面计划和规范书包括草图和图纸，充分说明实施本实践并获得必要许可的相应要求。
3. 运行维护计划。
4. 证明设计符合实践和适用法律法规的文件［《美国国家工程手册》A 子部分第 505.03（a）（3）节］。
5. 安装期间，根据需要所进行的设计修改。

注：可根据情况添加各州的可交付成果。

安装

可交付成果

1. 与客户和承包商进行的安装前会议。
2. 验证客户是否已获得规定许可证。
3. 根据计划和规范（包括适用的布局注释）进行定桩和布局。
4. 安装检查（酌情根据检查计划开展）。
   a. 实际使用的材料（第 512 部分，D 子部分“质量保证活动”，第 512.33 节）
   b. 检查记录
5. 协助客户和原设计方并实施所需的设计修改。
6. 在安装期间，就所有联邦、州、部落和地方法律、法规和自然资源保护局政策的合规性问题向客户 / 自然资源保护局提供建议。
7. 证明安装过程和材料符合设计和许可要求的文件。

注：可根据情况添加各州的可交付成果。

验收

可交付成果

1. 竣工文档。
    a. 实践单位
    b. 图纸
    c. 最终量
2. 证明安装过程符合自然资源保护局实践和规范并符合许可要求的文件［《美国国家工程手册》A子部分第505.03（c）（1）节］。
3. 进度报告。

注：可根据情况添加各州的可交付成果。

参考文献

NRCS Field Office Technical Guide（eFOTG）, Section IV, Conservation Practice Standard – Irrigation Ditch Lining, 428.

NRCS National Engineering Manual（NEM）.

NRCS National Environmental Compliance Handbook.

NRCS Cultural Resources Handbook.

注：可根据情况添加各州的参考文献。

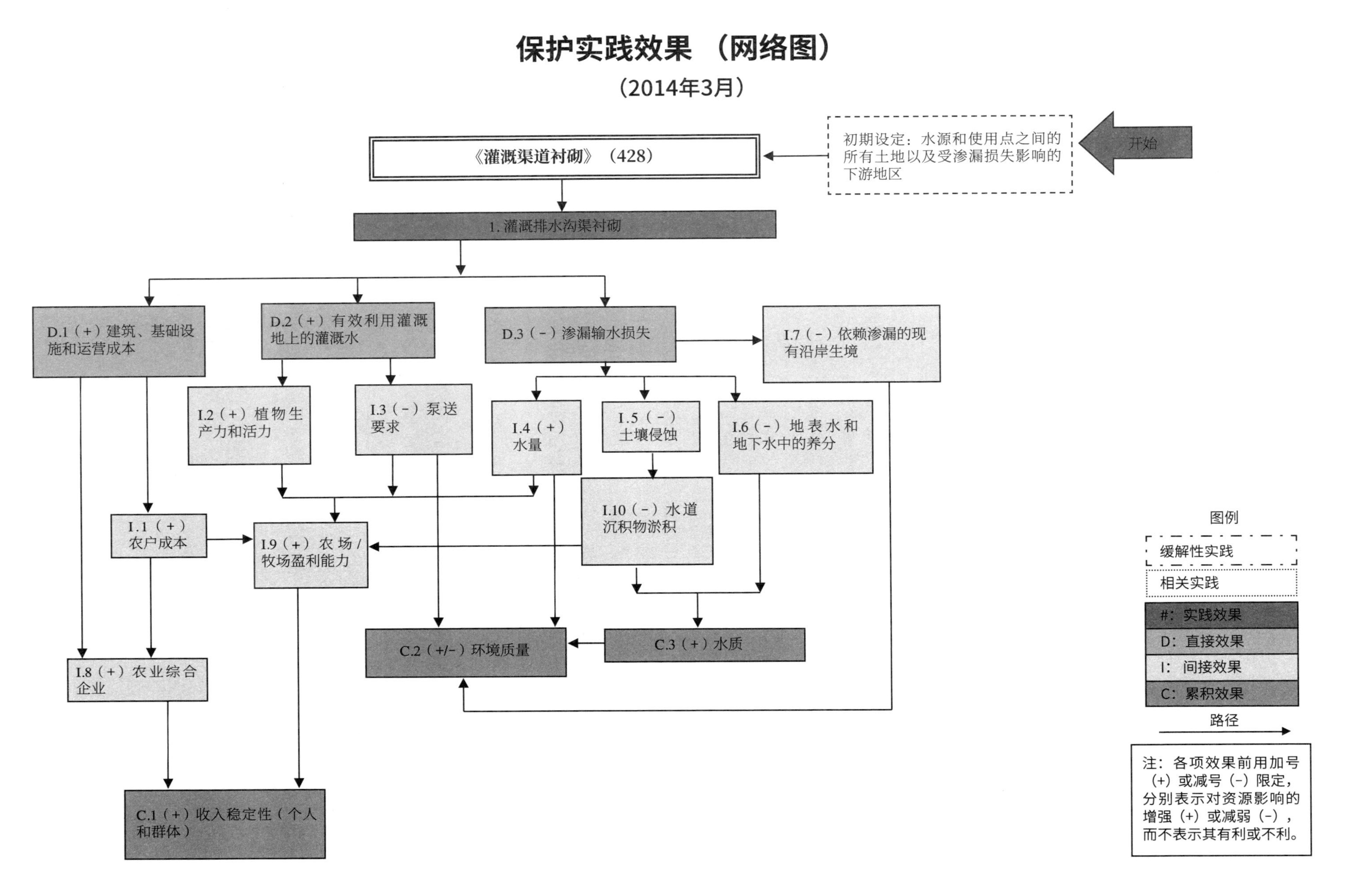

保护实践效果（网络图）
（2014年3月）
开始
初期设定：水源和使用点之间的所有土地以及受渗漏损失影响的下游地区
《灌溉渠道衬砌》（428）
1. 灌溉排水沟渠衬砌
D.1（+）建筑、基础设施和运营成本
D.2（+）有效利用灌溉地上的灌溉水
D.3（-）渗漏输水损失
I.7（-）依赖渗漏的现有沿岸生境
I.2（+）植物生产力和活力
I.3（-）泵送要求
I.4（+）水量
I.5（-）土壤侵蚀
I.6（-）地表水和地下水中的养分
I.1（+）农户成本
I.9（+）农场/牧场盈利能力
I.10（-）水道沉积物淤积
I.8（+）农业综合企业
C.2（+/-）环境质量
C.3（+）水质
C.1（+）收入稳定性（个人和群体）
图例
缓解性实践
相关实践
#：实践效果
D：直接效果
I：间接效果
C：累积效果
路径
注：各项效果前用加号（+）或减号（-）限定，分别表示对资源影响的增强（+）或减弱（-），而不表示其有利或不利。

灌溉田沟

（388，Ft.，2011年4月）

定义

用土壤或用泥土材料修建永久性灌溉沟渠，通过灌溉系统将水从水源输送到一个或多个田块。

目的

本实践作为资源管理系统的一部分，旨在达成以下一项或多项目的：

- 提高灌区用水分配均匀性。
- 提高灌区用水的灌溉效率。

适用条件

仅适用于由泥土建成，且容量等于或低于每秒 25 立方英尺的明渠和抬高沟渠。

适用于田间沟渠作为所设灌溉用水分配系统的组成部分，以促进水土资源的保护性利用。

准则

适用于上述所有目的的附加准则

所供应地区的供水和灌溉输送，应足以使得灌溉作物的生长和灌溉用水应用方法切实可行。

田间沟渠应采用含有充足的细土粒泥土建造，防止灌溉用水过度渗漏，而且收缩裂缝不会危及沟渠或引起下游水质问题。同时，应考虑灌溉用水中所携带沉淀物的封盖作用。

输水容量要求。田间沟渠应有足够的输送容量：

- 作物在田间种植的设计峰值消耗量，并为预期的田间灌溉效率提供适当的条件。
- 农田规划的灌溉方法所需的最大灌溉水流量。

设计的输送能力应包括额外的水流量，以补偿因沟渠渗水造成的损失，同时安全地将来自邻近土地的地表径流运送到水道或水泛地。

在输水能力设计方面，应根据建造沟渠的材料、对齐方式、水力半径和植被造成的额外阻力，选择曼宁粗糙系数“n”。

速度。田间沟渠的设计应适用于建造土壤材料的无侵蚀性水流。对特定有可能发生侵蚀的土壤，应按照当地土壤侵蚀水流限速信息要求执行（如可行）。如果当地无此类资料，在未采取保护标准时，其最大设计速度不得超过《美国国家工程手册》第 654 部分图 8-4 或其他等效方法中所示的速度。

最大曼宁粗糙系数“n”应不大于 0.025。田间沟渠应符合保护实践《明渠》（582）的设计标准。

横截面。田间沟渠超高应为最大设计水深的 1/3，或 6 英寸，以较低者为准。边缘坡度应稳定，以防止边坡遭到破坏。渠道顶宽，在所需超高的堤岸顶端测量，不得小于 12 英寸，必须等于水深或超过水深的一半。

如果田间沟渠要在填方断面建造，填方的边坡不应比表 1 所示的数值更陡。

表 1

填方中线处水面高度（英尺）	最陡的填方边坡（水平至垂直）
<3	1½∶1
3 ~ 6	2∶1
>6	2½∶1

水面高程。所有田间沟渠的设计应使出口处水面高程足够高，以便将所需灌溉用水输送到田间表面。如果使用明沟节制阀或其他控制装置来提供必要的水位差，则在计算超高要求时必须考虑回水效应。

地表上方所需的水面高程将会随着出水口或所用装置类型以及通过出水流量而异。应至少提供4英寸的水位差。

相关结构。设计和建造用于附加在田间沟渠所需的侵蚀控制或水流控制结构、涵洞、改道或其他相关结构，要满足自然资源保护局保护实践中有关特殊结构和构造类型的要求。

注意事项

规划时，应酌情考虑以下事项（如适用）：

- 对下游水流或含水层的潜在影响，这会影响水的其他用途、其他用水户或水生生物。
- 可溶性污染物和附着在沉积物上的污染物对水质的潜在影响。
- 导致有毒物质的暴露和扩散的可能性。
- 对文化资源的影响。
- 对湿地或与水有关的野生动物栖息地的影响。
- 在主要的筑巢季节以外，定期对筑巢物种安排维护（如修剪或对边坡或沟渠上植被的其他干扰）。
- 水位控制对土壤、地下水或下游水域盐度的影响。
- 设计和建设期间的开挖安全。
- 在开工前，检查是否存在地下管线设施。
- 减少能源使用和可能提升能源使用效率。

计划和技术规范

田间灌溉沟渠的计划和技术规范应阐述为达到预期目标而采用本实践的要求。

计划和技术规范应包括横截面细节、堤防要求、渠道等级和附属装置的结构细节。田间沟渠的位置应标注在设计图上。

请提供推荐的覆被植物的种类、植被如何形成及保养的资料（如适用）。

运行和维护

应准备一份运行和维护计划，供土地所有者或操作者使用。该计划应提供操作和维护田间沟渠的具体说明，以确保其功能符合设计要求。

本计划应包括以下条款：

1. 及时维修或更换受损组件。
2. 清除田间沟渠和其他部件中可能妨碍系统运行的杂物或异物。
3. 维护斜坡和水道上的植被。

参考文献

USDA-NRCS，National Engineering Handbook，Part 654，Stream Restoration Design，Chapter 8，Threshold Channel Design.

保护实践概述

（2012年7月）

《灌溉田沟》（388）

农田灌溉田沟属于永久性排水沟，它将水从水源输送到农场配水系统所属的农田。

实践信息

本实践适用于容量小于等于25立方英尺/秒的明渠和填土高渠。不适用于向农场输送灌溉水的渠道和侧渠，也不适用于在生长季节临时修建和移除的排水沟。

农田灌溉沟渠属于永久性设施，需要进行设计和布局，以达到可接受的稳定性、容量、速度和水面高度，从而有效地将灌溉水施用于农田表面。为适应收割、耕作和生产作物的其他栽培要求，排水沟堤岸可封闭并重新开通。

田间排水沟采用含有足够黏土或其他细粒土壤材料的土料建造，以防止过度渗漏。在确定田间排水沟立地适宜性时，可考虑灌溉水中携带沉积物的封闭效应。

灌溉沟渠需在实践的预期年限内进行维护。

常见相关实践

《灌溉田沟》（388）通常与《灌溉用水管理》（449）、《灌溉渠或侧渠》（320）、《灌溉管道》（430）、《泵站》（533）、《水井》（642）、《控水结构》（587）和《灌溉系统——微灌》（441）、《喷灌系统》（442）和《灌溉系统——地表和地下灌溉》（443）等保护实践一同应用。

保护实践的效果——全国

土壤侵蚀	效果	基本原理
片蚀和细沟侵蚀	0	在坡面上修建的排水沟可以截留径流、缩短坡面长度。
风蚀	0	不适用
浅沟侵蚀	0	在坡面上修建的排水沟可以截留径流。
典型沟蚀	0	不适用
河岸、海岸线、输水渠	0	不适用
土质退化		
有机质耗竭	0	不适用
压实	0	不适用
下沉	0	不适用
盐或其他化学物质的浓度	0	不适用
水分过量		
渗水	0	可以作为渗流出口，也可以成为渗流水源。
径流、洪水或积水	1	可收集和输送径流到安全出口。

（续）

水分过量	效果	基本原理
季节性高地下水位	-1	可以成为渗透水源，从而增加地下水量。
积雪	0	不适用
水源不足		
灌溉水使用效率低	5	排水沟有助于正确使用灌溉水。
水分管理效率低	0	不适用
水质退化		
地表水中的农药	0	不适用
地下水中的农药	0	不适用
地表水中的养分	0	不适用
地下水中的养分	0	不适用
地表水中的盐分	0	不适用
地下水中的盐分	0	不适用
粪肥、生物土壤中的病原体和化学物质过量	-1	可收集径流和回流，将可能存在的污染物输送至地表水。
粪肥、生物土壤中的病原体和化学物质过量	0	不适用
地表水沉积物过多	0	不适用
水温升高	0	不适用
石油、重金属等污染物迁移	1	灌溉渠中的回流会将污染物输送到地表水中。
石油、重金属等污染物迁移	0	不适用
空气质量影响		
颗粒物（PM）和 PM 前体的排放	0	不适用
臭氧前体排放	0	不适用
温室气体（GHG）排放	0	不适用
不良气味	0	不适用
植物健康状况退化		
植物生产力和健康状况欠佳	2	增加水资源可利用量，可促进植物的生长、健康和活力。
结构和成分不当	0	不适用
植物病虫害压力过大	0	不适用
野火隐患，生物量积累过多	0	不适用
鱼类和野生动物——生境不足		
食物	0	不适用
覆盖 / 遮蔽	0	不适用
水	0	排水沟中的水暂时可用。
生境连续性（空间）	0	不适用
家畜生产限制		
饲料和草料不足	0	不适用
遮蔽不足	0	不适用
水源不足	0	不适用
能源利用效率低下		
设备和设施	0	不适用
农场 / 牧场实践和田间作业	0	不适用

CPPE 实践效果：5 明显改善；4 中度至明显改善；3 中度改善；2 轻度至中度改善；1 轻度改善；0 无效果；-1 轻度恶化；-2 轻度至中度恶化；-3 中度恶化；-4 中度至严重恶化；-5 严重恶化。

工作说明书—— 国家模板

（2011年4月）

此类可交付成果适用于个别实践。其他规划实践的可交付成果参考具体的工作说明书。

设计

可交付成果

1. 能够证明符合自然资源保护局实践中相关准则并与其他计划和应用实践相匹配的设计文件。
   a. 保护计划中确定的目的。
   b. 客户需要获得的许可证清单。
   c. 符合自然资源保护局国家和州公用设施安全政策（《美国国家工程手册》第503部分《安全》A子部分“影响公用设施的工程活动”第503.00节至第503.06节）。
   d. 制订计划和规范所需的与实践相关的计算和分析，包括但不限于：
      i. 容量
      ii. 沟渠流速/稳定性
      iii. 环境因素
2. 向客户提供书面计划和规范书包括草图和图纸，充分说明实施本实践并获得必要许可的相应要求。
3. 运行维护计划。
4. 证明设计符合实践和适用法律法规的文件［《美国国家工程手册》A子部分第505.03（a）（3）节］。
5. 安装期间，根据需要所进行的设计修改。

注：可根据情况添加各州的可交付成果。

安装

可交付成果

1. 与客户和承包商进行的安装前会议。
2. 验证客户是否已获得规定许可证。
3. 根据计划和规范（包括适用的布局注释）进行定桩和布局。
4. 安装检查（酌情根据检查计划开展）。
   a. 实际使用的材料
   b. 检查记录
5. 协助客户和原设计方并实施所需的设计修改。
6. 在安装期间，就所有联邦、州、部落和地方法律、法规和自然资源保护局政策的合规性问题向客户/自然资源保护局提供建议。
7. 证明安装过程和材料符合设计和许可要求的文件。

注：可根据情况添加各州的可交付成果。

验收

可交付成果

1. 竣工文档。
   a. 实践单位

b. 图纸

c. 最终量

2. 证明安装过程符合自然资源保护局实践和规范并符合许可要求的文件[《美国国家工程手册》A 子部分第 505.03（c）（1）节]。

3. 进度报告。

注：可根据情况添加各州的可交付成果。

参考文献

NRCS Field Office Technical Guide（eFOTG）, Section IV, Conservation Practice Standard - Irrigation Field Ditch, 388.

NRCS National Engineering Manual（NEM）.

NRCS National Environmental Compliance Handbook.

NRCS Cultural Resources Handbook.

注：可根据情况添加各州的参考文献。

保护实践效果（网络图）

（2014年3月）

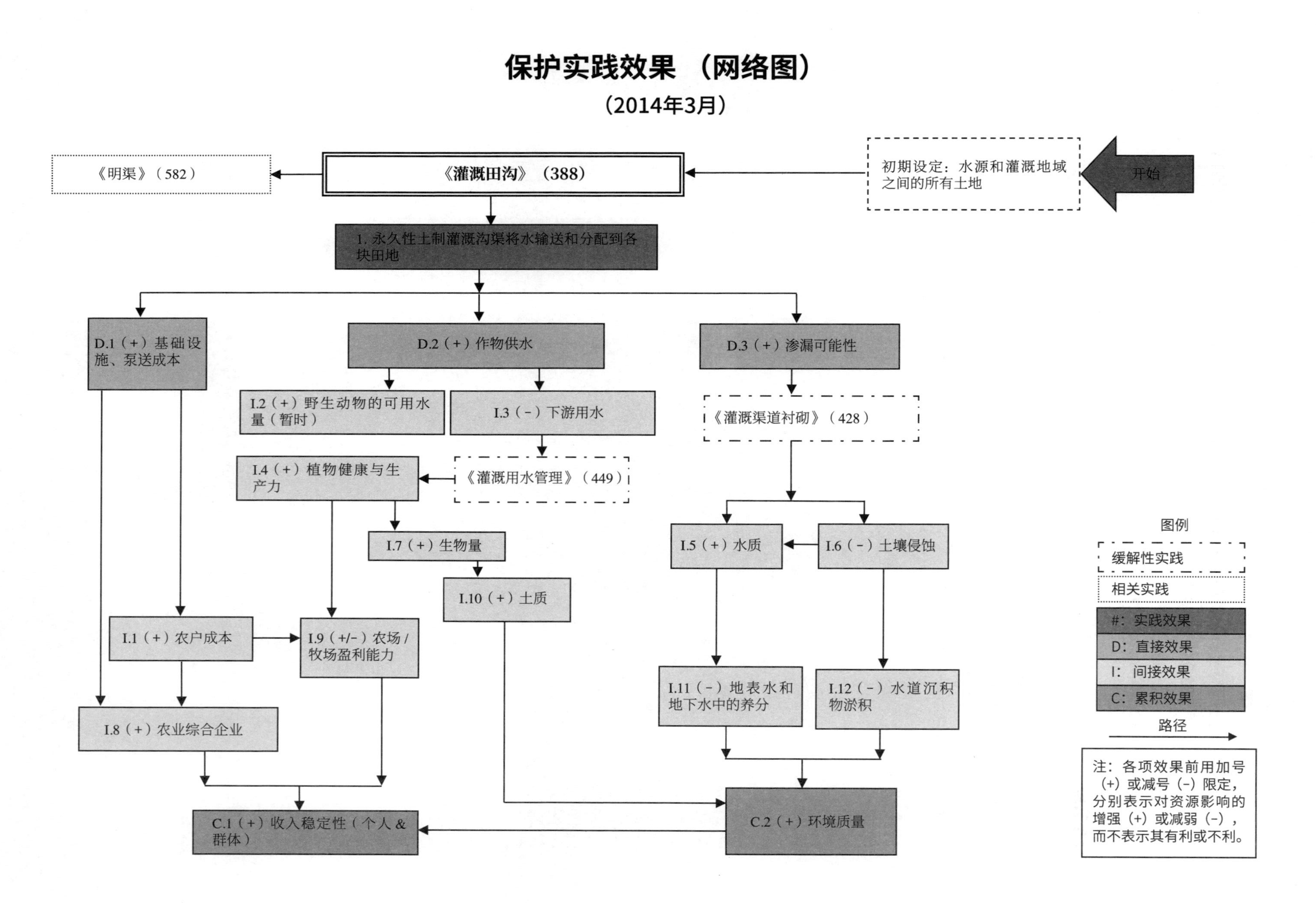

灌溉土地平整

（464，Ac., 2016年9月）

定义

按照规划的路线和坡度，对需要灌溉的土地表面重新进行平整。

目的

为提高农田的灌溉水资源利用效率。

适用条件

本实践适用于对采用地表或地下灌溉系统来进行灌溉的土地进行平整。此类土地平整基于详细的工程测勘、设计和布局。本实践不适用于保护实践《精准土地治理》（462）或《土地平整》（466）。

准则

在平整土地之前应确保该土地适合利用建议的灌溉方案进行灌溉。同样需要确保该土地具有足够的土层深度，以便平整之后依然留有满足植物根系生长的有效土层深度，并能够通过适宜的保护性措施实施高效的作物生产。对限定区域的浅层土进行平整，以使灌溉坡度或与改良的土地对齐。土地平整应避免形成聚集高渗透率土壤物质区域，因为它会抑制田地中水的正常分布。

应把土地平整工作作为整个农场灌溉系统设计的一个不可分割的部分，以便加强土壤和水资源的保护。同时，确定每一块田地的边界、等高线和合理的灌溉方向等，以便能够满足相邻的所有田地的灌溉需求。

设计

请参照当地的灌溉指南，保护实践《灌溉系统——地表和地下灌溉》（443），《美国国家工程手册（NEH）》第623部分第4章中的“地表灌溉”，以及第15部分“灌溉”第12章“土地平整”设计坡度、斜率和地块的分布。

土地坡度

如果该片土地包含多种土壤灌溉系统或种植多种作物，则土地平整必须满足（相应灌溉系统或作物）最严格的标准。所有平整工作必须遵循所采用灌溉方式的坡度限制要求，并能满足及时排干多余地表灌溉用水，以及防止由降水引起的土壤侵蚀。不得对与灌溉方向相反的土坡进行灌溉。

水平灌溉的坡度要求

灌溉方向的最大坡度不得超过正常灌溉深度的一半。每个盆地或畦带的高程差不得超过0.1英尺。

梯度灌溉的坡度要求

如果降雨侵蚀不是很严重，则灌溉方向的最大坡度，针对不同土地类型分别为：

- 犁沟：3%；
- 灌水沟：8%；
- 无草皮形成的作物（苜蓿、谷物）畦：2%；
- 抗冲蚀禾草或豆禾混播或无草皮形成的农作物畦，在这种田地中，在作物生长良好之后方可采用分畦法进行土壤供水：4%。

含有冲刷型土壤的地区，则最大坡度为：

- 犁沟：0.5%；
- 有草皮形成的作物畦：2%；
- 其他作物区：0.5%。

在灌溉方向坡度超过 0.5% 的灌溉地区，为增加或减少坡度，需对土地进行平整，应实施如下限制：

- 100 英尺以内的坡度变化不能超过运程最大允许范围的一半。但是，在灌溉流向的上端或下端允许存在短水程区域，以便控制水位和减少水分。
- 最大允许坡度差值指在经营范围内最平坦和最陡峭的设计坡度之间的坡度差。

横向坡度要求

对于盆地或畦的最大横向坡度为每畦 0.1 英尺宽，犁沟和灌水沟允许的横向坡度取决于土壤的稳定性、使用犁沟的大小和该地区的降水状况。横向坡度必须确保能将灌溉和降雨过程中的峰值流量控制至最小值。

地下灌溉的坡度要求

在采用地下水灌溉的区域，土地平整应使地表与其地下水位保持平行。同时，应满足土地表面距离地下水位的设计高度。

地表排水

包含排除或调控农田灌溉系统中过量的灌溉用水或暴雨积水的相关规定。为确保合理的土地平整工作，应提供地块的等高线和坡度信息，使设计的排水系统能充分发挥效能。

最大高程

所有土地平整工作的目的是允许所需要的灌溉能够流经地块的制高点。地块制高点应低于灌溉出水水位至少 0.33 英尺。

注意事项

当充填及需要使用额外物料时，需使用适量的挖掘或填充沟渠、沟堑和道路所需要的，或从沟渠、沟堑和道路中所获得的材料。

应考虑相关工程结构或措施，以便控制灌溉用水或雨水径流。

当设定或评估灌溉流程的长度时，应考虑作物类型、灌溉方式、土壤入渗率、地块坡度、灌溉管道尺寸，以及灌溉过程中的深层渗漏和径流等。

考虑沟渠开挖深度，以及植物根系能够到达盐碱土或浅层地下水的深度。

在灌溉水中充满沉积物的地区，应考虑适当增加灌溉出水水位高度。

应考虑灌溉对水流和蓄水层的影响，以及对其他用水或用水者的影响。

应考虑灌溉对临近湿地的影响。

计划和技术规范

针对每个地块制订灌溉土地平整计划和技术规范，以确保平整土地达到长远的规划目的。

计划和技术规范至少应包含但不仅限于如下内容：

- 地块的边界。
- 规划的开采和充填。
- 土方工程体积。
- 开采 / 填充率。
- 灌溉方向。
- 设计的灌溉水灌溉坡度和横向坡度。
- 要求的灌溉水表面和灌溉出水水位高度。
- 尾水回流或处置。
- 附属结构。
- 布置按照州和地方部门的通知要求安排公共设施。

运行和维护

为土地所有者或灌溉土地平整工程人员制订针对每个地块的运行和维护计划，并确保此计划包含了灌溉土地设计寿命周期内所需要的所有运行和维护计划的步骤。

确保所有的运行和维护要求都包含在设计规划中，并易于识别。视工程的规模而定，应该在计划和技术规范中简明扼要地说明运行和维护要求，或制订一份独立的运行和维护计划。

运行和维护计划应当包含但不仅限于以下内容：

- 暴风雪后检查坡度。
- 定期移除和设计土堆及凹陷坡度。
- 定期对土地进行平整以修复设计坡度。

保护实践概述

（2012年7月）

《灌溉土地平整》（464）

灌溉土地平整是将灌溉农田的地表重塑成计划的路线和坡度，以提高用水效率。

实践信息

土地平整旨在使地表灌溉水得到均匀有效的施用，而不会因长期饱和而造成严重的侵蚀、水质损失或对土壤和作物造成损害。本实践需要详细的工程勘察、设计和布局。

其实施要求切割和填充土料，以达到设计坡度。土壤移动通常会对表土造成一定程度的损害，但这种损害通常是暂时的，并可能随着作物产量的增加和随后返回土壤的有机物质增加而抵消。施工后的所有情况下，土壤根区必须够深，以便找平后留下一个足够使用的根区，通过适当的保护措施进行符合要求的作物生产。可对有限的浅层土壤进行找平，以提供足够的灌溉等级。

本实践适用于适合灌溉的土地和拟议的灌溉方法。此外，供水和灌溉设施应能够使作物种植和规划用水方法切实可行。

找平场地的维护包括定期移除或找平土堆或洼地。可能需要定期进行土地平整，以修复设计坡度。

常见相关实践

《灌溉土地平整》（464）通常适用于《灌溉系统——地表和地下灌溉》（443）、《灌溉用水管理》（449）以及《灌溉系统——尾水回收》（447）。

保护实践的效果——全国

土壤侵蚀	效果	基本原理
片蚀和细沟侵蚀	1	重塑地表为更均匀的流动创造了机会。
风蚀	0	不适用
浅沟侵蚀	1	重塑地表为更均匀的流动创造了机会。
典型沟蚀	0	不适用
河岸、海岸线、输水渠	0	不适用
土质退化		
有机质耗竭	-2	挖填过程改变了土壤剖面。
压实	-2	挖填设备导致的压实在短期内可能非常重要。
下沉	0	不适用
盐或其他化学物质的浓度	-1	切割可能改变土壤剖面，将盐分从深层转移到根区。
水分过量		
渗水	0	不适用
径流、洪水或积水	1	均匀坡度能够减少积水。径流可能增加。
季节性高地下水位	2	渗透均匀有利于减少积水。
积雪	0	不适用
水源不足		
灌溉水使用效率低	4	找平有助于均匀施用灌溉水。
水分管理效率低	0	不适用
水质退化		
地表水中的农药	2	地表均匀能够减少径流量。
地下水中的农药	2	表面均匀能够减少深层渗透。
地表水中的养分	2	本实践产生的均匀地表，导致渗透增加，降低了养分向地表水迁移的可能性。
地下水中的养分	2	这一举措使地表变得平整，减少了积水和养分向地下水的输送。
地表水中的盐分	0	这一举措可以更有效地利用灌溉水，但不会影响盐分流失量。
地下水中的盐分	2	表面均匀消除了积水等造成的渗透，减少了盐分向地下水转移。
粪肥、生物土壤中的病原体和化学物质过量	2	地表均匀减少了地表水的输送。
粪肥、生物土壤中的病原体和化学物质过量	2	地表坡度均匀减少了积水和污水的过度渗透。
地表水沉积物过多	1	地表形成抗侵蚀性等级。
水温升高	0	不适用
石油、重金属等污染物迁移	1	地表均匀减少了地表水的输送。
石油、重金属等污染物迁移	1	表面坡度均匀减少了积水和污水的过度渗透。
空气质量影响		
颗粒物（PM）和 PM 前体的排放	0	强烈扰动土壤会释放颗粒物，形成一种短期效应。通过土地平整获得更好的灌溉能力，应该通过更好的土壤湿度管理产生相应的积极影响。
臭氧前体排放	0	不适用
温室气体（GHG）排放	-1	对土壤的强烈扰动可能释放土壤中的土壤碳，形成一种短期效应。
不良气味	0	不适用
植物健康状况退化		
植物生产力和健康状况欠佳	2	改善灌溉应用的场地改造能够提高所需物种的健康活力。
结构和成分不当	0	不适用
植物病虫害压力过大	1	提高灌溉效率可以改善作物的健康活力，从而减少杂草争地。
野火隐患，生物量积累过多	0	不适用
鱼类和野生动物——生境不足		
食物	0	不适用

（续）

鱼类和野生动物——生境不足	效果	基本原理
覆盖 / 遮蔽	0	不适用
水	0	不适用
生境连续性（空间）	0	不适用
家畜生产限制		
饲料和草料不足	0	不适用
遮蔽不足	0	不适用
水源不足	0	不适用
能源利用效率低下		
设备和设施	0	不适用
农场 / 牧场实践和田间作业	2	更有效的配水将减少泵送能源的使用。

CPPE 实践效果：5 明显改善；4 中度至明显改善；3 中度改善；2 轻度至中度改善；1 轻度改善；0 无效果；−1 轻度恶化；−2 轻度至中度恶化；−3 中度恶化；−4 中度至严重恶化；−5 严重恶化。

工作说明书—— 国家模板

（2016年9月）

此类可交付成果适用于个别实践。其他规划实践的可交付成果参考具体的工作说明书。

设计

可交付成果

1. 能够证明符合自然资源保护局实践中相关准则并与其他计划和应用实践相匹配的设计文件。
    a. 保护计划中确定的目的。
    b. 客户需要获得的许可证清单。
    c. 符合自然资源保护局国家和州公用设施安全政策（《美国国家工程手册》第 503 部分《安全》，第 503.00 节至 503.22 节）。
    d. 制订计划和规范所需的与实践相关的计算和分析，包括但不限于：
        i. 土地等级
        ii. 土壤特征（如质地、渗透性和深度）
        iii. 侵蚀控制
2. 向客户提供书面计划和规范书包括草图和图纸，充分说明实施本实践并获得必要许可的相应要求。
3. 运行维护计划。
4. 证明设计符合实践和适用法律法规的文件［《美国国家工程手册》A 子部分第 505.03（b）（2）节］。
5. 安装期间，根据需要所进行的设计修改。

注：可根据情况添加各州的可交付成果。

安装

可交付成果

1. 与客户和承包商进行的安装前会议。
2. 验证客户是否已获得规定许可证。
3. 根据计划和规范（包括适用的布局注释）进行定桩和布局。

4. 安装检查。
    a. 实际使用的材料
    b. 检查记录
5. 协助客户和原设计方并实施所需的设计修改。
6. 在安装期间，就所有联邦、州、部落和地方法律、法规和自然资源保护局政策的合规性问题向客户 / 自然资源保护局提供建议。
7. 证明安装过程和材料符合设计和许可要求的文件［《美国国家工程手册》A 子部分第 505.03（c）（1）节］。

注：可根据情况添加各州的可交付成果。

验收

可交付成果

1. 竣工文档。
    a. 实践单位
    b. 图纸
    c. 最终量
2. 证明安装过程符合自然资源保护局实践和规范并符合许可要求的文件。
3. 进度报告。

注：可根据情况添加各州的可交付成果。

参考文献

Field Office Technical Guide（eFOTG）, Section IV, Conservation Practice Standard - Irrigation Land Leveling, 464.

National Engineering Manual.

NRCS National Environmental Compliance Handbook.

NRCS Cultural Resources Handbook.

注：可根据情况添加各州的参考文献。

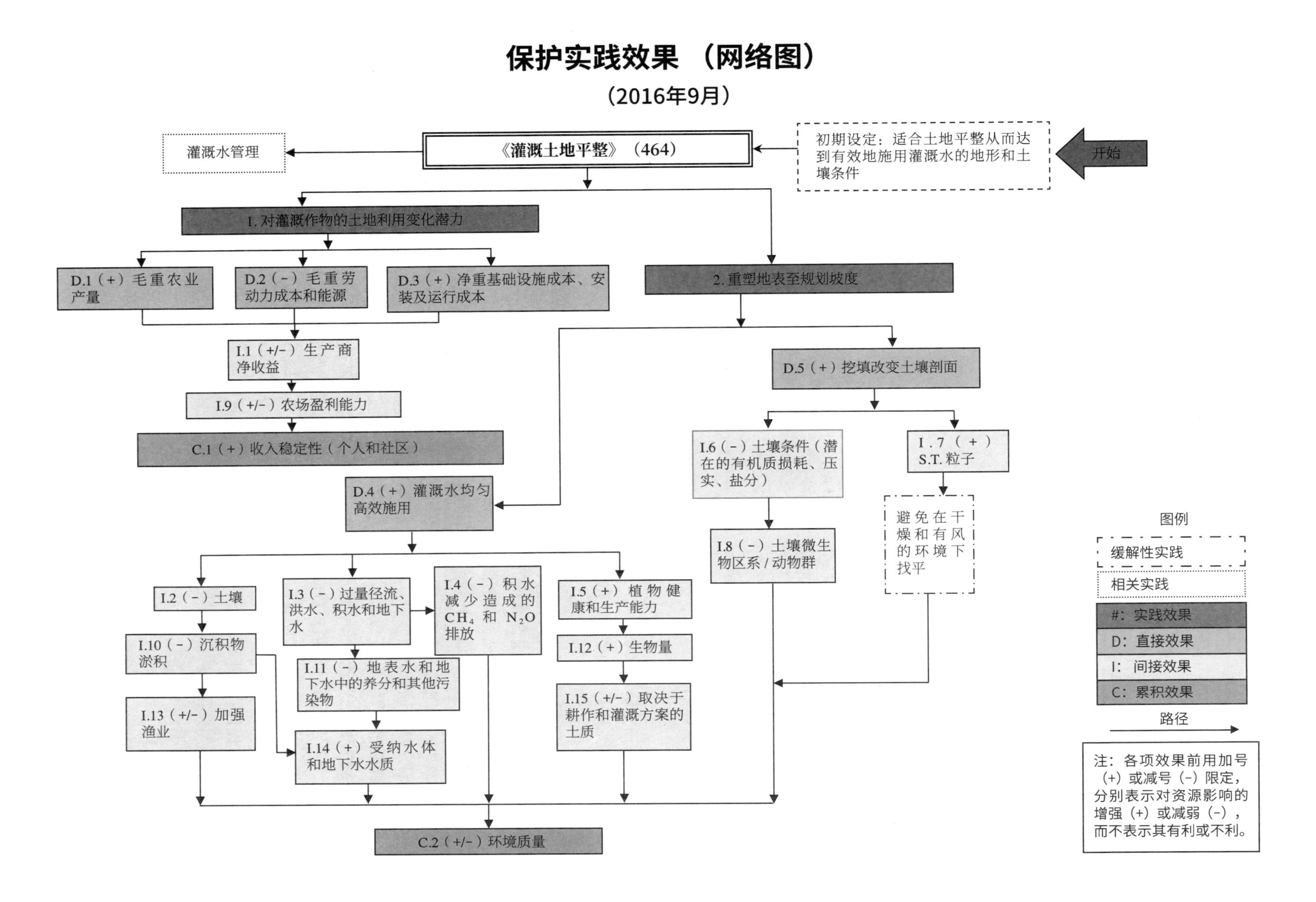
保护实践效果（网络图）
（2016年9月）
灌溉水管理
《灌溉土地平整》（464）
初期设定：适合土地平整从而达到有效地施用灌溉水的地形和土壤条件
开始
1. 对灌溉作物的土地利用变化潜力
2. 重塑地表至规划坡度
D.1（+）毛重农业产量
D.2（-）毛重劳动力成本和能源
D.3（+）净重基础设施成本、安装及运行成本
I.1（+/-）生产商净收益
I.9（+/-）农场盈利能力
C.1（+）收入稳定性（个人和社区）
D.5（+）挖填改变土壤剖面
I.6（-）土壤条件（潜在的有机质损耗、压实、盐分）
I.7（+）S.T. 粒子
D.4（+）灌溉水均匀高效施用
避免在干燥和有风的环境下找平
I.8（-）土壤微生物区系 / 动物群
I.2（-）土壤
I.3（-）过量径流、洪水、积水和地下水
I.4（-）积水减少造成的 CH_4 和 N_2O 排放
I.5（+）植物健康和生产能力
I.10（-）沉积物淤积
I.11（-）地表水和地下水中的养分和其他污染物
I.12（+）生物量
I.13（+/-）加强渔业
I.14（+）受纳水体和地下水水质
I.15（+/-）取决于耕作和灌溉方案的土质
C.2（+/-）环境质量
图例
缓解性实践
相关实践
#：实践效果
D：直接效果
I：间接效果
C：累积效果
路径
注：各项效果前用加号（+）或减号（-）限定，分别表示对资源影响的增强（+）或减弱（-），而不表示其有利或不利。

灌溉管道

（430，Ft.，2011年5月）

定义

安装管道及其附件用于储水和利用水资源，管道及其附件是灌溉水系统的一部分。

目的

本实践可作为资源管理系统的一部分来实施，以达到以下一种或多种目的：

- 从水源将水输送到灌溉系统或蓄水库。
- 降低能源利用。
- 开发可再生能源系统（如管道水力发电）。

适用条件

本实践适用于地上或地下的输水和配水管道。

本实践不适用于含多个排水口的灌溉系统组件（例如，表面闸管、喷灌管路或微喷灌管）。

准则

适用于所有目的的一般准则

管道使用区域的灌溉水源、水质和灌溉速度能满足实施灌溉的条件，可促进作物生长并能使用灌溉水。

仅限在适用于所选管道材质类型的土壤和环境条件中铺设管道。

管道应满足所有使用要求，确保内部压力，包括任意点的水力瞬变压力或静压，均低于管道额定压力。

容量。具备充足输送能力，可满足规划的保护实践的设计输送流速。

灌溉系统管道输送或分配系统的设计输送能力应足以满足以下任一条件以实现有效应用：

- 满足设计区域内所有需灌溉农作物的水分需求。
- 在作物关键生长期，计划实施非满灌操作时，需满足选定灌溉活动的要求。
- 对于特殊用途的灌溉系统，能在指定运行时间段内向设计区域供应规定水量。

在计算上述输送能力要求时，必须考虑到在灌溉或使用过程中产生的合理失水量。

摩擦和其他损耗。出于设计目的，应使用以下方程式之一计算水力坡降线计量的压头损失：曼宁公式、海澄威廉公式或达西–威斯巴哈公式。应根据给定流量条件和所使用的管道材料选择公式。进水口类型、阀门、弯管、管道扩宽或收窄也会引起流速和流向变化，而此类变化所产生的压头损失（也称为轻微损失）可能会比较明显，这时需对此类压头损失予以适当评估。对于封闭式加压系统，所有位置的所有流量管道水力坡降线均应高于管道顶部，专用于负内压的情况除外。

挠性管道设计。对于塑料管、钢管、铝管、波纹金属管或球墨铸铁管等挠性管道，这类管道的设计均应符合自然资源保护局《美国国家工程手册》（NEH）第636部分第52章“挠性管道结构设计”的规定，并遵循以下标准：

光面塑料管。当按照设计输送能力运行时，在管道内或下游端装有阀门或其他一些流量控制附件的管道，满管流速不应超过5英尺/秒。为防止出现喘振，任何点的工作压力均不得超过管道压力额定值的72%。当满管流速超过5英尺/秒或工作压力超过管道压力额定值的72%时，则必须对流量条件予以特殊设计考虑，并且要采取必要措施，充分保护管道免受瞬态压力的影响。

波纹或W形全塑料管。当按照设计输送能力运行时，在管道内或下游端装有阀门或其他一些流量控制附件的管道，满管流速不应超过 5 英尺 / 秒。为防止出现喘振，任何点的工作压力均不得超过管道压力额定值的 72%。如果管道未达到压力额定值，则最大允许压力应为 25 英尺的压头，或所用管道和连接接头制造商规定的最大压力。

光面钢管。应使用环向应力公式确定规定的最大允许压力，将所选材料的允许拉应力限制为屈服点应力的 50%。有关常用钢材和钢管的设计应力信息，请参见《美国国家工程手册》第 636 部分第 52 章。

波纹金属管。管道的最大允许压力应为：

- 对于带有密封接缝和水密连接箍的环形管和螺旋形管，最大允许压力为 20 英尺的压头的最大压力。
- 对于带有焊缝、环形端和水密接头的螺纹管，最大允许压力为 30 英尺的压头的最大压力。

光面铝管。必须使用环向应力公式确定光面铝管的最大允许压力，将允许的拉应力限制为 7 500 磅 / 平方英寸。

刚性管道设计。混凝土管或塑料砂浆管等刚性管道应按照以下标准进行设计：

带垫圈接头的素混凝土管道。对于带灰浆接缝的管道，其最大允许压力不得超过使用 ASTM C118 中规定的测试程序确定的认证静水压测试压力的 1/4。同时刚性管道不得超过以下标准：

直径（英寸）	最大允许压力（英尺）
6 ~ 8	40
10 或以上	35

带橡胶垫圈接头的素混凝土管道。对于橡胶垫圈接头的素混凝土管道，其最大允许压力不得超过使用 ASTM C505 中规定的测试程序确定的认证静水压测试压力的 1/3。同时刚性管道不得超过以下标准：

直径（英寸）	最大允许压力（英尺）
6 ~ 12	50
15 ~ 18	40
21 或以上	30

现浇混凝土管道。现浇混凝土管道的最大工作压力应高于管道中心线 15 英尺。现浇混凝土管道仅限用于可作为外在形式的稳固地基中，以便靠近管道的下半部。

带垫圈接头的钢筋混凝土管道。根据适用 ASTM 或 AWWA 标准，对于带橡胶垫圈接头的钢筋混凝土管道，其最大允许压力不得超过指定管道的额定静水压力。

增强塑料砂浆管道。在设计增强塑料砂浆管道时应满足所有使用要求，并且任意点的静压力或工作压力都不得超过所用管道的最大允许工作压力。大气连通管道的静压力或工作压力应包括出水高。准许的最小管道压力额定值应为 50 磅 / 平方英寸。

管道支撑结构。无论是地下还是地上灌溉管道，在必要时，均应使用支撑结构，以免外力和内力影响其稳定性。管道支撑结构设计应符合《美国国家工程手册》第 636 部分第 52 章。

接头和连接件。在设计和构建所有连接件时，需确保其能承受管道的工作压力，同时不会出现泄漏问题，保证管道内部没有阻碍物，以免影响管道输送能力。

可根据接头类型和所用管道材质，从制造商那里获取准许的接头挠度信息。

对于倾斜钢管，安装伸缩接头时要紧邻锚点或止推座，且安装高度低于锚点或止推座。

对于焊接管道接头，应根据需要安装伸缩接头，将管道应力限制在允许值内。

对于悬空管道，设计接头时应确保能够承受管道负荷，包括管道中的水、风力、冰以及热胀冷缩的影响。

金属管道接头和连接件应尽可能采用类似材料。如果采用的材料不同，则必须保护接头或连接件，使其免受电偶腐蚀影响。

埋设深度。地下管道须保持足够的埋设深度，以免交通载荷、农耕作业、冻结温度或土壤裂隙（如果适用）损坏地下管道。

在给定安装条件下，管道应具有足够的强度，能承受管道上方的所有外部载荷。在预期的交通状况下，应使用适当的活载荷。

如果无法保证管道埋设深度或管道强度时，则应使用输送管（套管）或其他机械措施。

降压。在压头增益明显高于压力损失，灌溉系统的管道压力过大或静态压力过大等情况下应采取降压措施。

进水口。进水口尺寸可满足进水条件类型要求，确保在设计流量条件下不造成过大的压头损失。

如果垃圾或其他物质进入管道后，会影响管道输送能力或灌溉系统的性能，则应采取措施避免这类物质进入管道。

对于带有方形节流孔或门控节流孔的重力流进水口，应在节流孔进水口处设计排气结构，排出因流量产生的推覆体。

控水结构、支架、Z 形管和弯管均可用作进水装置。控水结构通常用于重力流管道，但无法排出夹带空气。因此使用这些进水口的管道还必须满足“通气口”部分说明的要求。

止回阀和防回流。如果可能发生有害回流问题，则应在泵的排水口和管道之间安装止回阀。如果止回阀由于回流而关闭得太快，则可能会因水锤现象产生极高的内部压力。这时可能需要使用“缓冲”型止回阀或电磁阀。

需要将肥料、液体粪肥、废水、农药、氨基酸或其他化学物质添加到供水系统中，且回流可能会污染水源或地下水时，所有管线均应使用经认证的防回流装置（化学灌溉阀门）。

阀门及其他附件。阀门和其他附件的压力额定值应等于或大于管道工作压力。当使用杠杆操作阀时，假设会瞬时关闭阀门，应执行分析以评估是否会出现潜在的喘振 / 水锤现象。

大气连通支架。水进入管道时应使用支架，以免夹带空气，防止因未达到真空条件而产生喘振压力和管道破裂问题，同时防止压力超过管道设计工作压力。支架设计标准：

- 至少留出 1 英尺的出水高。主干管道中心线上方支架的最大高度不得超过管道的最大工作压头。
- 除地面重力进水口或不考虑可见性的情况外，每个支架的顶部均至少高出地面 4 英尺。重力进水口和支架应配备垃圾架和盖子。
- 支架下游水流速度不得超过 2 英尺 / 秒。支架内径不得小于管道内径。

在稍高于上部进水口顶部 1 英尺的位置可减小支架横截面积，但是当通过此横截面排出全流量时，减小的横截面积不得使平均流速超过 10 英尺 / 秒。

如果进水管的水流速度大于 3 倍的排水管速度，则进水管中心线与排水管中心线之间的最小垂直偏移量至少等于进水管和排水管直径的总和。

支架应由钢管或其他经认证的材料制成，同时支架底座能够稳固支撑支架，不会发生移动或对管道产生过大压力。

当分沙器与支架结合使用时，分沙器内部最小尺寸应至少为 30 英寸，并且在构造分沙器时，底部位置至少比排水管道内底低 24 英寸。分沙器水流的下游流速不得超过 0.25 英尺 / 秒。应确定适当的分沙器清洁规定。

门架尺寸应足以容纳一个或多个出入口，并且门架尺寸要足够大，方便维修。

浮球阀支架要保持适当尺寸，以方便维修。

在构建支架时，必须确保不会将泵出口管处的振动传导到支架。

泄压阀可以替代大气连通支架。泄压阀用作开放式支架或通风口的替代组件时，具备一样的泄压功能。

与大气隔离支架。如果使用泄压阀和空气真空阀代替开放式支架，则除下文修改内容外，“大气连通支架”部分详述的所有要求均适用。

在排水管最上方进水口顶部至少 1 英尺处，密闭支架内径应等于或大于管道内径。为便于安装泄压阀和空气真空阀，此时可给支架盖上盖子，或者如果需要增加高度，则可以使用相同内径的支架或通过减小横截面，将支架扩展到所需高度。如果使用减小横截面的方法，则在通过横截面排出全部流量时，横截面面积应保证平均速度不会超过 10 英尺 / 秒。如果在泵出口管和排水管道之间不需要垂直偏移，并且泵出口管为地下“弯管”，则在延伸支架时，确保其至少比泵出口管的最高部分高出1英尺。

对于不需要垂直进水口偏移（当进水口速度达不到3倍的出水管道速度时）的支架，可用的替代设计为：

- 泵出口管的弯折段要与管道保持相同的公称管道直径。
- 在弯折段上水平段的顶部安装泄压阀以及空气真空阀。

应在带有标称尺寸管道的支架上安装泄压阀和空气真空阀，以拟合阀门的螺纹进水口。

调压室和气室。如果需要使用调压室或气室控制液压瞬变或水柱分离问题，则调压室或气室应具有足够尺寸，确保在不排空调压室或气室的情况下满足管道水量需求，并确保满足水流要求，以计算管道压降。

泄压阀。如果在关闭所有阀门时会积聚过大压力，则应在泵排放口和管道之间安装泄压（PR）阀。如果需要保护管道免受减压阀故障或失灵的影响，则应在减压阀下游安装泄压阀。

根据本实践销售使用的泄压阀制造商应提供容量表，说明在最大允许压力和压差设定下阀门的排气能力。容量表应以性能测试为基础，同时可据此验收这些阀门和选择设计压力设定。

应尽量保证泄压阀保持较低压力，但不得超过管道压力额定值5磅/平方英寸或最大允许压力。泄压阀应具有充足排气能力，以降低管道中过大的压力。取而代之的是详尽喘振/压力分析，泄压阀的最小尺寸应为公称管道直径1/4英寸。

应在每个泄压阀上标出阀门开始打开时的压力。应密封或以其他方式更改可调式泄压阀，以防止调整值与泄压阀上标记的压力不同。

排气阀。灌溉管道常用的5种排气孔/阀门是连续作用排气阀（CAV）、真空泄压阀（VR）、排气和真空泄压阀（AVR）、组合空气阀（COMB）和开放式通风口。有关开放式通风口的信息，请参阅本实践的“通风口”部分。

如果在操作过程中可能发生空气积聚问题，则可在存在压力的情况下，使用连续作用排气阀排出已灌装管道中的空气。正常孔口通风直径为1/16 ~ 3/8英寸。

真空泄压阀适用于排出因突然关闭闸阀或阀门、停泵或泵排水而产生的真空压力（即负压）。

排气和真空泄压阀的适用条件与真空泄压阀相同。在对管道加压之前，这些阀门还能用于排出填充管道时产生的空气。排气和真空泄压阀可以降低因管内空气而引起的流量限制、气阻和水流喘振。

组合空气阀具备3种阀门（CAV、VR和AVR）的所有功能，并将这3种阀门集成到一个阀体中。对于适用于使用连续作用排气阀、真空泄压阀或排气和真空泄压阀的任何条件，均可使用组合空气阀。

如果要在填充期间防止漏气，以及在排空期间防止进气，则应根据需求，在管道进水口处和末端的所有管道阀门的上下游以及所有顶点处安装真空泄压阀、排气和真空泄压阀或组合空气阀。如果管道与大气隔离，则需要在这些位置安装组合空气阀。但是，如果管道系统的其他功能部件（例如固定喷头或其他未关闭的可用排水口）在填充和排空操作期间能对特定位置进行充分排气，则可能不需要安装组合空气阀。必须对这些系统功能部件的使用进行空气流量分析，并正确使用运行维护计划中描述的这些功能部件。除非排水口位于管道高点，否则需在高点处安装连续作用排气阀。

除上文说明的位置外，当下游流动方向坡度变化超过10°时，应当安装排气和真空泄压阀或组合空气阀，确保在填充过程中有效排出空气。管道较长时，可能需要额外安装排气和真空泄压阀或组合空气阀，以便在填充过程中充分排气。

用于排气时，排气和真空泄压阀或组合空气阀需保持适当尺寸，按所需速度排出管道空气，防止影响管道运行，同时确保阀门正常工作。出于设计目的，排气压差应限制为2磅/平方英寸。

为了释放真空，排气和真空泄压阀、真空泄压阀或组合空气阀需保持适当尺寸，便于空气进入管道，确保管道不会因排水期间产生的真空而坍塌。出于设计目的，真空压差应限制为5磅/平方英寸。

如果所需真空泄压孔板的直径明显大于所需排气孔直径，则可能需要单独的阀门，解决因管道排气太快而造成的水锤现象过多问题。

应根据需要使用连续作用排气阀或组合空气阀，以在管道处于工作压力时允许排出空气。应根据阀门制造商建议的设计工作压力和排气要求确定这些阀门类型的小孔尺寸。

连续作用排气阀或组合空气阀应位于空气进入系统的下游(在压力条件下),同时要保持足够距离,以便在管道顶部收集空气。在某些情况下(例如低压或低速泵送系统),应考虑安装适用于连续作用排气阀或组合空气阀的排气室。应根据本实践“通风口”部分中第二项准则规定的要求构造排气室。

代替详细设计,对于以下相应管道材料,应使用以下尺寸的空气阀:

- 对于塑料材质≤ 50 磅 / 平方英寸:0.22 × 管道直径
- 对于塑料材质> 50 磅 / 平方英寸:0.10 × 管道直径
- 对于金属材质:0.125 × 管道直径
- 对于混凝土材质:0.125× 管道直径

根据本实践销售使用的空气阀制造商应提供基于性能测试的尺寸数据或容量表,同时这些数据或容量表可作为选择和验收这些阀门的依据。

通风口。大气连通系统必须具备通风口,以便排气和进气,同时防止出现喘振问题。以下标准适用:

在设计容量下,通风口的设计高度至少高于液压坡度线 1 英尺。管道中心线上方排气孔的最大高度不得超过管道的最大允许工作压力。

应设置通风室,以便拦截或收集管道内的空气。通风室应在管道顶部截取 75° 的圆周弧(即通风室直径为管道直径的 2/3)。通风室沿着管道中心线至少垂直向上延伸一个管道直径的高度。超过此高度后,通风室可以减小到 2 英寸的最小直径。

当使用排气和真空泄压阀或组合空气阀代替通风口时,应满足上述要求,但缩截断面的尺寸应达到公称管道尺寸要求,以安装阀门螺纹进水口。如正常运行的排水口竖板安装在适当位置且尺寸适宜,则可使用替代方法,即在正常运行的排水口侧面安装阀门。如果现场需要同时使用排气和真空泄压阀和泄压阀,则本实践中“大气连通支架”部分规定的 10 英尺 / 秒的速度要求应适用于缩截断面。

当管道正常工作压力为 10 磅 / 平方英寸或更低时,应在所有带空气阀的开放式通风口和封闭式通风口处安装通风室。

应在侧渠下游端、管线顶峰处以及在下游流动方向的坡度变化超过 10° 的位置设置通风口。

排水口。从管道系统将水输送到田间、排水沟、水库或地面管道系统的附属结构称为排水口。排水口应具有足够输送能力,可将所需水量输送至:

- 管道或沟渠的水力坡降线。
- 距地面至少 6 英寸的位置。
- 水库的设计地面高程。
- 在规定工作压力下的独立洒水器、支管、消防栓或其他设备。

设计排水口时应确保尽量减少腐蚀、物理损坏问题或由于暴露引起的老化问题。

填充。管道系统应配备管道填充控制措施,防止留截空气和产生过大的瞬态压力。

在密封式空气管道系统(即所有排水口均关闭)中,填充速度大于 1 英尺 / 秒时,需要进行特殊评估并采取适当措施,清除夹带的空气并防止出现瞬态压力。

如果无法进行低速填充,则在加压之前,系统应与大气保持连通(排水口打开)。应打开灌溉系统组件的阀门(闸门、轮线、枢轴等),以释放残留的空气,将系统的瞬态压力降至最低。设计灌溉系统时应确保可排出空气,防止出现过高的瞬态压力,这些瞬态压力可能会发生在填充率较高的情况下。

冲洗。如果水中的沉积物较多,则管道应能维持足够大的流速,确保将沉积物冲出管道。

如果在冲洗沉积物或其他异物时须采取措施,则应在管道远端或低点位置安装适用的阀门。

排水。通过重力或其他方式排空管道中的水时,在下述情况下应采取一定措施:

- 冻结温度构成一种危害。
- 管道制造商规定的排水操作。
- 另外特别规定的管道排水。

排放管道中的水时不会引起水质、土壤侵蚀或安全问题。

安全排水。通过阀门，特别是空气阀和泄压阀，排水时应遵循特定规定。此类阀门的安装位置应确保水流方向远离系统操作员、家畜、电气设备和其他控制阀或连接装置。

推力调节。管道坡度、水平线向、三通接头或管道尺寸发生突变时，通常需要锚锁或止推座来吸收管道轴向推力。通常需要在管道末端和在线控制阀位置使用推力调节。

应遵循管道制造商提供的推力调节建议。如果制造商未提供相关信息，则应根据《美国国家工程手册》第 636 部分第 52 章的规定设计止推座。

纵向弯曲。对于塑料管，应根据材料类型和压力额定值确定准许的管道纵向弯曲度，并且应符合行业标准或《美国国家工程手册》第 636 部分第 52 章的规定。

热效应。对于塑料管，在系统设计时必须适当考虑热效应问题。管道额定压力通常是依据 73.4ºF 的管道温度确定的。当工作温度较高时，应相应降低管道的有效压力额定值。

降低压力额定值和程序应遵循《美国国家工程手册》第 636 部分第 52 章的规定。

物理保护。安装在地面上的钢管应进行镀锌处理，或使用适当的保护性油漆涂层，包括底漆和至少两层表面镀层。

安装在地面上的塑料管在其整个预期使用寿命内均能够抗紫外线，或采取保护措施，使塑料管免受紫外线损害。

对所有管道采取保护措施，避免因交通负荷、农耕作业、冻结温度、火灾和热胀冷缩问题损坏管道。应采取合理措施保护管道，避免遭受潜在破损问题。

防腐蚀保护。所有金属配件，例如竖板、弯头、三通接头和异径接头，均应使用类似金属材质。如果对接配件使用的金属材质不同，则提供保护措施，使配件免受电偶腐蚀影响（例如用橡胶或塑料绝缘体隔离金属材质不同的配件）。

连接镀锌钢的螺栓应当采用镀锌；塑料涂层、不锈钢或其他保护措施，防止出现电偶腐蚀现象。除铝合金螺栓之外，用于连接铝制配件的螺栓必须涂有塑料涂层或采用其他保护措施，防止出现电偶腐蚀现象。

当水的 pH 超出下表所示范围时，应提供内部涂层保护。

材料	水的 pH
涂铝钢	小于 5 或大于 9
镀锌钢	小于 6 或大于 10
铝合金	小于 4 或大于 10

无衬套钢管会受到纯净水（例如融雪现象）的腐蚀。如果朗格利尔饱和指数（LSI）是大于 -1 的负数，则应提供防腐保护措施。

要计算朗格利尔饱和指数，需要知道碱度（单位：毫克 / 升，$CaCO_3$）、钙硬度（单位：毫克 / 升，Ca^{2+}，$CaCO_3$）、总溶解固体（毫克 / 升，总溶解浓度）、实际 pH 和水温（℃）。将这些值代入以下方程式：

$LSI = pH - pHs$

$pHs = (9.3 + A + B) - (C + D)$

其中：

$A = [\text{Log}_{10}(\text{TDS}) - 1] / 10$

$B = -13.12 \times \text{Log}_{10}(°\text{C} + 273) + 34.55$

$\text{C} = \text{Log}_{10}(\text{Ca}^{2+} \text{ as CaCO}_3) - 0.4$

$D = \text{Log}_{10}(\text{碱度 as CaCO}_3)$

当土壤电阻率大于 4 000 欧姆 · 厘米时，可以使用镀锌钢管。

如果管道任何部分的土壤电阻率在 3 000 ～ 4 000 欧姆 · 厘米，则应提供热浸沥青或聚合物涂层的镀锌钢管。如果土壤电阻率小于 3 000 欧姆 · 厘米，除上述涂层外，还应为镀锌钢管提供阴极保护。

当土壤电阻率大于 1 500 欧姆 · 厘米且土壤 pH 在 5 ～ 9 时，可以使用涂铝钢管。

当土壤电阻率大于 500 欧姆 · 厘米且土壤 pH 在 4 ～ 10 时，可以使用铝合金管。

当需要使用阴极保护时，用电连接接头和连接带，确保电流连续流通。在泵和管线之间以及具有不同涂层的管道之间使用绝缘连接。

根据自然资源保护局《设计说明》（12）“地下腐蚀控制”确定总电流要求、阳极类型和数量以及阴极保护的预期使用寿命。

金属管电阻率测量要求。根据合作土壤调查的土壤特性报告，如存在“高”腐蚀风险，则应测量土壤电阻率，确定腐蚀防护要求。为此，应沿拟建管道至少每 400 英尺以及在土壤性质发生明显变化的位置测量一次农田电阻率或采集一次样品以进行实验室分析。如果相邻位置的电阻率明显不同，则应增加测量次数以找到变化点。在每个采样地点，应测定土壤剖面中两个或多个深度位置的电阻率；同时测量铺设管道地层最深位置的电阻率。将每个采样地点的最小土壤电阻率值作为该地点的设计值。

开挖管沟后，开展详细的土壤电阻率调查，以确定最终是否需要提供阴极保护。在开展电阻率调查时，测量每一裸露土层的电阻率，同时测量间隔不超过 200 英尺。将每个采样地点的最小土壤电阻率值作为该地点的设计值。如果相邻测量点的设计值相差很大，则应增加相邻测量点之间的测量次数。

电场。在现有金属管道附近安装新的金属管道时会产生电场。电场会对新的金属管道带来不利影响。充分保护新的管道，避免其受到电场影响。

铝管环境约束。安装铝质管道时应考虑水质问题。当水流保持静止时，如铜含量超过 0.02 毫克 / 升会产生结节状点蚀，并加速管道损坏问题。当铜含量超过 0.02 毫克 / 升时，设计管道时准许在每次使用后进行排空。

与混凝土接触的铝管应配备防腐蚀保护措施。

混凝土管环境约束。如果土壤或土壤水分中的硫酸盐浓度超过 1.0%，则不能在此类位置安装混凝土管道。硫酸盐浓度高于 0.1% 但未超过 1.0% 时，仅能在管道由 V 型或 Ⅱ 型水泥制成，且铝酸三钙含量不超过 5.5% 的情况下，才可以使用混凝土管道。

适用于减少能源使用的附加准则

提供分析以证明实施实践可降低能源使用。

对比之前运行状况，分别计算出每年或每季度平均降低的能源利用量。

适用于开发可再生能源系统的附加准则

可再生能源系统应符合自然资源保护局或行业标准中适用的设计标准，并遵循制造商建议。应根据《小型水力发电手册》第 4 部分和第 5 部分的规定设计、操作和维护水电系统。

注意事项

安全。管道在安装和操作过程中可能危害人员安全。按如下方式解决安全问题：

- 在设计和施工期间解决沟槽安全问题。
- 为人员提供保护措施，使其免受管道进水口和开放式支架的影响。
- 为人员提供保护措施，使其免受压力释放、空气释放和其他阀门产生的吹水问题的影响。
- 在施工之前，确定是否存在地下公用设施。

经济因素。经济因素是设计管道时应考虑的主要因素，如下所示：

- 根据材料生命周期能源需求以及初始成本选择管道。
- 根据实践预期使用年限选择管道材料。
- 考虑用水力发电应用替代减压阀或减小管道直径的方法，避免产生摩擦损失。

水量和水质。设计灌溉管道时，应考虑灌溉管道对水质和水量的影响。考虑以下情况：

- 对水分平衡的影响，尤其是对渗透量和蒸发量的影响；
- 对可能影响其他用水或用户的下游水流或含水层的影响；
- 对灌溉管理潜在用途的影响；
- 安装管道对在原始输送设备附近的植被区域的影响；
- 安装管道（替代其他类型的输送设备）对沟渠侵蚀或水所携带的沉积物以及可溶物和与沉积物相关的物质移动情况的影响；

- 对溶解性物质渗入土壤的情况以及对根区以下渗透性或地下水补给情况的影响；
- 控制水输送对水资源温度的影响，这可能会对水生和野生动物群落造成不良影响；
- 对湿地或水栖野生动物栖息地的影响；
- 对水资源清澈度的影响。

环境。基于已知因素（例如土壤电阻率、pH、阳光照射情况和交通）选择中心管材料。在选择管道材质以及降低与土壤腐蚀性或土壤填料相关的土壤限制时，土壤质地、电阻率、pH、水分含量、氧化还原电势和深度均是需要考虑的重要土壤性质。参考该区域的土壤调查信息，在规划过程中考虑进行现场土壤调查。

朗格利尔饱和指数和相关指数也可用于确定管道材料类型。

安装在地下的管道应配备土壤计划，说明在管道安装期间和安装完成后，受干扰土壤的重建情况，以便在安装管道后恢复原始的土壤生产力。在不种植作物的受干扰区，种植适当植被，以稳定土壤状况。

计划和技术规范

制订灌溉管道计划和规范，说明根据本实践进行灌溉的要求，计划和规范至少应包括：
- 管道布局平面图。
- 灌溉管道剖面图。
- 管道材质和尺寸。
- 管道接头要求。
- 以书面形式描述灌溉管道安装的具体场所施工规范，包括灌溉管道压力测试规范。
- 埋设深度和回填要求。
- 多余土壤材料的处置要求。
- 植被建植要求。

运行和维护

每个已安装的管道系统均应配备运行维护（O & M）计划。运行维护计划应记录需要采取的措施，确保在管道系统预期使用年限内有效执行实践。

运行维护要求应纳入设计的可识别部分。根据项目范围，可根据计划和规范中的简短说明、保护计划说明或单独的运行维护计划来完成。

在运行维护计划中需说明其他运行维护规定，例如排水程序、标记分岔位置、防止管道或附件损坏的阀门操作、附件或管道维护以及建议的操作程序。

按照运行维护计划的规定监测阴极保护系统。

制定填充程序，详细说明填充过程各个阶段所允许的流速和附件设备的操作要求，确保安全填充管道。应当使用流量计、流堰等流量测量附件或其他方式（例如闸阀旋转圈数）来确定水流进入管道系统的流速。应向操作人员说明流速信息，并在适当情况下纳入运行维护计划。

参考文献

ASTM C118, Standard Specification for Irrigation Pipe for Irrigation or Drainage.

ASTM C505, Standard Specification for Nonreinforced Concrete Irrigation Pipe with Rubber Gasket Joints.

McKinney, J.D., et al. Microhydropower Handbook, IDO-10107, Volumes 1 & 2. U.S. Department of Energy, Idaho Operations Office.

USDA-NRCS, National Engineering Handbook, Part 636, Chapter 52, Structural Design of Flexible Conduits.

USDA-NRCS, Engineering Design Note 12, Control of Underground Corrosion.

保护实践概述

（2012年12月）

《灌溉管道》（430）

灌溉管道及其附件作为灌溉系统的一部分安装，用于输送储存或利用水资源。

实践信息

正确设计和安装的灌溉管道将把水输送到灌溉系统或储存地点，以尽量减少失水量。对某些系统来说，通过开发可再生能源系统（如内联水电站）可减少能源使用，甚至创造能源。

灌溉管道可以由塑料、钢、铝、波纹金属或球墨铸铁管等柔性管道材料制成，也可以由混凝土或塑料砂浆管等刚性管道制成。管道可地下或地上安装。

与灌溉管道一起使用的附件可包括减压器、入口、止回阀、防回流装置、缓冲罐、气室和减压阀。也可以使用安全阀和通风口。

根据所使用的金属和现场土壤具体情况，适当采取防腐措施。

灌溉管道的最低预期年限为20年。实践运行维护要求取决于灌溉管道系统的复杂性和生产商选择的管道材料类型。运行维护计划包括所需的填充和排放系统信息。它还将包括监测已安装的阴极保护系统程序。设立流量测定系统或方法，以确定管道系统流量。需要进行日常维护，以确保管道及其所有部件按设计运行。

常见相关实践

《灌溉管道》（430）通常与诸如《灌溉系统——微灌》（441）或灌溉系统、《喷灌系统》（442）等保护实践一起使用。从《灌溉水库》（436）或《灌溉系统——尾水回收》（447）也是这种实践的应用。

保护实践的效果——全国

土壤侵蚀	效果	基本原理
片蚀和细沟侵蚀	0	不适用
风蚀	0	不适用
浅沟侵蚀	0	不适用
典型沟蚀	2	管道可以集水、输水，以防止侵蚀。
河岸、海岸线、输水渠	0	不适用
土质退化		
有机质耗竭	0	不适用
压实	0	不适用
下沉	0	不适用
盐或其他化学物质的浓度	0	不适用

（续）

水分过量	效果	基本原理
渗水	1	管道可以收集多余的渗透水并将其输送到合适的出口。
径流、洪水或积水	0	管道将与其他实践结合使用，以解决资源问题。
季节性高地下水位	1	管道可以收集多余的地下水并将其输送到合适的出口。
积雪	0	不适用
水源不足		
灌溉水使用效率低	2	管道输水并提高其利用率。
水分管理效率低	0	不适用
水质退化		
地表水中的农药	0	不适用
地下水中的农药	0	不适用
地表水中的养分	1	利用管道输水减少了附着在沉积物上的养分向地表水输送。
地下水中的养分	0	不适用
地表水中的盐分	1	使用管道消除了地表径流从无砌衬排水沟中收集盐分的可能。这条管道还消除了蒸发，进而消除了蒸发使灌溉水盐度过高的可能。
地下水中的盐分	2	这一举措消除了土渠渗漏，否则土渠可能将可溶盐转移到地下水中。
粪肥、生物土壤中的病原体和化学物质过量	1	施用管道消除地表水流，进而减少了污染水径流。
粪肥、生物土壤中的病原体和化学物质过量	1	这一举措消除了渠渗漏损失，从而降低了病原体向地下水迁移的可能性。
地表水沉积物过多	1	施用管道消除地表水流，进而减少了污染水径流。
水温升高	0	节水灌溉系统应尽量减少对地表水水质的影响。
石油、重金属等污染物迁移	0	管道不收集受污染的地表径流。
石油、重金属等污染物迁移	1	这一举措消除了渠渗漏损失，从而降低了重金属向地下水迁移的可能性。
空气质量影响		
颗粒物（PM）和 PM 前体的排放	0	不适用
臭氧前体排放	0	不适用
温室气体（GHG）排放	0	不适用
不良气味	0	不适用
植物健康状况退化		
植物生产力和健康状况欠佳	2	增加水资源可利用量和获取量，可促进植物的生长、健康和活力。
结构和成分不当	0	不适用
植物病虫害压力过大	0	不适用
野火隐患，生物量积累过多	0	不适用
鱼类和野生动物——生境不足		
食物	0	不适用
覆盖 / 遮蔽	0	不适用
水	0	不适用
生境连续性（空间）	0	不适用
家畜生产限制		
饲料和草料不足	0	不适用
遮蔽不足	0	不适用
水源不足	0	不适用
能源利用效率低下		
设备和设施	0	不适用
农场 / 牧场实践和田间作业	2	适当调整管道尺寸、减少摩擦损失可减少泵送的能源消耗。

CPPE 实践效果：5 明显改善；4 中度至明显改善；3 中度改善；2 轻度至中度改善；1 轻度改善；0 无效果；−1 轻度恶化；−2 轻度至中度恶化；−3 中度恶化；−4 中度至严重恶化；−5 严重恶化。

工作说明书—— 国家模板

（2011年5月）

此类可交付成果适用于个别实践。其他规划实践的可交付成果参考具体的工作说明书。

设计

可交付成果

1. 能够证明符合自然资源保护局实践中相关准则并与其他计划和应用实践相匹配的设计文件。
   a. 保护计划中确定的目的。
   b. 客户需要获得的许可证清单。
   c. 符合自然资源保护局国家和州公用设施安全政策（《美国国家工程手册》第 503 部分《安全》A 子部分“影响公用设施的工程活动”第 503.00 节至第 503.06 节）。
   d. 制订计划和规范所需的与实践相关的计算和分析，包括但不限于：
      i. 容量
      ii. 水力学及附件设计
      iii. 沟槽和回填要求
      iv. 材料
      v. 植被
2. 向客户提供书面计划和规范书包括草图和图纸，充分说明实施本实践并获得必要许可的相应要求。
3. 合理的设计报告和检验计划（《美国国家工程手册》第 511 部分，B 子部分“文档”，第 511.11 和第 512 节，D 子部分“质量保证活动”，第 512.30 至 512.32 节）。
4. 运行维护计划。
5. 证明设计符合实践和适用法律法规的文件［《美国国家工程手册》A 子部分第 505.03（a）（3）节］。
6. 安装期间，根据需要所进行的设计修改。

注：可根据情况添加各州的可交付成果。

安装

可交付成果

1. 与客户和承包商进行的安装前会议。
2. 验证客户是否已获得规定许可证。
3. 根据计划和规范（包括适用的布局注释）进行定桩和布局。
4. 安装检查（酌情根据检查计划开展）。
   a. 实际使用的材料（第 512 部分，D 子部分“质量保证活动”，第 512.33 节）
   b. 检查记录
5. 协助客户和原设计方并实施所需的设计修改。
6. 在安装期间，就所有联邦、州、部落和地方法律、法规和自然资源保护局政策的合规性问题向客户 / 自然资源保护局提供建议。
7. 证明安装过程和材料符合设计和许可要求的文件。

注：可根据情况添加各州的可交付成果。

验收

可交付成果

1. 竣工文档。
    a. 实践单位
    b. 图纸
    c. 最终量
2. 证明安装过程符合自然资源保护局实践和规范并符合许可要求的文件［《美国国家工程手册》A 子部分第 505.03（c）（1）节］。
3. 进度报告。

注：可根据情况添加各州的可交付成果。

参考文献

NRCS Field Office Technical Guide（eFOTG）, Section IV, Conservation Practice Standard - Irrigation Pipeline, 430.

NRCS National Engineering Manual（NEM）.

NRCS National Environmental Compliance Handbook.

NRCS Cultural Resources Handbook.

注：可根据情况添加各州的参考文献。

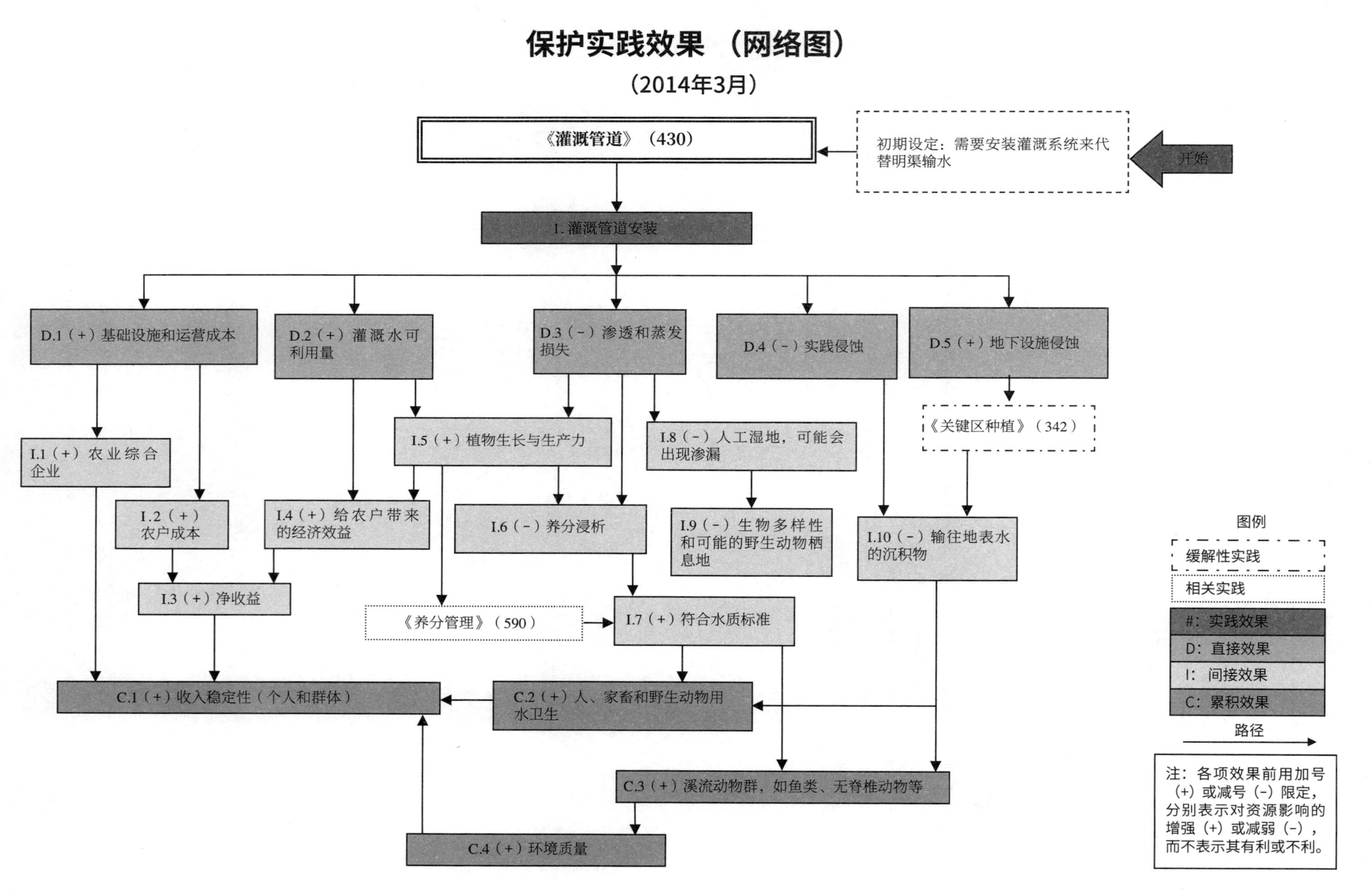

保护实践效果（网络图）
（2014年3月）
开始
初期设定：需要安装灌溉系统来代替明渠输水
《灌溉管道》（430）
1. 灌溉管道安装
D.1（+）基础设施和运营成本
D.2（+）灌溉水可利用量
D.3（-）渗透和蒸发损失
D.4（-）实践侵蚀
D.5（+）地下设施侵蚀
《关键区种植》（342）
I.1（+）农业综合企业
I.2（+）农户成本
I.3（+）净收益
I.4（+）给农户带来的经济效益
I.5（+）植物生长与生产力
I.6（-）养分浸析
I.7（+）符合水质标准
I.8（-）人工湿地，可能会出现渗漏
I.9（-）生物多样性和可能的野生动物栖息地
I.10（-）输往地表水的沉积物
《养分管理》（590）
C.1（+）收入稳定性（个人和群体）
C.2（+）人、家畜和野生动物用水卫生
C.3（+）溪流动物群，如鱼类、无脊椎动物等
C.4（+）环境质量
图例
缓解性实践
相关实践
#：实践效果
D：直接效果
I：间接效果
C：累积效果
路径
注：各项效果前用加号（+）或减号（-）限定，分别表示对资源影响的增强（+）或减弱（-），而不表示其有利或不利。

灌溉水库

（436，Ac.-Ft., 2011年5月）

定义

一种由筑坝、堤岸、坑道或水槽组成的灌溉储水结构。

目的

此实践可以作为资源管理系统的一部分来实现以下的一个或多个目标：

- 储存水用于供应灌溉水或调节灌溉流量。
- 提高灌溉区水利用率。
- 为尾水再回收利用提供储存空间。
- 延长灌溉径流保持时间，加速灌溉水中化学污染物的分解。
- 减少能源使用。
- 开发可再生能源系统（即水电）。

适用条件

此实践适用于符合下列一项或多项准则的灌溉蓄水结构：

- 已有可用水供应不足以满足整个或部分灌溉季的灌溉需求。
- 水资源可用于地表径流、溪流、灌溉渠道或地下水储存。
- 有一个供建蓄水池的合适地点。

此实践适用于储存容量的规划和功能设计，以及灌溉水库的流入 / 流出能力要求。水库应作为灌溉系统的一部分进行规划及安置。

此实践适用于由堤防建筑物或挖掘坑而产生的水库，以存储改道地表水、地下水或灌溉系统尾水，以备后用或再利用。

此实践也适用于堤坝结构的水库，或由混凝土、钢材或其他适合用来收集和调节可用灌溉水供应的合适材料建造的水库，以达预期目的。

准则

适用于上述所有目的的总体准则

结构形式选择（挖坑、堤岸或水槽）应基于现场具体评估，包括水文研究、工程地质调查、可用建筑材料和自然贮存。

存储容量。设计储存容量的计算应基于存储期间的计划流入量和流量，以及满足计划灌溉系统需求所需的流出量和流量。

结构存储容量必须有足够的容量以满足灌溉期内的需水量变化。

根据预期的灌溉效率、水流运输过程中的损失和其他用途的消耗性使用 –时间关系，如浸出、霜冻控制、渗流和蒸发来计算需求流量。

设计一个用于调节灌溉水量的蓄水池，其储水能力应足以保证提供设计灌溉所需水流的流量。

结构容量应提供足够的流入量储存空间，同时确保能够正常出水，以确保出水口工程的正常运行，并对计划的灌溉项目提供统一流出率。

为沉积物储存提供所需的额外储存容量。

地基、堤岸和溢洪道。土坝、堤岸、坑、相关溢洪道和附属结构的设计应符合保护实践《池塘》（378）或《大坝》（402）要求。

渗漏。使用适当的密封或衬砌方法，防止过度渗漏损失。

溢流保护。如果灌溉水库发生溢流，应提供溢流保护。

出入水口工程。根据自然资源保护局《美国国家工程手册》适用章节中的指导原则，设计管道和开放溢洪道。

如有需要应当提供入水口设施，以防止侵蚀或控制流入灌溉储水池。入水口设施可包括直接抽水系统、管道、草皮护坡明渠、格栅通道、衬砌通道、溜槽、闸门、阀门或其他安全输送和控制入水的附属设施、结构。

应设置出水口工程，以便控制取水、输送或释放灌溉用水。出水口工程可包括直接抽水系统或从蓄水池到使用区域的管道。出水口工程的容量应足以提供满足灌溉系统要求所需的流出速率。

在需要时设计和安装专门的进水口或出水口，以避免夹带或撞击水生生物。

适用于尾水回收和再利用储存的附加准则

容量。当尾水泵回输系统的能源受到干扰时，且

- 不能提供安全的紧急旁路区，或
- 尾水排放违反地方或州的规定，

尾水储存要求应包含至少一个足以储存一套灌溉装置的所有尾水径流的容积。

适用于灌溉径流滞留时间以增加化学污染物分解的附加准则

容量。如果需要额外的储存或径流调节，以便为分解径流水中的化学品提供充足时间，则应相应地对储存设施进行大小调整。其保留时间应考虑特定的化学品。

适用于减少能源使用的附加准则

提供实践实施带来的能源使用减量分析。

与以前的运行条件相比，可调整为按平均年度或季节性能源减排量来减少能源使用量。

开发可再生能源系统的附加准则

可再生能源系统应符合自然资源保护局或工业实践中适用的设计准则，并应符合制造商的建议。水力发电系统应根据《微水电手册》第 4 节和第 5 节酌情设计、维护。

注意事项

在计划此实践时，应酌情考虑下列项目：

- 通过调节灌溉流量、尾水再利用、提高抽水设备的效率或进行管理方面的变革从而达到节约潜在能源的目的。
- 在施工结束后对重要区域进行种植规划，以保护结构区和采料区，防止侵蚀。
- 对土壤的物理和化学特质的影响，以及潜在的土壤限制，与堤防建设、压实、稳定性、承载力、池面积渗流和土壤腐蚀性有关。参照土壤调查数据，作为评估蓄水池和取土区的初步规划工具和指导。
- 最终规划阶段的现场土壤调查。
- 在周边设置围栏，以防止人和动物进入。建设紧急逃生设施，将人身安全的危险性降到最低。
- 相关建筑对空气质量和下游水道水质的影响。
- 挖掘或重新分配有毒物质、现场侵入物种的土方建筑的可能性。
- 制定水分平衡，量化流入来源（降水和取水）和流出方式（蒸散和损失）。
- 会对下游水流或含水层产生影响，从而影响其他用水或用户用水。
- 对下游流量的影响，这可能对环境、社会或经济产生不良影响。
- 侵蚀、沉积物、可溶性污染物、侵入物种的种子或养分以及径流中附着在沉积物上的污染物的影响。
- 溶解物质向地下水的移动。
- 水温变化对水生和野生动物群落的影响。
- 定时进行被破坏植被养护活动，要避开鸟类在草地筑巢的季节。

- 对湿地或水生野生动物栖息地的影响。
- 对水资源和水景观视觉质量的影响。
- 对文化资源的影响。
- 定期进行水质分析，以评估水中盐度、养分、杀虫剂和病原体。
- 路堤稳定或植被恢复维护时把握植被多样化的时机，这将会从早春到秋末期间为授粉昆虫提供食料。

计划和技术规范

建设灌溉蓄水池的计划和技术规范应符合本实践的要求，并应说明为实现本实践的预期目标应达到的要求。

建设土制灌溉水库的计划和技术规范应以保护实践《池塘》（378）或《大坝》（402）中的实践为依据。

用非土质材料建造的贮水槽的计划和说明应以保护实践《供水设施》（614）中的建筑和材料规范为基础。

运行和维护

编制运行和维护计划，供土地所有者或者经营者使用。该计划应提供具体的运行和维护设施的指示，以确保其正常运行。该计划应包含下列规定：

- 定期清洗和重新分级储水设施，以保持功能。
- 定期检查、清除杂物，必要时修理垃圾架、出入水口结构，以确保正常运行。
- 按照制造商的建议对机械部件进行日常维护。
- 定期检查和维护堤坝及土石溢洪道，发现损坏进行修复，控制侵蚀，改良不良植被。
- 定期清除水湾或储存设施中的沉积物，以保持设计能力和效率。
- 定期检查或测试所有管道和抽油机部件及附件（视情况而定）。

参考文献

Mc Kinney J.D., et al. Microhydro power Handbook，IDO-10107，Volumes 1&2. U.S. Department of Energy，Idaho Operations Office.

保护实践概述

（2012年12月）

《灌溉水库》（436）

灌溉水库蓄水结构依靠建造水坝、堤坝、挖掘水坑或蓄水建造。

实践信息

建造灌溉水库的目的是为了蓄水，提供可靠的灌溉供水或调节可用的灌溉水流，提高灌溉地用水效率，为尾水回收和再利用提供蓄水场所，以及提供灌溉径流存续时间，减少能源消耗。因供水不足而无法满足部分或全部灌溉季的灌溉要求时，则启用水库；可从地表径流、溪流、灌溉渠或地下水源蓄水；也可在其他合适地点蓄水。

本实践是为了储存改道后的地表水、地下水或灌溉系统尾水，以备日后灌溉用或再利用。此外，本实践可收集和调节可用灌溉水供应。水库设计参考了对下游水流或含水层的影响，该影响可能会波及其他用水，造成不良侵蚀、淤积或污染。下游水温变化影响到水生和野生动物群落的情况在一些地区也很值得注意。

灌溉水库需在实践的预期年限内进行维护。

常见相关实践

《灌溉水库》（436）通常与《泵站》（533）、《灌溉管道》（430）、《灌溉系统——微灌》（441）、《喷灌系统》（442）、《灌溉系统——地表和地下灌溉》（443）、《灌溉用水管理》（449）、《水控装置》（587）等保护实践一起使用。

保护实践的效果——全国

土壤侵蚀	效果	基本原理
片蚀和细沟侵蚀	0	不适用
风蚀	0	不适用
浅沟侵蚀	0	不适用
典型沟蚀	2	路堤结构对冲沟的稳定作用。
河岸、海岸线、输水渠	1	洪峰流量从水库下游降低。
土质退化		
有机质耗竭	0	不适用
压实	0	不适用
下沉	0	不适用
盐或其他化学物质的浓度	0	不适用
水分过量		
渗水	-1	潜在水库渗漏。
径流、洪水或积水	2	洪峰流量减少。
季节性高地下水位	-1	水库渗漏。
积雪	0	不适用
水源不足		
灌溉水使用效率低	2	蓄水灌溉可适时利用，提高灌溉效率。
水分管理效率低	0	不适用
水质退化		
地表水中的农药	0	不适用
地下水中的农药	0	不适用
地表水中的养分	0	不适用
地下水中的养分	-1	蓄积的养分物质可能会污染地下水。
地表水中的盐分	0	不适用
地下水中的盐分	0	不适用
粪肥、生物土壤中的病原体和化学物质过量	0	可能因水生动物饲料或植被腐烂而增加。
粪肥、生物土壤中的病原体和化学物质过量	0	不适用
地表水沉积物过多	2	随着水流速度降低，沉积物被截留。
水温升高	0	不适用
石油、重金属等污染物迁移	0	不适用
石油、重金属等污染物迁移	0	不适用

（续）

空气质量影响	效果	基本原理
颗粒物（PM）和 PM 前体的排放	0	不适用
臭氧前体排放	0	不适用
温室气体（GHG）排放	0	不适用
不良气味	0	不适用
植物健康状况退化		
植物生产力和健康状况欠佳	2	增加水资源可利用量和获取量，可促进植物的生长、健康和活力。
结构和成分不当	0	不适用
植物病虫害压力过大	0	不适用
野火隐患，生物量积累过多	0	不适用
鱼类和野生动物——生境不足		
食物	2	水库为某些鱼类和野生动物提供食物。
覆盖 / 遮蔽	-1	水库使用区域内的所有覆盖物均需清除。
水	0	水库可为野生动物提供水源；然而，当水退去或抽出时，鱼类和蝾螈类动物可能搁浅。
生境连续性（空间）	-1	水库减少了野生动物的生存空间。
家畜生产限制		
饲料和草料不足	0	不适用
遮蔽不足	0	不适用
水源不足	4	水库还可以提供畜牧用水。
能源利用效率低下		
设备和设施	0	不适用
农场 / 牧场实践和田间作业	2	允许非峰值时段或夜间灌溉将导致泵送能源利用降低。

CPPE 实践效果：5 明显改善；4 中度至明显改善；3 中度改善；2 轻度至中度改善；1 轻度改善；0 无效果；-1 轻度恶化；-2 轻度至中度恶化；-3 中度恶化；-4 中度至严重恶化；-5 严重恶化。

工作说明书—— 国家模板

（2011年5月）

此类可交付成果适用于个别实践。其他规划实践的可交付成果参考具体的工作说明书。

设计

可交付成果

1. 能够证明符合自然资源保护局实践中相关准则并与其他计划和应用实践相匹配的设计文件。
   a. 保护计划中确定的目的。
   b. 客户需要获得的许可证清单。
   c. 符合自然资源保护局国家和州公用设施安全政策（《美国国家工程手册》第 503 部分《安全》A 子部分“影响公用设施的工程活动”第 503.00 节至第 503.06 节）。
   d. 制订计划和规范所需的与实践相关的计算和分析，包括但不限于：
      i. 地质与土力学（《美国国家工程手册》第 531a 子部分）
      ii. 水文条件 / 水力条件
      iii. 结构，包括适当的危险等级
      iv. 植被
      v. 环境因素

vi. 安全注意事项（《美国国家工程手册》第503部分《安全》A子部分第503.10至503.12节）

2. 向客户提供书面计划和规范书包括草图和图纸，充分说明实施本实践并获得必要许可的相应要求。
3. 合理的设计报告和检验计划（《美国国家工程手册》第511部分，B子部分“文档”，第511.11和第512节，D子部分“质量保证活动”，第512.30至512.32节）。
4. 运行维护计划。
5. 证明设计符合实践和适用法律法规的文件［《美国国家工程手册》A子部分第505.03（a）（3）节］。
6. 安装期间，根据需要所进行的设计修改。

注：可根据情况添加各州的可交付成果。

安装

可交付成果

1. 与客户和承包商进行的安装前会议。
2. 验证客户是否已获得规定许可证。
3. 根据计划和规范（包括适用的布局注释）进行定桩和布局。
4. 安装检查（酌情根据检查计划开展）。
    a. 实际使用的材料（第512部分D子部分“质量保证活动”第512.33节）
    b. 检查记录
5. 协助客户和原设计方并实施所需的设计修改。
6. 在安装期间，就所有联邦、州、部落和地方法律、法规和自然资源保护局政策的合规性问题向客户/自然资源保护局提供建议。
7. 证明安装过程和材料符合设计和许可要求的文件。

注：可根据情况添加各州的可交付成果。

验收

可交付成果

1. 竣工文档。
    a. 实践单位
    b. 图纸
    c. 最终量
2. 证明安装过程符合自然资源保护局实践和规范并符合许可要求的文件［《美国国家工程手册》A子部分第505.03（c）（1）节］。
3. 进度报告。

注：可根据情况添加各州的可交付成果。

参考文献

NRCS Field Office Technical Guide（eFOTG）, Section IV, Conservation Practice Standard - Irrigation Reservoir, 436.

NRCS National Engineering Manual（NEM）.

NRCS Technical Release 60, Earth Dams and Reservoirs.

NRCS National Environmental Compliance Handbook.

NRCS Cultural Resources Handbook.

注：可根据情况添加各州的参考文献。

保护实践效果（网络图）

（2014年3月）

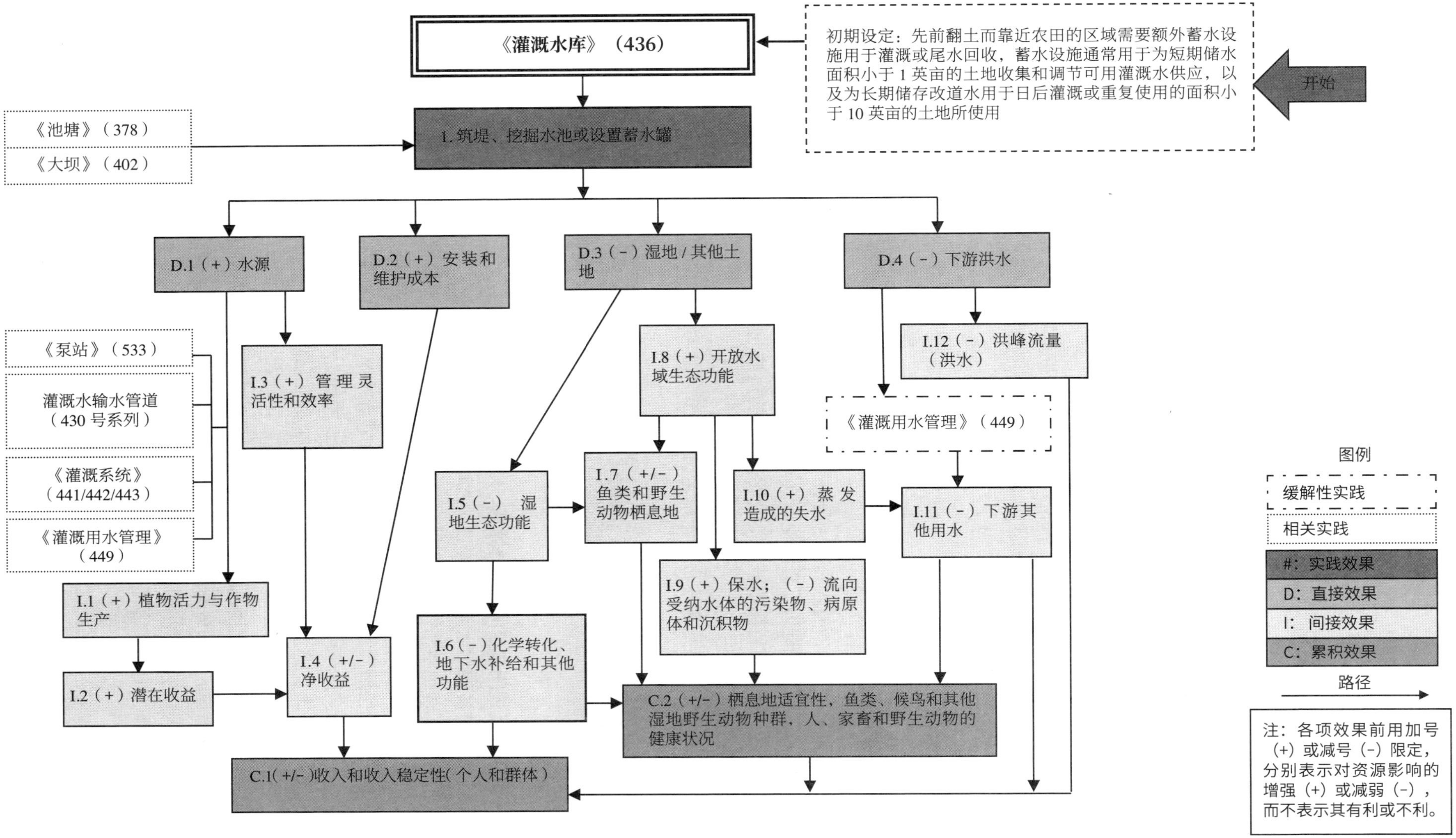

开始

初期设定：先前翻土而靠近农田的区域需要额外蓄水设施用于灌溉或尾水回收，蓄水设施通常用于为短期储水面积小于1英亩的土地收集和调节可用灌溉水供应，以及为长期储存改道水用于日后灌溉或重复使用的面积小于10英亩的土地所使用

《灌溉水库》（436）

1.筑堤、挖掘水池或设置蓄水罐

《池塘》（378）

《大坝》（402）

D.1（+）水源

D.2（+）安装和维护成本

D.3（-）湿地/其他土地

D.4（-）下游洪水

《泵站》（533）

灌溉水输水管道（430号系列）

《灌溉系统》（441/442/443）

《灌溉用水管理》（449）

I.1（+）植物活力与作物生产

I.2（+）潜在收益

I.3（+）管理灵活性和效率

I.4（+/-）净收益

I.5（-）湿地生态功能

I.6（-）化学转化、地下水补给和其他功能

I.7（+/-）鱼类和野生动物栖息地

I.8（+）开放水域生态功能

I.9（+）保水；（-）流向受纳水体的污染物、病原体和沉积物

I.10（+）蒸发造成的失水

I.11（-）下游其他用水

I.12（-）洪峰流量（洪水）

《灌溉用水管理》（449）

C.1（+/-）收入和收入稳定性（个人和群体）

C.2（+/-）栖息地适宜性，鱼类、候鸟和其他湿地野生动物种群，人、家畜和野生动物的健康状况

图例

缓解性实践

相关实践

#：实践效果

D：直接效果

I：间接效果

C：累积效果

路径

注：各项效果前用加号（+）或减号（-）限定，分别表示对资源影响的增强（+）或减弱（-），而不表示其有利或不利。

灌溉系统——微灌

（441，Ac.，2015年9月）

定义

在输水管道上加装灌水器或喷洒器，利用少量地表或地下水进行灌溉的灌溉系统，常用类型有：地面滴灌、地下滴灌或微喷灌。

目的

本实践旨在实现以下目的：

- 进行均匀、有效灌溉，保持作物生长所需的土壤湿度。
- 通过有效统一的化学用品应用以规避地表、地下水污染。
- 种植目标植被（如防护林）。

适用条件

本实践适用于土壤环境与地质条件均适合作物或目标植物灌溉，且需要有充足的灌溉水资源的土地类型。

微灌是一种适合所有农作物、居民用地和商业用地的灌溉系统。微灌同样适用于使用其他灌溉方式会导致过度侵蚀的陡坡，以及使用其他灌溉装置可能会引发幼林抚育干扰的地区。

微灌适用于培育目标植被所需灌溉水有限的植被地区，如防风林、活动型雪围栏、河岸森林缓冲区和野生植被。

本实践适用于定点需水区（如单个植物或树木）或者单个灌水器流量设计低于 60 加仑 / 小时的系统。

根据保护实践《喷灌系统》（442）的规定，对整块田地进行均匀灌溉作业，通常情况下，单个灌水器流量设计为大于等于 60 加仑 / 小时。

准则

适用于上述所有目的的总体准则

为规避过多的水土流失、侵蚀、水质下降或积盐情况发生，进行均匀灌溉、施肥系统作业设计。

在所有配备化学注射器的微灌系统上加装防回流装置。根据制造商的建议，找到并安装（化学药品、化肥或杀虫剂）注射器和其他自动操作设备（含成套的防回流装置）。

此外，还包括安装正确操作所需的所有灌溉系统配件。根据合理的工程原理和具体作业现场地貌特征，确定每个配件的尺寸大小和安装位置。系统配件包括但不限于，累计流量测量装置、过滤器、排气阀、泄压阀、控水阀、压力表、压力控制阀和减压器。

水质。对地区灌溉水所含的常规型物理、化学和生物成分进行检测和评估，以避免产生微灌系统灌水器堵塞的风险。根据水质测试结果，来判定灌溉选型与水处理要求是否适当。

灌水器流量。对制造商所提供的理想作业数据进行分析，确定喷洒器水流量设定。为避免灌溉区域内产生地表积水，对水流量进行限制。

涌泉灌溉，则需在灌溉作物周围设计一个蓄水池，进行节水控制，灌溉作业只能在蓄水池周围进行。

灌水器数量与间距。按照一定的间距，沿管线安装适量的灌水器，以确保植物根区充分灌溉，土壤湿润比达标。参照《美国国家工程手册》第 623 部分第 7 章微灌的计算流程，计算土壤湿润比。

灌溉作业压力值。按照公布的制造商建议，进行灌溉作业压力值设定。根据所采用的系统组件和现场海拔效应，考虑潜在的压力损耗和压力增益值。

在灌溉作业各阶段，水压值切勿超过制造商给出的管线或歧管最大压力建议值。

灌水器制造偏差。获取并利用制造商提供的偏差系数，来评估特定产品是否适用于既定灌溉系统。进行产品选择时，点源灌水器的偏差系数需小于 0.05，线源灌水器的偏差系数需小于 0.07。

压力允差

歧管和侧管。为确保灌溉管线或区域内喷洒器均匀喷洒，对设定水压下歧管和管线进行设计。灌溉管线或区域安装的喷洒器水流量，总允差需低于设计流量的 20%。所有操作阶段，均需遵照制造商关于内部压力的建议。

主管线与支管线。主管线与支管线设计，需确保歧管与侧管供水量、水压均高于设计要求最小值。提供足量水压，以规避管道、配件（含水阀、过滤器等）作业过程中发生摩擦力损耗的情况。在作业各阶段，确保主管线与支管线内水流速低于 5.0 英尺 / 秒，特别关注水流状况，并采取必要的措施，充分保护管道免遭水压破坏。

《灌溉管道》（430）适用于主管线与支管线操作，但并不适用于歧管操作。

灌溉均匀度。根据《美国国家工程手册》第 623 部分第 7 章微灌的规定，主管线、支管线及侧管管道规格应控制在均匀灌溉作业系统设定参照值范围内。如采用灌溉系统施加化肥、农药等化学试剂时，至少设定 85% 的灌溉均匀度。

过滤器。在系统入口处加装过滤系统。在清洁状况良好条件下，加装最大水头损失设计为 5 磅力 / 平方英寸 * 的过滤器。遵照制造商的建议进行清洁作业之前，将过滤器水头损失设定为最大值。在制造商未提供参照数据的情况下，清洁前，过滤器的最大水头损失值设定为 10 磅力 / 平方英寸。

为防止水管中粒径、数量不等的残渣堵塞灌水口，需选用适当规格的过滤器。在设计除渣过滤系统时，请参照灌水器制造商建议的数值进行作业。制造商若未提供数据或建议值，则需按照不低于灌水口直径的 1/10，对除渣过滤系统进行设定。

确保过滤器反冲洗，不会导致介质材料、过量冲洗水溢出或无法均匀灌溉的情况发生。确保过滤系统设计，能够处理、利用过滤器反冲洗水，且反冲洗水不会导致腐蚀或化学污染的后果。

空气 / 真空泄压阀。在系统歧管和管线顶部，设计并安装空气和真空泄压阀。设计、定位所有真空泄压阀，以防止由于真空泄露导致土壤颗粒混入灌溉系统。在所有管线或歧管供水控制阀的两侧，安装空气 / 真空泄压阀。

压力控制阀。在地形条件和喷洒器选型适当的场所，使用压力控制阀。

系统冲洗。为方便冲洗作业，在所有主管道、支管道和冲洗歧管管线的末端安装适当的接头。为便于在地面或排水沟中进行冲洗，可在各个侧面的末端安装可用的冲洗歧管接头。

设计、安装冲洗系统，以确保在冲洗过程中提供 1 英尺 / 秒的最小流速。控制阀下端的歧管，水流速设定不得超过 7 英尺 / 秒。侧管冲洗系统设定，不得超过制造商给出的最大推荐冲洗压力。在地下滴灌（SDI）系统的每个冲洗歧管出口处，均安装有一个压力表和施雷德阀门头。

严格管控冲洗阀排水。找到冲洗阀门，确保灌溉水远离牲畜、电气设备和其他控制阀或挂钩区域。确保冲洗水的排放，不会造成水蚀情况发生。

用水管理计划。按照保护实践《灌溉用水管理》（449）的规定，制订可与本实践一并使用的灌溉用水管理计划。

高效、均匀灌溉附加准则

系统容量。在关键作物生长期间，为满足用水需求，须设计具有足够供水能力的灌溉系统。在容量设计时，需将如下因素考虑在内：适当的水损失（随时间推移产生的蒸发、径流、深层渗透和系统恶化现象）以及辅助供水系统设计要求（如防渗、防冻和防冷却）。如果灌溉水检测结果表明，出现渗漏损失，则为确保总灌溉体积计算中稳态盐平衡，需提供充足的灌溉水。

地下滴灌（SDI）。管道的深度和间距设计，根据土壤质地和作物种类而定。根据植物浸泡、萌

---

* 磅力 / 平方英寸（psi）为非法定计量单位，1 磅力 / 平方英寸 ≈ 6.89 千帕。——编者注

芽和初期生长阶段所采用的不同辅助灌溉方法，选定相应的灌水管道埋藏深度。在对一年生作物进行地下滴灌时，其最大侧向间距应设定为 24 英寸。

表面微灌系统（SI）。沿作物行地表，安装表面滴灌侧管。为方便侧管拉伸、收缩操作，将表面滴灌侧管加长 2%。为防止侧管从植物带或容器中脱落或移动，采用销或锚将其固定。除了销或锚固定外，可将侧管埋入地下（2 ~ 4 英寸），并覆盖保护膜或塑料排盖。

根据每行灌水侧管间距或容量，分别设计各侧管规格。为确保产生安全流速，设计、安装主管线和支管线。为防止（灌溉过程中）管线意外脱落，需对主管线、支管线、歧管及各侧管加以固定。《灌溉管道》（430）适用于主管线、支管线作业，但并不适用于歧管作业。

地下水和地表水污染防治附加准则

化学灌溉和化学水处理。通过微灌系统施加化肥或农药等化学试剂时，系统灌溉均匀度不得低于 85%。

所有微灌系统在进行化学药品喷洒作业时，需加装防回流设备。

按照制造商建议，对（化学药品、肥料或杀虫剂）喷雾装置等自动化设备进行定位、安装，并加装一体化防回流设备。

化学灌溉需在最短时间内完成，包括添加化学品、冲洗管道。灌溉剂量应限制在最低必要值以上，配比率不得超过化学品标签推荐的最高值。

为防止管线堵塞，需根据滴灌管道与水质特征，采取适当的维护与水处理作业。

为避免产生沉淀或生物型堵塞，处理或规避喷雾器内试剂发生化学反应，应预先进行灌溉水检测。

种植目标植被附加准则

系统容量。为提高目标植被的种植率、存活率，在进行系统容量设计时，确保能提供足量补给水。

根据植被种类、树龄（如，第一年、第二年等），设定各植物灌水量。

采用高效现场灌溉系统，并根据拟用微灌系统类型，确定各植物灌水量大小。

在灌溉系统的各侧管末端，可加装手动式冲洗过滤网和手动式冲洗阀或配件。过滤网使用规范参照“适用于所有目的的总体准则”部分说明。沿着植物行所在地表，放置滴灌侧管线，以便在靠近树木或灌木位置作业时，可自由拉伸、收缩管线。为防止管线从树木或灌木上脱落或移动，须将其用销或锚固定在地表。

侧管灌水器间距或容量会根据各行植被有所不同，须相应地设定其灌溉侧管。

注意事项

灌溉系统周期设定，灌溉作业每天不超过 22 小时或每周不超过 6 天。

在缺乏本地经验的情况下，则采用 90% 的现场灌溉效率来估算系统容量。

通常，在地下系统干旱的气候条件下，自然降水和储存的土壤水无法满足作物发芽所需的水分。如果微灌系统无法提供种子发芽或移植所需的水分，则对发芽作业做出特殊规定（即采用便携式喷头）。为确保提供发芽种子所需的灌溉能力，对一年生作物所采用的暗管管线深度进行限定，另有规定情况除外。

在进行材料选择和地上、浅地面或地下安装系统选择时，考虑会对啮齿类动物产生潜在伤害的因素。

农民可利用有机微灌系统，施用较少的可溶性肥料。注意防止灌水器堵塞情况发生。

进行化学灌溉前，须关注天气状况。有害生物或养分管理计划应涵盖化学灌溉的时间和速度。

通常，地形和坡度决定了最为经济的侧管走向。沿着坡面铺设侧管，可以自由拉伸侧管长度，并能最大限度降低侧管尺寸。设计师必须将灌溉水压设定在合理范围内。崎岖不平的地形，可能需要加装压力补偿灌水器。

替代性设计的经济评估，应包括设备和安装以及运营成本各要素。

在区域阀的主管线侧，最好加装空气 / 真空泄压阀装置。

防护林建设过程中，应采用高效、少量灌溉技术来加深根系生长发育，从而提高其耐旱性。

在介质过滤或漂洗循环之后，进行二级过滤网过滤，以防止反洗后释放污染物。
如果遇上疾风骤雨天气，则不要进行化学灌溉，除非在塑料覆盖层下进行本操作。
为避免与注入的化学物质发生反应，防止发生沉淀或生物堵塞，可进行灌溉水检测。
为确保根区水分均匀，可将灌溉侧管沿着作物行的斜向坡放置。
由于减少了季节性灌溉，且在某些情况下降低了操作压力，安装、应用微灌系统，有望节约能源。

计划和技术规范

为实现预期目的，须在计划与技术规范内说明正确的安装方法。
该计划应包含：

- 说明所有管线、控制阀、空气/真空阀、泄压阀、井口部件和其他附件规格尺寸，并标明选址、主要高程、系统布局记录材料的平面图。
- 灌溉系统水压及流速设定。
- 管线选址、规格及布局。
- 灌水器类型、作业水压设计、流速。
- 配件选址、类型、尺寸及安装要求。

提供特定现场作业施工规范，说明灌溉系统和所有相关部件的安装细则。

如需查看更多灌溉系统作业相关信息，请查阅适用于本作业目的的《灌溉用水管理计划》《废物利用计划》《养分管理计划》。

运行和维护

《美国国家工程手册》第652部分第6章第652.0603（h）款防护林，包含与种植植被相关的运行和维护项目。

与土地所有者及经营者一起制订和审查特定现场的运行和维护计划。为确保系统正常运行，运行和维护计划须涵盖相关作业的具体说明，包括定期检查、及时修理或更换损坏部件的参考文献。

运行和维护计划至少应包含以下项目：

- 检查流量计（如适用），并监测灌溉系统的使用情况。
- （根据需要）清洁或反冲洗过滤器。
- 每年至少冲洗一次管线。
- 视情况对作物性能和灌溉装置流量进行目视检查，如有必要，更换喷洒器。
- 通常情况下，为确保系统操作正常，在已安装的压力表上或使用手持式压力表的施雷德阀门上，测量压力。水压降低（或升高）表明可能存在问题。
- 检查压力表以确保操作正常。修理或更换损坏的仪表。
- 根据滴头和水质特征，进行适当的维护和水处理作业，以防管线堵塞。
- 为防止沉淀物堆积和藻类生长，按要求注射化学试剂。
- 定期检查化学注射设备以确保其运行正常。
- 检查并确保防回流装置正常运行。
- 在下列情况下，通过重力或其他方式彻底清除管道中（残留）水：
  - 冻结温度隐患，
  - 管道制造商要求排水，
  - 管道排放另有规定。
- 灌溉排水不得引起水质、土壤侵蚀或安全等问题。

参考文献

USDA-NRCS，National Engineering Handbook，Part 623，Chapter 7，Trickle Irrigation.

USDA-NRCS，National Engineering Handbook，Part 652，Irrigation Guide.

保护实践概述

（2015年9月）

《灌溉系统——微灌》（441）

微灌系统（也称滴灌）指在土表上下频繁地通过输水线上的发射器或喷头等以水滴、细流或喷雾施用少量水进行灌溉。

实践信息

安装微灌系统是为了高效、均匀地将灌溉水或化学药剂直接施用于植物根系区域，保持土壤湿度，实现最佳植物生长。

微灌还用于输送灌溉水，建立防风带、拦雪绿篱、河岸植被缓冲带、野生动物绿化带等植被。

微灌几乎适用于所有农作物以及住宅和商业景观系统。使用其他灌溉方法会造成过度侵蚀的陡坡和使用其他设备会干扰栽培操作的区域也适用于微灌。

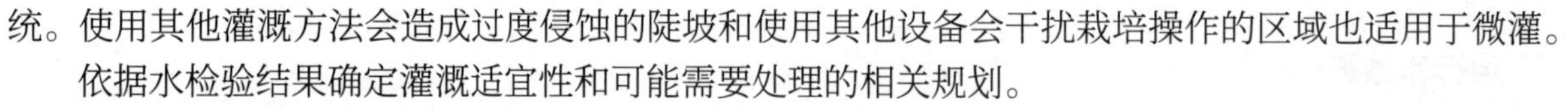

依据水检验结果确定灌溉适宜性和可能需要处理的相关规划。

根区以下溶解物质的转移可能影响地下水质量。与所有灌溉一样，微灌可能会对下游或含水层以及其他用水的水量产生影响。

微灌系统的运行维护包括定期检查、及时修理或更换堵塞、损坏的部件。此外，执行者还需要有计划、有效率地确定和控制灌溉水量、频率和施用量。

常见相关实践

《灌溉系统——微灌》（441）通常与《水井》（642）、《灌溉水库》（436）、《泵站》（533）、《灌溉管道》（430）、《灌溉用水管理》（449）等保护实践一同应用。

保护实践的效果——全国

土壤侵蚀	效果	基本原理
片蚀和细沟侵蚀	0	不适用
风蚀	0	不适用
浅沟侵蚀	0	不适用
典型沟蚀	0	不适用
河岸、海岸线、输水渠	0	不适用
土质退化		
有机质耗竭	0	不适用
压实	0	与其他灌溉方法相比，这一举措可限制土壤剖面中的湿润面积；应限制田间作业期间的压实度。
下沉	0	不适用
盐或其他化学物质的浓度	1	改进后的灌溉能够实现根区以下有限的盐分浸析。

（续）

水分过量	效果	基本原理
渗水	2	小规模灌溉施用及均匀性提高可减少渗漏。
径流、洪水或积水	2	加强均匀施用可减少积水和过多尾水径流。
季节性高地下水位	2	提高灌溉的均匀性和有效性可以防止深层渗漏造成的损失。
积雪	0	不适用
水源不足		
灌溉水使用效率低	2	水的施用更加均匀、有效。
水分管理效率低	0	不适用
水质退化		
地表水中的农药	2	高效、均匀的灌溉可减少径流和侵蚀。
地下水中的农药	2	高效、均匀的灌溉可减少深层渗漏。
地表水中的养分	2	高效、均匀的灌溉可降低溶解养分向地表水迁移的可能性。
地下水中的养分	2	这一举措提高了用水效率，减少了深层渗漏。
地表水中的盐分	0	这一举措可降低从田间径流的可能性，但会在湿周附近聚集盐分。
地下水中的盐分	2	高效、均匀的灌溉可减少可溶性污染物向地下水的迁移。效果大小取决于之前的灌溉方法。
粪肥、生物土壤中的病原体和化学物质过量	2	高效、均匀的灌溉可减少向地表水迁移。
粪肥、生物土壤中的病原体和化学物质过量	1	均匀施水降低了深层渗漏的可能性。
地表水沉积物过多	1	灌溉系统的安装限制或消除了地表侵蚀和由此产生的淤积。
水温升高	0	节水灌溉系统应尽量减少对地表水水质的影响。
石油、重金属等污染物迁移	1	高效、均匀的灌溉可减少向地表水迁移。
石油、重金属等污染物迁移	1	均匀施水降低了深层渗漏的可能性。
空气质量影响		
颗粒物（PM）和 PM 前体的排放	1	灌溉提升产量，可将土壤风可蚀性降低一个等级。
臭氧前体排放	0	不适用
温室气体（GHG）排放	1	灌溉促进植被生长，可改善少耕耕作制度中的碳封存。
不良气味	0	不适用
植物健康状况退化		
植物生产力和健康状况欠佳	2	增加水资源可利用量和管理施用量可促进植物生长、健康和活力。
结构和成分不当	0	不适用
植物病虫害压力过大	1	提高灌溉效率可以改善作物的健康活力，从而减少杂草争地。
野火隐患，生物量积累过多	0	不适用
鱼类和野生动物——生境不足		
食物	0	不适用
覆盖 / 遮蔽	0	不适用
水	0	灌溉季临时供水。
生境连续性（空间）	0	不适用
家畜生产限制		
饲料和草料不足	4	用水量均匀一致可提高产量。
遮蔽不足	0	不适用
水源不足	0	不适用
能源利用效率低下		
设备和设施	2	需要较少的水和更低压力的泵送。由于直接应用于植物根系，大大减少了水需求量。
农场 / 牧场实践和田间作业	2	改善分布均匀度可减少泵送能源利用。

CPPE 实践效果：5 明显改善；4 中度至明显改善；3 中度改善；2 轻度至中度改善；1 轻度改善；0 无效果；−1 轻度恶化；−2 轻度至中度恶化；−3 中度恶化；−4 中度至严重恶化；−5 严重恶化。

工作说明书—— 国家模板

（2015年9月）

此类可交付成果适用于个别实践。其他规划实践的可交付成果参考具体的工作说明书。

设计

可交付成果

1. 能够证明符合自然资源保护局实践中相关准则并与其他计划和应用实践相匹配的设计文件。
   a. 保护计划中确定的目的。
   b. 客户需要获得的许可证清单。
   c. 符合自然资源保护局国家和州公用设施安全政策（《美国国家工程手册》第 503 部分《安全》A 子部分“影响公用设施的工程活动”第 503.0 节至第 503.6 节）。
   d. 辅助实践 / 组成实践清单。
   e. 制订计划和规范所需的与实践相关的计算和分析，包括但不限于：
      i. 系统容量
      ii. 施用深度、速率、频率、压力和均匀性
      iii. 液压装置
      iv. 过滤器和化学剂注入
2. 向客户提供书面计划和规范书包括草图和图纸，充分说明实施本实践并获得必要许可的相应要求。
3. 运行维护计划。
4. 证明设计符合实践和适用法律法规的文件［《美国国家工程手册》A 子部分第 505.3（B）（2）节］。
5. 安装期间，根据需要所进行的设计修改。

注：可根据情况添加各州的可交付成果。

安装

可交付成果

1. 与客户和承包商进行的安装前会议。
2. 验证客户是否已获得规定许可证。
3. 根据计划和规范（包括适用的布局注释）进行定桩和布局。
4. 安装检查（酌情根据检查计划开展）。
   a. 实际使用的材料（第 512 部分，D 子部分“质量保证活动”，第 512.33 节）
   b. 检查记录
5. 协助客户和原设计方并实施所需的设计修改。
6. 在安装期间，就所有联邦、州、部落和地方法律、法规和自然资源保护局政策的合规性问题向客户 / 自然资源保护局提供建议。
7. 证明安装过程和材料符合设计和许可要求的文件。

注：可根据情况添加各州的可交付成果。

验收

可交付成果

1. 竣工文档。
   a. 实践单位
   b. 图纸
   c. 最终量
2. 证明安装过程符合自然资源保护局实践和规范并符合许可要求的文件［《美国国家工程手册》A 子部分第 505.3（c）（2）节］。
3. 进度报告。

注：可根据情况添加各州的可交付成果。

参考文献

NRCS Field Office Technical Guide（eFOTG）, Section IV, Conservation Practice Standard - Irrigation System, Microirrigation, 441.

NRCS National Engineering Manual（NEM）.

NRCS National Environmental Compliance Handbook.

NRCS Cultural Resources Handbook.

注：可根据情况添加各州的参考文献。

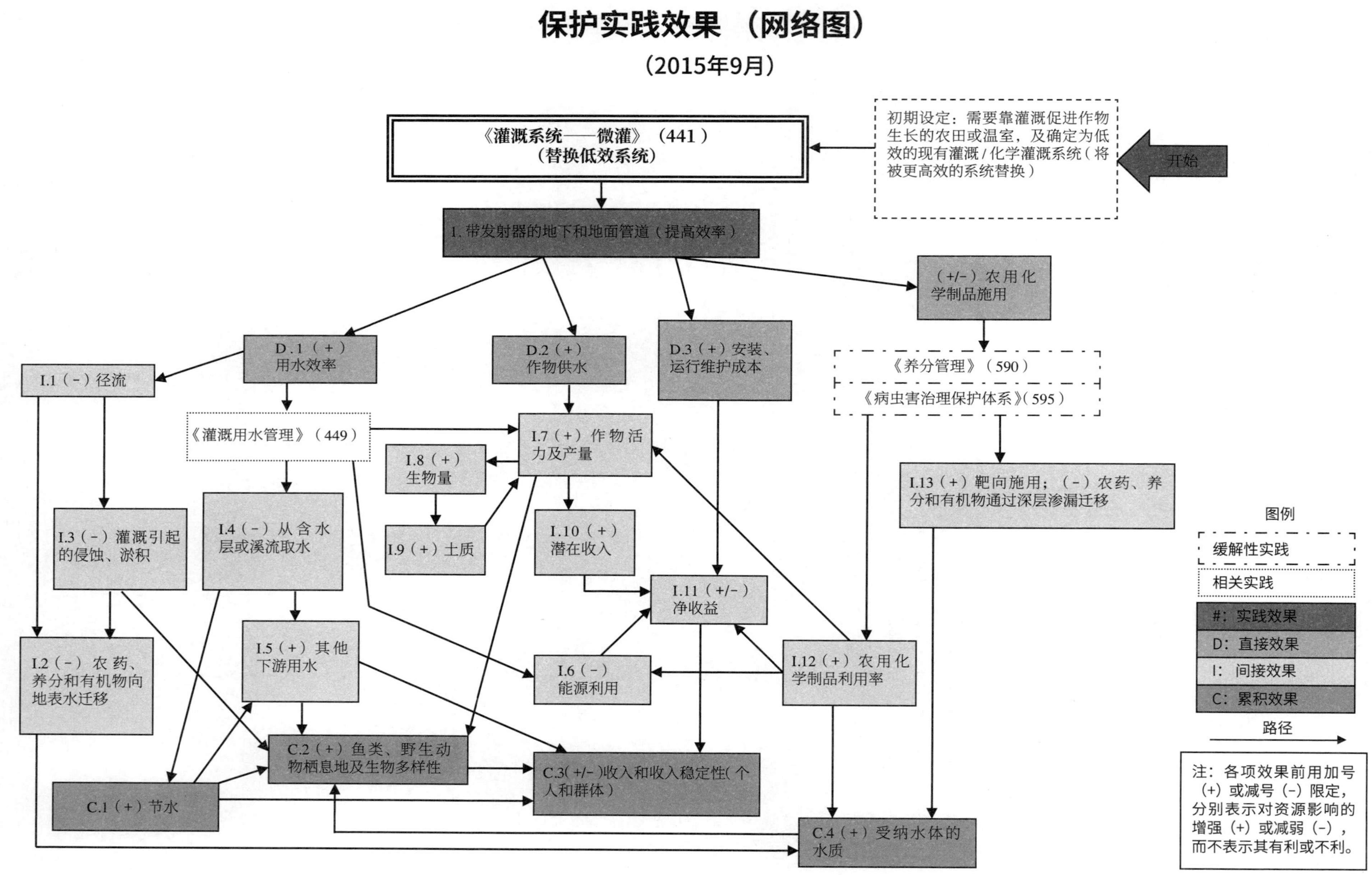

保护实践效果（网络图）
（2015年9月）
初期设定：需要靠灌溉促进作物生长的农田或温室，及确定为低效的现有灌溉/化学灌溉系统（将被更高效的系统替换）
开始
《灌溉系统——微灌》（441）
（替换低效系统）
1. 带发射器的地下和地面管道（提高效率）
（+/-）农用化学制品施用
D.1（+）用水效率
D.2（+）作物供水
D.3（+）安装、运行维护成本
《养分管理》（590）
《病虫害治理保护体系》（595）
I.1（-）径流
《灌溉用水管理》（449）
I.7（+）作物活力及产量
I.8（+）生物量
I.9（+）土质
I.10（+）潜在收入
I.13（+）靶向施用；（-）农药、养分和有机物通过深层渗漏迁移
I.3（-）灌溉引起的侵蚀、淤积
I.4（-）从含水层或溪流取水
I.11（+/-）净收益
I.2（-）农药、养分和有机物向地表水迁移
I.5（+）其他下游用水
I.6（-）能源利用
I.12（+）农用化学制品利用率
C.2（+）鱼类、野生动物栖息地及生物多样性
C.3（+/-）收入和收入稳定性（个人和群体）
C.1（+）节水
C.4（+）受纳水体的水质
图例
缓解性实践
相关实践
#：实践效果
D：直接效果
I：间接效果
C：累积效果
路径
注：各项效果前用加号（+）或减号（-）限定，分别表示对资源影响的增强（+）或减弱（-），而不表示其有利或不利。

灌溉系统——地表和地下灌溉

（443，Ac., 2016年9月）

定义

地表和地下灌溉系统是一种配备所有必要的土方工程、多出口管道和水控装置的系统，可借助沟槽、边界和轮廓堤等地表途径，或地下水位控制等地下途径对水源进行分配。

目的

本实践可以作为资源管理系统的一部分，以实现以下一个或多个目的：

- 有效地将灌溉用水输送并分配到灌溉点的土壤表面，以至于不会造成过多的水分流失、水蚀或水质损害。
- 有效地将灌溉用水输送并分配到地下灌溉点，以至于不会造成过多的水分流失或水质损害。
- 将化学物质或养分作为地表灌溉系统的一部分，以保护水质。
- 减少能源使用。

适用条件

地区土地必须适合灌溉，供水量必须充足，水质必须达标，以便使计划种植的作物的灌溉及计划使用的灌溉方法变得切实可行。

本实践不适用于单个水控制或运输装置或附属设施的详细设计标准和施工规范。

地表灌溉的场地条件将能实现目标灌溉效率，并能确保灌溉均匀。

地下灌溉系统的场地条件应该能够形成和储存地下水位，以便向作物根区供水。

本实践中的地下灌溉适用于地下水位控制灌溉，即通过在地下水位控制装置中加水，并使用穿孔管、管道（通常直径不低于 3 英寸）或在沟渠装置中加水来调高地下水位。

本实践不适用于保护实践《灌溉系统——微灌》（441）中提到的埋藏式滴灌带或滴灌管中应用了地下线源喷射器的灌溉系统。

准则

适用于上述所有目的的总体准则

保护灌溉方法。根据土地功能和灌溉区的需要，将灌溉系统设计作为农田土地保护利用和处理总体规划的一个组成部分。

将农田灌溉系统设计基于满足场地条件（结合土壤和坡地情况）和农作物生长的合理灌溉用水方法，设计农田灌溉系统。适应方法是指在不造成破坏性的土壤侵蚀或水质退化的情况下有效利用水的方法。

能力容量。灌溉系统必须有充足的容量来达到预期的目的。如果在同一区域使用多种灌溉方法，系统容量必须足以满足最高输水速率的条件。

设计所有装置和输水部件需满足预期的最大流量、足够的容量和干舷等要求。

水控制。农田灌溉系统必须包括水调节和控制用水所需的必要结构，例如：测量装置、分隔箱、检查装置、输出、管道、内衬的沟渠、阀门、泵和闸门。

适用于地表灌溉系统的附加准则

物理组件的设计应符合保护实践《灌溉管道》（430）、《灌溉渠或侧渠》（320）、《灌溉田沟》（388）、《控水结构》（587）、《泵站》（533）、《灌溉土地平整》（464）、《灌溉系统——尾水回收》（447）和其他相关的保护实践。

应用灌溉效率和灌溉均匀性。使用当地灌溉指南或自然资源保护局《美国国家工程手册》（NEH）第 623 部分第 4 章，选择适当的地表灌溉方法，并结合田间坡度、长度、结构、流量和尾水管理，以达到目标或设计灌溉效率（AE）和灌溉均匀性（DU）值。

容量。在计算容量要求时，必须考虑到灌溉过程中合理的水分损失和任何浸出要求。

设计灌溉率。设计的灌溉量必须在受气候条件影响的最少实际灌溉量和与土地上的土壤取水率和保护措施相一致的最高灌溉量所确定的范围内。

水面高程水位。通过地表途径设计所有灌溉系统，对地面取水点的水位进行灌溉，该水位足以向田间表面提供所需流量，提供的流量至少要有 4 英尺。

输水沟或地面以上多出口输水管的位置。铺设用于地面灌溉的输水沟渠或管道，这样灌溉水可以在整个田间均匀灌溉而不会造成侵蚀。将沟渠或管道分隔开，使灌溉管路长度不超过当地灌溉指南规定的最大值或根据田间坡度确定的最大值。如果要种植一种以上的作物或使用一种以上的灌溉方法，沟渠或输水管的间距不得超过限定作物或灌溉方法确定的允许输水长度。

灌溉用水管理。制订灌溉用水管理计划，这一计划需满足保护实践《灌溉用水管理》（449）的要求。

地面上安装多出口输水管。

工作压力。多出口输水管（聚灌管除外）的最大工作压力为 10 磅 / 平方英寸或 23 英尺水头。安装适当的头控附件以将最大工作压力降至可接受水平。

请遵循制造商的建议，以确定聚灌管的最大允许工作压力。如果没有制造商的建议，请使用自然资源保护局《美国国家工程手册》第 636 部分第 52 章中的环向应力公式以确定最大工作压力，安全系数为 1.5。

摩擦损失。就设计目的而言，摩擦头损失必须不低于哈森威廉方程计算的损失值，分别采用粗糙度系数 C=130、C=150 计算铝管及塑料或聚灌管的损失。

流速。在系统容量下运行时，除非提供适当的浪涌保护，否则管道中的流速不会超过 7 英尺 / 秒。

容量。管道的设计容量足以将足够的灌溉水量通过所计划的灌溉方法输送到设计区域。

放水闸门。每个放水闸门将具有可承载所设计工作压力的容量，以将所需流量输送至土地表面上方至少 4 英寸的位置。

首要水头要求。除非详细的设计或制造商的说明书表明较低的水头足以将所需的水输送到现场，否则工作水头深不得低于放水闸门上方 0.5 英尺。

如果工作水头的设计高度超过 5 英尺或者水流流动具有侵蚀性，则在每个闸门处安装一种有效的消能方法，或者在管道上种植永久性植被，用于控制侵蚀。

冲洗。应在管道末端安装一个合适的出口，以冲洗管线，使之不含沉淀物或其他杂质。

材料。选择通过地面使用认证的铝或塑料管道材料。所有连接件和连接器的压力额定值必须超过或等于管道的压力额定值。这些连接件和连接器必须由制造商推荐的与管道兼容的材料制成。

用与所选管道的材料相兼容的耦合系统安装管道和附属装置。

根据制造商的标准设计尺寸和所选管道材料的耐受度选择橡胶垫片。每个垫圈必须具有类似的尺寸和形状，在组装完成之后，插口和插座间的压缩力足以影响密封情况。垫圈必须是一个持久性的弹性环，并且将是唯一一个使连接处具有弹性并且具有防水性功能的元件。

直径为 6 ~ 10 英寸的铝门管的最小壁厚为 0.050 英寸，直径为 12 英寸的铝门管的最小壁厚为 0.058 英寸。

当出现以下情况时，需要对铝管进行防腐保护：

- 输送水中铜含量超过百万分之 0.02。
- 接触土壤的电阻率小于 500 欧姆 · 厘米。
- 接触土壤的 pH 小于 4 或大于 9。

PVC 浇口管的最小壁厚（包括考虑任何标准制造公差）必须不小于 0.09 英寸。在浇口安装之前，管道的压力等级应为每平方英寸 22 磅或更大。

聚灌管的最小壁厚为 6 密耳（0.006 英寸）。

相关装置。开沟供水将包含一个永久性的水控装置以作为多出口管道的入口。

当聚灌管的供水量超过地面 0.5 英尺以上时，使用 PVC 或铝制配件在供水出口与地面上的聚灌管之间输送水。

侵蚀控制。农田灌溉系统应在不造成土壤侵蚀的情况下输送灌溉用水。在所有无衬砌的沟渠上搭建非侵蚀梯度。如果水在陡峭到足以造成过高的流速的斜坡上输送，则应安装侵蚀控制设施，如管道跌水、斜槽、埋地管道和抗侵蚀内衬沟渠。可选用满足保护实践《阴离子型聚丙烯酰胺（PAM）的施用》（450）的聚丙烯酰胺代替或结合装置用于侵蚀控制。

渗流控制。如果现场条件要求通过过度渗透土壤以输送水，则必要时灌溉系统应提供管道、喷流或有内衬的沟渠，以防止渗漏损失过多。

去除尾水和过量的径流。包括具有足够容量的设施，以安全去除灌溉尾水和雨水径流。如果侵蚀是一种危害，则为此目的而建造的收集设施（沟渠）将采用非侵蚀性梯度或通过衬砌或结构措施进行侵蚀防护。如果农田高度不允许通过重力流动对尾水或多余水进行非侵蚀性处置，则应规定安装泵站和其他所需的附属装置，防止堤岸侵蚀。

如果过量水被重新用于灌溉，则应根据保护实践《灌溉系统——尾水回收》（447）设计尾水回收系统。

适用于地下灌溉系统的附加准则

设计地下灌溉系统须将地下水位保持在所有地下灌溉点的预定设计高度以下。

分隔地下灌溉的空间给渠道或管道，以使从地面到地下水位的深度变化可以提供足够的灌溉条件，使最有限制性的作物得以生长。

物理组件的设计必须符合保护实践《地下排水沟》（606）、《控水结构》（587）、《泵站》（533）和其他相关保护实践。

土壤。场地条件必须使水能够从露天沟渠或灌溉砖中横向流动，形成并保持灌溉用水管理计划中规定的设计深度的地下水位。除非灌溉区有一个缓慢渗透的限制水层，否则不要使用地下灌溉。

灌溉区的土壤调查资料可用于初步规划。最终设计应基于现场横向水力传导率测量或由每个土壤层的实验室测试确定的平均横向水力传导率。

横向间距。每个子单元横向间距相等。灌溉砖或露天沟的最大间距不得超过当地排水指南中规定的横向间距或沟渠间距的一半，或不得超过自然资源保护局《美国国家工程手册》第 650 部分第 14 章或第 624 部分中按规定的程序计算的横向间距或沟渠间距的一半。

水控制。在每个管理的子单元内，提供足够尺寸的水位控制装置，以保证足够的流量以满足子单元的用水需求。控制装置应设置在高度间隔不超过 1 英尺的地方。

水位控制装置必须加以覆盖或以其他方式进行防护，以防止动物、机器或人的突然进入。

灌溉用水管理。为适用此标准，须制订满足保护实践《灌溉用水管理》（449）要求的灌溉用水管理计划。

适用于在地表灌溉系统中施用化学物质或养分的附加准则

为施用化学物质或养分而安装和运行的灌溉系统必须符合所有适用的联邦、州和地方的法律、法规和条例，包括防回流和防虹吸措施，以保护地表水和地下水源。此外，须保护地表水免受直接灌溉和径流影响。

物理组件的设计应符合保护实践《灌溉管道》（430）、《废物转运》（634）、《控水结构》（587）、《泵站》（533）以及其他相关保护实践。

容量。确保设计容量足以在指定的运作期间内向设计灌溉区域提供指定数量的化学物质和养分。

养分和病虫害综合防治。根据保护实践《养分管理》（590）、《病虫害治理保护体系》（595）或《废物回收利用》（633）施加化学物质、肥料、废水和液体粪肥。

适用于减少能源使用的附加准则

提供可以证明从实践中减少能源使用的分析。

与以前的操作条件相比，将能源使用的减少量计算为年均或季节性能源的平均减少量。

注意事项

在设计这种实践时，请考虑以下事项：

- 可溶性盐、养分和农药对地表水和地下水质的影响。
- 饱和水位对植物氮素利用或反硝化、根系发育等土壤养分吸收过程的影响。
- 对土壤中能够改变养分循环碳利用的生物群的影响。有积水的和以耕作为主的土壤变成细菌驱动的脱氮系统，可以除去土壤中的（亚）硝酸盐，但不能有效利用碳。
- 对水生和野生动植物群落、湿地或与水有关的野生动植物栖息地的影响，包括对授粉者觅食及筑巢栖息地的影响。
- 在规划和设计地表和地下灌溉系统时，土壤质地、进水口、坡度和深度是影响设施、性能、可承受进水率的土壤极限、渗漏、腐蚀性和土壤压实的重要土壤特性。设计者在设计前应参照灌溉区在初步规划和进行现场土壤调查期间的土壤调查资料。

在设计地表灌溉系统时，应考虑以下内容：

- 为了提高地表灌溉效率，应尽可能减少地表耕作。由物理和化学干扰造成的土壤结构破坏可能会严重阻碍某些土壤的吸水能力。
- 盐滤要求对系统管理、容量和排水的影响。
- 侵蚀或径流带来的泥沙和泥沙附着物质包括盐分、养分、农药、种子和侵入植物的营养部分移动所带来的影响。
- 灌溉尾水温度的升高对下游水域的影响。
- 灌溉系统的容量应根据适当的设计灌溉效率来确定。地表灌溉系统中合理水平面的设计灌溉效率应不高于 90%，分级系统的设计灌溉效率最高为 80%。《美国国家工程手册》第 623 部分和第 652 部分提供了选择设计灌溉效率的指南。
- 设计、评估和仿真模型 WinSRFR 可以成为完成地表系统设计的非常有用的工具。

在设计地下灌溉系统时，应考虑以下内容：

- 水位控制对下游水质的潜在效益。
- 标准管理对侧渗的潜在影响。
- 沿着等高线确定侧线的方向，以最大限度地扩大受每个水控装置影响的面积。
- 在透水区（根区）土壤层的横向饱和导水率应高于限水层的垂直饱和导水率。然而，如果根区任何单一土层的横向导水率超过其他土层的 10 倍，横向渗流可能会使地下水位难以提高到设计的深度。
- 灌溉系统的容量应根据适当的设计灌溉效率来确定。对于侧向流失最少的土壤，设计灌溉效率不应超过 90%。所有其他土壤的最高设计灌溉效率为 75%。
- 请注意，干旱期间可能需要借助泵站抽水来调高地下水位。
- 《美国国家工程手册》第 624 部分第 10 章提供了地下灌溉系统规划和设计流程。

在规划采用地表、多出口、输水管的地表灌溉系统时，应考虑以下几点：

- 应规定在管道移动的位置进行推力控制。
- 管道和地垄沿线良好的等级控制以确保水分配均匀。
- 在设计或选择入口滤网类型和尺寸时，须考虑水源和潜在的垃圾种类和数量。
- 可回收利用废弃的聚灌管。
- 当风可能导致聚灌管移动时，可以使用锚聚灌管。
- 如果灌溉水流含有沙子，壁厚小于 0.12 英寸的 PVC 门控管道具有更大的柔性，会使土壤支撑和均匀的管材等级尤为重要。沙子会沉降并积聚在任何门控管道的低点。

计划和技术规范

编制的地表和地下灌溉系统计划和技术规范应符合本实践，并阐明为实现预期目的而应用这种实践须达到的要求。

- 土壤调查研究
- 作物需求
- 测量数据：轮廓和地形
- 设计估算
- 具有现有的和计划的农田（包括距离、尺寸等）的场地平面图
- 所需的材料和数量
- 标准说明

运行和维护

准备为土地所有者或负责运行和维护的操作员编制专门的设备运行和维护计划。该计划应提供运行和维护设施的具体说明，以确保其正常运行。该运行和维护计划至少应包含：

- 对尾水收集设施进行定期清洗和改造，以保持正常的排水、容量。
- 定期检查和清除垃圾架和装置上的垃圾，确保其正常运行。
- 定期清除沉淀物或存储设施内的沉积物，并将其置于适当位置，以保证设计功率和效率。
- 检查和测试所有管道和泵站组件和附件。
- 按照制造商的建议对所有机械部件进行日常维护。
- 定期平整或分级地面灌溉农田，以保持设计等级的水流方向。

此外，地下灌溉系统的运行和维护计划至少应包含：

- 按要求日期设置水控装置，将地下水位保持在设计处。
- 计划作物生长季节的关键日期和地下水位目标高度。
- 包括所有地下水观测井的规格和地点。

参考文献

USDA-NRCS，National Engineering Handbook（NEH），Part 623，Irrigation，Chapter 4，Surface Irrigation.

USDA-NRCS，NEH，Part 624，Drainage，Chapter 10，Water Table Control.

USDA-NRCS，NEH，Part 636，Chapter 52，Structural Design of Flexible Conduits.

USDA-NRCS，NEH，Part 650，Engineering Field Handbook，Chapter 14，Water Management（Drainage）.

USDA-NRCS，NEH，Part 652，National Irrigation Guide.

保护实践概述

（2016年9月）

《灌溉系统——地表和地下灌溉》（443）

地表或地下灌溉系统指包括以地表或地下方式有效施用灌溉水所需的所有部件系统。

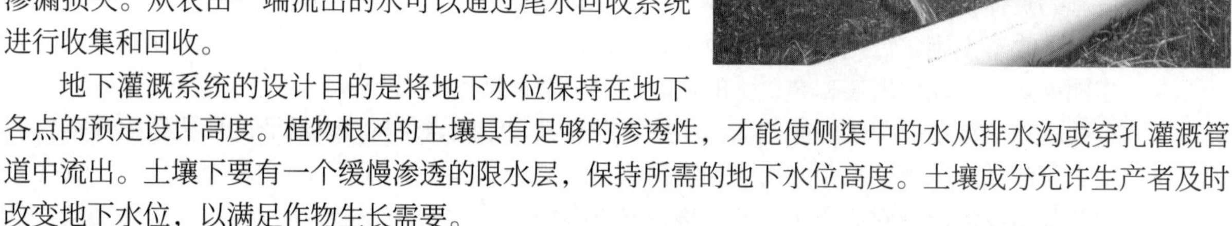

实践信息

在地面灌溉系统中的水直接施用于土表，不会造成过度的失水、侵蚀或水质损害。可以通过排水沟或地上多出口排水口来实现。田间土壤渗透性不宜过大，以免渗漏损失。从农田一端流出的水可以通过尾水回收系统进行收集和回收。

地下灌溉系统的设计目的是将地下水位保持在地下各点的预定设计高度。植物根区的土壤具有足够的渗透性，才能使侧渠中的水从排水沟或穿孔灌溉管道中流出。土壤下要有一个缓慢渗透的限水层，保持所需的地下水位高度。土壤成分允许生产者及时改变地下水位，以满足作物生长需要。

本实践的预期年限至少为 15 年。维护要求包括定期检查、清除沉积物和碎屑、修复和重建侵蚀区域和排水口植被、检查和测试管道和泵送设备，并重新对场地进行分级，以保持流向设计坡度。

常见相关实践

《灌溉系统——地表和地下灌溉》（443）必须与《灌溉用水管理》（449）结合使用。通常采用的其他实践包括《灌溉管道》（430）、《灌溉水库》（436）、《灌溉系统——尾水回收》（447）、《灌溉田沟》（388）、《控水结构》（587）、《泵站》（533）和《地下排水沟》（606）。

保护实践的效果——全国

土壤侵蚀	效果	基本原理
片蚀和细沟侵蚀	0	不适用
风蚀	1	地表湿润可减少土壤风蚀。
浅沟侵蚀	0	不适用
典型沟蚀	-1	尾水径流可导致沟蚀。
河岸、海岸线、输水渠	-1	地上回流造成河岸侵蚀。
土质退化		
有机质耗竭	0	不适用
压实	-1	剖面中土壤湿度的增加可能导致现场作业期间压实度的增加。
下沉	0	不适用
盐或其他化学物质的浓度	0	这一举措能更好地控制盐分含量，但控制程度取决于水管理。
水分过量		
渗水	1	因为渗透更加均匀。
径流、洪水或积水	1	加强均匀施用可减少积水和过多尾水径流。

（续）

水分过量	效果	基本原理
季节性高地下水位	1	提高灌溉的均匀性和有效性可以防止深层渗漏造成的损失。
积雪	0	不适用
水源不足		
灌溉水使用效率低	2	水的施用更加均匀、有效。
水分管理效率低	0	不适用
水质退化		
地表水中的农药	1	高效、均匀的灌溉可减少径流和侵蚀。
地下水中的农药	1	高效、均匀的灌溉可减少深层渗漏。
地表水中的养分	1	高效、均匀的灌溉可减少养分向地表水迁移。
地下水中的养分	1	这一举措提高了用水效率，减少了深层渗漏。
地表水中的盐分	1	这一举措可更有效地施用灌溉水，从而降低农田径流的可能性。
地下水中的盐分	1	高效、均匀的灌溉可减少向地下水的迁移。
粪肥、生物土壤中的病原体和化学物质过量	1	高效、均匀的灌溉可减少向地下水的迁移。
粪肥、生物土壤中的病原体和化学物质过量	1	高效、均匀的灌溉可减少向地下水的迁移。
地表水沉积物过多	0	不适用
水温升高	0	节水灌溉系统应尽量减少对地表水水质的影响。
石油、重金属等污染物迁移	1	高效、均匀的灌溉可减少向地表水迁移。
石油、重金属等污染物迁移	1	高效、均匀的灌溉可减少向地表水迁移。
空气质量影响		
颗粒物（PM）和 PM 前体的排放	1	灌溉施用可湿润土表，降低土壤可蚀性。灌溉提升产量，可将土壤风可蚀性降低一个等级。
臭氧前体排放	0	不适用
温室气体（GHG）排放	1	灌溉促进植被生长，可改善少耕耕作制度中的碳封存。
不良气味	0	不适用
植物健康状况退化		
植物生产力和健康状况欠佳	2	增加水资源可利用量和管理施用量可促进植物生长、健康和活力。
结构和成分不当	0	不适用
植物病虫害压力过大	1	提高灌溉效率可以改善作物的健康活力，从而减少杂草争地。
野火隐患，生物量积累过多	0	不适用
鱼类和野生动物——生境不足		
食物	0	不适用
覆盖 / 遮蔽	0	不适用
水	0	灌溉季临时供水。
生境连续性（空间）	0	不适用
家畜生产限制		
饲料和草料不足	4	用水量均匀一致可提高产量。
遮蔽不足	0	不适用
水源不足	0	不适用
能源利用效率低下		
设备和设施	0	不适用
农场 / 牧场实践和田间作业	2	改善分布均匀度可减少泵送能源利用。

CPPE 实践效果：5 明显改善；4 中度至明显改善；3 中度改善；2 轻度至中度改善；1 轻度改善；0 无效果；−1 轻度恶化；−2 轻度至中度恶化；−3 中度恶化；−4 中度至严重恶化；−5 严重恶化。

工作说明书—— 国家模板

（2016年9月）

此类可交付成果适用于个别实践。其他规划实践的可交付成果参考具体的工作说明书。

设计

可交付成果

1. 能够证明符合自然资源保护局实践中相关准则并与其他计划和应用实践相匹配的设计文件。
    a. 保护计划中确定的目的。
    b. 客户需要获得的许可证清单。
    c. 符合自然资源保护局国家和州公用设施安全政策（《美国国家工程手册》第 503 部分《安全》A 子部分“影响公用设施的工程活动”第 503.00 节至第 503.06 节）。
    d. 辅助实践 / 组成实践清单。
    e. 制订计划和规范所需的与实践相关的计算和分析，包括但不限于：
        i. 系统容量
        ii. 输水 / 施用方法
        iii. 施用深度、速率、频率和均匀度
        iv. 侵蚀 / 渗透控制
        v. 尾水控制
2. 向客户提供书面计划和规范书包括草图和图纸，充分说明实施本实践并获得必要许可的相应要求。
3. 运行维护计划。
4. 证明设计符合实践和适用法律法规的文件（《美国国家工程手册》A 子部分第 505.3 节）
5. 安装期间，根据需要所进行的设计修改。

注：可根据情况添加各州的可交付成果。

安装

可交付成果

1. 与客户和承包商进行的安装前会议。
2. 验证客户是否已获得规定许可证。
3. 根据计划和规范（包括适用的布局注释）进行定桩和布局。
4. 安装检查（酌情根据检查计划开展）。
    a. 实际使用的材料（第 512 部分，D 子部分“质量保证活动”，第 512.33 节）
    b. 检查记录
5. 协助客户和原设计方并实施所需的设计修改。
6. 在安装期间，就所有联邦、州、部落和地方法律、法规和自然资源保护局政策的合规性问题向客户 / 自然资源保护局提供建议。
7. 证明安装过程和材料符合设计和许可要求的文件。

注：可根据情况添加各州的可交付成果。

验收

可交付成果

1. 竣工文档。
   a. 实践单位
   b. 图纸
   c. 最终量
2. 证明安装过程符合自然资源保护局实践和规范并符合许可要求的文件（《美国国家工程手册》A 子部分第 505.3 节）。
3. 进度报告。

注：可根据情况添加各州的可交付成果。

参考文献

NRCS Field Office Technical Guide（FOTG）, Section IV, Conservation Practice Standard - Irrigation System, Surface and Subsurface, 443.

NRCS National Engineering Manual（NEM）.

NRCS National Environmental Compliance Handbook.

NRCS Cultural Resources Handbook.

注：可根据情况添加各州的参考文献。

保护实践效果（网络图）

（2016年9月）

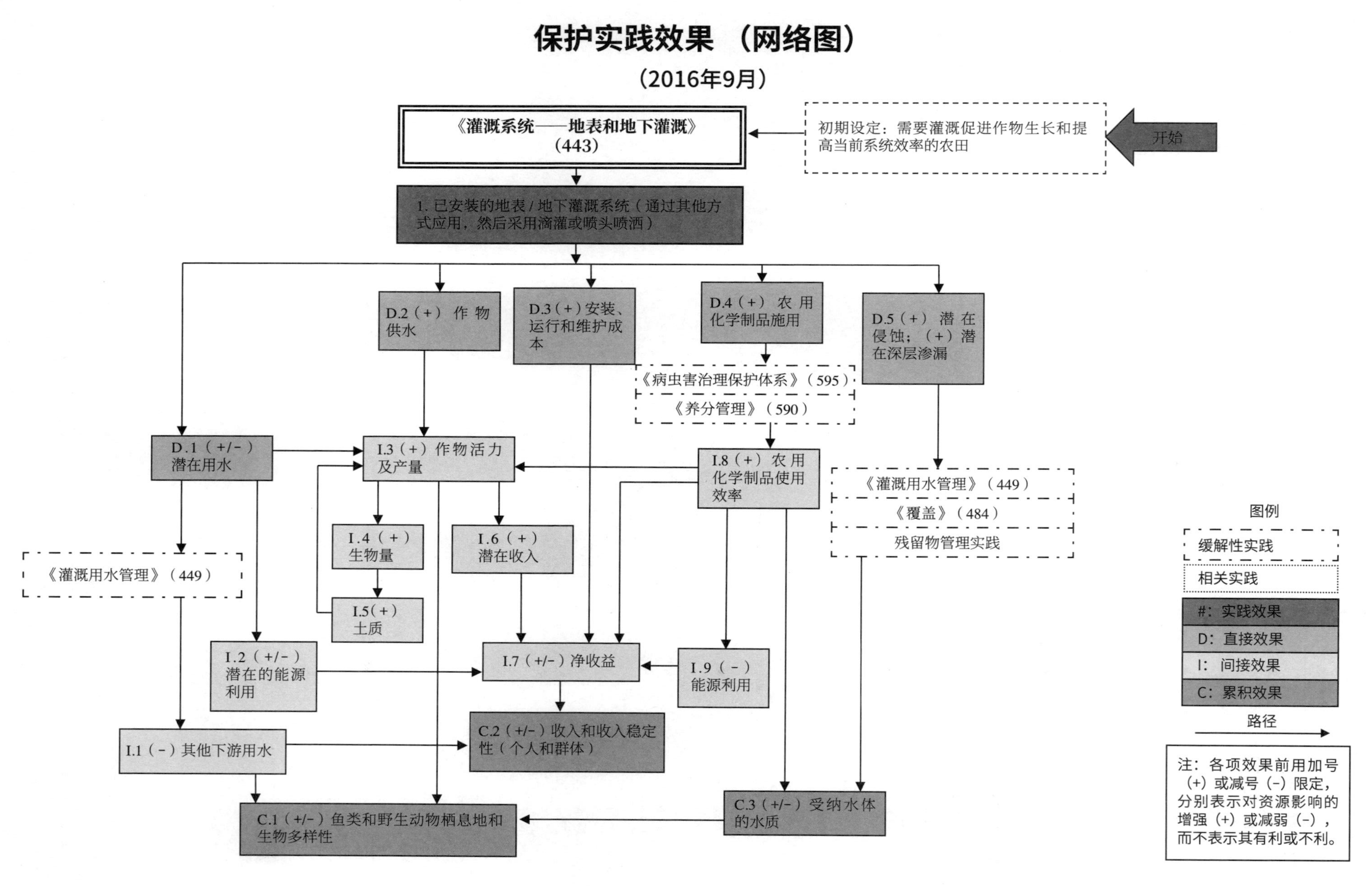

灌溉系统——尾水回收

（447，No.，2014年4月）

定义

该灌溉系统旨在收集、储存和输送灌溉尾水或降雨径流，以便在灌溉中重复使用。

目的

- 提高灌溉用水的利用效率。
- 提高改善异地供水的水质。
- 减少能源使用。

适用条件

尾水回收系统适用于设计并安装了合适的灌溉系统的土地，根据当前或预期的管理标准，该灌溉系统可以预测可回收的灌溉径流量或降雨径流量。

该系统的设施包括但不限于沟渠、水控装置、集水坑、集水池、泵站和管道等。该系统不适用于回收系统的单个装置或设施的具体设计标准或结构规范。

准则

适用于上述所有目的的总体准则

在尾水回收系统所需设施的设计和建造中，使用适当的自然资源保护局实践和规范。使用完善的工程原理来设计未在自然资源保护局保护实践中提及的设施。

灌溉尾水和降雨径流的收集、储存和运输是自然资源保护局保护实践涵盖的灌溉系统中重要的一部分。

收集。根据需要，尾水或降雨收集设施可包括但不限于沟渠、涵洞、管道、水控制和边坡稳定设施或其他侵蚀控制措施。

存储。需要存储设施来存储收集到的水，直到其在灌溉系统中被重新分配为止。在存储容量设计计算中，须包括尾水返回灌溉系统时的径流量、径流速率和所需的水位控制。

含有尾水集水池、灌溉水库或管道等具有调节波动水流的设施（如浮动阀）系统，可使用带有频繁循环泵的小型集水坑。如果存储设施不是用来调节流量的，那么须确保尾水池或集水池的容量足够大，以提供规定的有效使用水。

如适用以下一个或多个条件，须设计至少能够回收一个灌溉装置中的全部径流的尾水回收系统：

- 尾水回泵系统的能源可能会中断，
- 不能提供安全的旁路应急区域，
- 尾水排放违反当地或国家的规定。

为集水坑和集水池安装设计好的进水口，用于保护侧坡和集水部件免受侵蚀。根据州法律的要求，须提供导流、堤防或水控装置以限制降雨径流进入设计好的入口装置。

根据需要安装淤地坝。使用尾水回收系统收集降雨径流用于补给灌溉水库时，应基于预期的径流量和速率设计收集和储存设施的大小和容量，并提供足够的排水口用于排出超过预期径流量的降雨径流。

输送。所有尾水回收系统都需要将水从储存设施输送到灌溉系统入口点设施。这些设施可能包括一个泵站和管道，以将水输送到田地上端；或者是一个具有沟渠或管道的重力出口，以将水输送到灌溉系统的较低点。其他设施或设施组合可能需要根据特定场所确定。

通过分析预期的径流量、计划的尾水灌溉收集池或灌溉水库的存储量以及预期的灌溉用量来确定运输设施的容量。如果回流被用作独立的灌溉供水而不是作为主要灌溉水供应的补给，则要确保灌溉系统有足够的供水流量。

适用于改善异地供水水质的附加准则

存储设施。如果需要额外的存储量来为径流水中的化学物质分解提供足够的停留时间，则要相应地调整存储设施的大小。化学物质所允许的保留时间由具体场地情况决定。

如果需要额外的存储量用于沉降沉积物，则要根据集水流域的场所特定信息来建立额外的存储空间。

适用于减少能源使用的附加准则

提供可以证明在实践中减少能源使用的分析报告。

参照以往运行条件，统计当前年均或季均能源减排量。

注意事项

水量

良好的灌溉系统设计和管理将使尾水量限制在足以使系统有效运行的范围内，但这可能会降低收集、存储和运输设施的容量。

改变灌溉用水管理可能是优化回流利用的必要条件。

依赖尾水和降雨径流的下游水流和含水层补给量将会减少，并且可能对环境、社会或经济造成不良影响。

水质

应考虑沉积物与沉积物附着的可溶性物质的移动对地表水和地下水质量的影响。

含化学物质的水可能会对野生生物造成潜在的危害，特别是被积水吸引的水禽。

如果要用尾水灌溉水果和蔬菜，需对其进行处理，以消除引起食源性疾病的病原体。

确定养分和病虫害综合防治措施，以在实际操作时控制含有化学物质的尾水。

对系统设施加以保护使其免受风暴天气和过度沉降的影响。

其他注意事项

应考虑对水资源视觉效果的影响。

当储存设施用于储存含化学物质的水时，应尽可能控制储存设施渗漏。可以采用天然土壤衬垫、土壤添加剂、商业衬垫或其他认可的控制方法。

计划和技术规范

根据本实践制订灌溉尾水回收系统的计划和技术规范，并阐明为实现预期目的而应用这种实践须达到的要求。

计划和技术规范至少包含以下内容：

- 尾水回收系统及相关设施的现场平面图，
- 截面和剖面，
- 各种系统设施的类型、质量和数量，
- 实用程序的设施位置和通知要求。

运行和维护

准备为土地所有者或负责运行和维护的操作员编制专门的设备运行和维护计划。土地所有者提供运行和维护设施的具体说明，以确保其正常运行。

该计划至少应包括以下内容：

- 对收集设施进行定期清洁和重新分级以保持适当的水流和功能。
- 根据需要定期检查和清除垃圾架和装置上的杂物，以确保其正常运行。

- 定期清除淤地坝或存储设施中的沉积物，以保持设计容量和效率。
- 根据具体情况，检查或测试所有管道和泵站设施和附件。
- 遵照制造商的建议对所有机械设施进行日常维护。

参考文献

Natural Resources Conservation Service（NRCS）. 1997. National Engineering Handbook. Part 652. Irrigation Guide.

Natural Resources Conservation Service（NRCS）. 1983. National Engineering Handbook. Section 15 Chapter 8. Irrigation Pumping Plants.

Natural Resources Conservation Service（NRCS）. 1993. National Engineering Handbook. Part 623 Chapter 2. Irrigation Water Requirements.

Natural Resources Conservation Service（NRCS）. 1983. National Engineering Handbook. Part 650. Engineering Field Handbook， Chapter 15， Irrigation.

保护实践概述

（2014年9月）

《灌溉系统——尾水回收》（447）

灌溉尾水回收系统作为一种灌溉系统，利用相应设施储存并收集用水，并将水输送至灌溉系统入口处，实现再利用。

实践信息

尾水回收包括收集可回收灌溉径流，用以保护灌溉水供应或改善场外水质。适用于系统根据当前或预期管理实践，预计可回收灌溉径流。

利用相应设备储存收集到的水，并将水从该设备输送回灌溉系统入口。可能需要其他储存设备为径流中的化学品分解提供足够保留时间，或为沉积物沉降提供时间。允许保留时间依据所使用的化学品而定。储存含化学物质的水时，使用自然土壤或商业垫层、土壤添加剂或其他经批准的方法控制储存设备渗漏。系统规划和设计过程中，还应考虑保护系统部件免受风暴和过多沉积物淤积的影响。

灌溉尾水回收系统需要在实践预期年限内进行维护。

常见相关实践

《灌溉系统——尾水回收》（447）通常与《泵站》（533）、《灌溉渠道衬砌》（428）、《池底密封或衬砌——土工膜或土工合成黏土》（521）、《灌溉用水管理》（449）等保护实践一同使用。

保护实践的效果——全国

土壤侵蚀	效果	基本原理
片蚀和细沟侵蚀	0	不适用
风蚀	0	不适用
浅沟侵蚀	1	尾水被安全地输送到回收地点，因而减少了集中渗流。
典型沟蚀	1	排水沟排除尾水。
河岸、海岸线、输水渠	1	尾水从地面径流排出。
土质退化		
有机质耗竭	0	不适用
压实	-1	剖面土壤湿度增加可导致现场施工期间土壤压实度增加。
下沉	0	不适用
盐或其他化学物质的浓度	-1	污染水再利用会增加剖面盐分。
水分过量		
渗水	-1	水坑潜在渗透。
径流、洪水或积水	1	尾水回收和储存消除了径流和积水。
季节性高地下水位	-1	水坑渗漏。
积雪	0	不适用
水源不足		
灌溉水使用效率低	2	储存及再利用可以增加可用水量。
水分管理效率低	0	不适用
水质退化		
地表水中的农药	2	这一举措保留了待降解的农药残留。
地下水中的农药	2	控制可能有农药残留的渗漏。
地表水中的养分	2	这一举措捕捉养分和有机物。
地下水中的养分	-1	蓄积的养分物质可能会污染地下水。
地表水中的盐分	1	在尾水池塘中发生的渗透会减少田地失盐量。
地下水中的盐分	-1	这一举措可支持水的再利用，将污染物集中在渗透水里。
粪肥、生物土壤中的病原体和化学物质过量	1	因为沉积量和径流减少。
粪肥、生物土壤中的病原体和化学物质过量	0	这一举措可重新利用病原体含量偏高的灌溉水。
地表水沉积物过多	1	随着水流速度降低，沉积物被截留。
水温升高	0	重新利用温热的地表灌溉水，而非将其排放到溪流或其他水体中。
石油、重金属等污染物迁移	4	这一举措可稳定灌溉径流和相关的含金属沉积物。
石油、重金属等污染物迁移	-1	这一举措可重新利用重金属含量偏高的灌溉水。
空气质量影响		
颗粒物（PM）和 PM 前体的排放	0	不适用
臭氧前体排放	0	不适用
温室气体（GHG）排放	0	不适用
不良气味	0	不适用
植物健康状况退化		
植物生产力和健康状况欠佳	2	增加水资源可利用量，妥善管理施用量，可促进植物的生长、健康和活力。
结构和成分不当	0	不适用
植物病虫害压力过大	0	不适用
野火隐患，生物量积累过多	0	不适用
鱼类和野生动物——生境不足		
食物	0	不适用
覆盖 / 遮蔽	0	不适用
水	0	灌溉季临时供水。

（续）

鱼类和野生动物——生境不足	效果	基本原理
生境连续性（空间）	0	不适用
家畜生产限制		
饲料和草料不足	0	不适用
遮蔽不足	0	不适用
水源不足	0	不适用
能源利用效率低下		
设备和设施	0	不适用
农场 / 牧场实践和田间作业	2	再利用尾水径流可减少抽水能源利用。

CPPE 实践效果：5 明显改善；4 中度至明显改善；3 中度改善；2 轻度至中度改善；1 轻度改善；0 无效果；−1 轻度恶化；−2 轻度至中度恶化；−3 中度恶化；−4 中度至严重恶化；−5 严重恶化。

工作说明书—— 国家模板

（2014年9月）

此类可交付成果适用于个别实践。其他规划实践的可交付成果参考具体的工作说明书。

设计

可交付成果

1. 能够证明符合自然资源保护局实践中相关准则并与其他计划和应用实践相匹配的设计文件。
   a. 保护计划中确定的目的。
   b. 客户需要获得的许可证清单。
   c. 符合自然资源保护局国家和州公用设施安全政策（《美国国家工程手册》第 503 部分《安全》A 子部分“影响公用设施的工程活动”第 503.00 节至第 503.06 节）。
   d. 辅助实践 / 组成实践清单。
   e. 制订计划和规范所需的与实践相关的计算和分析，包括但不限于：
      i. 收集
      ii. 存储容量
      iii. 重复使用注意事项
      iv. 环境因素
2. 向客户提供书面计划和规范书包括草图和图纸，充分说明实施本实践并获得必要许可的相应要求。
3. 运行维护计划。
4. 证明设计符合实践和适用法律法规的文件［《美国国家工程手册》A 子部分第 505.03（a）（3）节］。
5. 安装期间，根据需要所进行的设计修改。

注：可根据情况添加各州的可交付成果。

安装

可交付成果

1. 与客户和承包商进行的安装前会议。
2. 验证客户是否已获得规定许可证。

3. 根据计划和规范（包括适用的布局注释）进行定桩和布局。
4. 安装检查（酌情根据检查计划开展）。
    a. 实际使用的材料（第 512 部分，D 子部分“质量保证活动”，第 512.33 节）
    b. 检查记录
5. 协助客户和原设计方并实施所需的设计修改。
6. 在安装期间，就所有联邦、州、部落和地方法律、法规和自然资源保护局政策的合规性问题向客户 / 自然资源保护局提供建议。
7. 证明安装过程和材料符合设计和许可要求的文件。

注：可根据情况添加各州的可交付成果。

验收

可交付成果

1. 竣工文档。
    a. 实践单位
    b. 图纸
    c. 最终量
2. 证明安装过程符合自然资源保护局实践和规范并符合许可要求的文件［《美国国家工程手册》A 子部分第 505.03（c）（1）节］。
3. 进度报告。

注：可根据情况添加各州的可交付成果。

参考文献

NRCS Field Office Technical Guide（eFOTG）, Section IV, Conservation Practice Standard - Irrigation System-Tailwater Recovery, 447.

NRCS National Engineering Manual（NEM）.

NRCS National Environmental Compliance Handbook.

NRCS Cultural Resources Handbook.

注：可根据情况添加各州的参考文献。

保护实践效果 （网络图）

（2020年9月）

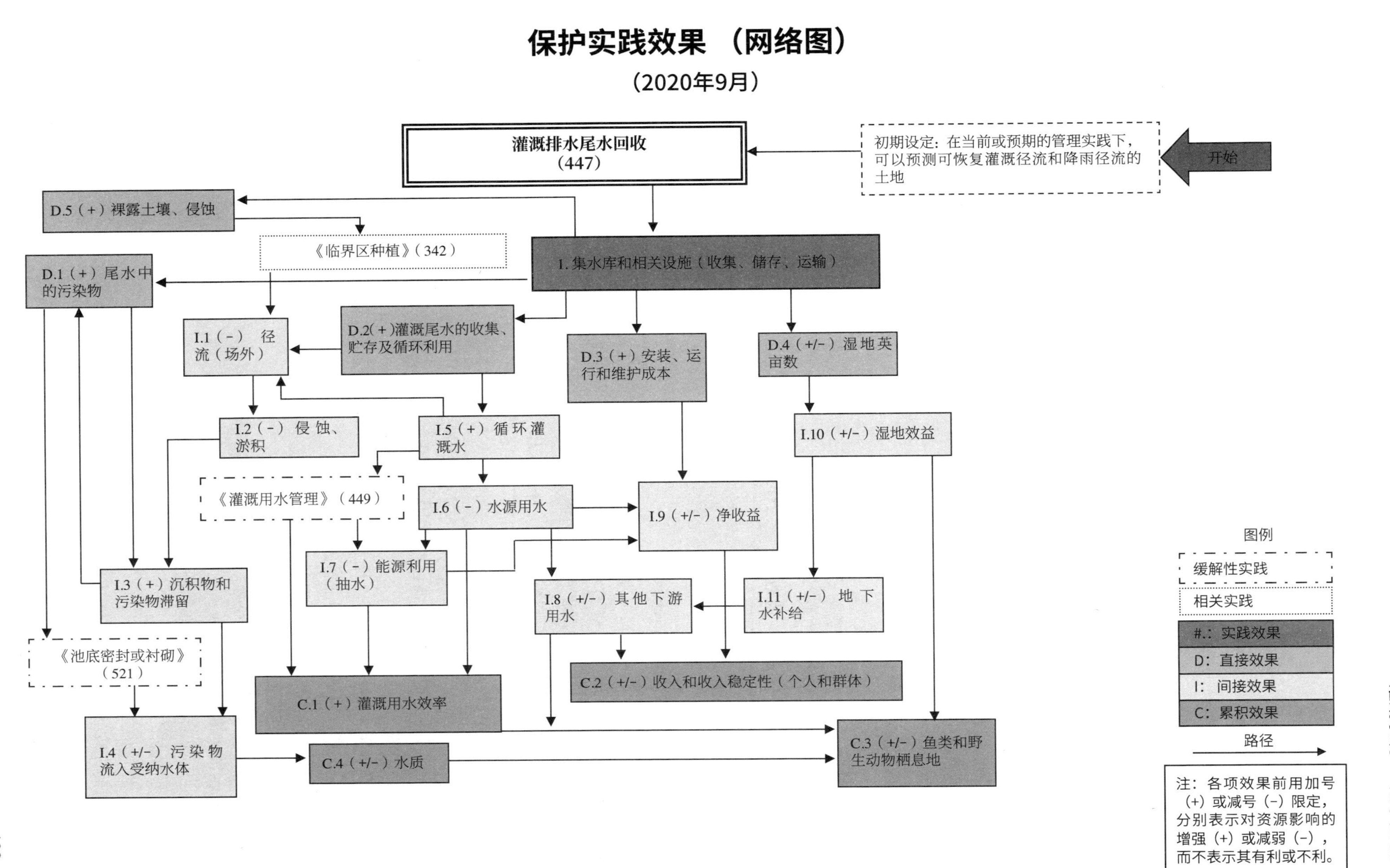

灌溉用水管理

（449，Ac., 2014年9月）

定义

指决定和控制灌溉用水的水量、频率和使用率的过程。

目的

- 提高灌溉用水的使用率。
- 最大限度降低灌溉引起的土壤侵蚀。
- 降低地表水和地下水资源的退化。
- 控制农作物根区的盐度。
- 调节空气、土壤及植物小气候。
- 减少能源使用。

适用条件

本实践适用于所有灌溉用水。

适用于生境条件（土壤、坡地、种植农作物、气候、水量和水质以及空气质量等）的灌溉系统必须提高用水效率，达成预期目的。

准则

适用于上述所有目的的总体准则

制订灌溉用水管理（IWM）方案，指导灌溉者和决策者适当管理和使用灌溉水。

灌溉水有限时，制订 IWM 方案，满足农作物关键生长阶段的需求。

IWM 方案涵盖决定实施灌溉必需的流速或总水量的方法。

决定实施每次灌溉水的时间和总水量，至少使用以下一种方法：

- 农作物蒸发蒸散作用，使用合适的农作物系数以及参照蒸发蒸散数据，
- 土壤水分监测，
- 科学种植监测（如：叶水势或叶片 / 树冠温度测量）。

灌溉水供不应求时，比如灌溉区域使用灌溉水时，按照规划的可用量来决定灌溉时间。在这种情况下，可适当调整灌水量。

生长季节预计会降雨的地区以及土壤水分预计可达到平衡状态的区域，包括雨量计（或其他决定当地降水量的精确方法）得到的测量数据。

每次灌溉所需水量基于以下内容：

- 土壤对作物生根深度的有效持水能力，
- 管理时允许的土壤缺水量，
- 当前土壤水分状况，
- 当前农作物 / 牧草生长阶段，
- 灌溉时的喷灌均匀度，
- 地下水位。

调速系统基于灌溉用水的使用率确定（如：时针式喷灌系统的变速）：

- 可用水量，
- 使用灌溉频率、土壤渗入和渗透性，

- 灌溉系统的容量。

对地面灌溉而言，按照一定速度使用灌溉用水可以取得合格的喷灌均匀度，还可以最大限度降低灌溉引起的侵蚀性。

适用于减缓地表水和地下水资源恶化的附加准则

规划灌溉用水使用率和水量，可以最大限度减少底泥、养分和化学物向地表水和地下水的渗透。

计划养分和化学物的使用，避免根区以下的物质过多渗入到地下水，多余径流进入地表水。

若即将到来的降雨可能会引起径流或深层渗透，应停止滴灌施肥或化学灌溉。化学物或养分的使用时间不超过传送和冲洗管道所需的最短时间。灌溉应用总量不超过化学物或养分进入土壤深度（须根据生产商要求）的需求总量。使用的时间和速度根据 NRCS 认可的害虫、除草剂或养分管理方案。

为了阻止回流进入水源或防止污染地下水、地表水或土壤，应确保灌溉系统和传送系统以及其他部件的操作阀门设计合理。

适用于控制农作物根区盐度的附加准则

应确保灌溉使用量可维持土壤剖面的盐平衡。

水要求使用过滤程序，内容见《美国国家工程手册》第 623 部分第 2 章《灌溉用水要求》，以及第 652 部分第 3 章和第 13 章《国家灌溉指南》。

适用于控制空气、土壤或植物微气候的附加准则

为了防热或防冷，灌溉系统必须有能力控制所需流速，研究方法见《美国国家工程手册》第 623 部分第 2 章《灌溉用水要求》。

适用于减少能源使用的附加准则

措施实行可减少能源的使用，应提供数据说明。

同之前的操作条件进行比较，能源使用的减少量可以按照平均每年或每季度的减少量进行估算。

注意事项

规划灌溉用水管理时，应考虑如下几项：

农作物残茬和土壤表层储存物可以增加有效降水量，减少土壤表层蒸发。

处理农业和城市废水时，有可能会发生喷雾偏移、散发臭气。为了减少散发，灌溉时间应参照盛行风。在能见度高的地区，应考虑在夜晚进行灌溉。

喷射器末端的超范围喷洒不应进入公共道路。

改进设备以及使用含有聚丙烯酰胺和腐叶的土壤改良剂可减少侵蚀。

水质可能影响农作物质量以及植物生长。

水质可能影响土壤的物理性和化学性，比如土壤结皮、pH、渗透性、盐度和结构。

为了防止压实土壤，应避免在湿土上通行。

规划盐分过滤，应与土壤残留养分和农药低水平保持一致。

控制水流的方向，使其不会漂向或会直接接触到周边电线、物资、设备、控制装置，或其他会同时引起短路，或对人类和动物造成电力安全威胁的部件。

IWM 方案会受到电力 / 可断续电功率、维修和维护停工期以及收成停工期的影响。

改良灌溉系统可能会提高喷灌均匀度或灌溉用水应用范围的使用率。

计划和技术规范

为了达到预期标准，实施和维持本实践需要的应用标准包括：工作表或其他说明应用要求、系统操作和必要附属文件的相似文件。

IWM 方案应至少包括以下几方面：

- 灌溉系统布局图应展示主要管道、灌溉区域、土壤湿度传感器装置和深度（若使用）及土壤，
- 用于测量或决定灌溉使用的流度或水量的方法。
- 用于规划使用灌溉的时间和总量的科学方法文件。

- 农作物每季度或每年规划使用的水量。
- 对每一种农作物进行管理允许水损耗（MAD），控制农作物根区的深度。
- 根据测试、评估或观察预估灌溉系统喷灌均匀度。
- 若可以使用土壤湿度传感器，应有特定的土壤湿度监测目标。应显示土壤湿度传感器的位置和湿度等数据，这些数据可以用来决定全方位灌溉方案。
- 了解如何识别及减轻灌溉引起的侵蚀的相关信息。
- 准备数据记录材料，可让灌溉者在运行和维护期间使用。

运行和维护

为了保证系统功能处于最佳状态，应准备维护清单。

灌溉者将准确记录所有灌溉用水管理活动。

至少包括：

- 应记录每次灌溉：包括使用水的总量或深度，以及使用日期；
- 记录根据决定灌溉时间和总量使用的方法得出的数据。

其他需要的运行和维护条款需要写进同本实践一致的物理部件标准内。

参考文献

USDA-NRCS, National Engeerg Handbook, Part 623, Chapter 2, Irrigation Water Requirements.

USDA-NRCS, National Engeerg Handbook, Part 623, Chapter 9, Water Measurement Manual.

USDA-NRCS, National Engeerg Handbook, Part 652, National Irrigation Guide.

保护实践概述

（2014年9月）

《灌溉用水管理》（449）

灌溉水管理是以有计划、有效率的方式确定和控制灌溉水量、灌溉频率和施用量的过程。

实践信息

灌溉水管理旨在管理土壤湿度，促进植物生长。还能优化可用水源的使用，减少灌溉引起的侵蚀，降低地表和地下水污染，管理根区盐分，并提供安全的化学灌溉或施肥。其他用途包括空气、土壤或植物微气候管理和粉尘控制。

合理的灌溉计划是本实践最关键的组成部分。操作人员必须了解灌溉实践、灌溉量以及灌溉水的流向。操作人员还必须了解防止侵蚀和地下水污染的方法以及通过调整系统解决类似问题的方法。其他特殊要求适用于地表、地下和加压灌溉系统。

当灌溉用于化学、养分或废水施用时，应将其安排在与灌溉周期一致的时间，避免过度径流至地表水或浸析至地下水。

灌溉水管理是随作物生长而变化的一年期实践。

常见相关实践

当《喷灌系统》（442）、《灌溉系统——微灌》（441）、《灌溉系统——地表和地面灌溉》（443）等保护实践适用时，《灌溉用水管理》（449）必须适用。

保护实践的效果——全国

土壤侵蚀	效果	基本原理
片蚀和细沟侵蚀	0	不适用
风蚀	2	管理水资源，确保地表水分能够降低土壤风蚀。
浅沟侵蚀	0	不适用
典型沟蚀	0	不适用
河岸、海岸线、输水渠	0	不适用
土质退化		
有机质耗竭	1	这一举措可促进最佳生物量生产。
压实	0	不适用
下沉	0	不适用
盐或其他化学物质的浓度	2	管理水源可以浸析根区以下的盐分及化学物质。
水分过量		
渗水	0	不适用
径流、洪水或积水	0	不适用
季节性高地下水位	1	管理灌溉水可减少地下水过量。
积雪	0	不适用
水源不足		
灌溉水使用效率低	2	管理灌溉水施用可提高利用效率。
水分管理效率低	0	不适用
水质退化		
地表水中的农药	2	控制灌溉水量、灌溉频率和施用量可减少将农药带入地表水的径流和侵蚀。
地下水中的农药	2	控制灌溉水量、灌水频率和施用量可减少深层渗漏。
地表水中的养分	2	调整灌溉水施用速率可以减少侵蚀的可能性，并尽量减少养分向地表水迁移。
地下水中的养分	2	调整灌溉水施用速率和时间可尽量减少养分向地下水迁移。
地表水中的盐分	2	调整灌溉水施用速率可尽量减少盐分向地表水迁移。
地下水中的盐分	2	调整灌溉水施用速率可尽量减少盐分向地下水迁移。
粪肥、生物土壤中的病原体和化学物质过量	2	调整灌溉水施用速率可尽量减少病原体向地表水迁移。
粪肥、生物土壤中的病原体和化学物质过量	2	调整灌溉水施用速率和时间可尽量减少病原体向地下水迁移。
地表水沉积物过多	2	调整灌溉水施用速率可将土壤侵蚀减到最小。
水温升高	0	节水灌溉系统应尽量减少对地表水水质的影响。
石油、重金属等污染物迁移	2	调整灌溉水施用速率可尽量减少重金属向地表水迁移。
石油、重金属等污染物迁移	2	调整灌溉水施用速率和时间可尽量减少重金属向地下水迁移。
空气质量影响		
颗粒物（PM）和 PM 前体的排放	2	保持足够的土壤湿度可减少潜在的土壤可蚀性，促进作物生长和残渣产量。
臭氧前体排放	0	不适用
温室气体（GHG）排放	1	灌溉促进植被生长，可改善少耕耕作制度中的碳封存。
不良气味	0	不适用
植物健康状况退化		
植物生产力和健康状况欠佳	2	管理灌溉水施用可以促进植物的生长、健康和活力。
结构和成分不当	0	不适用

（续）

植物健康状况退化	效果	基本原理
植物病虫害压力过大	1	提高灌溉效率可以改善作物的健康活力，从而减少杂草争地。
野火隐患，生物量积累过多	0	不适用
鱼类和野生动物——生境不足		
食物	0	不适用
覆盖 / 遮蔽	0	不适用
水	0	不适用
生境连续性（空间）	0	不适用
家畜生产限制		
饲料和草料不足	4	用水量均匀一致可提高产量。
遮蔽不足	0	不适用
水源不足	0	不适用
能源利用效率低下		
设备和设施	0	不适用
农场 / 牧场实践和田间作业	2	改善分布均匀度可减少泵送能源利用。

CPPE 实践效果：5 明显改善；4 中度至明显改善；3 中度改善；2 轻度至中度改善；1 轻度改善；0 无效果；−1 轻度恶化；−2 轻度至中度恶化；−3 中度恶化；−4 中度至严重恶化；−5 严重恶化。

工作说明书—— 国家模板

（2014年9月）

此类可交付成果适用于个别实践。其他规划实践的可交付成果参考具体的工作说明书。

设计

可交付成果

1. 能够证明符合自然资源保护局实践中相关准则并与其他计划和应用实践相匹配的设计文件。
   a. 保护计划中确定的目的。
   b. 客户需要获得的许可证清单。
   c. 辅助性实践一览表。
   d. 制订计划和规范所需的与实践相关的计算和分析，包括但不限于：
      i. 水量（各灌溉批次和灌溉季）
      ii. 灌溉次数
      iii. 施用量
      iv. 环境因素
2. 向客户提供书面计划和规范书包括草图和图纸，充分说明实施本实践并获得必要许可的相应要求。
3. 运行维护计划。
4. 证明设计符合实践和适用法律法规的文件。
5. 安装期间，根据需要所进行的设计修改。

注：可根据情况添加各州的可交付成果。

安装

可交付成果

1. 与客户进行的安装前会议。
2. 验证客户是否已获得规定许可证。
3. 根据计划和规范（包括适用的布局注释）进行定桩和布局。
4. 根据需要制订的安装指南。
5. 协助客户和原设计方并实施所需的设计修改。
6. 在安装期间，就所有联邦、州、部落和地方法律、法规和自然资源保护局政策的合规性问题向客户 / 自然资源保护局提供建议。
7. 证明安装过程和材料符合设计和许可要求的文件。

注：可根据情况添加各州的可交付成果。

验收

可交付成果

1. 安装记录。
    a. 实践单位
    b. 生长季实际施水量
2. 证明施用过程符合自然资源保护局实践和规范并符合许可要求的文件。
3. 进度报告。

注：可根据情况添加各州的可交付成果。

参考文献

NRCS Field Office Technical Guide, Irrigation Water Management, 449.

NRCS National Engineering Handbook, part 652, National Irrigation Guide.

NRCS National Engineering Manual.

NRCS National Environmental Compliance Handbook.

NRCS Cultural Resources Handbook.

注：可根据情况添加各州的参考文献。

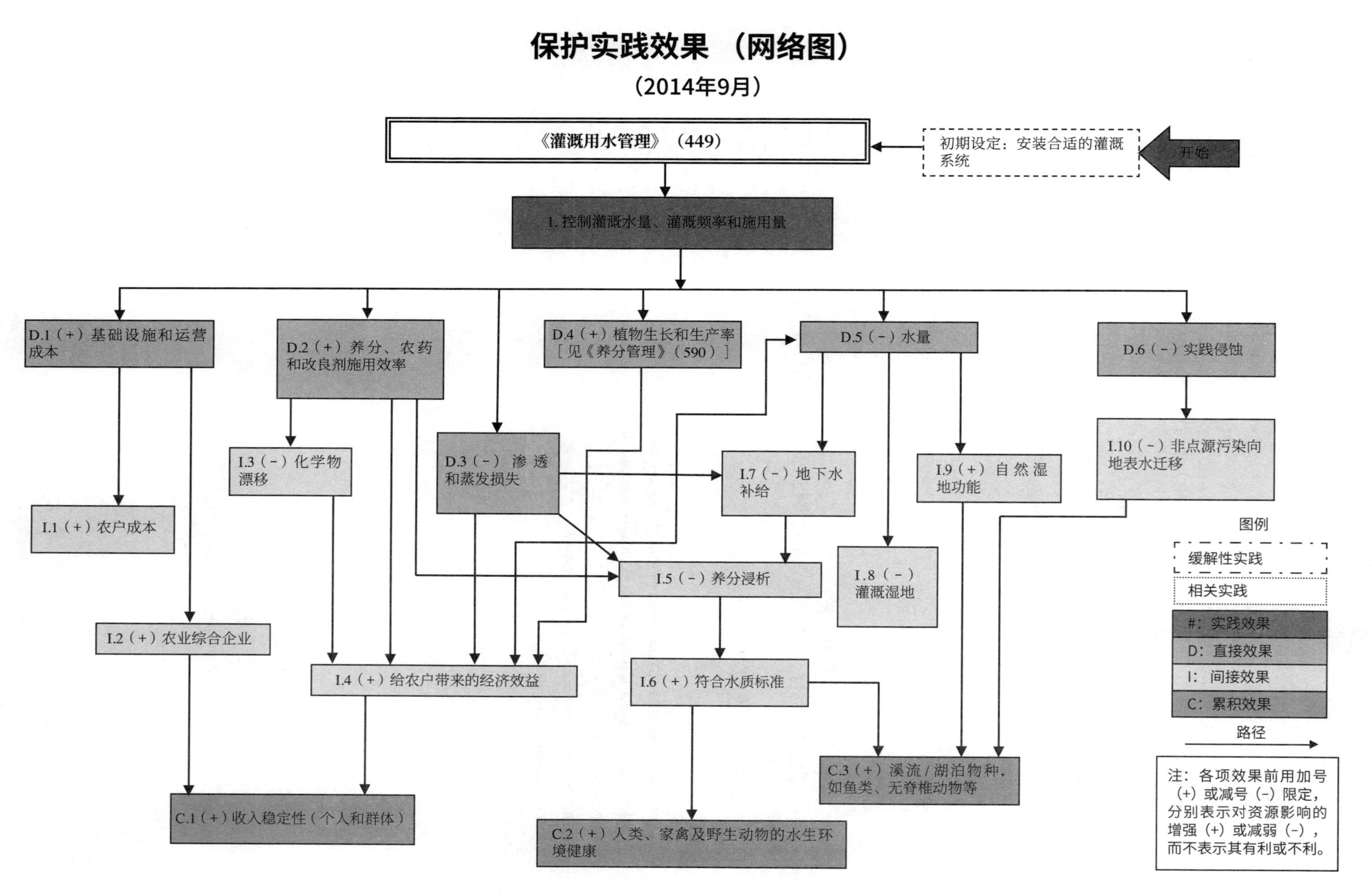
保护实践效果（网络图）
（2014年9月）
《灌溉用水管理》（449）
初期设定：安装合适的灌溉系统
开始
1. 控制灌溉水量、灌溉频率和施用量
D.1（+）基础设施和运营成本
D.2（+）养分、农药和改良剂施用效率
D.3（-）渗透和蒸发损失
D.4（+）植物生长和生产率［见《养分管理》（590）］
D.5（-）水量
D.6（-）实践侵蚀
I.1（+）农户成本
I.2（+）农业综合企业
I.3（-）化学物漂移
I.4（+）给农户带来的经济效益
I.5（-）养分浸析
I.6（+）符合水质标准
I.7（-）地下水补给
I.8（-）灌溉湿地
I.9（+）自然湿地功能
I.10（-）非点源污染向地表水迁移
C.1（+）收入稳定性（个人和群体）
C.2（+）人类、家禽及野生动物的水生环境健康
C.3（+）溪流/湖泊物种，如鱼类、无脊椎动物等
图例
缓解性实践
相关实践
#：实践效果
D：直接效果
I：间接效果
C：累积效果
路径
注：各项效果前用加号（+）或减号（-）限定，分别表示对资源影响的增强（+）或减弱（-），而不表示其有利或不利。

土地平整

（466，Ac., 2013年12月）

定义

土地平整是指修整土地表面不规则的地方。

目的

土地平整有利于改善地表排水，更好地进行耕作，提高设备运行效率。

适用条件

本实践适用于洼地、土丘、梯田、翻车场和其他地表不规则的土地，需要保持水土的地区，以及妨碍管理措施实施的地区。

土地平整仅限于深层土壤或可挽救和置换的表层土壤。

土地平整不适用于需要定期维护的灌溉土地或按照保护实践修整过的土地［参照《精准土地治理》（462）和《灌溉土地平整》（464）］。

准则

平整工作所需的粗平整范围和公差必须符合计划种植系统的要求。

实践实施过程中应尽量减少侵蚀，防止空气和水污染。

平整不规则土地要达到计划要求程度。

平整土地前要先清除植被和垃圾。

注意事项

可能的话，平整土地前应该犁平地面。

事先应考虑到对水分平衡的影响，特别是对径流量、入渗量和蒸发量的影响。

应尽量减少侵蚀、泥沙运动以及水流沉积泥沙造成的影响。

土方移动可以发现或重新分配有毒物质，如需解决的盐碱土。

事先考虑对湿地水文或野生动物栖息地的影响。

通过定位或避开公共设施，解决目前的潜在影响。

考虑会增加风蚀和后续沉积，造成土壤流失。

保护土壤文化资源并在评估前运走土壤。

计划和技术规范

平整土地的计划和技术规范必须符合本实践，并且阐述使用本实践实现其预期目的的要求。计划和技术规范必须包括施工计划、图纸、工作表或其他类似文件。这些文档必须详细说明实施的要求。

运行和维护

运行和维护计划必须与土地所有者或经营者一起制订和审查。必须采取行动，以确保能够发挥预期的作用。本实践需在必要时进行维护，以确保表面不规则度保持在合理的平整范围。该计划必须规定每年和重大风暴事件后对处理区域和相关实践区域进行检查，以确定维修和维护需求。

参考文献

U.S. Department of Agriculture, Natural Resources Conservation Service, 2009.

Engineering Field Handbook, Chapter 1. Surveying. National Engineering Handbook, Part 650.01, Washington, DC.

U.S. Department of Agriculture, Natural Resources Conservation Service, 1990. Engineering Field Handbook, Chapter 4. Elementary Soils Engineering. National Engineering Handbook, Part 650.04, Washington, DC.

U.S. Department of Agriculture, Natural Resources Conservation Service, 1961. Irrigation Land Leveling. Section 15, Chapter 12. National Engineering Handbook, Part 623.12. Washington, DC.

保护实践概述

（2012年12月）

《土地平整》（466）

土地平整是用挖土设备清除地表的凹凸处。

实践信息

土地平整归类为“粗略分级”，不需要完整的网格调查。找平不规则处，使其达到能够容纳其他保护实践和农业活动的程度。

土地平整用于改善地表排水，提高雨水利用率，实现更均匀的种植和耕作，提高设备运行效率，改善梯田线形，促进等高线种植。

土地平整可为作物生产创造更平坦的区域。适用于洼地、土丘、旧梯田、匝道等不规则土表，需要干扰水土保持和管理措施施用的地方。

土地平整需在实践的预期年限内进行维护。

常见相关实践

《土地平整》（466）通常与《堤坝》（356）、《控水结构》（587）、《排水管理》（554）、《地表排水——田沟》（607）等保护实践一同使用。

保护实践的效果——全国

土壤侵蚀	效果	基本原理
片蚀和细沟侵蚀	0	改造地表可能会降低坡度，但也可能增加坡长。
风蚀	0	不适用
浅沟侵蚀	1	表面更均匀可以增加渗透及减少集中渗流。
典型沟蚀	0	不适用
河岸、海岸线、输水渠	0	不适用
土质退化		
有机质耗竭	-2	挖填过程改变了土壤剖面并使土壤通气。
压实	-2	修平设备导致的压实在短期内可能非常重要。
下沉	0	不适用
盐或其他化学物质的浓度	-1	切割可能改变土壤剖面，将盐分从深层转移到根区。
水分过量		
渗水	2	整平表面和去除洼地可减少渗漏。
径流、洪水或积水	2	整平表面和去除洼地可减少渗漏。
季节性高地下水位	2	整平表面和去除洼地可减少地下水。
积雪	0	不适用
水源不足		
灌溉水使用效率低	2	提高配水均匀性。
水分管理效率低	2	改善配水。
水质退化		
地表水中的农药	1	清除地表不规则处可以减少径流。
地下水中的农药	1	清除地表不规则处可以减少深层渗漏。
地表水中的养分	1	这一举措可使地表平整，增加渗透并减少养分向地表水迁移。
地下水中的养分	2	这一举措使地表变得平整，减少了积水和养分向地下水的输送。
地表水中的盐分	0	不适用
地下水中的盐分	0	这一举措可减少积水，使渗透更均匀。
粪肥、生物土壤中的病原体和化学物质过量	0	不适用
粪肥、生物土壤中的病原体和化学物质过量	0	不适用
地表水沉积物过多	1	地表形成抗侵蚀性等级。
水温升高	0	不适用
石油、重金属等污染物迁移	1	找平凹凸土地允许使用可减少垫层、细沟和浅沟侵蚀及增加渗透的方法。
石油、重金属等污染物迁移	0	不适用
空气质量影响		
颗粒物（PM）和 PM 前体的排放	-1	设备运行会暂时产生颗粒物排放和废气排放。此外，土表扰动会释放颗粒物，而清理过的土地可能更容易受到风蚀产生的颗粒物（PM）影响。
臭氧前体排放	0	不适用
温室气体（GHG）排放	-1	土体扰动可能造成碳流失。
不良气味	0	不适用
植物健康状况退化		
植物生产力和健康状况欠佳	2	改善灌溉的场地改良能够提高所需物种的健康活力。
结构和成分不当	0	不适用
植物病虫害压力过大	2	提高灌溉效率可以改善作物的健康活力，从而减少杂草争地。
野火隐患，生物量积累过多	0	不适用
鱼类和野生动物——生境不足		
食物	0	平整活动是临时进行。
覆盖 / 遮蔽	0	平整活动是临时进行。

（续）

鱼类和野生动物——生境不足	效果	基本原理
水	0	不适用
生境连续性（空间）	-1	这一举措可导致多样性下降。
家畜生产限制		
饲料和草料不足	0	不适用
遮蔽不足	0	不适用
水源不足	0	不适用
能源利用效率低下		
设备和设施	0	不适用
农场 / 牧场实践和田间作业	0	不适用

CPPE 实践效果：5 明显改善；4 中度至明显改善；3 中度改善；2 轻度至中度改善；1 轻度改善；0 无效果；-1 轻度恶化；-2 轻度至中度恶化；-3 中度恶化；-4 中度至严重恶化；-5 严重恶化。

工作说明书—— 国家模板

（2004年4月）

此类可交付成果适用于个别实践。其他规划实践的可交付成果参考具体的工作说明书。

设计

可交付成果

1. 能够证明符合自然资源保护局实践中相关准则并与其他计划和应用实践相匹配的设计文件。
   a. 保护计划中确定的目的。
   b. 客户需要获得的许可证清单。
   c. 符合自然资源保护局国家和州公用设施安全政策（《美国国家工程手册》第 503 部分《安全》，第 503.00 节至 503.22 节）。
   d. 制订计划和规范所需的与实践相关的计算和分析，包括但不限于：
      i. 地表排水
      ii. 侵蚀控制
2. 向客户提供书面计划和规范书包括草图和图纸，充分说明实施本实践并获得必要许可的相应要求。
3. 运行维护计划。
4. 证明设计符合实践和适用法律法规的文件［《美国国家工程手册》A 子部分第 505.03（b）（2）节］。
5. 安装期间，根据需要所进行的设计修改。

注：可根据情况添加各州的可交付成果。

安装

可交付成果

1. 与客户和承包商进行的安装前会议。
2. 验证客户是否已获得规定许可证。
3. 根据计划和规范（包括适用的布局注释）进行定桩和布局。
4. 安装检查。

  a. 实际使用的材料
  b. 检查记录
5. 协助客户和原设计方并实施所需的设计修改。
6. 在安装期间，就所有联邦、州、部落和地方法律、法规和自然资源保护局政策的合规性问题向客户 / 自然资源保护局提供建议。
7. 证明安装过程和材料符合设计和许可要求的文件 [《美国国家工程手册》A 子部分第 505.03（c）（1）节]。

注：可根据情况添加各州的可交付成果。

验收

可交付成果

1. 竣工文档。
  a. 实践单位
  b. 图纸
  c. 最终量
2. 证明安装过程符合自然资源保护局实践和规范并符合许可要求的文件。
3. 进度报告。

注：可根据情况添加各州的可交付成果。

参考文献

Field Office Technical Guide（eFOTG）, Section IV, Conservation Practice Standard – Access Road, 560.

National Engineering Manual.

NRCS National Environmental Compliance Handbook.

NRCS Cultural Resources Handbook.

注：可根据情况添加各州的参考文献。

保护实践效果（网络图）

（2014年5月）

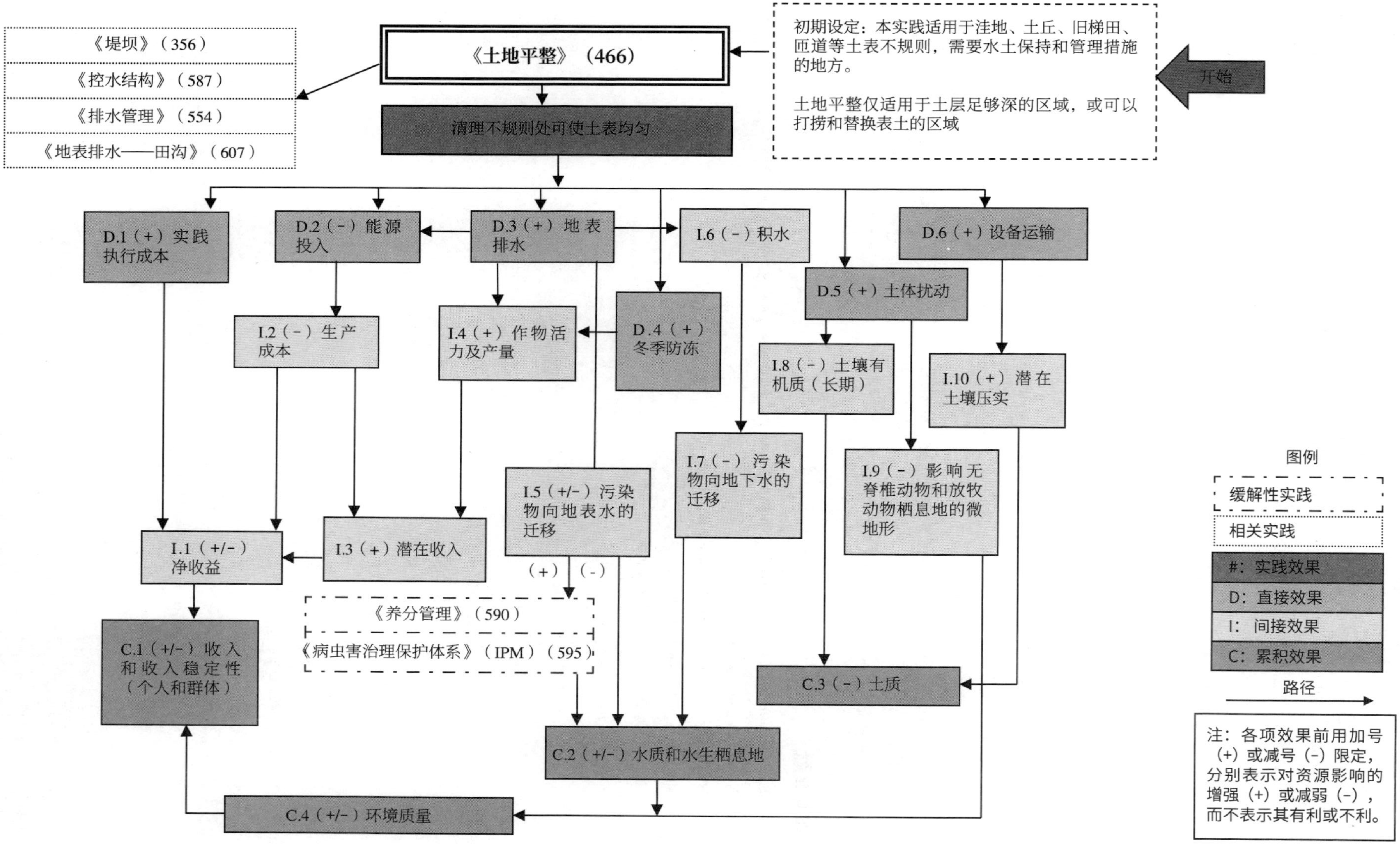

摩尔排水沟

（482，Ft., 2003年3月）

定义

由子弹状圆柱体穿过土壤而形成的地下排水通道。

目的

建立地下土制渠道系统，以清除被困的地表和地下水。

适用条件

本实践运用于被埋下的排水管，原本无法在实用性上或经济性上完成排水系统。如果地域狭小，有可利用排水口，则可从排水沟处建造不间断排水的排水口，地下排水管可以应用在许多地方，例如高黏性土壤或没有石子、砂砾或砂岩透镜体的纤维性土壤。也可以充作对其他排水管的辅助设施。

准则

工作的开展需遵守所有联邦、州及当地法律和规定。

尺寸。水管的最小直径为 4 英寸。一个 6 英寸的排水管常会形成一个大约 4.5 英寸直径的洞。

位置、等级和长度。排水沟的方位、等级，间隔的长度和排水管的尺寸以及对这些管道的出口的维护，都需达到自然资源保护局《美国国家工程手册》的要求。参见《手册》第 16 部分，排水系统或通过改良后的经批准的当地排水指南。

排水口。排水口必须有足够的深度，和具有能够提供持续的开敞河口的能力。

注意事项

当规划这项工程时，应考虑下列影响：

- 在径流、渗透物、深层渗透以及潜在的地表水补给方面。
- 现有湿地水文。
- 下游水流中排泄水流增加。
- 溶解性物质排入溪流或含水层的可能性增大。
- 沉积物或沉积物相关物质的产出减少。
- 下游水质、用水和水温。

计划和技术规范

安装排水管的计划和技术规范必须与本实践保持一致，为达到预期目标应描述合适的安装工程要求。

安装排水管需要按照已批准的计划来实施，或在工地现场由授权的技术人员改进。

运行和维护

运行和维护必须包括周期性检查以确保排水口敞开和水流自由流动。

当需要保持充分引流时，摩尔排水沟需要重新改造。

保护实践概述

（2012年12月）

《摩尔排水沟》（482）

摩尔排水沟是一种地下通道，通过将子弹形的圆筒穿过土壤而建造。

实践信息

摩尔排水沟旨在建立一个地下土制沟渠系统，用于清除被困的地表水和地下水。

该实践适用于施工难度大或价格昂贵的必须排水情况。摩尔排水沟可用于具有高黏性或纤维状土壤的田地，这些土壤不含石头、砾石或砂质透镜体，前提是施工区域面积足够小，且有出水口或可以设置出水口来提供排水沟的连续自由排水口。也可辅助其他排水管。

在规划本实践时，请考虑潜在影响：

- 对径流、渗透、深层渗漏和潜在地下水补给的影响；
- 对现有湿地水文的影响；
- 对下游基流排泄水增加的影响；
- 对可能排入溪流或含水层造成溶解物质增加的影响；
- 对沉积物或附着沉淀物减少的影响；
- 对下游水质、用水和水温的影响。

摩尔排水沟需在实践的预期年限内进行维护。

常见相关实践

《访问控制》（472）通常与《计划放牧》（528）、《乔木/灌木建植》（612）、《植被处理区》（635）、《湿地创建》（658）等保护实践一起使用。

保护实践的效果——全国

土壤侵蚀	效果	基本原理
片蚀和细沟侵蚀	1	地下土制沟渠通过改善排水系统增加渗透，从而减少径流。
风蚀	0	地下土制沟渠可改善排水，并增加表土干燥度。
浅沟侵蚀	1	地下土制沟渠通过改善排水系统增加渗透，从而减少径流。
典型沟蚀	0	径流减少对典型冲沟的影响不大。
河岸、海岸线、输水渠	-1	摩尔排水沟在河岸处排水会增加河岸的表面侵蚀。
土质退化		
有机质耗竭	-2	摩尔排水沟会使表土干燥，促进有机物质氧化。
压实	1	排干剖面中的水分，形成一个更干燥而不易压实的土表。
下沉	-2	土壤剖面干燥可促进有机物质的氧化和沉降。沉降程度取决于土壤中有机物质的含量。
盐或其他化学物质的浓度	2	渗透水从土壤剖面中浸析出盐。
水分过量		
渗水	2	截留渗透水，将其现场排出，从而减少渗漏水。
径流、洪水或积水	2	提升土壤剖面干燥度有助于渗透，降低径流峰值。
季节性高地下水位	2	将水被截留，并现场排出，从而降低地下水位。
积雪	0	不适用
水源不足		
灌溉水使用效率低	0	摩尔排水沟会使地表附近土壤剖面变干，从而加剧水资源短缺。不影响用水效率。
水分管理效率低	0	摩尔排水沟会使地表附近土壤剖面变干，从而加剧水资源短缺。不影响用水效率。
水质退化		
地表水中的农药	1	这一举措可减少径流，促进农药残留的好氧降解。避免直接排放到地表水中。
地下水中的农药	1	这一举措可减少深层渗漏，促进农药残留的好氧降解。
地表水中的养分	-4	此类排水管输送的水可以将溶解的养分输送到地表水中。
地下水中的养分	2	这一举措可从现场收集、清除水和可溶性养分。
地表水中的盐分	-2	收集渗透水和可溶盐并将其输送到排水口。
地下水中的盐分	2	渗透水和可溶盐通过排水系统排出。
粪肥、生物土壤中的病原体和化学物质过量	0	随着径流减少，地表水中的病原体可能也会略有减少；然而，这种减少可能会被排水管中病原体水平的增加所抵消。
粪肥、生物土壤中的病原体和化学物质过量	2	这一举措可拦截渗透水并将其移出现场或转移至排水口。
地表水沉积物过多	1	减少径流和侵蚀可减少对地表水中的沉积物及其浊度。
水温升高	0	摩尔排水沟排出的水往往比暴露在阳光下的水温度低，但并不明显。
石油、重金属等污染物迁移	0	不适用
石油、重金属等污染物迁移	2	这一举措可拦截渗透水并将其移出现场或转移至排水口。
空气质量影响		
颗粒物（PM）和 PM 前体的排放	0	不适用
臭氧前体排放	0	不适用
温室气体（GHG）排放	0	不适用
不良气味	0	不适用
植物健康状况退化		
植物生产力和健康状况欠佳	2	改善排水系统有助于改善非水生植物的生长环境。如果考虑到需要水生植物，排水则会增加问题。
结构和成分不当	0	不适用
植物病虫害压力过大	0	不适用
野火隐患，生物量积累过多	0	不适用

（续）

鱼类和野生动物——生境不足	效果	基本原理
食物	0	不适用
覆盖 / 遮蔽	0	不适用
水	1	不适用
生境连续性（空间）	0	由于关注的物种有所不同，对严重恶化或改善的影响可以忽略不计。
家畜生产限制		
饲料和草料不足	4	若设置排水设施，提高草料产量，可提高草料品种的数量和质量。
遮蔽不足	0	不适用
水源不足	0	不适用
能源利用效率低下		
设备和设施	0	不适用
农场 / 牧场实践和田间作业	0	不适用

CPPE 实践效果：5 明显改善；4 中度至明显改善；3 中度改善；2 轻度至中度改善；1 轻度改善；0 无效果；−1 轻度恶化；−2 轻度至中度恶化；−3 中度恶化；−4 中度至严重恶化；−5 严重恶化。

工作说明书—— 国家模板

（2004年4月）

此类可交付成果适用于个别实践。其他规划实践的可交付成果参考具体的工作说明书。

设计

可交付成果

1. 能够证明符合自然资源保护局实践中相关准则并与其他计划和应用实践相匹配的设计文件。
    a. 保护计划中确定的目的。
    b. 客户需要获得的许可证清单。
    c. 符合自然资源保护局国家和州公用设施安全政策（《美国国家工程手册》第 503 部分《安全》，第 503.00 节至 503.22 节）。
    d. 制订计划和规范所需的与实践相关的计算和分析，包括但不限于：
        i. 水文
2. 向客户提供书面计划和规范书包括草图和图纸，充分说明实施本实践并获得必要许可的相应要求。
3. 运行维护计划。
4. 证明设计符合实践和适用法律法规的文件［《美国国家工程手册》A 子部分第 505.03（b）（2）节］。
5. 安装期间，根据需要所进行的设计修改。

注：可根据情况添加各州的可交付成果。

安装

可交付成果

1. 与客户和承包商进行的安装前会议。
2. 验证客户是否已获得规定许可证。
3. 根据计划和规范（包括适用的布局注释）进行定桩和布局。
4. 安装检查。

a. 实际使用的材料
b. 检查记录
5. 协助客户和原设计方并实施所需的设计修改。
6. 在安装期间，就所有联邦、州、部落和地方法律、法规和自然资源保护局政策的合规性问题向客户 / 自然资源保护局提供建议。
7. 证明安装过程和材料符合设计和许可要求的文件［《美国国家工程手册》A 子部分第 505.03（c）（1）节］。

注：可根据情况添加各州的可交付成果。

验收

可交付成果

1. 竣工文档。
    a. 实践单位
    b. 图纸
    c. 最终量
2. 证明安装过程符合自然资源保护局实践和规范并符合许可要求的文件。
3. 进度报告。

注：可根据情况添加各州的可交付成果。

参考文献

Field Office Technical Guide（eFOTG）, Section IV, Conservation Practice Standard – Mole Drain, 482.

National Engineering Manual.

NRCS National Environmental Compliance Handbook.

NRCS Cultural Resources Handbook.

注：可根据情况添加各州的参考文献。

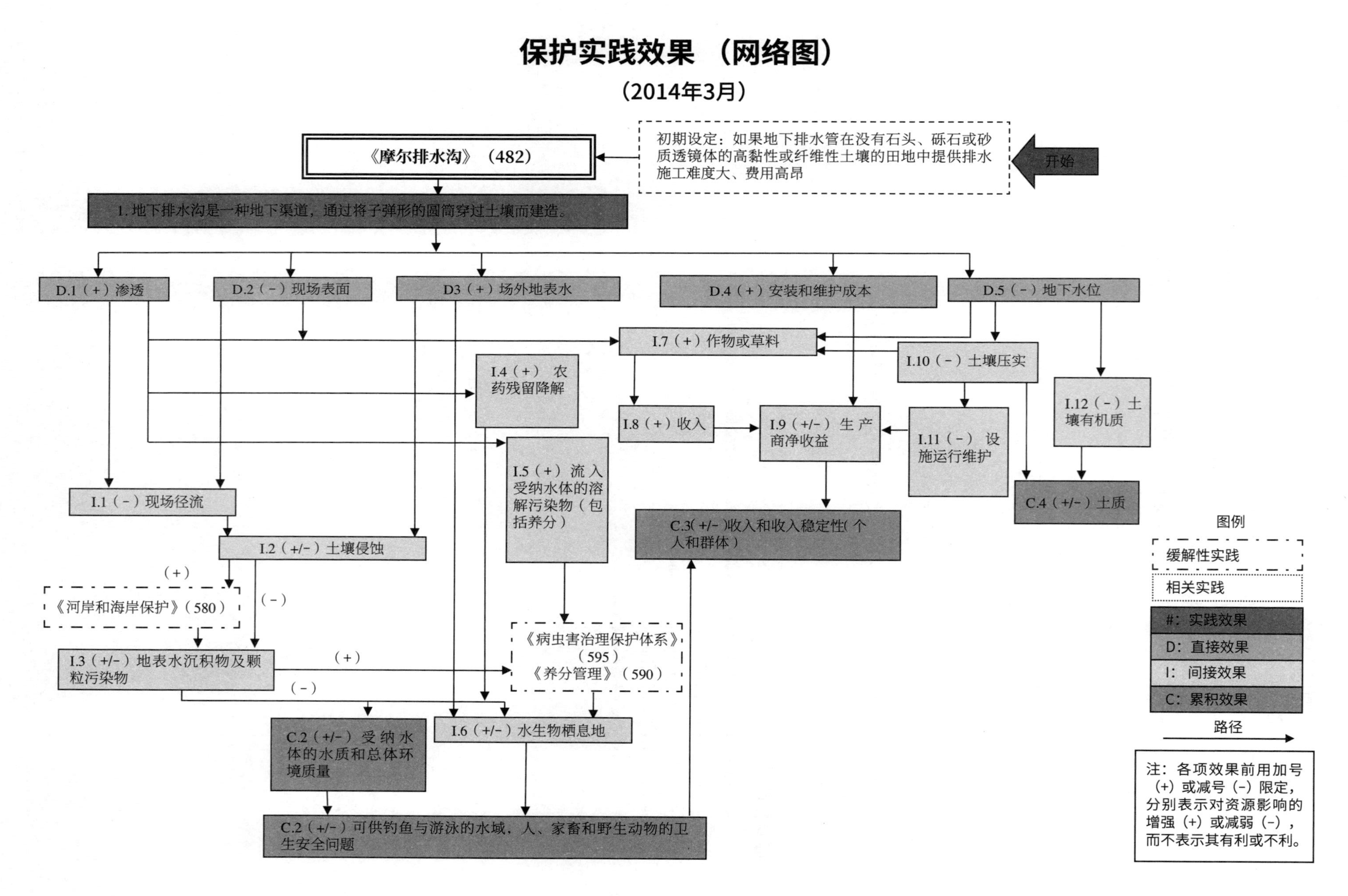

保护实践效果（网络图）
（2014年3月）
开始
初期设定：如果地下排水管在没有石头、砾石或砂质透镜体的高黏性或纤维性土壤的田地中提供排水施工难度大、费用高昂
《摩尔排水沟》（482）
1. 地下排水沟是一种地下渠道，通过将子弹形的圆筒穿过土壤而建造。
D.1（+）渗透
D.2（-）现场表面
D3（+）场外地表水
D.4（+）安装和维护成本
D.5（-）地下水位
I.7（+）作物或草料
I.10（-）土壤压实
I.4（+）农药残留降解
I.8（+）收入
I.9（+/-）生产商净收益
I.11（-）设施运行维护
I.12（-）土壤有机质
I.5（+）流入受纳水体的溶解污染物（包括养分）
I.1（-）现场径流
C.4（+/-）土质
C.3（+/- ）收入和收入稳定性（个人和群体）
I.2（+/-）土壤侵蚀
（+）
（-）
《河岸和海岸保护》（580）
《病虫害治理保护体系》（595）
《养分管理》（590）
I.3（+/-）地表水沉积物及颗粒污染物
（+）
（-）
C.2（+/-）受纳水体的水质和总体环境质量
I.6（+/-）水生物栖息地
C.2（+/-）可供钓鱼与游泳的水域，人、家畜和野生动物的卫生安全问题
图例
缓解性实践
相关实践
#：实践效果
D：直接效果
I：间接效果
C：累积效果
路径
注：各项效果前用加号（+）或减号（-）限定，分别表示对资源影响的增强（+）或减弱（-），而不表示其有利或不利。

明渠

（582，Ft., 2015年9月）

定义

明渠是水在地表自由流动的天然或人工渠道。

目的

为实现防汛、排水、保护野生动物栖息地或加强保护或其他授权的用水管理的目标，建造、改进或修复明渠。

适用条件

本实践适用于排水面积超过 1 平方英里（1.6 平方千米）的明渠或现有溪流或沟渠。本实践不适用于保护实践《引水渠》（362）、《草地排水道》（412）、《灌溉田沟》（388）、《地表排水——田沟》（607）或《灌溉渠或侧渠》（320）。

准则

使用自然资源保护局《工程技术发行版》（TR）、210-25，“明渠设计”；自然资源保护局《美国国家工程手册》，第 653 部分，“河流走廊恢复：原理、流程和实践”；以及自然资源保护局《美国国家工程手册》，第 654 部分，“河流恢复设计”，适用于调查、规划、网站调查和设计渠道工作。

不要改动渠道的水平或垂直对齐方式，以免危及渠道或其支流的稳定性。

容量。按照能够满足明渠建造目的程序，并根据已批准参考文献和手册中的相关工程标准和准则确定明渠的容量。设计必须考虑低流量、平均流量、频繁的风暴流量和高（不频繁）风暴流量。

使用自然资源保护局 TR-210-25 或自然资源保护局《美国国家工程手册》第 654 部分中的《水力设计指南》，确定设计流程的水面剖面线或液压坡度线。为老化通道选择曼宁糙率系数 n 值。根据预期的植被和其他因素（如运行和维护计划中规定的维护水平）进行选择。考虑地形、渠道目的、期望保护水平和经济可行性，考虑容积持续时间移除率、峰值流量或两者结合来确定所需的流量。设计条件不会给没有通过相应的权威机构处理的相邻房产带来洪水灾害。

横截面。根据计划目标、设计能力、渠道材料、植物建立计划以及运行和维护要求，确定所需的渠道截面和等级。必要时，提供最小深度，以便为地下排水沟、支流沟渠或溪流提供适当出水口。在城区，考虑该设计对高价值开发项目的影响。

渠道稳定性。渠道稳定有以下特点：

- 渠道河床不会极度升高或降低。
- 渠道两岸在一定程度上不会削弱渠道截面，使其发生显著变化。
- 不会产生过量沉积物。
- 因地表径流不会进入渠道，所以不会产生沟壑或有沟壑扩张现象。

合理地使用维护成本，设计所有渠道并进行渠道修正（包括清理和结渣）。如有必要，使用植被、抛石、护岸、衬砌、装置或其他措施来确保稳定性。

自然资源保护局 TR-210-25 或自然资源保护局《美国国家工程手册》（第 654 部分）中的方法，来确定提出的渠道改进方法维持稳定。

满槽流量是将渠道填满向活跃的洪泛平原蔓延。

在施工后（竣工状态）和有效寿命（老化状态）条件下，渠道必须保持稳定。

确定下列条件下渠道排放的稳定性：

- 竣工条件。满槽流量、设计流量或 10 年的频率流，无论哪个流量，都不应小于设计流量的 50%。

设计师可对新建造渠道限定竣工速度，最大可增加 20%（不考虑稳定性分析），如果：

  - 所建渠道场上的土壤适合快速种植并支持种植防侵蚀植被。
  - 使用熟知的适应该区的防侵蚀植被种类和已证实的种植方法。
  - 渠道设计包括在河道侧坡上建立植被的详细计划。

- 老化条件。满槽流量或设计排放流量，无论哪个流量最大，但若频率大于 100 年，则无须检查其稳定性。

如果速度在 2 英尺 / 秒（0.6 米 / 秒）或以下，则不需要检查相关水流的稳定性。

根据自然资源保护局 TR-210-25 第 6 章的操作流程，为细颗粒土壤及沙子建造的新渠道确定曼宁糙率 n 值。谨慎选择大于 0.025 的 n 值。经过清理结渣的渠道，完工后根据预期渠道条件确定曼宁糙率 n 值。自然资源保护局《美国国家工程手册》第 654 部分也提供了指导。

附属装置。包括渠道和侧渠的正常运行所需的所有装置以及运行和维护的行车路线。尽量减少因地表水和地下水流入渠道而造成进水口或装置侵蚀或退化。提供必要的闸门、水位控制装置、与泵站有关的装置和其他对渠道运行至关重要的附属装置。如果需要，在渠道之间或者连接处使用装置保护措施或进行水处理，以确保这些关键部位的稳定。

就渠道工程对现有涵洞、桥梁、埋地电缆、管道、灌渠、入水口结构、地表排水系统和地下排水系统的影响进行评估。

确保修改渠道项目中的涵洞和桥梁或添加符合该结构合理的标准，最小容量取规划排放要求或国家机构设计要求中的较大值。按需要增加规划流量以上的涵洞和桥梁容量，以保证渠道和相关排水渠道满足设计容量要求。

天然渠道中，就等级控制结构对渠道及两岸稳定性影响进行评估。确定回流、泥沙沉积、运输修复的影响。

破坏处理。遇到下列情况，要处理空地、挖泥、挖沟中已破坏材料：

- 当排放量大于满槽流量时，不更改水流方向或维持通道稳定。
- 除非连续堤坝为山谷路线和水面线奠定了基础，否则需采取措施保证渠道与洪泛区之间的水可以自由流动。
- 不影响维护工作。
- 保留最佳路权，以配合工程项目及邻近的土地用途。
- 把水流直接引到破坏区或后方来保护出水口。
- 尽力保持或提高场地的视觉效果。

建立渠道植被。根据《关键区种植》（342）或《河岸和海岸保护》（580），在所有渠道护坡、坡地、废渣堆放处和其他受干扰区建立植被。

文化资源。考虑项目区域的文化资源以及项目对这些资源的影响。考虑考古、历史、结构和传统文化属性方面的保护和稳定性。

注意事项

视觉资源设计。谨慎考虑在公共能见度高的区域内及与娱乐相关区域的渠道视觉设计。视觉设计的基本实践是恰当性。渠道、挖掘材料和植物的形状和形式与它们的周围环境和功能相关。

鱼类和野生动物。明渠建设可能会影响到重要鱼类和野生动物的栖息地，如水流、溪流、河岸地区、泛滥平原和湿地。评估水生生物通道（如速度、深度、坡度、空气渗入、筛分等），来增强其积极影响，减少负面影响。

选择项目地点和施工方法，尽量减少对现有鱼类和野生动物栖息地产生影响。

设计包括采取必要措施，减少对鱼类或野生动物栖息地造成的损失。适当情况下，通过渠道位置和植被来确保景观质量。

植被。在影响区铺设表层土，促进植被恢复。

选择植被并考虑其布局，以改善鱼类、野生动物栖息地和物种多样性。

水质。考虑以下影响：

- 径流中的病原体、可溶性物质等沉积物侵蚀对水质的影响。
- 明渠短期建设对下游河道水质的影响。
- 湿地以及水生动物栖息地对水质的影响。

计划和技术规范

根据本实践制订计划和说明，并描述实施此实践的要求。

最少要包括以下项目：

- 渠道布局及附属布局的平面图。
- 渠道和洪泛区的典型剖面和截面（如需要）。
- 附属功能（如需要）。
- 结构图纸（如需要）。
- 植被装置或覆盖要求（如需要）。
- 安全保护措施。
- 特定地点的建筑和材料要求。

运行和维护

为操作人员提供运行和维护计划。

运行和维护计划中最少要包括以下项目：

- 定期检查所有结构、渠道表面、安全部件和重要的附属装置。
- 及时修复或更换损坏的部件。
- 沉淀物到达预先确定的高度时，迅速移除沉淀物。
- 定期清除不合需要的树木、灌木和侵入物种。
- 按需要进行植被保护工作和维修受损区域的直接播种或重新种植。

参考文献

USDA Natural Resources Conservation Service. Engineering Technical Releases, TR-210-25, Design of Open Channels. Washington, DC.

USDA Natural Resources Conservation Service. National Engineering Handbook （NEH）, Part 653, Stream Corridor Restoration： Principles, Processes, and Practices. Washington, DC.

USDA Natural Resources Conservation Service. NEH, Part 654, Stream Restoration Design. Washington, DC.

保护实践概述

（2015年10月）

《明渠》（582）

明渠是一种天然或人工渠道，水流在明渠内自由流动。

实践信息

修建、改造或恢复明渠可输送用于防洪、排水、保护改善野生动物栖息地，或实现其他授权水资源管理目的所需的水量。

本实践适用于排水面积超过 1 平方英里（1.6 平方公里）的明渠建造或者现有溪流沟渠的改造工程。

明渠的建造或改造有可能会影响水质和水量。还可能影响溪流及毗邻河岸带鱼类和野生动物的栖息地。此外，由于河段建设或改造，上游和下游河段都可能因此发生变化。制订详细计划将有助于减少这项实践工作的潜在影响。

本实践的预期年限至少为 15 年。维护活动可包括受损区域的重建和受侵蚀区域的植被恢复。

常见相关实践

《明渠》（582）通常与《河岸和海岸保护》（580）、《关键区种植》（342）、《清理和疏浚》（326）、《河床加固》（584）、《河岸植被缓冲带》（391），以及《河岸草皮覆盖》（390）等保护实践一起使用。

保护实践的效果——全国

土壤侵蚀	效果	基本原理
片蚀和细沟侵蚀	0	不适用
风蚀	0	不适用
浅沟侵蚀	0	不适用
典型沟蚀	0	不适用
河岸、海岸线、输水渠	2	稳定沟渠底部及侧面。
土质退化		
有机质耗竭	0	不适用
压实	0	不适用
下沉	0	不适用
盐或其他化学物质的浓度	0	不适用
水分过量		
渗水	1	输水减少渗漏。
径流、洪水或积水	5	沟渠能够容纳径流，减少发生洪水和积水的风险。
季节性高地下水位	2	提供合适的排水口及方便排水。
积雪	0	不适用
水源不足		
灌溉水使用效率低	0	不适用
水分管理效率低	0	不适用
水质退化		
地表水中的农药	0	不适用
地下水中的农药	0	不适用
地表水中的养分	-1	快速输排场地区域内的水可能会减少土壤渗透性，从而增加了污染地表水的风险。
地下水中的养分	0	快速输排场地区域内的水可能会减少土壤渗透性，从而增加了污染地表水的风险。
地表水中的盐分	0	不适用
地下水中的盐分	0	快速输排场地区域内的水可能会减少土壤渗透性，从而降低了污染地下水的风险。
粪肥、生物土壤中的病原体和化学物质过量	0	不适用

（续）

水质退化	效果	基本原理
粪肥、生物土壤中的病原体和化学物质过量	0	不适用
地表水沉积物过多	0	对齐方式、容量和流速的变化将导致沉积物和浊度暂时增加。
水温升高	0	这一举措能快速输水，而不会导致地表水温度升高。
石油、重金属等污染物迁移	-1	快速输排场地区域内的水将会使污染物进入地表水中。
石油、重金属等污染物迁移	0	不适用
空气质量影响		
颗粒物（PM）和 PM 前体的排放	0	不适用
臭氧前体排放	0	不适用
温室气体（GHG）排放	0	不适用
不良气味	0	不适用
植物健康状况退化		
植物生产力和健康状况欠佳	0	不适用
结构和成分不当	0	不适用
植物病虫害压力过大	0	不适用
野火隐患，生物量积累过多	0	不适用
鱼类和野生动物——生境不足		
食物	0	建造或改造沟渠可能会增加或减少鱼类和野生动物的食物来源。
覆盖 / 遮蔽	0	建造或改造沟渠可能会增加或减少鱼类和野生动物的遮盖物 / 庇护所。
水	0	流经沟渠的水流加快，造成缓流栖息环境的减少。
生境连续性（空间）	0	修建或改造沟渠可能会增加或减少鱼类和野生动物的食物来源和栖息地，具体将取决于稳定河流渠道内的物种和植被情况。
家畜生产限制		
饲料和草料不足	0	不适用
遮蔽不足	0	不适用
水源不足	0	不适用
能源利用效率低下		
设备和设施	0	不适用
农场 / 牧场实践和田间作业	0	不适用

CPPE 实践效果：5 明显改善；4 中度至明显改善；3 中度改善；2 轻度至中度改善；1 轻度改善；0 无效果；−1 轻度恶化；−2 轻度至中度恶化；−3 中度恶化；−4 中度至严重恶化；−5 严重恶化。

工作说明书—— 国家模板

（2015年10月）

此类可交付成果适用于个别实践。其他规划实践的可交付成果参考具体的工作说明书。

设计

可交付成果

1. 能够证明符合自然资源保护局实践中相关准则并与其他计划和应用实践相匹配的设计文件。
    a. 保护计划中确定的目的。
    b. 客户需要获得的许可证清单。
    c. 对周边环境和构筑物的影响。
    d. 保证符合自然资源保护局国家和州公用设施安全政策（《美国国家工程手册》第 503 部分《安全》A 子部分“影响公用设施的工程活动”第 503.00 至第 503.06 节）。
    e. 提供制订计划和规范所需的与实践相关的计算和分析，包括但不限于：

i. 水文条件 / 水力条件及附属设施设计
ii. 沟渠稳定性
iii. 植被和水土侵蚀控制

2. 向客户提供书面计划和规范书包括草图和图纸，充分说明实施本实践并获得必要许可的相应要求。
3. 合理的设计报告和检验计划（《美国国家工程手册》第 511 部分，B 子部分“文档”，第 511.11 和第 512 节“施工”，D 子部分“质量保证活动”，第 512.30 至 512.32 节）。
4. 提供运行维护计划。
5. 提供证明设计符合实践和适用法律法规的文件（《美国国家工程手册》第 501 部分《授权》A 子部分“评审和批准”第 501.3 节）。
6. 提供安装期间，根据需要所进行的设计修改。

注：可根据情况添加各州的可交付成果。

安装

可交付成果

1. 与客户和承包商进行的安装前会议。
2. 验证客户是否已获得规定许可证。
3. 根据计划和规范（包括适用的布局注释）进行定桩和布局。
4. 提供安装质量保证（按照质量保证计划的要求提供，视情况而定）。
    a. 实际使用的材料（第 512 部分 D 子部分“质量保证活动”第 512.33 节）
    b. 质量保证记录
5. 协助客户和原设计方并实施所需的设计修改。
6. 在安装期间，就所有联邦、州、部落和地方法律、法规和自然资源保护局政策的合规性问题向客户 / 自然资源保护局提供建议。
7. 证明安装过程和材料符合设计和许可要求的文件。

注：可根据情况添加各州的可交付成果。

验收

可交付成果

1. 竣工文档。
    a. 实践单位
    b. 图纸
    c. 最终量
2. 提供证明安装过程符合自然资源保护局实践和规范并符合许可要求的文件（《美国国家工程手册》第 501 部分《授权》A 子部分“评审和批准”第 501.3 节）。
3. 进度报告。

注：可根据情况添加各州的可交付成果。

参考文献

NRCS Field Office Technical Guide（eFOTG）, Section IV, Conservation Practice Standard - Open Channel, 580.

NRCS National Engineering Manual（NEM）.

NRCS National Environmental Compliance Handbook.

NRCS Cultural Resources Handbook.

注：可根据情况添加各州的参考文献。

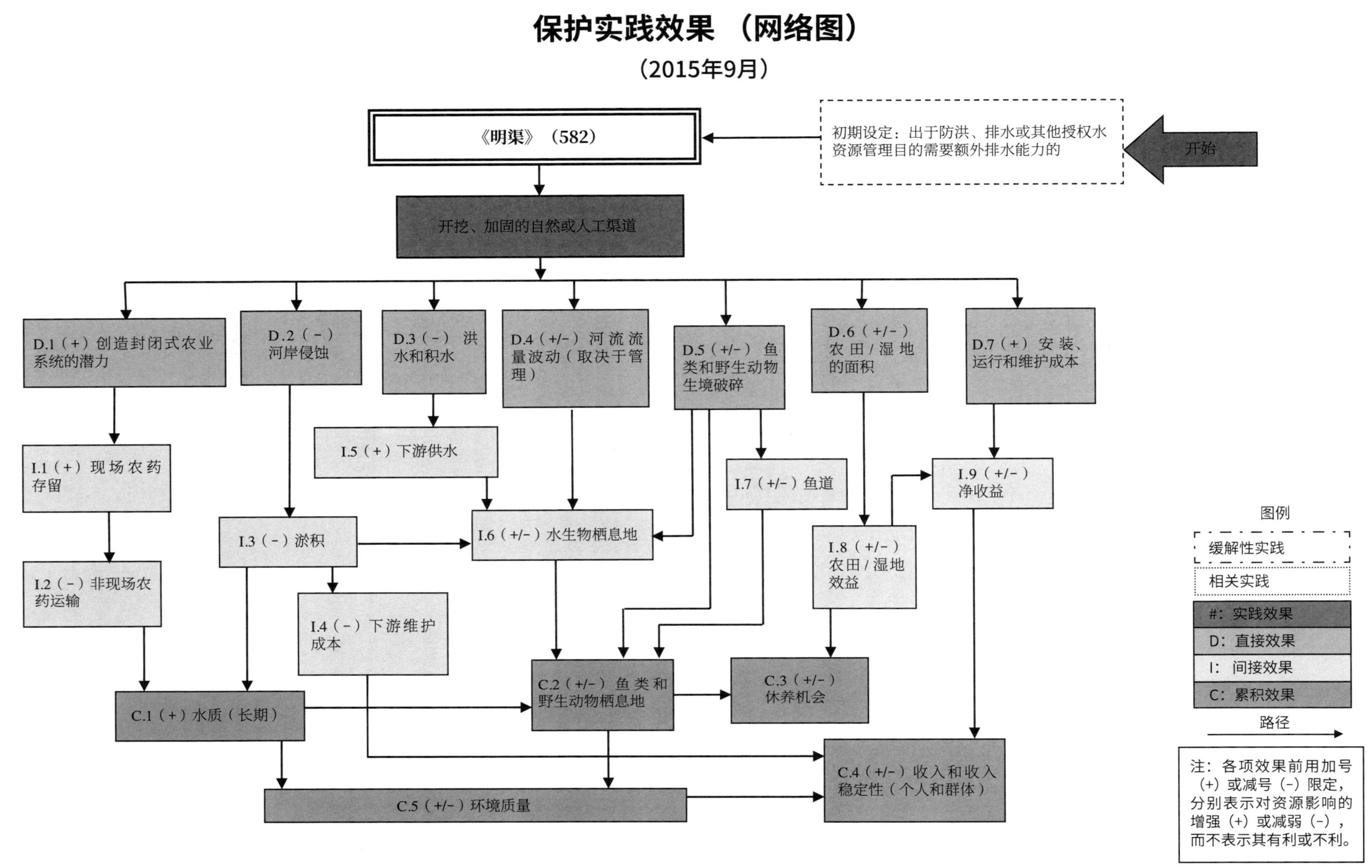
保护实践效果 （网络图）
（2015年9月）
开始
初期设定：出于防洪、排水或其他授权水资源管理目的的需要额外排水能力的
《明渠》（582）
开挖、加固的自然或人工渠道
D.1（+）创造封闭式农业系统的潜力
D.2（-）河岸侵蚀
D.3（-）洪水和积水
D.4（+/-）河流流量波动（取决于管理）
D.5（+/-）鱼类和野生动物生境破碎
D.6（+/-）农田/湿地的面积
D.7（+）安装、运行和维护成本
I.1（+）现场农药存留
I.2（-）非现场农药运输
I.3（-）淤积
I.4（-）下游维护成本
I.5（+）下游供水
I.6（+/-）水生物栖息地
I.7（+/-）鱼道
I.8（+/-）农田/湿地效益
I.9（+/-）净收益
C.1（+）水质（长期）
C.2（+/-）鱼类和野生动物栖息地
C.3（+/-）休养机会
C.4（+/-）收入和收入稳定性（个人和群体）
C.5（+/-）环境质量
图例
缓解性实践
相关实践
#：实践效果
D：直接效果
I：间接效果
C：累积效果
路径
注：各项效果前用加号（+）或减号（-）限定，分别表示对资源影响的增强（+）或减弱（-），而不表示其有利或不利。

池底密封或衬砌——压实土处理

(520，ft^2., 2016年5月)

定义

用经或不经土壤改良剂处理的土压实建造的蓄水池衬砌。

目的

蓄水池是为了节约用水和保护环境而修建，这一实践是为了减少蓄水池的渗漏损失。

适用条件

本实践适用于：

- 天然土壤的渗流率过高的地方。
- 有足够数量和类型的土壤，适用于构造不经改良剂处理的压实土衬砌。
- 有足够数量和类型的土壤，经土壤分散剂或膨润土改良，可作为改良土壤衬砌。

准则

适用于上述所有土壤衬砌的总体准则

渗流设计要求。根据《美国国家工程手册》第651部分《农业废物管理手册》（AWMFH）第10章附录10D，为废水储蓄池设计压实土衬砌，以减少特定排放（单位渗流）率，如果限制较多，可根据州规定进行调整。如果监管当局有要求，则必须使用特定的较低排放率，即使这样的下限不存在，也可由设计人员酌情设计。

对废水储蓄池的压实土衬砌材料进行实验室测试，详细记录排放量，以满足设计渗流要求。

为清水池设计压实土衬砌，以降低渗流率，使池塘发挥预期作用。

衬砌过滤器的兼容性。设计的压实土衬砌应与过滤器兼容，以防止衬砌土进入路基材料的较大缝隙而造成损失。在《美国国家工程手册》第633部分第26章《沙子和砾石过滤器的分级设计》中查看过滤器兼容性的标准。

衬砌厚度。最终压实土衬砌的最小厚度必须大于：

- 特定排放（单位渗流）设计值所需的衬砌厚度。
- 州规定的衬砌厚度。
- 表1中的最小衬砌厚度。

表1　存储深度的最小衬砌厚度

设计存储深度（英尺）	衬砌厚度（英寸）
≤16	12
16.1～24	18
24.1～30	24

衬砌的铺设。使用《农业废物管理手册》附录10D中描述的方法铺设衬砌。用衬砌适当地封闭所有突出物（如管道）。

衬砌的防护。保护土壤衬砌，免遭以下情况的影响：水面涨落、干燥和开裂、波浪作用、衬砌暴露时的降雨情况、管式出水口的水流冲击、搅拌设备、固体和污泥清除作业、动物活动、衬砌渗透，以及其他可对衬砌造成物理损害的活动。

保护性的土壤覆盖可以用来保护土壤衬砌，避免干燥或侵蚀。土壤覆盖层的土壤类型、厚度和密度应可以抵抗侵蚀、防止干燥。情况恶劣时，保护性的土壤覆盖可能难使衬砌不干燥。例如，在长时间的高温、低湿度条件下，高塑性土壤覆盖可能会受到破坏。在恶劣的条件下，可能需要额外的设计措施，如安装土工膜和使用土壤覆盖。

边坡。如《农业废物管理手册》附录10D所述，当采用"浴缸"施工方法时，蓄水池的侧坡应为3H（水平）至1V（垂直）或更平坦，便于在斜坡上压实土壤。如果使用《农业废物管理手册》附录10D中描述的"阶梯式"施工方法，则可以考虑如2H至1V那样陡峭的斜坡。若要保护独立地区的斜坡，可为其设计更陡峭的边坡。

地基。修建废水储蓄池应根据保护实践《废物储存设备》（313）和《废物处理池》（359）设计压实土衬砌的地基条件，包括地下水与地基的位置和距离。

如果季节性高地下水位高于最低潜在蓄水水位，则衬砌设计将包括防止由于水压升高而损坏土壤衬砌的措施。保护设计措施包括：利用周界排水沟来降低地下水位，保持蓄水池的最小液体深度，以及使用足够厚且重的衬砌来抵御水压升高。

评估地基条件，如喀斯特基岩、连接点和下伏基岩的间断，以确定是否合适采用压实土衬砌。

土壤分散剂处理的附加准则

分散剂材料。除非在设计中使用其他分散剂类型进行试验，否则分散剂必须是焦磷酸四钠（TSPP）、三聚磷酸钠（STPP）或苏打灰。

施用量。应根据计划，使用相同质量和细度的分散剂，对废水储蓄池进行实验室渗透性测试。要达到衬砌设计的临界值，请使用土工实验室报告中指定的施用量以及压实土增填数量和厚度。

对于清水池，如果没有与待处理的土壤类似的土壤实验室测试或现场数据，请以大于或等于表2所列数量的速率使用分散剂。铺设最大增填厚度6英寸的衬砌土层。

表2 清水池最小分散剂施用量

分散剂类型	每6英寸增填厚度的最低施用量（磅/100平方英尺）
多磷酸盐（焦磷酸四钠、三聚磷酸钠）	7.5
苏打灰	15

安全。在分散剂的处理、施用和混合过程中，现场人员必须戴上面罩和护目镜以防止吸入分散剂粉尘。

膨润土处理的附加准则

膨润土材料。除非用其他膨润土材料做实验室试验，否则根据ASTM标准测试方法D5890，膨润土必须是至少有22毫升自由膨润空间的钠基膨润土。

施用量。应根据计划，施用相同质量和细度的膨润土，对废水储蓄池进行实验室渗透性测试。要达到衬砌设计的阈限，请采用土工实验室报告中指定的施用量以及压实土增填的数量和厚度。

对于清水池，如果没有与待处理的土壤类似的土壤实验室测试或现场数据，请以大于或等于表3中的速率施用膨润土。铺设衬砌的增填厚度最大为6英寸。

表3 清水池膨润土最小施用量

通透性土壤描述	每英寸增填厚度的最小施用量（磅/平方英尺）
泥沙（ML、CL-ML）	0.375
粉砂（SM、SC-SM、SP-SM）	0.5
净砂（SP、SW）	0.625

安全。在膨润土的处理、施用和混合期间，现场人员必须戴上口罩和护目镜以防止吸入膨润土粉尘。

注意事项

设计时，考虑维修通道的安全及边坡的稳定性。

在液体深度超过24英尺的地方，考虑使用土工膜或土工合成等黏土衬砌的复合衬砌系统。

考虑在压实土衬砌上覆盖一层12英寸的保护性土壤。

在有可能因搅拌、抽水或运输其他设备而损坏或冲刷的区域，可考虑在衬砌上铺设一层混凝土板。

计划和技术规范

为池塘或废水储蓄池制订压实土衬砌的计划和技术规范，该规范应说明为实现其预期目的而采用本做法的要求。最低要求包括：

- 土壤调查（包括路基）。
- 根据需要，实施土壤改良的要求。
- 根据需要，土壤衬砌材料和土壤覆盖材料的数量。
- 根据需要，过滤材料的数量和级别。
- 紧实度要求。
- 根据需要，采取的补偿措施，如增设土工膜。
- 建筑和材料规格。
- 安全要求。

运行和维护

为防止或修复压实土衬砌受损，本实践所需的维护活动包括，但不限于：

- 禁止动物和设备进入已处理区域。
- 修复衬砌损坏，使之恢复到初始厚度和状态。
- 移除首次出现的树根及大片灌木丛。

参考文献

USDA Natural Resources Conservation Service. 2012. Agricultural Waste Management Field Handbook （AWMFH）. USDA-NRCS, Washington, D.C.

National Engineering Handbook, Part 633, Chapter 26 – Gradation Design of Sand and Gravel Filters.

保护实践概述

（2016年5月）

《池底密封或衬砌——压实土处理》（520）

建成池塘或者废水蓄水池的池底密封或者衬砌使用添加或者不添加土壤改良剂的压实土构成。

实践信息

本实践旨在减少出于蓄水和环境保护的目的而兴建的蓄水池的渗漏损失。

本实践适用于：

- 天然土壤渗透速率过大的区域；
- 有充足数量和类型的土壤，适合建造不添加改良剂的压实土衬砌；
- 有充足数量和类型的土壤，适合搭配土壤分散剂或者膨润土改良剂建造改性土壤衬砌。压实黏土衬砌的替代方案应充分考虑不良基础条件，如岩溶基岩、节理和其他不连续的下伏基岩。

本实践要求的运行维护内容包括防止或修复压实土衬砌损坏所需的操作。这包括但不限于：驱除处理区域及设备内的动物，修复衬砌从初期填充至其原始厚度和状态的期间内所发生的侵蚀损坏。及时移除可能侵入根部的树木，防止其对衬砌结构造成损害。

常见相关实践

《池底密封或衬砌——压实土处理》（520）通常与《灌溉水库》（436）、《池塘》（378）、《废物储存设施》（313），以及《废物处理池》（359）等保护实践一起使用。

工作说明书—— 国家模板

（2016年5月）

此类可交付成果适用于个别实践。其他规划实践的可交付成果参考具体的工作说明书。

设计

可交付成果

1. 证明符合实践中相关准则并与其他计划和应用实践相匹配的设计文件。
   a. 保护计划中确定的目的。
   b. 客户需要获得的许可证清单。
   c. 符合自然资源保护局国家和州公用设施安全政策（《美国国家工程手册》第 503 部分《安全》，第 503.00 节至 503.22 节）。
   d. 制订计划和规范所需的与实践相关的计算和分析，包括但不限于：
      i. 水文地质
      ii. 衬垫类型
      iii. 施用量和衬砌厚度
      iv. 衬砌防护
2. 向客户提供书面计划和规范书包括草图和图纸，充分说明实施本实践并获得必要许可的相应要求。
3. 合理的设计报告和检验计划（《美国国家工程手册》第 511 部分，B 子部分“文档”，第 511.11 和第 512 节，D 子部分“质量保证活动”，第 512.30 至 512.32 节）。
4. 运行维护计划。
5. 证明设计符合实践和适用法律法规的文件（《美国国家工程手册》A 子部分第 505.3 节）。
6. 安装期间，根据需要所进行的设计修改。

注：可根据情况添加各州的可交付成果。

安装

可交付成果

1. 与客户和承包商进行的安装前会议。
2. 验证客户是否已获得规定许可证。
3. 根据计划和规范（包括适用的布局注释）进行定桩和布局。
4. 安装检查。
   a. 实际使用的材料
   b. 检查记录
5. 协助客户和原设计方并实施所需的设计修改。
6. 在安装期间，就所有联邦、州、部落和地方法律、法规和自然资源保护局政策的合规性问题

向客户 / 自然资源保护局提供建议。
7. 证明安装过程和材料符合设计和许可要求的文件。

注：可根据情况添加各州的可交付成果。

验收

可交付成果

1. 竣工文档。
   a. 实践单位
   b. 图纸
   c. 最终量
2. 证明安装过程符合自然资源保护局实践和规范并符合许可要求的文件（《美国国家工程手册》A 子部分第 505.3 节）。
3. 进度报告。

注：可根据情况添加各州的可交付成果。

参考文献

Field Office Technical Guide（eFOTG）, Section IV, Conservation Practice Standard, Pond Sealing or Lining - 520.

National Engineering Manual.

NRCS National Environmental Compliance Handbook.

NRCS Cultural Resources Handbook.

注：可根据情况添加各州的参考文献。

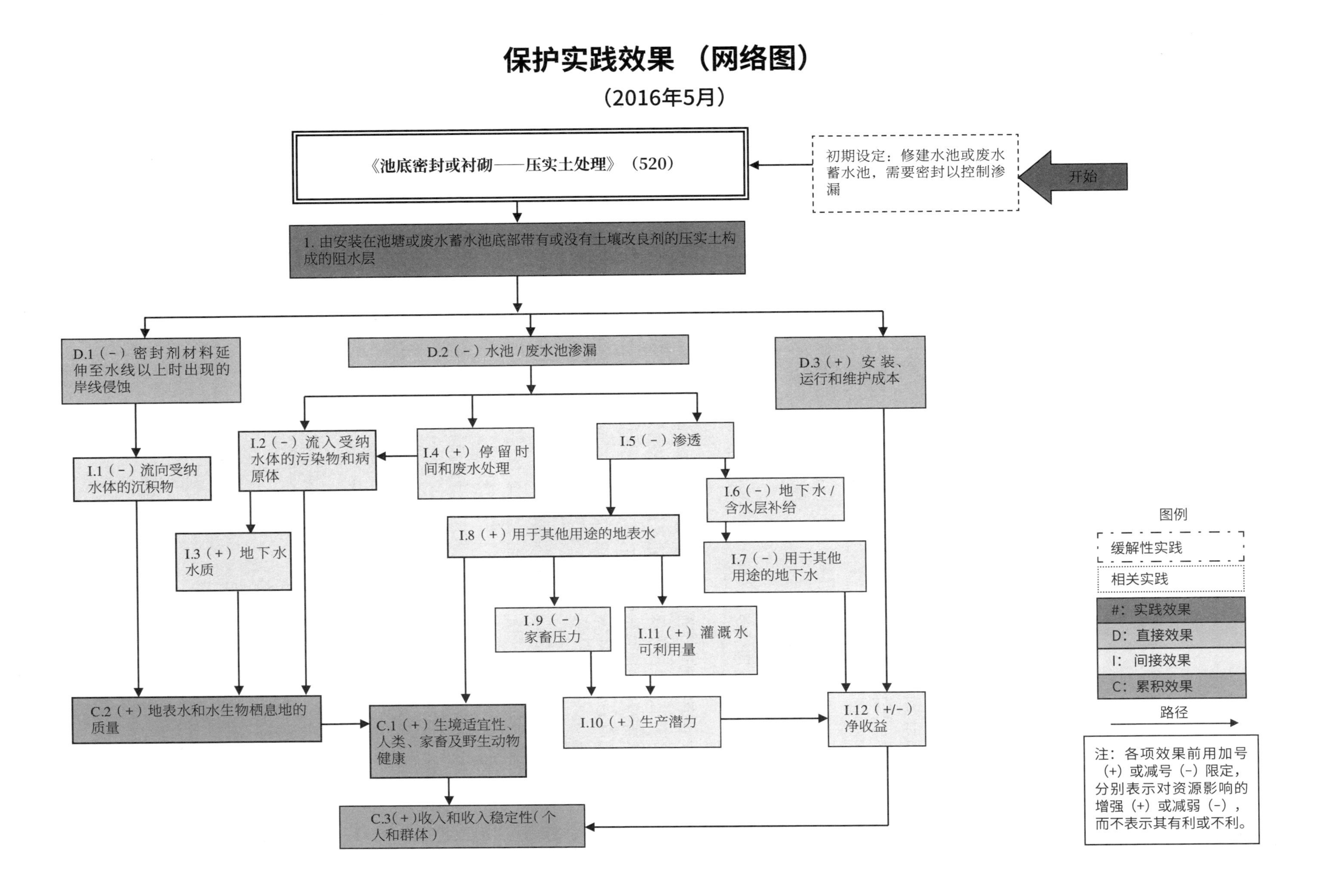

保护实践效果（网络图）
（2016年5月）
开始
初期设定：修建水池或废水蓄水池，需要密封以控制渗漏
《池底密封或衬砌——压实土处理》（520）
1. 由安装在池塘或废水蓄水池底部带有或没有土壤改良剂的压实土构成的阻水层
D.1（－）密封剂材料延伸至水线以上时出现的岸线侵蚀
D.2（－）水池 / 废水池渗漏
D.3（+）安装、运行和维护成本
I.1（－）流向受纳水体的沉积物
I.2（－）流入受纳水体的污染物和病原体
I.3（+）地下水水质
I.4（+）停留时间和废水处理
I.5（－）渗透
I.6（－）地下水 / 含水层补给
I.7（－）用于其他用途的地下水
I.8（+）用于其他用途的地表水
I.9（－）家畜压力
I.10（+）生产潜力
I.11（+）灌溉水可利用量
I.12（+/－）净收益
C.1（+）生境适宜性、人类、家畜及野生动物健康
C.2（+）地表水和水生物栖息地的质量
C.3（+）收入和收入稳定性（个人和群体）
图例
缓解性实践
相关实践
#：实践效果
D：直接效果
I：间接效果
C：累积效果
路径
注：各项效果前用加号（+）或减号（-）限定，分别表示对资源影响的增强（+）或减弱（-），而不表示其有利或不利。

池底密封或衬砌——混凝土

（522，ft^2.，2016年5月）

定义

采用钢筋混凝土或无钢筋混凝土建造的蓄水池衬砌。

目的

减少为节约用水及保护环境而建造的蓄水池的渗流损失。

适用条件

本实践适用于：

- 天然土壤渗透率过高的地方。
- 用现有土壤建造的压实土衬砌是不可行的。
- 在蓄水池的使用中要求混凝土可同时作为衬砌及地基防护盖的材料。

准则

根据场地条件和管理需要，选择以“减少渗流”或“液体密封”为标准设计混凝土衬砌。

液体密封

根据《农业废物管理手册》（AWMFH）第10章所描述，当需要用液体密封为地质问题、地下水资源和风险因素提供额外保护时，建筑规范要求必须符合下列内容之一：

- 自然资源保护局《美国国家工程手册》第536部分《结构工程学》中的结构工程要求。
- 美国混凝土学会（ACI）350附录H《环境混凝土结构和板式土壤要求》。

减少渗漏

在不要求液体密封的情况下，建筑规范要求必须符合下列内容之一：

- 美国混凝土学会318《结构混凝土建筑规范要求》。
- 美国混凝土学会330R《混凝土停车场的设计和施工指南》。
- 美国混凝土学会360R《地面板坯设计指南》。

施工缝

施工缝及隔离缝的设计，需要符合美国混凝土学会的上述具体规定，通过衬砌封闭管道等突出物。

侧坡

设计池塘或蓄水池的侧坡，使其在施工期间和整个结构的使用寿命内保持稳定。按一定比例将混凝土混合物配成足够硬的混合材料，使它能够铺在斜坡上，且没有滑塌或凸起。

地基及衬砌保护

根据保护实践《废物储存设备》（313）所述，在设计废物储存蓄水池混凝土衬砌的地基时，应考虑到地下水和基岩的位置和间距。

注意事项

考虑利用混凝土的纹理表面，为橡胶设备提供牵引力。

计划和技术规范

在为池塘或废物储存蓄水池制订混凝土衬砌的计划和技术规范中，应说明为达到其预期目的而应用这种实践的一些要求。这些要求至少应包括：

- 调查研究土壤（包括地基）。
- 混凝土及加固要求。
- 规定的混凝土和钢筋数量。
- 地基的准备、材料及压实。
- 建筑及材料规格。
- 安全要求。

运行和维护

本实践所要求的维护活动包括：预防或修复混凝土衬砌损坏所必需的操作。这包括但不限于：

- 每年对衬砌进行视察。
- 驱逐动物。
- 必要时，修复混凝土衬砌受损部分。修理衬砌使其恢复原状。
- 移除首次出现的树根及大片灌木丛，防止衬砌受到破坏。
- 防止或修复鼠害对混凝土地基带来的损害。

参考文献

American Concrete Institute（ACI）, Farmington Hills, MI.

ACI 318, Building Code Requirements for Reinforced Concrete.

ACI 330R, Guide for the Design and Construction of Concrete Parking Lots.

ACI 350, Appendix H, Requirements for Environmental Concrete Structures, Slab-on-Soil.

ACI 360, Design of Slabs on Grade.

保护实践概述

（2016年5月）

《池底密封或衬砌——混凝土》（522）

池底密封或衬砌用于使用钢筋混凝土或非钢筋混凝土建造而成的水池或废水蓄水池。

实践信息

本实践旨在减少出于蓄水和环境保护的目的而兴建的废水蓄水池的渗漏损失。

本实践适用于：

- 天然土壤渗透速率过大的区域。
- 无法用可用土壤建造压实土衬砌。
- 蓄水池需要用混凝土作为衬砌和地基保护层。

本实践所要求的维护活动包括防止或修复混凝土衬砌损坏所需的相关操作。这包括但不限于：

- 每年对衬砌进行目测检查。
- 驱除动物。
- 必要时修补混凝土衬砌。将衬砌修复到初始状态。
- 及时移除可能侵入根部的树木和大型灌木，防止其对衬砌结构造成损害。
- 防止或修复啮齿类动物对混凝土地基的损坏。

常见相关实践

《池底密封或衬砌——混凝土》（522）通常与《灌溉水库》（436）、《池塘》（378）、《废物储存设施》（313）以及《废物处理池》（359）等保护实践一起使用。

工作说明书—— 国家模板

（2016年5月）

此类可交付成果适用于个别实践。其他规划实践的可交付成果参考具体的工作说明书。

设计

可交付成果

1. 证明符合自然资源保护局实践中相关准则并与其他计划和应用实践相匹配的设计文件。
    a. 保护计划中确定的目的。
    b. 客户需要获得的许可清单。
    c. 符合自然资源保护局国家和州公用设施安全政策（《美国国家工程手册》第 503 部分《安全》A 子部分“影响公用设施的工程活动”第 503.00 节至第 503.06 节）。
    d. 制订计划和规范所需的与实践相关的计算和分析，包括但不限于：
        i. 水量和水质
        ii. 结构
        iii. 环境因素
        iv. 安全注意事项（《美国国家工程手册》第 503 部分《安全》A 子部分第 503.10 至 503.12 节）
2. 向客户提供书面计划和规范书包括草图和图纸，充分说明实施本实践并获得必要许可的相应要求。
3. 合理的开发设计报告和检验计划（《美国国家工程手册》第 511 部分，B 子部分“文档”，第 511.11 和第 512 节，D 子部分“质量保证活动”，第 512.30 至 512.32 节）。
4. 运行维护计划（《国家运行和维护手册》）。
5. 证明设计符合实践和适用法律法规的文件［《美国国家工程手册》A 子部分第 505.03（a）（3）节］。
6. 安装期间，根据需要所进行的设计修改。

注：可根据情况添加各州的可交付成果。

安装

可交付成果

1. 与客户和承包商进行的安装前会议。
2. 验证客户是否已获得规定许可证。
3. 根据计划和规范（包括适用的布局注释）进行定桩和布局。
4. 安装检查（酌情根据检查计划开展）。
    a. 实际使用的材料（第 512 部分 D 子部分“质量保证活动”第 512.33 节）
    b. 检查记录
5. 协助客户和原设计方并实施所需的设计修改。
6. 在安装期间，就所有联邦、州、部落和地方法律、法规和自然资源保护局政策的合规性问题

向客户 / 自然资源保护局提供建议。

7. 证明安装过程和材料符合设计和许可要求的文件。

注：可根据情况添加各州的可交付成果。

验收

可交付成果

1. 竣工文档。
    a. 实践单位
    b. 图纸
    c. 最终量
2. 证明安装过程符合自然资源保护局实践和规范并符合许可要求的文件［《美国国家工程手册》A 子部分第 505.03（c）（1）节］。
3. 进度报告。

注：可根据情况添加各州的可交付成果。

参考文献

NRCS Field Office Technical Guide（FOTG）, Section IV, Conservation Practice Standard – Pond Sealing or Lining – Concrete, 522

NRCS National Engineering Manual（NEM）.

NRCS National Environmental Compliance Handbook.

NRCS Cultural Resources Handbook Structural Engineering, NRCS National Engineering Manual（NEM）Part 536, Structural Engineering.

Requirements for Environmental Concrete Structures, Slabs-on-Soil, American Concrete Institute（ACI）350 Appendix H. ACI 318, Building Code Requirements for Reinforced Concrete, ACI.

ACI 330R, Guide for the Design and Construction of Concrete Parking Lots, ACI.

ACI 360R, Guide to Design of Slabs-on-Ground, ACI.

注：可根据情况添加各州的参考文献。

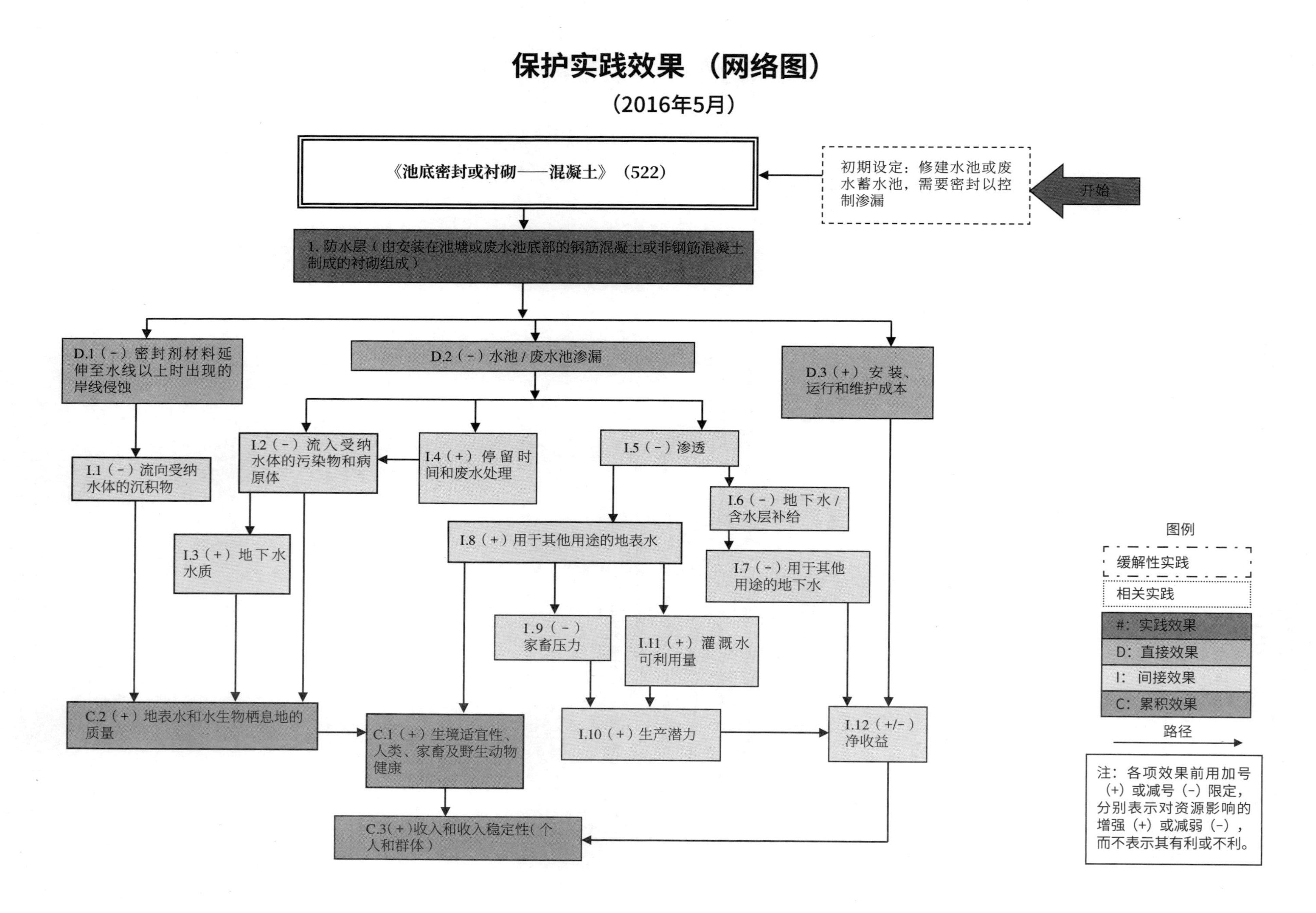
保护实践效果（网络图）
（2016年5月）
《池底密封或衬砌——混凝土》（522）
初期设定：修建水池或废水蓄水池，需要密封以控制渗漏
开始
1. 防水层（由安装在池塘或废水池底部的钢筋混凝土或非钢筋混凝土制成的衬砌组成）
D.1（-）密封剂材料延伸至水线以上时出现的岸线侵蚀
D.2（-）水池 / 废水池渗漏
D.3（+）安装、运行和维护成本
I.1（-）流向受纳水体的沉积物
I.2（-）流入受纳水体的污染物和病原体
I.3（+）地下水水质
I.4（+）停留时间和废水处理
I.5（-）渗透
I.6（-）地下水 / 含水层补给
I.7（-）用于其他用途的地下水
I.8（+）用于其他用途的地表水
I.9（-）家畜压力
I.10（+）生产潜力
I.11（+）灌溉水可利用量
I.12（+/-）净收益
C.1（+）生境适宜性、人类、家畜及野生动物健康
C.2（+）地表水和水生物栖息地的质量
C.3（+）收入和收入稳定性（个人和群体）
图例
缓解性实践
相关实践
#：实践效果
D：直接效果
I：间接效果
C：累积效果
路径
注：各项效果前用加号（+）或减号（-）限定，分别表示对资源影响的增强（+）或减弱（-），而不表示其有利或不利。

池底密封或衬砌——土工膜或土工合成黏土

（521，ft^2.，2017年10月）

定义

蓄水池的衬砌是用土工膜或土工合成黏土材料修筑而成。

目的

本实践适用于：

- 为节约用水而减少渗流损失。
- 防止土壤和水受到污染。

适用条件

本实践适用于当地天然土壤渗透速率过高的情况。

准则

适用于上述所有目的的总体准则

设计。本结构必须满足所有适用的美国自然资源保护局（NRCS）标准。所有的入口、出口、坡道和其他附属结构，可以在衬砌放置之前、期间或之后安装，但必须在保证衬砌正常运行的情况下进行安装。

根据制造商的建议，设计和安装衬砌。安装人员或生产制造商必须保证衬砌安装符合计划和技术规范的安装要求。

遵循制造商的建议，避免衬砌受不良天气的影响和紫外线照射。

材料。土工膜和土工合成材料黏土衬垫（GCL）必须满足表1的要求。

表1　衬砌材料

品类	产品名	最小厚度	
		废水（毫升）	清水（毫升）
HDPE	高密度聚乙烯	60	30
LLDPE	线性低密度聚乙烯	40	30
LLDPE-R	强效线性低密度聚乙烯	36	24
PVC	聚氯乙烯	40	30
EPDM	乙烯丙烯二烯三元共聚物	45	45
FPP	软质聚丙烯	40	30
FPP-R	强效弹性聚丙烯	36	24
PE-R	加强，薄膜狭条，编织聚乙烯	NR	24
GCL	土工合成材料黏土衬垫	0.75 磅 / 平方英尺	

注：NR 不推荐；
1 密尔 =1/1000 英寸。
土工膜材料必须符合自然资源保护局《美国国家工程手册》第 642 部分第 3 章“材料规范 594——土工膜衬砌”的标准。GCL 材料必须符合自然资源保护局《美国国家工程手册》第 642 部分第 3 章“材料规范 595——土工合成材料黏土衬垫”的标准。

安全。在设计中应考虑安全特性，以尽量减少整个池底结构上的危险。酌情使用警告标志、围栏、梯子、绳索、栅栏、轨道和其他设备，以确保人类、野生动物和牲畜的安全。

底部排水和排气。根据土壤类型和地下水位等地下条件，设计土工膜衬砌下的排水及排气系统。用于废物储存的衬砌需要在斜坡顶部通风，如果池塘的底拱高度在季节性高水位的 2 英尺内，则需要排水系统。地下水位的静水压力的波动或衬砌的渗漏，可能会导致衬砌漂浮，由于土壤中有机物质的存在或衬砌渗滤液渗漏，在衬砌下气体的产生和上升可能导致气体的聚积，从而导致衬砌起泡。在有可能导致土工膜衬砌漂浮的情况下，加入排水系统和排气系统。有地下排水系统的池底必须有至少 1% 的底部斜坡。

地下水和渗漏检测。如果土壤调查显示地下水水位可能接近于池塘的底拱高度，则应安装地下水监测井，以验证预期的地下水水位。参照保护实践《监测井》（353）进行安装。在某些情况下，在监测井安装前，可能需要一年或更长时间来确定地下水位，并收集足够的资料，以正确确定排水系统所需的流量。如果监测井显示在池塘 2 英尺内有季节性地下高水位，则要安装地下或其他类型的排水系统，以控制潜在的上升压力。

用于废物贮存的衬砌必须有一条通向自由出口或监测井的泄露检测线。带有粒状底基层材料的场地需要安装一个横穿底部并处于渗漏检测线周围的二次衬砌，以确保渗漏被检测到。二次衬砌的最大渗透速率是 1×10^{-4} 厘米 / 秒。

气体排放。所有带有锚沟的池塘衬砌都需要在边坡顶部安装排气口。根据制造商的建议设计和安装排气口，各个排气口间距不得超过 20 英尺。设计中应调查确定污水池衬砌增加额外排气口的必要性。若经过调查确定了衬砌下可能有气体积聚，则必须按照制造商的建议进行排放。有利于天然气生产的场地条件，包括长期被动物粪便渗漏到地基土的场地、土壤中自然生长有机物的场地、或细粒的地基土，地下水的波动会使土壤中的空气进入水中。如果现场条件有利于天然气生产，则衬砌的底部必须包括允许气体沿底部流动的特征，并沿着边坡流动到顶部的衬砌排气口。

垫层。如果路基颗粒含有尖锐的角石，可能会损坏衬砌，或者土工膜衬砌中的颗粒物大于 3/8 的部分或者合成黏土衬砌中颗粒物 1/2 的部分暴露于表面，应在衬砌层下设置垫层。本垫层可能是一个 10 盎司 / 平方码（1 码 =3 英尺）或更重的非编织土工织物，或是至少 6 英寸厚的土层，以满足路基的颗粒尺寸和形状要求。土工织物垫料必须符合国际土工合成材料研究学会（GRI）测试方法 GT12（a）的要求。任何额外的保护措施都应按照制造商的建议来实施。

路基准备。遵照制造商建议来准备路基，路基材料必须不受锋利的角石的影响，而且表面没有过大颗粒，或者任何可能损坏衬砌的物体。如果存在有棱角的物体，则在路基与衬砌之间放置一个垫层。路基表面必须为衬砌提供光滑、平整、扎实的根基。在衬砌放置时，不得有死水、泥浆、植被、雪、冰冻路基或湿度过大等情况。

衬砌保护。保护衬砌免受各种机械损伤，例如设备接入点和搅拌操作。如果池塘管理计划表明，对于实施搅拌操作可能导致磨损或其他机械损坏的地方，应提供保护措施。确保衬砌完整性的措施包括：将衬砌厚度增加到表 1 所列的最小值，或在搅拌位置设置保护斜坡和围护。对 GCL 衬砌，应对废水、路基土壤和覆盖土壤进行分析，以确保 GCL 衬砌不会出现不良的阳离子交换（钙和镁）。

锚地。根据制造商的建议，将衬砌固定，以防止因风或侧坡滑移而抬升。

缝隙。根据制造商的建议，在衬砌上留有缝隙。与废物贮存有关的缝隙必须可防水。

土壤覆盖。用至少 12 英寸的土壤覆盖聚氯乙烯（PVC）衬砌垂直于成品表面，土工合成材料黏土衬垫覆盖土壤可用于其他衬砌，但不强制要求，除非为了必要的保护和耐久性而进行安装。不要使用含有尖锐的、棱角的石头或任何可能损坏衬砌的土壤覆盖。土工膜衬砌所需的土壤覆盖材料的颗粒最大尺寸为 3/8 英寸，土工合成材料黏土衬垫则为 1/2 英寸。在所有操作和暴露条件下（如降水或融雪迅速下降或饱和），使用稳定抗滑的覆盖材料。

将覆盖土壤置于衬砌上后，24 小时内尽量减少不同渠道包括降水、风和紫外线照射地下水的潜在损害。

土工合成材料黏土衬垫的覆盖土壤必须按照制造商建议设定统一的限制压力。不要在土工合成材料黏土衬垫下方安装排水层或通风系统，因为这些装置可能会破坏衬砌。

注意事项

废物贮存设施的设计，应考虑由于衬砌损坏而造成的渗漏。Giroud 和 Bonaparte（1989）建议根据每英亩表面积中一个孔（0.16 平方英寸）的频率设计排水系统。因此，强烈建议所有废物储存设施都应安装排水和通风系统。

通过本衬砌尽量减少池塘管理设备的穿透次数。详细介绍管道的开挖和回填，以防止地下水的回流。

对于直径超过 2 英寸的渗透设置与废水相关的高密度聚乙烯衬砌，考虑使用与带有嵌入通道的斜坡相匹配的混凝土衬垫来连接衬砌，而不是使用人造的保护套。

不推荐使用聚氯乙烯土工膜进行水产养殖。聚氯乙烯衬砌材料稳定剂的浸出可能对水生生物有害。在选择使用水产养殖的土工膜材料前，请先咨询制造商。

在需要进入的地方，考虑安装带有嵌入式通道的混凝土坡道来连接管道。由于坡度较平坦，池塘边角通常适合修建混凝土坡道。考虑在角落位置设置入口匝道。

如果整个废物储存池安装了衬砌，则底部需要安装通道，考虑把混凝土铺在衬砌上，然后在混凝土上铺上土工织物。

考虑在衬垫下使用土工合成材料，如土工网或土工复合材料，以方便收集、引流液体和排气。用于排水或通风的土工复合材料，请使用制造商在系统设计中推荐的材料。使用 GRI 标准 GC8“排水土工复合材料准许水流量标准指南”，以确定土工复合材料的水流量。将池塘底部的坡度降到最低 1%，以允许液体或气体的正向流动。在大多数情况下，土工复合材料将用于排水和通风。对于大的蓄水池，底部可能需要向多个方向倾斜，以减少所需的排水和排气流动距离。

计划和技术规范

为池塘或废水蓄水池制订土工膜或土工合成材料黏土衬垫（GCL）计划和技术规范，这个说明应详细描述应用本实践达到其预期目的的要求。至少应包括：

- 外壳结构、收集点，废料转移位置或管道，以及场地地形布局。
- 土壤调查和路基详情，包括完工坡面平整度的公差。
- 所需既定衬砌、土工合成材料和缓冲材料的属性。
- 衬砌材料、覆盖土壤、土工合成材料的数量。
- 地下排水和排气的详情。
- 建筑和材料规格。
- 安装衬砌的安全要求。
- 衬砌安装的细节以及各项要求，例如：缝、附件和附属装置。
- 安装人员的最低资质要求及质量控制测试的要求。
- 如有必要，列明保修要求。
- 如有必要，需要安装栅栏和标示。

运行和维护

根据所选择的衬垫类型、预期寿命、安全要求和设计标准，制订一份衬砌以及结构运行与维护计划，包括关于衬砌材料的设计容量和结构液面以及维修程序的特定场地信息。本实践所需的维护活动，包括防止和修复对土工膜或土工合成材料黏土衬垫（GCL）的损坏。这些至少应包括：

- 在实践区域应驱逐动物并免受设备干扰。
- 修复受损衬砌并覆盖原来的厚度和条件。
- 项目一开始，就移除树根以及大片灌木丛。
- 监测渗漏探测系统。
- 在填充和搅动过程中保护衬砌。

对项目进行定期检查，包括：

- 衬砌部件是否有肉眼可见的撕裂、穿刺等其他损伤。
- 衬砌与入口、出口、斜坡交界处，或其他部位是否受损。

- 结构的液位显示。
- 表明衬砌下有气体产生的衬砌膨胀。

参考文献

ASTM D 5887-09, Test Method for Measurement of Index Flux Through Saturated Geosynthetic Clay Liner Specimens Using a Flexible Wall Permeameter.

ASTM D 5890-11, Test Method for Swell Index of Clay Mineral Component of Geosynthetic Clay Liners.

ASTM D 5891-02（2016）, Test Method for Fluid Loss of Clay Component of Geosynthetic Clay Liners.

ASTM D 5993-14, Test Method for Measuring of Mass Per Unit of Geosynthetic Clay Liners.

ASTM D 6102-15, Guide for Installation of Geosynthetic Clay Liners.

ASTM D 6214-98（2013）, Test Method for Determining the Integrity of Field Seams Used in Joining Geomembranes by Chemical Fusion Methods.

ASTM D 6392-12, Test Method for Determining the Integrity of Nonreinforced Geomembrane Seams Produced Using Thermo-Fusion Methods.

ASTM D 6497-02（2015）, Guide for Mechanical Attachment of Geomembrane to Penetrations or Structures.

ASTM D 7176-06（2011）, Specification for Non-Reinforced Polyvinyl Chloride（PVC）Geomembranes Used in Buried Applications.

ASTM D 7272-06（2011）, Test Method for Determining the Integrity of Seams Used in Joining Geomembranes by Pre-manufactured Taped Methods.

ASTM D 7408-12, Specification for Non Reinforced PVC（Polyvinyl Chloride）Geomembrane Seams.

ASTM D 7465-15, Specification for Ethylene Propylene Diene Terpolymer（EPDM）Sheet Used in Geomembrane Applications.

Daniel, D.E., and R.M. Koerner. 1993. Technical Guidance Document：Quality Assurance and Quality Control for Waste Containment Facilities. EPA/600/R-93/182（NTIS PB94-159100）.

Geosynthetic Research Institute, GRI Standard GC8, Standard Guide for the Allowable Flow Rate of a Drainage Geocomposite.

Geosynthetic Research Institute, GRI Test Method GT12（a）– ASTM Version, Test Methods and Properties for Nonwoven Geotextiles Used as Protection（or Cushioning）Materials.

Geosynthetic Research Institute, GRI Test Method GM13, Standard Specification for Test Methods, Test Properties and Testing Frequency for High Density Polyethylene（HDPE）Smooth and Textured Geomembranes.

Geosynthetic Research Institute, GRI Test Method GM17, Standard Specification for Test Methods, Test Properties and Testing Frequency for Linear Low Density Polyethylene（LLDPE）Smooth and Textured Geomembranes.

Geosynthetic Research Institute, GRI Standard GM18, Standard Specification for Test Methods, Test Properties and Testing Frequencies for Flexible Polypropylene（fPP and fPP-R）Nonreinforced and Reinforced Geomembranes.

Geosynthetic Research Institute, GRI Test Method GM19, Standard Specification for Seam Strength and Related Properties of Thermally Bonded Polyolefin Geomembranes.

Geosynthetic Research Institute, GRI Test Method GM21, Standard Specification for Test Methods, Properties, and Frequencies for Ethylene Propylene Diene Terpolymer（EPDM）Nonreinforced and Scrim Reinforced Geomembranes.

Geosynthetic Research Institute, GRI Test Method GM25, Standard Specification for Test Methods, Test Properties and Testing Frequency for Reinforced Linear Low Density Polyethylene（LLDPE-R）Geomembranes.

Giroud, J.P., and R. Bonaparte. 1989. Leakage through liners constructed with geomembranes—Part 1. Geomembrane Liners. In Geotextiles and Geomembranes, vol. 8, pgs. 27–67.

Koerner, R.M. 2005. Designing with Geosynthetics, 5th ed. Pearson Prentice Hall, Upper Saddle River, NJ.

U.S. Department of Agriculture, Natural Resources Conservation Service. National Engineering Handbook, Part 642, Specifications for Construction Contracts.

U.S. Department of Agriculture, Natural Resources Conservation Service. Conservation Practice Standard Monitoring Well（Code 353）.

保护实践概述

（2017年10月）

《池底密封或衬砌——土工膜或土工合成黏土》（521）

池底密封或衬砌是为池塘或废水蓄水池安装的衬砌，由连续的柔性合成材料构成。

实践信息

本实践旨在控制水池和废水蓄水池的渗漏，以实现节约用水和保护环境的目的。此种池底密封方法相对昂贵，但是对含有沙质土壤且对密封要求较高的场地而言，这一举措通常是十分必要的。

本实践适用于需要进行处理以将渗漏率控制在可接受范围内，并防止污染物迁移到场外区域的池塘和废物储存设施。基底材料不得含有锐利、有尖角的石块，或可能损坏衬砌或对功能有不利影响的物质。

这一实践所需的运行维护包括定期检查可看到的衬砌部分是否有裂口、孔洞或其他损坏；并监测池塘中的液面是否符合设计容量要求。

常见相关实践

《池底密封或衬砌——土工膜或土工合成黏土》（521）通常与《灌溉水库》（436）、《池塘》（378）、《废物储存设施》（313）和《废物处理池》（359）等保护实践一起使用。

保护实践的效果——全国

土壤侵蚀	效果	基本原理
片蚀和细沟侵蚀	0	不适用
风蚀	0	不适用
浅沟侵蚀	0	不适用
典型沟蚀	0	不适用
河岸、海岸线、输水渠	0	不适用
土质退化		
有机质耗竭	0	不适用
压实	0	不适用
下沉	0	不适用
盐或其他化学物质的浓度	1	衬砌可减少池底下的直接污染。
水分过量		
渗水	1	因较少渗水而减少了渗水量。
径流、洪水或积水	0	不适用
季节性高地下水位	2	减少池塘的渗水，将导致地下水减少，尤其是紧挨池塘的地方。
积雪	0	不适用
水源不足		
灌溉水使用效率低	2	池塘中蓄水有利于水的合理利用。

（续）

水源不足	效果	基本原理
水分管理效率低	2	池塘中蓄水有利于水的合理利用。
水质退化		
地表水中的农药	0	不适用
地下水中的农药	0	不适用
地表水中的养分	2	衬砌可减少或防止存储废物的池塘的渗漏，减少养分流入到地表水。
地下水中的养分	2	这一举措可将大量的污染物保留在池塘中。影响的量级将取决于池塘在加衬砌前的完整性。
地表水中的盐分	0	不适用
地下水中的盐分	3	这一举措可防止池塘内的污染物从池底下渗入到地下水中。
粪肥、生物土壤中的病原体和化学物质过量	0	不适用
粪肥、生物土壤中的病原体和化学物质过量	2	这一举措可限制渗漏，防止病原体从池塘浸出。
地表水沉积物过多	0	不适用
水温升高	0	不适用
石油、重金属等污染物迁移	0	不适用
石油、重金属等污染物迁移	1	这一举措可限制渗漏，防止重金属从池塘浸出。
空气质量影响		
颗粒物（PM）和 PM 前体的排放	0	不适用
臭氧前体排放	0	不适用
温室气体（GHG）排放	0	不适用
不良气味	0	不适用
植物健康状况退化		
植物生产力和健康状况欠佳	1	用于放牧管理的可用水可以促进植物生长和活力。
结构和成分不当	0	不适用
植物病虫害压力过大	0	不适用
野火隐患，生物量积累过多	0	不适用
鱼类和野生动物——生境不足		
食物	0	不适用
覆盖 / 遮蔽	0	不适用
水	0	池塘的存水时间得以延长。
生境连续性（空间）	0	不适用
家畜生产限制		
饲料和草料不足	0	不适用
遮蔽不足	0	不适用
水源不足	4	衬砌可以延长家畜的饮水时间。
能源利用效率低下		
设备和设施	0	不适用
农场 / 牧场实践和田间作业	0	不适用

CPPE 实践效果：5 明显改善；4 中度至明显改善；3 中度改善；2 轻度至中度改善；1 轻度改善；0 无效果；−1 轻度恶化；−2 轻度至中度恶化；−3 中度恶化；−4 中度至严重恶化；−5 严重恶化。

工作说明书—— 国家模板

（2017年10月）

此类可交付成果适用于个别实践。其他规划实践的可交付成果参考具体的工作说明书。

设计

可交付成果

1. 证明符合实践中相关准则并与其他计划和应用实践相匹配的设计文件。
   a. 保护计划中确定的目的。
   b. 客户需要获得的许可证清单。
   c. 符合美国自然资源保护局国家和州公用设施安全政策（《美国国家工程手册》第 503 部分《安全》，第 503.00 节至 503.22 节）。
   d. 制订计划和规范所需的与实践相关的计算和分析，包括但不限于：
      i. 水文地质
      ii. 衬垫类型
      iii. 施用量或衬砌厚度
      iv. 衬砌防护
2. 向客户提供书面计划和规范书包括草图和图纸，充分说明实施本实践并获得必要许可的相应要求。
3. 合理的设计报告和检验计划（《美国国家工程手册》第 511 部分，B 子部分“文档”，第 511.11 和第 512 节，D 子部分“质量保证活动”，第 512.30 至 512.33 节）。
4. 运行维护计划。
5. 证明设计符合实践和适用法律法规的文件（《美国国家工程手册》第 505 部分 A 子部分）。
6. 安装期间，根据需要所进行的设计修改。

注：可根据情况添加各州的可交付成果。

安装

可交付成果

1. 与客户和承包商进行的安装前会议。
2. 验证客户是否已获得规定许可证。
3. 根据计划和规范（包括适用的布局注释）进行定桩和布局。
4. 施工检查包括：
   a. 实际使用的材料
   b. 检查记录
5. 协助客户和原设计方并实施所需的设计修改。
6. 在安装期间，就所有联邦、州、部落和地方法律、法规和美国自然资源保护局政策的合规性问题向客户 / 美国自然资源保护局提供建议。
7. 证明安装过程和材料符合设计和许可要求的文件。

注：可根据情况添加各州的可交付成果。

验收

可交付成果

1. 竣工文档。
    a. 实践单位
    b. 图纸
    c. 最终量
2. 证明安装过程符合美国自然资源保护局实践和规范并符合许可要求的文件（《美国国家工程手册》第505部分A子部分）。
3. 进度报告。

注：可根据情况添加各州的可交付成果。

参考文献

Field Office Technical Guide（eFOTG）, Section IV, Conservation Practice Standard, Pond Sealing or Lining – Geomembrane or Geosynthetic Clay Liner, 521.

NRCS National Engineering Manual.

NRCS National Environmental Compliance Handbook.

NRCS Cultural Resources Handbook.

注：可根据情况添加各州的参考文献。

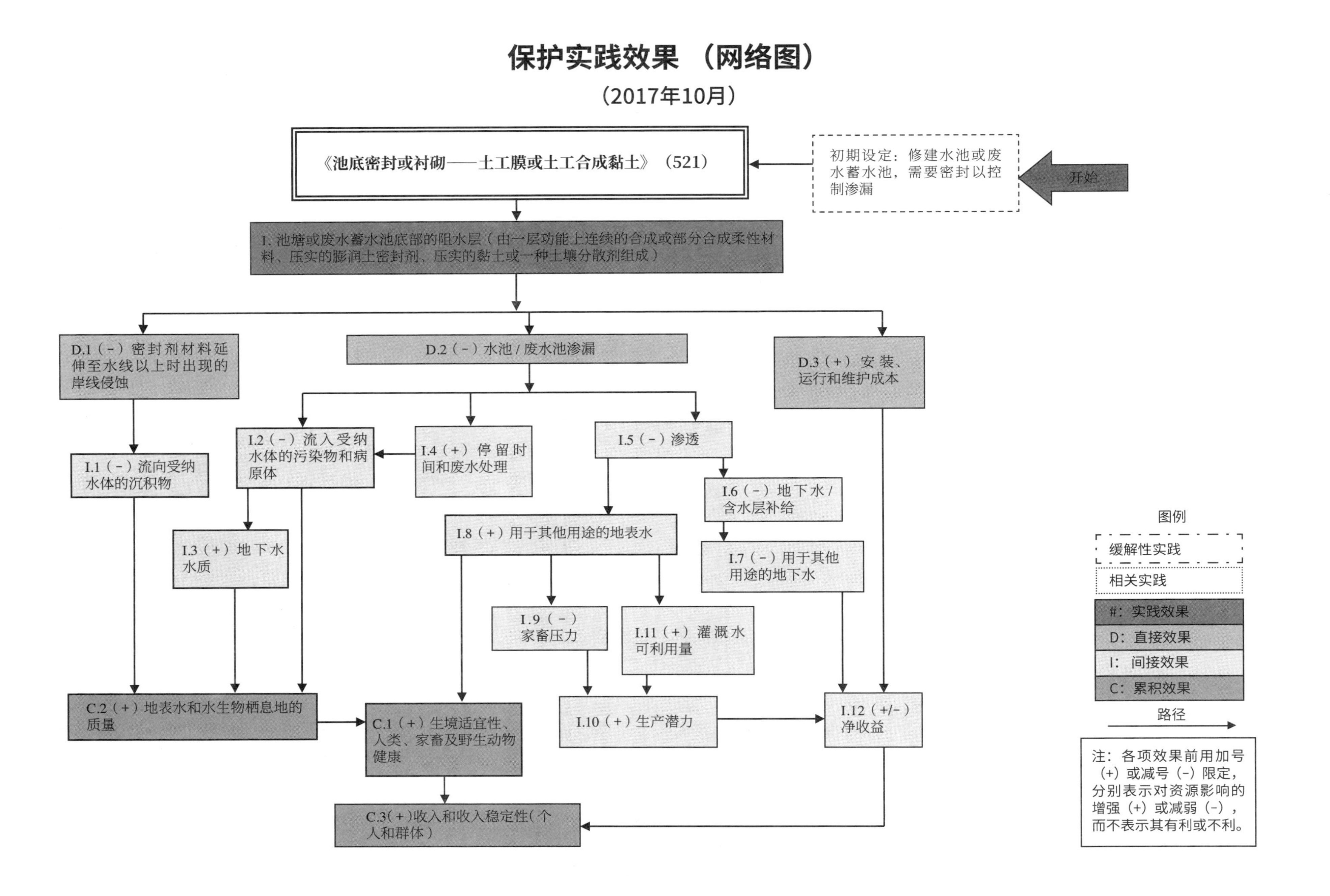

保护实践效果（网络图）
（2017年10月）
《池底密封或衬砌——土工膜或土工合成黏土》（521）
初期设定：修建水池或废水蓄水池，需要密封以控制渗漏
开始
I. 池塘或废水蓄水池底部的阻水层（由一层功能上连续的合成或部分合成柔性材料、压实的膨润土密封剂、压实的黏土或一种土壤分散剂组成）
D.1（-）密封剂材料延伸至水线以上时出现的岸线侵蚀
D.2（-）水池/废水池渗漏
D.3（+）安装、运行和维护成本
I.1（-）流向受纳水体的沉积物
I.2（-）流入受纳水体的污染物和病原体
I.4（+）停留时间和废水处理
I.5（-）渗透
I.6（-）地下水/含水层补给
I.3（+）地下水水质
I.8（+）用于其他用途的地表水
I.7（-）用于其他用途的地下水
I.9（-）家畜压力
I.11（+）灌溉水可利用量
C.2（+）地表水和水生物栖息地的质量
C.1（+）生境适宜性、人类、家畜及野生动物健康
I.10（+）生产潜力
I.12（+/-）净收益
C.3（+）收入和收入稳定性（个人和群体）
图例
缓解性实践
相关实践
#：实践效果
D：直接效果
I：间接效果
C：累积效果
路径
注：各项效果前用加号（+）或减号（-）限定，分别表示对资源影响的增强（+）或减弱（-），而不表示其有利或不利。

泵站

（533，No., 2011年5月）

定义

按照设定压强、流速进行液体输送的装置。包括所需的水泵机组、相关的动力设备、管道、配件，并可能包括现场燃料或能源，及防护结构。

目的

本实践可以作为资源管理系统的一部分，应用于实现以下一个或多个目标：

- 为灌溉、浇灌设施、湿地或消防提供水资源。
- 排出过量的地下水或地表水。
- 提高灌溉区用水效率。
- 动物粪便转化为废料输送系统的一部分。
- 改善空气质量。
- 降低能耗。

适用条件

本实践适用于保护目标需要增加能量来加压、调水，以维持土壤、湿地或水库中临界水位；转移废水；或排出地表径流或地下水。

准则

适用于上述所有目的的总体准则

泵站要求。流量设计、工作水头范围设定和水泵选型均须符合应用要求。

选择泵站材料，应根据泵站材料的物理和化学性质及制造商的建议选择水泵材料。

动力装置。应根据电力的供应和成本、操作条、自动化需求以及其他现场的具体目标选择泵动力装置。动力装置应符合泵站要求，并能在规划的条件范围内高效运行。动力装置的尺寸应满足水泵的马力要求，包括效率、使用系数和环境条件。

电力动力装置可包括线路电源、光伏电池板以及风力或水力涡轮机。

电线应符合国家电气规程的要求。

可再生能源动力装置应符合自然资源保护局或行业标准中的适用设计标准，并应符合制造商的建议。

变频驱动器。安装变频驱动器前，业主应提前通知电力供应商，并满足电力供应商的以下要求：

- 防止变频驱动器过热。
- 变频驱动控制面板应显示流量或压力的读数。

光伏电池板。据制造商建议，光伏电站组件方阵尺寸设定，应参照每年泵站抽水时间和泵站选址地的气象平均数据进行作业。鉴于光伏面板的最小退化年限为 10 年，光伏阵列应为水泵提供合适的使用系数以满足水泵在计划流量下运作所需能量。调整固定式光伏方阵朝向，以确保最大限度地接收日光。面板倾角设定，应参照选址地纬度和年度电量需求进行作业。面板应牢固安装以抵抗由环境因素引起的移动。

风车。动力装置的尺寸应基于制造商规定的泵扬程和流量确定。风车的直径根据冲程长度和平均风速选定。塔架应与风车直径相称，具有足够的高度，才能安全有效地运行。

水动力泵（液压油缸）。动力装置应根据流量、扬程、落差和效率来确定尺寸。旁通水应返回到溪流或储存设施，防止侵蚀或损害水质。

抽水管和排出管。抽水管和排出管的设计应考虑吸入升力、净正吸入压头、管道直径和长度、轻微损失、温度和高度，以防止空穴。抽水管和排出管的尺寸应基于水力分析、运行成本以及与其他系统组件的兼容性。

为满足泵站作业要求，应加装所有附件（如门阀、止回阀、减压阀、压力表、管道连接件等保护装置）。

应根据需要安装滤网、过滤器、垃圾架或其他装置，以防止将沙子、砾石、碎屑或其他不良物质吸入泵内。吸入式滤网应根据适用的联邦和州的指导方针进行设计，以避免夹带或捕获水生生物。

根据联邦、州和地方法律，应包括回流防止装置，以防止污染流向泵站的水源。

建筑物及配件。应在牢固的地基上安装水泵，如桩或混凝土。地基应能安全地承受泵站和附件的负载。根据需要，采用打桩或其他措施来避开地基下方的管道。

本实践包含，如需在泵站房屋内进行设备维护、维修或移除操作，允许适当通风，开放泵站进出权限。

加设吸入池或污水池，以防进气口吸入空气。

出水池或与配电系统的连接应符合所有液压和结构要求。

结构和设备的设计应具有足够的安全性能，以保护操作人员、工作人员和公众免受潜在伤害。所有裸露的旋转轴都需安装驱动轴盖。

确保水田有效用水的附加准则

发电厂系统设计，应包括流量和压力测量装置的连接。

改善空气质量的附加准则

在氮氧化物和细颗粒物质的总排放量上，替代泵站应低于被替换的设备。

替换或改装的新抽水设备，应使用非燃烧动力源或清洁燃烧技术或清洁燃料。

降低能源消耗的附加准则

对于化石燃料或电网电源，如果适用的话，泵站安装应满足或超过内布拉斯加州泵站的性能标准。请参照自然资源保护局《美国国家工程手册》第652部分《国家灌溉指南》。

注意事项

在规划本实践时，应视为适用于以下情况：

- 泵站排出地表水会影响下游水流或含水层的补给量。要考虑泵站对下游水流可能产生的长期影响。
- 如果泵站排出流入湿地的地表水或地下水，要考虑对现有湿地水文学可能产生的影响。
- 运行和维护泵站，可能使用燃料和润滑油。燃料和润滑油泄漏，可能影响地表水质或地下水质。要采取措施，防止潜在泄露，保护环境。可能在某些情况下，需要根据联邦和州的法律或法规，对燃料采取二次密封措施。
- 泵站通常建在洪水多发区，或者可能发生意外自然灾害的地区。要考虑，如何保护泵站免受极端自然灾害或故障的损坏和影响。
- 安装保护传感器以监测流量过低或停流，或者压力过高或过低。
- 与泵站相关的房屋或建筑物的外观，应与周围环境相适应。
- 安装新的或更换现有的燃烧设备时，应考虑使用非燃烧和可再生能源，如太阳能、风能和水。

计划和技术规范

泵站修建计划应符合本实践，并说明正确安装实践以实现其预期目的要求。计划和技术规范至少应包括以下部分：

- 平面图，显示泵站和其他建筑物或自然特征的相对位置。
- 泵站和配件的详细图纸，如管道、进口和出口连接件、安装件、基座和其他结构部件。

- 现场安装的详细书面说明。

运行和维护

应准备专门针对正在安装的泵站的运行和维护计划，供业主和责任操作员使用。该计划应提供运行和维护设施的具体指示，以确保泵站按设计正常运行。该计划至少应解决以下问题：

- 检查或测试所有泵站部件及附件。
- 启动和关闭泵站的正确程序。
- 按照制造商的建议，对所有机械部件（动力装置、泵、传动系等）进行日常维护。
- 保护系统免受冰冻温度损坏的程序。
- 如果适用，应根据需要经常检查动力装置、燃料储存设施和燃油管路，确定是否存在泄漏和需要维修。
- 定期检查和清除垃圾架和构筑物碎屑，以确保泵站进水口的流量充足。
- 定期清除吸入池内的沉积物，以保持设计功率和效率。
- 如果适用，检查和维护防虹吸设备。
- 对泵站的所有自动化部件进行例行测试和检查，以确保其按照设计正常运行。
- 如果适用，检查和维护二级密封设施。
- 定期检查所有的安全性能，确保安置合理、功能正常。
- 在改造任何电力设备之前，必须断开电气服务，并确认没有杂散电流。

参考文献

USDA-NRCS, National Engineering Handbook, Part 652, National Irrigation Guide.

保护实践概述

（2012年12月）

《泵站》（533）

泵站指在设计压力和流速下送水以便满足资源保护需要的设施。该设施的组成包括必需的泵、相关的供电装置、管道和附件。泵站内可能还会有燃料或能量源及保护结构。

实践信息

泵站可出于各种目的修建，包括但不限于送水用于灌溉或家畜饮用、湿地临界水位的保持、废水的转运利用（作为废物管理系统的一部分）、通过清除地表径流或地下水来促进排水等。

泵站的供电可来自电线、化石燃料、太阳能光电板、风车或水力泵（水锤泵）。为改善空气质量，新的或替换的泵装置将使用非燃烧能源或技术，这种技术能更加高效地使用燃料。

在规划修建泵站时，必须考虑可能对地面和地表水产生的影响。其他需要考虑的问题包括保护泵站不会被冻坏、洪水冲毁、破坏和受到其他不良事件影响的方法。

本实践的预期年限至少为 15 年。设备的操作要求取决于经营者选择的系统类型。泵站的维护包括各组件的常规检查和测试、清除碎屑、防冻，以及定期进行安全检查。

常见相关实践

《泵站》（533）通常与《水井》（642）、《废物转运》（634）或《排水管理》（554）等保护实践一起使用。

保护实践的效果——全国

土壤侵蚀	效果	基本原理
片蚀和细沟侵蚀	0	不适用
风蚀	0	不适用
浅沟侵蚀	0	不适用
典型沟蚀	0	不适用
河岸、海岸线、输水渠	0	不适用
土质退化		
有机质耗竭	0	不适用
压实	0	不适用
下沉	2	保持水位可降低有机物质氧化的机会，不过，如果泵用作排水工具，那么，氧化和随之而来的沉淀可能会增加。
盐或其他化学物质的浓度	0	不适用
水分过量		
渗水	2	通过抽取地下水来排水。
径流、洪水或积水	2	通过去除地表水来排水。
季节性高地下水位	2	通过抽取地下水来排水。
积雪	0	不适用
水源不足		
灌溉水使用效率低	2	进行控制，以便实现更佳的水分布。
水分管理效率低	2	进行控制，以便实现更佳的水分布。
水质退化		
地表水中的农药	0	不适用
地下水中的农药	0	不适用
地表水中的养分	0	不适用
地下水中的养分	0	不适用
地表水中的盐分	0	不适用
地下水中的盐分	0	不适用
粪肥、生物土壤中的病原体和化学物质过量	0	不适用
粪肥、生物土壤中的病原体和化学物质过量	0	不适用
地表水沉积物过多	0	不适用
水温升高	0	不适用
石油、重金属等污染物迁移	0	不适用
石油、重金属等污染物迁移	0	不适用
空气质量影响		
颗粒物（PM）和 PM 前体的排放	2	使用更高效的内燃机泵或电动泵来替换老式泵，可减少颗粒物（PM）排放，不过，内燃机泵刚使用时可能导致颗粒物排放增加。
臭氧前体排放	2	使用更高效的内燃机泵或电动泵来替换老式泵，可减少臭氧前体排放，不过，内燃机泵刚使用时可能导致臭氧前体排放增加。
温室气体（GHG）排放	2	使用更高效的内燃机泵或电动泵来替换老式泵，可减少二氧化碳排放，不过，内燃机泵刚使用时可能导致二氧化碳排放增加。
不良气味	0	不适用

（续）

植物健康状况退化	效果	基本原理
植物生产力和健康状况欠佳	2	增加水资源可利用量，可促进植物的生长、健康和活力。
结构和成分不当	0	不适用
植物病虫害压力过大	0	不适用
野火隐患，生物量积累过多	0	不适用
鱼类和野生动物——生境不足		
食物	0	不适用
覆盖 / 遮蔽	0	不适用
水	0	不适用
生境连续性（空间）	0	不适用
家畜生产限制		
饲料和草料不足	0	不适用
遮蔽不足	0	不适用
水源不足	5	泵站有助于将水分配给家畜。
能源利用效率低下		
设备和设施	4	高效的泵站可节省能源。
农场 / 牧场实践和田间作业	2	使用大小合适的泵、动力装置和控制器，可最大限度提高效率，有效减少能源消耗。

CPPE 实践效果：5 明显改善；4 中度至明显改善；3 中度改善；2 轻度至中度改善；1 轻度改善；0 无效果；−1 轻度恶化；−2 轻度至中度恶化；−3 中度恶化；−4 中度至严重恶化；−5 严重恶化。

工作说明书—— 国家模板

（2010年5月）

此类可交付成果适用于个别实践。其他规划实践的可交付成果参考具体的工作说明书。

设计

可交付成果

1. 能够证明符合自然资源保护局实践中相关准则并与其他计划和应用实践相匹配的设计文件。
   a. 保护计划中确定的目的。
   b. 客户需要获得的许可证清单。
   c. 对周边环境和构筑物的影响。
   d. 符合自然资源保护局国家和州公用设施安全政策（《美国国家工程手册》第 503 部分《安全》，A 子部分“影响公用设施的工程活动”，第 503.00 节至第 503.06 节）。
   e. 制订计划和规范所需的与实践相关的计算和分析，包括但不限于：
      i. 机械
      ii. 结构
      iii. 附件
2. 向客户提供书面计划和规范书包括草图和图纸，充分说明实施本实践并获得必要许可的相应要求。
3. 合理的设计报告和检验计划（《美国国家工程手册》第 511 部分，B 子部分“文档”，第 511.11 和第 512 节，D 子部分“质量保证活动”，第 512.30 至 512.32 节）。
4. 运行维护计划。
5. 证明设计符合实践和适用法律法规的文件［《美国国家工程手册》A 子部分第 505.03（b）（2）节］。

6. 安装期间，根据需要所进行的设计修改。

注：可根据情况添加各州的可交付成果。

安装

可交付成果

1. 与客户和承包商进行的安装前会议。
2. 验证客户是否已获得规定许可证。
3. 根据计划和规范（包括适用的布局注释）进行定桩和布局。
4. 安装检查（酌情根据检查计划开展）。
    a. 实际使用的材料
    b. 检查记录
5. 协助客户和原设计方并实施所需的设计修改。
6. 在安装期间，就所有联邦、州、部落和地方法律、法规和自然资源保护局政策的合规性问题向客户 / 自然资源保护局提供建议。
7. 证明安装过程和材料符合设计和许可要求的文件。

注：可根据情况添加各州的可交付成果。

验收

可交付成果

1. 竣工文档。
    a. 实践单位
    b. 图纸
    c. 最终量
2. 证明安装过程符合自然资源保护局实践和规范并符合许可要求的文件 [《美国国家工程手册》A 子部分第 505.03（c）（1）节]。
3. 进度报告。

注：可根据情况添加各州的可交付成果。

参考文献

NRCS Field Office Technical Guide（eFOTG）, Section IV, Conservation Practice Standard - Pumping Plant, 533.

NRCS National Engineering Manual（NEM）.

NRCS National Environmental Compliance Handbook.

NRCS Cultural Resources Handbook.

注：可根据情况添加各州的参考文献。

保护实践效果（网络图）

（2014年3月）

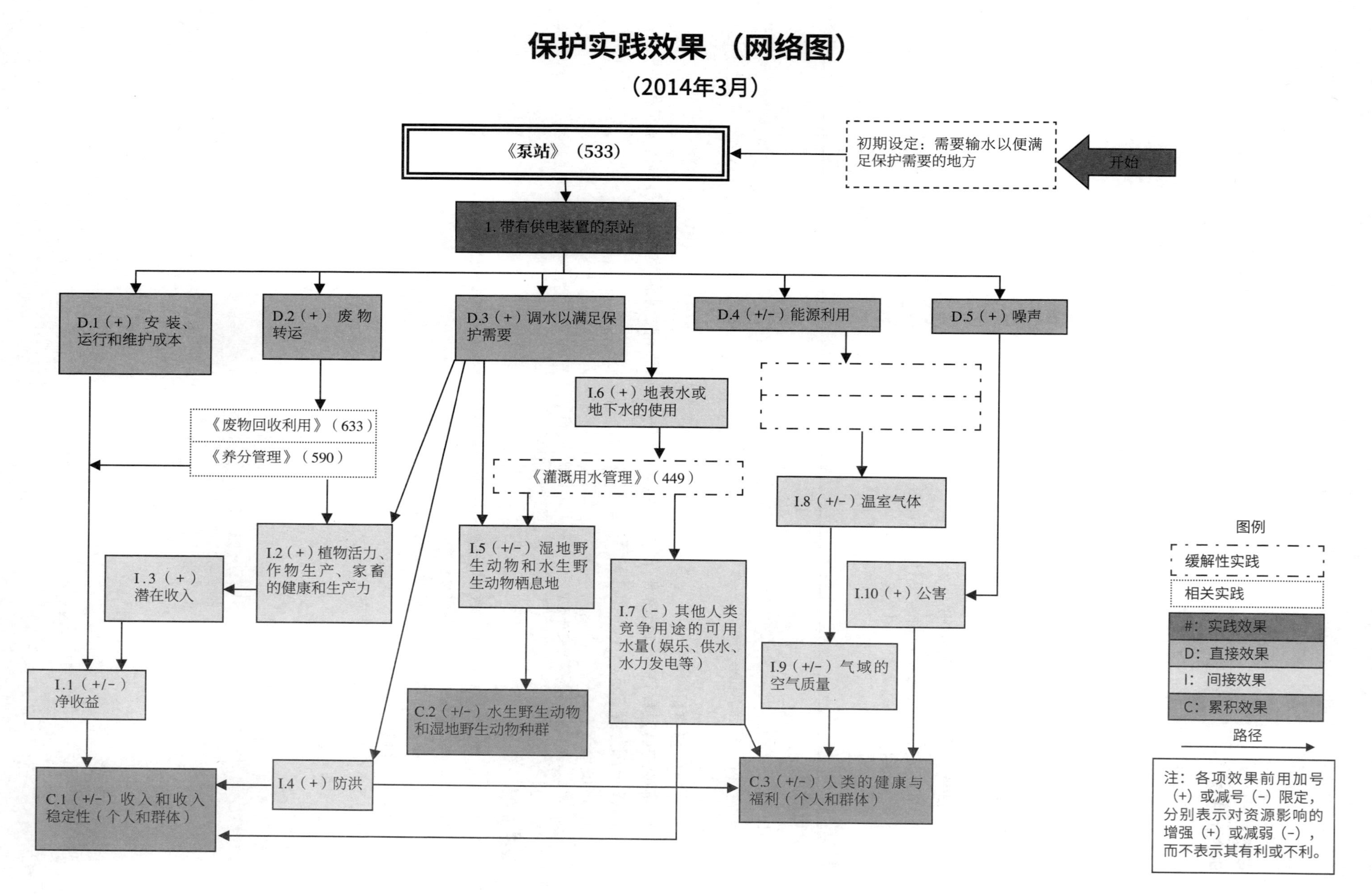

盐碱地管理

（610，Ac., 2010年9月）

定义

对土壤、水资源和植物进行管理，以降低土壤表面和作物根区盐和钠的浓度。

目的

为提高土壤健康，减少或降低：

- 根区盐的浓度。
- 钠对土壤影响引发的土壤结壳、渗透或土壤结构问题。
- 土壤盐碱化或在土壤表面下坡处或附近的盐水渗透补给区渗出盐碱水。

适用条件

本实践适用于以下一种或多种情况下土地的使用：

- 盐的浓度或毒性影响了理想植物的生长。
- 过量的钠引起的土壤结壳和渗透问题。
- 盐水渗透补给区和排水区。

准则

适用于上述所有目的的总体准则

灌溉或持续降水 24 小时以上形成的局部积水应通过改善地表排水来缓解。

在农作物区，浅层地下水位应保持在致使根区盐分积聚的深度以下。若适当的灌溉用水管理或耕种方式不能维持浅层地下水深度，应通过以下一项或多项措施改善排水情况：

- 地下水截流或分流。
- 土壤内部排水受到多层渗透和土壤含水量限制，深松耕会破碎和混合土壤层。
- 在地面或地下安装排水系统。

适用于灌溉土地的准则

测量植物根区的土壤电导率，确定稀释积聚盐需水深度并保持适当的盐平衡。

灌溉和土壤浸析用水应符合具有代表性的水质检测报告，包括导电率（EC）、钠吸附比（SAR）和 pH 以及下列个别成分的浓度，如钙、镁、钠和硫酸盐的浓度。

灌溉水量应考虑以下两部分：维持根区盐的浸析以及作物和土壤质量可接受范围钠的含量。参照《美国国家工程手册》第 623 部分第 2 章《灌溉用水要求》确定浸析部分。

适用于非灌溉土地的准则

土地开垦应采用种植措施、土壤改良措施和加强排水，以减少土壤含盐量。

减少钠对土壤的影响而引发的土壤结壳、渗透或土壤结构问题的准则。

对于根区剖面，每季度根区土壤测试包括导电率（EC）、氢离子浓度（pH）、土壤交换性钠百分率（ESP）以及钠、钙、镁和硫酸盐的浓度。离子浓度应从饱和糊状物中提取。根据当地条件可能需要更详尽的土壤测试（例如钾离子和潜在有毒离子）。

改善钠影响的土壤所需的土壤改良剂应以土壤水提取物中钠吸附比为基础。土壤改良剂是一种可由钙替代被吸附土壤钠的化学用品。

土壤改良剂的用量应参照以下数据：待处理根区深处土壤的钠吸附比测试结果；使用改良剂的纯度和灌溉水的质量。

特定的盐水渗透区及其补给区准则

减缓措施应包括可以减少从补给区到排水区的地下水和盐分运动的种植措施。种植措施包括种植多年生根系作物，如麦草和深根的苜蓿品种。

应采取以下措施减少地下水和盐分向渗流出口移动：

- 在补给分水岭地区种植深根长季物种，保持土壤水分，限制地下水流向渗透区。
- 在根区渗透之前，清除补给区的地表积水。
- 实际操作中，应采用适应土壤水分过剩、并防止水和盐分上涌的物种来修复盐碱化渗透区的植被。

注意事项

采用电磁感应（EMI）、盐度探针（即 4 个电极温纳阵列）、电导率仪器和现场土壤测试等工具评估和监测土壤含盐量。

可以从美国地质勘探局（USGS）或水区获得有代表性的地表水源化学报告。

需高度关注有关钾、氯、碳酸氢盐和碳酸盐含量的严格的灌溉水质测试。

查阅已公布作物的耐盐性数据以及农作物特定的离子毒性，作为作物选择的参考。

局部条件和特定的作物离子敏感性可以保证含毒盐（硼、氯等）的水质分析结果。

硫或硫酸应用提高了天然碳酸钙向石膏转化溶解的速度。浸析应持续到硫被氧化并形成膏状。

水溶性钙源（如石膏）的应用与灌溉浸析的应用相结合，将有助于从根区取代钠。

由于水源水质的季节性变化可能需要在使用季节进行多次水质评估。

排泄水可能排放出高浓度的盐。这时，需要选择适当的排水口并考虑对地表水和地下水的影响。

在土壤质地均匀、渗透性好的土壤中，或在土壤不干燥的深松作业过程中，采用改善土壤内部排水的深松作业可能不会有效。

避免倒置耕作，这可能会使表面产生盐分并阻止浸出过程。

将绿肥作物或有机物质掺入土壤可改善土壤结构和渗透性。

耐盐作物生长旺盛，它们的纤维根系（如高粱、苏丹草）可增加土壤中的二氧化碳含量，增加碳酸钙的溶解度，促进钠的浸析。

对于盐的浸析来说，未受钠影响的轻微和中度含盐水比低度含盐水更有效。

农作物秸秆管理可以提高土壤中的有机质含量，改善土壤渗透，并减少土壤表面蒸发和毛细管盐分上升到土壤表面。

选择作物基床形状和种植方法，以减少植物（特别是发芽种子）根区附近含盐浓度。

叶片损伤可作为特定离子毒性的指标。

计划和技术规范

根据本实践要求，为每个地点或规划单位制订适用本实践的计划和技术规范。并应包括以下内容：

- 规划地图应显示以下位置：
  - 受盐度 / 钠元素影响的区域。
  - 盐水渗透补给区。
  - 盐水渗透的出口或排放区域。
- 地质调查显示：
  - 有助于盐水渗漏补给区域的盐 / 碱度物料的位置（如深度、范围）。
  - 造成山坡渗漏的不透水层。
- 土壤测试需要确定当前土壤盐 / 碱度，并参照之前的测试结果，评估计划处理的有效性和潜在的修订需求。
- 确定适合灌溉和浸析的水质测试。
- 特定的土壤和作物浸析要求，包括用水的方法和时间。

参考文献

USDA-NRCS, National Engineering Handbook, Part 623, Chapter 2, Irrigation Water Requirements.

保护实践概述

定义

本实践的目的是减少或重新分配盐渍土中有害的盐分和钠浓度。

实践信息

在降水量不足以降低土表或附近盐分浓度的干旱和半干旱地区，采用盐度降低（浸析）手段。盐分的来源一般是灌溉水。植物吸收水分，但会在土壤中遗留并累积盐分，造成问题。当可溶盐开始对植物产生不利影响时，可以将土壤视为盐渍土。本实践的目的是降低盐分在土壤中的积累，使需要种植的植物得以生长。本实践主要适用于灌溉地，因为浸析过程依赖于地表灌溉的水来溶解盐分，并将盐分带到土壤剖面中更深的地方。

保护实践的效果——全国

土壤侵蚀	效果	基本原理
片蚀和细沟侵蚀	0	不适用
风蚀	0	不适用
浅沟侵蚀	0	不适用
典型沟蚀	0	不适用
河岸、海岸线、输水渠	0	不适用
土质退化		
有机质耗竭	0	不适用
压实	0	不适用
下沉	0	不适用
盐或其他化学物质的浓度	2	通过浸析、排水和植物管理来减少根区中的盐分。
水分过量		
渗水	0	不适用
径流、洪水或积水	0	不适用
季节性高地下水位	0	不适用
积雪	0	不适用

（续）

水源不足	效果	基本原理
灌溉水使用效率低	2	对盐分的控制提高了可用水的利用率。
水分管理效率低	2	对盐分的控制提高了可用水的利用率。
水质退化		
地表水中的农药	0	不适用
地下水中的农药	0	不适用
地表水中的养分	0	不适用
地下水中的养分	0	不适用
地表水中的盐分	-2	通过排水从根区浸析出的盐分可能会进入地表水。
地下水中的盐分	-2	这一举措需要从根区中移除盐分。浸析是一种替代方案，其影响程度取决于浸析量和地下水位的位置。
粪肥、生物土壤中的病原体和化学物质过量	0	不适用
粪肥、生物土壤中的病原体和化学物质过量	-1	从根区中浸析盐分时还可以过滤病原体。
地表水沉积物过多	0	不适用
水温升高	0	不适用
石油、重金属等污染物迁移	0	不适用
石油、重金属等污染物迁移	-1	从根区中浸析盐分时还可以过滤重金属。
空气质量影响		
颗粒物（PM）和 PM 前体的排放	1	防止或减少盐分在土壤中的积累能够改善植被，减少风对土壤移动的潜在影响。
臭氧前体排放	0	不适用
温室气体（GHG）排放	1	防止或减少盐分在土壤中的积累能够改善植被，这会促进大气中二氧化碳含量的降低，并将二氧化碳以碳的形式贮存在植物和土壤中。
不良气味	0	不适用
植物健康状况退化		
植物生产力和健康状况欠佳	2	盐分管理和使用土壤改良剂可提高植物的生产力和活力。
结构和成分不当	2	盐分管理和使用土壤改良剂可强化适宜和理想植物种。
植物病虫害压力过大	0	不适用
野火隐患，生物量积累过多	0	不适用
鱼类和野生动物——生境不足		
食物	0	不适用
覆盖 / 遮蔽	0	不适用
水	0	不适用
生境连续性（空间）	0	不适用
家畜生产限制		
饲料和草料不足	4	通过对土壤盐分和钠的有效管理，提高了草料的活力和产量。
遮蔽不足	0	不适用
水源不足	0	不适用
能源利用效率低下		
设备和设施	0	不适用
农场 / 牧场实践和田间作业	0	不适用

CPPE 实践效果：5 明显改善；4 中度至明显改善；3 中度改善；2 轻度至中度改善；1 轻度改善；0 无效果；-1 轻度恶化；-2 轻度至中度恶化；-3 中度恶化；-4 中度至严重恶化；-5 严重恶化。

工作说明书—— 国家模板

（2010年9月）

此类可交付成果适用于个别实践。其他规划实践的可交付成果参考具体的工作说明书。

设计

可交付成果

应根据本实践中的说明为每个场地或处理单位编制本实践的建造和操作规范，应包括下列项目（视情况而定）：

1. 显示下列位置的平面图。
2. 盐分 / 钠影响的区域。
3. 盐分渗透补给区域。
4. 盐分渗透出口和排放区域。
5. 对下列项目的地质调查：
    a. 对盐分渗透补给区的盐度 / 碱度产生影响的物质的位置（深度、广度）。
    b. 造成山坡渗透的不透水层的位置。
6. 确定当前土壤盐度 / 碱度所需的土壤测试，以及先前的测试结果，以便对规划处理方式的有效性和潜在修改需求进行评估。
7. 确定灌溉和浸析的适宜性所需的水测试。
8. 特定土壤和作物的浸析要求，包括用水的方法和时间。
9. 证明设计符合实践和适用法律法规的文件。
10. 安装期间，根据需要所进行的设计修改。

注：可根据情况添加各州的可交付成果。

安装

可交付成果

1. 与客户进行的实施前会议。
2. 验证客户是否已获得规定许可证。
3. 施用帮助。
4. 协助客户和原设计方并实施所需的设计修改。
5. 证明施用过程料符合管理规划和许可要求的文件。
6. 在安装期间，就所有联邦、州、部落和地方法律、法规和美国自然资源保护局政策的合规性问题向客户 / 美国自然资源保护局提供建议。
7. 证明施用过程和材料符合设计和许可要求的文件。

注：可根据情况添加各州的可交付成果。

验收

可交付成果

1. 实施记录。
    a. 实践单位
2. 证明安装过程符合美国自然资源保护局实践和规范并符合许可要求的文件。
3. 进度报告。

注：可根据情况添加各州的可交付成果。

参考文献

NRCS Field Office Technical Guide（eFOTG）, Section IV, Conservation Practice Standard – Toxic Salt Reduction - 610.

NRCS National Environmental Compliance Handbook.

NRCS Cultural Resources Handbook.

注：可根据情况添加各州的参考文献。

保护实践效果（网络图）

（2014年3月）

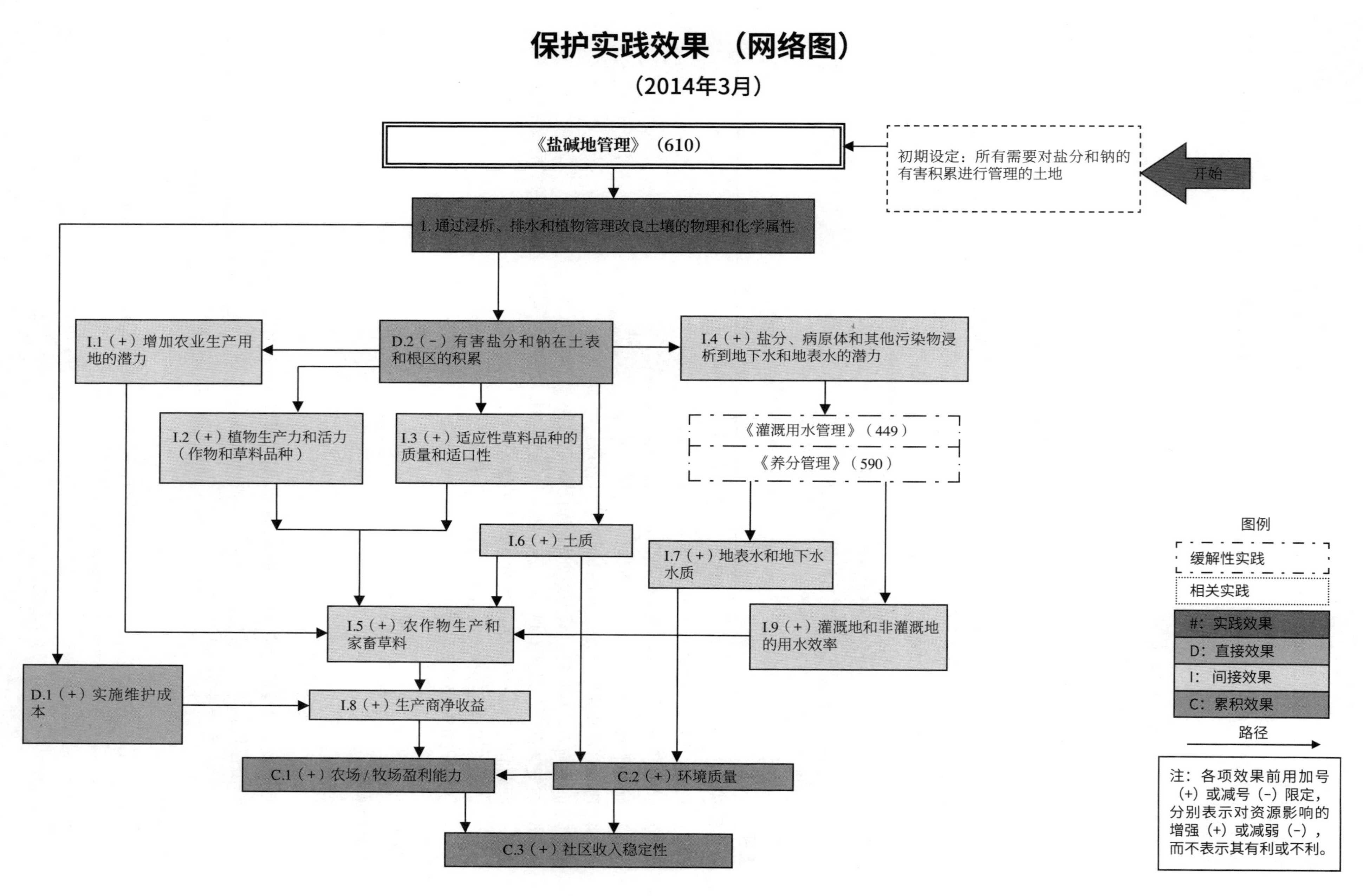

喷灌系统

（442，Ac., 2015年9月）

定义

在压力作用下，利用喷嘴进行灌溉的配水系统。

目的

本实践适用于以下资源保护管理系统情况：

- 灌区高效、均匀。
- 改善作物状况，提高产量、抗病率。
- 以规避地表及地下水中肥力、有机质等化学成分含量过剩问题。
- 改良盐碱地等化学性污染地状况。
- 降低微粒排量，改善大气质量。
- 降低能耗。

适用条件

本实践适用于所有喷灌系统元器件（如毛管、立管、喷嘴、控制头及压力控制阀）的规划及功能设计。

通常，本实践列出各个喷灌系统设计排水率：设计喷嘴排水率为至少 1 加仑*/分，灌区均匀灌溉。

灌区需适合喷灌机作业，且拥有适用于拟用目的足量、水质良好的水源。

本实践适用于喷灌系统的规划与设计：

- 符合作物水需求。
- 作物冷却、防冻保护或花期延后。
- 盐碱地或其他化学性污染地的土壤淋浸或改良，应进行淋浸控制。
- 化学品、肥料和废水的使用。
- 控制以下几种设备所产生的灰尘颗粒物：
    - 封闭式畜栏区。
    - 土路。
    - 大面积空地。
    - 设备存储场。

本实践适用于在原装喷灌系统上加设喷嘴，可减少水压、降低流速或增强灌溉均匀度。

本实践不含小型或微型喷灌系统相关规定，详情可参见保护实践《灌溉系统——微灌》（441）。

准则

适用于上述所有目的的总体准则

喷灌系统用于资源保护规划，该规划含拟用目的与作业需求。根据场地评估、作业状况、土壤与地形状况选择系统。喷灌机安装位置、流速、作业压强值设定，需控制在厂家建议数据范围内。

系统容量。喷灌机容量设计需满足灌溉系统主要目的。根据系统类型、目的，设定应用效率。再根据应用效率，设定适当的系统容量。

在设定计算系统容量要求时，需同时设定应用水损失的合理允差、系统维护停机时间、辅助设备

---

* 加仑为非法定计量单位，1 加仑 ≈0.0037854 立方米。——编者注

水规定（如淋浸作业）。

灌区高效、均匀灌溉的附加准则

应用率与深度设计。设计应用率与深度时，需尽可能降低径流量，防止水土流失，促进深层渗滤（拟用淋浸除外）。

设备最大应用率，需符合灌区土壤吸收率、坡度、保护实践标准。如喷灌机应用设计率超出土壤渗滤率，可采用花期延长法或附加储藏法（如开沟排水、加强残渣管理），以最大限度地降低径流量。忽略经认证的径流模型模拟结果（如 CP® 喷嘴），利用现场观测，评估是否需开展径流量防护。

配水模式、喷嘴间距及高度设计。合理设定行排式喷灌间距、喷嘴规格及作业压强，提供设计应用率，确保均匀灌溉。

设定喷灌机间距、喷嘴规格、作业压强时，应按照自然资源保护局（1983 版）灌溉均匀系数（CU）或分布均匀系数（DU）规定，进行作业。

圆形喷灌机与平移式喷灌机

为达到要求的灌溉均匀度，在采用圆形喷灌机与平移式喷灌机时，需设定合理的喷灌机间距、喷嘴高度、作业压强。选用圆形喷灌机，可采用赫尔曼 - 海恩（Heermann-Hein）重型区域作业法，计算 CU 值。选用平移式喷灌机，可采用等量单位区域法［克里斯汀森（Christensen）法］计算 CU 值。无论是选用圆形喷灌机还是平移式喷灌机，最低 CU 值需控制在 85%（约相当于 DU 值 76%）范围内。在估算 CU 值时，可采用圆形喷灌机与设计软件，如在厂家并未提供建议范围情况下，可选用其他自然资源保护局认证模拟软件。喷嘴间距与作业压强值设定，需控制在厂家建议范围内。

在作物生长期过半时节，采用喷嘴型圆形喷灌机与平移式喷灌机进行棚内作业时，喷嘴间距不得超出各作物行距（或≤ 80 英寸）。高密叶作物灌溉时，切勿将喷嘴置于叶高处（如玉米灌溉，喷灌机高度不得接近玉米穗高度，约 4 英尺处）。高密叶作物灌区灌溉，喷嘴高度需高于或低于叶高。窄行作物及超窄行作物灌溉作业，不得在棚内进行。

低能耗精确灌溉法（LEPA）

喷嘴间距设定不得超出 80 英寸。设定统一喷灌高度（或≤ 18 英寸），通过拖曳地面的软管或配设泡沫防护垫或垫圈的喷嘴，进行排水作业。

LEPA 系统仅适用于农田或耕作区内作物喷管作业。LEPA 系统的行作业模式，同样适用于毛管喷灌作业（如圆形喷灌机指针式作业与平移式喷灌机直线作业）。不得在塔伦轨道区进行灌溉作业。采用 LEPA 系统诸多方法（如开沟排水法、达玛排水法、加筑水池法或废渣管理法），以降低径流量，防止水土流失。

喷头固定式、大喷枪式、定期移动式、行喷系统

采用喷头固定式、大喷枪式、定期移动式、行喷系统等喷灌系统时，喷灌间距、喷嘴规格与作业压强设定，需参照 CU（或 DU）值。未施加肥料与杀虫剂的深耕（4 英尺以上）田地与作物田，CU 值设定需不低于 75%（DU 值 60%），施加肥料与杀虫剂的高值或浅耕（4 英尺以上）作物田，CU 值设定需不低于 85%（DU 值 76%）。如未提供 CU/DU 值参照，则按照表 1a 与表 1b 数据设定。

表 1a　矩阵模式喷头固定式、大喷枪式、定期移动式、行喷系统的最大间距

喷灌分类（作业压强）	平均风速（英里 / 小时②）	毛管间距（%）	喷灌机间距（%）
低（2 ～ 35 磅力 / 平方英寸） 适中（35 ～ 50 磅力 / 平方英寸） 中（50 ～ 75 磅力 / 平方英寸）	0 ～ 1	65	50
	1 ～ 5	60	50
	5 ～ 10	50	50
	>10	45	50
	平均风速（英里 / 小时）	相邻毛管上喷灌机间最大角线距（%）①	
高（>75 磅力 / 平方英寸）	0 ～ 4	65	
	4 ～ 10	50	
	>10	30	

①湿润度百分比设定，需按照厂商所供性能表所规定的设计压强进行作业。②英里 / 小时 =1.609344 千米。

表 1b 三角模式喷头固定式、大喷枪、定期移动式、行喷系统的最大间距

喷灌分类（作业压强）	平均风速（英里 / 小时）	毛管间距（%）*	喷灌机间距（%）*
低（2 ～ 35 磅力 / 平方英寸） 适中（35 ～ 50 磅力 / 平方英寸） 中（50 ～ 75 磅力 / 平方英寸）	0 ～ 1	70	65
	1 ～ 5	65	65
	5 ～ 10	54	65
	>10	48	65

* 湿润度百分比设定，需按照厂商所供性能表所规定的设计压强进行作业。

如采用行喷灌溉系统，则参照表 2 选定纤道间距。

表 2 行喷灌溉系统纤道间距（用湿润度百分比表示）

平均风速（英里 / 小时）	环形喷嘴	锥形喷嘴
0 ～ 1	80	80
1 ～ 6	70	75
6 ～ 10	60	65
>10*	50	55

* 鉴于行喷灌溉系统的配水模式受风速影响较大，建议在风速低于 10 英里 / 小时情况下，方可开展风中作业。

田地坡度。根据《美国国家工程手册》第 652 部分，《国家灌溉指南》表 2-5 规定，采用 LEPA 系统作业，需确保田地（最大坡度为 3%）半数以上的土地坡度不得超过 1%。采用配设滴灌器的圆形喷灌机或平移式喷灌机作业时，则需确保田地（最大坡度为 3%）半数以上的良好中性土壤土地坡度不得超过 3%。在粗质土田地作业时，则需基于田间观测结果或认证径流模式（如 CP® 喷嘴），在坡度高于 5% 的田地内，分析出利用圆形喷灌机或平移式喷灌机作业，控制径流的有效方法。

无论何种土质条件，在作物生长期过半时节，利用圆形喷灌机或平移式喷灌机进行灌溉作业时，则须确保田间半数以上的土地坡度均不得超过 3%。

如厂商按照喷灌机外形、跨距长度、管径及轮胎规格，提供相对应的坡度阈值，则在利用圆形喷灌机或平移式喷灌机进行灌溉作业时，须确保最大田间坡度不得超过上述阈值范围。

压力控制阀。如厂商未对压力控制阀作业做出规定，则需确保，控制阀上游线压至少要高于额定压强 5 磅力 / 平方英寸。

平移式 / 圆形移动毛管喷灌。如未在毛管各出水口处安装降压器或压力控制阀，则需采用加压器或流量控制器，毛管上述设计可确保其沿线变压范围不超过作业平均压强设计的 20%（或设计流速的 10%）。

立管。通常，灌溉高大作物（树下作业除外）时，须在毛管适当高度处安装立管以规避配水系统故障。立管安装高度不得低于表 3 所示数据。

表 3 立管高度

喷灌机排水量（加仑 / 分）	立管高度*（英寸）
<10	6
10 ～ 25	9
25 ～ 50	12
50 ～ 120	18
>120	36

* 超出 3 英尺高度的立管，需加以固定。

适用于改善作物状况、提高产量和抗病害力的附加准则

设计容量。为进行土壤冷却，可将每日水分蒸发最大值，设定为喷灌系统设计容量最小值。

为在高峰期整个高峰时段内，满足每分钟的作物蒸发需求，充分设计喷灌系统容量，以达到叶面冷却效果。

充分设计喷灌系统容量，以确保冷却或霜冻防护效果，同时，以便对整个区域进行灌溉。

设计应用率。应参照最低气温、最大风速及相对湿度，设定霜冻防护设计率。喷灌系统均匀系数不得低于85%。树下喷灌作业时，设计应用率需控制在0.08～0.12英寸/时范围内。树上喷灌作业时，设计应用率则需不低于0.15英寸/时。

适用于防止地表、地下水中肥力、有机质等化学品摄入过量的附加准则

根据各联邦、州、地方法律法规，要求用于采用化学药品、化肥、废水装置的喷灌系统安装、操作做出回流与倒吸防护规定。保护地表水，免遭化学药品、化肥、废水排放装置污染。

化学药品、化肥、杀虫剂喷射器等自动作业设备，应安置于动力、电源装置附近，安装时应按照州法律规定进行，如无相关规定，则参照厂商建议执行。化学药品喷射器最大喷射率应精确控制在1%，易校准、便调整。

为规避装置发生阻塞，在设计喷灌系统时，需在入水口加装废水过滤装置，或选用较大规格的喷灌机喷嘴。

设计应用率与时效。应用率应符合铭牌建议数值。化学药品喷洒时效设定，应至少包含充足的打药时间与管道冲洗时间。

应严格遵照《灌区高效、均匀灌溉作业标准》中径流量要求，进行化学喷洒作业。

均匀系数。严格遵照《灌区高效、均匀灌溉作业标准》配水要求，进行作业。

如风速超过10英里/时，或超过喷灌机铭牌指示风速，则禁止利用喷灌机进行打药、施肥或废水处理作业。

适用于改良盐碱地等化学污染地的附加准则

设计应用深度。参照作物扎根设计应用深度及耐盐阈值设定（NRCS 1993年版）。

设计应用率。为规避池塘泛滥、径流量流失，应用率设计应低于土壤吸收率。严格遵照《灌区高效、均匀灌溉作业标准》配水、均匀要求，进行作业。

适用于降低微粒排量、改善水质的附加准则

封闭式畜栏内喷灌系统安装、作业中，应对畜棚各个角落（混凝土饲槽等区域除外）进行防尘控制处理。作业所用水质应适宜动物饮用。

容量与应用深度。喷灌系统容量与应用深度设计，应确保可维持3天以下周期作业。应用深度设计时，可将合理的应用损失允差考虑在内。

考虑到畜棚动物粪尿等因素产生的湿度允差浮动，最小设计应用量应与日湿土蒸发总量最大值保持一致。

在封闭的畜棚区进行降尘处理时，应避免过度喷灌，以最大限度降低径流量，减少臭气排量，飞蝇滋生与长期潮湿等问题产生。

喷灌系统作业期间，应仔细核对水量是否充足，能否满足灌溉作业其他需求。

水质影响。喷灌系统加装防回流、抗虹吸装置，方可进行化学药品喷洒防尘作业。

通过喷灌系统喷洒化学药品时，应避免直接喷洒（以下情况例外，如化学药品铭牌显示直接喷洒对人畜无害，不会影响水质），以规避对地表水、牲畜用水产生污染。

配水模式与间距。毛管沿线喷灌机间距设定，应参照厂商提供的性能表所示，浇灌直径介于50%～75%。

毛管间距应符合下列标准：

- 当采用中压（50～75磅力/平方英寸）喷灌器喷嘴时，干管沿线毛管间距的浇灌直径应控制在70%～90%。
- 当采用高压（>75磅力/平方英寸）喷灌机喷嘴时，相邻毛管间的两个喷灌机之间的最大间距设计，浇灌直径应不得超出100%。

立管。安置立管时，不得造成水土流失，损害设备，危害牲畜。立管应安置于喷灌机排水管处，距离地面6英尺以上位置。最后，拧紧、固定立管。

系统阀门与控制器。喷灌机以其高应用率设计，方便、易调节的作业环境，系统灵活、易控制等优势，结合使用自动控制系统，确保喷灌机系统高效运行。如遭遇暴雨天气，设备自带的阴雨感知系统，会自动连接控制系统。

大风天气会影响配水作业，可在自动化系统控制器上加装计时器，在晚间、夜里及清晨平静无风时段，可手动自行控制系统。喷灌机操作系统需灵活易操作，1 分钟内增加喷洒量，每天至少启动 6 次，以确保起到气候调节作用。

采用自动控制系统的自动控制阀，便于启动单个喷灌机喷嘴作业。控制阀应严格遵照工程标准规范要求的规格、质量进行配备。设备维护保修期间，应将毛管上的单个控制阀集中起来，以便于单个系统作业。在各个喷灌机出水口处，安装压力控制阀、压力补偿阀或流速控制设备。

在凹凸不平或斜坡地段作业时，为规避管道水流入低处喷灌机内，应在各喷管器上加装控制阀或低水头排水设备。

降低能耗的附加准则

整理以下措施，分析并证明其降低能耗效果：

- 压强法
- 流速法
- 季节性时段作业法
- 应用深度

采用喷灌机作业压强法或流速法时，应选用对应的泵站排水压或降低流速法进行作业。

要求分析时，需对比往年作业条件，计算年均或季节性能耗降低量。

注意事项

系统概述

应用率设定作业指南，详情参见自然资源保护局（1983 年版、1997 年版）文件说明。

利用喷灌机系统进行温控、灌溉施药等附加作业指南，详情参见自然资源保护局（1993 年版）文件说明。

在喷灌机系统上使用压力调节器会增加泵送成本，因为每个压力控制阀 / 喷嘴上游需要增加工作压强，以减少通过压力控制阀的损失，通常假设为 5 磅力 / 平方英寸。

灌溉期间，用于限制水土流失、控制径流量的保护规范成效会逐步减弱。

设置连日灌溉时，需考虑到如何在时长增加或时间设置方面，平衡昼夜温差及风型变化两种因素产生的影响。

灌溉水中如含有微粒物、藻类植物或其他有可能堵塞喷灌机喷嘴的物体，在灌入设备前，需先采用过滤器或滤网进行灌前处理。

废水应用

进行废水处理时，为规避喷灌机堵塞风险，降低系统设计作业压强，应采用固体分离器、滤网、过滤器、两阶段发酵池或废水储存池等类似方法，事先对固体颗粒进行过滤。

废水具有腐蚀性或磨损作用，可能会降低系统使用寿命。如有干净水源，可在使用后及时对系统进行清洁冲洗。

圆形 / 平移式喷灌机

参照系统半径（垫圈与喷灌机的间距）、末端喷灌机或末端喷枪 75%～80% 的浇灌直径，计算系统有效灌溉区域面积。

通过系统半径（垫圈与末端喷灌机的间距）加上末端喷灌机或末端喷枪 75%～80% 的浇灌直径，计算系统有效灌溉区域面积。

现场高程的变化会影响采用较低设计压强的系统。

如果由于进水水面高度变化或其他原因导致系统流量大幅波动，即使在相对水平的地面上也应考虑使用压力调节器。

光照频繁可以减少径流问题，但可能增加土壤表面蒸发。

选用偏置喷嘴或杆式喷嘴，以降低高峰期设备应用率及塔轮车辙留痕。

Keller 和 Bliesner（2000）建议末端喷枪扇形角设置为 135°（L90，R45），仅在拐角处操作，150°（L105，R45）用于连续操作的末端喷枪。

采用圆形 / 平移式喷灌系统作业时，为达到资源保护目的，放弃整机系统加压模式，考虑采用末端喷枪增压泵进行作业。

圆形角臂机组与末端喷枪作业模式开启或关闭，关乎整机系统性能与灌溉应用均匀度。采用较大规格的末端喷枪，主系统硬件每覆盖 1% 的区域，可将 CU 均值降至 1%。喷灌机转向速度与双重操作，将会决定泵站作业成效，影响水源供应以及输水系统。

作物区作业时，可选择在圆形 / 平移式管两端安装防震软管。风区作业时，应对防震软管加以固定。

装满水的圆形与平移式喷灌系统，会引发延伸管与水塔倾斜危险。在设计下放管道长度与喷嘴高度时，应将倾斜角度考虑在内。设计喷嘴高度时，也要考虑到车辙宽度。喷灌系统装满水时，安装在下放管道上的所有喷嘴，须与毛管沿线管道保持统一高度。

圆形或平移式喷灌系统上的喷嘴排水口设计，须远离车轮区域，以免造成碾压。

行喷式系统

节约使用卷叠水带，将其用到最需要的地方。通常，标准供水软管长度足够。为降低各应用压强，实现节能目的，提供备用长度软管。

固体过滤设置与定期手动控制灌机

为提高配水均匀度，考虑将各毛管压强损失控制在运行压强的 10% 以内。

微粒减排

作业过程中，及时清理粪肥，可有效降低粉尘排量。微粒减排为独立型标准，无须进行喷灌操作。欲知更多信息，详情参见保护实践《露天场地上动物活动产生粉尘的控制》（375）。

露天畜区管理规范，同样适用于以下情况：畜棚内粪便清理、豢养区整理，以规避池塘水污染、长期阴湿情况的发生。

毛管沿线所用立管，应安装在一定高度，以避免受到周边设施干扰。

计划和技术规范

喷灌系统建造计划与说明文件要求，为达到拟定目的，可适当安装实施本规范。计划书应至少包含以下内容：

- 平面图需显示系统选址、应用区域、高程、方向、比例尺。
- 系统设计压强与流速。
- 喷灌器选址、类型、喷嘴规格、作业压强与流速。
- 配件选址、类型、规格与安装要求。

运行和维护

为确保设备在使用寿命内，正常工作，运行和维护计划应提供具体的操作维护说明。应包含如下操作：提供定期检测资料，及时维修、更换不良元器件。电气设备维修、翻新操作前，需事先断开电气设备，检查散杂电压。

本计划应至少包含以下内容：

- 如需，定期检查喷嘴，清除杂质沉淀，以确保正常操作。
- 如适用，检查或测试管道、泵站元器件与设备。
- 定期检测压强、流速，以确保正常操作。
- 定期检查喷嘴、喷头，以确保正常操作与使用。
- 按照厂商建议，定期维护机械元器件。

如适用本规范目的，可在灌溉水管理计划、水循环计划与和养分管理计划、病虫害防治计划或盐碱地管理 / 改良计划之后，附上系统操作相关附加资料。

参考文献

Keller, J., and R. D. Bliesner. 2000. Sprinkle and Trickle Irrigation. p. 349-351. The Blackburn Press. Caldwell, NJ. ISBN：1-930665-19-9.

Natural Resources Conservation Service （NRCS）. 1997. National Engineering Handbook （NEH）, Part 652, Irrigation Guide.

Natural Resources Conservation Service （NRCS）. 1983. NEH, Section 15, Chapter 11, Sprinkle Irrigation.

Natural Resources Conservation Service （NRCS）. 1993. NEH, Part 623, Chapter 2, Irrigation Water Requirements.

保护实践概述

《喷灌系统》（442）

一种通过在压力下工作的喷嘴灌溉的配水系统。

实践信息

喷灌系统的设计基于对场地的评估，考量因素有土壤、地形、供水、能源供应、将要种植的作物、劳动力需求以及预期的操作条件。

喷灌系统可用于下列用途之一：

- 满足作物用水需求。
- 作物降温、防霜或延迟开花。
- 盐渍土、钠质土或被其他受浸析控制的化学物质污染的土壤的浸析或复垦。
- 化学品、养分或废水的施用。
- 来自①封闭动物圈养区，②未铺筑路面，③集结区，④设备贮存场的灰尘和颗粒物的控制。

这一实践也可用于现有的喷灌系统，通过重新调整现有喷灌系统来降低压力、降低流量或提高分布均匀性，从而降低能源利用。

必须根据自然资源的功能和农场企业的需要，将喷灌系统设计为保护计划的组成部分。

保护实践的效果——全国

土壤侵蚀	效果	基本原理
片蚀和细沟侵蚀	0	不适用
风蚀	2	地表湿润可减少土壤风蚀。
浅沟侵蚀	0	不适用
典型沟蚀	2	地表湿润可减少土壤风蚀。
河岸、海岸线、输水渠	0	不适用
土质退化		
有机质耗竭	0	不适用
压实	-1	种子萌发过程中会出现土表结壳，灌溉系统的移动会造成车轮压实。
下沉	0	不适用
盐或其他化学物质的浓度	2	改进后的灌溉能够实现根区以下的盐分浸析 。
水分过量		
渗水	0	正确使用喷灌系统不会增加地下水。
径流、洪水或积水	2	从地面浇灌到喷灌系统的转换将减少地表径流。
季节性高地下水位	1	更均匀的施用减少了地下流量。
积雪	0	不适用
水源不足		
灌溉水使用效率低	5	均匀地施水。
水分管理效率低	0	不适用
水质退化		
地表水中的农药	2	高效、均匀的灌溉可减少径流和侵蚀。
地下水中的农药	2	高效、均匀的灌溉可减少深层渗漏。
地表水中的养分	2	有效施用灌溉水可以减少侵蚀和径流。
地下水中的养分	1	这一举措提高了用水效率，减少了深层渗漏。
地表水中的盐分	2	这一举措可更有效地施用灌溉水，从而降低农田径流的可能性。
地下水中的盐分	2	高效、均匀的灌溉可减少向地下水迁移。
粪肥、生物土壤中的病原体和化学物质过量	2	更高效的施用水可减少径流
粪肥、生物土壤中的病原体和化学物质过量	1	均匀施水降低了深层渗漏的可能性。
地表水沉积物过多	1	灌溉系统的安装限制或消除了地表侵蚀和由此产生的淤积。
水温升高	0	高温水的径流可能减少。
石油、重金属等污染物迁移	1	更高效的施用可减少潜在径流。
石油、重金属等污染物迁移	1	均匀施水降低了深层渗漏的可能性。
空气质量影响		
颗粒物（PM）和 PM 前体的排放	2	灌溉施用可湿润土表，降低土壤可蚀性。灌溉提升产量，可将土壤风可蚀性降低一个等级。
臭氧前体排放	0	不适用
温室气体（GHG）排放	1	灌溉促进植被生长，可改善少耕耕作制度中的碳封存。
不良气味	0	不适用
植物健康状况退化		
植物生产力和健康状况欠佳	2	增加水资源可利用量和管理施用量可促进植物生长、健康和活力。
结构和成分不当	0	不适用
植物病虫害压力过大	1	提高灌溉效率可以改善作物的健康活力，从而减少杂草争地。
野火隐患，生物量积累过多	0	不适用
鱼类和野生动物——生境不足		
食物	0	不适用
覆盖 / 遮蔽	0	不适用

（续）

鱼类和野生动物——生境不足	效果	基本原理
水	0	灌溉季临时供水。
生境连续性（空间）	0	不适用
家畜生产限制		
饲料和草料不足	4	用水量均匀一致可提高产量。
遮蔽不足	0	不适用
水源不足	0	不适用
能源利用效率低下		
设备和设施	2	需要较少的水和更低压力的泵送。由于施水均匀性的提高，施用的水量减少了。
农场 / 牧场实践和田间作业	2	改善分布均匀度可减少泵送能源利用。

CPPE 实践效果：5 明显改善；4 中度至明显改善；3 中度改善；2 轻度至中度改善；1 轻度改善；0 无效果；−1 轻度恶化；−2 轻度至中度恶化；−3 中度恶化；−4 中度至严重恶化；−5 严重恶化。

工作说明书—— 国家模板

（2015年9月）

此类可交付成果适用于个别实践。其他规划实践的可交付成果参考具体的工作说明书。

设计

可交付成果

1. 能够证明符合自然资源保护局实践中相关准则并与其他计划和应用实践相匹配的设计文件。
   a. 保护计划中确定的目的。
   b. 客户需要获得的许可证清单。
   c. 符合自然资源保护局国家和州公用设施安全政策（《美国国家工程手册》第 503 部分《安全》A 子部分“影响公用设施的工程活动”第 503.00 节至第 503.06 节）。
   d. 辅助实践 / 组成实践清单。
   e. 制订计划和规范所需的与实践相关的计算和分析，包括但不限于：
      i. 系统容量
      ii. 施用深度、速率、频率、压力和径流
      iii. 液压装置
      iv. 过滤器和化学剂注入
2. 向客户提供书面计划和规范书包括草图和图纸，充分说明实施本实践并获得必要许可的相应要求。
3. 运行维护计划。
4. 证明设计符合实践和适用法律法规的文件［《美国国家工程手册》A 子部分第 505.03（a）（3）节］。
5. 安装期间，根据需要所进行的设计修改。

注：可根据情况添加各州的可交付成果。

安装

可交付成果

1. 与客户和承包商进行的安装前会议。
2. 验证客户是否已获得规定许可证。
3. 根据计划和规范（包括适用的布局注释）进行定桩和布局。
4. 安装检查（酌情根据检查计划开展）。
    a. 实际使用的材料（第 512 部分，D 子部分“质量保证活动”，第 512.33 节）
    b. 检查记录
5. 协助客户和原设计方并实施所需的设计修改。
6. 在安装期间，就所有联邦、州、部落和地方法律、法规和自然资源保护局政策的合规性问题向客户 / 自然资源保护局提供建议。
7. 证明安装过程和材料符合设计和许可要求的文件。

注：可根据情况添加各州的可交付成果。

验收

可交付成果

1. 竣工文档。
    a. 实践单位
    b. 图纸
    c. 最终量
2. 证明安装过程符合自然资源保护局实践和规范并符合许可要求的文件［《美国国家工程手册》A 子部分第 505.03（c）（1）节］。
3. 进度报告。

注：可根据情况添加各州的可交付成果。

参考文献

NRCS Field Office Technical Guide（eFOTG）, Section IV, Conservation Practice Standard - Sprinkler System, 442.

NRCS National Engineering Manual（NEM）.

NRCS National Environmental Compliance Handbook.

NRCS Cultural Resources Handbook.

注：可根据情况添加各州的参考文献。

保护实践效果（网络图）

（2015年9月）

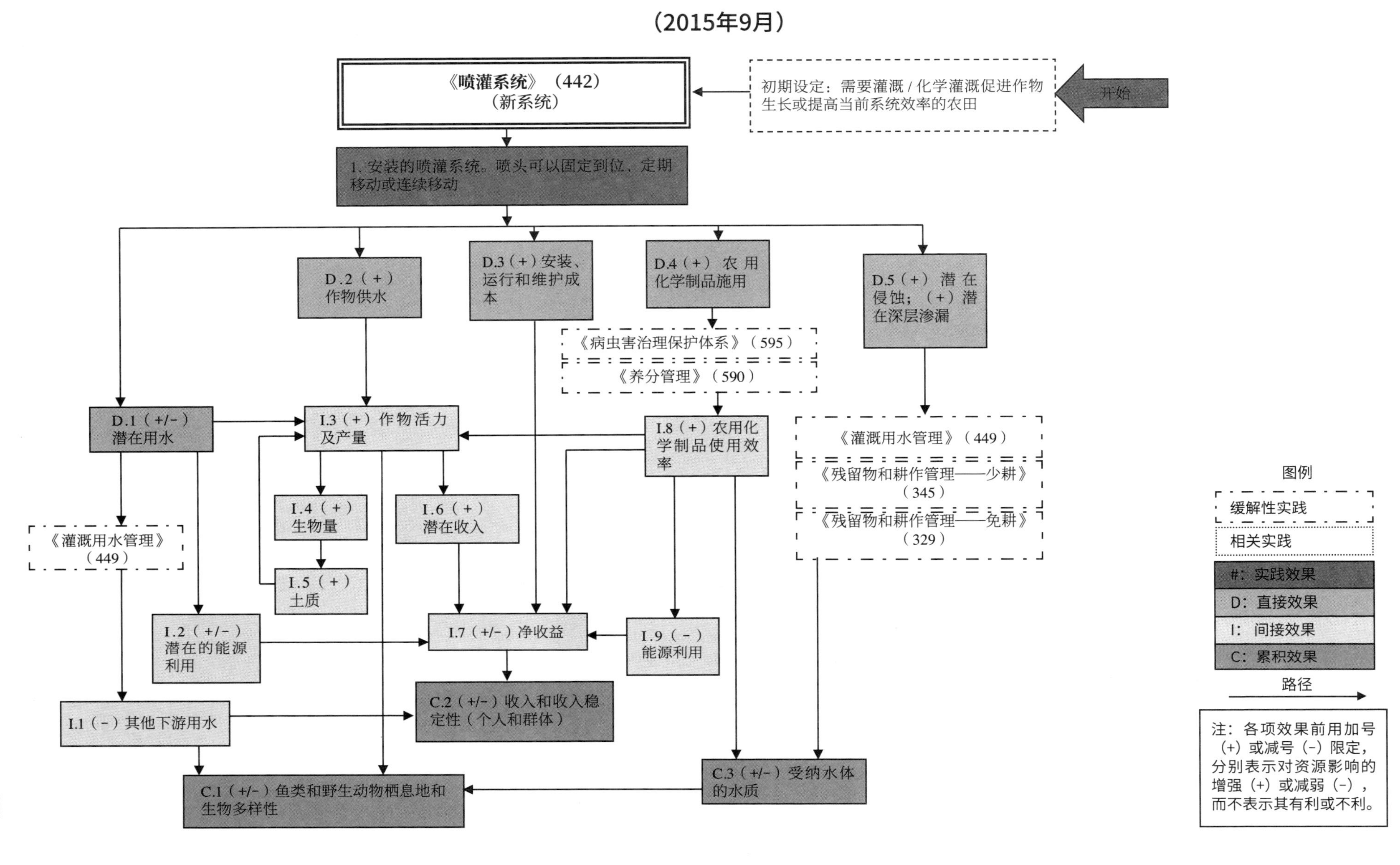

控水结构

（587，No., 2017年10月）

定义

控水结构是水资源管理系统中的一种装置，可以输送水流、控制水流的方向和速度、维持所需的水面高度或测量水流。

目的

本实践作为水管理系统的组成部分，用于控制水位、流量、分布、输送或水流方向。

适用条件

本实践适用于永久性装置，需作为水资源控制系统中的组成部分服务于下列一种或多种功能：

- 通过水输送系统（如沟渠、河道、运河或管道），将水从较高海拔输送至较低海拔的区域。典型装置包括落差、滑道、出口、地表水入口、水闸、泵箱和消力池。
- 控制排水或灌溉沟渠的水位。典型装置包括缝隙、闸板立管和拦沙坝。
- 控制灌溉用水的划分或计量。典型装置包括分隔箱和水测量装置。
- 防止垃圾、杂物或杂草种子进入管道。典型装置包括垃圾架和碎片筛。
- 控制因潮汐、高水位或洪水回流而导致的河道流向。典型装置包括潮汐和水流管理闸门。
- 控制地下水位，清除邻接陆地的地表水和地下水并进行防冻保护，管理野生动物或娱乐设施的水位。典型装置包括水位控制结构、闸板立管、管道压降入口和套管入口。
- 在沟渠、运河、公路、铁路或其他障碍物上方、下方或沿水路输送水。典型装置包括桥梁、涵洞、水槽、倒虹吸管和大跨度管道。
- 改变水流，为鱼类、野生动物及其他水生动物提供栖息地。典型装置包括滑道、冷水释放装置和闸板立管。
- 在沟渠或运河中安装淤泥管理设施。典型装置包括水闸和沉淀池。
- 对应用有机废物或商业肥料的土地的资源管理制度进行补充。
- 创建、恢复或加强湿地水文。

准则

所有在这个实践下设计的装置必须遵守适用的联邦、部落、州以及当地的法律和规章制度。在施工开始前获得所有必需的许可证。

根据保护实践《关键区种植》（342），在土堤、地面溢洪道、取土区和施工期间受到干扰的其他区域的暴露表面播撒种子或铺设草皮。需要提供表面保护时，在气候条件不允许使用种子或草皮的情况下，根据保护实践《覆盖》（484）来安装诸如砾石之类的无机覆盖材料。

未经许可，不得在相邻土地的控水结构上游提高水位。

安全

根据《美国国家工程手册》第 210 篇第 503 部分《安全》的要求，设计必要措施，防止出现严重伤害或生命损失。

文化资源

评估项目区域内文化资源的存在状况以及所有项目对这些资源的影响。在适当的时候，为考古、历史、结构和传统文化财产提供保护。

注意事项

在规划、设计和安装时，请考虑以下事项：

- 对水量平衡的影响，特别是对径流、入渗、蒸发、蒸腾、深层渗流和地下水补给的影响。
- 由于土壤水分的变化，植物生长和蒸腾速率可能会发生变化。
- 对下游水流或含水层的影响会影响用户及其他用水。
- 对田间地下水位的影响，确保为预期作物提供合适的生根深度。
- 灌溉管理的潜在用途，节约用水。
- 施工对水生生物的影响。
- 对河流系统河道形态和稳定性的影响，与侵蚀和径流携带的泥沙、溶质和附着沉积物的运动有关。
- 对根区和地下水下溶解物质运动的影响。
- 田间地下水位对根区含盐量的影响。
- 对下游水质的短期及建筑相关影响。
- 水位控制对下游水域温度的影响及其对水生和野生动物群落的影响。
- 对湿地或水生生物栖息地的影响。
- 对下游水资源浑浊度的影响。
- 在适当的时候，为考古、历史、结构和传统文化财产提供保护。

计划和技术规范

根据本实践制订计划和技术规范应用的要求。至少包括：

- 控水结构布局的平面图。
- 控水结构的典型剖面和横截面。
- 描述施工要求的结构图。
- 植物种植和覆盖的要求，视需要而定。
- 安全特性。
- 定点施工和材料要求。

运行和维护

为操作员准备运行和维护计划。

在运行和维护计划中至少包括以下项目：

- 定期检查所有建筑物、土路堤、溢洪道和其他重要附属设施。
- 迅速清除管道入口和垃圾架上的垃圾。
- 及时维修或更换损坏的部件。
- 当沉积物达到预定储存高度时，及时清除。
- 定期清除树木、灌木和不良品种。
- 定期检查安全部件，必要时立即维修。
- 在需要的时候维持植物保护，并立即在裸地播种。

参考文献

USDA NRCS. National Engineering Handbook（NEH）, Part 636, Structural Engineering. Washington, DC.

USDA NRCS. NEH, Part 650, Engineering Field Handbook. Washington, DC.

USDA NRCS. National Engineering Manual. Washington, DC.

保护实践概述

（2017年10月）

《控水结构》（587）

控水结构是水管理系统中的一种结构，用于输送水、控制水流方向或流速、保持所需的水面高度或测量水量。

实践信息

可安装应用于各种保护目的的控水结构。这些结构通常安装于规划的灌溉或排水系统中。闸板立管、节制坝、分水箱、水测量设备和管道落底式进水口都是可以应用的结构示例。

这类结构可能是野生动物项目的一部分，只要项目中需要采用斜槽或冷水排放道来改变水流。提供泥沙管理的水闸，将垃圾、碎屑或杂草种子挡在管道之外的碎片挡板，以及防止水回流到沟渠的挡潮闸是这一实践的其他应用示例。桥梁、涵洞、水道、反向虹吸管和长跨度管道可用于排水沟、渠、道路、铁路或其他障碍物上、下或沿线进行水的输送。

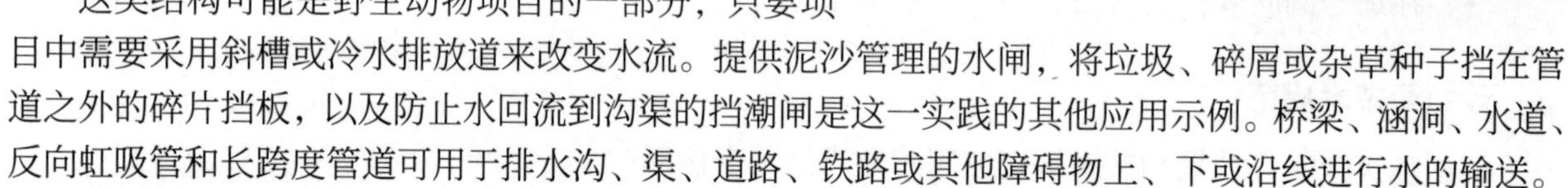

本实践的预期年限至少为 20 年。设备的操作要求取决于经营者选择的系统类型。运行维护计划将说明规划系统所需的水位管理的程度和时机。每半年维护一次，包括检查部件和清除碎片。在发生重大暴雨事件后，应需要进行额外检查。

常见相关实践

《控水结构》（587）通常与《堤坝》（356）、《地下排水沟》（606）、《明渠》（582）和《湿地恢复》（657）等保护实践一起使用。

保护实践的效果——全国

土壤侵蚀	效果	基本原理
片蚀和细沟侵蚀	0	不适用
风蚀	0	不适用
浅沟侵蚀	0	不适用
典型沟蚀	0	不适用
河岸、海岸线、输水渠	0	不适用
土质退化		
有机质耗竭	0	不适用
压实	0	不适用
下沉	0	如果用来管理地下水位，这一实践可能会增加或减少有机质氧化。
盐或其他化学物质的浓度	0	不适用
水分过量		
渗水	0	不适用
径流、洪水或积水	2	用于流量控制或水位调节的结构。
季节性高地下水位	0	不适用

（续）

水分过量	效果	基本原理
积雪	0	不适用
水源不足		
灌溉水使用效率低	2	进行控制，以便实现更佳的水分布。
水分管理效率低	2	进行控制，以便实现更佳的水分布。
水质退化		
地表水中的农药	0	不适用
地下水中的农药	0	不适用
地表水中的养分	0	不适用
地下水中的养分	0	不适用
地表水中的盐分	0	不适用
地下水中的盐分	0	不适用
粪肥、生物土壤中的病原体和化学物质过量	0	不适用
粪肥、生物土壤中的病原体和化学物质过量	0	不适用
地表水沉积物过多	1	水流速度的降低会导致悬浮泥沙的减少。
水温升高	1	这一举措用来控制放水量和调节地表水温度。
石油、重金属等污染物迁移	0	不适用
石油、重金属等污染物迁移	0	不适用
空气质量影响		
颗粒物（PM）和 PM 前体的排放	0	不适用
臭氧前体排放	0	不适用
温室气体（GHG）排放	0	不适用
不良气味	0	不适用
植物健康状况退化		
植物生产力和健康状况欠佳	0	不适用
结构和成分不当	0	不适用
植物病虫害压力过大	0	不适用
野火隐患，生物量积累过多	0	不适用
鱼类和野生动物——生境不足		
食物	0	不适用
覆盖 / 遮蔽	0	不适用
水	0	影响的程度取决于那些水生物栖息地获得改善的物种以及栖息地连通性的程度。
生境连续性（空间）	0	不适用
家畜生产限制		
饲料和草料不足	0	不适用
遮蔽不足	0	不适用
水源不足	1	捕集到的水能够补充畜牧用水。
能源利用效率低下		
设备和设施	0	不适用
农场 / 牧场实践和田间作业	0	不适用

CPPE 实践效果：5 明显改善；4 中度至明显改善；3 中度改善；2 轻度至中度改善；1 轻度改善；0 无效果；−1 轻度恶化；−2 轻度至中度恶化；−3 中度恶化；−4 中度至严重恶化；−5 严重恶化。

工作说明书—— 国家模板

（2010年4月）

此类可交付成果适用于个别实践。其他规划实践的可交付成果参考具体的工作说明书。

设计

可交付成果

1. 证明符合实践中相关准则并与其他计划和应用实践相匹配的设计文件。
   a. 保护计划中确定的目的。
   b. 客户需要获得的许可证清单。
   c. 符合自然资源保护局国家和州公用设施安全政策（《美国国家工程手册》第503部分《安全》，第503.00节至503.22节）。
   d. 制订计划和规范所需的与实践相关的计算和分析，包括但不限于：
      i. 地质与土力学（《美国国家工程手册》第531a子部分）
      ii. 水文条件 / 水力条件
      iii. 结构，包括适当的危险等级
      iv. 植被
2. 向客户提供书面计划和规范书包括草图和图纸，充分说明实施本实践并获得必要许可的相应要求。
3. 合理的设计报告和检验计划（《美国国家工程手册》第511部分，B子部分“文档”，第511.11和第512节，D子部分“质量保证活动”，第512.30至512.32节）。
4. 运行维护计划。
5. 证明设计符合实践和适用法律法规的文件［《美国国家工程手册》A子部分第505.03（b）（2）节］。
6. 安装期间，根据需要所进行的设计修改。

注：可根据情况添加各州的可交付成果。

安装

可交付成果

1. 与客户和承包商进行的安装前会议。
2. 验证客户是否已获得规定许可证。
3. 根据计划和规范（包括适用的布局注释）进行定桩和布局。
4. 安装检查。
   a. 实际使用的材料
   b. 检查记录
5. 协助客户和原设计方并实施所需的设计修改。
6. 在安装期间，就所有联邦、州、部落和地方法律、法规和自然资源保护局政策的合规性问题向客户 / 自然资源保护局提供建议。
7. 证明安装过程和材料符合设计和许可要求的文件。

注：可根据情况添加各州的可交付成果。

验收

可交付成果

1. 竣工文档。
    a. 实践单位
    b. 图纸
    c. 最终量
2. 证明安装过程符合自然资源保护局实践和规范并符合许可要求的文件［《美国国家工程手册》A 子部分第 505.03（c）（1）节］。
3. 进度报告。

注：可根据情况添加各州的可交付成果。

参考文献

Field Office Technical Guide（eFOTG）, Section IV, Conservation Practice Standard, Structure for Water Control, 587.

National Engineering Manual.

NRCS National Environmental Compliance Handbook.

NRCS Cultural Resources Handbook.

注：可根据情况添加各州的参考文献。

保护实践效果（网络图）

（2017年10月）

开始

初期设定：（1）需要控制水位的灌溉/化学处理湿地/泥塘（农田）；（2）需要为野生动物提供浅水区管理的区域；（3）需要通过控水来减少径流、增加渗透的区域；（4）其他需要控制放水、配水、输水、流向的区域

《控水结构》（587）

《堤坝》（356）
《明渠》（582）
《浅水开发与管理》（646）
《湿地野生动物栖息地管理》（644）
《湿地改良》（659）
《湿地恢复》（657）

1. 带涵洞的水道

2. 带盖的闸板立管

D.1（+）安装、运行维护成本

D.2（+）用水效率

D.3（+）蓄水；控制放水的能力

D.4（-）鱼道

《水生生物通道》（396）

《灌溉用水管理》（449）
《排水管理》（554）

I.10（+）水文周期

I.12（+/-）野生动物栖息地（特定物种）

I.7（+）渗透

I.4（+）作物活力及产量

I.6（-）地表水的沉积物和污染物

I.11（+）湿地/水生生物

I.1（+/-）净收益

I.5（+）潜在收入

I.9（+）溶解污染物被输送到地下水的潜力

I.13（+/-）渔场

I.8（+）地下水补给

I.2（+）节水

C.2（+/-）受纳水体的水质

《病虫害治理保护体系》（IPM）（595）
《养分管理》（590）

C.1（+/-）收入和收入稳定性（个人和群体）

I.3（+）用于其他用途的水

C.3（+/-）休养机会

图例

缓解性实践

相关实践

#：实践效果

D：直接效果

I：间接效果

C：累积效果

路径

注：各项效果前用加号（+）或减号（-）限定，分别表示对资源影响的增强（+）或减弱（-），而不表示其有利或不利。

地表排水——田沟

（607，Ft.，2015年9月）

定义

田间地面上的一种分等级的沟渠，用来汇集多余水量。

目的

- 拦截来自田间过量的地表水和浅层地下水，将其输送到地表主管道或侧管道。
- 为废水再利用系统收集过量灌溉用水。

适用条件

本实践适用于具有下列一种或多种条件的田地：

- 具有低渗透性或浅层屏障的土壤，如岩石或黏土，因为它们能阻碍水渗透到深层地层。
- 具有汇集降雨的洼地或有障碍物的田地。
- 土地坡度不足的地区，不能使径流在地表上充分流动。
- 具有来自高地的过量径流或渗流。
- 具有过量的灌溉用水。

准则

适用于上述所有目的的总体准则

将田间排水沟规划为所服务田地排水系统的组成部分。田间排水沟的设计应汇集和拦截水，并将其输送到具有连续性且没有不可接受的积水的出口。设计田间排水沟，以便允许水从邻近的陆地表面自由进入而不会造成过度侵蚀。

如果存在湿地，则按照既定程序完成适当的湿地测定。

调查。调查场地，确保有足够的出水口，能有效地通过重力或泵排水。

位置。地表排水沟形状、长度和位置将取决于地形。根据有效排水要求安装汇集或拦截水源的沟渠。

容量。根据气候和土壤条件以及农作物的需要，确定地表排水沟容量，以便清除多余的存水。以集水面积、地形、土壤、土地用途信息、适当的排水曲线或系数为基础设计容量。用曼宁公式估算地表排水沟的尺寸。

流速。设计地表排水沟，不超过自然资源保护局《美国国家工程手册》第 650 部分，“工程野外手册”，第 14 章，“水管理（排水系统）”的表格 14.3 中所规定的最大速度。根据排水的速度，在整个保护实践期间，要考虑到沉积物堆积的额外容量。

收集过量地表水的适用准则

容量。以场地条件为基础设计田间排水沟的深度、间距和位置，场地条件包括土壤、地形、地下水条件、农作物、土地用途、排水口、盐碱条件。根据条件酌情使用水文模型。

拦截过量浅层地下水的适用准则

容量。使用下列一种或多种方法确定所需容量：

- 如果可以的话，将排水系数应用于《国家排水指南》的排水面积计算中。包括计算出的地表水体积所需的附加容量。
- 在逆降水时期和已知地下水条件的情况下，测量目标区域内浅层地下水水流速率。
- 利用局部试验和验证来估算横向浅层地下水流量。

深度、间距和位置。如果可能的话，以《国家排水指南》为基础设计容量、大小、深度、侧面斜坡和截面面积。如果没有国家或地方信息的话，用自然资源保护局《美国国家工程手册》第 650 部分，“工程野外手册”，第 14 章，“水管理（排水系统）”中的信息。

收集过量灌溉用水的适用准则

以国家灌溉指南或当地现有灌溉系统潜在径流量的信息为基础设计容量、大小、深度、侧面斜坡、剖面面积。

采取一切合理措施，尽量减少灌溉径流。

如果可以收集径流水，则增加灌溉季节以外产生的地表径流的附加容量。

注意事项

在规划这一实践时，应酌情考虑下列项目：

- 在地形和地产边界允许的情况下，在笔直或近乎笔直的路线上修建沟渠。如遇不规则或起伏的洼地、独立实地，则随机对齐。避免过度削减和创建小的不规则的田地。
- 如果需要并可行的话，允许场地设备从场地穿过。
- 对下游水流或含水层的潜在影响将会影响其他用水或用户。
- 可溶性污染物、沉积物和沉积物附着污染物对水质的潜在影响。
- 发现或重新分布有毒物质的潜在可能性。
- 对文化资源的影响。
- 对湿地或与水有关的野生动植物栖息地的影响。
- 排水管理的潜在效益，包括减少养分浓度、提高植物生产力和加强季节性的野生动植物栖息地。
- 排水管理对下游水温或土壤盐度的潜在影响。
- 对河岸缓冲区、植物过滤带和栅栏的需求。
- 对水分平衡组成的影响，特别是径流与入渗的关系。

计划和技术规范

准备符合本实践的排水沟施工计划和技术规范，并详细解释正确应用此实践的要求以达到预期目的。在说明书或图纸上提供说明，说明土地所有者或经营人负责确保所有所需的许可证或批准，并按照这些法律和法规执行。土地所有者或承包商负责定位项目区内所有埋设的公用设施，包括排水瓦管和其他建筑措施。

最少应包含以下内容：

- 附有责任人联系方式和区域内位置图的表格。
- 显示基准位置和说明的平面图。平面图应充分展现现场的特点，包括正确显示排水面积和规划的地表排水沟位置，因为这样布局将是准确的。
- 在施工图上显示地表排水沟剖面图和标高信息。
- 根据需要提供有关等级、间距和出口侵蚀保护的信息。
- 确定需要在施工后种植植物的区域，并指明处理挖掘材料的区域。

运行和维护

在实施此实践之前，需要向当地土地所有者或使用者提供一份特定区域的运行和维护方案。

- 计划中应包含对沟渠的日常维护和运营需要的指导。
- 计划中应包含对沟渠的定期检查和经受暴风雨后的检查，以便发现问题，尽量减少对地表排水沟的损害。
- 计划中应包含对沟渠中沉积物和其他残留物定期清除的适当指导。

参考文献

USDA NRCS National Engineering Handbook, Part 650, Engineering Field Handbook, Chapter 14, Water Management（Drainage）.

保护实践概述

（2015年9月）

《地表排水——田沟》（607）

地表排水沟——田沟是用来收集田野中多余的地表水或地下水的一种平整沟渠。

实践信息

本实践的目的是：

- 排水面凹陷；
- 收集或截留多余的地表水，如天然和分级地面的片流或犁沟沟渠的径流，并将其输送到排水口；
- 收集多余的地下水，并将其输送到排水口。

适用的场地是平坦或接近平坦的，土壤具有缓慢渗透性或通过其他方式吸收水分。需要有足够的排水口来处置排泄水。这一实践适用于田地内的小排水沟，但不适用于主沟、侧沟或草地排水道。要求必须遵守联邦、州和地方的法律法规。

这一实践的实施场所具有下列附加特征：

- 土壤具有缓慢渗透性，或者土质较浅但具有防止渗漏的底质；
- 地表凹陷会收集降雨；
- 接收外部径流或渗漏；
- 要求去除多余的灌溉水；
- 需要控制地下水位；
- 有足够的排水口处理排泄水。

要求在本实践的预期年限内对地表排水沟和田沟进行维护。

常见相关实践

《地表排水——田沟》（607）通常与《病虫害治理保护体系》（595）、《养分管理》（590）《地表排水——干渠或侧渠》（608）、《地下出水口》（620）、《关键区种植》（342）和《排水管理》（554）等保护实践一起使用。

保护实践的效果——全国

土壤侵蚀	效果	基本原理
片蚀和细沟侵蚀	0	不适用
风蚀	-1	改善排水可能会增加地表土壤的干燥度。
浅沟侵蚀	2	降低土壤剖面饱和度能够通过改善排水的方式来增加渗透量，从而减少径流。
典型沟蚀	-1	由于水收集的浓度和速度较高。
河岸、海岸线、输水渠	0	不适用
土质退化		
有机质耗竭	-2	排水会加剧有机质氧化。
压实	1	土壤更干燥时，面临的压实风险更小。
下沉	-1	排水会加剧有机质氧化。
盐或其他化学物质的浓度	2	由于除水更强，可溶性污染物会减少。
水分过量		
渗水	0	不适用
径流、洪水或积水	2	由于排水得到改善。
季节性高地下水位	2	控制地下水位——收集地下水并将其输送到适当的排水口。
积雪	0	不适用
水源不足		
灌溉水使用效率低	2	排水沟可以收集水，将其应用于有益用途或再利用，并能够改善土壤、水和空气的关系。
水分管理效率低	2	排水沟可以收集水，将其应用于有益用途或再利用，并能够改善土壤、水和空气的关系。
水质退化		
地表水中的农药	0	如果排水沟被设计成收集地表径流，那么地表水中的农药浓度可能会提高。如果以收集地下水为目的，地表径流会减少，农药残留的好氧降解会增加。
地下水中的农药	1	这一举措可减少深层渗漏，促进农药残留的好氧降解。
地表水中的养分	-2	增加农田的径流量可以提高输送到地表水中的可溶性污染物数量。
地下水中的养分	1	这一举措有助于地表径流的消除，并因此减少了水和养分的渗透。
地表水中的盐分	-2	这一举措能够同时去除场地中的地表径流、潜流和可溶性污染物。
地下水中的盐分	1	这一举措在水分渗透之前去除地表径流，同时拦截潜流。
粪肥、生物土壤中的病原体和化学物质过量	-2	病原体通过沉积物传播的地方。
粪肥、生物土壤中的病原体和化学物质过量	1	这一举措在水分渗透之前去除地表径流，同时拦截潜流。
地表水沉积物过多	-2	加强的排水和径流将会携带沉积物。
水温升高	0	地表水的输送速度相对更快，降低了升温风险。
石油、重金属等污染物迁移	-2	重金属随沉积物被输送到地表水中。
石油、重金属等污染物迁移	1	这一举措在水分渗透之前去除地表径流，同时拦截潜流。
空气质量影响		
颗粒物（PM）和 PM 前体的排放	0	不适用
臭氧前体排放	0	不适用
温室气体（GHG）排放	0	不适用
不良气味	0	不适用
植物健康状况退化		
植物生产力和健康状况欠佳	2	改善排水系统有助于改善非水生植物的生长环境。如果考虑到需要水生植物，排水则会增加问题。
结构和成分不当	0	不适用
植物病虫害压力过大	0	不适用
野火隐患，生物量积累过多	0	不适用

（续）

鱼类和野生动物——生境不足	效果	基本原理
食物	0	食物供应的增加或减少取决于场地上的植物种类和排水程度。
覆盖 / 遮蔽	0	由于土壤湿度 / 植物关系的原因，覆盖 / 遮蔽的增加或减少取决于场地上的植物种类。
水	0	这一举措将为一些物种扩展可用的潮湿栖息地，缩小其他物种的潮湿栖息地。
生境连续性（空间）	0	不适用
家畜生产限制		
饲料和草料不足	4	若设置排水设施，提高草料产量，可提高草料品种的数量和质量。
遮蔽不足	0	不适用
水源不足	0	不适用
能源利用效率低下		
设备和设施	0	不适用
农场 / 牧场实践和田间作业	0	不适用

CPPE 实践效果：5 明显改善；4 中度至明显改善；3 中度改善；2 轻度至中度改善；1 轻度改善；0 无效果；−1 轻度恶化；−2 轻度至中度恶化；−3 中度恶化；−4 中度至严重恶化；−5 严重恶化。

工作说明书—— 国家模板

（2015年9月）

此类可交付成果适用于个别实践。其他规划实践的可交付成果参考具体的工作说明书。

设计

可交付成果

1. 证明符合实践中相关准则并与其他计划和应用实践相匹配的设计文件。
   a. 保护计划中确定的目的。
   b. 客户需要获得的许可证清单。
   c. 符合自然资源保护局国家和州公用设施安全政策（《美国国家工程手册》第 503 部分《安全》，第 503.00 节至 503.22 节）。
   d. 制订计划和规范所需的与实践相关的计算和分析，包括但不限于：
      i. 水文条件 / 水力条件
      ii. 地点
2. 向客户提供书面计划和规范书包括草图和图纸，充分说明实施本实践并获得必要许可的相应要求。
   a. 带法定说明的位置图。
   b. 显示待实施实践位置的平面图，以及相关基准点高程和说明。
   c. 建筑材料规格。
   d. 根据需要提供施工说明，以说明相关组件并提供安装说明。
   e. 公用事业安全声明——要求在施工前通知本地呼叫系统。
   f. 必要时的附加说明，以识别与文化资源、受威胁或濒危物种或在安装过程中需要临时保护的其他资源相关的避让、保护区域和边界。
   g. 签名 / 首字母缩写以及设计和设计核查日期。设计核查由设计者以外的人完成。
3. 根据自然资源保护局保护实践《地表排水——田沟》（607）的要求制订运行维护计划。

4. 证明设计符合实践和适用法律法规的文件［《美国国家工程手册》A 子部分第 505.03（b）（2）节］。
5. 安装期间，根据需要所进行的设计修改。

注：可根据情况添加各州的可交付成果。

安装

可交付成果

1. 与客户和承包商进行的安装前会议。
2. 验证客户是否已获得规定许可证。
3. 根据计划和规范（包括适用的布局注释）进行定桩和布局。
4. 安装检查。
    a. 实际使用的材料
    b. 检查记录
5. 协助客户和原设计方并实施所需的设计修改。
6. 在安装期间，就所有联邦、州、部落和地方法律、法规和自然资源保护局政策的合规性问题向客户 / 自然资源保护局提供建议。
7. 证明安装过程和材料符合设计和许可要求的文件。

注：可根据情况添加各州的可交付成果。

验收

可交付成果

1. 竣工文档。
    a. 实践单位。
    b. 在施工过程中或作业等级被指定为五级或更高级别时，一旦发生设计方面的重大变化时，则需要完工图。在平面图上确定“完工”。使用不同的颜色或以其他方式明确区分竣工尺寸，从而在竣工平面图上叠加变更细节。
    c. 对于不需要完工图的实践，仅需提供指示关键尺寸、高程和材料的测量记录即可。
    d. 最终量。
2. 证明安装过程符合自然资源保护局实践和规范并符合许可要求的文件［《美国国家工程手册》A 子部分第 505.03（c）（1）节］。
3. 进度报告。

注：可根据情况添加各州的可交付成果。

参考文献

Field Office Technical Guide（eFOTG）, Section IV, Conservation Practice Standard - Surface Drain, Field Ditch, 607.

National Engineering Manual, Utility Safety Policy.

NRCS National Environmental Compliance Handbook.

NRCS Cultural Resources Handbook.

注：可根据情况添加各州的参考文献。

保护实践效果（网络图）

（2015年9月）

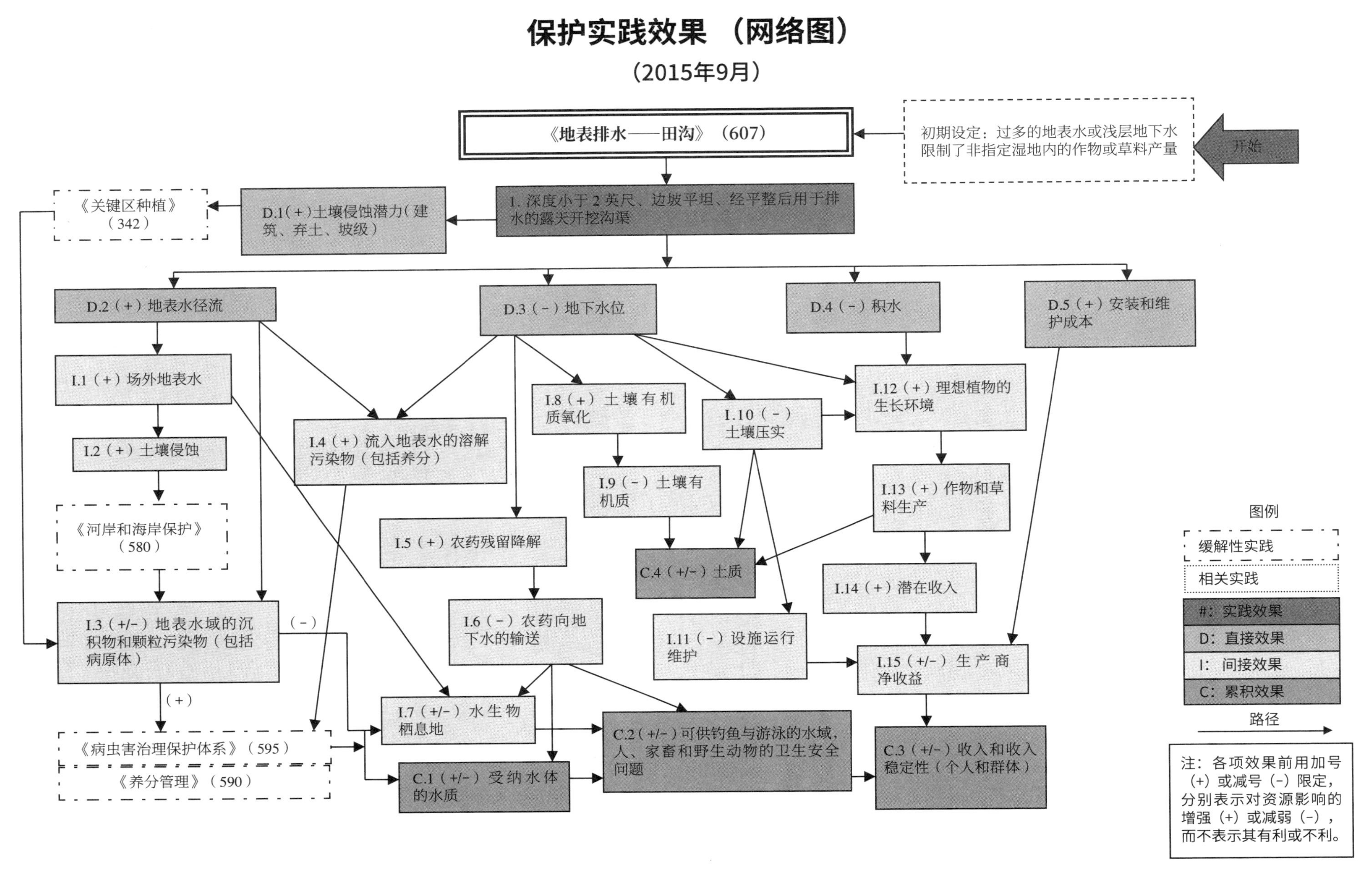

地表排水——干渠或侧渠

（608，Ft., 2009年9月）

定义

可将田间沟渠或地下排水管收集的多余水分输送至安全出水口的明沟排水。

目的

此实践适用于以下一个或多个目标：

- 将多余的表层水或浅层地下水从田间沟渠输送到安全的出水口。
- 将多余的地下水从地下排水管输送到安全的出水口。

适用条件

本实践适用于接收和输送地表水和地下排水的沟渠。

本实践不适用于收集该区域的地表水和地下水。为确保实施效果，请参照《地表排水——田沟》（607）或《地下排水沟》（606）。

准则

适用于上述所有目的的总体准则

若存在湿地，则按照每个既定程序完成湿地测定。

排水要求。选址并设计主排水道和侧面排水道，作为地表或地下排水系统的组成部分，以满足土质保护和土地使用需求。

容量。根据气候和土壤条件以及作物的需要，确定沟渠容量，以便去除多余的水。根据该流域的集水面积、地形、土壤和土地使用情况，以及相应的排水曲线或系数，设计沟渠容量。

在灌溉区域，容量分析将包括以下因素的影响：灌溉水输送、灌溉渠道或沟渠损失、土壤分层和渗透率、深层渗透损失、田间灌溉损失、地下排水以及排水沟输送的地表水量。

无论出水口是通过重力流动还是通过泵送，设计出水口应保证充足的输水量和水质要求。

保护系统内现有结构（如桥梁或涵洞）的完整性和泄水能力。

水力坡降线。从控制点确定排水沟设计的水力坡降线，包括沟渠贯穿的重要低地的海拔高度，以及任何支流沟渠和出水口的水力坡降线。将沟渠的水力坡降线设置得足够低，以便在设计流量期间为沟渠提供正压排水，在此基础上增加计算好的超高，或至少增加 0.5 英尺。

考虑设计中水路断面上涵洞、桥梁或其他障碍物引起的水力损失的影响。设计的涵洞和桥梁，要具有足够的水流容量和深度，以满足排水需求，并尽量减少流动阻碍。

深度。将排水沟设计得足够深，以便正常淤积。对作为地下排水沟出水口的沟渠，正常水面应设计为排水管出水口端内底处或下方的正常水面。生长季节的正常水面高度是基流的平均高度。在场地条件允许的情况下，设计主道或侧道的流线高度至少比地下排水沟或向主道或侧道排水的出口高度低 1 英尺。

截面。设计沟渠截面，以满足容量、极限流速、深度、边坡、底部宽度以及初始沉降允许的综合要求，以上都要低于设计水力坡降线。根据现场条件设计边坡，使其稳定并满足维护要求。

如果计划采用低流量或两级通道，请使用 NRCS《美国国家工程手册》第 654.1005 部分中的设计流程。

使用排水指南或其他当地信息确定特定土壤和地质材料的边坡限制。如果没有这样的信息，设计的主道或侧道不能比 NRCS《美国国家工程手册》第 650 部分《工程野外手册》第 14 章第 650.1412（d）

部分中一般条件下的推荐斜率更陡。考虑设计中水位骤降条件下的边坡稳定性。

流速。确保沟渠底部和侧坡的稳定性。根据现场条件确定最大允许设计速度或最大允许应力。考虑到特定地点的土壤和沉积物输送量，避免过度沉淀的可能性。没有特定的现场信息，最小设计流速为每秒 1.4 英尺。

排水面积超过 1 平方英里的新建通道的流速必须符合《明渠》（582）规定的稳定性要求。

使用曼宁公式确定设计流速。根据通道水力半径、水道定线、通道老化条件以及正常维护时植被的预期生长，选择曼宁方程的 n 值。除非有专门的现场研究证明其他值的合理性，否则应根据 NRCS《美国国家工程手册》第 650 部分、《美国工程野外手册》第 14 章第 650.1412（d）部分或当地排水指南中所规定的曼因公式 n 值，以确定所需的设计容量。

护坡道和弃土堆。根据需要，在设置临近护坡道时，应与排水沟保持安全距离，并按照下列要求设置护坡道侧斜坡：

- 出入通道，便于维护设备；避免将来搬运弃土堆的麻烦；
- 提供工作区域，便于弃土堆的摊铺；防止挖掘出的材料被冲进或回滚到沟渠；
- 减少沟渠边缘附近的重负荷造成沟渠坍塌。

根据《弃土处置》（572），尽快摊平弃土材料。

如果弃土材料沿沟渠放置而不是铺在相邻的田地上，请确保弃土堆边坡的稳定。保证水流通过弃土堆并进入沟渠而不会造成严重侵蚀。最大护坡道高度比原地面高3英尺。最小护坡道宽度如表1所示。

表 1 沟渠深度与最小护坡道宽度

沟深（英尺）	最小护坡道宽度（英尺）
<6	8
6 ~ 8	10
>8	15

相关装置和沟渠保护。当地表水或浅沟进入更深的沟渠时，保护排水总管和支管免受侵蚀。使用恰当的措施，如滑槽、落差装置、管道排水、种草排水道、临界区域种植、过滤带或特殊分级的通道入口，以尽量减少侧入口侵蚀。如有必要，使用坡度控制装置、堤岸保护或其他措施来降低流速和控制侵蚀。坡度控制结构必须符合《边坡稳定设施》（410）中的要求。

保护沟渠结构免受超过设计容量的水流冲刷。

针对所使用的建造装置和类型，根据自然资源保护局实践，设计明沟系统的每个装置。

如果需要移动和操作维护通道所需的设备，则应提供行车通道。

渠道植被。种植植被参考《关键区种植》（342）。如果自然植被再生能够充分控制侵蚀，则应提供有关建立保护时间的文件，以及控制入侵物种所需的工作。

注意事项

在制订此实践时，应考虑以下内容：

- 使用低流量或两级通道设计。
- 下游沉积的影响。
- 排放点上下游，可能涉及法律诉讼或其他场外损失。
- 对湿地的潜在影响。
- 对文化资源的影响。
- 使用河岸缓冲区、滤土带和栅栏。
- 可溶性污染物和沉积物附着的污染物对水质的潜在影响。
- 对野生生物的影响。
- 通过排水网的入侵物种移动和生长的影响。

计划和技术规范

制订符合本实践的排水主管或侧管的计划和技术规范，并描述实践要求以达到预期目的。

所有者或经营者须获有必要的相关许可或批准，并按照此类法律和法规执行。土地所有者和承包商负责定位项目区内所有埋设的公用设施，包括排水瓦管和其他结构措施。

计划和技术规范须包括但不限于：

- 横向的典型截面。
- 排水沟的坡度。
- 排水沟的间距。
- 排水沟的位置。
- 装置细节。
- 适用的植物要求。
- 如需，应保护排水口。

运行和维护

在安装实践之前，向土地所有者或操作员提供特定场地的运行和维护计划。

排水沟的日常维护和操作需求计划中应包括实践指导——包括定期检查和风暴后的检查，便于排查和减少排水管损坏。

参考文献

USDA NRCS National Engineering Handbook, Part 650, Engineering Field Handbook, Chapter 14, Water Management（Drainage）.

USDA NRCS National Engineering Handbook, Part 654, Stream Restoration Design, Chapter 10, Two-Stage Channel Design.

保护实践概述

（2015年9月）

《地表排水——干渠或侧渠》（608）

地表排水沟——干渠或侧渠是指按设计尺寸和坡度建造的排水沟，用来接收其他排水结构的排泄水。

实践信息

总排水沟或侧排水沟的用途是：

- 处理多余的地表水和地下水。
- 拦截和控制地下水位。
- 提供盐碱地的浸析。
- 提供前述功能的组合。

实施本实践的场地应适合农业生产，并配置有重力排水口或泵送排水口。

本实践适用于主要通过田沟和地下排水沟收集的地表水和地下水的处置沟渠。

要求在本实践的预期年限内对地表排水沟、总排水沟或侧排水沟进行维护。

常见相关实践

《地表排水——干渠或侧渠》(608)通常与《地表排水——田沟》(607)、《地下排水沟》(606)、《养分管理》(590)、《病虫害治理保护体系》(595)和《关键区种植》(342)等保护实践一起使用。

保护实践的效果——全国

土壤侵蚀	效果	基本原理
片蚀和细沟侵蚀	0	不适用
风蚀	-1	改善排水可能会增加地表土壤的干燥度。
浅沟侵蚀	2	降低土壤剖面饱和度能够通过改善排水的方式来增加渗透量，从而减少径流。
典型沟蚀	-1	因为收集水更大的浓度和流速。
河岸、海岸线、输水渠	0	不适用
土质退化		
有机质耗竭	0	不适用
压实	0	不适用
下沉	0	不适用
盐或其他化学物质的浓度	0	不适用
水分过量		
渗水	0	不适用
径流、洪水或积水	2	由于排水得到改善。
季节性高地下水位	2	控制地下水位——收集地下水并将其输送到适当的排水口。
积雪	0	不适用
水源不足		
灌溉水使用效率低	2	排水沟可以收集水，将其应用于有益用途或再利用，并能够改善土壤、水和空气的关系。
水分管理效率低	2	排水沟可以收集水，将其应用于有益用途或再利用，并能够改善土壤、水和空气的关系。
水质退化		
地表水中的农药	0	不适用
地下水中的农药	0	不适用
地表水中的养分	-2	增加农田的径流量可以提高输送到地表水中的可溶性污染物数量。
地下水中的养分	1	这一举措有助于地表水的消除，并因此减少了水和养分的渗透。
地表水中的盐分	-2	这一举措能够同时去除场地中的地表水、地下水和伴生污染物。
地下水中的盐分	2	这一举措能够同时去除场地中的地表水、地下水和伴生污染物。
粪肥、生物土壤中的病原体和化学物质过量	-2	病原体通过沉积物传播的地方。
粪肥、生物土壤中的病原体和化学物质过量	2	这一举措能够同时去除场地中的地表水、地下水和伴生污染物。
地表水沉积物过多	-2	加强的排水和径流将会携带沉积物。
水温升高	0	地表水的输送速度相对更快，降低了升温风险。
石油、重金属等污染物迁移	-2	重金属随沉积物被输送到地表水中。
石油、重金属等污染物迁移	2	这一举措能够同时去除场地中的地表水、地下水和伴生污染物。
空气质量影响		
颗粒物（PM）和 PM 前体的排放	0	不适用
臭氧前体排放	0	不适用
温室气体（GHG）排放	0	不适用
不良气味	0	不适用
植物健康状况退化		
植物生产力和健康状况欠佳	2	改善排水系统有助于改善非水生植物的生长环境。如果考虑到需要水生植物，排水则会增加问题。
结构和成分不当	0	不适用
植物病虫害压力过大	0	不适用
野火隐患，生物量积累过多	0	不适用
鱼类和野生动物——生境不足		
食物	0	食物供应的增加或减少取决于场地上的植物种类和排水程度。

（续）

鱼类和野生动物——生境不足	效果	基本原理
覆盖 / 遮蔽	0	由于土壤湿度 / 植物关系的原因，覆盖 / 遮蔽的增加或减少取决于场地上的植物种类。
水	0	这一举措将为一些物种扩展可用的潮湿栖息地，缩小其他物种的潮湿栖息地。
生境连续性（空间）	0	不适用
家畜生产限制		
饲料和草料不足	4	若设置排水设施，提高草料产量，可提高草料品种的数量和质量。
遮蔽不足	0	不适用
水源不足	0	不适用
能源利用效率低下		
设备和设施	0	不适用
农场 / 牧场实践和田间作业	0	不适用

CPPE 实践效果：5 明显改善；4 中度至明显改善；3 中度改善；2 轻度至中度改善；1 轻度改善；0 无效果；−1 轻度恶化；−2 轻度至中度恶化；−3 中度恶化；−4 中度至严重恶化；−5 严重恶化。

工作说明书—— 国家模板

（2015年9月）

此类可交付成果适用于个别实践。其他规划实践的可交付成果参考具体的工作说明书。

设计

可交付成果

1. 证明符合实践中相关准则并与其他计划和应用实践相匹配的设计文件。
    a. 保护计划中确定的目的。
    b. 客户需要获得的许可证清单。
    c. 符合自然资源保护局国家和州公用设施安全政策（《美国国家工程手册》第 503 部分《安全》，第 503.00 节至 503.22 节）。
    d. 制订计划和规范所需的与实践相关的计算和分析，包括但不限于：
        i. 水文条件 / 水力条件
        ii. 地点
        iii. 出水容量和稳定性
        iv. 植被
2. 向客户提供书面计划和规范书包括草图和图纸，充分说明实施本实践并获得必要许可的相应要求。
3. 合理的设计报告和检验计划（《美国国家工程手册》第 511 部分，B 子部分“文档”，第 511.11 和第 512 节，D 子部分“质量保证活动”，第 512.30 至 512.32 节）。运行维护计划。
4. 证明设计符合实践和适用法律法规的文件［《美国国家工程手册》A 子部分第 505.03（b）（2）节］。
5. 安装期间，根据需要所进行的设计修改。

注：可根据情况添加各州的可交付成果。

安装

可交付成果

1. 与客户和承包商进行的安装前会议。
2. 验证客户是否已获得规定许可证。
3. 根据计划和规范（包括适用的布局注释）进行定桩和布局。
4. 安装检查（酌情根据检查计划开展）。
    a. 实际使用的材料
    b. 检查记录
5. 协助客户和原设计方并实施所需的设计修改。
6. 在安装期间，就所有联邦、州、部落和地方法律、法规和自然资源保护局政策的合规性问题向客户 / 自然资源保护局提供建议。
7. 证明安装过程和材料符合设计和许可要求的文件。

注：可根据情况添加各州的可交付成果。

验收

可交付成果

1. 竣工文档。
    a. 实践单位
    b. 图纸
    c. 最终量
2. 证明安装过程符合自然资源保护局实践和规范并符合许可要求的文件 [《美国国家工程手册》A 子部分第 505.03（c）（1）节]。
3. 进度报告。

注：可根据情况添加各州的可交付成果。

参考文献

Field Office Technical Guide（eFOTG）, Section IV, Conservation Practice Standard - Surface Drain, Main or Lateral, 608.

National Engineering Manual, Utility Safety Policy.

NRCS National Environmental Compliance Handbook.

NRCS Cultural Resources Handbook.

注：可根据情况添加各州的参考文献。

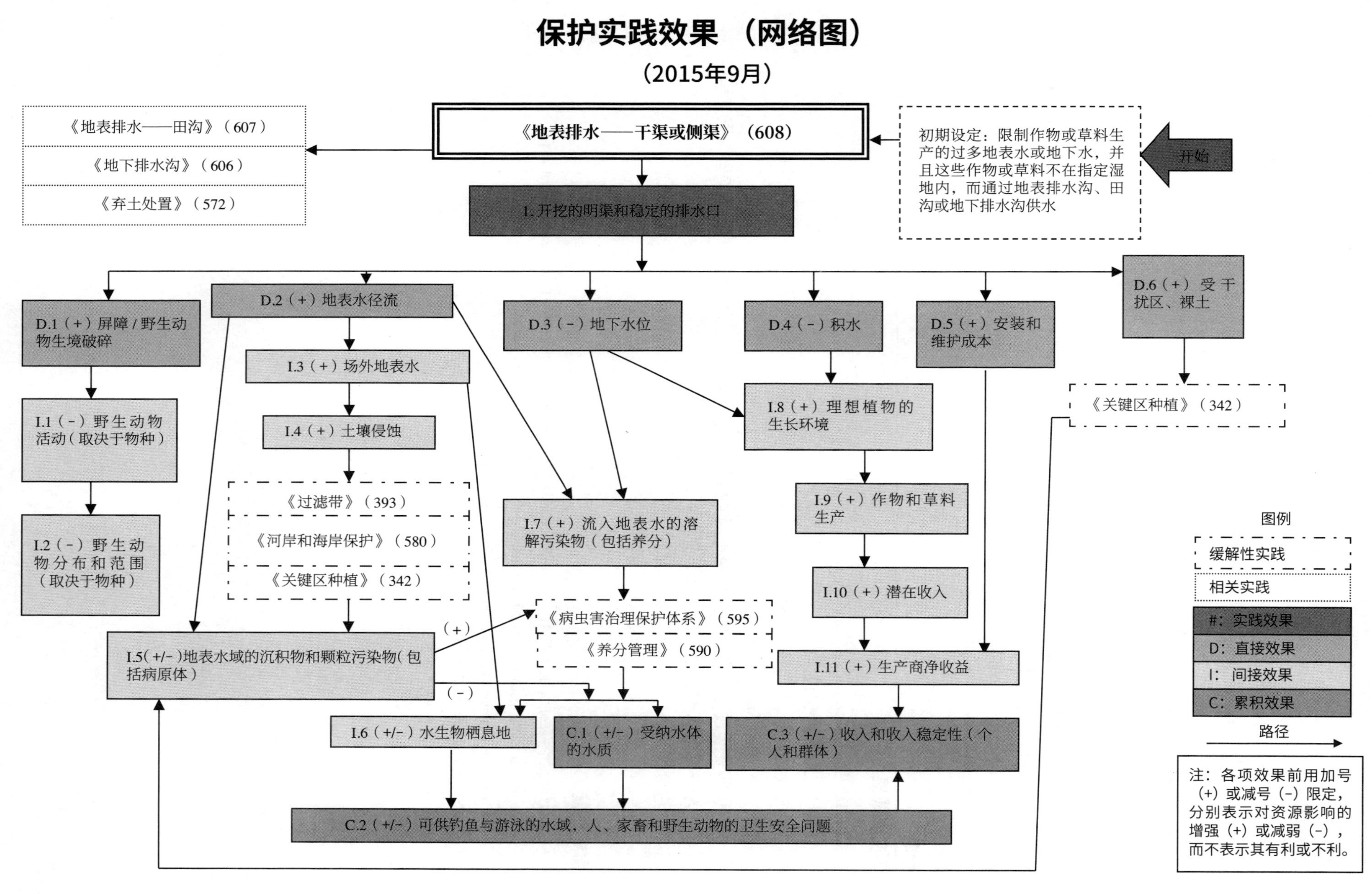
保护实践效果（网络图）
（2015年9月）
《地表排水——田沟》（607）
《地下排水沟》（606）
《弃土处置》（572）
《地表排水——干渠或侧渠》（608）
初期设定：限制作物或草料生产的过多地表水或地下水，并且这些作物或草料不在指定湿地内，而通过地表排水沟、田沟或地下排水沟供水
开始
I. 开挖的明渠和稳定的排水口
D.1（+）屏障 / 野生动物生境破碎
D.2（+）地表水径流
D.3（-）地下水位
D.4（-）积水
D.5（+）安装和维护成本
D.6（+）受干扰区、裸土
I.3（+）场外地表水
I.1（-）野生动物活动（取决于物种）
I.4（+）土壤侵蚀
I.8（+）理想植物的生长环境
《关键区种植》（342）
《过滤带》（393）
《河岸和海岸保护》（580）
《关键区种植》（342）
I.2（-）野生动物分布和范围（取决于物种）
I.7（+）流入地表水的溶解污染物（包括养分）
I.9（+）作物和草料生产
I.10（+）潜在收入
（+）
《病虫害治理保护体系》（595）
《养分管理》（590）
I.5（+/-）地表水域的沉积物和颗粒污染物（包括病原体）
I.11（+）生产商净收益
（-）
I.6（+/-）水生物栖息地
C.1（+/-）受纳水体的水质
C.3（+/-）收入和收入稳定性（个人和群体）
C.2（+/-）可供钓鱼与游泳的水域，人、家畜和野生动物的卫生安全问题
图例
缓解性实践
相关实践
#：实践效果
D：直接效果
I：间接效果
C：累积效果
路径
注：各项效果前用加号（+）或减号（-）限定，分别表示对资源影响的增强（+）或减弱（-），而不表示其有利或不利。

表面粗化处理

（609，Ac.,2014年9月）

定义

进行能够使土壤表面产生不同的粗糙程度的耕作。

目的

本实践适用于缓解下列一种或多种（括号内的土壤问题）：

- 减少风对土壤的侵蚀／诱发风载沉积物沉积（土壤侵蚀——片状侵蚀、细沟侵蚀及风蚀）。
- 保护作物不受风载土壤颗粒的破坏（植物退化情况——植物产量与抗病害力不佳）。
- 通过减少风载颗粒物的产生来改善空气质量［空气质量影响——颗粒物排放——颗粒物（PM）——PM 前体］。

适用条件

适用于对易形成土块的表层土及由于缺乏地表覆盖而有很高的风蚀可能性的土壤进行紧急耕作。这种做法不应用作主要的侵蚀控制措施。

适用于上述所有目的的总体准则

耕作产生足够大的随机粗糙度（RR）（英寸），旨在将潜在侵蚀率降至 25%，或在管理期间，利用当前最新的风蚀技术，可将风蚀率降至 25%。

保护植物免受风载土壤颗粒损害的附加准则

为此目的的耕作将产生足以减少对计划土壤流失的侵蚀的随机粗糙度，以保护正在生长的作物。参见《国家农学手册》表 502-1 作物耐风蚀性。

注意事项

当一个规划良好、应用得当的风蚀控制系统由于生产者无法控制的原因而出现故障时，应采用这种措施。当一种低残余量作物在生长季节种植得太晚而不能产生足够的残留覆盖物时，或者当计划中的侵蚀控制系统在大风事件中无法控制侵蚀时，可能会出现这种情况。

如果需要，首次应用这种操作时，凿尖或跳过凿边（交替凿刻／非凿刻带）的间距可能拯救部分已种植的小谷物，并为后续操作留下不受干扰的土块。

凿尖间距和深度对实现表面土块均匀分布非常重要。通常，浅层的紧密间距通常会使土壤粉碎，并且不能产生足够的随机粗糙度来降低吹土风险的发生。

耕作设备选择，要与所植作物、土壤相匹配，这一点非常重要。一般来说，凿或窄扫可以降低潜在的土壤吹落在肥沃的土壤上的可能性。在土壤表面，用双臂开沟犁／作畦机或宽凿柄铁锹对土壤表面进行粗化，对土壤表层具有风蚀因子（I）104 和 86 的土壤更有效。

紧急耕作（表面粗化）可以在 I 大于 104 的土壤上进行。当土壤湿度足以产生稳定的团块（土块）或较细的土壤材料被带到地表时进行深耕。

当侵蚀开始，或现有覆盖层或表面粗糙度明显不足以控制侵蚀时，进行初期耕作。

在田地迎风（上风向）边缘进行表面粗化操作。

与耕作有关的垄向对控制风蚀非常重要。起垄耕作走向与雷雨大风方向垂直。

参阅保护实践《防风垄》（588），了解垄线使用准则。

表面结壳通常会降低土壤的可蚀性。然而，土壤表面某些光滑、有松散颗粒（沙粒大小的颗粒）的土壤可能会导致结壳迅速脱落。这些土壤包括肥沃的细沙和沙质壤土，它们在结壳后表面有相当一部分的沙子。还包括某些钙质壤土、粉沙壤土和粉质黏壤土，它们结壳时往往在表面形成沙粒大小的团块儿。

计划和技术规范

根据本实践及运行和维护要求，为每块农田或处理单位制订计划和技术规范。

为达到预期目的，技术规范应列出应用该措施的要求。

在批准的《表面粗化处理》（609）实施要求文件中记录该措施的技术规范。

运行和维护

在覆盖不足以保护土壤免受潜在风蚀影响时，或在出现敏感作物和作物残留量不足、土壤出现结壳状况时，尽快进行此种措施。

参考文献

USDA, Natural Resources Conservation Service, National Agronomy Manual, 4PthP Edition, Feb. 2011. Website： 31TUhttp：//directives.sc.egov.usda.gov/U31T Under Manuals and Title 190.

Wind Erosion Prediction System （WEPS） website： http：//www.nrcs.usda.gov/wps/portal/nrcs/main/national/technical/tools/weps/.

保护实践概述

（2014年10月）

《表面粗化处理》（609）

表面粗化处理是实施造成土表随机粗度的耕作操作。

实践信息

表面粗化处理适用于表层易于结块且因缺乏表面覆盖物而具有很高风蚀潜力的土壤。但是，本实践并不旨在作为主要的侵蚀控制实践。

随机粗度是指通常称为“团块度”的无取向表面粗糙度，通常是因耕作机具的活动造成的。随机粗度造成的主要影响是，它会提高初始侵蚀的风速阈值，并在土块之间提供遮蔽区域，在那里可以截留移动的土壤颗粒。

常见相关实践

《表面粗化处理》（609）通常与《保护性作物轮作》（328）、《残留物和耕作管理——免耕》（329）、《残留物和耕作管理——少耕》（345）、《防风垄》（588）、《防风截沙带》（589C）、《草本植物防风屏障》（603）、《防风林 / 防护林建造或改造》（380、650）等保护实践一起使用。

保护实践的效果——全国

土壤侵蚀	效果	基本原理
片蚀和细沟侵蚀	1	由风蚀产生的土壤粗度也会暂时减少径流和水侵蚀。
风蚀	3	耕作造成的土块和田埂暂时降低了风蚀。
浅沟侵蚀	0	不适用
典型沟蚀	0	不适用
河岸、海岸线、输水渠	0	不适用
土质退化		
有机质耗竭	0	不适用
压实	0	不适用
下沉	0	不适用
盐或其他化学物质的浓度	0	不适用
水分过量		
渗水	0	不适用
径流、洪水或积水	0	不适用
季节性高地下水位	0	不适用
积雪	0	不适用
水源不足		
灌溉水使用效率低	0	不适用
水分管理效率低	0	不适用
水质退化		
地表水中的农药	1	这一举措可减少土壤风蚀。
地下水中的农药	0	不适用
地表水中的养分	0	不适用
地下水中的养分	0	不适用
地表水中的盐分	0	不适用
地下水中的盐分	0	不适用
粪肥、生物土壤中的病原体和化学物质过量	0	不适用
粪肥、生物土壤中的病原体和化学物质过量	-1	粗糙地表可能会提高一些适度的渗透，将可溶性污染物和病原体转移到根区以下。
地表水沉积物过多	1	土块的形成会降低风蚀。
水温升高	0	不适用
石油、重金属等污染物迁移	0	不适用
石油、重金属等污染物迁移	0	不适用
空气质量影响		
颗粒物（PM）和 PM 前体的排放	2	增加土表的随机粗度会降低风蚀潜力。
臭氧前体排放	0	不适用
温室气体（GHG）排放	-1	土体扰动可能造成碳流失。
不良气味	0	不适用
植物健康状况退化		
植物生产力和健康状况欠佳	0	不适用
结构和成分不当	0	不适用
植物病虫害压力过大	0	不适用
野火隐患，生物量积累过多	0	不适用
鱼类和野生动物——生境不足		
食物	0	不适用
覆盖 / 遮蔽	0	不适用

（续）

鱼类和野生动物——生境不足	效果	基本原理
水	1	不适用
生境连续性（空间）	0	不适用
家畜生产限制		
饲料和草料不足	0	不适用
遮蔽不足	0	不适用
水源不足	0	不适用
能源利用效率低下		
设备和设施	-3	表面粗化处理所需的高能量。
农场 / 牧场实践和田间作业	-3	表面粗化处理所需的高能量。

CPPE 实践效果：5 明显改善；4 中度至明显改善；3 中度改善；2 轻度至中度改善；1 轻度改善；0 无效果；-1 轻度恶化；-2 轻度至中度恶化；-3 中度恶化；-4 中度至严重恶化；-5 严重恶化。

实施要求

（2015年11月）

生产商：________________　　项目或合同：________________

地点：________________　　国家：________________

农场名称：________________　　地段号：________________

实践位置图

（显示预计进行本实践的农场 / 现场的详细鸟瞰图，显示所有主要部件、布点、与地标的相对位置及测量基准）

索引

☐ 封面

☐ 规范

☐ 认证声明

公用事业安全 / 呼叫系统信息

工作说明：

仅自然资源保护局审查

设计人：________________　　日期________________

校核人：________________　　日期________________

审批人：________________　　日期________________

实践目的（勾选所有适用项）：
☐ 减少因风吹及风成沉积物造成的土壤侵蚀。
☐ 通过保护植物生长免受风载土壤颗粒的损害来改善植物健康。
☐ 通过减少空气中的颗粒物产生来改善空气质量。

表面粗化处理设计

	场地	场地	场地	场地
实测面积（英亩）				
土壤制图单元				
土壤质地				
耕作操作				
规划的表面粗度（英寸）[1]				
保护期				
受保护作物				
WEPS 土壤流失［吨/（英亩·年）］				

1. 取自 WEPS 的随机粗度（英寸），详细报告、详细输出信息、平均土表状况。

其他规范信息

附加要求（如需）。

附加布局图（如需）。

运行维护

当缺少足够的覆盖物来保护土壤免受潜在风蚀事件的影响时，或者在敏感作物出苗和作物残茬不足导致出现结皮土壤条件的情况下，应尽快进行表面粗化处理。

工作说明书—— 国家模板

（2014年9月）

此类可交付成果适用于个别实践。其他规划实践的可交付成果参考具体的工作说明书。

设计

可交付成果

1. 证明符合自然资源保护局实践中相关准则并与其他计划和应用实践相匹配的设计文件。
   a. 保护计划中确定的目的。

b. 客户需要获得的许可证清单。
c. 制订计划和规范所需的与实践相关的计算和分析，包括但不限于：
   i. 自然资源保护局的侵蚀预测工具（或同类工具），以及其他适用于目标标准的技术工具的结果
   ii. 耕作实施要求
   iii. 耕作深度要求
   iv. 耕作的时机（土壤湿度）

2. 证明设计符合实践和适用法律法规的文件。
3. 实施期间，根据需要所进行的设计修改。
4. 向客户提供书面计划和规范书包括草图和图纸，充分说明实施本实践并获得必要许可的相应要求。

注：可根据情况添加各州的可交付成果。

安装

可交付成果

1. 与客户进行的实施前会议。
2. 验证客户是否已获得规定许可证。
3. 根据需要提供的应用指南。
4. 协助客户和原设计方并实施所需的设计修改。
5. 在安装期间，就所有联邦、州、部落和地方法律、法规和自然资源保护局政策的合规性问题向客户 / 自然资源保护局提供建议。
6. 证明施用过程符合设计和许可要求的文件。

注：可根据情况添加各州的可交付成果。

验收

可交付成果

1. 实施记录。
   a. 实践单位
2. 证明施用过程符合自然资源保护局实践和规范并符合许可要求的文件。
3. 进度报告。

注：可根据情况添加各州的可交付成果。

参考文献

NRCS Field Office Technical Guide（eFOTG）, Section IV, Conservation Practice Standard – Surface Roughening 609.

NRCS National Agronomy Manual（NAM）parts 501, 502 and 506.

NRCS National Environmental Compliance Handbook.

NRCS Cultural Resources Handbook.

注：可根据情况添加各州的参考文献。

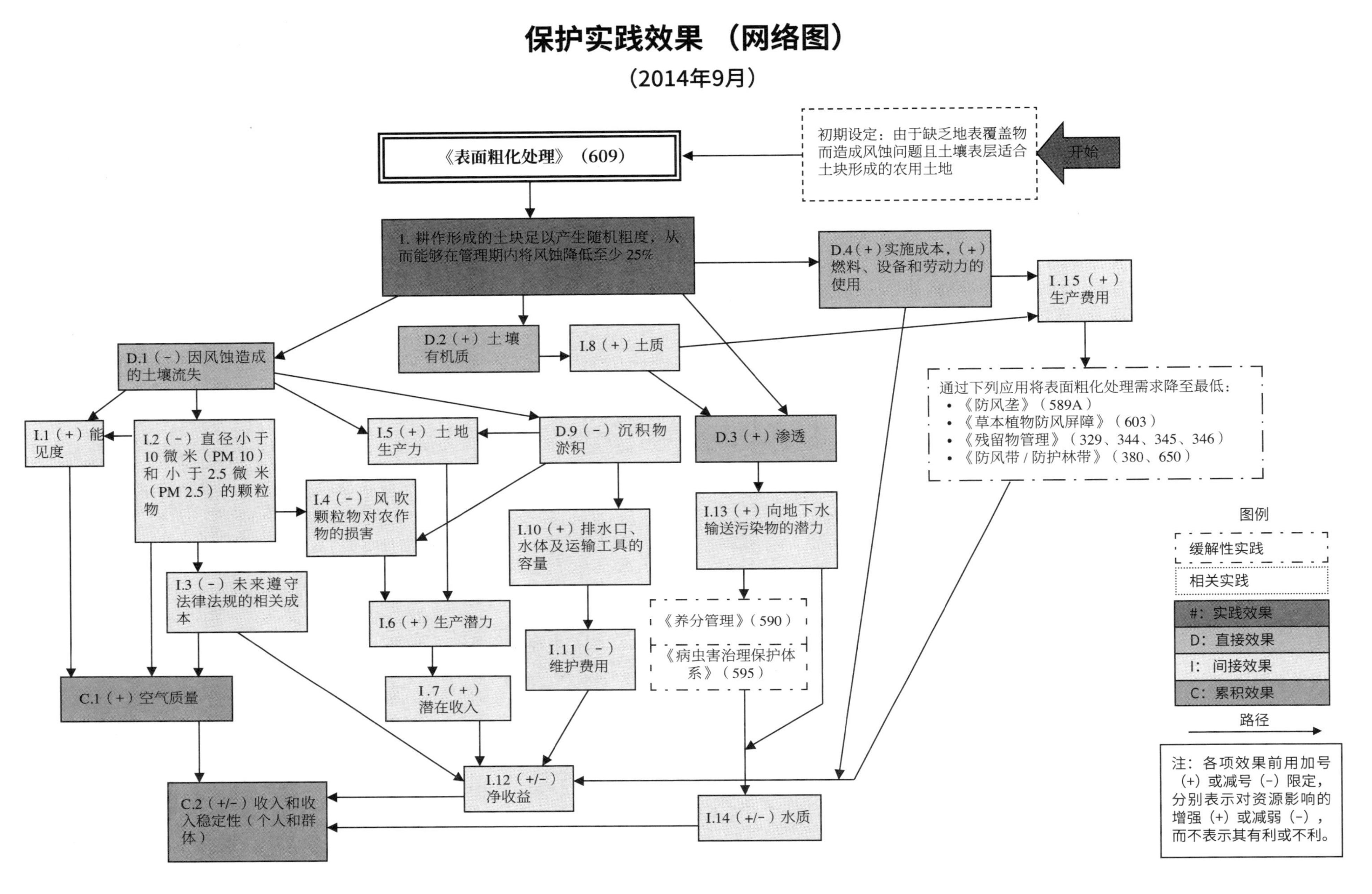
保护实践效果（网络图）
（2014年9月）
开始
初期设定：由于缺乏地表覆盖物而造成风蚀问题且土壤表层适合土块形成的农用土地
《表面粗化处理》（609）
I. 耕作形成的土块足以产生随机粗度，从而能够在管理期内将风蚀降低至少25%
D.4（+）实施成本，（+）燃料、设备和劳动力的使用
I.15（+）生产费用
通过下列应用将表面粗化处理需求降至最低：
•《防风垄》（589A）
•《草本植物防风屏障》（603）
•《残留物管理》（329、344、345、346）
•《防风带/防护林带》（380、650）
D.3（+）渗透
I.13（+）向地下水输送污染物的潜力
《养分管理》（590）
《病虫害治理保护体系》（595）
I.14（+/-）水质
D.2（+）土壤有机质
I.8（+）土质
D.9（-）沉积物淤积
I.10（+）排水口、水体及运输工具的容量
I.11（-）维护费用
I.12（+/-）净收益
I.5（+）土地生产力
I.6（+）生产潜力
I.7（+）潜在收入
I.4（-）风吹颗粒物对农作物的损害
D.1（-）因风蚀造成的土壤流失
I.2（-）直径小于10微米（PM 10）和小于2.5微米（PM 2.5）的颗粒物
I.3（-）未来遵守法律法规的相关成本
C.1（+）空气质量
C.2（+/-）收入和收入稳定性（个人和群体）
I.1（+）能见度
图例
缓解性实践
相关实践
#：实践效果
D：直接效果
I：间接效果
C：累积效果
路径
注：各项效果前用加号（+）或减号（-）限定，分别表示对资源影响的增强（+）或减弱（-），而不表示其有利或不利。

排水竖管

（630，No., 2015年9月）

定义

建造于地下多孔地层中的井、管道、矿井或钻孔，能够在不污染地下水资源的情况下，将水排放到地下。

目标

本实践适用于为地表或地下的排水系统提供一个排水口。

适用条件

本实践适用于可以接收、传送或储存设计排水量的地下岩层，其他排水口因成本过高则不适用。本实践也可将自然的“天坑”作为排水竖管，不过需要控制侵蚀或处理地表径流。

本实践仅适用于已确定的地点，且该地满足以下要求：

- 符合地方、州、部落或联邦法律法规。
- 不会污染地下水资源。
- 不会因减少地表水流量而影响水流内的生境。
- 不会因引入地表水而对地下生境产生不利影响。

准则

排水竖管的数量、规格和位置必须足以将设计排水量排放到下岩层或地表。根据地层深度、渗透率、孔隙度、厚度和地层的限度，确定排水竖管系统的容量。

非管井的最小设计直径为 6 英寸，管井的最小直径为 4 英寸。管井必须具有足够的强度和寿命，以满足工程规划的需要。

计划排水沟将大量地表水引至地下，需确定其对水流的总体影响，并在设计中采取相应措施，避免对河流内和河岸生境造成任何潜在的负面影响。此外，在污水进入排水竖管之前，还应提供合适的过滤系统、除泥池或其他消除水中沉积物和其他污染物所需的设施。

注意事项

地下水源的大量增加可能导致当地地下水位上升，或导致排水竖管倾斜，水从地表排放。

计划和技术规范

制订排水竖管安装的计划和规范，其中应包括为实现预期目的所需正确安装设施的要求。至少包括：

有关潜在污染源的含水层特征、地质和历史的记录，如养分和农药的施用、化粪池系统、化学产品储备设施、垃圾填埋场、道路、动物排泄物储存或处理设施，或自然产生的污染源。

运行和维护

制订运行和维护计划，描述维护排水竖管的具体方式。计划必须至少包括：

- 定期检查排水竖管进水口，确保没有堵塞或损坏。
- 根据每个保护实践的操作和维护要求，排查并维护植被过滤器、沉淀池和其他过滤设施。

参考文献

USDA NRCS, National Engineering Handbook, Part 633, Chapter 26, Gradation Design of Sand.

保护实践概述

《排水竖管》（630）

排水竖管为深达地层的井、管道、矿坑或钻孔，通过它可排放排泄水，不会污染地下水资源。

实践信息

排水竖管的用途是给来自地表或地下排水系统的排泄水提供一个排水口。

本实践适用于下伏地层能接收、输送、或储存设计排涝流量、且虽有其他排水口可供选择但成本过高的地方。本实践受任何州或地方法律的管辖，而且在使用前必须评估排水竖管不会造成地下水污染。

排水竖管需在实践的预期年限内进行维护。

常见相关实践

《排水竖管》（630）通常与《引水渠》（362）、《明渠》（582）、《地下排水沟》（606）、《衬砌水道或出口》（468）、《草地排水道》（412）和《地下出水口》（620）等保护实践一起使用。

保护实践的效果——全国

土壤侵蚀	效果	基本原理
片蚀和细沟侵蚀	0	不适用
风蚀	0	不适用
浅沟侵蚀	0	不适用
典型沟蚀	1	径流被截获并排放到地下，减少了侵蚀的可能。
河岸、海岸线、输水渠	0	不适用
土质退化		
有机质耗竭	0	不适用
压实	0	不适用
下沉	0	地表水的清除，可导致有机质氧化的增加。
盐或其他化学物质的浓度	0	不适用
水分过量		
渗水	0	地表水引入地下地层有利于渗流。
径流、洪水或积水	4	地表和地下排水沟通向地下地层，没有地表问题。

（续）

水分过量	效果	基本原理
季节性高地下水位	-2	地表水引向地下，可能会加重所有存在的问题。
积雪	0	不适用
水源不足		
灌溉水使用效率低	0	不适用
水分管理效率低	0	不适用
水质退化		
地表水中的农药	0	不适用
地下水中的农药	-2	进入排水沟的水可能含有残留的农药。
地表水中的养分	1	注入排水竖管的水中的养分不会接触到地表水。
地下水中的养分	-2	输送到地下层的水可能含有有机物和养分。
地表水中的盐分	1	含有盐分的水可从地表排水口引向地下。
地下水中的盐分	-1	土表下排水口处含有可溶盐的水，可到达地下水。
粪肥、生物土壤中的病原体和化学物质过量	1	水转入地下，可减少地表径流。
粪肥、生物土壤中的病原体和化学物质过量	-1	输送到地下的水可能含有某些病原体。
地表水沉积物过多	1	水转入地下，可减少地表水的流量。
水温升高	0	排泄水引入地下，可清除来自地表的水。
石油、重金属等污染物迁移	1	转向地下的水，可减少金属进入地表水。
石油、重金属等污染物迁移	-1	输送到地下的水可能含有某些重金属。
空气质量影响		
颗粒物（PM）和 PM 前体的排放	0	不适用
臭氧前体排放	0	不适用
温室气体（GHG）排放	0	不适用
不良气味	0	不适用
植物健康状况退化		
植物生产力和健康状况欠佳	0	不适用
结构和成分不当	0	不适用
植物病虫害压力过大	0	不适用
野火隐患，生物量积累过多	0	不适用
鱼类和野生动物——生境不足		
食物	0	不适用
覆盖 / 遮蔽	0	不适用
水	0	不适用
生境连续性（空间）	0	不适用
家畜生产限制		
饲料和草料不足	0	不适用
遮蔽不足	0	不适用
水源不足	0	不适用
能源利用效率低下		
设备和设施	0	不适用
农场 / 牧场实践和田间作业	0	不适用

CPPE 实践效果：5 明显改善；4 中度至明显改善；3 中度改善；2 轻度至中度改善；1 轻度改善；0 无效果；-1 轻度恶化；-2 轻度至中度恶化；-3 中度恶化；-4 中度至严重恶化；-5 严重恶化。

工作说明书—— 国家模板

（2015年9月）

此类可交付成果适用于个别实践。其他规划实践的可交付成果参考具体的工作说明书。

设计

可交付成果

1. 证明符合实践中相关准则并与其他计划和应用实践相匹配的设计文件。
   a. 保护计划中确定的目的。
   b. 客户需要获得的许可证清单。
   c. 符合自然资源保护局国家和州公用设施安全政策（M210《美国国家工程手册》第 503 部分《安全》A 子部分“影响公用设施的工程活动”，第 503.00 至 503.6 节）。
   d. 制订计划和规范所需的与实践相关的计算和分析，包括但不限于：
      i. 水文地质学数据（M210《美国国家工程手册》531E 子部分“地质、水文地质学研究”）
      ii. 沉积物的清除
      iii. 材料
      iv. 环境因素（例如水质和水量）
      v. 安全注意事项（M210《美国国家工程手册》第 503 部分《安全》A 子部分“影响公用设施的工程活动”第 503.10 节至第 503.12 节）
2. 向客户提供书面计划和规范书包括草图和图纸，充分说明实施本实践并获得必要许可的相应要求。
3. 适用的设计报告和检验计划（M210《美国国家工程手册》511B 子部分“设计、文件”，第 511.11 节）和（M210《美国国家工程手册》512D 子部分“施工、质量保证活动”，第 512.30 至 512.32 节）。
4. 运行维护计划。
5. 证明设计符合实践和适用法律法规的文件（M210《美国国家工程手册》第 505 部分《前言》A 子部分“非自然资源保护局工程服务”，第 505.3 节）。
6. 安装期间，根据需要所进行的设计修改。

注：可根据情况添加各州的可交付成果。

安装

可交付成果

1. 与客户和承包商进行的安装前会议。
2. 验证客户是否已获得规定许可证。
3. 根据计划和规范（包括适用的布局注释）进行定桩和布局。
4. 安装检查。
   a. 实际使用的材料（M210《美国国家工程手册》第 512 部分 D 子部分“施工、质量保证工作”，第 512.33 节）
   b. 检查记录
5. 协助客户和原设计方并实施所需的设计修改。
6. 在安装期间，就所有联邦、州、部落和地方法律、法规和自然资源保护局政策的合规性问题向客户 / 自然资源保护局提供建议。

7. 证明安装过程和材料符合设计和许可要求的文件。

注：可根据情况添加各州的可交付成果。

验收

可交付成果

1. 竣工文档。
    a. 实践单位
    b. 图纸
    c. 最终量
2. 证明安装过程符合自然资源保护局实践和规范并符合许可要求的文件［M210《美国国家工程手册》第 505 部分《非自然资源保护局工程服务》，505.3.C.（1）］。
3. 进度报告。

注：可根据情况添加各州的可交付成果。

参考文献

Field Office Technical Guide（eFOTG）, Section IV, Conservation Practice Standard – Vertical Drain, 630.

National Engineering Manual.

NRCS National Environmental Compliance Handbook.

NRCS Cultural Resources Handbook.

注：可根据情况添加各州的参考文献。

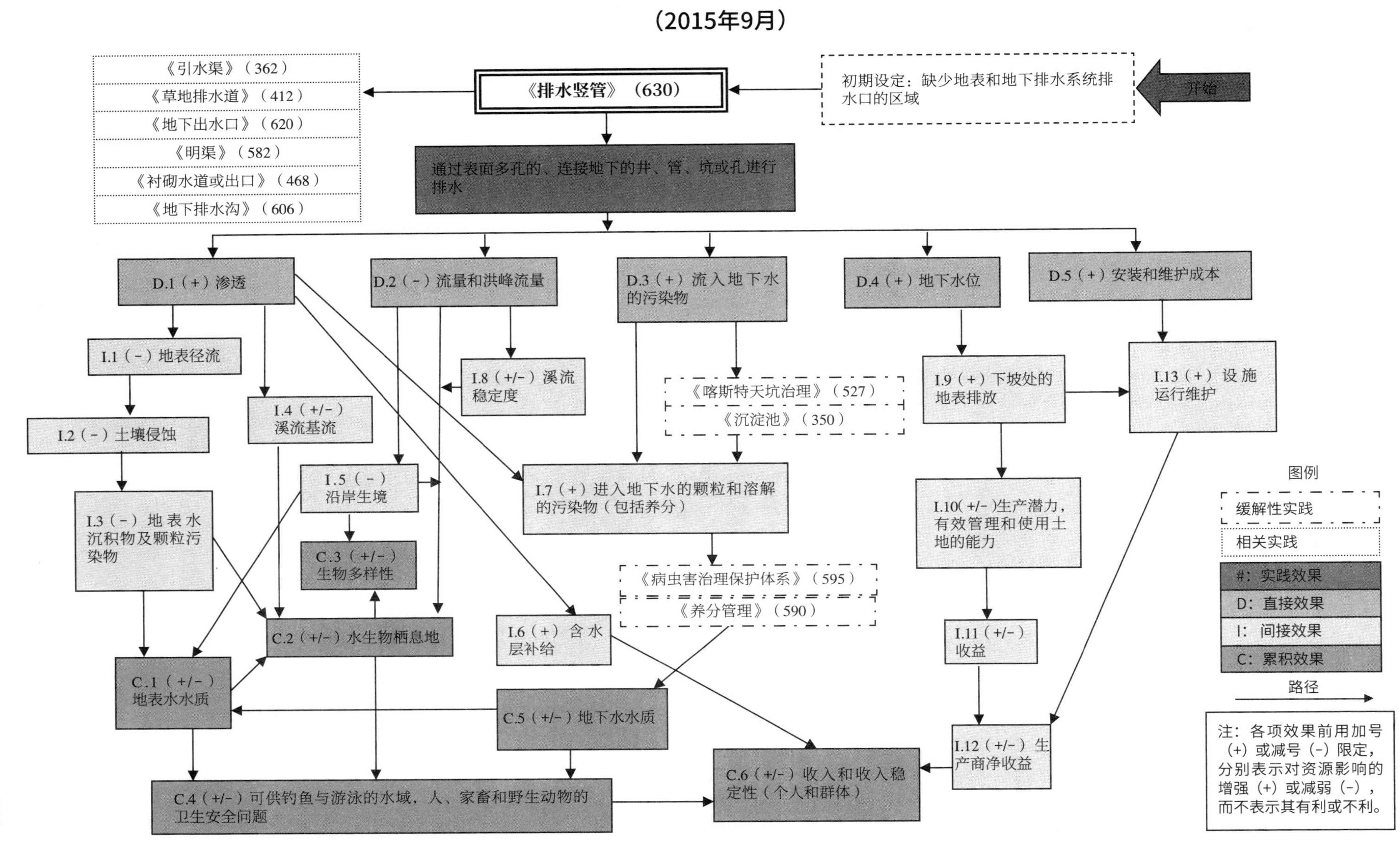

保护实践效果（网络图）
（2015年9月）
开始
初期设定：缺少地表和地下排水系统排水口的区域
《排水竖管》（630）
《引水渠》（362）
《草地排水道》（412）
《地下出水口》（620）
《明渠》（582）
《衬砌水道或出口》（468）
《地下排水沟》（606）
通过表面多孔的、连接地下的井、管、坑或孔进行排水
D.1（+）渗透
D.2（-）流量和洪峰流量
D.3（+）流入地下水的污染物
D.4（+）地下水位
D.5（+）安装和维护成本
I.1（-）地表径流
I.2（-）土壤侵蚀
I.3（-）地表水沉积物及颗粒污染物
I.4（+/-）溪流基流
I.5（-）沿岸生境
I.6（+）含水层补给
I.7（+）进入地下水的颗粒和溶解的污染物（包括养分）
I.8（+/-）溪流稳定度
I.9（+）下坡处的地表排放
I.10(+/-)生产潜力，有效管理和使用土地的能力
I.11（+/-）收益
I.12（+/-）生产商净收益
I.13（+）设施运行维护
《喀斯特天坑治理》（527）
《沉淀池》（350）
《病虫害治理保护体系》（595）
《养分管理》（590）
C.1（+/-）地表水水质
C.2（+/-）水生物栖息地
C.3（+/-）生物多样性
C.4（+/-）可供钓鱼与游泳的水域，人、家畜和野生动物的卫生安全问题
C.5（+/-）地下水水质
C.6（+/-）收入和收入稳定性（个人和群体）
图例
缓解性实践
相关实践
#：实践效果
D：直接效果
I：间接效果
C：累积效果
路径
注：各项效果前用加号（+）或减号（-）限定，分别表示对资源影响的增强（+）或减弱（-），而不表示其有利或不利。

集水区

（636，No., 2010年9月）

定义

用于收集和储存雨水径流的设施。

目的

通过创建不透水区域来增加收集和储存径流，为牲畜、鱼类、野生动物或其他保护目的供水。

适用条件

本实践适用于需要额外供水的资源保护系统。

本实践适用于地面密封或高架屋顶结构的施工。它也适用于为收集和储存现有不透水区域，如岩石露头或现有路面上的径流，而建造的限制和分流设施。

本实践不适用于收集和储存现有屋面结构的径流，若要收集和储存现有屋面结构的径流，参照保护实践《屋面径流结构》（558）。

准则

集水区应根据场地的需水量和条件进行设计，并须遵循以下规定：

- 排水面积应足够大，以获得预期用途所需径流水的水量和水质。
- 地面上的挡板应光滑且防水，以确保有足够的径流。可采用压缩土、经过处理的土、蜡、橡胶、塑料、沥青、混凝土、钢和其他合适的材料。
- 非理想的径流应从集水区分流，以防止损毁、污染或过度沉积等情况发生。
- 应安装溢流管或辅助溢洪道，防止溢流损坏地面挡板，以保持运输系统的设计能力。地面挡板与贮存设施之间应设置沉淀池。
- 储存设施应具有足够的尺寸、防水和耐用性，以便为预期目的蓄水。可采用土质池，或由钢、混凝土、塑料、木材或类似材料制成的罐。土储层的最低额外高度要比高水位面高 1 英尺。应保护所有储存设施免受至少 10 年一遇频繁降雨事件的影响。应为所有储存设施提供溢流保护。
- 保护地面和高架屋顶结构上的挡板免受天气、动物、破坏者和交通的损害。必要时应安装围栏。

注意事项

考虑本实践对地表和地下水资源水质和水量的影响。这些因素可能包括蒸发的变化、从集水区排水的时间和集水的类型对地表水和地下水资源的影响。

可能需要采取蒸发控制措施来减少水的损失。

考虑使用有盖的储水池或容器来保证获取径流的水质。

考虑安装动物驱赶或逃生装置以防止野生动物意外溺水。

为了满足州或当地的建筑法规 / 许可证要求，屋顶的高架结构或储罐可能需要达到额外的设计标准。

计划和技术规范

集水区的计划和技术规范应符合本实践，并说明采用本实践以满足其预期目的的要求。

运行和维护

应向土地所有者提供针对已安装集水区类型的运行和维护计划。该计划应包括但不限于以下规定：

- 检查和测试阀门、泵或其他附件。
- 保护出口免受侵蚀。
- 检查和清除可能限制系统流动的碎片、矿物、藻类和其他材料。
- 为系统在寒冷天气下的运行提供排水或设备。
- 防止植被、啮齿动物或挖洞动物等破坏挡板。
- 维护所有围栏，防止未经授权的人或牲畜进入。
- 检查集水区域是否有韧性材料紫外线降解的迹象。

参考文献

USDA-ARS, Agriculture Handbook No. 600, Handbook of Water Harvesting.

保护实践概述

（2012年12月）

《集水区》（636）

集水区设施用于收集和储存来自降雨的径流。

实践信息

集水区是通过封闭集水区域或建造高架顶板结构来增加、收集和储存径流水，以便未来用于给家畜、鱼类、野生动物提供水或将收集的水用于其他用途。

本实践涉及封闭分水岭或部分水域，以便增加、收集和储存径流水。可能涉及加装路缘石或修建引水渠来引导径流进入储存设施。集水区可能是露出地面的岩层、铺筑过的地面，或其他不透水、可造成高速径流的区域。集水区可能需要使用材料来密封，这些材料包括沥青、蜡、橡胶、塑料、混凝土、金属或其他不透水材料。

建造高顶板结构时需使用合适的材料来达到本实践的预期寿命要求，可能需要额外的设计标准来达到州或地方的建筑法规和许可证要求。

应考虑到实践已经对地表水和地下水的水质和水量造成的影响。这方面因素可能包括蒸发改变、集水区的排放时间、集水区类型对地表水及地下水资源的影响。

集水区需在实践的预期年限内进行维护。

常见相关实践

《集水区》（636）通常与《引水渠》（362）、《牲畜用水管道》（516）、《泵站》（533）、《池塘》（378）、《供水设施》（614）、《立体种植》（379）和《临界区处理》（342）等保护实践一起使用。

保护实践的效果——全国

土壤侵蚀	效果	基本原理
片蚀和细沟侵蚀	0	不适用
风蚀	0	不适用
浅沟侵蚀	0	不适用
典型沟蚀	0	不适用
河岸、海岸线、输水渠	0	不适用
土质退化		
有机质耗竭	0	不适用
压实	0	不适用
下沉	0	不适用
盐或其他化学物质的浓度	0	不适用
水分过量		
渗水	1	收集径流，渗透时间减少。
径流、洪水或积水	0	不适用
季节性高地下水位	0	不适用
积雪	0	不适用
水源不足		
灌溉水使用效率低	0	不适用
水分管理效率低	0	不适用
水质退化		
地表水中的农药	0	不适用
地下水中的农药	0	不适用
地表水中的养分	0	不适用
地下水中的养分	0	不适用
地表水中的盐分	0	不适用
地下水中的盐分	0	这一举措可收集和储存雨水，防止渗透和径流。
粪肥、生物土壤中的病原体和化学物质过量	0	不适用
粪肥、生物土壤中的病原体和化学物质过量	0	不适用
地表水沉积物过多	0	不适用
水温升高	0	季节保护所需的集水区排水通常是在秋季，此时滞留水的温度较低。
石油、重金属等污染物迁移	0	不适用
石油、重金属等污染物迁移	0	不适用
空气质量影响		
颗粒物（PM）和 PM 前体的排放	0	不适用
臭氧前体排放	0	不适用
温室气体（GHG）排放	0	不适用
不良气味	0	不适用
植物健康状况退化		
植物生产力和健康状况欠佳	0	不适用
结构和成分不当	0	不适用
植物病虫害压力过大	0	不适用
野火隐患，生物量积累过多	0	不适用
鱼类和野生动物——生境不足		
食物	0	不适用
覆盖 / 遮蔽	0	不适用
水	0	这一举措可改善一些物种的湿栖息地，缩小其他物种的栖息地，具体取决于在分水岭中的位置。

（续）

鱼类和野生动物——生境不足	效果	基本原理
生境连续性（空间）	2	一旦水资源可供使用，就能开辟更多的栖息地。
家畜生产限制		
饲料和草料不足	0	不适用
遮蔽不足	0	不适用
水源不足	5	收集的水可用于饮用或供家畜用。
能源利用效率低下		
设备和设施	0	不适用
农场 / 牧场实践和田间作业	0	不适用

CPPE 实践效果：5 明显改善；4 中度至明显改善；3 中度改善；2 轻度至中度改善；1 轻度改善；0 无效果；−1 轻度恶化；−2 轻度至中度恶化；−3 中度恶化；−4 中度至严重恶化；−5 严重恶化。

工作说明书—— 国家模板
（2010年9月）

此类可交付成果适用于个别实践。其他规划实践的可交付成果参考具体的工作说明书。

设计

可交付成果

1. 证明符合实践中相关准则并与其他计划和应用实践相匹配的设计文件。
    a. 保护计划中确定的目的。
    b. 客户需要获得的许可证清单。
    c. 符合自然资源保护局国家和州公用设施安全政策（《美国国家工程手册》第 503 部分《安全》，第 503.00 节至 503.22 节）。
    d. 制订计划和规范所需的与实践相关的计算和分析，包括但不限于：
        i. 容量
        ii. 溢出保护
        iii. 材料
        iv. 气候注意事项（例如蒸发、冻结）
2. 向客户提供书面计划和规范书包括草图和图纸，充分说明实施本实践并获得必要许可的相应要求。
3. 运行维护计划。
4. 证明设计符合实践和适用法律法规的文件（《美国国家工程手册》A 子部分第 505.3 节）。
5. 安装期间，根据需要所进行的设计修改。

注：可根据情况添加各州的可交付成果。

安装

可交付成果

1. 与客户和承包商进行的安装前会议。
2. 验证客户是否已获得规定许可证。
3. 根据计划和规范（包括适用的布局注释）进行定桩和布局。
4. 安装检查。

    a. 实际使用的材料
    b. 检查记录
5. 协助客户和原设计方并实施所需的设计修改。
6. 在安装期间，就所有联邦、州、部落和地方法律、法规和自然资源保护局政策的合规性问题向客户 / 自然资源保护局提供建议。
7. 证明安装过程和材料符合设计和许可要求的文件（《美国国家工程手册》A 子部分第 505.3 节）。

注：可根据情况添加各州的可交付成果。

验收

可交付成果

1. 竣工文档。
    a. 实践单位
    b. 图纸
    c. 最终量
2. 证明安装过程符合自然资源保护局实践和规范并符合许可要求的文件。
3. 进度报告。

注：可根据情况添加各州的可交付成果。

参考文献

Field Office Technical Guide（eFOTG）, Section IV, Conservation Practice Standard – Water Harvesting Catchment, 636.

National Engineering Manual.

NRCS National Environmental Compliance Handbook.

NRCS Cultural Resources Handbook.

注：可根据情况添加各州的参考文献。

保护实践效果（网络图）

（2014年3月）

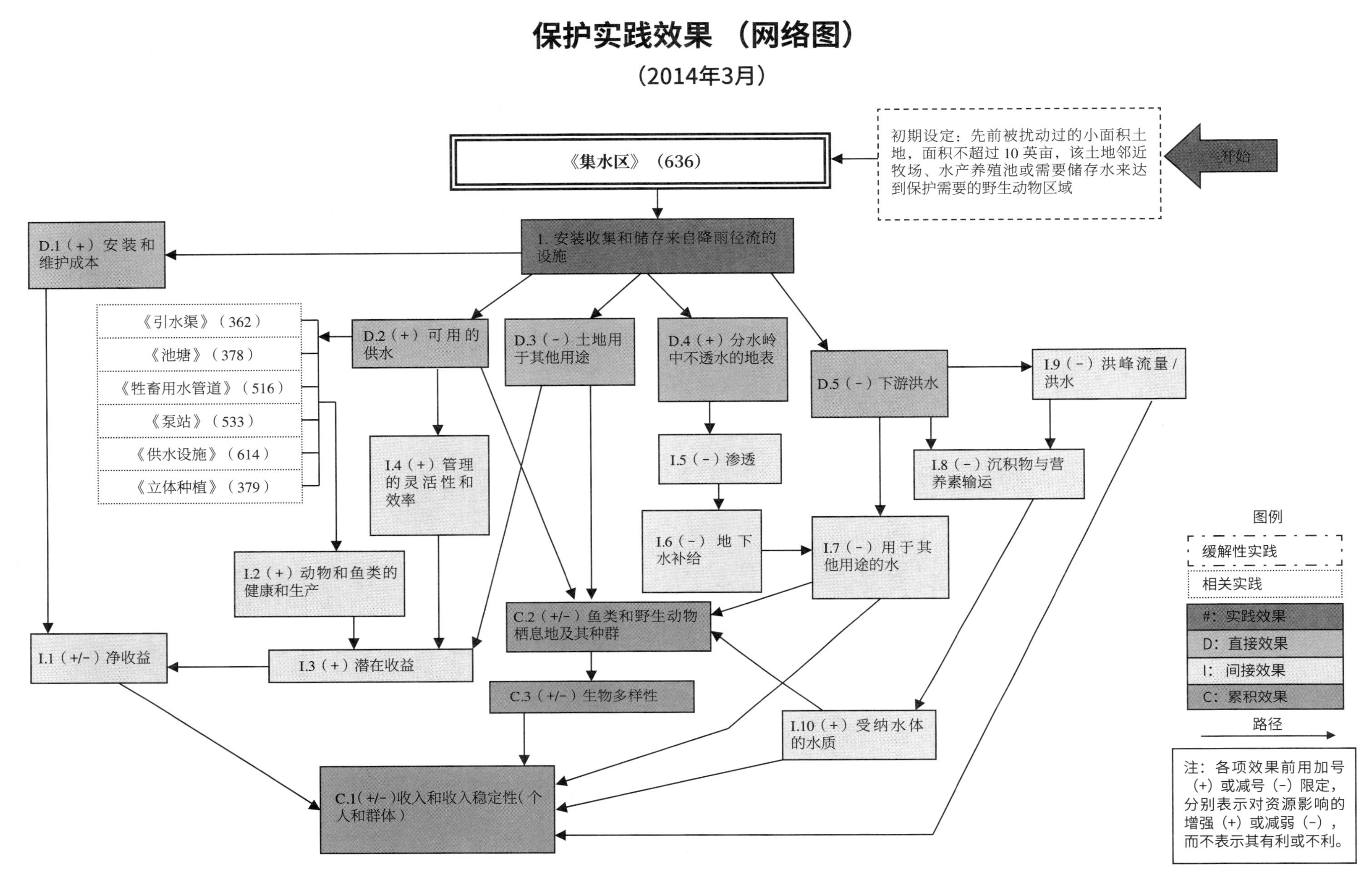

布水

（640，Ac., 2013年4月）

定义

水坝、堤坝、沟渠或其他方式能够转移或收集来自天然河道、雨水口或溪流中的径流并将其分布在相对平坦区域的系统。

目的

管理自然降水的径流，以支持预期的土地使用或生态过程。

适用条件

水流扩散与灌溉的不同之处在于，水流扩散应用的时间取决于天然径流的可利用性，而不是为了满足植物的需要。本实践不适用于保护实践《灌溉系统——地表和地下灌溉》（443）。

尽管水流扩散适用于任何气候条件，但是年平均降水量为 8 ～ 25 英寸的地区获益最大。

水流扩散系统适用于以下区域：

- 土壤具有适当的摄取率和足够的持水能力，适用于系统类型和作物生长；
- 地形适宜于引水或集输，受益区域允许水均匀分布，以达到预期效果；
- 安装水流扩散装置时应考虑到饲料、草料或粮食作物生产的情况；
- 区域的气候条件，可以增加水分促进植物生长；
- 可以收集或转移水流，扩散并回收多余的水而不会造成过度侵蚀的区域。

准则

适用于上述所有目的的总体准则

导流工程。除了预期流量历时超过 24 小时的水道外，导流工程不需要人工控制将水流转移到输送系统或扩散区域。在导流工程、扩散区域和排水设施中的侵蚀控制，是水流扩散系统不可分割的一部分。

提供适当的导流控制，旨在以所需的流速进入输送系统。

确保没有任何入侵物种（植物或动物）进入新的地区或水域。

如果水流含有的沉积物的数量会缩减系统的寿命或破坏土壤特性，则应安装低水流量支路以排除系统的载荷。

入口控制必须是可调节的，以在不需要时（例如在机械收割作物时），将水流从扩散区域排除。引水的流量不得在导流工程、输送系统或扩散区域造成不当的维护问题。

输送系统。输送系统应能安全地将水流量从导流工程输送到扩散区域。

扩散区域。根据不同的系统类型，布置和定位沟渠、堤坝、分流道、管道和类似的结构，以便在地面上扩散水流或收集陆地积水。所有斜坡将保持稳定，并达到管理和采伐作业所需的坡度。

排水工程。必须作出规定，将多余的水从系统回流到河道或系统的其他部分，而不会造成过度侵蚀，及时防止积水造成作物损坏。用于此目的的结构流线应在地面以下，以改善流动特性。

适用于滞留式水流扩散系统的附加准则

地形。应该为每个流域设置一个排水系统，方法是沿每条堤坝上坡侧向每条排水渠分流一条河道。

蓄水堤。堤坝的最大蓄水深度将为 3 英尺，若宽度小于 40 英尺宽的水道、沼泽或沟渠，在这里最多允许有 5 英尺的蓄水深度。当水深大于这些深度时，需要按照保护实践《池塘》（378）的要求设计路堤。

设计顶部高程处堤坝的最小坝顶宽度为 3 英尺。从设计水面到堤顶的额外容量应为 1.0 英尺或按照由刮风引起的波浪高度和长度来计算，以较大者为准（有关附加准则，请参见排水工程部分）。

堤坝的侧坡坡度不应超过 2:1（横纵比）。根据稳定性要求，侧坡坡度应为 4:1 或更为平坦，以便安全割草或农场设备的其他操作。

排水工程。总储水量小于 10 年一遇 24 小时径流量的堤坝必须至少有一个比设计顶高至少低 1.0 英尺的排水口或溢水段，可能是植被溢洪道、稳定岩石、堰溢流结构、管道出口或这些的组合。

最小设计流入量应满足：最大分流量，或扩散区域的 10 年一遇 24 小时峰值流量，以较小者为准。排水口的总容量必须超过蓄水池的设计流入量。

植被覆盖。在施工期间植被受到干扰的所有地区都应在施工完成后进行播种。育苗、播种、铺草、施肥和覆盖应遵守保护实践《关键区种植》（342）。

注意事项

在规划这一实践时，应酌情考虑以下几点：

- 在规划水流扩散系统时，还需要采取其他措施，如拔除灌木丛、围栅栏和播种。
- 要种植的作物。潜在效益最高的饲料、干草或种子作物具有最大有效生根深度。
- 对土壤的影响。不应在侵蚀风险大的土壤上安装水流扩散系统。牲畜对扩散区域的影响。管理牲畜，以防止土壤潮湿时造成压实，并防止过度使用造成的范围退化。
- 气候。北部和山区每年都有很大一部分来自融雪的径流。融雪过程中的径流量、水质和条件对系统设计具有重要意义。通常，如果融雪径流被分流，则应采用滞留式系统，以防止侵蚀和促进入渗。
- 一般应避免斜坡的坡度超过 2%。随着坡度的增加，成本会迅速上升。有效的流域坡度可沿每个流域顶部（紧靠下一个堤坝上方）借入而变平。
- 评估分流水量和回流量，减少下游地表水的水量及对潜在用户的影响。
- 增加土壤水分和地下水量对水流扩散区域的影响。
- 沉积物、病原体、吸附和溶解的养分和农药，以及渗透到水流扩散区域的可溶性化学物质。
- 离开水流扩散区域的回流的潜在化学降解。考虑回流的速率和流量，使用的化学品，与可预测的风暴事件相比的化学施用时间，以及运输的沉积物的性质。
- 渗透增加导致施用化学品，继而导致地下水降解。重要因素包括土壤水分储存、土壤水分蒸发蒸腾、所用化学品的类型和数量以及盐水地质。
- 对鱼类、野生动植物和文化资源的不利影响。
- 进行土地平整，清除障碍物和类似做法，以实现更均匀的水分配和提高运行效率。

计划和技术规范

制订符合本实践的水流扩散计划和技术规范，详细说明为了达到预期目的采用本实践所需的要求。计划中至少应包含：显示分流位置、水道、扩散区域、高度信息、指北针和规模比例的规划图。

运行和维护

应制订运行和维护计划，供土地所有者或经营者使用。该计划应与实践的目的、预期的使用寿命和设计准则相一致。

在运行和维护计划中应满足的最低运行要求是：

- 依据具体的指示和操作要求安全地将所需水量分流到系统中。根据需要适当存水，并排放回流。
- 平均出水量应根据自然天气状况、填充和清空系统次数，以及按设计来操作系统所需的任何其他水文和水力信息等来确定。
- 考虑土壤入渗和蓄水能力，预计将种植的作物，洪水的影响，以及任何其他有助于经营者做出合理的经济和环境决策的信息。

在运行和维护计划中应满足的最低维护要求是：

- 必要时，及时修理或更换部件，以维护其全部功能。
- 从建筑、沟渠和其他可能妨碍作业的部件中清除残留物和异质。
- 保持斜坡及水道上具有良好的植被覆盖。

保护实践概述

（2012年12月）

《布水》（640）

布水包括采用水坝、堤坝、沟渠或其他方式从天然水渠、沟渠或溪流处分流或收集径流，并将其散布在相对平坦的区域。

实践信息

布水的目的是向需要额外用水的地区补充自然降水。布水系统适用于地形和气候条件允许提供额外水源以促进植物生长的地区。如果其他场地条件满足，一般而言降水量在 8 ~ 25 英寸的地区非常适合进行布水。

本实践的目的是向需要额外用水的地区补充自然降水。布水系统适用于以下地区：

- 土壤具有适合作物或草料生长的渗透速率和保水能力。
- 地形和土壤条件适于径流的分流、收集和传播。
- 降雨概率表明大多数年份存在可用径流的地区，且时间和水量适当，能够显著提高植物产量。
- 该系统可以通过设计避免在运行过程中产生过度侵蚀。
- 对鱼类和野生动物的不利影响将是最小的。

布水需在实践的预期年限内进行维护。

常见相关实践

《布水》（640）通常与《大坝——引水》（348）、《堤坝》（356）、《明渠》（582）、《土地平整》（466）、《关键区种植》（342）、《养分管理》（590）、《病虫害治理保护体系》（595）以及《保护性作物轮作》（328）等保护实践一起使用。

保护实践的效果——全国

土壤侵蚀	效果	基本原理
片蚀和细沟侵蚀	0	不适用
风蚀	0	不适用
浅沟侵蚀	0	不适用
典型沟蚀	-1	由于水收集的浓度和速度较高。
河岸、海岸线、输水渠	0	不适用
土质退化		
有机质耗竭	1	这一举措能够增加水分入渗和植物吸收，从而提高生物质生产。
压实	0	不适用
下沉	0	不适用
盐或其他化学物质的浓度	1	渗透增加可使根区以下区域的部分盐分浸出。
水分过量		
渗水	0	不适用
径流、洪水或积水	1	减少径流、积水，增加渗透性。
季节性高地下水位	-1	减少径流、积水，增加渗透性。
积雪	0	不适用
水源不足		
灌溉水使用效率低	1	收集水以便更有效地利用。
水分管理效率低	2	分配水以便更有效地利用。
水质退化		
地表水中的农药	1	这一举措能减少径流。
地下水中的农药	-1	这一举措能够增强土壤渗透。
地表水中的养分	2	这一举措可截留地表水，从而降低水将养分和有机物输送到下游的可能性。
地下水中的养分	-1	这一举措可将存在把养分输送到地下水可能性的径流积蓄起来。
地表水中的盐分	1	这一举措可提高渗透性，从而增加浸出作用，并阻止盐分向地表水的迁移。
地下水中的盐分	-1	这一举措可增加渗透性，以及可溶盐转移到地下水中的可能性。
粪肥、生物土壤中的病原体和化学物质过量	0	不适用
粪肥、生物土壤中的病原体和化学物质过量	-1	这一举措可提高土壤渗透性，以及土壤污染物析出的可能性。
地表水沉积物过多	0	不适用
水温升高	0	引出的水一般不会返回到地表水源头处。
石油、重金属等污染物迁移	1	这一举措可增加渗透性并减少地表径流。
石油、重金属等污染物迁移	-1	这一举措可提高土壤渗透性，以及土壤污染物析出的可能性。
空气质量影响		
颗粒物（PM）和 PM 前体的排放	0	不适用
臭氧前体排放	0	不适用
温室气体（GHG）排放	0	不适用
不良气味	0	不适用
植物健康状况退化		
植物生产力和健康状况欠佳	2	改善灌溉施用的场地改良能够提高所需物种的健康活力。
结构和成分不当	0	不适用
植物病虫害压力过大	1	土壤湿度的改善有助于提高适宜植被的健康水平和活性，从而减少有害杂草的入侵。
野火隐患，生物量积累过多	0	不适用
鱼类和野生动物——生境不足		
食物	2	土壤湿度的改善能够增加植物的多样性和野生动物食物的产量。
覆盖 / 遮蔽	2	土壤湿度的改善能够增加植物的多样性和野生动物的掩护场所。

（续）

鱼类和野生动物——生境不足	效果	基本原理
水	0	布水设施能够暂时集中自然降水。
生境连续性（空间）	0	不适用
家畜生产限制		
饲料和草料不足	4	用水量均匀一致可提高产量。
遮蔽不足	0	不适用
水源不足	0	不适用
能源利用效率低下		
设备和设施	0	不适用
农场 / 牧场实践和田间作业	0	不适用

CPPE 实践效果：5 明显改善；4 中度至明显改善；3 中度改善；2 轻度至中度改善；1 轻度改善；0 无效果；-1 轻度恶化；-2 轻度至中度恶化；-3 中度恶化；-4 中度至严重恶化；-5 严重恶化。

工作说明书——国家模板

（2013年4月）

此类可交付成果适用于个别实践。其他规划实践的可交付成果参考具体的工作说明书。

设计

可交付成果

1. 证明符合实践中相关准则并与其他计划和应用实践相匹配的设计文件。
   a. 保护计划中确定的目的。
   b. 客户需要获得的许可证清单。
   c. 符合自然资源保护局国家和州公用设施安全政策（《美国国家工程手册》第 503 部分《安全》，第 503.00 节至 503.22 节）。
   d. 制订计划和规范所需的与实践相关的计算和分析，包括但不限于：
      i. 容量
      ii. 溢出保护
      iii. 材料
      iv. 气候因素（如蒸发、冰冻）
2. 向客户提供书面计划和规范书包括草图和图纸，充分说明实施本实践并获得必要许可的相应要求。
3. 运行维护计划。
4. 证明设计符合实践和适用法律法规的文件（《美国国家工程手册》A 子部分第 505.3 节）。
5. 安装期间，根据需要所进行的设计修改。

注：可根据情况添加各州的可交付成果。

安装

可交付成果

1. 与客户和承包商进行的安装前会议。
2. 验证客户是否已获得规定许可证。
3. 根据计划和规范（包括适用的布局注释）进行定桩和布局。
4. 安装检查。

  a. 实际使用的材料
  b. 检查记录
5. 协助客户和原设计方并实施所需的设计修改。
6. 在安装期间，就所有联邦、州、部落和地方法律、法规和自然资源保护局政策的合规性问题向客户 / 自然资源保护局提供建议。
7. 证明安装过程和材料符合设计和许可要求的文件（《美国国家工程手册》A 子部分第 505.3 节）。

注：可根据情况添加各州的可交付成果。

验收

可交付成果

1. 竣工文档。
   a. 实践单位
   b. 图纸
   c. 最终量
2. 证明安装过程符合自然资源保护局实践和规范并符合许可要求的文件。
3. 进度报告。

注：可根据情况添加各州的可交付成果。

参考文献

Field Office Technical Guide（eFOTG）, Section IV, Conservation Practice Standard – Water Harvesting Catchment, 636.

National Engineering Manual.

NRCS National Environmental Compliance Handbook.

NRCS Cultural Resources Handbook.

注：可根据情况添加各州的参考文献。

保护实践效果（网络图）

（2014年3月）

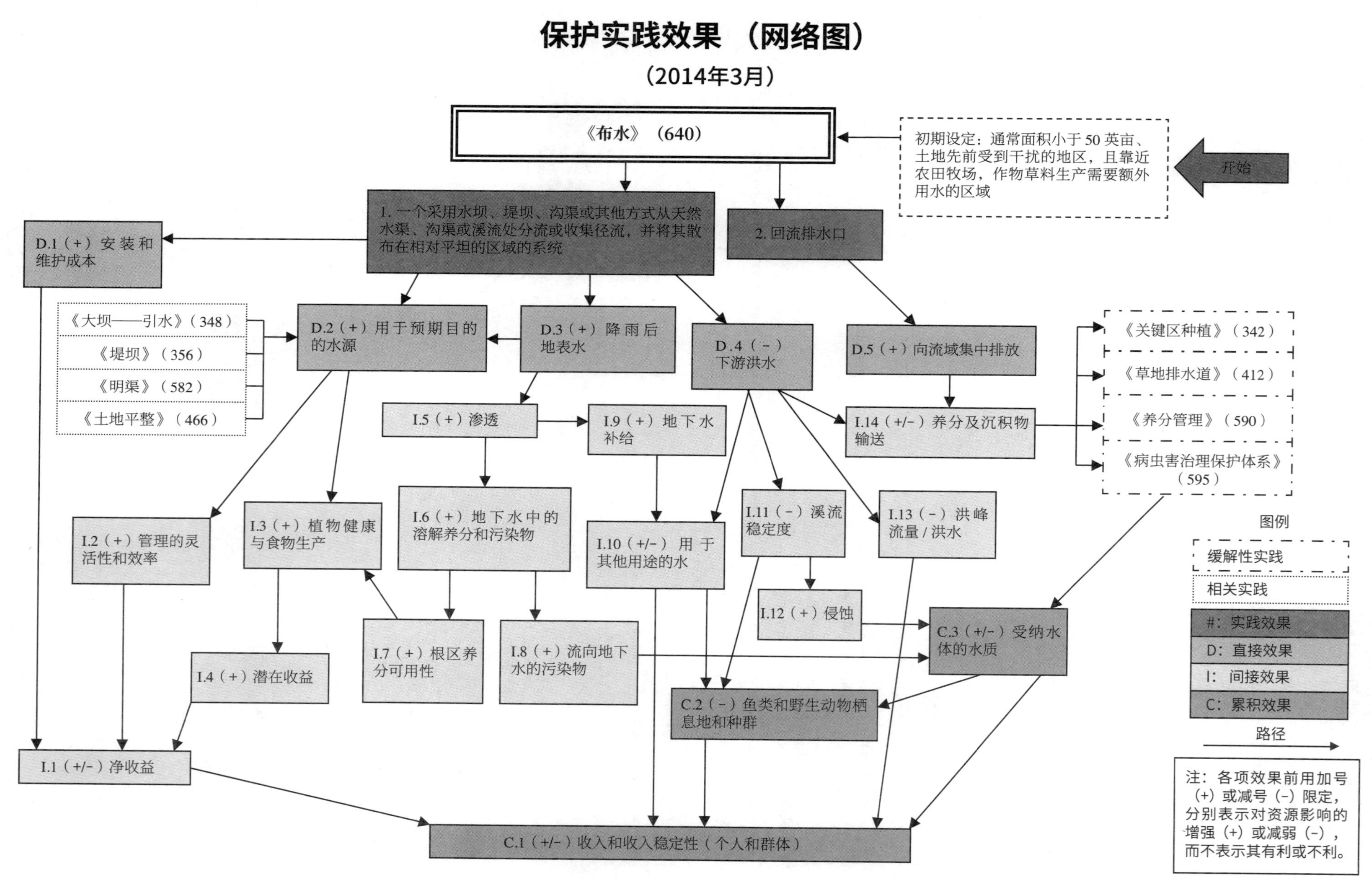

行车通道

（560，Ft.，2014年9月）

定义

行车通道是指专门为设备和车辆设计的道路。

目的

修建行车通道是为了提供固定路线，以方便运载木材和牲畜的农用车辆通行并方便管理野生动物栖息地等机构。

适用条件

本实践适用于从私人、公用或高速公路进入用地企业或适用于保护措施，或需要进入规划用地的地区。

行车通道设计范围涵盖低速行驶和驾驶条件恶劣的单一用道和季节性道路以及通用的全天候单一用道和季节性道路。单一用道包括森林防火通道、森林管理活动区通道、偏远的娱乐区或设施维护区通道等。

本实践不适用于记录的临时或较少使用的小路。请按照自然资源保护局（NRCS）制定的保护实践《森林小径与过道》（655）。供动物、行人或越野车辆通行的山径和行车通道请按照自然资源保护局制定的保护实践《小径和步道》（575）。

准则

设计进场道路，以供企事业、计划使用车辆或交通设施使用。设计时要考虑车辆或设备类型及其速度、装载量、土壤、气候及车辆或设备运行的其他条件。

定位。将行车通道定位成使之能达到预期目的，便于管控和处置地表水和地下水、控制或减少水力侵蚀并充分利用地形特征。根据地形和斜坡设计道路，最大限度地减少对排水的干扰。将行车通道定位成方便维护且不会产生水管理问题。为减少潜在污染，尽可能将道路与水体及其水道分开布局。尽可能不影响地表径流。

对齐。根据使用频率、出行方式、设备类型和装载重量以及开发水平来调整梯度和水平对齐。

除非行程短，否则坡度通常不应超过10%。只有在必要的特殊用途（例如野外行车通道或消防道路）下，坡度才可以超过 15% 的最高坡度。

宽度。单行道路面宽度最小为 14 英尺，双行道为 20 英尺。路面宽度包括单行道梯面宽度为 10 英尺，或双行道梯面宽度为 16 英尺，两侧各有 2 英尺的路肩宽度。双行道宽度最少增加 4 英尺，供拖车通行。单用途道路宽度至少为 10 英尺，转弯处宽度更大。利用植被或其他措施来防止路肩侵蚀。

单车道上使用岔道，而这在双向车道上是受限的。设计岔道以方便车辆通行。

在道路尽头设置回车道，估测会使用回车道的车辆类型，并调整回车道长度。

根据需要提供停车位，防止车辆在路肩或其他禁停区停车。

侧坡。将斜坡坡度比设置为至少 1：2 的稳定充填开采模式。如果土壤条件允许以及采取了特殊的稳定措施，则岩石区或陡峭山坡短时间内也可采用此措施。

尽可能避开易于发生滑坡的地质条件和土壤。当无法避免时，请对该区域进行处理以免受滑坡影响。

排水。根据预期用途和径流状况选择排水结构的类型。对每种自然排水法，如涵洞、桥梁、浅滩或地表交叉排水，进行水分管理。排水特征的容量和设计必须符合工程原则，必须满足车辆、道路、流域土地使用和强度要求。

当以涵洞或桥梁排水方式安装时，其最小容量必须足以在不造成侵蚀或道路浸溢的情况下设计雨水径流的传输方式。表 1 列出了各种道路类型的最小设计暴雨频率。

表 1　最小设计暴雨频率

道路强度和用途	暴雨频率
间歇性使用；单一用途或供农场使用	2 年—24 小时
频繁使用；农场总部、牲畜行车通道、隔离娱乐区	10 年—24 小时
高强度使用；住宅或公共区域	25 年—24 小时

请按照自然资源保护局制定的保护实践《跨河桥》（578）来设计跨河桥。

在行车通道上可修建防腐蚀的低点或溢流区，以补充非公用道路上涵洞的容量。

地表交叉排水，例如广泛式或滚动式排水，可用于控制和引导水流偏离使用强度低的森林、牧场或类似道路的路面。保护排水设施的排水口，以限制水力侵蚀。如果水可以沿着公路流动，可以使用大坡度或其他类似的功能来分流径流。地表交叉排水系统必须采用与路面使用和维护相适应的材料来修建。地表交叉排水系统的排泄区必须有良好的植被或使用其他抗水力侵蚀的材料。参见图 1 基于土壤类型的地表交叉排水管间距。根据当地水文条件减小间距。

做好路面降水引流工作。根据需要，利用沟渠做好路面引水工作。保障水流通畅地流进沟渠，防止水流侵蚀路边。路边沟渠必须有足够容量才能从路面排水。

设计坡度和侧坡稳定的沟渠。为沟渠提供稳定的排水口。可使用抛石或其他类似材料进行防护。如果需要，请按照例如自然资源保护局制定的保护实践《控水结构》（587）、《衬砌水道或出口》（468）或者《边坡稳定设施》（410）等。

路面修整。如果需要，根据交通、土壤、气候、侵蚀控制、颗粒物排放控制或其他现场情况，在行车通道上安装磨损层或地表装置。如果这些因素都不适用，则无须对表面进行特殊处理。

若进行特殊处理，则处理类型取决于当地的条件、可用的材料和现有的路基。在有淤泥、有机物和黏土等土质较弱的道路上，或者有必要将这些材料从基础材料中分离出来，则放置一种专门为道路稳定而设计的土工材料。请按照自然资源保护局制定的保护实践《重用区域保护》（561）来处理地表。请勿使用有毒材料和酸性材料来修筑道路。

如需要防控粉尘，请按照自然资源保护局制定的保护实践《未铺筑路面和地表扬尘防治》（373）。

安全。提供错车道、岔道、防护装置、标志和其他设施作为安全交通流的必要条件。为公共高速公路设计符合联邦、州和当地的准则的交叉路口。

侵蚀防控。按照自然资源保护局制定的保护实践《关键区种植》（342）或自然资源保护局州批准的播种规范，在土壤和气候条件适宜的情况下，在道路两旁和受干扰区域种植植被。如果不能及时种植永久性植被，应采取适当的临时措施控制侵蚀。如果无法通过植被来防止侵蚀，请按照自然资源保护局制定的保护实践《覆盖》（484）的准则来保护地表。

施工期间和施工后，使用侵蚀和泥沙防控措施来尽量减少场外破坏。

注意事项

在规划和设计道路系统时，考虑视觉资源和环境价值。

限制车辆数量和车辆的行驶速度可减少颗粒物的产生，减少交通安全事故和空气质量问题。

考虑使用附加的保护措施来减少颗粒物的产生和传播，请按照例如自然资源保护局制定的保护实践《未铺筑路面和地表扬尘防治》（373）或者《防风林 / 防护林建造》（380）。

天气恶劣时，一些道路可能会不安全，或者可能会因使用而损坏。应考虑限行。

应考虑以下注意事项：

- 下游水流、湿地或蓄水层会影响到其他地方或用户使用水。

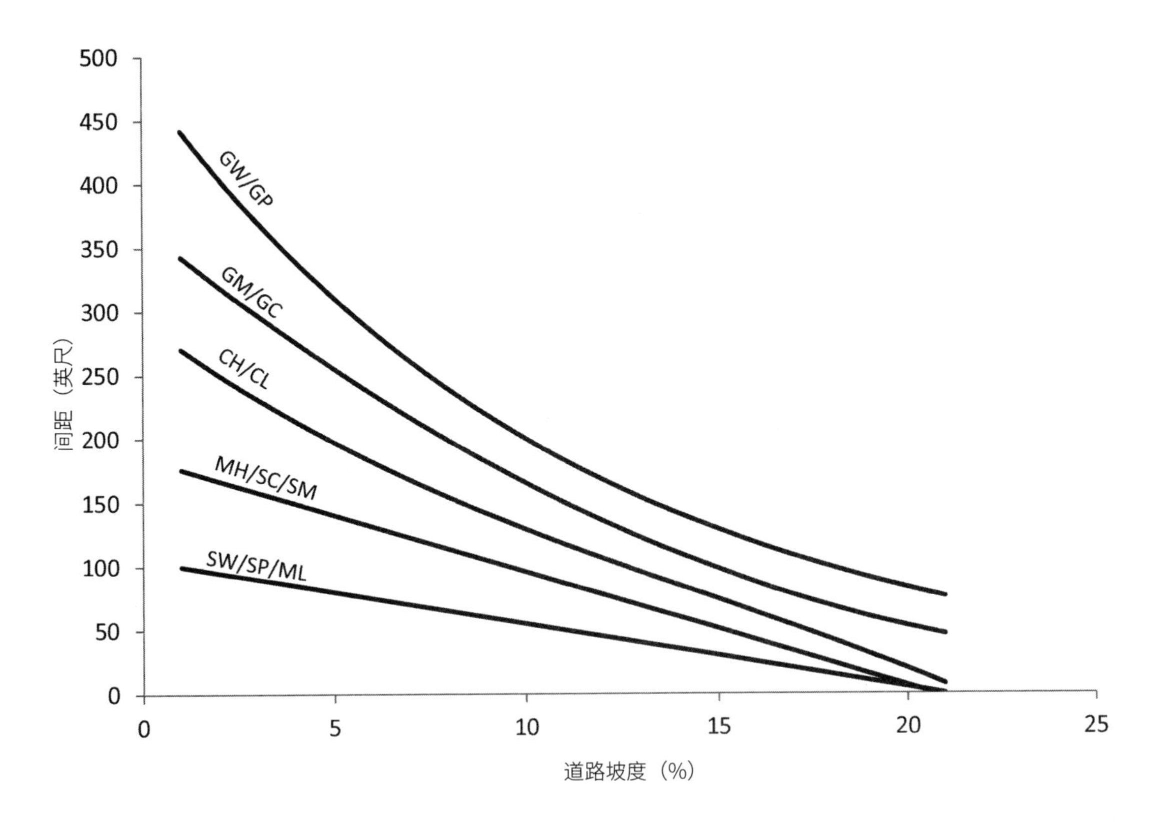

图 1 基于土壤类型的地表交叉排水管间距

来源：美国林务局，出版物 9877 1806-SDTDC，水 / 路相互作用：地面交叉排水介绍，2003 年 7 月。

- 与实践相关的对野生动物栖息地的影响。
- 在可能的情况下利用缓冲区来保护地表水。
- 本实践对施工有短期的影响。

计划和技术规范

提供描述应用标准所需的计划和技术规范，以达到预期目的。至少应包括：

- 拟定道路计划图，显示水域的特征、已知公用设施以及影响设计的其他特征。
- 道路宽度和轮廓以及典型的横截面（包括岔道、停车和回车道）长度。
- 在适用的情况下，设计道路坡度或最大坡度。
- 土壤调查。根据需要确定土壤钻孔的位置和显示统一土壤分类法（USCS）土壤 / 地质钻孔的绘图。
- 包括地基地表处理的类型和厚度。
- 坡度计划图。
- 在适用的情况下，充填开采斜坡。
- 规划的排水功能。
- 所有的水控装置的位置、大小、类型、长度和底拱高程。
- 包括使用植物材料、种植率和种植季节的植被要求。
- 如有需要，应采取侵蚀和泥沙防控措施。
- 安全功能。
- 建筑和材料规格。

运行和维护

为行车通道准备书面运行维护计划。至少应包括下列活动：

- 在每一次重大的径流后，检查涵洞、路边沟、阻水栏栅和排水口，并根据需要修复水流容量。确保横截面合适，且排水口稳定。
- 保证植被区域被适当覆盖，以达到预期的目的。
- 根据需要填补行车通道中较低的区域，并按需要重新评估，保障道路通行。根据需要修理或更换路表修整材料。
- 根据需要选择地表处理或除雪 / 除冰的化学处理。为地表处理或除雪除冰选择化学物质，尽量减少对稳定植被的负面影响。
- 根据需要选择泥沙防控措施。

参考文献

United States Forest Service. July 2003. Water/Road Interaction： Introduction to Surface Cross Drains （Publication 9877 1806 – SDTDC）.

保护实践概述

（2014年9月）

《行车通道》（560）

行车通道是指专门为设备和车辆设计的道路。

实践信息

修建行车通道是为了提供固定路线，以方便运载木材和牲畜的农用车辆通行并方便管理野生动物栖息地等机构。行车通道包括低速行驶和驾驶条件恶劣的单一用道及季节性道路，以及通用的全天候单一用道和季节性道路。

行车通道的设计基于土壤、气候、地形、排水模式和预期的运行条件。表面处理从裸土到硬化表面（如沥青或砾石）各不相同。与实践相关的排水设施可能包括涵洞或地表横向排水沟。

本实践的预期年限至少为 10 年。行车通道的运行维护包括在每次重大径流事件后检查路面情况和排水功能，及时修复或更换损坏的部件。

常见相关实践

《行车通道》（560）用于各种土地利用方式，包括总部区、农田、牧场和林地。相关的保护实践包括《关键区种植》（342）、《控水结构》（587）、《河岸和海岸保护》（580）、《引水渠》（362）和《未铺筑路面和地表扬尘防治》（373）。

保护实践的效果——全国

土壤侵蚀	效果	基本原理
片蚀和细沟侵蚀	0	不适用
风蚀	0	作用在常规分级的道路边缘的风可能导致土壤颗粒的跃移、偏移和悬浮。
浅沟侵蚀	1	通道将拦截径流并冲破沟壑。路边排水沟的径流可能会出现轻度恶化。
典型沟蚀	-1	控水结构将把水流集中在排水沟中。
河岸、海岸线、输水渠	0	不适用
土质退化		
有机质耗竭	0	不适用
压实	2	通行仅限于通道区域。
下沉	0	不适用
盐或其他化学物质的浓度	0	不适用
水分过量		
渗水	0	不适用
径流、洪水或积水	-1	通道可导致积水。
季节性高地下水位	0	不适用
积雪	-2	通道打破景观连贯性，增加了积雪截留和漂移。
水分不足		
灌溉水使用效率低	2	通道将形成更好的农场和灌溉设备通道。
水分管理效率低	0	不适用
水质退化		
地表水中的农药	0	不适用
地下水中的农药	0	不适用
地表水中的养分	0	不适用
地下水中的养分	0	不适用
地表水中的盐类	0	不适用
地下水中的盐类	0	不适用
粪肥、生物土壤中的病原体和化学物质过量	0	在用于粪肥运输的行车通道上，地表径流可能略有增加。
粪肥、生物土壤中的病原体和化学物质过量	0	不适用
地表水沉积物过多	1	径流拦截。
水温升高	0	不适用
石油、重金属等污染物迁移	0	不适用
石油、重金属等污染物迁移	0	不适用
空气质量影响		
颗粒物（PM）和 PM 前体的排放	0	农场道路上的车辆会产生扬尘。然而，本实践有针对颗粒物排放的路面铺设标准。
臭氧前体排放	0	不适用
温室气体（GHG）排放	0	不适用
不良气味	0	不适用
植物健康状况退化		
植物生产力和健康状况欠佳	2	通道的改进增加了林分管理能力。
结构和成分不当	5	参考《关键区种植》（342）选择适合本实践的物种。
植物病虫害压力过大	-1	通道可能为杂草生长提供环境。
野火隐患，生物量积累过多	4	通道可作为防火屏障，也可用于运输减少燃料使用的设施或材料。
鱼类和野生动物——生境不足		
食物	0	不适用
覆盖 / 遮蔽	0	不适用

（续）

鱼类和野生动物——生境不足	效果	基本原理
水	0	不适用
生境连续性（空间）	-2	通道减少空间，使其碎片化。
家畜生产限制		
饲料和草料不足	0	不适用
遮蔽不足	0	不适用
水源不足	0	不适用
能源利用效率低下		
设备和设施	0	不适用
农场 / 牧场实践和田间作业	0	不适用

CPPE 实践效果：5 明显改善；4 中度至明显改善；3 中度改善；2 轻度至中度改善；1 轻度改善；0 无效果；−1 轻度恶化；−2 轻度至中度恶化；−3 中度恶化；−4 中度至严重恶化；−5 严重恶化。

工作说明书—— 国家模板

（2014年9月）

此类可交付成果适用于个别实践。其他规划实践的可交付成果参考具体的工作说明书。

设计

可交付成果

1. 能够证明符合自然资源保护局实践中相关准则并与其他计划和应用实践相匹配的设计文件。
   a. 明确的客户需求，与客户进行商讨的记录文档，以及提议的解决方法。
   b. 保护计划中确定的目的。
   c. 农场或牧场规划图上显示的安装规划实践的位置。
   d. 客户需要获得的许可证清单。
   e. 对周边环境和构筑物的影响。
   f. 证明符合自然资源保护局国家和州公用设施安全政策的文件（《美国国家工程手册》第 503 部分《安全》，A 子部分“影响公用设施的工程活动”，第 503.0 节至第 503.6 节）。
   g. 制订计划和规范所需的与实践相关的计算和分析，包括但不限于
      i. 定位 / 校准
      ii. 水文 / 排水
      iii. 施工作业
      iv. 植被
      v. 环境因素
2. 向客户提供书面计划和规范书包括草图和图纸，充分说明实施本实践并获得必要许可的相应要求。
3. 适当的设计报告（《美国国家工程手册》第 511 部分《设计》，B 子部分“文档”，第 511.10 和 511.11 节）。
4. 质量保证计划（《美国国家工程手册》第 512 部分《施工》，D 子部分“质量保证活动”，第 512.30 至 512.33 节）。
5. 运行维护计划。
6. 证明设计符合自然资源保护局实践和规范并适用法律法规（《美国国家工程手册》第 505 部

分《非自然资源保护局工程服务》A 部分《前言》，第 505.0 和 505.3 节）的证明文件。

注：可根据情况添加各州的可交付成果。

安装

可交付成果

1. 与客户和承包商进行的安装前会议。
2. 验证客户是否已获得规定许可证。
3. 根据计划和规范（包括适用的布局注释）进行定桩和布局。
4. 安装检查
    a. 实际使用的材料(《美国国家工程手册》第 512 部分《施工》, C 子部分“施工材料评估”，第 512.20 至 512.23 节；D 子部分“质量保证活动”，第 512.33 节）。
    b. 检查记录。
    c. 符合质量保证计划的文件。
5. 协助客户和原设计方并实施所需的设计修改。
6. 在安装期间，就所有联邦、州、部落和地方法律、法规和自然资源保护局政策的合规性问题向客户 / 自然资源保护局提供建议。

注：可根据情况添加各州的可交付成果。

验收

可交付成果

1. 竣工文档。
    a. 实践单位
    b. “红线”图纸（《美国国家工程手册》第 512 部分《施工》，F 子部分“竣工图”，第 512.50 至 512.52 节）
    c. 最终量
2. 证明安装过程符合自然资源保护局实践和规范并符合许可要求的文件（《美国国家工程手册》第 505 部分《非自然资源保护局工程服务》，A 子部分“前言”，第 505.3 节）。
3. 进度报告。

注：可根据情况添加各州的可交付成果。

参考文献

Field Office Technical Guide（eFOTG）, Section IV, Conservation Practice Standard – Access Road, 560.

National Engineering Manual.

NRCS National Environmental Compliance Handbook.

NRCS Cultural Resources Handbook.

注：可根据情况添加各州的可交付成果。

保护实践效果（网络图）

（2014年9月）

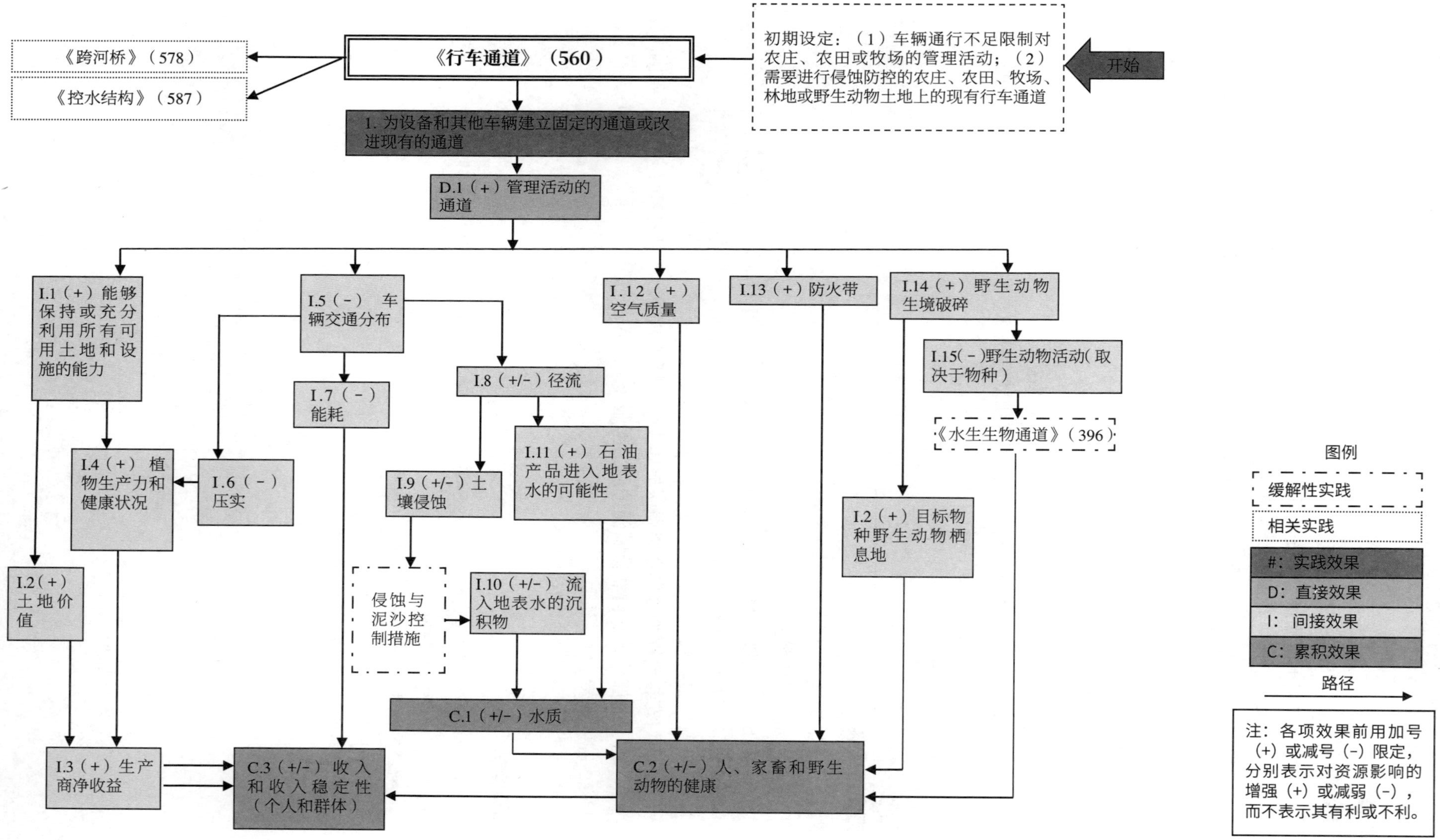

农药处理设施

（309，No.，2014年9月）

定义

表面不透水的设施，可为农场农用化学品处理提供一个不对环境造成污染的安全区域。

目的

采用不对环境造成污染的设施以实现：

- 储存、混合、装载和清理农药；
- 避免偶然溢出或泄漏；
- 减少对地表水、地下水、空气和土壤的污染。

适用条件

本实践适用于：

- 在对农药进行处理的过程中，会对地表水、地下水、空气和土壤造成潜在的重大污染，从而需要利用设备妥善管理和处理化学用品；
- 出于操作考虑，需要提供充足的水用于灌装设备储罐、冲洗灌溉设备和化学容器；
- 需要满足施工条件的土壤和地形。

本实践不适用于处理或储存燃料。本实践不适用于商业或多土地所有者共用农药化学品处理作业。

准则

适用于上述所有目的的总体准则

规划、设计和建造农药处理设备时，应满足所有联邦、部落、州和地方法规。

根据农场过去 5 年的生长季节中的最大农药使用量来确定农药存储量。

确保装卸台、软管、阀门、密封件、连接器、过滤器、储罐和相关管道的材料与所处理的农药化学品兼容且能够满足预期用途。

农药的收集、储存或处理区域不允许有排水道。

支杆、管道、软管、排放阀或其他可能泄漏液体化学物质的设施不能穿过地基、容器存储墙体或集水槽。

如农药处理设备与混合 / 装载区域是独立分开的，并且是使用软管将农药灌装到灌溉设备的，则应在混合 / 装载区域提供与处理操作区相同容量的容器。

在储存农药时，当 I 类、Ⅱ类、III 类易燃或可燃液体总容量超过 60 加仑，或者 I 类、Ⅱ类、III 类易燃或可燃液体单个储存容器大于 5 加仑时，须遵循美国国家消防协会（NFPA）第 30 条第 4 章中关于易燃和可燃液体储存的准则。必须安装储存柜或其他补救设施。

当使用农药处理设备来储存农药时，需将储存农药区域与混合处理区域分隔开。

永久性设施标准

选址。按以下标准放置农药处理设施：

- 置于与现存农药储存仓库相近且切实可行的区域；
- 根据实际情况，尽可能地远离溪流、池塘、湖泊、沼泽地、水坑和水井，且与它们之间最小距离为 100 英尺；
- 农药处理设施放置在远离住宅和其他用于存储饲料、种子、石油产品或牲畜建筑物的下风侧，且与住宅和建筑的最小距离需符合当地法规的要求；

选址要避开过去曾固定用于杀虫剂储存和混合 / 装载的地点，因为这些地点过去可能已被污染。

设施底部位置至少要高出季节性最高地下水位 2 英尺以上。

在以下条件，人为降低地下水位是可以接受的：

- 人工排水系统距离农药处理设施的任何部分（包括混合 / 装载和转移垫）至少 20 英尺。
- 用椭圆方程或等效方程分析水位下降量，以说明修正后的季节性高水位。
- 人工排水系统通过带有截流阀的出口管道将农药排放到可见的集水池，当农药处理设施内或农药处理设施周围发生农药溢出时，可关闭截流阀。
- 设计经国家环保工程师认可。

设施须安装在百年一遇的洪泛区的水位线之上。但如果因场地限制，要求安装在洪泛区内，则设计要保护设施免受 25 年一遇或法律、法规和规章要求更大等级洪水淹没和损坏。

农药装卸台。装卸台的尺寸要能放下最大的喷洒设备，并且确保可以从多个方向搬运喷洒设备。需要在装卸台上留足够的操作空间，开放式设备至少需要 2 英尺，封闭式设备至少需要 4 英尺。实际操作中，装卸台最小的宽度可以依据喷洒设备的吊杆缩回时的宽度来确定。

装卸台需要稍微倾斜以便于排水至水密收集区或集水槽。

设计存储容量。农药装卸台须提供 250 加仑的最小存储容量，或者是最大的储罐或喷洒罐容积的 1.25 倍，以较大者为准。

装卸台露天设备能提供上述规定的体积，或是过去 25 年一遇的连续 24 小时暴风雨的雨量体积，以较大者为准。

在下雨或农药溢出发生后 72 小时内，根据农药标签，采用一系列适用于现场收集存储降水或溢出农药的方法。

防止外部径流水进入设施，以防 25 年一遇的 24 小时连续的暴风雨。

农药收集。提供一个足够大的收集区域或集水槽，用于去除沉淀物和运行水泵。使用手动启动水泵来清除收集的液体。

设备清洗区。设备清洗区可以作为农药处理设施的一部分。如果含有清洗区，须将清洗区与任何干燥的农药储存区分开。混合 / 处理区域和清洗区可以共用集水槽。

冲洗水箱。根据操作类型的需要，提供足够数量和尺寸的冲洗水箱，以便分离不相溶的农药。

制造组件。制造的罐体和部件须结构合理，能够承受所有预期的载荷，并由适合其预期用途的材料建造。根据农场所有者或运营商的农药使用需求来确定罐体尺寸。

防液体渗透。使用柔性膜衬垫或根据防渗透混凝土的结构设计部分设计农药装卸台和其他需要防液体渗透的区域。

柔性膜衬垫。所有柔性膜安装都要符合为每个安装设施区域制订的计划和技术规范中所述的材质和安装要求。

柔性膜衬垫要在有资质的制造和修复商代表人员的监督下进行安装，并且所有施工现场的接缝应根据制造商的建议进行测试。

膜的最小厚度

类型	最小厚度（密尔）
高密度聚乙烯	40
线型低密度聚乙烯	40
聚氯乙烯	30
聚丙烯	45
三元乙丙橡胶	45

接触农药的混凝土。接触农药的混凝土要符合《美国国家工程手册》第 642 部分《结构规范》第 31 条“主要结构用混凝土的要求”。使用水与水泥混合比（w/cm）小于或等于 0.40 的 5000 级混凝土。

使用符合 ASTM C150 要求的Ⅱ型或 V 型硅酸盐水泥。使用含有符合 ASTM C618 要求的粉煤灰或天然火山灰等辅助胶凝材料、符 ASTM C1240 要求的硅粉、符合 ASTM C989 要求的磨细矿渣、或符合 ASTM C1697 要求的混合补充凝胶材料的混凝土。使用混凝土施工，需在混凝土中加气并连续养护 7 天。

混凝土的任何可能被持续暴露于腐蚀性化学品或受长时间喷射的磨蚀部分，例如可能发生在泄漏的加压容器中，应该用耐化学腐蚀的涂层密封。除非已成功实行防止蒸汽形成的措施，否则请使用非防潮涂层。涂料需要对设备中的农药有耐受性，并按照制造商的建议进行涂抹。

结构设计。设计结构时，需处理所有影响结构性能（包括荷载假设、储罐、材料特性和施工质量）的问题，并在计划中说明设计假设和施工要求。

当使用屋顶 / 建筑物覆盖设施时，应使用最新版本的 ASCE 7 号标准《建筑物和其他结构的最小设计荷载》中风雪最小荷载的规定。

地基要建在预计的霜冻深度以下，除非本地基设计为了适应霜冻 / 冻结条件。

永久结构将根据以下参照标准进行适当的设计：

- 木材——美国森林与纸业协会《木结构设计规范》；
- 钢材——美国钢结构协会（AISC）《钢结构手册》；
- 砌体——美国混凝土协会（ACI）530 号《砌体结构建筑规范要求》；
- 非防渗透混凝土——美国混凝土协会 318 号《结构混凝土建筑规范要求》；美国混凝土协会 330R 号《混凝土停车场的设计和施工指南》，适用于分布式固定荷载、轻型车辆交通或重型卡车或农业设备不频繁使用的地面板材；美国混凝土协会 360R 号《地面板坯设计指南》，适用于重型卡车或重型农业运输设备常规或频繁使用的地面板坯；
- 防渗透混凝土——自然资源保护局《美国国家工程手册》（NEM）第 536 部分《结构工程》，适用于混凝土结构；ACI 350 附录 H《环境混凝土结构和板式土壤的要求》，适用于混凝土板。

供水。为混合农药、冲洗罐和容器以及设备中的紧急健康和安全需求提供充足的供水。根据需要为所有的管道和软管设置防回流装置。

安全。提供适当的安全措施以尽可能降低对设备造成的损害。张贴警示标志，安装紧急清洗台、防火喷水头、液体溢出应急包、灭火器和其他适当的装置，以确保人员的安全。使用自然或机械方式为封闭建筑物提供足够的和不间断的通风。

植被。根据需要，采用保护实践《关键区种植》（342）中的“种植植被”中列出的实践或国家种植指南来稳定受干扰地区，以防止侵蚀。设施周围区域用于稳定的植被必须能抵抗除草剂的漂移或意外溢出。

便携式设施标准

便携式农药处理设施是一种制造的便携式设备，可以轻松地在不同农田间移动并且可以满足用户的需求。

装卸台。装卸台由耐用且对于预期农药具有化学耐受性的材料建成。装卸台的最小容纳能力是放置在本装卸台上的最大单个农药容器或罐的容积的 1.25 倍。装卸台要包括一个便于回收溢出液体的集液池或其他容器。

注意事项

对于永久性设施，农药处理设施可能会因混合农药、冲洗农药喷雾器、容器和装卸台而导致现场用水量增加。

考虑安装冲洗设备，以便充分冲洗农药容器的残留物。冲洗系统可以由补给水箱的排水泵或单独的具有足够压力的水泵运行。与设备制造商核实任何用于压力冲洗的泵是否都与冲洗设备兼容。根据当地和州的要求把空的农药容器处理干净。

考虑在永久设施上搭建遮盖物。

考虑在设施入口处安装挡板以尽量减少沉淀物落到装卸台上。

考虑为灌装农药喷雾器提供一个混合操作平台。

对于封闭性建筑的通风，考虑采用保护实践《空气过滤和除尘》(371)，以减少空气污染物排放。

对于便携式处理设施，考虑在从补给水箱到喷洒水箱的软管中使用带有内置止回阀的顶部 / 底部加载阀。这样操作人员就可以站在地面上进行喷雾器灌装作业。

计划和技术规范

计划和技术规范应说明操作要求，至少应包括以下内容：

- 设施布局的平面图。
- 设施的相关标高。
- 水文位置。
- 电气线路。气体管道的位置，以及对掩埋和材料质量的要求。
- 所有组件的结构细节。
- 所有组件的电气细节。
- 所有组件的水暖细节。
- 安全措施的位置和细节。
- 使用屋顶结构来保护设施时，应包括设计数据和建筑尺寸。
- 设施的出口和入口。
- 植被要求。
- 工程量。
- 如果需要，给出排水 / 污水分级计划。
- 土壤和基础研究结果、分析和报告。
- 施工期间的临时侵蚀控制措施。

审查便携式农药处理设施的计划和技术规范。确保制造商提交的有关拟建设施的信息符合本实践的要求。

运行和维护

制订一份符合实践目的、预期设计寿命、安全要求、设计标准以及所有地方、州和联邦法律法规的运行和维护计划。

运行和维护计划要包含以下内容：

- 设施简介。说明用于调节和设计设施的参数，例如储罐和设备尺寸。
- 本设施不能用于除农药施用的材料和设备的储存、混合、装载、清洁和维护以外的目的。
- 在该设施存储或处理农药的清单。现场必须要有材料安全数据表。
- 处理冲洗液、洗涤水和溢出物的建议方法。
- 处理收集雨水的程序。
- 处理收集沉积物的程序。
- 不同农药之间混合操作时表面清洁策略。
- 对混凝土、挡板、收集槽、通道、建筑结构等结构部件的检查计划。注意检查的时间、需要关注的状况以及采取适当的必要措施。
- 需要每周、每月或每年对组件进行维护，以确保系统组件正常运行，包括（但不限于）混凝土表面、收集槽、水泵、软管、管道、建筑材料、电气设备以及其他材料和设备。
- 任何要求的书面检查和维护报告的时间表。
- 设备需要进行防冻处理。

- 需要安全标志。
- 具有安全程序的应急响应计划，以应对意外泄漏、暴露、火灾或其他危险事件。提供一份安全设备、联系人姓名和电话号码的清单。

参考文献

40 CFR Part 165, Subpart E – Standards for Pesticide Containment Structures, 165.80 through 165.97.

American Concrete Institute, ACI codes, Detroit, MI.

American Forest and Paper Association, National Design Specifications for Wood Construction, Washington, DC.

American Institute of Steel Construction, AISC, Manual of Steel Construction, Chicago, IL.

American Society of Civil Engineers, ASCE 7, Minimum Design Loads for Buildings and Other Structures, Reston, VA.

Daum, D. R., and D. J. Meyer. Pesticide Storage Building. Pennsylvania State University, Agricultural Engineering Department.

Doane's Agricultural Report. Chemical Containment Facilities. Vol. 53, No 36-5.

Midwest Plan Service, 1995. Designing Facilities for Pesticide and Fertilizer Containment MWPS-37, Ames, IA.

Kammel, D. W., 1988. Protective Treatment for Concrete. Agricultural Engineering Department, University of Wisconsin.

Noyes, R. I., 1989. Modular Farm Sized Concrete Agricultural Chemical Handling Pads. Oklahoma State University, Agricultural Engineering Department.

Noyes, R. T., and D. W. Kammel, 1989. A Modular Containment, Mixing/Loading Pad. ASAE Paper No 891613, American Society of Agricultural Engineers, Winter Meeting, New Orleans, LA.

保护实践概述

（2014年10月）

《农药处理设施》（309）

农药处理设施是表面不透水的设施，可为农场农用化学品处理提供一个不对环境造成污染的安全区域。

实践信息

农药处理设施用于控制和隔离农用化学品在混合、装载、卸载和冲洗作业中的溢出物，以尽量减少对土壤、水、空气、植物、动物资源的污染和对人类的危害。设施的位置必须谨慎选择，以尽量减少对邻近地区、地表水和地下水资源以及农业生产的影响。设施的规模取决于所服务的最大储罐的大小，无顶设施需要更大的存储容量来存储雨水。化学品处理垫的尺寸必须能够承载拖拉机和储罐的结构荷载，并且不透水，不会被设施中使用的各种化学品腐蚀。

通常包括一个用于混合农用化学制品、冲洗储槽和容器的供水系统。可能需要安全设施，如警告标志、应急洗眼台和其他装置。

设施的运行和维护包括：设施检查，按照农药标签要求正确处理冲洗液、外用冲洗水、沉积物和溢出废水。

常见相关实践

《农药处理设施》通常与《养分管理》（590）和《病虫害治理保护体系》（595）等保护实践一起使用。

保护实践的效果——全国

土壤侵蚀	效果	基本原理
片蚀和细沟侵蚀	0	不适用
风蚀	0	不适用
浅沟侵蚀	0	不适用
典型沟蚀	0	不适用
河岸、海岸线、输水渠	0	不适用
土质退化		
有机质耗竭	0	不适用
压实	0	不适用
下沉	0	不适用
盐或其他化学物质的浓度	0	不适用
水分过量		
渗水	0	不适用
径流、洪水或积水	0	不适用
季节性高地下水位	0	不适用
季节性高地下水位	0	不适用
积雪	0	不适用
水分不足		
灌溉水使用效率低	5	对农药混合作业中的溢出进行控制。
水分管理效率低	5	对农药混合作业中的溢出进行控制。
水质退化		
地表水中的农药	5	对农药混合作业中的溢出进行控制。
地下水中的农药	5	对农药混合作业中的溢出进行控制。
地表水中的养分	0	不适用
地下水中的养分	0	不适用
地表水中的盐类	0	不适用
地下水中的盐类	0	不适用
粪肥、生物土壤中的病原体和化学物质过量	0	不适用
粪肥、生物土壤中的病原体和化学物质过量	0	不适用
地表水沉积物过多	0	不适用
水温升高	0	不适用
石油、重金属等污染物迁移	0	不适用
石油、重金属等污染物迁移	0	不适用
空气质量影响		
颗粒物（PM）和 PM 前体的排放	1	合理处理固体农药可以减少颗粒物的排放。合理处理氮基肥料可以减少氨的排放。
臭氧前体排放	1	合理处理有机液体可以减少挥发性有机化合物（VOC）的排放。
温室气体（GHG）排放	0	不适用
不良气味	0	不适用
植物健康状况退化		
植物生产力和健康状况欠佳	0	不适用
结构和成分不当	0	不适用
植物病虫害压力过大	0	不适用
野火隐患，生物量积累过多	0	不适用
鱼类和野生动物——生境不足		
食物	0	不适用
覆盖 / 遮蔽	0	不适用

（续）

鱼类和野生动物——生境不足	效果	基本原理
水	0	不适用
生境连续性（空间）	0	不适用
家畜生产限制		
饲料和草料不足	0	不适用
遮蔽不足	0	不适用
水源不足	0	不适用
能源利用效率低下		
设备和设施	0	不适用
农场/牧场实践和田间作业	0	不适用

CPPE 实践效果：5 明显改善；4 中度至明显改善；3 中度改善；2 轻度至中度改善；1 轻度改善；0 无效果；−1 轻度恶化；−2 轻度至中度恶化；−3 中度恶化；−4 中度至严重恶化；−5 严重恶化。

工作说明书—— 国家模板

（2014年9月）

此类可交付成果适用于个别实践。其他规划实践的可交付成果参考具体的工作说明书。

设计

可交付成果

1. 能够证明符合自然资源保护局实践中相关准则并与其他计划和应用实践相匹配的设计文件。
    a. 保护计划中确定的目的。
    b. 客户需要获得的许可证清单。
    c. 符合自然资源保护局国家和州公用设施安全政策（《美国国家工程手册》第 503 部分《安全》，A 子部分“影响公用设施的工程活动”，第 503.00 节至第 503.06 节）。
    d. 制订计划和规范所需的与实践相关的计算和分析，包括但不限于：
        i. 地质与土力学（《美国国家工程手册》第 531a 子部分）
        ii. 结构、机械和配件设计
        iii. 最大限度调用净水
        iv. 水力负荷
        v. 环境因素（如：位置、空气和水质）
        vi. 植被
2. 向客户提供书面计划和规范书包括草图和图纸，充分说明实施本实践并获得必要许可的相应要求。
3. 合理的设计报告和检验计划（《美国国家工程手册》第 511 部分，B 子部分“文档”，第 511.11 和第 512 节，D 子部分“质量保证活动”，第 512.30 至 512.32 节）。
4. 运行维护计划。
5. 证明设计符合实践和适用法律法规的文件［《美国国家工程手册》A 子部分 505.03（b）（2）节］。
6. 安装期间，根据需要所进行的设计修改。

注：可根据情况添加各州的可交付成果。

安装

可交付成果

1. 与客户和承包商进行的安装前会议。
2. 验证客户是否已获得规定许可证。
3. 根据计划和规范（包括适用的布局注释）进行定桩和布局。
4. 安装检查（酌情根据检查计划开展）。
   a. 实际使用的材料
   b. 检查记录
5. 协助客户和原设计方并实施所需的设计修改。
6. 在安装期间，就所有联邦、州、部落和地方法律、法规和自然资源保护局政策的合规性问题向客户 / 自然资源保护局提供建议。
7. 证明安装过程和材料符合设计和许可要求的文件。

注：可根据情况添加各州的可交付成果。

验收

可交付成果

1. 竣工文档。
   a. 实践单位
   b. 图纸
   c. 最终量
2. 证明安装过程符合自然资源保护局实践和规范并符合许可要求的文件［《美国国家工程手册》A 子部分第 505.03（c）（1）节］。
3. 进度报告。

注：可根据情况添加各州的可交付成果。

参考文献

NRCS Field Office Technical Guide（eFOTG）, Section IV, Conservation Practice Standard – Agrichemical Handling Facility - 309.

NRCS National Engineering Manual（NEM）.

NRCS National Environmental Compliance Handbook.

NRCS Cultural Resources Handbook.

注：可根据情况添加各州的可交付成果。

保护实践效果（网络图）

（2014年9月）

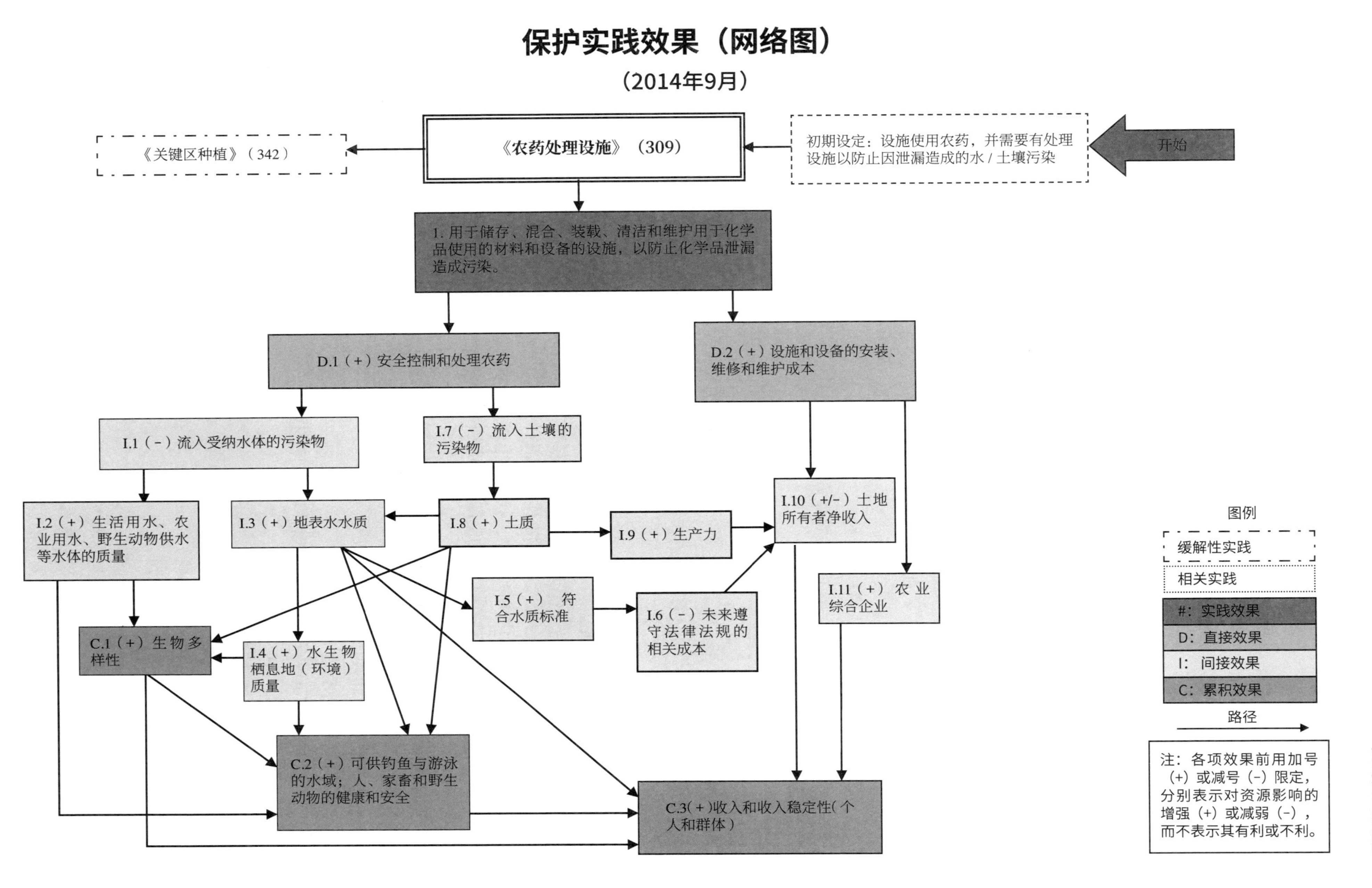

田篱间作

（311，Ac. 2017年10月）

定义

种植一排或多排的乔木或灌木，将农艺、园艺作物种植在木本作物之间，产生附加产品。

目标

- 改善微观气候条件，以提高作物或饲料的质量和产量。
- 减少地表水分流失和流水侵蚀。
- 促进养分的利用和循环，改善土壤健康。
- 改变地下水量或地下水位。
- 加强野生动物和益虫栖息地。
- 增加作物多样性。
- 减少养分或化学物质的异地迁移。
- 增加植物生物量和土壤中的碳储存量。
- 发展可再生能源系统。
- 改善空气质量。

适用条件

适用于所有可以将乔木、灌木、农作物和牧草进行混合种植的农田和牧草种植地上。

准则

总准则适用于所有目标

农作物或牧草和木本植物的组合必须相容和互补。植物必须适应该地的气候和土壤条件。

使用可接受的养分平衡程序，来确定作物或饲料序列和木本植物的种类。选择的植物将能最大限度地利用、循环土壤养分和植物残留物，以保持土壤有机质含量。

在降水量满足不了目标物种需求的区域，应为植被定植和生长进行水分保持和补充水分。

选择抗虫害植物品种。

避免选择乔木或灌木树种，因为它们为附生作物或饲料的害虫提供栖息地。

根据对农业化学品的耐受性，选择场地种植的作物、饲料、乔木或灌木品种。

乔木或灌木之间的距离将由以下要求决定：

- 乔木或灌木管理的目标。
- 间隔中的农作物和草料对于光照和生长期的要求。
- 侵蚀控制的要求。
- 机器宽度及其转向区域。

将通过种植植被或采用其他手段控制土壤侵蚀，直到间作种植设计完全发挥作用。

参照保护实践《乔木 / 灌木建植》（612），以进一步指导种植乔木和灌木。

减少地表径流和侵蚀的附加准则

乔木或灌木行将朝向或靠近等高线，以减少水的侵蚀。

为了减少地表径流和侵蚀，将与乔木或灌木行结合建立草本地盖。

为了减少风蚀，乔木或灌木会以近垂直方向种植。

选择根扎得相对较深的乔木和灌木的种类，以促进水源渗透。

增加碳储存的附加准则

选择生长速度快的乔木和灌木等。

种植 / 管理要有适当的密度，以最大限度地高于地面和地下生物生产量。

通过使用免耕法来最大限度地减少土壤物理干扰。

发展可再生能源系统的附加准则

选择能够提供足够种类和数量的生物质的植物，以满足生物能源需求。

控制好生物能源量清除的强度和频率，以此消除对系统造成的长期负面影响。

在不损害其他预期目的和功能的情况下，取得生物能源量。

改善空气质量的附加准则

来自间作植物上残留下来的残渣必须保留在地表。

选择和维护具有叶片和结构特征的乔木或灌木树种，以优化拦截、吸附和吸收微粒的功能。

在关键通风期间，乔木或灌木的排列方向应尽可能接近于垂直风向。

注意事项

应充分考虑物种多样性，包括使用本地物种，以避免因特定物种的害虫或增强野生动物需求而丧失功能。

在选择植物种类时考虑生物入侵因素。

应选择高价值的乔木或灌木以期获得最大的经济回报。

在乔木和灌木定期修剪或收获时，应考虑所选树种的萌生能力。

选定作物、牧草和木本植物的需水量不超过可用的土壤水。

选择适合生根深度的作物、饲料和木本植物，以更好地利用可用土壤水分。

考虑改善微气候条件和栖息地以加强生物虫害控制。

计划和技术规范

必须为每个场地编制应用本实践的计划和说明，并使用经批准的规范表、工作表、技术说明和保护计划中的叙述性陈述或其他可接受的文件进行记录。

运行和维护

将定期检查这些乔木、灌木、作物和饲料，让其免于受到包括昆虫、疾病或竞争性植被因素在内的不利影响。乔木或灌木也将受到保护，免受火灾、牲畜或野生动物的危害。

将保留乔木或灌木的所有指定养护措施和技术支持，直到植物能够存活。这包括更换已死和即将枯死的乔木或灌木，因安全原因修剪死亡或损坏的树枝，定期修剪特定的树枝来控制产品质量，控制不受欢迎的竞争植被。

任何乔木或灌木产品的清除、农用化学品的使用和维护操作必须符合本实践的预期目的。避免损坏场地和土壤，并遵守与场地和场外影响有关的适用的联邦、州和当地有关规定。

保护实践概述

（2017年10月）

《田篱间作》（311）

田篱间作是一种农林结合实践，是指在间隔较宽的木本植物作物行之间种植农业作物或园艺作物。将产物、利润和收获时间不同的一年生作物和多年生作物相结合，使土地所有者可以更有效地利用可用的空间、时间和资源。

实践信息

田篱间作可以增加乔木/灌木产品进而提高农业企业的效益或多样化水平，减少地表水径流和土壤侵蚀，改变地下水位深度，提高土地养分利用率，减少养分外流，改善作物生产微气候，为野生动植物和益虫提供栖息地，美化种植区，增加净碳储量。

常见的部分间作案例包括在黑胡桃或山核桃树作物行之间种植小麦、玉米、大豆或干草。也可选择非传统作物或增值作物来增加收入，例如在坚果树作物行之间种植向日葵或草药，或者在苗木树或榛子树之间种植果树。

田篱间作还适用于短期轮作木本作物等，其生长速度快，与草料或中耕作物结合，同时生产薪材和饲料。对适当的植物种类进行间作，还有利于扩大野生动物栖息地。

常见相关实践

《田篱间作》（311）通常与《乔木/灌木建植》（612）和《木质残渣处理》（384）等保护实践一起使用。

保护实践的效果——全国

土壤侵蚀	效果	基本原理
片蚀和细沟侵蚀	5	植被和地表枯枝落叶层可减轻雨滴打击，减缓径流水流速，增强渗透。
风蚀	5	高大植被可形成风幕，降低侵蚀性风速，并阻止沙砾跃移，形成稳定区。
浅沟侵蚀	5	植被削弱集中水流的冲蚀力度，防止土壤颗粒分离。
典型沟蚀	3	减少导致沟蚀的水流。
河岸、海岸线、输水渠	0	不适用
土质退化		
有机质耗竭	5	永久性植被的根和营养物质增加土壤有机质含量。
压实	2	根部渗透和有机质有助于土壤结构的修复。
下沉	0	不适用
盐或其他化学物质的浓度	1	植物可能会吸收一些盐分，而根部渗透的增强可提高土壤渗透性，增强浸析。
水分过量		
渗水	1	植物吸收多余水分。
径流、洪水或积水	1	径流减少可增强水分入渗，进而有助于减少洪水或积水的发生。

（续）

水分过量	效果	基本原理
季节性高地下水位	2	植物吸收多余水分。
积雪	3	雪落在乔木 / 灌木的树冠上，在作物行间沉积。
水分不足		
灌溉水使用效率低	3	高大植被降低风速和蒸散量，从而提高可用水的利用效率。
水分管理效率低	0	必须对作物进行调整和管理，以确保树木对可用水的利用。
水质退化		
地表水中的农药	3	乔木和灌木吸收农药残留，并可阻止农药飘失。此外，这种实践还可减少径流和侵蚀。
地下水中的农药	1	乔木和灌木可吸收农药残留。此外，增加土壤有机质和生物活性有利于农药降解。
地表水中的养分	3	植物和土壤生物可吸收养分。
地下水中的养分	1	植物和土壤生物可吸收养分。
地表水中的盐类	1	植被可促进渗透，减少地表径流。
地下水中的盐类	1	由于植物生长旺盛，可能会促进盐分吸收。
粪肥、生物土壤中的病原体和化学物质过量	3	地表植被可捕获并延迟病原体的移动，从而增加其死亡率。
粪肥、生物土壤中的病原体和化学物质过量	1	改善植被有助于地表水和相关病原体的渗透，但植物活力和微生物活性的增加减少了病原体的数量。
地表水沉积物过多	3	植被减缓多泥沙水体流速，减少其输沙量。
水温升高	0	田篱间作通过截流可减少地表径流。
石油、重金属等污染物迁移	1	生长的植物会吸收金属。
石油、重金属等污染物迁移	1	由于植物生长旺盛，可能会促进吸收。
空气质量影响		
颗粒物（PM）和 PM 前体的排放	2	永久性植被可形成防风带，降低侵蚀性风速，并阻止沙砾跃移，形成稳定区。
臭氧前体排放	0	不适用
温室气体（GHG）排放	2	植被将空气中的二氧化碳转化为碳，储存在植物和土壤中。
不良气味	0	不适用
植物健康状况退化		
植物生产力和健康状况欠佳	5	对植物进行选择和管理，可保持植物最佳生产力和健康水平。
结构和成分不当	1	选择适应且适合的植物。
植物病虫害压力过大	3	种植并管理植被，可控制不需要的植物种类。
野火隐患，生物量积累过多	0	不适用
鱼类和野生动物——生境不足		
食物	3	选择合适的植物物种，并加以管理，以提高目标物种的食物营养价值。
覆盖 / 遮蔽	3	选择合适的植物物种，并加以管理，以增加对野生动物的覆盖 / 遮蔽。
水	5	不适用
生境连续性（空间）	3	高大植被形成垂直的栖境结构。
家畜生产限制		
饲料和草料不足	1	通过改善微气候，提高饲料和饲用植物的质量和数量。
遮蔽不足	0	不适用
水源不足	0	不适用
能源利用效率低下		
设备和设施	0	不适用
农场 / 牧场实践和田间作业	1	有助于生物量生产，减少农作物生产投入。

CPPE 实践效果：5 明显改善；4 中度至明显改善；3 中度改善；2 轻度至中度改善；1 轻度改善；0 无效果；−1 轻度恶化；−2 轻度至中度恶化；−3 中度恶化；−4 中度至严重恶化；−5 严重恶化。

保护实践工作表

（2003年4月）

定义

间作是指将乔木或灌木以两组或两组以上单排或多排种植，并在木本植物作物行之间种植农艺、园艺或草料作物。

目的

田篱间作可以增加乔木/灌木产品进而提高农业企业的效益或多样化水平，减少地表水径流和土壤侵蚀，改变地下水位深度，提高土地养分利用率，减少养分外流，改善作物生产微气候，为野生动植物和益虫提供栖息地，美化种植区，增加净碳储量。

使用场所

间作适用于现有耕作方式的经济或环境条件有待改善的地方。除乔木或灌木外，田篱间作还适用于行间作物、小粒谷类作物、草料作物或特种作物生产。所选地点必须同时适合相应木本和草本作物品种的种植。

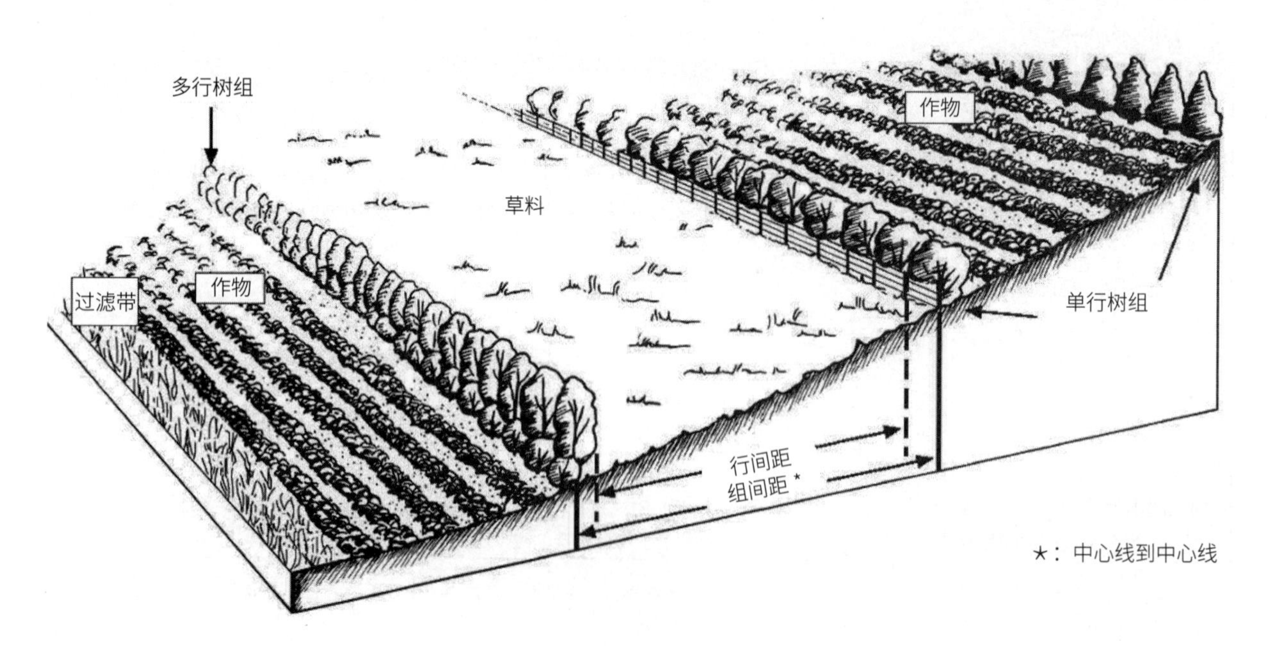

乔木或灌木通常以单排或多排的组或系列种植。各组之间的距离取决于间作的主要目的和所种植的农艺、园艺或草料作物。木本植物通常是根据其对木材、坚果或水果作物的潜在价值或其能为间作作物所带来的益处而进行选择。根据所处地区、土壤类型、价值和市场情况，有许多可共存的乔木或灌木物种。所有传统的农艺、园艺或草料作物都可以种植在乔木或灌木组之间。选择间作作物主要考虑其对阳光的需求量以及乔木或灌木组形成的林冠密度（树阴）。

资源管理系统

田篱间作通常与保护性作物轮作、养分和害虫管理、残留物管理和其他实践同时进行，作为保护管理单元中资源管理系统的一部分。采用草料作物时，需要同时进行与草料相关的实践。如果要通过间作来控制土壤侵蚀，则乔木或灌木应与草本植被一起种植在等高线上。如果要通过田篱间作来改善野生动物栖息地，则应考虑在特定地点种植对目标野生物种有益的本地乔木或灌木物种，或适应当地环境的乔木或灌木物种。

若乔木 / 灌木组之间间隔较大（40 英尺或以下），可种植数年不耐阴作物，直到木本植物树冠形成明显树阴。形成明显树阴时，可考虑以下几种选择：1）用耐阴作物替换不耐阴作物；2）在不损害功能或未来产品的前提下，对木本植被进行修剪，以减弱遮阴情况；3）收割现有树木，种植木本植物（需要能快速生长成熟的木本植物）。

野生动物

间作可连通不同的重要栖息地，在田内形成覆盖植被、改善垂直结构并增强边缘效应，进而改善部分野生动物栖息地环境。

运行和维护

在新种植的组中替换已死和将死的木本物种。须注意，要使用能同时与木本作物和间作作物相容的化学品。监测间作作物的生长，以确定当木本作物成熟时是否能满足遮阴条件。为了确保农艺、园艺或草料作物能顺利生长，可能需要沿着间作边缘修剪根系。要保护乔木和灌木免受家畜或有害野生动物的破坏。

规范

规范表中列出了特定场地的具体要求。其他规定在工作草图表中显示。所有规范根据《自然资源保护局现场办公室技术指南》编制。参见实践《田篱间作》（311）。

田篱间作：工作表

土地所有者 ______________________________ 场地号 ____________________

目的（勾选所有适用项）	
□ 在种植作物或草料的同时，生产乔木或灌木产品（木材、坚果、浆果、饲料、覆盖物等）	□ 形成或改善野生动物栖息地
□ 通过改善微气候条件来提高作物或草料的质量和数量	□ 为生物害虫的管理创造环境
□ 减少地表水径流和土壤侵蚀	□ 提高作物多样性、数量、质量和经济效益
□ 提高土壤养分的利用与循环利用	□ 减少养分或化学物质的外流
□ 减少地下水量或改变地下水位深度	□ 增强地区美化
	□ 增加植被和土壤的净碳储量

布局
行间距[1]（英尺）：
乔木 / 灌木组间距[2]（英尺）：
补充草本覆盖植被宽度——侵蚀场地（英尺）：
乔木 / 灌木组种植方向：___ 等高线；___ 北 / 南，东 / 西，其他（请说明 ____________________________）

1 草本作物的距离，设置为等于农业设备宽度的倍数。2 从一组中心到下一组中心的距离。

木本植物信息				
种植日期：				
按组和作物行号划分的物种 / 品种：（在工作表草图上注明组号和行号）	苗木种类[3]：	作物行内植物间距（英尺）	作物行植物总数	一个作物行到下一个作物行的距离（英尺）[4]
1 组：　1				
2				
3				
4				
2 组：　1				
2				
3				
4				

3 裸根苗、容器苗、修剪苗；包括尺寸、卡尺、高度和苗龄（如适用）。4 根据维护设备的宽度进行调整。

临时储存说明
休眠的苗木可以暂时存放在温度较低或受保护的地方。对于预计在种植前开始生长的苗木，挖一个足够深的 V 形沟（倾斜）埋入，确保整个根部完全覆盖在土壤中。将土压实，浇透水。 附加要求：
田地准备
清除杂物并控制竞争性植被生长，以便为种植和种植设备留出足够的空间或场地。如需要，针对乔木或灌木准备额外的保湿材料。 附加要求：
种植方法
对于容器苗和裸根苗，苗木种植深度要确保根颈埋入穴内的深度和宽度，以充分伸展根系。将每株植物周围的土壤压实。插条苗插在潮湿的土壤中，至少有 2 ~ 3 个芽露出地面。 附加要求：
运行维护
定期检查间作作物，防止出现问题，保证其功能正常。更换枯萎或即将枯萎的乔木或灌木苗，并继续控制竞争性植被生长，以确保苗木生长。如需要，安装并进行补充灌溉。 附加要求：

如需要，可在下面显示本实践的鸟瞰图或侧视图。可添加其他相关信息、补充实践和措施以及附加规范。
比例尺：1 英寸 =________ 英尺（网格大小 =1/2 英寸 ×1/2 英寸）

附加规范和注释：

工作说明书—— 国家模板

（2010年4月）

此类可交付成果适用于个别实践。其他规划实践的可交付成果参考具体的工作说明书。

设计

可交付成果

1. 能够证明符合自然资源保护局实践中相关准则并与其他计划和应用实践相匹配的设计文件。
   a. 保护计划中确定的实践目的。
   b. 客户需要获得的许可证清单。
   c. 制订计划和规范所需的与实践相关的计算和分析，包括但不限于：
      i. 木本植物、作物和草料的相容性分析，包括计算要达到预期目的并将有害生物影响降至最低所需的乔木 / 灌木组之间的间距
      ii. 为达到预期目的，乔木 / 灌木组所需的种植方向
      iii. 为达到预期目的、方便使用机械和设备，乔木 / 灌木组之间所需的间距
      iv. 为确保所需功能而采取的植物保护措施，包括访问进出控制
      v. 为控制地表水对土壤的侵蚀、改善空气质量，根据需要增加的规定
2. 向客户提供书面计划和规范书包括草图和图纸，充分说明实施本实践并获得必要许可的相应要求。
3. 所需运行维护工作的相关文件。
4. 证明设计符合实践和适用法律法规的文件。
5. 安装期间，根据需要所进行的设计修改。

注：可根据情况添加各州的可交付成果。

安装

可交付成果

1. 与客户进行的实施前会议。
2. 对客户是否已获得所需许可证进行的验证。
3. 根据计划和规范（包括适用的布局注释）进行定桩和布局。
4. 根据需要提供的实施指导。
5. 与客户和原设计方一起促进并实施所需的设计修改。
6. 在安装期间，就所有联邦、州、部落和地方法律、法规和自然资源保护局政策的合规性问题向客户 / 自然资源保护局提供建议。
7. 证明施用过程和材料符合设计和许可要求的文件。

注：可根据情况添加各州的可交付成果。

验收

可交付成果

1. 实施情况记录。
   a. 实践单位
   b. 实际采用或使用的植物材料
2. 证明施用过程符合自然资源保护局实践和规范并符合许可要求的文件。

3. 进度报告。

注：可根据情况添加各州的可交付成果。

参考文献

NRCS Field Office Technical Guide（eFOTG）, Section IV, Conservation Practice Standard – Alley Cropping, 311.

NRCS National Forestry Handbook（NFH）, Part 636.4.

NRCS National Environmental Compliance Handbook.

NRCS Cultural Resources Handbook.

注：可根据情况添加各州的可交付成果。

保护实践效果（网络图）

（2017年10月）

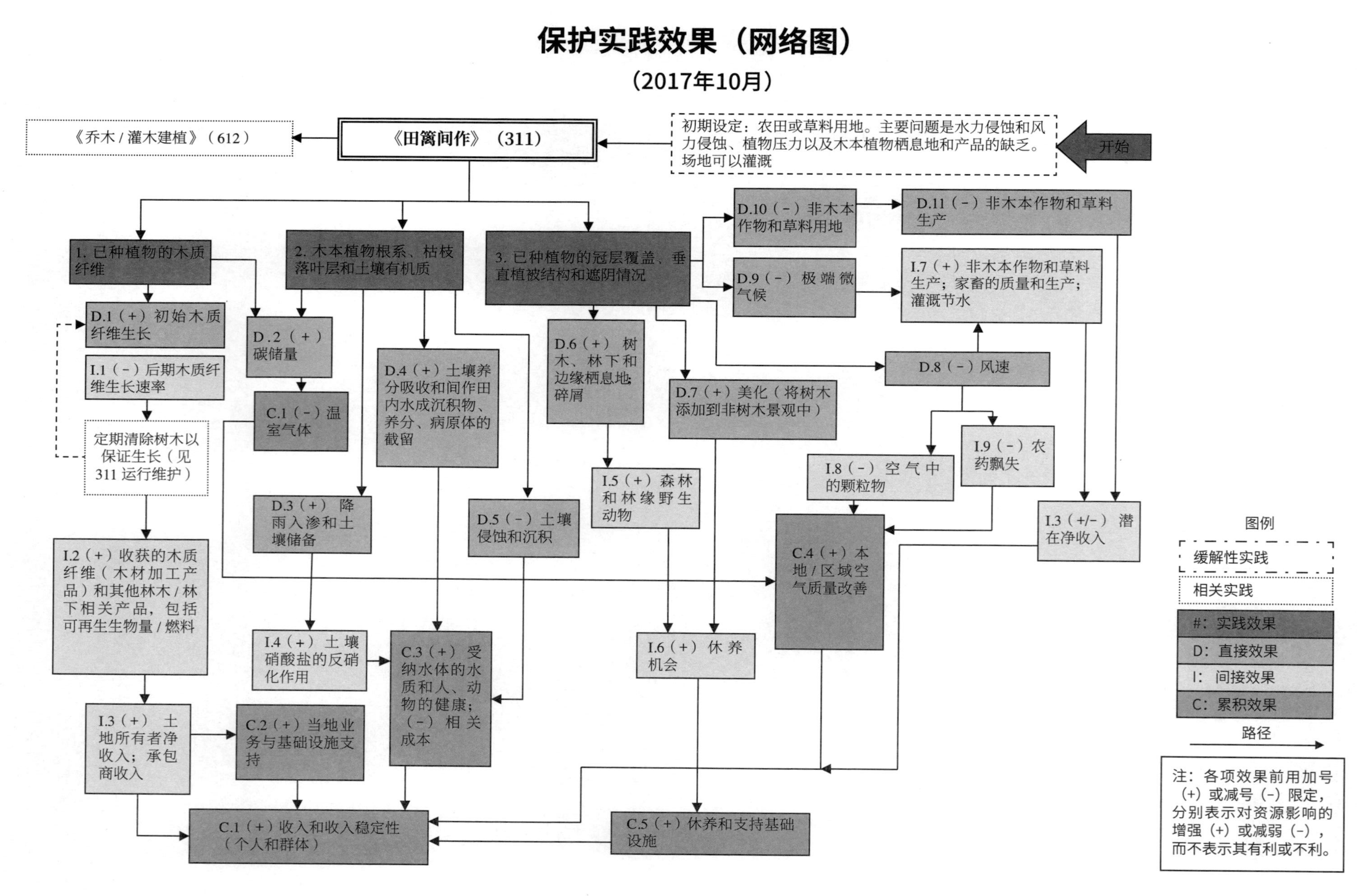

农业废物处理改良剂

（591，AU. 2013年4月）

定义

利用化学或生物添加剂改变粪肥、工艺废水、受污染的暴雨径流和其他废物的性质。

目的

- 协助管理、处理及加工粪肥和废物。
- 降低与病原体传播和污染有关的风险。
- 改善或保护空气质量。
- 改善或保护水质。
- 改善或确保动物健康状况。

适用条件

本实践适用于使用化学或生物改良剂将改变废物的物理和化学特性，作为计划的肥料或废物管理系统的一部分，此实践不包括动物饲料的改良措施。

准则

适用于上述所有目的的附加准则

法律、规章及条例。规划并实施改良剂，使其成为符合所有联邦、州和地方的法律、法规和规章的粪肥或废物管理系统的一部分。

标签和使用说明。改良剂的标签或随附的说明应包含以下信息：

- 有效成分及其占整体的百分比。只要包含实际的化学和生物名称，可以使用专有术语。
- 改良剂的目的。
- 为达到预期目标建议的使用率。
- 为优化改良剂的有效性所采用的应用时间和方法。
- 建立要求（如有）。
- 改良措施需要的特殊处理和储存要求。
- 任何与使用改良剂及建议措施有关的安全隐患，包括所有需要的个人防护装备。

产品验证。改良剂的提供方有责任向自然资源保护局提供以下文件。

提供来自大学或其他独立研究实体的信息，以记录改良剂的特定物种的比率、改良剂时间和应用方法，以达到满足特定目的所需治理水平。最好选取同行评审期刊的文献。

确定改良剂对文件中生态系统的潜在不利影响。

如果可以，记录改良剂在不同气候因素下的有效性。

系统影响。在系统设计中，如果改良会对粪肥管理系统造成其他方面的不利影响，则限制使用改良剂。

施肥和其他废物的土地使用必须符合自然资源保护局保护实践《养分管理》（590）中的实践。

注意事项

在密闭空间使用减少从粪便中产生的氨和其他排放物的改良剂，在达到可观的节能效果情况下，可允许改变通风策略。

为了减少氨的排放，可能需要对养分管理计划进行修订，因为这也会增加肥料中氮的比例。

计划和技术规范

根据本实践制订计划和说明，并描述实施此实践的具体目的，以及为实现这些目的而实施此实践的要求。

根据供应商提供的标签指示和其他指示，制定改良剂的使用说明。

在计划和说明中提供以下信息：

- 改良剂的名称、使用的目的和计划的结果。
- 应用方法，包括速率、时间、混合说明、温度要求等。
- 确定本改良剂的有效性所需的测试。

运行和维护

在实施此实践之前，与运营商和业主一起制订和审查特定场地的运行和维护（Q&M）计划。确保运行和维护计划与供应商提供的标准目的、安全注意事项、标签说明和供应商提供的其他指示相一致。

在运行和维护计划中提供足够详细资料，包括要使用的改良剂、使用率和时间，以及要使用的设备。

在运行和维护计划中，详细说明在处理特定化学品或生物改良剂时必须采取的所有安全防护措施。

在运行和维护计划中，提供足够的记录指导改良剂的使用、实际使用率和时间，及进行的任何测试（包括营养分析）。推荐操作人员使用记录大纲，以记录结果，并对其操作的粪便处理过程进行微调。

保护实践概述

(2017年10月)

《农业废物处理改良剂》(591)

农业废物处理改良剂是利用化学或生物添加剂处理粪肥、工艺废水、受污染的暴雨径流和其他废物。

实践信息

其目的是改变废物流的特性，以便处理废物，改善或保护空气、水资源、动物健康。这一实践所涵盖的添加剂通常可与磷结合、抑制氨的生成、控制气味、增强固体分离。

这些改良剂将用于实施有计划的废物管理系统。改良剂的使用辅助农作物和家畜的生产。

处理化学品或生物改良剂时，需要遵循制造商建议的所有安全预防措施。

应对改良剂的使用、实际施用量和施用时间以及进行的任何试验（包括营养分析）进行详细记录。

常见相关实践

《农业废物处理改良剂》（591）通常与《农药处理设施》（309）、《废物转运》（634）、《养分管理》（590）、《废物分离设施》（632）、《废物储存设施》（313）、《废物处理》（629）和《废物处理池》（359）等保护实践一起使用。

保护实践的效果——全国

土壤侵蚀	效果	基本原理
片蚀和细沟侵蚀	0	不适用
风蚀	0	不适用
浅沟侵蚀	0	不适用
典型沟蚀	0	不适用
河岸、海岸线、输水渠	0	不适用
土质退化		
有机质耗竭	1	使用改良剂可产生高有机残留物，施用后可增加土壤有机质，超过未处理粪肥的施用量。
压实	0	不适用
下沉	0	不适用
盐或其他化学物质的浓度	0	轻微恶化到轻微改善，取决于盐分是聚集下来还是从土地废物流中流走。
水分过量		
渗水	0	不适用
径流、洪水或积水	0	不适用
季节性高地下水位	0	一些改良剂，如 PAM，可以改变接收废物流的土壤的吸收率。
积雪	0	不适用
水分不足		
灌溉水使用效率低	1	改变后的废物流中固体含量最低，可满足灌溉需要。
水分管理效率低	0	不适用
水质退化		
地表水中的农药	0	不适用
地下水中的农药	0	不适用
地表水中的养分	2	改良剂通常用于去除废物流中的养分和有机物。
地下水中的养分	2	改良剂通常用于去除废物流中的养分和有机物。
地表水中的盐类	2	改良剂可用于改变废物流以去除盐分、金属和一些病原体。
地下水中的盐类	2	改良剂可用于改变废物流以去除盐分、金属和一些病原体。
粪肥、生物土壤中的病原体和化学物质过量	2	改良剂可用于改变废物流以去除盐分、金属和一些病原体。
粪肥、生物土壤中的病原体和化学物质过量	2	改良剂可用于改变废物流以去除盐分、金属和一些病原体。
地表水沉积物过多	0	不适用
水温升高	0	不适用
石油、重金属等污染物迁移	2	改良剂可用于改变废物流以去除盐分、金属和一些病原体。
石油、重金属等污染物迁移	2	改良剂可用于改变废物流以去除盐分、金属和一些病原体。
空气质量影响		
颗粒物（PM）和 PM 前体的排放	3	改良剂可以减少氨的排放、抑制灰尘。
臭氧前体排放	1	有助于保留氮的改良剂可以减少氮氧化物（NO_X）的排放，然而，通常不会使用专门保留氮的改良剂。
温室气体（GHG）排放	1	有助于保留氮的改良剂可以减少一氧化二氮（N_2O）的排放，然而，通常不会使用专门保留氮的改良剂。
不良气味	4	一些改良剂在减轻粪肥气味方面非常成有效。
植物健康状况退化		
植物生产力和健康状况欠佳	1	改良剂可以改变废物流以更好地满足工厂需要。
结构和成分不当	0	不适用
植物病虫害压力过大	0	不适用
野火隐患，生物量积累过多	0	不适用
鱼类和野生动物——生境不足		
食物	0	不适用

（续）

鱼类和野生动物——生境不足	效果	基本原理
覆盖 / 遮蔽	0	不适用
水	0	不适用
生境连续性（空间）	0	不适用
家畜生产限制		
饲料和草料不足	0	改良剂可以有效改变废物流，更好地满足饲料和草料生长所需的条件，但这一影响较小。
遮蔽不足	0	不适用
水源不足	1	一些改良剂用来处理废物流，使之达到家畜可以再利用的程度。
能源利用效率低下		
设备和设施	0	不适用
农场 / 牧场实践和田间作业	0	不适用

CPPE 实践效果：5 明显改善；4 中度至明显改善；3 中度改善；2 轻度至中度改善；1 轻度改善；0 无效果；−1 轻度恶化；−2 轻度至中度恶化；−3 中度恶化；−4 中度至严重恶化；−5 严重恶化。

工作说明书—— 国家模板

（2013年4月）

此类可交付成果适用于个别实践。其他规划实践的可交付成果参考具体的工作说明书。

设计

可交付成果

1. 能够证明符合自然资源保护局实践中相关准则并与其他计划和应用实践相匹配的设计文件。
   a. 保护计划中确定的目的。
   b. 客户需要获得的许可证清单。
   c. 辅助性实践一览表。
   d. 制订计划和规范所需的与实践相关的计算和分析，包括但不限于：
      i. 类型和数量
      ii. 施用方法和频率
      iii. 环境因素（例如位置、水质和空气质量）
2. 向客户提供书面计划和规范书包括草图和图纸，充分说明实施本实践并获得必要许可的相应要求。
3. 运行维护计划。
4. 证明设计符合实践和适用法律法规的文件。
5. 安装期间，根据需要所进行的设计修改。

注：可根据情况添加各州的可交付成果。

安装

可交付成果

1. 与客户和承包商进行的安装前会议。
2. 验证客户是否已获得规定许可证。
3. 根据需要制定的安装指南。

4. 协助客户和原设计方并实施所需的设计修改。
5. 在安装期间，就所有联邦、州、部落和地方法律、法规和自然资源保护局政策的合规性问题向客户 / 自然资源保护局提供建议。
6. 证明安装过程和材料符合设计和许可要求的文件。

注：可根据情况添加各州的可交付成果。

验收

可交付成果

1. 实施记录。
   a. 实践单位
   b. 实际使用的材料
2. 证明施用过程符合自然资源保护局实践和规范并符合许可要求的文件。
3. 进度报告。

注：可根据情况添加各州的可交付成果。

参考文献

NRCS Field Office Technical Guide（eFOTG）, Section IV, Conservation Practice Standard – Amendments for Treatment of Agricultural Waste（591）.

NRCS Agricultural Waste Management Field Handbook（AWMFH）.

NRCS National Environmental Compliance Handbook.

NRCS National Cultural Resources Procedures Handbook.

注：可根据情况添加各州的可交付成果。

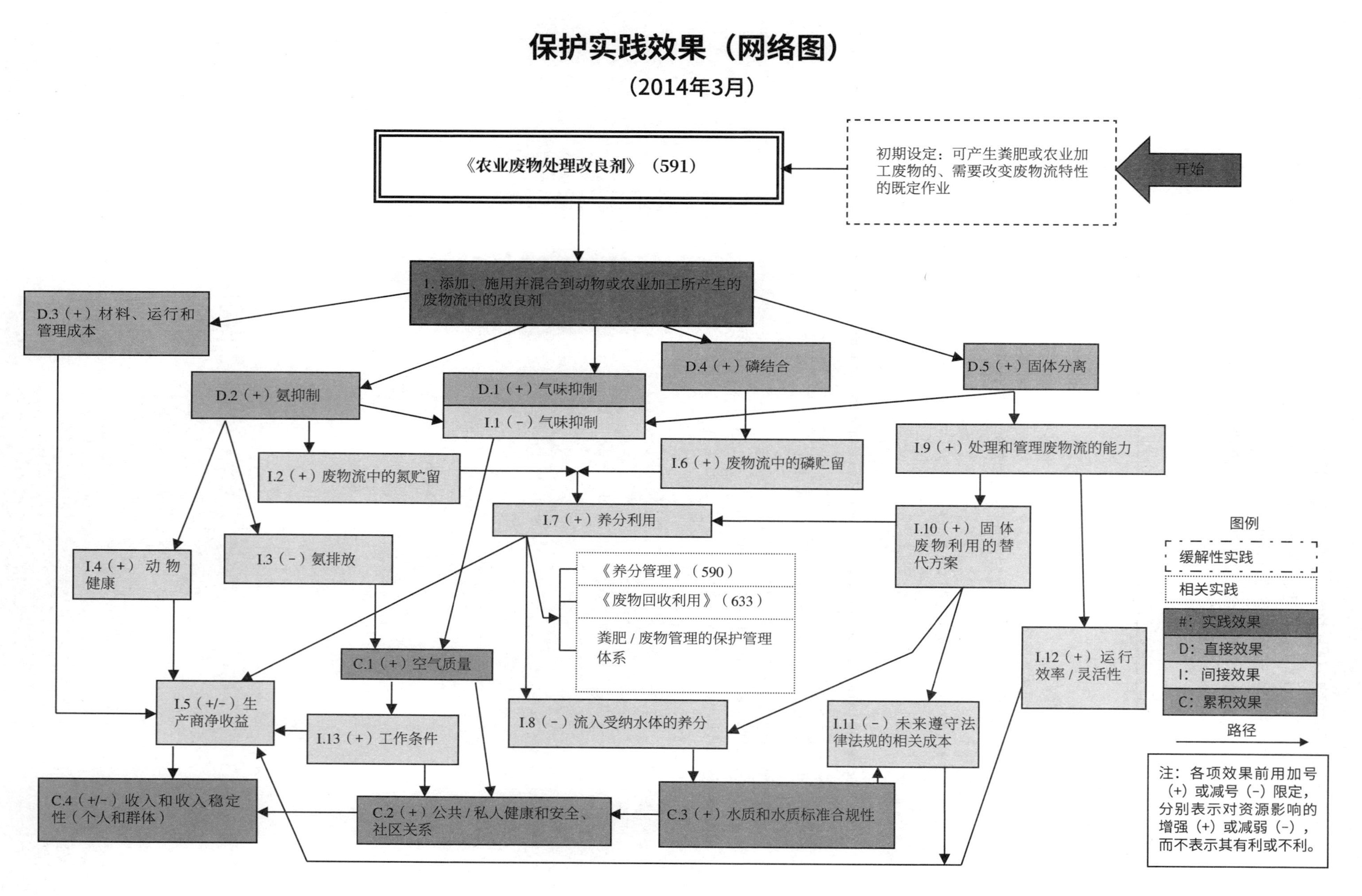
保护实践效果（网络图）
(2014年3月)
《农业废物处理改良剂》（591）
初期设定：可产生粪肥或农业加工废物的、需要改变废物流特性的既定作业
开始
1. 添加、施用并混合到动物或农业加工所产生的废物流中的改良剂
D.3（+）材料、运行和管理成本
D.2（+）氨抑制
D.1（+）气味抑制
I.1（-）气味抑制
D.4（+）磷结合
D.5（+）固体分离
I.2（+）废物流中的氮贮留
I.6（+）废物流中的磷贮留
I.9（+）处理和管理废物流的能力
I.7（+）养分利用
I.10（+）固体废物利用的替代方案
I.4（+）动物健康
I.3（-）氨排放
《养分管理》（590）
《废物回收利用》（633）
粪肥/废物管理的保护管理体系
I.12（+）运行效率/灵活性
C.1（+）空气质量
I.5（+/-）生产商净收益
I.13（+）工作条件
I.8（-）流入受纳水体的养分
I.11（-）未来遵守法律法规的相关成本
C.4（+/-）收入和收入稳定性（个人和群体）
C.2（+）公共/私人健康和安全、社区关系
C.3（+）水质和水质标准合规性
图例
缓解性实践
相关实践
#：实践效果
D：直接效果
I：间接效果
C：累积效果
路径
注：各项效果前用加号（+）或减号（-）限定，分别表示对资源影响的增强（+）或减弱（-），而不表示其有利或不利。

厌氧消化池

（366，No.，2017年10月）

定义

废物管理系统的一个组成部分，是在缺氧条件下利用生物处理分解动物粪肥和其他有机物。

目的

本实践可实现以下一个或多个目的：

- 解决臭气问题。
- 减少温室气体排放的净效应。
- 减少病原体。
- 收集沼气促进能源生产。

适用条件

本实践适用于：

- 沼气生产和收集是废物管理系统计划和综合养分管理计划（CNMP）的组成部分。
- 容易获得足够且合适的有机原料。

准则

适用于上述所有目的的总体准则

法律法规。计划、设计和构建的厌氧消化池，需符合联邦、州、部落和当地的法律法规。

选址。除非现场条件限制要将构建厌氧消化池的相关设施安装在洪泛区内，否则需将其安装在百年洪泛区之外。如果将其安装在洪泛区，需确保设施在25年之内免受洪水淹没或损坏影响。另外，需遵循自然资源保护局制定的190号通用手册（GM）第410部分B部分第410.25节中"洪泛区管理"的规定，即可能需要为位于洪泛区的建筑物提供额外保护。

原料特性。消化池的设计需考虑不同原料的特性。根据系统设计，需要对土壤、沙子、石头或纤维垫层材料（包括稻草团）等外来材料进行研磨、去除、减少或以其他方式进行处理。确保进料进水的总固体量与消化池类型和工艺设计相匹配。要去除消化池中多余的水和异物。如运行和维护计划中所述，当消化池被设计用于处理食物垃圾、来自食品加工操作的废水以及其他的有机基质时，可将这些废物作为补充原料添加到消化池中。

连接。确保所有的连接和配件的尺寸及安装符合设计流量和振动要求。

农业废物管理系统。在确定废物贮存设施的贮存要求时，无须考虑消化池的体积。

安全。如果消化池有可能造成安全隐患，请安装围栏并设置警示牌，以防止将其用于非预期用途。增设适当的安全装置，以尽量减少设施的危害［如有需要可参照美国农业与生物工程师学会（ASABE）EP470号标准《粪肥贮存安全指导》］。

沼气易燃、有剧毒、具有潜在爆炸性。设计沼气池及采气、控制和利用系统时，应采取适当的安全措施，包括适当的地震荷载（视需要而定），并按照处理易燃气体的标准工程操作规范安装部件，以防止不应有的安全隐患。至少要：

- 张贴"易燃气体警告"和"禁止吸烟"标志。
- 安装合适的防火设备和沼气泄漏检测传感器，特别是在密闭区域。
- 为厌氧消化系统安装沼气火炬，除非制造商提供了其他的设备能够防止沼气释放到大气中。
- 根据制造商要求的规格和电气规范，确保火炬与消化池和其他建筑保持适当的距离。火炬距离地面至少 10 英尺。开放性火炬距离沼气源至少 50 英尺。安装适当的接地设施或者防护装置以减少雷击引发的危害。

- 在消化池和点火源之间的沼气管道安装一个阻火装置，防止火焰从火炬向气源转移，或者按照阻火器制造商建议进行安装。
- 在所有沼气鼓风机或其他存留沼气的设备上安装防爆电机、开关和其他火花产生装置。
- 提供并维护指示地下气体管线位置的地上永久性标记，预防意外干扰或破裂。标记标示地面的管道以说明管道里的是气体或其他物质。

塞流式消化池标准

- 建议流入总固体含量为 11% ~ 14%。
- 消化池的最短停留时间为 20 天。
- 操作温度为中温（95 ~ 104 °F）。
- 消化池流道最小长宽比为 3.5∶1。
- 流道宽与液体深度比最大为 2.5∶1。
- 设计地板和墙壁形状以提高所有材料通过消化池的速率，从而最大限度地减少短路效应。

全混式消化池标准

- 建议流入总固体粪肥含量低于 11%。
- 消化池最短停留时间为 17 天。
- 操作温度为中温（95 ~ 104 °F）。
- 必要时安装适合的设备，以确保内部流动和混合过程的连续性。

覆盖潟湖（“全封闭厌氧塘”）标准

符合保护实践《废物处理池》（359）中的“所有潟湖的总体标准”。补充要求如下：

- 最小设计运行容量。根据每 1 000 立方英尺的日挥发性固体（VS）负载率或足以产生甲烷的最小水力停留时间（HRT）设计运行容积（以体积较大者为准）。
- 所需总容量。消化池总体积须等于最小设计运行容积，但不包括设计中的废料的储藏容量。基于此，在适当情况下应满足保护实践《废物处理池》（359）中设计储藏容量与体积要求所需的附加准则。
- 在消化池的设计水面以上至少安装 2 英尺的干舷；如果在确定工作体积时考虑降水量，则只需要安装 1 英尺的干舷。沼气池的存储容量不需要考虑完全覆盖消化池的降水量。
- 运行深度。消化池运行深度至少为 8 英尺。
- 出入口。确定入口和出口设备的位置，尽量避免使其产生“短路效应”。入口至少比消化池液面低 12 英寸。为消化池配备一个流出装置，将消化池液体表面保持在其设计运行水平。
- 沼气消化池盖。设计消化池盖板、材料、锚具以及所有配件（如砝码和浮球），以收集沼气并将沼气输送到气体收集系统。消化池盖和相关材料必须符合保护实践《顶盖和覆盖物》（367）的要求。

替代型消化池标准

对于不符合上述标准的消化池类型或本实践所列以外的消化池类型［例如固定膜、诱导层、高固体（干消化池）或嗜热反应器］，请遵循拟建厌氧消化池的设计和性能要求。

替代型消化池容量特性。对于各种替代消化池类型，须确保应用以下适用标准：

- 土质结构要求符合保护实践《废物处理池》（359）中的“所有潟湖的总体标准”。
- 设计储池和内部组件，包括要方便定期清除积聚的固体以防腐蚀的热管。
- 储池需符合保护实践《废物储存设备》（313）中的结构标准以及州和地方地震规范的要求（如适用）。
- 适用下列附加准则：
  - 设计运行容积。调整消化池的尺寸达到设计要求，以满足液压和固体滞留时间（天）。
  - 出入口。确定入口和出口装置的位置，以便于工艺流程。用永久性材料设计出入口，以防腐蚀、堵塞、冻结损坏和气体损失。为保持运行水平，在消化池盖子下面用气封，从而防止气体流失，并将排放物直接排放到分离、储存或其他处理设施中。为消化池配备流出装置，如底流堰板。

- ◦ 盖板。符合保护实践《顶盖和覆盖物》（367）的要求。为容器配备适当的盖板，以便收集和积累沼气。
- ◦ 加热系统（如需要）。设计安装加热系统使消化池保持在适宜的温度内，并尽可能减少受热表面的腐蚀性侵蚀以及预防烫伤。

气体收集、输送和控制系统。设计沼气收集、输送和控制系统，将收集的沼气从消化池内输送到燃气利用设备或其他装置（火炬、锅炉、发动机等）。

气体收集和输送符合以下管道以及零件要求：

- 设计消化池中气体收集系统要求尽量减少堵塞，或者根据需要安装清洗端口。
- 将消化池内锚管和部件牢固地固定在一起，以防止正常部件（包括与浮渣累积有关的负荷）的位移及损坏。
- 设计湿法沼气集输管道。寒冷的气候条件下，必要时保护管道以防结霜。除非进行详细的设计以考虑低压系统中的结霜和压降，否则使用直径不小于 3 英寸的管道。在低压系统中，设计加压系统作为替代型消化池。
- 用于输送沼气的管道包括冷凝水排放、压力和真空减压装置以及火焰捕集器。
- 钢管应符合美国用水工程协会（AWWA）规范 C-200 或美国材料与试验学会（ASTM）规范 A53/A211 对不锈钢的要求。
- 塑料管材，应符合美国用水工程协会规范 C-906 或美国材料与试验协会规范 D-3350 对高密度聚乙烯（HDPE）的要求。
- 作为日常维护的一部分，安装管道时，应对所有部分都进行安全隔离和清洁。

气体控制

- 找到并遮挡所有设备和部件。
- 所有设备和部件的最短使用寿命为 2 年或更长。为更换或维修部件提供方便通道。
- 根据水头损失、能源成本、部件成本和制造商建议来确定设备和连接管道的尺寸。
- 在控制设施需要电气服务的地方，请遵守国家电气法规及当地和州的安装要求，以及所有电线、固定装置和设备的要求。

气体利用。根据标准工程条例和制造商的规格设计安装气体利用设备。

- 配备沼气自动点火柜，并由电池 / 太阳能供电或直接连接到电源装置。确保火炬容量等于或大于预期的最大沼气产量。安装风挡或其他装置以保护敞开的火炬设备免受风吹。
- 根据需要，设计适当的装备储存多余的气体。
- 设计燃气锅炉、燃料电池、涡轮机和内燃机，与其他燃料混合直接燃烧沼气，或还包括从沼气中去除硫化氢和其他污染物的设备。
- 安装维护一个适合测量沼气的气表。

监测嗜温性和嗜热性消化池。正确安装监测消化池和气体产生的必要设备，并将其作为系统的一部分。至少应安装以下设备：

- 测量消化池内部温度的温度传感器和读数装置。
- 测量消化池热交换器进出口温度的温度传感器和读数装置。

注意事项

选址。消化池尽可能靠近粪肥源，并尽可能远离邻近的住宅或公共区域。考虑斜坡、粪肥传播距离、车辆通道、盛行风向、与水文敏感区域的距离以及能见度，选定适当的位置。将消化池置于适合能源利用设备的场地附近。最大限度减少通过埋管传输沼气的距离。设置废物贮存设施时考虑距离消化池的高度和距离，利用重力自流。

粪肥特性。考虑只使用能量含量最高的新鲜粪肥。老化粪肥（通常不到 6 个月）的沼气产量取决于储存期间发生的生物降解。冷冻粪肥时会很少发生生物降解。储存在温暖潮湿环境下的粪肥会发生显著的降解，从而导致沼气产量减少。

化学品和改正。考虑粪便或废水中的任何抗菌剂对气体产生的潜在抑制作用。

废物分离。考虑进行废物分离以准备将废水引入厌氧消化池或进行消化后处理。

收集 / 混合池。考虑使用收集 / 混合池来积聚粪肥、沉淀和分离异物、预热或预处理进水废液已达到合适的总固体浓度。根据计划的系统管理，通常要使用 1 ~ 3 天的粪肥收集量。

溢出保护。如果消化池设备发生故障，考虑设计具有绕过消化池的传输系统，直接进入储存或土地灌溉设备。

消化池类型。选取的消化池类型可能受地理位置、能源因素、废水特性和其他设计考虑因素的影响。

消化池设计。8 英尺或更深的消化池通常更经济。储池分离或分流器可用于提高效率并防止短路。在土质和建筑技术允许的范围内设计内部斜坡。

接地和阴极保护。杂散电压、电解和电偶腐蚀会损坏消化池内的管道。考虑电极和阳极的设计要求。

电气元件保护。极低浓度的沼气会腐蚀电器硬件。考虑将电气控制器置于远离消化池和发生器的独立房间或建筑物中。

温度保持。设计时，应包括将消化池温度保持在可接受的工作温度范围内，并在需要的地方使用绝热材料。

输气管。按照 ASMEA13.1—2015，通常需将输送易燃气体的裸露管道涂成黄色。

集气罩。在易发生极端风雪的地区，考虑安装相应结构以防止充气式和浮动式消化池免受损。

空气质量。从沼气中回收能量可能是比燃烧更好的选择。这样可以减少矿物燃料的燃烧和相关气体排放，从而减少温室气体的净排放并改善空气质量。一些能量回收方案，例如使用内燃机将沼气转化为能源，也可能会导致一些空气污染物的额外排放。

燃气利用。调查并选择沼气能源最有利和最经济的用途。碳信用额的销售可能会影响使用方式。根据设计和气候的不同，在冬季消化池可能需要 50% 以上的沼气热值来维持设计温度。消化池可以用锅炉燃烧沼气的热水加热，也可以通过内燃机和微型涡轮机燃烧沼气的热量回收来加热。

污水池。由于经消化池分离的固体可能会用于铺垫或土壤改良，可考虑使用一个污水池来容纳消化池的污水，以便进行后续的机械固液分离。

选址和植被。分析消化池在整个景观环境中的视觉影响以及对美观的影响。考虑用植物种植、景观美化或其他措施进行筛选，以减轻负面影响或优化视野感官。另外，要尽快恢复植被。

土壤特性。在设计和安装厌氧消化池时，应考虑土壤性质，如质地、饱和水力传导率、浸水、坡度、水位和深度，以及与土壤材料的渗透性、腐蚀性或压实性有关的因素。在规划过程中，需参照当地土壤调查资料和现场土壤调查资料。

养分有效性。考虑消化对养分有效性的影响。与新鲜粪肥相比，采用消化池污水灌溉土地会对地面和地表水质量产生较高的风险。由于厌氧消化，诸如氮、磷和其他元素的化合物变得更可溶，因此更容易随水流动。

计划和技术规范

根据本实践制订计划和技术规范，需说明应用这一实践的要求，至少包括：

- 对畜禽、废物收集点、废物输送管、消化池、沼气利用设施、消化池污水存储等设施的整体布局和位置进行规划。包括工地上的公用设施和建筑物。
- 如适当，包含挖掘、填补和排水的坡度计划。
- 消化池的材料和结构细节，包括适用于整个系统的所有预混池、进水口、出水口、管道、混凝土、泵、阀门和附件。
- 包括准备和处理的基本要求。

- 沼气收集、控制和利用系统的详细信息，包括管道材料类型、阀门、调节器、压力计、适当的电力和接口、流量计、火炬、用电设备和相关配件。
- 指定恰当的绝热、换热器容量和能量需求，从而使消化池的工作温度保持在可接受的范围内。
- 提供包含以下设计信息的流程图：
    - 进水、出水和沼气流量。
    - 设计进水和出水的总固体和挥发性固体含量。
    - 消化池容积。
    - 水力和固体停留时间。
    - 适用时，加热系统类型和容量、控制和监测。
    - 沼气产量，包括甲烷产量。
    - 12 个月的能源预算（如适用）。
    - 安全特性。

运行和维护

为操作人员制订一份运行和维护计划。该运行和维护计划应至少包含以下项目：

- 适当的消化池负荷率和进水的总固体含量。
- 考虑农场营养管理计划中所有原料的营养影响。
- 正确的消化池操作程序。
- 估算沼气产量、沼气含量和潜在能量回收。
- 描述计划的启动程序、正常操作流程、安全问题和正常维护项目。
- 设备故障时的替代操作程序。
- 沼气安全使用和燃烧说明。
- 消化池和其他部件的维护。
- 故障排查指南。
- 监测计划，包括测量并记录消化池流入量的频率、操作温度、沼气产量和其他相关的信息。
- 根据消化池的类型和设计，维持受控温度消化池的内部温度。中温消化池的温度应维持在 95 ~ 104 °F，最佳温度为 100°F，且消化池每天的温度波动限制在 1 °F以下。
- 在消化池上设计合适的干舷和溢流装置或自动关闭装置，以防止污水意外溢出或排入气体收集系统。
- 保留紧急联系人信息，以便与相关专家协商。

参考文献

American Society of Agricultural and Biological Engineers（ASABE）, Standard EP470, Manure Storage Safety. 2011.

American Water Works Association（AWWA）. C-200, Standard for Steel Water Pipe 6 in.（150 mm）and Larger. 2012. Denver, CO.

AWWA. C-906, Polyethylene Pressure Pipe and Fittings, 4 In. through 65 In.（100 mm through 1650 mm）, for Waterworks. 2015. Denver, CO.

American Society for Testing and Materials. Annual Book of ASTM Standards. Standards D-3350, Standard Specification for Polyethylene Plastics Pipe and Fittings Materials； A-53, Standard Specification for Pipe, Steel, Black and Hot-Dipped, Zinc-Coated, Welded and Seamless； and A211, Standard Specification for Spiral-Welded Steel or Iron Pipe. Philadelphia, PA.

USDA NRCS. National Engineering Handbook-210, Part 651, Agricultural Waste Management Field Handbook. 2012. Washington, D.C.

USDA NRCS, General Manual-190, Part 410, Subpart B, Section 410.25, "Floodplain Management." 2012. Washington, D.C.

U.S. Environmental Protection Agency（EPA）, AgStar Handbook – A Manual for Developing Biogas Systems at Commercial Farms in the United States. 2004.

保护实践概述

（2017年10月）

《厌氧消化池》（366）

厌氧消化池是在缺氧条件下利用生物处理分解动物废物。

实践信息

厌氧消化池可以用来收集畜肥产生的沼气，从而将其用于能源生产。还可以用来解决臭气问题，减少温室气体排放的影响和粪肥中的病原体。从农村社区转为城市或郊区社区时，这些作用可能尤为重要。

要采用这一实践，必须有足够且适当的有机原料来源，这意味着农场经营规模必须相当大。饲养400 头奶牛的农场是一个不错的开端。

如果要利用沼气提供能源，这一实践可能需要大量的时间来操作和管理。经营者可以自己利用沼气生产能源，也可以将其承包出去。

厌氧消化池不会改变废物流中物质的体积或养分的含量。系统产生的副产品需要根据养分管理计划加以利用。

沼气易燃、剧毒且具有爆炸性。消化池和气体组件的设计必须符合处理易燃气体的工程实践。

本实践的预期年限至少为 25 年。厌氧消化池的运行维护应根据所选系统的类型而定。

常见相关实践

《厌氧消化池》（366）通常与《废物储存设施》（313）、《废物转运》（634）、《废物分离设施》（632）和《养分管理》（590）等保护实践一起使用。厌氧消化池的安装必须作为农业废物管理系统计划的一部分。

保护实践的效果——全国

土壤侵蚀	效果	基本原理
片蚀和细沟侵蚀	0	不适用
风蚀	0	不适用
浅沟侵蚀	0	不适用
典型沟蚀	0	不适用
河岸、海岸线、输水渠	0	不适用
土质退化		
有机质耗竭	0	不适用
压实	0	不适用
下沉	0	不适用
盐或其他化学物质的浓度	0	不适用
水分过量		
渗水	0	不适用
径流、洪水或积水	0	不适用
季节性高地下水位	0	渗漏轻微。
积雪	0	不适用
水分不足		
灌溉水使用效率低	0	不适用
水分管理效率低	0	不适用
水质退化		
地表水中的农药	0	不适用
地下水中的农药	0	不适用
地表水中的养分	2	增加了管理方案。适当的田间养分施用应尽量减少径流损失。
地下水中的养分	0	不适用
地表水中的盐类	0	不适用
地下水中的盐类	0	土制废物储存池的渗漏确实有限。渗漏量取决于所选衬砌材料的特性。渗流将含有一定程度的盐分。
粪肥、生物土壤中的病原体和化学物质过量	2	消化池可进行粪肥和其他有机物（通常会流入地表水）的储存和处理。
粪肥、生物土壤中的病原体和化学物质过量	0	无衬砌的土制废物储存池确实会泄漏，并可能造成病原体流入地下水。
地表水沉积物过多	0	不适用
水温升高	0	不适用
石油、重金属等污染物迁移	0	重金属危害程度一般与粪肥无关。消化池可进行粪肥和其他有机物（通常会流入地表水）的储存和处理。
石油、重金属等污染物迁移	0	重金属一般与粪肥无关。土制废物储存池的渗漏有限，可能含有一些金属。
空气质量影响		
颗粒物（PM）和 PM 前体的排放	0	与未经处理的干粪肥系统相比，液体施用系统产生的灰尘较少。然而，厌氧消化可能导致氨释放增多。
臭氧前体排放	1	潜在的臭氧前体排放量减少。消化池分解臭氧前体挥发性有机化合物（VOC）。
温室气体（GHG）排放	4	通过合成气燃烧，甲烷转化为二氧化碳，减少净温室气体。
不良气味	5	池盖将防止气体排放，并防止与大气的接触。消化池分解挥发性有机化合物，大大减轻气味。
植物健康状况退化		
植物生产力和健康状况欠佳	0	不适用
结构和成分不当	0	不适用
植物病虫害压力过大	0	不适用
野火隐患，生物量积累过多	0	不适用

（续）

鱼类和野生动物——生境不足	效果	基本原理
食物	0	不适用
覆盖 / 遮蔽	0	不适用
水	0	不适用
生境连续性（空间）	0	不适用
家畜生产限制		
饲料和草料不足	0	不适用
遮蔽不足	0	不适用
水源不足	0	不适用
能源利用效率低下		
设备和设施	0	不适用
农场 / 牧场实践和田间作业	0	不适用

CPPE 实践效果：5 明显改善；4 中度至明显改善；3 中度改善；2 轻度至中度改善；1 轻度改善；0 无效果；−1 轻度恶化；−2 轻度至中度恶化；−3 中度恶化；−4 中度至严重恶化；−5 严重恶化。

工作说明书—— 国家模板

（2013年4月）

此类可交付成果适用于个别实践。其他规划实践的可交付成果参考具体的工作说明书。

设计

可交付成果

1. 能够证明符合自然资源保护局实践中相关准则并与其他计划和应用实践相匹配的设计文件。
   a. 综合养分管理计划中确定的实践目的。
   b. 客户需要获得的许可证清单。
   c. 符合自然资源保护局国家和州公用设施安全政策（《美国国家工程手册》第 503 部分《安全》，A 子部分“影响公用设施的工程活动”，第 503.00 节至第 503.06 节）。
   d. 制订计划和规范所需的与实践相关的计算和分析，包括但不限于：
      i. 地质与土力学（《美国国家工程手册》第 531a 子部分）。
      ii. 储存量和水力停留时间
      iii. 结构、机械和配件设计
      iv. 环境因素，如空气质量和生物安全
      v. 安全注意事项（《美国国家工程手册》第 503 部分《安全》A 子部分第 503.10 至 503.12 节）
      vi. 详细说明流速、体积和能量转移的工艺流程图
2. 计划和规范，包括足够详细的施工图，以便于安装。
3. 合理的设计报告和检验计划（《美国国家工程手册》第 511 部分，B 子部分“文档”，第 511.11 和第 512 节，D 子部分“质量保证活动”，第 512.30 至 512.32 节）。
4. 系统运行维护计划。
5. 应急行动计划，包括紧急联系信息。
6. 证明设计符合实践和适用法律法规的文件［《美国国家工程手册》A 子部分第 505.03（a）（3）节］。
7. 安装期间任何设计修改的详细清单。

8. 竣工图与辅助文件。

注：可根据情况添加各州的可交付成果。

安装

可交付成果

1. 与客户 / 经营者以及承包商进行的安装前会议。
2. 验证客户 / 经营者是否已获得规定许可证。
3. 根据计划和规范（包括适用的布局注释）进行定桩和布局。
4. 安装检查（酌情根据检查计划开展）。
    a. 实际使用的材料（第 512 部分，D 子部分“质量保证活动”，第 512.33 节）。
    b. 检查记录，如：笔记、照片等。
5. 协助客户和原设计方并实施所需的设计修改。
6. 在安装期间，就所有联邦、州、部落和地方法律、法规和自然资源保护局政策的合规性问题向客户 / 自然资源保护局提供建议。
7. 证明安装过程和材料符合设计和许可要求的文件。

注：可根据情况添加各州的可交付成果。

验收

可交付成果

1. 竣工文档。
    a. 实践单位
    b. 显示与批准计划之间偏差的竣工图
    c. 最终量
2. 证明安装符合自然资源保护局实践和项目设计规范并符合所需许可证的文件［《美国国家工程手册》A 子部分第 505.03（c）（1）节］。
3. 进度报告。

注：可根据情况添加各州的可交付成果。

参考文献

NRCS Field Office Technical Guide（eFOTG）, Section IV, Conservation Practice Standard - Anaerobic Digester（366）, January, 2009.

NRCS National Engineering Manual（NEM）, May 2008.

NRCS National Environmental Compliance Handbook, November 2006.

NRCS National Cultural Resources Procedures Handbook, December 2006.

Technical Note 1, An Analysis of Energy Production Costs from Anaerobic Digestion Systems on US. Livestock Production Facilities, October, 2007.

Guide to Anaerobic Digesters, US EPA AgSTAR Program, April 2008.

Methane Recovery from Animal Manures：The Current Opportunities Casebook, P Lusk, Resource Development Associates, Washington, DC, September 1998, NREL/SR-580-25145.

注：可根据情况添加各州的可交付成果。

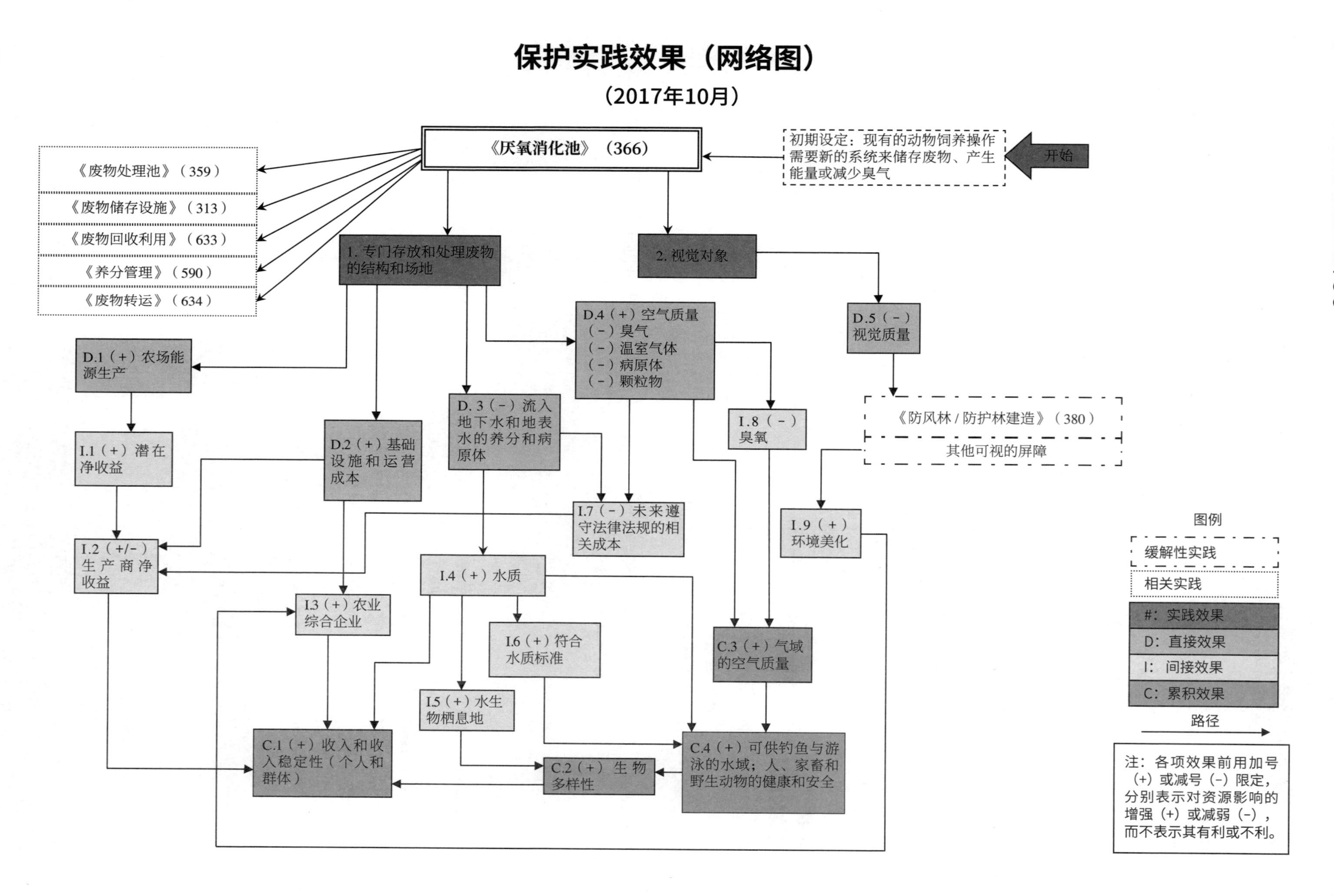

保护实践效果（网络图）
（2017年10月）
开始
初期设定：现有的动物饲养操作需要新的系统来储存废物、产生能量或减少臭气
《厌氧消化池》（366）
《废物处理池》（359）
《废物储存设施》（313）
《废物回收利用》（633）
《养分管理》（590）
《废物转运》（634）
1. 专门存放和处理废物的结构和场地
2. 视觉对象
D.5（-）视觉质量
《防风林/防护林建造》（380）
其他可视的屏障
D.1（+）农场能源生产
D.4（+）空气质量
（-）臭气
（-）温室气体
（-）病原体
（-）颗粒物
D. 3（-）流入地下水和地表水的养分和病原体
D.2（+）基础设施和运营成本
I.1（+）潜在净收益
I.8（-）臭氧
I.7（-）未来遵守法律法规的相关成本
I.9（+）环境美化
I.2（+/-）生产商净收益
I.4（+）水质
I.3（+）农业综合企业
I.6（+）符合水质标准
C.3（+）气域的空气质量
I.5（+）水生物栖息地
C.1（+）收入和收入稳定性（个人和群体）
C.2（+）生物多样性
C.4（+）可供钓鱼与游泳的水域；人、家畜和野生动物的健康和安全
图例
缓解性实践
相关实践
#：实践效果
D：直接效果
I：间接效果
C：累积效果
路径
注：各项效果前用加号（+）或减号（-）限定，分别表示对资源影响的增强（+）或减弱（-），而不表示其有利或不利。

动物尸体无害化处理设施

（316，No.，2015年9月）

定义

一种农场设施，用于处理或处置自然死亡的动物尸体。

目的

本实践可用于实现下列一项或多项目的：

- 减少对地表水和地下水资源的污染。
- 减少对气味的影响。
- 减少病原体的传播。

适用条件

本实践适用于需要对动物尸体进行常规储存、处理或处置的畜禽作业。

本实践不适用于灾难性的动物死亡。应对灾难性动物死亡，请参照保护实践《病死动物应急管理》（368）。

准则

适用于上述所有目标的附加准则

将设备归入废物处理系统运行计划。

在设计板、墙和支撑结构时，需满足保护实践《废物储存设备》（313）的结构和基本要求。

参照保护实践《顶盖和覆盖物》（367），建设或制作动物尸体储存设施覆盖物和屋顶。

参照保护实践《关键区种植》（342），来恢复所有被施工影响的区域。

包括在必要时关闭或拆除设施的规定。

安全。设置警告标志、围栏、制冷装置锁和其他适当的设备，以确保人和牲畜的安全。

从动物尸体处理设施的规划、安装、运行和维护的所有方面着手解决生物安全问题。

公用事业设备和许可。土地所有者 / 承包商负责定位工程项目范围内所有被掩埋的公用设施，包括排水瓷砖及其他结构措施。

选址。选择设施安置地点，从盛行风向和景观元素方面考虑，以减少气味，保护视觉资源。

在百年一遇泛滥平原高度以上设立动物尸体无害化处理设施，除非由于场地限制需要在泛滥平原内。如果位于泛滥平原内，保护设施不得被洪水淹没或不得受到 25 年一遇洪水事件的破坏。

在可能的情况下，在泉水或水井的下坡方向设置设施，或采取必要步骤防止地下水供应源受到污染。调查水文地质条件。

使地表径流远离动物尸体处理设施。将来自动物尸体处理设施的受污染径流传送到适当的储存或处理设施进行进一步管理。为动物尸体处理设施选择一个符合畜禽养殖总体场地规划的位置。确定可接受动物尸体处理设施的进出口位置，且此位置不得干扰农场上的其他出行方式，如牲畜通道和饲料通道。

考虑到生物安全问题以及将设施置于公众视野之外的要求，尽可能将本设施设置于接近动物死亡的地方。

渗流控制。在渗水会造成潜在水质问题的情况下，提供符合《美国国家工程手册》第 651 部分、《农业废物管理现场手册（AWMFH）》附录 10D 有关黏土防渗层设计标准或其他可接受的防渗层技术。

临时存储。在动物尸体管理系统依赖于周期性或循环操作时(包括但不限于现场外处置，如消除)，则提供具有足够容纳能力的设施，以临时存储动物尸体，直到它们能够被处理或移走。这些用于临时储存的设施可以是一张衬垫、一个储藏箱、一个制冷装置或其他设施。

适用于堆肥的附加准则

选址。设置在低渗透土壤、混凝土或其他不会污染地下水的防渗材料的基地上。堆肥设施的基底应至少在季节性高水位以上 2 英尺。

应选择合适的地点，确保在干燥的季节保证设施供水正常，确保水分适当和硬化时间合理，以达到管理目标。

设施类型。根据原料的可用性、最终堆肥的质量、设备、劳力、时间和可用的土地，选择堆肥设施及方法。

设施规模。调整堆肥设施的规模，使其有足够的空间容纳计划用于活性堆肥的原料和完成固化。根据运行中动物正常死亡损失来确定设施的规模。如果没有这些数据，使用当地确定的动物死亡率。确保堆肥的最终产品没有可见的软组织残留。

设施应当能够在整个堆肥过程中维持堆肥温度平均在 130° F 以上至少 5 天，然后进行二次堆肥。作为条垛式系统，堆肥的温度应持续 15 天高于 130° F，最低翻 5 次堆肥。

使用下列方法之一：《美国国家工程手册》第 637 部分第 2 章“堆肥”；《美国国家工程手册》第 651 部分第 10 章，第 651.1007 节“动物尸体管理”；或类似的其他出版物或国家规则，来确定动物死亡堆肥设施的规模。所选择的堆肥设施的部件尺寸应适用于装载、卸载和充气的设备。

堆肥成品的使用。参阅保护实践《养分管理》（590），或提供其他可接受的处理方式，播撒堆肥成品。

适用于焚化炉和气化炉的总体准则

总则。使用已获准在国内使用的 4 型焚化炉（人类和动物遗骸）（由美国焚化炉协会定义）。气化是一种高温方法，可以在燃烧后的燃烧室中对生物质进行蒸发，而不会直接燃烧。气化炉应满足所有适用的州空气质量和排放要求。

容量。焚化炉和气化炉的容量应当足以处理生长周期内的每日平均最大动物死亡量。可以配合制冷机组来使用焚化炉和气化炉，以提高载荷循环和焚烧、气化装置的燃料利用效率。

灰烬。每日或根据制造商的建议清除灰烬。根据保护实践《养分管理》（590），或提供其他可接受的处理方法播撒灰烬。

选址。将焚化炉和气化炉放置在离任何结构至少 20 英尺的地方。将装置放置在与燃料源尽可能远的混凝土垫衬上。如果焚化炉和气化炉有顶，则在烟囱和可燃屋顶之间留出至少 6 英寸的透气空间，或执照上建议尺寸的透气空间，以较大者为准。

适用于制冷机组的总体准则

总则。使用的制冷机组应与排空机构兼容。保护制冷机组不受降水和太阳直射的影响。

机组设计、施工、电源和安装应符合制造商的建议及所有适用的建筑和电气规范。制冷机组应采用耐久材料，防漏，具备与废物管理系统的其他方面相兼容的预期寿命。

将制冷机组放置在适当强度的垫板上，以承受拆装盒或托盘所造成的负荷。

温度。制冷机组是一个独立的装置，用来冷冻动物尸体防止腐化。要处理的动物尸体应保持在 22 ~ 26° F。用于堆肥、焚烧或气化的尸体应存储在零上几度的环境，以促进燃烧，减少堆肥时间或燃烧或气化尸体所需的燃料。

容量。调整制冷机组的容量，使它能够容纳两次清空之间预计的正常最大动物尸体量。在计算所需体积时，考虑动物的预期日死亡率、清空时间、动物的平均重量和重量与体积的换算系数。使用每立方英尺 45 磅的换算系数，除非当地已有体积换算系数。

电源。提供可用的备用电源，确保在停电期间保持冻结过程的完整性。如果没有备用电源，在操作和维护计划中确定处理动物尸体的应急情况。

注意事项

动物尸体管理计划的主要注意事项如下：

- 操作员的管理能力；
- 作业现场可用设备和土地使用面积；
- 可用的替代方案的经济性；
- 国家和地方机构对污染控制程度的要求；
- 对野生动物和家畜的影响。

采取措施维护适当的视觉资源，减少异味，并进行防尘控制。植物屏障和地形可用于保护动物尸体处理设施避开公众视野，减少异味，使视觉冲击最小化。

对于有机产品生产商的设施或向有机生产商提供堆肥的设施，应确保设施中使用的处理过的材料符合有机产品的要求。关于经过处理的材料的可用性和可接受性，最好让生产商咨询有机认证机构。

关于堆肥的其他考虑因素

场地适宜性的初步规划应包括参考网站土壤调查 http：//websoilsurvey.nrcs.usda.gov/ 上对“堆肥设施”的土壤解释。

如果允许尸体冷冻，任何动物尸体的堆肥都会受到影响。死亡动物或鸟类应被尽快放置在肥料混合物中，或将其放置在干燥的非冷冻环境中，直到放入堆肥混合物中。堆肥冷冻动物尸体会延长堆肥所需的时间，并可能需要增加管理措施，以确保达到适当的堆肥温度。

随着禽类的成熟，家禽养殖中往往死亡率更高。

为了减少异味，可增加碳氮比。在初始混合物中，30:1 的碳氮比会使气味最小。

选择碳质材料，当与含氮材料混合时，能够提供平衡的养分和多孔结构以供曝气，从而最大限度地减少气味和氮气损失。

如果结构成分不能减少异味，则应使用化学中和剂或其他添加剂。

通过在平缓的斜坡上由北向南排列肥堆，使光暖最大化。

确定肥堆的朝向，防止地表径流积水。

在寒冷或干燥的气候条件下，保护堆肥设施。防风有助于防止堆肥的过度干燥。

提供挑檐，减少雨水吹入。

计划和技术规范

按照本实践制订动物尸体无害化处理设施的计划和技术规范。至少应包括以下内容：

- 显示地点和操作范围的平面图。
- 设施说明。
- 原料动物的大小、类型和数量。
- 相关设施的正面图，如适用。
- 土壤和基础研究、解释和报告。
- 电线、煤气管道、供水及其他公用设施的位置。
- 掩埋要求。
- 材料质量。
- 排水 / 坡度断面图，如需。
- 所有组件的结构细节。
- 施工期间的临时防侵蚀控制措施。
- 植被要求。
- 设施安全要求。

运行和维护

为动物尸体无害化处理设施制订的运行和维护计划将成为整个畜禽粪便综合养分管理计划（CNMP）的一部分。计划中记录必要措施，以确保实践在预期寿命中充分执行。

运行和维护计划至少包括以下信息：

- 正常死亡动物尸体的处理方法和程序
- 气味管理或最小化要求
- 生物安全协议
- 安全措施和程序
- 定期检查
- 及时修理或更换损坏的部件
- 选址参考和进行故障排查的制造商或安装人员

堆肥附加运行和维护

堆肥配方。涉及原料数量和分层 / 混合顺序的原料配方。

碳氮比。最初的堆肥混合物率应介于 25:1 ~ 40:1。如果不考虑氮代谢，可以使用较小的碳氮比（C:N）。

碳源。储存可靠的高碳氮比含碳材料，与富氮废物混合。

膨胀材料。在必要的情况下加入膨胀材料，以增加曝气。膨胀材料可以是混合物中使用的碳质材料或在堆肥期结束时回收的非生物降解材料。回收堆肥过程中使用的全部非生物降解材料。

堆肥混合物。使用利于好氧微生物分解和避免异味的堆肥混合物。

水分含量。堆肥期间，使混合物保持足够水分，维持在 40% ~ 65%（湿基）。防止在高降水气候区堆肥中积聚过多的水分。这可能需要遮盖设施。

堆肥混合物温度。温度高于 165° F 时，密切监控。达到 185° F 以上时立即冷却肥堆。过热时翻动肥堆，使之曝气，释放热量。

翻动、曝气。翻动、曝气的频率应与所使用的堆肥方法相适应，并能够在保持好氧降解的同时去除必要的水分，控制温度。

监控。运行和维护计划应说明：堆肥是一个生物过程，需要在整个堆肥期间进行监测和管理，以确保适当地进行堆肥。在新的动物尸体堆肥设施启动过程中，可能需要进行反复尝试。合理处理肥堆的温度、气味、湿度和氧气。适当测试已完成的堆肥，以确保达到分解的要求。包括合理利用堆肥的方法、步骤和记录要求。

焚化炉和气化炉的附加运行和维护

焚化炉和气化炉只供处理动物尸体。

正确操作设备，使设备寿命最大化以及减少排放。

根据制造商的建议安装该设备。

经常清除灰尘，以最大限度燃烧，防止损坏设备。包括收集和处理焚烧后剩余灰烬的方法。

定期检查设备，以确保所有部件按照制造商的建议和计划运行。

制冷机组运行与维护的总体准则

正确操作制冷装置，最大限度地提高设备寿命，减少潜在问题。

根据制造商的建议装载制冷机组，不超过设计能力。

只对与计划操作有关的动物尸体使用制冷装置。

定期检查制冷装置气密性、结构完整性和温度。

参考文献

Nutsch, A., J. Mc Claskey, and J. Kastner, Eds., 2004. Carcassdisposal： a comprehensive review, National Agricultural Biosecurity Center, Kansas State University, Manhattan, Kansas.

USDA, NRCS. National Engineering Handbook, Part 651, Agricultural Waste Management Field Handbook. Washington, D.C.

USDA, NRCS. National Engineering Handbook, Part 637, Chapter 2, Composting. Washington, D.C.

保护实践概述

（2013年1月）

《动物尸体无害化处理设施》（316）

动物尸体无害化处理设施是一种农场设施，用于处理或处置牲畜和家禽尸体，以应对日常和灾难性的死亡事件。

实践信息

动物尸体无害化处理设施旨在减少对土壤和地下水资源的污染、减少对气味的影响、减少病原体的传播。

在农场处理常规动物死亡的方法是堆肥和焚化/气化。常规死亡也可以在场外处理（由生产商承担费用）。动物尸体无害化处理设施可以包括一个冷藏装置，用于储存死亡动物，直到其被转移进行处理，或者直到其被焚化或气化。

灾难性事件造成的死亡可以通过堆肥或掩埋的方式处理，但是州法律可能会影响这些方法的使用。与疾病相关的灾难性死亡的处置必须在州或联邦当局的指导下进行。

本实践的设计信息包括场地位置、设计尺寸、储存期和安全性/生物安全性功能。还可能包括装配结构的标准。

本实践的预期年限至少为15年。设施的运行要求取决于生产商选择的设施类型，并将包括适当处理剩余材料的规定。需要进行日常维护，以确保设施按设计运行。

常见相关实践

《动物尸体无害化处理设施》（316）通常与《引水渠》（362）、《顶盖和覆盖物》（367）、《堆肥设施》（317）和《关键区种植》（342）等实践一起使用。堆肥材料和焚烧或气化产生的副产品的处理将按照《养分管理》（590）进行。

保护实践的效果——全国

土壤侵蚀	效果	基本原理
片蚀和细沟侵蚀	0	大量死亡可能需要挖掘土壤以掩埋，可能造成短期土体扰动。
风蚀	0	大量死亡可能需要挖掘土壤以掩埋，可能造成短期土体扰动。
浅沟侵蚀	0	不适用
典型沟蚀	0	不适用
河岸、海岸线、输水渠	0	不适用
土质退化		
有机质耗竭	0	不适用
压实	0	不适用
下沉	0	不适用
盐或其他化学物质的浓度	0	不适用
水分过量		
渗水	0	不适用
径流、洪水或积水	0	不适用
季节性高地下水位	0	不适用
积雪	0	不适用
水分不足		
灌溉水使用效率低	0	不适用
水分管理效率低	0	不适用
水质退化		
地表水中的农药	0	不适用
地下水中的农药	0	不适用
地表水中的养分	2	将动物尸体制成堆肥，形成稳定物质，其养分缓慢释放，可用于农作物生长。
地下水中的养分	2	妥善处理动物尸体将防止地下水污染。使用处理坑处理尸体时，引发的问题可能会更严重。
地表水中的盐类	0	不适用
地下水中的盐类	0	不适用
粪肥、生物土壤中的病原体和化学物质过量	2	妥善处理动物尸体将防止污染。
粪肥、生物土壤中的病原体和化学物质过量	2	妥善处理死亡率应能防止地下水污染。使用处理坑处理尸体时，存在一定的病原体移动可能性。
地表水沉积物过多	0	不适用
水温升高	0	不适用
石油、重金属等污染物迁移	0	不适用
石油、重金属等污染物迁移	0	不适用
空气质量影响		
颗粒物（PM）和 PM 前体的排放	0	尸体焚烧炉会产生颗粒物排放。适当的堆肥可以减少氨和颗粒物的排放。
臭氧前体排放	-1	尸体焚烧炉会产生氮氧化物（NO_X）的排放。
温室气体（GHG）排放	1	使用焚化时，二氧化碳排放量会增加。适当的尸体管理通常会减少甲烷的释放。
不良气味	3	适当的尸体管理可以减少死亡动物的气味排放。
植物健康状况退化		
植物生产力和健康状况欠佳	0	不适用
结构和成分不当	0	不适用
植物病虫害压力过大	0	不适用
野火隐患，生物量积累过多	0	不适用

（续）

鱼类和野生动物——生境不足	效果	基本原理
食物	0	不适用
覆盖 / 遮蔽	0	不适用
水	0	不适用
生境连续性（空间）	0	不适用
家畜生产限制		
饲料和草料不足	0	不适用
遮蔽不足	0	不适用
水源不足	0	不适用
能源利用效率低下		
设备和设施	0	不适用
农场 / 牧场实践和田间作业	0	不适用

CPPE 实践效果：5 明显改善；4 中度至明显改善；3 中度改善；2 轻度至中度改善；1 轻度改善；0 无效果；−1 轻度恶化；−2 轻度至中度恶化；−3 中度恶化；−4 中度至严重恶化；−5 严重恶化。

工作说明书—— 国家模板

（2015年9月）

此类可交付成果适用于个别实践。其他规划实践的可交付成果参考具体的工作说明书。

设计

可交付成果

1. 能够证明符合自然资源保护局实践中相关准则并与其他计划和应用实践相匹配的设计文件。
   a. 保护计划中确定的目的。
   b. 客户需要获得的许可证清单。
   c. 符合自然资源保护局国家和州公用设施安全政策（《美国国家工程手册》第 503 部分《安全》A 子部分“影响公用设施的工程活动”）。
   d. 制订计划和规范所需的与实践相关的计算和分析，包括但不限于：
      i. 地质与土力学（《美国国家工程手册》第 531 部分 A 子部分“地质”）
      ii. 容量
      iii. 结构、机械和配件设计
      iv. 环境因素（如：空气质量、生物安全）
      v. 安全注意事项（《美国国家工程手册》第 503 部分 A 子部分“安全”）
2. 向客户提供书面计划和规范书包括草图和图纸，充分说明实施本实践并获得必要许可的相应要求。
3. 合理的设计报告和检验计划（《美国国家工程手册》第 511 部分 B 子部分“文档”，第 511.11 和第 512 节，D 子部分“质量保证活动”，第 512.30 至 512.32 节）。
4. 运行维护计划。
5. 证明设计符合实践和适用法律法规的文件［《美国国家工程手册》第 505 部分 A 子部分，第 505.3（B）节］。
6. 安装期间，根据需要所进行的设计修改。

注：可根据情况添加各州的可交付成果。

安装

可交付成果

1. 与客户和承包商进行的安装前会议。
2. 验证客户是否已获得规定许可证。
3. 根据计划和规范（包括适用的布局注释）进行定桩和布局。
4. 安装检查（酌情根据检查计划开展）。
   a. 实际使用的材料（第 512 部分 D 子部分“质量保证活动”第 512.33 节）
   b. 检查记录
5. 协助客户和原设计方并实施所需的设计修改。
6. 在安装期间，就所有联邦、州、部落和地方法律、法规和自然资源保护局政策的合规性问题向客户 / 自然资源保护局提供建议。
7. 证明安装过程和材料符合设计和许可要求的文件［《美国国家工程手册》第 505 部分 A 子部分，第 505.3（C）节］。

注：可根据情况添加各州的可交付成果。

验收

可交付成果

1. 竣工文档。
   a. 实践单位
   b. 图纸
   c. 最终量
2. 证明安装过程符合自然资源保护局实践和规范并符合许可要求的文件［《美国国家工程手册》A 子部分第 505.03（c）（1）节］。
3. 进度报告。

注：可根据情况添加各州的可交付成果。

参考文献

NRCS Field Office Technical Guide（eFOTG）, Section IV, Conservation Practice Standard - Animal Mortality Facility, 316.

NRCS National Engineering Manual（NEM）.

NRCS National Environmental Compliance Handbook.

NRCS Cultural Resources Handbook.

National Engineering Handbook（NEH）, Part 651, Agricultural Waste Management Field Handbook（AWMFH）.

National Engineering Handbook Part 637, Chapter 2 – Composting.

注：可根据情况添加各州的可交付成果。

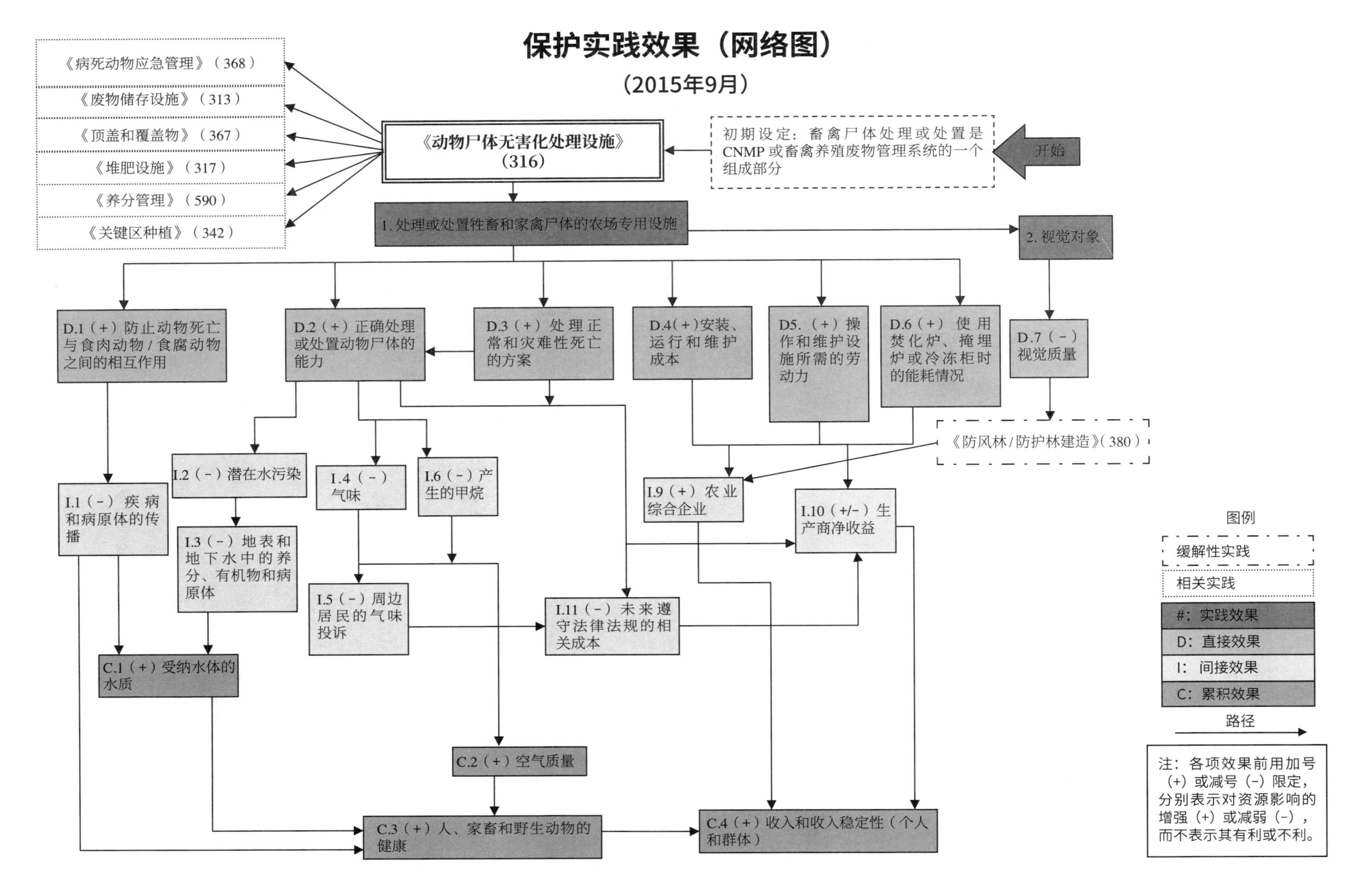

保护实践效果（网络图）
（2015年9月）
《病死动物应急管理》（368）
《废物储存设施》（313）
《顶盖和覆盖物》（367）
《堆肥设施》（317）
《养分管理》（590）
《关键区种植》（342）
《动物尸体无害化处理设施》（316）
初期设定：畜禽尸体处理或处置是CNMP或畜禽养殖废物管理系统的一个组成部分
开始
1. 处理或处置牲畜和家禽尸体的农场专用设施
2. 视觉对象
D.1（+）防止动物死亡与食肉动物/食腐动物之间的相互作用
D.2（+）正确处理或处置动物尸体的能力
D.3（+）处理正常和灾难性死亡的方案
D.4（+）安装、运行和维护成本
D5.（+）操作和维护设施所需的劳动力
D.6（+）使用焚化炉、掩埋炉或冷冻柜时的能耗情况
D.7（−）视觉质量
《防风林/防护林建造》（380）
I.1（−）疾病和病原体的传播
I.2（−）潜在水污染
I.3（−）地表和地下水中的养分、有机物和病原体
I.4（−）气味
I.6（−）产生的甲烷
I.5（−）周边居民的气味投诉
I.9（+）农业综合企业
I.10（+/−）生产商净收益
I.11（−）未来遵守法律法规的相关成本
C.1（+）受纳水体的水质
C.2（+）空气质量
C.3（+）人、家畜和野生动物的健康
C.4（+）收入和收入稳定性（个人和群体）
图例
缓解性实践
相关实践
#：实践效果
D：直接效果
I：间接效果
C：累积效果
路径
注：各项效果前用加号（+）或减号（-）限定，分别表示对资源影响的增强（+）或减弱（-），而不表示其有利或不利。

阴离子型聚丙烯酰胺（PAM）的施用

（450，Ac.，2016年9月）

定义

通过施用水溶性阴离子型聚丙烯酰胺（PAM）来解决资源问题。

目的

应用本实践可实现以下一个或多个目的：

- 减少土壤的水蚀或风蚀。
- 改善水质。
- 提高土壤表面入渗率，尽量减少土壤板结，以使植物均匀生长。
- 通过减少粉尘排放来改善空气质量。
- 节能。

适用条件

本实践适用于：

- 易受灌溉侵蚀且灌溉水的钠吸附比率（SAR）小于 15 的灌溉土地。
- 植被未能及时形成，或植被覆盖缺乏或不足的关键地块。
- 植物残体不足以保护地表免受风蚀或水蚀的地块。
- 干扰活动妨碍覆盖作物的建成或维护的地块。

本实践不适用于表层有泥炭或有机层的土壤，也不适用于将阴离子型聚丙烯酰胺施于流水的非灌溉水时。

准则

适用于上述所有目的的附加准则

本实践中所列出的施用量均基于产品中阴离子型聚丙烯酰胺的活性成分含量。不同配方的阴离子型聚丙烯酰胺产品的施用量应根据其产品中阴离子型聚丙烯酰胺的实际含量分别计算。

阴离子型聚丙烯酰胺应：

- 不含常用作表面活性剂的壬基酚（NP）和壬基酚聚氧乙烯醚（NPE）。
- 丙烯酰胺单体≤ 0.05% 的阴离子型。
- 电荷密度为 10% ～ 55%（以重量计）。
- 分子质量为 6 ～ 24 毫克 / 摩尔。
- 根据职业安全与健康管理局（OSHA）材料安全数据表的要求和制造商的建议进行混合和施用。
- 应根据标签、行业以及联邦、州和地方化学灌施规则和指南，配备适当的个人防护设备（例如手套、口罩以及其他健康安全预防措施）进行施用。

减少土壤水蚀或风蚀的附加准则

地表灌溉。在第一次灌溉期或土壤物理干扰（如耕作）后使用阴离子型聚丙烯酰胺。此后，如果观察到有土体扰动，在后期灌溉中也应施用阴离子型聚丙烯酰胺。预灌溉也属于灌溉。

仅在地面灌溉的前期，将混合浓度的阴离子型聚丙烯酰胺添加到灌溉水中。前期是指从开始灌溉到水推进到田地另一头的时间段。

将粉状和块状阴离子型聚丙烯酰胺放置于前 5 英尺的犁沟内。

基于总产品量计算，灌溉水中纯阴离子型聚丙烯酰胺的最终浓度不得超过 10 毫克 / 千克。

喷灌。聚丙烯酰胺活性成分每次施用的最大量每英亩不得超过 4 磅。

在注入灌溉系统之前，阴离子型聚丙烯酰胺应完全混合并溶解。

仅在所有网筛和过滤器的出水流中注入阴离子型聚丙烯酰胺。

符合联邦和州的所有化学灌施标准。

关键地块。纯聚丙烯酰胺每年的最大施用量每英亩不得超过 200 磅。

确保目标地块阴离子型聚丙烯酰胺的均匀施用，尽量减少其流入非目标区域。

提高土壤入渗率并尽量减少板结的附加准则

每次施用的聚丙烯酰胺活性成分的最大量每英亩不得超过 4 磅。

在注入灌溉系统之前，完全混合和溶解阴离子型聚丙烯酰胺混合物。

仅在所有网筛和过滤器的出水流中注入阴离子型聚丙烯酰胺。

符合联邦和州的所有化学灌施标准。

节能的附加准则

在实施措施后，提供减少能源使用量的分析数据。

减少能源使用量的表示方式为，与以前采用措施相比，平均每年或每季所减少的能源使用量。

注意事项

按照以下注意事项，可能会改善或避免标准措施实施中的问题，但这些注意事项并不能确保其基本保护功能。

常规问题

根据土壤性质、坡度和目标资源问题本身可调整阴离子型聚丙烯酰胺的施用量。

在合理可行的情况下，将含有阴离子型聚丙烯酰胺的尾水或径流储存起来再次施用，或回收用于其他土地。

将阴离子型聚丙烯酰胺与其他水土保持及田间最佳管理措施结合使用，可改善水土流失的控制效果。

如果含有阴离子型聚丙烯酰胺的水流出农田并与含泥沙的水流混合，则很可能会增加下游或其他地方的沉积物。

不含聚乙烯和壬基酚聚氧乙烯醚的阴离子型聚丙烯酰胺产品在本实践推荐的浓度下对水生生物是安全的。为尽量减少沉积物残留和阴离子型聚丙烯酰胺流出农田，考虑在处理过的农田与承受水体之间使用草本植物缓冲带或进行尾水回收。对水生生物的具体影响请参照 Kerr 等人于 2014 年和 Weston 等人于 2009 年发表的文章（见参考文献）。

灌溉侵蚀注意事项

其他水土保持措施（如土地平整、灌溉用水管理、少耕、水库耕作、作物轮作等）应与本实践措施结合使用以控制灌溉侵蚀。

在细质地到中等质地的土壤上，阴离子型聚丙烯酰胺可使地表灌溉渗透量增加高达 60%，而在典型的中等质地土壤上可增加 15%。在两次施用之间不存在土体扰动的情况下，随后的灌溉过程中渗透量的增加量会减少或不会增加。若施用量高于推荐用量则会降低入渗率。在粗质土壤中，使用阴离子型聚丙烯酰胺很有可能减少渗透。

为补偿阴离子型聚丙烯酰胺在渗透过程中的变化，应考虑调整流量、固定时间和改进耕作措施。

只要没有出现明显的侵蚀，应考虑适当降低阴离子型聚丙烯酰胺的最大施用量和体积。

喷灌系统可能需要多次施用才能明显减少侵蚀。

除非该土地刚刚完成耕作，否则不鼓励在生长季后使用。

风蚀或降水侵蚀和尘埃排放注意事项

将种子与阴离子型聚丙烯酰胺混合，可使受到侵蚀的保护时间大于阴离子型聚丙烯酰胺材料的生命周期。

安全与健康。吸入阴离子型聚丙烯酰胺粉尘会造成呼吸困难甚至窒息。因此处理和混合阴离子型聚丙烯酰胺的人员应使用制造商推荐的防尘面罩。

被阴离子型聚丙烯酰胺溶液弄湿的地板、其他表面、工具等会变得十分光滑。

用干燥的吸水材料（木屑、土壤等）清洁液态阴离子型聚丙烯酰胺溢出的液体，然后清扫或收集干粉状阴离子型聚丙烯酰胺材料，而不能用水清洗。

为防止滑倒，使用阴离子型聚丙烯酰胺时应避免将其喷洒过道上。

计划和技术规范

每次在每个特定地块施用时都要进行说明。根据本实践规定的准则、注意事项、运行和维护方法，对每块农田和每个处理单位实施该措施的技术规范进行详细描述。技术规范应使用核准的技术规范书、工作事项表、水土保持计划中的叙事性表述或其他可接受文献类型。

运行和维护

应为土地所有者或负责阴离子型聚丙烯酰胺施用的操作者制订运行和维护计划。该计划将为阴离子型聚丙烯酰胺的施用提供具体的指导，以便：

- 重新施用于受扰动或耕作地块，包括高强度机械作业区阴离子型聚丙烯酰胺的地块。
- 监测灌溉的前期阶段，以切断其与径流之间时间上的联系。
- 运行和维护设备以保证均匀的施用量。
- 维护网筛和过滤设施。
- 用水彻底清洗所有阴离子型聚丙烯酰胺混合和施用设备，防止阴离子型聚丙烯酰胺残留。
- 对于喷灌系统，在注入浓缩液态阴离子型聚丙烯酰胺（30% ~ 50% 活性成分）之前和之后，用作物油冲洗注射设备（阴离子型聚丙烯酰胺注射泵、管道、阀门等）。作物油会在阴离子型聚丙烯酰胺和水之间形成缓冲，因此不流动的阴离子型聚丙烯酰胺不会接触到水，从而避免形成凝胶状的团块堵塞阀门和管道。
- 喷灌注入时，应在喷灌系统中注水后再启动阴离子型聚丙烯酰胺注射泵。灌溉泵停止前停止注射泵，并加大水量冲洗喷头中的阴离子型聚丙烯酰胺。

参考文献

Kerr, J.L., J.S. Lumsden, S.K. Russell, E.J. Jasinska, G.G. Goss. 2014. Effects of Anionic Polyacrylamide Products On Gill Histopathology In Juvenile Rainbow Trout（Oncorhynchus Mykiss）. Environmental Toxicology and Chemistry, Vol. 33, No. 7, pp. 1552–1562.

Lentz, R.D. and R.E. Sojka. 2000. Applying polymers to irrigation water： Evaluating strategies for furrow erosion control. Trans. ASABE 43（6）： 1561-1568.

McNeal, J. 2016. Application of polyacrylamide （PAM） through lay-flay polyethylene tubing： effects on infiltration, erosion, N and P transport, and corn grain yield. MS Thesis, Mississippi State University. In review for Journal of Environmental Quality.

Sojka, R.E., D.L. Bjorneberg, J.A. Entry, R.D. Lentz, and W.J. Orts. 2007. Polyacrylamide in agriculture and environmental land management. Advances in Agronomy 92：75-162.

Wei, X., Y. Xuefeng, L. Yumei, W. Youke, 2011. Research on the Water-saving and Yield-increasing Effect of Polyacrylamide. Procedia Environmental Sciences（11）, Elsevier, 573-580.

Weston, D.P., R.D. Lentz, M.D. Cahn, R.S. Ogle, A.K. Rothert, and M.J. Lydy, 2009. Toxicity of Anionic Polyacrylamide Formulations when Used for Erosion Control in Agriculture. American Society of Agronomy. Published in J. Environ. Qual. 38：238–247（2009）.

Zejun, T., L. Tingwu, Z. Qingwen, and Z. Jun, 2002. The Sealing Process and Crust Formation at Soil Surface under the Impacts of Raindrops and Polyacrylamide 12th ISCO Conference, Beijing China.

保护实践概述

（2016年9月）

《阴离子型聚丙烯酰胺（PAM）的施用》（450）

阴离子型聚丙烯酰胺的施用有助于减少与灌溉相关的侵蚀，并可用于有干扰活动阻碍覆盖作物种植或维护的地区。

实践信息

聚丙烯酰胺适用于易受灌溉侵蚀且灌溉水的钠吸附比率（SAR）小于15的灌溉地。

也可用于植被未能及时形成或植被缺乏或不足的关键地块，或植物残体不足以保护地表免受风蚀或水蚀的地块。

本实践不适用于表层有泥炭或有机层的土壤，也不适用于将阴离子型聚丙烯酰胺施于流水的非灌溉水时。

常见相关实践

《阴离子型聚丙烯酰胺（PAM）的施用》（450）通常与《喷灌系统》（442）和《灌溉系统——地表和地下灌溉》（443）等保护实践一起使用。

保护实践的效果——全国

土壤侵蚀	效果	基本原理
片蚀和细沟侵蚀	2	聚合土壤颗粒，使其不易受水流侵蚀。
风蚀	2	聚合土壤颗粒，使其不易受风力侵蚀。
浅沟侵蚀	2	聚合土壤颗粒，使其不易受集中渗流侵蚀。
典型沟蚀	0	不适用
河岸、海岸线、输水渠	0	不适用
土质退化		
有机质耗竭	0	不适用
压实	0	不适用
下沉	0	不适用
盐或其他化学物质的浓度	0	不适用
水分过量		
渗水	0	不适用
径流、洪水或积水	0	不适用
季节性高地下水位	0	不适用
积雪	0	不适用
水分不足		
灌溉水使用效率低	1	最大限度地减少沟壑侵蚀，使犁沟中的水流更高，提高施用效率。
水分管理效率低	0	不适用

（续）

水质退化	效果	基本原理
地表水中的农药	2	这一举措可减少径流和侵蚀。
地下水中的农药	-1	这一举措能够增强土壤渗透。
地表水中的养分	2	灌溉引起的侵蚀减少，防止了附着在沉积物上的养分外流到地表水。
地下水中的养分	-1	这一举措能够增强土壤渗透。
地表水中的盐类	0	不适用
地下水中的盐类	0	不适用
粪肥、生物土壤中的病原体和化学物质过量	0	不适用
粪肥、生物土壤中的病原体和化学物质过量	0	不适用
地表水沉积物过多	4	这一举措可减少侵蚀和输沙量。
水温升高	0	不适用
石油、重金属等污染物迁移	1	PAM 会减少土壤中重金属的迁移。
石油、重金属等污染物迁移	0	不适用
空气质量影响		
颗粒物（PM）和 PM 前体的排放	2	施用 PAM 可以降低土壤对风蚀的敏感性。
臭氧前体排放	0	不适用
温室气体（GHG）排放	0	不适用
不良气味	0	不适用
植物健康状况退化		
植物生产力和健康状况欠佳	0	不适用
结构和成分不当	0	不适用
植物病虫害压力过大	0	不适用
野火隐患，生物量积累过多	0	不适用
鱼类和野生动物——生境不足		
食物	0	不适用
覆盖 / 遮蔽	0	不适用
水	0	排水沟中的水暂时可用。
生境连续性（空间）	0	不适用
家畜生产限制		
饲料和草料不足	0	不适用
遮蔽不足	0	不适用
水源不足	0	不适用
能源利用效率低下		
设备和设施	0	不适用
农场 / 牧场实践和田间作业	2	减少渗透损失，从而减少泵送能耗。

CPPE 实践效果：5 明显改善；4 中度至明显改善；3 中度改善；2 轻度至中度改善；1 轻度改善；0 无效果；-1 轻度恶化；-2 轻度至中度恶化；-3 中度恶化；-4 中度至严重恶化；-5 严重恶化。

工作说明书—— 国家模板

（2015年9月）

此类可交付成果适用于个别实践。其他规划实践的可交付成果参考具体的工作说明书。

设计

可交付成果

1. 能够证明符合自然资源保护局实践中相关准则并与其他计划和应用实践相匹配的设计文件。
   a. 保护计划中确定的目的。
   b. 客户需要获得的许可证清单。
   c. 符合自然资源保护局国家和州公用设施安全政策（《美国国家工程手册》第 503 部分《安全》A 子部分“影响公用设施的工程活动”第 503.00 节至第 503.06 节）。
   d. 制订计划和规范所需的与实践相关的计算和分析，包括但不限于：
      i. 类型和数量
      ii. 施用方法和频率
      iii. 环境因素
2. 向客户提供书面计划和规范书包括草图和图纸，充分说明实施本实践并获得必要许可的相应要求。
3. 运行维护计划。
4. 证明设计符合实践和适用法律法规的文件［《美国国家工程手册》A 子部分第 505.03（a）（3）节］。
5. 安装期间，根据需要所进行的设计修改。

注：可根据情况添加各州的可交付成果。

安装

可交付成果

1. 与客户和承包商进行的安装前会议。
2. 验证客户是否已获得规定许可证。
3. 根据计划和规范（包括适用的布局注释）进行定桩和布局。
4. 安装检查（酌情根据检查计划开展）。
   a. 实际使用的材料（第 512 部分 D 子部分“质量保证活动”第 512.33 节）
   b. 检查记录
5. 协助客户和原设计方并实施所需的设计修改。
6. 在安装期间，就所有联邦、州、部落和地方法律、法规和自然资源保护局政策的合规性问题向客户 / 自然资源保护局提供建议。
7. 证明施用过程和材料符合设计和许可要求的文件。

注：可根据情况添加各州的可交付成果。

验收

可交付成果

1. 竣工文档。
   a. 实践单位

b. 最终量

2. 证明安装过程符合自然资源保护局实践和规范并符合许可要求的文件［《美国国家工程手册》A 子部分第 505.03（c）（1）节］。
3. 进度报告。

注：可根据情况添加各州的可交付成果。

参考文献

NRCS Field Office Technical Guide（FOTG）, Section IV, Conservation Practice Standard - Anionic Polyacrylamide（PAM）Application, 450.

NRCS National Engineering Manual（NEM）.

NRCS National Environmental Compliance Handbook.

NRCS Cultural Resources Handbook.

注：可根据情况添加各州的可交付成果。

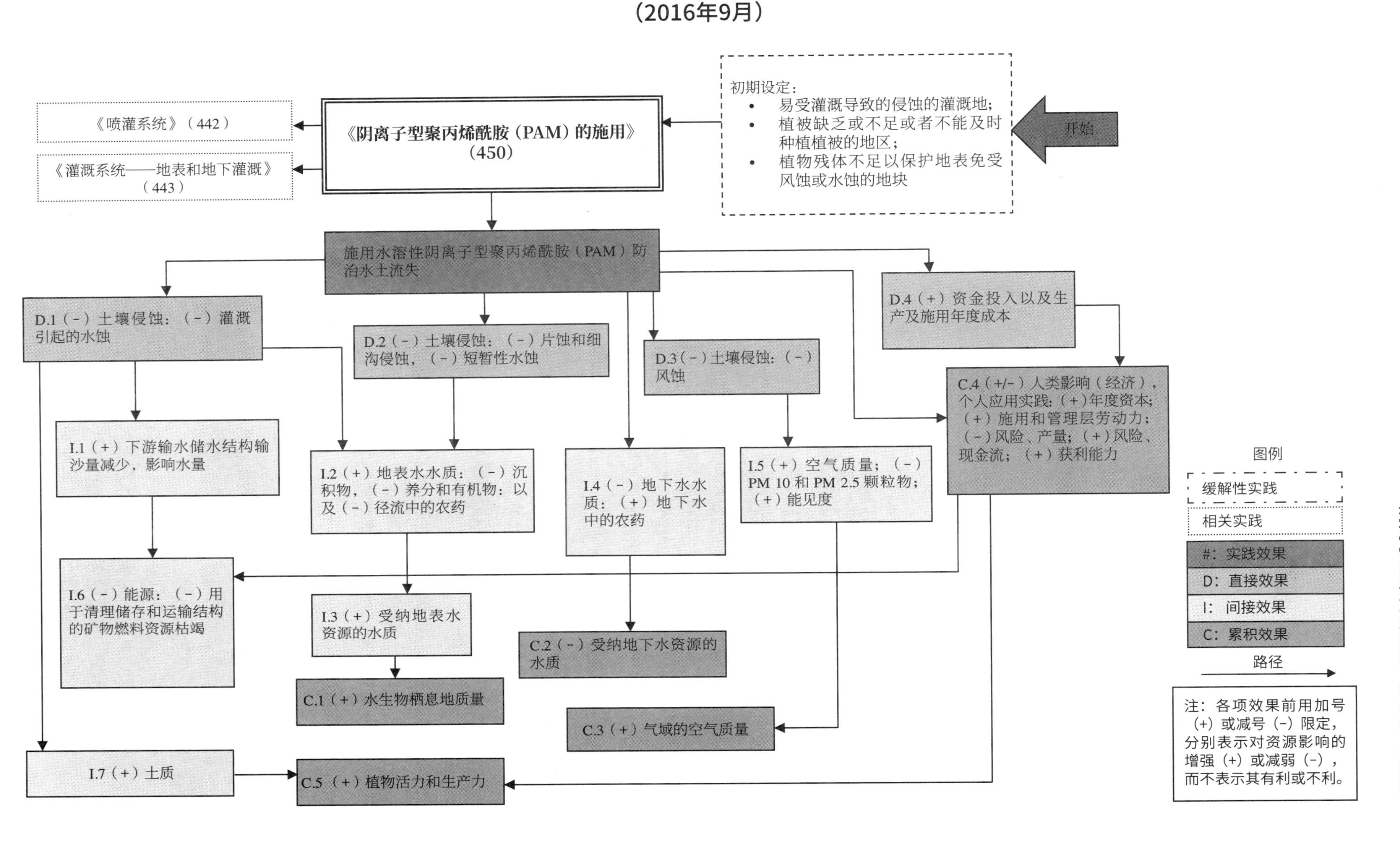

保护实践效果（网络图）
（2016年9月）
开始
初期设定：
• 易受灌溉导致的侵蚀的灌溉地；
• 植被缺乏或不足或者不能及时种植植被的地区；
• 植物残体不足以保护地表免受风蚀或水蚀的地块
《阴离子型聚丙烯酰胺（PAM）的施用》（450）
《喷灌系统》（442）
《灌溉系统——地表和地下灌溉》（443）
施用水溶性阴离子型聚丙烯酰胺（PAM）防治水土流失
D.1（-）土壤侵蚀：（-）灌溉引起的水蚀
D.2（-）土壤侵蚀：（-）片蚀和细沟侵蚀，（-）短暂性水蚀
D.3（-）土壤侵蚀：（-）风蚀
D.4（+）资金投入以及生产及施用年度成本
C.4（+/-）人类影响（经济），个人应用实践：（+）年度资本；（+）施用和管理层劳动力；（-）风险、产量；（+）风险、现金流；（+）获利能力
I.1（+）下游输水储水结构输沙量减少，影响水量
I.2（+）地表水水质：（-）沉积物，（-）养分和有机物；以及（-）径流中的农药
I.4（-）地下水水质：（+）地下水中的农药
I.5（+）空气质量：（-）PM 10 和 PM 2.5 颗粒物；（+）能见度
I.6（-）能源：（-）用于清理储存和运输结构的矿物燃料资源枯竭
I.3（+）受纳地表水资源的水质
C.1（+）水生物栖息地质量
C.2（-）受纳地下水资源的水质
C.3（+）气域的空气质量
I.7（+）土质
C.5（+）植物活力和生产力
图例
缓解性实践
相关实践
#：实践效果
D：直接效果
I：间接效果
C：累积效果
路径
注：各项效果前用加号（+）或减号（-）限定，分别表示对资源影响的增强（+）或减弱（-），而不表示其有利或不利。

双壳类水产养殖设备和生物淤积控制

（400，Ac.，2011年4月）

定义

将环境风险降到最低的同时，采取分解、清理等措施将生物淤积物和其他废物清除出双壳类动物生产区。

目的

- 减少贝类水产养殖和渔具对水源、植被、动物和人类造成的不利影响。
- 确保有可靠的水源以及水质，以支持贝类生产。
- 确保有足够的食物数量和质量，以支持贝类生产。

适用条件

双壳类水生物生长的近海区域以及潮间和潮下区域。

准则

总体准则

根据监管指南，包括标记和记录要求，找到所有双壳类水产养殖生产场所和相关活动。

尽量减少沉积物处理对临近区域和场外地区的影响。

要保证有充足的水源流经使用包括但不限于以下耕作方法进行生产的区域：

- 为防止生物淤积，定期检查控制装置和其设备。
- 采取以下手段以最小化或者避免生物有害物的堆积：周期性翻转底部或表面培植装置，在藻类污染季节来临前清除筛网，以及设定好机器启动的时间，从而防止附着的甲壳动物和其他污损生物再生。
- 为促进贝类的健康生长，要经常清洁设备并去除设备上的生物淤积，必要时，可以用新的或无生物淤积的设备替换控制装置。
- 用于海底生物的离底装填型机器开始轮转，该机器利用多余的齿轮来实现生物淤泥的收集、运输和处理。
- 当含有水生滋扰物种的生物淤积不能在现场以毁灭性且环保的方式被清理时，或当生物淤积将会导致过量的有机负荷时，需要在岸上清理机器。
- 要避免生物淤积和大型藻类植物以某种方式或一定数量返回到水域表面，以致于造成当地环境退化。
- 仅使用符合环保要求的生物淤积控制方法，包括但不限于：风干、盐水浸泡、醋泡、淡水浸泡、清扫、强力清洗。
- 以不会导致环境恶化的方式收集、运输和处理岸上的废旧装备。

由于保护不善、淤泥过多以及冰冻或极端天气危害，可以采取以下手段来应对水产机器在自然环境中意外受损或故障的风险。

- 要定期，尤其在极端天气前，对贝类生态系统进行高效维护。
- 检测天气状况（如强风暴、冰雪天气、极低或极高水温、极低或极高气温），以便适时安排设备拆除、搬迁或者其他合适的替代措施。
- 在从产区移除机器之后，尤其是在极端天气前，要尽快聚集并处理海洋环境以外的废物。
- 做好机器轮转、替换、移除和挪动记录，以便于检测可能会对环境和航行造成的损失。

注意事项

为尽量减少对生态系统中自然机能造成的影响，同时还要考虑到生产者正常的水产养殖活动，需设计合理的机械布局和布置。

需涵盖生长区域周围和内部的缓冲地带，以减少疾病的传播并为野生生物提供绿色走廊。

注意该地区可能会遇到当地州立、联邦以及部落名列中的重要物种。需使用野生生物领域鉴别指南，并记录与保护野生物种与水产养殖活动相呼应的日志。

考虑参考相关的贝类水产养殖保护实践来应对其他问题，包括《燃烧系统改进》（372）、《访问控制》（472）和《病虫害治理保护体系》（595）。

计划和技术规范

为双壳类水产养殖设备和生物淤泥控制系统提供因地制宜的计划及技术规范，该计划及技术规范需说明为实现其预期目的所需的要求。

该计划及技术规范至少应包括以下内容：

- 规划图、展示机器布局、接入点、缓冲区以及其他相关的信息。
- 如果可以，最好还有对区域土壤情况做出描述的水下土壤地图。
- 生态脆弱地区的鉴别和定位。
- 确定珍稀鱼类和野生动物栖息地的地点，以及该地区可能发现的受保护野生物种的鉴别。
- 为在该地区发现的或预期的受保护物种采取或避免采取的行动提供建议。当野生生物出现搁浅、受伤或陷入其他危难的情况时，联系负责机构。
- 计划说明，描述与实现本实践的目的和标准有关的养护方法。
- 保护计划行动时间表。
- 为协助生产者实施保护举措的必要指导文件。

运行和维护

针对每个养殖点保护计划中所述的所有项目和做法的检测、运行以及维护，制订计划，计划需包含（但不仅限于）以下内容：

- 不得超过当地位于生产区建筑物的高度限制。
- 把所有未使用的和不必要的设备从生产区移除，并将其安全地存放在规定区域。
- 在生产现场留下显著识别标志（即姓名和许可证号码）的主要防护装置，并妥善固定，以最大限度地减少异地移动的风险。
- 定期检查种植区，特别是在风暴天气后。要修缮任何一处损坏，以防止设备对环境造成污染。
- 以及时且不会导致环境恶化的方式在岸上处理废弃或用过的装置。
- 进行检测以及记录以下内容：
  - 向当地的港务局和其他监管机构提交通知。
  - 控制设备更换周期。
  - 对受保护野生生物物种潜在有害的互动事件，及采取的相应纠正措施。
  - 生长区域邻近的侵入物种。

在面临冰雪问题时，进行与天气有关的维护：

- 检测并记录水温和天气条件。
- 定位潮间带设备和材料，使其与沉积物表面齐平。
- 在冬天，谨慎使用辅助连接设备以将所有机器固定在地面上，或者把物资转移到厂区外的高地，或者获得许可的深水贝类生产区。
- 要注意，冬天时，任何留在相关生产区的机器都要远离淤泥，以便减少机器受冻的潜在可能性。
- 用冬藏的枝条或者其他经有关当局批准的标记工具来代替位置浮标略图，以尽量减少因冰移动带来的风险。

参考文献

Flimlin, Gef, Sandy Macfarlane, Edwin Rhodes, Kathleen Rhodes. 2010. Best Management Practices for the East Coast Shellfish Aquaculture. East Coast Shellfish Growers Association in collaboration with the Northeastern Regional Aquaculture Center, USDA National Institute of Food and Agriculture, and USDC National Oceanic and Atmospheric Administration. Accessed March22, 2011.http://www.ecsga.org.

Leavitt, Dale F. 2004. Best Management Practices for the Shellfish Culture Industry in Southeastern Massachusetts. Massachusetts Shellfish Growers, in collaboration with South Eastern Massachusetts Aquaculture Center, and Massachusetts Department of Agricultural Resources, Aquaculture Program: Boston. Accessed March22, 2011.http://www.mass.gov/agr/aquaculture/docs/Shellfish_BMPs_v09-04a.pdf.

Massachusetts Office of Coastal Zone Management. 1996. Massachusetts Aquaculture White Paper and Strategic Plan. Boston. Accessed March 22, 2011.http://www.mass.gov/czm/wptoc.htm.

Virginia Institute of Marine Science. 2008. Best Management Practices for the Virginia Shellfish Culture Industry. Virginia. Accessed March22, 2011.http://web.vims.edu/adv/aqua/MRR%202008_10.pdf?svr=www.

保护实践概述

(2012年12月)

《双壳类水产养殖设备和生物淤积控制》(400)

双壳类水产养殖设备和生物污染控制包括减少、清理或清除双壳类水产养殖区域的生物污染物和其他废物，同时将环境风险降至最低。

实践信息

《双壳类水产养殖设备和生物淤积控制》旨在减少贝类水产养殖业的活动和渔具对水源、植被、动物和人类造成的不利影响。这一实践是为了确保有可靠的水量以及水质，以支持贝类生产；确保有足够的食物数量和质量，以支持贝类生产。

实践示例包括：

- 设备循环：准备养殖笼和浮囊，用于旋转，以减少对浅海区域海洋环境的生物污染输入。
- 疾病监测：采集组织学样本，定位并维护本地种群，针对疾病进行年度病理检测。
- 河床之间建立缓冲区。
- 监测并记录害虫情况、对濒危物种的影响、野生动物和船只的保护情况。所有船只上的溅漏处理工具箱都要进行维护。还需要进行水质检测和入侵物种记录。

常见相关实践

《双壳类水产养殖设备和生物淤积控制》(400)通常与《密集使用区保护》(561)和《访问控制》(472)等保护实践一起使用。

保护实践的效果——全国

土壤侵蚀	效果	基本原理
片蚀和细沟侵蚀	0	不适用
风蚀	0	不适用
浅沟侵蚀	0	不适用
典型沟蚀	0	不适用
河岸、海岸线、输水渠	0	不适用
土质退化		
有机质耗竭	0	不适用
压实	0	不适用
下沉	0	不适用
盐或其他化学物质的浓度	0	不适用
水分过量		
渗水	0	不适用
径流、洪水或积水	0	不适用
季节性高地下水位	0	不适用
积雪	0	不适用
水分不足		
灌溉水使用效率低	0	不适用
水分管理效率低	0	不适用
水质退化		
地表水中的农药	0	不适用
地下水中的农药	0	不适用
地表水中的养分	2	养殖网和养殖笼中的附殖生物被清除出水相环境，减少局部地表水中的有机物。
地下水中的养分	0	不适用
地表水中的盐类	0	不适用
地下水中的盐类	0	不适用
粪肥、生物土壤中的病原体和化学物质过量	2	通过清除附殖生物，感染病原体的物质或感染疾病的生物也将从当地的水环境中清除。
粪肥、生物土壤中的病原体和化学物质过量	0	不适用
地表水沉积物过多	0	不适用
水温升高	0	不适用
石油、重金属等污染物迁移	0	不适用
石油、重金属等污染物迁移	0	不适用
空气质量影响		
颗粒物（PM）和 PM 前体的排放	0	不适用
臭氧前体排放	0	不适用
温室气体（GHG）排放	0	不适用
不良气味	0	不适用
植物健康状况退化		
植物生产力和健康状况欠佳	0	不适用
结构和成分不当	0	不适用
植物病虫害压力过大	0	不适用
野火隐患，生物量积累过多	0	不适用
鱼类和野生动物——生境不足		
食物	0	不适用
覆盖 / 遮蔽	0	不适用

（续）

鱼类和野生动物——生境不足	效果	基本原理
水	0	双壳类动物通过过滤水中的养分和生物而茁壮成长。水产养殖增加双壳类生物量，促进水的过滤。
生境连续性（空间）	0	不适用
家畜生产限制		
饲料和草料不足	0	不适用
遮蔽不足	0	不适用
水源不足	0	不适用
能源利用效率低下		
设备和设施	0	不适用
农场 / 牧场实践和田间作业	0	不适用

CPPE 实践效果：5 明显改善；4 中度至明显改善；3 中度改善；2 轻度至中度改善；1 轻度改善；0 无效果；−1 轻度恶化；−2 轻度至中度恶化；−3 中度恶化；−4 中度至严重恶化；−5 严重恶化。

工作说明书—— 国家模板

（2010年4月）

此类可交付成果适用于个别实践。其他规划实践的可交付成果参考具体的工作说明书。

设计

可交付成果

1. 能够证明符合自然资源保护局实践中相关准则并与其他计划和应用实践相匹配的设计文件。
   a. 保护计划中确定的目的。
   b. 客户需要获得的许可证清单。
   c. 列出所有规定的实践或辅助性实践。
   d. 制订计划和规范所需的与实践相关的计算和分析，包括但不限于：
      i. 沉积物处理注意事项
      ii. 水流注意事项
      iii. 水质注意事项
      iv. 野生物种注意事项
2. 向客户提供书面计划和规范书包括草图和图纸，充分说明实施本实践并获得必要许可的相应要求。
3. 运行维护计划。
4. 证明设计符合实践和适用法律法规的文件。
5. 实施期间，根据需要所进行的设计修改。

注：可根据情况添加各州的可交付成果。

安装

可交付成果

1. 与客户进行的安装前会议。
2. 验证客户是否已获得规定许可证。
3. 根据需要提供的应用指南。
4. 协助客户和原设计方并实施所需的设计修改。

5. 在实施期间，就所有联邦、州、部落和地方法律、法规和自然资源保护局政策的合规性问题向客户 / 自然资源保护局提供建议。
6. 证明施用过程和材料符合设计和许可要求的文件。

注：可根据情况添加各州的可交付成果。

验收

可交付成果

1. 实施记录。
    a. 实践单位
    b. 实际实施的设备和生物污染控制方法
    c. 进行的运行维护工作
2. 证明施用过程符合自然资源保护局实践和规范并符合许可要求的文件。
3. 进度报告。

注：可根据情况添加各州的可交付成果。

参考文献

NRCS Field Office Technical Guide（eFOTG）, Section IV, Conservation Practice Standard.

Bivalve Aquaculture Gear and Biofouling Control-400.

Flimlin , Gef, Sandy Macfarlane, Edwin Rhodes, Kathleen Rhodes 2010. Best Management Practices for the East Coast Shellfish Aquaculture. East Coast Shellfish Growers Association in collaboration with the Northeastern Regional Aquaculture Center, USDA National Institute of Food and Agriculture, and USDC National Oceanic and Atmospheric Administration. Accessed March 22, 2011. http：//www.ecsga.org.

注：可根据情况添加各州的参考文献。

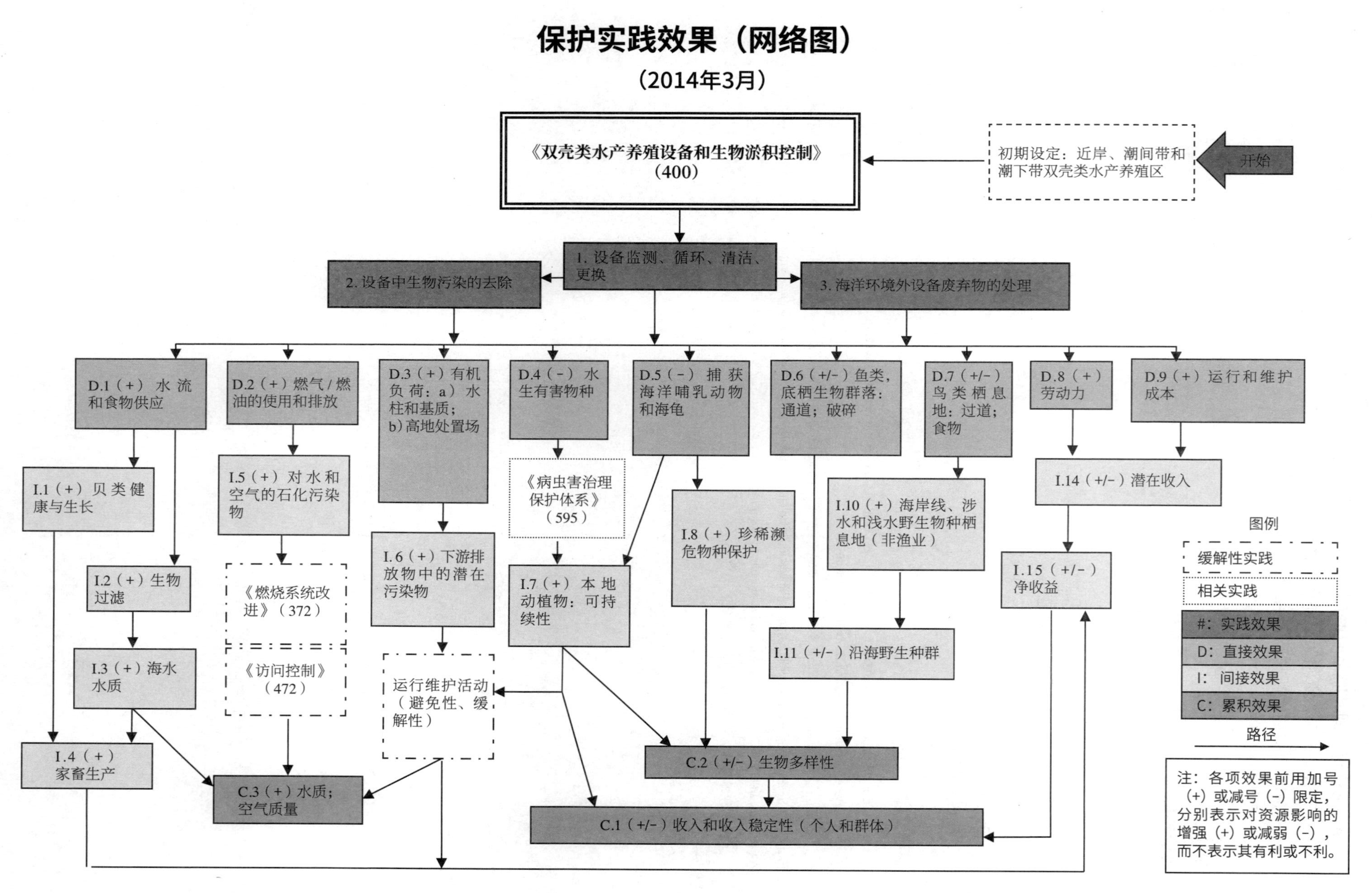

保护实践效果（网络图）
（2014年3月）
开始
初期设定：近岸、潮间带和潮下带双壳类水产养殖区
《双壳类水产养殖设备和生物淤积控制》（400）
1. 设备监测、循环、清洁、更换
2. 设备中生物污染的去除
3. 海洋环境外设备废弃物的处理
D.1（+）水流和食物供应
D.2（+）燃气/燃油的使用和排放
D.3（+）有机负荷：a）水柱和基质；b）高地处置场
D.4（-）水生有害物种
D.5（-）捕获海洋哺乳动物和海龟
D.6（+/-）鱼类，底栖生物群落：通道；破碎
D.7（+/-）鸟类栖息地：过道；食物
D.8（+）劳动力
D.9（+）运行和维护成本
I.1（+）贝类健康与生长
I.5（+）对水和空气的石化污染物
《病虫害治理保护体系》（595）
I.8（+）珍稀濒危物种保护
I.10（+）海岸线、涉水和浅水野生物种栖息地（非渔业）
I.14（+/-）潜在收入
I.2（+）生物过滤
《燃烧系统改进》（372）
I.6（+）下游排放物中的潜在污染物
I.7（+）本地动植物：可持续性
I.15（+/-）净收益
I.11（+/-）沿海野生种群
I.3（+）海水水质
《访问控制》（472）
运行维护活动（避免性、缓解性）
I.4（+）家畜生产
C.3（+）水质；空气质量
C.2（+/-）生物多样性
C.1（+/-）收入和收入稳定性（个人和群体）
图例
缓解性实践
相关实践
#：实践效果
D：直接效果
I：间接效果
C：累积效果
路径
注：各项效果前用加号（+）或减号（-）限定，分别表示对资源影响的增强（+）或减弱（-），而不表示其有利或不利。

灌木管理

（314，Ac.，2017年3月）

定义

对木本（非草本或多肉植物）植物（包括侵入和有毒植物）的管理和清除。

目的

- 构建符合生境场地或与理想状态一致的植物群落。
- 恢复或放开所需的植被，以保护土壤、控制侵蚀、减少沉积物、改善水质或提升水文状况。
- 维护、改造并加强保护鱼类和野生动物栖息地。
- 改进家畜和野生动物的饲料可给性、质量和数量。
- 管理燃油的负荷以达到理想状况。
- 将分布广泛的植物物种控制到便于处理的理想水平，最终有助于构建或维持生态场所的“稳定状态”，以满足牧草、野生动物栖息地或水质要求。

适用条件

除农田外，所有需要清除、减少或控制木本植物（非草本或多肉植物）的土地。

本实践不适用于计划依据保护实践《计划烧除》（338）用火清除木本植被，或依据保护实践《土地清理》（460）清除木本植被以改变土地利用方式。

准则

适用于所有目的的附加准则

根据物种组成、种群结构、密度和冠层（或叶面）的覆盖率或高度，设计灌木管理措施以实现理想的植物群落。

灌木管理措施的实施应以实现目标木本物种和保护理想物种的控制方式进行。这将通过单一或综合使用机械、化学、燃烧或生物等方法来完成。当使用焚烧规定方法进行处理时，请依据保护实践《计划烧除》（338）执行。

当以造林目的管理树木时，请依据保护实践《林分改造》（666）。

除使用放牧动物进行生物控制外，自然资源保护局（NRCS）不建议进行生物或化学处理。在这种情况下，请依据保护实践《计划放牧》（528）来确保达到并保持所需状态。自然资源保护局可为客户提供可接受的生物或化学控制参考资料。

如果林下植被不足以提供种子来源以形成理想的植物群落，请依据保护实践《牧场种植》（550）或《牧草和生物质种植》（512）以确保达到并保持理想结果。

须进行后续管理以实现目标。

构建与生态场所相应的理想植物群落的附加准则

使用适合的生态场所描述（ESD）现状和过渡模型来开发在生态上可靠和可防御的技术规范。处理措施须与生态场所的动态变化相一致，并与现状和植物群落结构的形成阶段相对应。其中，植物群落的形成阶段取决于理想植物群落所具有的支撑潜力和能力。如果生态场所描述不可用，基本技术规范则应给出理想的植物群落组成、结构以及系统恢复功能的最佳近似值。

附加处理措施，并通过应用该处理措施来实现对分布广泛的植物物种的有效控制。

恢复或开放理想植被覆盖物以保护土壤，控制侵蚀，减少沉积物，改善水质或提升水文状况的附加准则

在土壤侵蚀的风险高且植被恢复缓慢或不确定，从而因长期裸露而导致水土流失的情况下，则选择一种能够将土壤扰动降低至最少的控制办法。

与其他水土保持措施相结合，利用经认可的侵蚀预测技术，有效控制土壤扰动的次数、次序和时期，从而将水土流失维持在可接受的水平上。

维护、改造并加强保护鱼类和野生动物栖息地的附加准则

依据经批准的栖息地评估程序计划并实行灌木管理，以满足野生动物栖息地的需求。

根据保护实践《湿地野生动物栖息地管理》（644）和《高地野生动物栖息地管理》（645）的规范，在目标野生动物和授粉物种繁殖及其他生命周期活动要求的一年期间，设计并进行试验处理措施。

改进家畜和野生动物的饲料可给性、质量和数量的附加准则

依据保护实践《计划放牧》（528）要求，对灌木管理进行时期和顺序划分。

将分布广泛的植物物种控制到便于处理的理想水平，最终有助于构建或维持生态场所的“稳定状态”，以满足牧草、野生动物栖息地或水质要求的附加准则。

附加处理措施，并通过应用该处理来实现对分布广泛的植物物种的有效控制。

管理燃油负荷以达到所需的附加准则

控制不需要的木本植物，以构建理想的植物群落，并达到理想的燃料负荷要求，以减少野火的风险，并有助于未来有计划地烧除。

注意事项

保护实践《病虫害治理保护体系》（595）作为灌木管理的辅助要求。

选择适当的处理时期。某些灌木管理活动仅在一年之内有效，其他活动需要延续管理多年才能达到预期的目标。

如果计划对现有和邻近的植物群落造成重大改变，则考虑对某些专有物种（依赖于目标木本物种的物种）的影响和后果。

在计划灌木管理的方法和范围时，应注意其对野生动物食物供应、生存空间、筑巢和有效覆盖的影响。

使用化学农药处理时可能需要取得州批准许可。

为维护空气质量，当使用化学方法进行灌木管理时，注意要选择尽量减少化学品漂移和过量施用的方法，且在利用机械进行灌木管理时，应尽量减少颗粒物的夹带。

计划和技术规范

对于进行灌木管理的每一块土地或管理单位，决策者选择的处理方案的计划和技术规范均需记录在案。

准备的计划和技术规范要符合联邦、州和地方法律。计划和技术规范至少应包含以下资料：

- 明确的目标和目的。
- 目标植物处理前的覆盖度或密度以及按计划处理后覆盖度或密度及所需功效。
- 待实施土地地图、绘图和详细阐述，如果适用，标明处理模式以及未被干扰地块。
- 确定并实施拟测定的项目（包括时间和频率）监测计划，记录植物群落变化（与目标比较）。

机械处理方法

除上述第 1 项至第 4 项，计划和技术规范中还应包括：

- 设备类型以及为使设备适应工作所需的修改和完善。
- 最佳控制效果的实施日期。
- 操作说明（如适用）。
- 应遵循的技术或程序。

化学处理方法

除上述第 1 项至第 4 项，计划和技术规范中还应包括：

- 用于限制、管理或控制目标物种的可接受的化学处理参考资料。
- 评估和阐释与选择的处理措施相关联的除草剂的风险。
- 为达到最佳控制效果并减少再次侵入，应选择合适的日期或植物生长阶段实施。
- 任何特殊的缓解措施、时间因素或其他因素（如土壤质地和有机物含量）都应考虑在内，以确保最安全、最有效地使用除草剂。
- 参考产品标签说明。

生物处理方法

除上述第 1 项至第 4 项，计划和技术规范中还应包括：

- 用于限制、管理或控制目标物种的可接受的生物处理参考资料。
- 如适用，将使用某种放牧动物。
- 给出放牧或吃草的时间、频率、持续时间和强度。
- 控制对目标物种的放牧或吃草强度。
- 最大限度地利用所需要的非目标物种。
- 与所选的处理措施相关的特殊缓解措施、预防措施或要求。

运行和维护

运行

必须使用核准的材料和步骤实施灌木管理标准措施。所有运行须遵守地方、州和联邦法律和法规。

应通过评估处理完成后目标物种再成长情况确定措施实施标准是否成功，时间应该足够长，以监测现状并得到可靠数据。评估周期的长短将取决于被监测木本物种、繁殖体（种子、枝干和根）到场地的距离、种子的迁移方式（风或动物）以及所用的方法和材料。

操作员应为接触化学品的人员制订安全计划，包括紧急治疗中心的电话号码和地址，以及最近的毒性控制中心的电话号码。

- 按标签要求对井、季节性溪流、河流、天然或蓄水池塘和湖泊以及水库进行混合或装载回填。
- 根据标签说明或联邦、州、地区和当地法律，在处理过的农田周围张贴标志，同时遵循时间间隔限制。
- 根据标签说明或联邦、州、地区和当地法律，处置除草剂和除草剂容器。
- 阅读、遵循标签说明并保留相应的材料安全数据表（MSDS）。MSDS 和农药标签可通过以下网站访问：http：//www.greenbook.net/。
- 在每次季节性使用前以及每个主要化学品和变更场地之前，根据建议校准施用设备。
- 对磨损的喷嘴头、破裂的软管和喷涂设备上的错误仪表进行更换。
- 灌木丛和灌木控制记录至少要保持两年。除草剂申请记录应符合美国农业部农业市场服务部的农药记录保存计划和州的特定要求。

维护

初次施用后，灌木丛可能会出现一些再生及再发芽情况。根据需要可进行局部处理植物或再处理，木本植被较小则对处理过程更敏感。

定期审查和更新计划以便：

- 与新的病虫害综合防治技术相结合。
- 应对放牧管理和复杂的植物群体大小的变化。
- 避免植物对除草剂等化学品产生抗性。

参考文献

Branson FA., Gifford GF, Renard KG, Hadley RF, Reid EH. 1981. Rangeland Hydrology, 2nd ed., Society for Range Management, Colorado.

Heady, HF , Child D, 1994. Rangeland Ecology and Management, Westview Press, Colorado.

Holechek JL., Pieper RD , Herbel CH. 2000. Range management principles and practices, 5th edition. Prentice Hall, New Jersey.

Krausman PR. 1996. Rangeland Wildlife Society for Range Management, Colorado.

Monsen SB., Stevens R, Shaw NL. 2004. Restoring Western Ranges and Wildlands, Volume 1 Gen Tech Rep RMRS-GTR-136-1, USDA, Forest Service, Fort Collins, Colorado.

United States Department of Agriculture, Natural Resources Conservation Service 2003. National Range and Pasture Handbook. Washington, DC.

United States Department of Agriculture, Natural Resources Conservation Service 2008. General Manual： Title 190 – Ecological Sciences： Part 404 – Pest Management. Washington, DC.

Valentine, JR. 1989 Range Developments and Improvements, 3rd ed. Academic Press, Massachusetts.

Vavra M., Laycock WA, Pieper RD. 1994 Ecological Implications of Livestock Herbivory in the West Society for Range Management, Colorado.

Briske DD. 2011. Conservation Benefits of Rangeland Practices： Assessment, Recommendations, and Knowledge Gaps. US Department of Agriculture, Natural Resources Conservation Service 429 pages.

保护实践的效果——全国

土壤侵蚀	效果	基本原理
片蚀和细沟侵蚀	1	清理灌木丛林冠将增加草本地被植物，从而有利于渗透，减少坡面漫流和土壤侵蚀。机械处理后，土表暴露可能会暂时增加。
风蚀	1	清理灌木丛林冠将增加草本地被植物，从而有利于渗透，减少坡面漫流和土壤侵蚀。机械处理后，土表暴露可能会暂时增加。
浅沟侵蚀	1	清理灌木丛林冠将增加草本地被植物，从而有利于渗透，减少坡面漫流和土壤侵蚀。机械处理后，土表暴露可能会暂时增加。
典型沟蚀	1	清理灌木丛林冠将增加草本地被植物，从而有利于渗透，减少坡面漫流和土壤侵蚀。机械处理后，土表暴露可能会暂时增加。
河岸、海岸线、输水渠	0	不适用
土质退化		
有机质耗竭	0	不适用
压实	0	不适用
下沉	0	不适用
盐或其他化学物质的浓度	0	不适用
水分过量		
渗水	0	不适用
径流、洪水或积水	1	地被植物增加，减少了径流。
季节性高地下水位	0	不适用
积雪	0	不适用
水分不足		
灌溉水使用效率低	0	不适用
水分管理效率低	2	有害物种减少，增加水分利用率和植物利用率。
水质退化		
地表水中的农药	-1	可通过农药来控制灌木丛。
地下水中的农药	0	不适用
地表水中的养分	0	不适用
地下水中的养分	0	不适用

（续）

水质退化	效果	基本原理
地表水中的盐类	0	不适用
地下水中的盐类	0	不适用
粪肥、生物土壤中的病原体和化学物质过量	0	不适用
粪肥、生物土壤中的病原体和化学物质过量	0	不适用
地表水沉积物过多	2	植被覆盖度提高，渗透增强，减少了地表径流。
水温升高	0	不适用
石油、重金属等污染物迁移	0	不适用
石油、重金属等污染物迁移	0	不适用
空气质量影响		
颗粒物（PM）和 PM 前体的排放	0	通过机械方法或燃烧清除植被会增加短期 PM 排放。然而，灌木管理不应产生长期影响。
臭氧前体排放	0	通过化学方法或燃烧清除植被会增加短期挥发性有机化合物（VOC）和氮氧化物（NO_X）排放。然而，灌木管理不应产生长期影响。
温室气体（GHG）排放	1	焚烧植被会增加短期二氧化碳排放量。然而，灌木管理应该会产生积极的长期固碳效应。
不良气味	0	不适用
植物健康状况退化		
植物生产力和健康状况欠佳	2	消除竞争性植物可以提高植物群落的健康、活力和生物多样性。
结构和成分不当	4	不需要的灌木物种将通过物理、化学或生物手段加以管理，使其适合理想的植物群落。
植物病虫害压力过大	4	消除竞争性植物可以提高植物群落的健康、活力和生物多样性。
野火隐患，生物量积累过多	4	管理减少可燃物载量。
鱼类和野生动物——生境不足		
食物	2	植物的组成、结构、数量和可利用性都将得到改善。
覆盖 / 遮蔽	2	植被覆盖度将取决于清除的灌木丛数量和林分组成及结构的优化。
水	1	不适用
生境连续性（空间）	1	清除或控制灌木是为了形成生境连续性。
家畜生产限制		
饲料和草料不足	4	减少不需要的灌木种类可增加家畜营养和生产所需的草料产量。
遮蔽不足	0	不适用
水源不足	0	不适用
能源利用效率低下		
设备和设施	0	不适用
农场 / 牧场实践和田间作业	0	不适用

CPPE 实践效果：5 明显改善；4 中度至明显改善；3 中度改善；2 轻度至中度改善；1 轻度改善；0 无效果；−1 轻度恶化；−2 轻度至中度恶化；−3 中度恶化；−4 中度至严重恶化；−5 严重恶化。

工作说明书—— 国家模板

（2009年9月）

此类可交付成果适用于个别实践。其他规划实践的可交付成果参考具体的工作说明书。

设计

可交付成果

1. 能够证明符合自然资源保护局实践中相关准则并与其他计划和应用实践相匹配的设计文件。
   a. 保护计划中确定的目的。

b. 客户需要获得的许可证清单。
c. 符合自然资源保护局国家和州公用设施安全政策(《美国国家工程手册》第503部分《安全》，第503.00节至503.22节)。
d. 列出所有规定的实践或辅助性实践。
e. 制订计划和规范所需的与实践相关的计算和分析，包括但不限于：
  i. 时间和顺序
  ii. 土壤侵蚀潜力
  iii. 植被建植

2. 向客户提供书面计划和规范书包括草图和图纸，充分说明实施本实践并获得必要许可的相应要求。
3. 确定在农田或牧场计划图上拟实施实践的区域。
4. 运行维护计划。
5. 证明设计符合实践和适用法律法规的文件。
6. 安装期间，根据需要所进行的设计修改。

注：可根据情况添加各州的可交付成果。

安装

可交付成果

1. 与客户进行的安装前会议。
2. 验证客户是否已获得规定许可证。
3. 根据计划和规范(包括适用的布局注释)进行定桩和布局。
4. 根据需要制订的安装指南。
5. 协助客户和原设计方并实施所需的设计修改。
6. 在安装期间，就所有联邦、州、部落和地方法律、法规和自然资源保护局政策的合规性问题向客户/自然资源保护局提供建议。
7. 证明安装过程和材料符合设计和许可要求的文件。

注：可根据情况添加各州的可交付成果。

验收

可交付成果

1. 实施记录。
   a. 实践单位
   b. 实际使用的材料
2. 证明施用过程符合自然资源保护局实践和规范并符合许可要求的文件。
3. 进度报告。
4. 与客户和承包商举行退出会议。

注：可根据情况添加各州的可交付成果。

参考文献

NRCS Field Office Technical Guide (eFOTG), Section IV, Conservation Practice Standard Brush Management - 314.

NRCS National Range and Pasture Handbook.

NRCS National Environmental Compliance Handbook.

NRCS Cultural Resources Handbook.

注：可根据情况添加各州的参考文献。

保护实践效果（网络图）

（2017年8月）

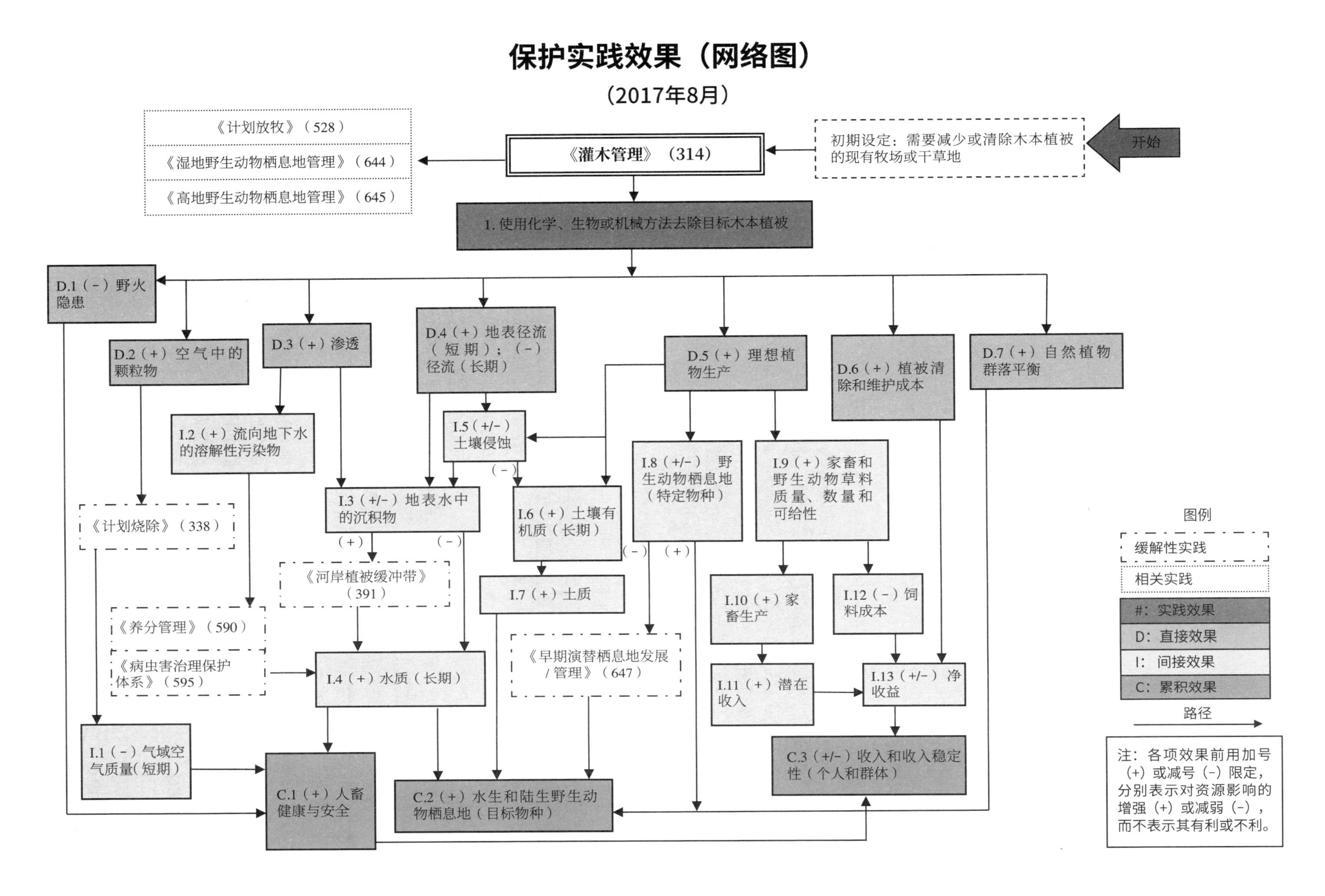

堆肥设施

（317，No.，2016年9月）

定义

堆肥设施，利用一定的设备，营造出高温好氧发酵生态环境，在此条件下，将有机肥料与其他有机物转化为肥效稳定、便于储存的腐熟堆料肥，为农业生产、土壤改良提供便利。

目标

为降低潜在的水污染，提高有机废渣处理力度，对有机废物进行再利用，用做动物垫料，或用于改善土壤状况，产生肥力持久、作物生长所需的营养元素，并有效预防虫害的发生。

适用条件

该条例至少适用于以下情况中的一个：

- 利用农业生产或加工所排放的有机废料进行堆肥。
- 腐熟堆肥可在堆肥操作阶段再生利用，可用于作物生产、土壤改良，也可进行商业销售。

该条例不适用于牲畜和家禽尸体的日常处理。禽类尸体堆肥场地设计标准，详情参照保护实践《动物尸体无害化处理设施》（316）说明执行。

该条例不适用于畜禽粪便日常存储、处理。畜禽粪便废料堆放场地设计标准，详情参照保护实践《废料存储》（313）说明执行。

准则

适用于上述所有目标的总准则

选址。堆肥设施选址与场地设计，应远离 100 年一遇的洪水泛滥区，另有规定情况除外。如果堆肥设施位于洪涝区，需确保场地免遭 25 年一遇的洪灾影响。此外，根据 NRCS 总则 190 号文件第 410.25 部分《洪泛区管理》政策规定，要求加强对洪涝区堆肥设施的额外保护。

堆肥设施应选择在距离水井、溪流等水源地至少 50 英尺以外地方建址，其他的选址距离要求可参照地方或州法律规定。选址中如遇斜坡，需对坡面径流进行改道处理。

堆肥设施的选址，应确保在地下水位丰水期时，仍然至少高出地表 2 英尺（特殊情况除外），旨在规避水污染问题的发生。

选型。综合考虑农民要求、有机废渣种类、堆肥腐熟度目标、堆肥设备、劳动力、周期、堆肥场地大小及废料种类等因素，选定适当的堆肥场地类型及堆肥方法。

容量。按照 NRCS《美国国家工程手册》第 637 部分第 2 章“堆肥”相关规定，确定堆肥场面积大小。为实现堆肥目的，需设计足够大的堆肥场地，来容纳一定量的有机废渣，存储堆肥所需的其他各种膨松物料或碳源，以进行活性堆肥，继而实现堆肥熟化作业。活性堆肥包含初期堆肥、二期堆肥两个阶段。活性堆肥与堆肥熟化均要求配设充足的空间，以产生肥效稳定的腐殖质。堆肥设施要求规模适当，有足够的空间，以实现堆肥化过程中有机物转化、处理加工操作。

湿度。为方便监管堆肥湿度，做好堆肥设施定位、规划设计工作。配设供水设施，做好干燥条件下保湿工作。如果降水量足够大的话，加装顶盖，以免落入杂物。搭建顶梁，或将堆肥设施的朝向远离主导风向，以此使顶盖上的降水量达到最少。

屋顶与屋顶排水。屋顶设计参照保护实践《顶盖和覆盖物》（367）进行作业。屋顶排水收集、操控、输送设计参照保护实践《屋面径流结构》（558）进行作业。当在有侵蚀物的地方设置管道时，参照保护实践《地下水排水设计》（一）进行作业。

地基。堆肥场地基设计，目的在于规避地下水质污染问题。综合考虑地下水位、渗透度、土质等因素，对堆肥场土地挖掘深度进行评估，再根据负荷设计与使用频率，测算对应的承压强度。（适当情况下）设计性能稳定的表面处理作业，请参照保护实践《密集使用区保护》（561）进行作业。地基和地基材料的防渗指南参照《农业废弃物管理手册》（AWMFH）NEH-61 进行作业。

结构。堆肥场厚石板、墙壁、地板、污水池内壁设计，参照保护实践《储水池设备》（313）进行作业。

废水。为对堆肥场排放的废水或渗滤污水收集、输送，最终实现污水处理、循环利用，需建造废水蓄水池或污水处理厂，参照保护实践《废物转运》（634）进行作业。

安全。（适当情况下）堆肥作业过程中，为确保生态安全，减少设备故障及火灾隐患的发生，需在堆肥场设计时，要求配设个人防护用品，熟练操作设备。

电动机辅堆肥附加准则

供电。所有供电设备与电子元器件（含电线、电器盒、连接器），均应遵照美国国家电器标准规定进行配置。供电现场机械作业密集，需采取搭建护栏等适当的战略性安全防护措施。

注意事项

堆肥场选址需考虑地形地貌问题。地理优势可缓和主导风向的影响，减少大气污染、保护生态环境。适当情况下，可考虑在堆肥场周围修建全天候通达道路。

堆肥场选址需远离生鲜作物生长区、食品表面、供水系统及其他土壤改良地，避免对其产生潜在污染。

如若所在地为排干田，则需考虑检测当地水质问题。找出并移除堆肥场内存在渗漏问题的排水瓦管，这关系到地下水或地表水的安全问题。

在堆肥场选址问题上，考察选址处是否为需要对堆肥进行妥善管理的重度使用区域，和是否便于设备进出。

如选址在降水量较高地区或交通繁忙区域，考虑建造堆肥场时选用混凝土地基。

堆垛设计时，需综合考虑堆肥场地势高低及管道线路因素。选用适当地势规避积水问题。为尽量避免日照影响，将堆垛由北向南放置对齐。

寒风或酷热条件下，做好堆肥场防护工作。寒风条件下产生对流，引发堆肥场热量散发，有碍微生物新陈代谢。干热风引发干旱，导致微生物新陈代谢过程中水分缺失问题。

制备腐熟肥堆肥场，提供多重备用方案。出于保护自然资源考虑，堆肥储仓可设于腐熟场内，也可单独成仓。

出于质量、有效性目的，考虑在堆肥场施工过程中，采用防腐材料。为确保防腐材料箱和堆肥储仓质量信誉及市场效应，厂商应考虑向有机认证处申请有机堆肥认证。

计划和技术规范

项目施工前，业主应获得全套所需的工程安装许可证明。

业主或承包商应负责施工现场所有地埋设备安装作业（包含排水管选址等各项工程措施选定）。

为实现理想的堆肥目的，制订平面图与作业规范（含本条例作业要求），包含但不限于：

- 堆肥场布局与选址平面图（如适用，应包含堆肥场行车通道，以及堆肥场与水域、溪流、敏感区域、界址线之间的避让距离）。
- 排水系统及坡度断面图包含挖掘、填充、安全壳疏水。
- 堆肥场高度参照。
- 设施选址及供水系统。
- 元器件构造细节。
- 物料数量及规格。
- 安全要求（如消防灭火系统）。

运行和维护

制订一套符合本规程目的和堆肥设施设计寿命的运行和维护计划书。计划书规定了对堆肥场设备、设施定期检修与维护。操作与维护计划包括对结构构件进行定期检修维护，以及对定期维护工作献计献策。

计划书提出至关重要的安全保护措施，旨在规避堆肥场火灾隐患。

计划书还指出，堆肥化工艺作为一项微生物降解过程，需要对其加强监管工作。经对堆肥材料腐熟温度进行监测，可以看出微生物种群的繁殖生长阶段和他们分解有机物时的新陈代谢。在一项全新堆肥化进程的起始阶段，当一个操作员在进行一个有效的操作过程的时候，可能需要做一些实验，犯一些错误。为帮助大家了解如何进行一项有效的实验，操作员必须做好精确的记录工作。

关于堆肥拟需的动物粪便与有机原料，计划书内列有种类及分量清单。堆肥拟用物料清单与搅拌混合、施工搭建流程次序，计划书内也有详细说明。为达到所需的碳氮比例（C：N）和湿度要求，委派操作员前往州立大学等知名学府进修，学习如何计算堆肥配料比例，做到均衡物料。堆肥物料如采用非农副产品，则参照保护实践《废物回收利用》（633）规定作业。

适度把控堆肥温度、湿度、含氧量与 pH。为确保稳定肥效，受热后不会发生微生物分解，适时对腐熟堆肥进行监测。堆肥化工艺管理及堆肥稳定性能监测作业，参照《美国国家工程手册》第 637 部分第二章第 637.0209 节《堆肥肥效稳定值》规定。

监测文件

操作员在进行信息记录时，至少应该要填写以下内容：添加堆肥物料的具体日期、数量及物料种类，堆肥温度、天气状况及具体的堆肥管理行动。监测内容包括但不限于：

- 堆肥搅拌站。为加速好氧微生物分解，避免释放臭气，特建造堆肥搅拌站。为实现堆肥化过程中可以均匀通风，特安装了通风管道装置，建造堆肥堆，在搅拌站对堆肥进行处理。
- 碳氮配比。堆肥化初期，建议碳氮配比控制在 25:1 ～ 40:1 范围内。如对氮素迁移和臭气排放不做要求，则采用较小比值的碳氮配比。如若碳氮配比超出最优值，则堆肥化进程将随之减缓。
- 碳。为达到与富含氮素的废弃物充分搅拌的目的，需事先做好高比值碳氮配比的含碳有机物的存储工作。将含碳有机物与含氮物质按照碳氮配比充分混合，可减少堆肥过程中臭气排放与氨气挥发。
- 腐熟剂。为加强通风效果，按需向堆肥搅拌站添加腐熟剂。在堆肥周期接近尾声（时）阶段，为加强再生利用，在搅拌站、缓慢降解的天然有机质、难降解有机物、缓慢降解物质中，添加腐熟剂作为含碳化合物使用。
- 湿度。在堆肥期间使堆肥搅拌站的湿度保持在 40% ~ 60%（湿基），避免堆肥场内湿度过量。这可能需要遮盖堆料。
- 堆肥搅拌站温控。为达到理想堆肥成效，管理堆肥场，并在规定的堆肥化周期内，需确保堆肥物料内部温度达到目标要求。为确保完全杀死杂草，有必要将堆肥场温度升至 145° F。严密监控，以防堆肥场温度超过 165° F，因为此温度将会杀灭高温细菌进而阻碍堆肥化进程。

当堆肥场温度达到 185° F 以上时，立即采取冷却行动，以防止燃烧。

- 翻堆 / 通风。确保在不影响氧化分解条件下，获得理想除湿效果，可在堆肥化进程中采用适当的温控措施，比如定期进行翻堆或通风操作。
- 除臭。如果初期堆肥混合与堆体结构并未加装充分的除臭设备，可考虑以下措施：更改堆肥配料添加更多碳素，调整湿度，并通过使用高质量堆肥物料与终极用途（如有机认证）要求规格，或使用生物接种技术，调整 pH。

堆肥

堆肥产品。堆肥时效、温控及翻堆作业对堆肥产品功能用途均有影响。

普通堆肥物料，用途虽与有机物料无异，但存储方面要求确保安全性，不得释放其他臭气。通常，要求在堆肥期间，5 日内温度保持在 104° F 以上，至少 4 小时内温度在 131° F 以上。

按照 USDA 国家有机项目规定，要求用于有机蔬菜与非农业生产或销售的有机认证肥，必须为能进一步减少致病菌，且肥效稳定的堆肥成品。此外，按照食品安全现代化法案（FSMA）标准，居民消费（生产安全准则）法关于农产品生长、收割、打包持有的规定，堆肥产品可用于农场作物所需肥源。

- 有机认证肥加工作业，可选择在静态通风场地或容器式堆肥系统内进行，堆肥温度范围要求在 3 日内保持在 131 ～ 170° F。
- 对于干草堆垛式堆肥，为确保堆垛充分搅拌、均匀混合，要求有机认证肥在 15 日内，温度范围保持在 131 ～ 170° F，至少对其进行五次翻堆作业。

根据《美国农产品安全准则》规定，用于作物堆肥的作物种植者可参照适用的附加准则进行作业。详情访问 http：//www.fda.gov/food/guidanceregulation/fsma/ucm334114.htm.

堆肥认证规定视地区而有所不同。

堆肥成品功能用途。在堆肥化操作过程中，堆肥可再生利用，也可用于作物生产、土壤改良和或商业销售。

按照保护实践《养分管理》（590），为提供土壤所需的营养元素和土壤改良，要求堆肥成品为肥效稳定、不易起烧的降解物料，具有可降解致病微生物，尽可能杀死杂草之功效。

采用普通堆肥物料，无法确保生产出稳定肥效、彻底杀死致病菌的堆肥产品，根据保护实践《养分管理》（590）关于腐熟堆肥适用的作物种类、地域、时间限制等相关明细，参照州或地方法案规定。

参考文献

USDA, NRCS. 2000. National Engineering Handbook, Part 637, Chapter 2, Composting. Washington, D.C.

Northeast Regional Agricultural Engineering Service（NRAES）. 1992. On-Farm Composting Handbook, NRAEAS-54.

USDA. 2000. National Organic Program（NOP）： Final rule. Codified at 7 CFR Ch. 1（1-1-11 Edition）, part 205.203,（c）（2）.

United States Food and Drug Administration. 2015. Food Safety Modernization Act（FSMA）： Final rule. Standards for the Growing, Harvesting, Packing, and Holding of Produce for Human Consumption. 21 CFR.

保护实践概述

（2016年9月）

《堆肥设施》（317）

堆肥设施是一种结构或装置，用于容纳和促进好氧微生物生态系统，以便将粪肥或其他有机物质分解成足够稳定的最终产物，储存并作为土壤改良剂在农场使用并施用于土地。

实践信息

堆肥设施旨在产生一种改良剂，向土壤中添加有机质和有益的有机体，提供缓慢释放的植物可用养分，并改善土壤条件。这种改良剂可适用于土地或向公众出售。

堆肥是将碳材料与富氮材料混合，以促进需氧菌生长为主。可以使用料仓、料堆或容器内结构，如滚筒。

本实践的设计信息包括场地位置、设计尺寸、储存期和安全性或生物安全性功能，还可能包括装配结构的标准。

本实践的预期年限至少为15年。设备的操作要求取决于生产商选择的设备类型。对于每一个系统，堆肥的温度和水分含量都要经常监测。在堆肥过程中，料仓或料堆堆肥必须至少转动一次。运行维护计划包含适当利用剩余材料的规定。需要进行日常维护，确保设施按设计运行。

常见相关实践

《堆肥设施》（317）通常与《顶盖和覆盖物》（367）、《屋面径流结构》（558）、《密集使用区保护》（561）、《废物储存设施》（313）和《废物转运》（634）实践一起使用。堆肥材料的使用按照《养分管理》（590）进行。

如果动物尸体要进行堆肥，使用《动物尸体无害化处理设施》（316）。如果固体畜肥只是在没有管理堆肥的情况下储存，则使用《废物储存设施》（313）。

保护实践的效果——全国

土壤侵蚀	效果	基本原理
片蚀和细沟侵蚀	0	不适用
风蚀	0	不适用
浅沟侵蚀	0	不适用
典型沟蚀	0	不适用
河岸、海岸线、输水渠	0	不适用
土质退化		
有机质耗竭	0	不适用
压实	0	不适用
下沉	0	不适用
盐或其他化学物质的浓度	0	不适用
水分过量		
渗水	0	不适用
径流、洪水或积水	0	不适用
季节性高地下水位	0	不适用
积雪	0	不适用
水分不足		
灌溉水使用效率低	0	不适用
水分管理效率低	0	不适用
水质退化		
地表水中的农药	0	不适用
地下水中的农药	2	设施将适当处理粪肥或其他农副产品，使其成为稳定物质。养分释放缓慢，不易因径流或浸析而减少。
地表水中的养分	2	这一举措将妥善处理（曾经处理不当的）粪肥和有机废物。影响程度取决于安装前的条件。
地下水中的养分	0	不适用
地表水中的盐类	0	不适用
地下水中的盐类	2	将妥善处理固态粪肥和有机废物，减少病原体。
粪肥、生物土壤中的病原体和化学物质过量	2	堆肥能杀死病原体。
粪肥、生物土壤中的病原体和化学物质过量	0	不适用
地表水沉积物过多	0	不适用
水温升高	0	不适用
石油、重金属等污染物迁移	0	不适用
石油、重金属等污染物迁移	0	不适用
空气质量影响		
颗粒物（PM）和 PM 前体的排放	1	适当的堆肥可以减少氨和颗粒物的排放。
臭氧前体排放	1	适当的堆肥可以将挥发性有机化合物（VOC）转化为二氧化碳，从而减少挥发性有机化合物的排放。
温室气体（GHG）排放	1	适当的堆肥会增加二氧化碳的排放，但会减少甲烷和一氧化二氮的产生。
不良气味	3	适当的堆肥可以减少恶臭化合物的排放。
植物健康状况退化		
植物生产力和健康状况欠佳	0	不适用
结构和成分不当	0	不适用
植物病虫害压力过大	1	堆肥过程中的热量通常会破坏杂草种子。
野火隐患，生物量积累过多	0	不适用
鱼类和野生动物——生境不足		
食物	0	不适用

（续）

鱼类和野生动物——生境不足	效果	基本原理
覆盖 / 遮蔽	0	不适用
水	0	操作中临时供水。
生境连续性（空间）	0	不适用
家畜生产限制		
饲料和草料不足	0	不适用
遮蔽不足	0	不适用
水源不足	0	不适用
能源利用效率低下		
设备和设施	1	副产品可以代替化石燃料。
农场 / 牧场实践和田间作业	2	减少物质运输的体积 / 重量。

CPPE 实践效果：5 明显改善；4 中度至明显改善；3 中度改善；2 轻度至中度改善；1 轻度改善；0 无效果；−1 轻度恶化；−2 轻度至中度恶化；−3 中度恶化；−4 中度至严重恶化；−5 严重恶化。

工作说明书—— 国家模板

（2016年5月）

此类可交付成果适用于个别实践。其他规划实践的可交付成果参考具体的工作说明书。

设计

可交付成果

1. 能够证明符合自然资源保护局实践中的相关准则并与其他计划和应用实践相匹配的设计文件。
   a. 保护计划中确定的目的。
   b. 客户需要获得的许可证清单。
   c. 符合美国自然资源保护局国家和州公用设施安全政策（《美国国家工程手册》第 503 部分《安全》A 子部分“影响公用设施的工程活动”第 503.00 至第 503.06 节）。
   d. 辅助性实践一览表。
   e. 制订计划和规范所需的与实践相关的计算和分析，包括但不限于：
      i. 地质与土力学（《美国国家工程手册》第 531a 子部分）
      ii. 容量
      iii. 结构、机械和附件
      iv. 最大限度调用净水
      v. 环境因素（如：气味、水质、与井和其他水源的距离）
      vi. 生物安全
      vii. 安全注意事项（《美国国家工程手册》第 503 部分《安全》A 子部分第 503.06 至 503.12 节）
2. 向客户提供书面计划和规范书，包括草图和图纸，充分说明实施本实践并获得必要许可的相应要求。
3. 合理的设计报告和检验计划（《美国国家工程手册》第 511 部分，B 子部分“文档”，第 511.11 和第 512 节，D 子部分“质量保证活动”，第 512.30 至 512.32 节）。
4. 运行维护计划。
5. 证明设计符合实践和适用法律法规的文件（《美国国家工程手册》A 子部分第 505.3 节）。
6. 安装期间，根据需要所进行的设计修改。

注：可根据情况添加各州的可交付成果。

安装

可交付成果

1. 与客户和承包商进行的安装前会议。
2. 验证客户是否已获得规定许可证。
3. 根据计划和规范（包括适用的布局注释）进行定桩和布局。
4. 安装检查（酌情根据检查计划开展）。
   a. 实际使用的材料
   b. 检查记录
5. 协助客户和原设计方并实施所需的设计修改。
6. 在安装期间，就所有联邦、州、部落和地方法律、法规和自然资源保护局政策的合规性问题向客户 / 自然资源保护局提供建议。
7. 证明安装过程和材料符合设计和许可要求的文件。

注：可根据情况添加各州的可交付成果。

验收

可交付成果

1. 竣工文档。
   a. 实践单位
   b. 图纸
   c. 最终量
2. 证明安装过程符合自然资源保护局实践和规范并符合许可要求的文件（《美国国家工程手册》A 子部分第 505.3 节）。
3. 进度报告。

注：可根据情况添加各州的可交付成果。

参考文献

NRCS Field Office Technical Guide（FOTG）, Section IV, Conservation Practice Standard - Composting Facility, 317.

NRCS National Engineering Handbook, Part 637, Chapter 2, Composting.

NRCS National Engineering Manual（NEM）.

NRCS National Environmental Compliance Handbook.

NRCS Cultural Resources Handbook.

注：可根据情况添加各州的参考文献。

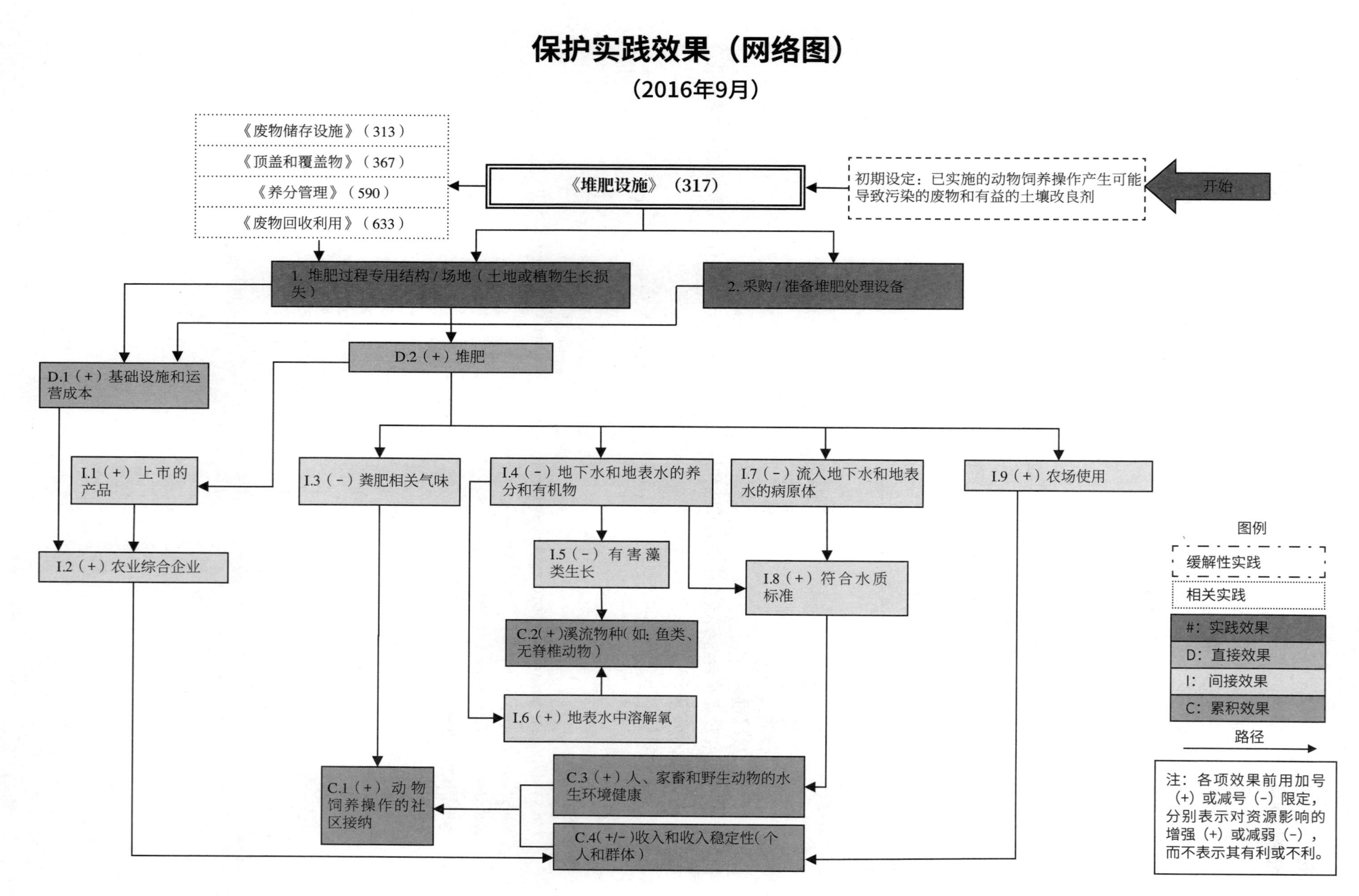
保护实践效果（网络图）
（2016年9月）
开始
初期设定：已实施的动物饲养操作产生可能导致污染的废物和有益的土壤改良剂
《堆肥设施》（317）
《废物储存设施》（313）
《顶盖和覆盖物》（367）
《养分管理》（590）
《废物回收利用》（633）
1. 堆肥过程专用结构 / 场地（土地或植物生长损失）
2. 采购 / 准备堆肥处理设备
D.1（+）基础设施和运营成本
D.2（+）堆肥
I.1（+）上市的产品
I.2（+）农业综合企业
I.3（-）粪肥相关气味
I.4（-）地下水和地表水的养分和有机物
I.5（-）有害藻类生长
I.6（+）地表水中溶解氧
I.7（-）流入地下水和地表水的病原体
I.8（+）符合水质标准
I.9（+）农场使用
C.1（+）动物饲养操作的社区接纳
C.2(+)溪流物种(如：鱼类、无脊椎动物)
C.3（+）人、家畜和野生动物的水生环境健康
C.4(+/-)收入和收入稳定性(个人和群体)
图例
缓解性实践
相关实践
#：实践效果
D：直接效果
I：间接效果
C：累积效果
路径
注：各项效果前用加号（+）或减号（-）限定，分别表示对资源影响的增强（+）或减弱（-），而不表示其有利或不利。

保护层

（327，Ac.，2014年9月）

定义

建立和维护永久性植被层。

目的

此实践适用于以下一个或多个目的：

- 减少片蚀、细沟侵蚀、风蚀和沉积。
- 通过营养素降低地下水和地表水水质的退化，并通过沉积物降低地表水质退化。
- 减少颗粒物、颗粒物前体物和温室气体的排放。
- 改进野生动物、传粉昆虫和有益生物的栖息地。
- 改善土壤健康。

适用条件

此实践适用于所有需要永久性草本植物层的土地，不适用于牧草生产或临界区种植。此实践可用于部分田地。

准则

适用于上述所有目的的总体准则

选择适合于土壤、生态场地和符合计划用途及现场气候条件的物种。允许定期清除某些产物，如高价值的树木、药材、坚果和水果，前提是保护目的不受植被减少和收获带来的影响。

在播种时接种豆科植物。

选择足以达到计划目的的播种率和种植方法。

在处理和种植种子或育苗时，种植日期、种植方法以及种植时的处理，应注意确保种植材料具有可接受的存活率。

通过建立一致的播种深度来准备场地。消除阻碍选定物种定植和生长的杂草。

根据地质和土壤条件选择时间和设备。

根据需要，施用营养素以确保作物的定植和有计划的生长。

减少片蚀、细沟侵蚀、风蚀和沉积的总体准则

通过使用当前批准的风（水）侵蚀预测技术，确定并保持将风蚀和水蚀造成的水土流失减少到计划目标所需的植物生物量和覆盖层数量。

减少颗粒物、颗粒物前体物和温室气体排放的总体准则

在多年生作物系统中，如果园、葡萄园、浆果和苗木，在割草和收割作业期间栽种植被，以提供完全的地面覆盖，并最大限度地减少颗粒物质的产生。

增强野生动物、传粉昆虫和有益生物栖息地的总体准则

使用经批准的栖息地评估指南、评估工具和各州的评估工作表，种植各种混合草和草本物种，以促进生物多样性并满足目标物种的需求。

找到合适的栖息地种植植物，以减少可能危害野生动物、传粉昆虫和其他有益生物的农药所带来的影响。

改善土壤健康的总体准则

为了保持或改善土壤有机质，选择能生产大量有机物质的植物。所需的生物数量将使用当前的土

壤调节指数程序确定。

注意事项

此实践可以用来帮助野生动物物种的保护，包括受威胁和濒危物种。

应使用适用于该地的经认证的可用种子和种苗。

在植被栽植期间，需要割草减少杂草的疯长。

在那些有年生杂草茂盛成灾问题的场地，可能需要推迟氮肥施用，直到种植的物种生长成熟到不受杂草影响的程度为止。

在适当的情况下，此标准可以用来稳定并保存考古和历史遗址。

考虑在整个管辖区域内进行轮换管理和维护（如每年只划分 1/4 或 1/3 的区域），以最大限度地提高空间和时间的多样性。

当目标是野生动植物管理时，可以通过使用栖息地评估程序来帮助选择植物物种，并提供或管理实现目标所需的其他栖息地要求，从而提高种植养料价值和覆盖价值。鼓励植物物种多样性，并建立保护覆盖范围内多重结构水平的植被种植，有助于最大限度提高野生动物的利用率。

当主要目标是传粉昆虫和野生动物栖息地时，只要土壤流失在可承受的土壤流失限度内，就应考虑较低密度的播种量。

为作物病虫害的天敌提供栖息地，可选择一种混合的植物物种，为所需的有益物种提供全年栖息地和食物（如易获得的花粉或花蜜）。考虑捕食性和寄生性昆虫、食虫鸟和蝙蝠、猛禽和陆生啮齿动物掠食者的栖息地要求。请咨询病虫害综合防治意见，以便通过有益栖息地的植物种植来管理目标害虫物种。

使用不同种类的覆盖植物，在不同的时间开花，并提供全年开花的序列［如三个花期（春季、夏季和秋季］，每一个花期都应当至少种植 3 种开花物种。

如可行，应使用适合管理目标的本地物种。考虑尝试重新建立该场地的本地植物群落。

土地所有者如果栽种了当地植被（种植的植被除外），且该植被符合预期目的和土地所有者的目标，则应认为该植被层已足够。

在植被栽种过程中，可使用木材产品或干草等天然覆盖物来保存土壤水分，延长有益的土壤生命，并抑制竞争植被。

计划和技术规范

准备场地的计划和技术规范，包括但不限于以下内容：

- 推荐物种。
- 播种率和日期。
- 栽种程序。
- 需要确保有适当的场地来进行管理行动。

应使用批准的实施要求文件进行记录规范和操作维护。

运行和维护

在多年生作物系统（如果园、葡萄园、浆果和苗木）中割草和收割作业，应尽量减少颗粒物的产生。

如果以改善野生动物栖息地的条件为目的，维护条例和活动不得在繁殖期期间干扰所需物种的覆盖层。为维护植物群落的健康，必要时应考虑进行个例处理，如定期焚烧或割草。

防控有害杂草和其他侵入物种。

在植被定植期间可能要割草以减少杂草疯长。

为了有利于草原筑巢鸟类的昆虫食物来源，喷洒农药或其他防治有害杂草行为应当在“点”的基础上进行，从而保护有利于本地授粉动物和其他野生动植物的非禾本草本和豆类植物。

重建植被裸地。

参考文献

Renard K.G.，Foster G.R.，Weesies G.A.，Mc Cool D.K. and Yoder. D.C. 1997. Predicting Soil Erosion by Water：A Guide to Conservation Planning with the Revised Universal Soil Loss Equation（RUSLE），Agricultural Hand book Number 703.

Revised Universal Soil Loss Equation Version 2（RUSLE2）website：http：//www.nrcs.usda.gov/wps/portal/nrcs/main/national/technical/.

Wind Erosion Prediction System（WEPS）website：http：//www.nrcs.usda.gov/wps/portal/nrcs/main/national/technical/.

Preventingor mitigating potential negative impacts of pesticide sonpollinators using IPM and other conservation practices. Nat. Agron. Tech Note 9. Washington，DC. http：//directives.sc.egov.usda.gov/.

保护实践概述

（2014年10月）

《保护层》（327）

保护层是指在需要永久性保护层的土地上，建立和维护不用于草料生产的多年生植被，以保护水土资源。

实践信息

保护层可减少土壤侵蚀和沉积，改善野生动物栖息地，改善水质。

此实践适用于所有需要永久性草本植物的土地。不适用于草料生产或临界区种植。

保护层的运行维护包括除草和维护植被。可能需要采取额外措施来控制有害杂草和其他入侵物种。

如果以改善野生动物栖息地为目标，则在繁殖期内，维护性实践和活动不得影响所需物种的覆盖物。为了确保草原筑巢鸟类有充足的昆虫食物来源，将进行“点式”喷洒或以其他方式控制有害杂草，以保护有利于本地传粉昆虫和其他野生动物的草地和豆科植物。

常见相关实践

《保护层》（327）通常与《灌木管理》（314）、《关键区种植》（342）、《乔木 / 灌木建植》（612）和《高地野生动物栖息地管理》（645）等保护实践一起使用。

保护实践的效果——全国

土壤侵蚀	效果	基本原理
片蚀和细沟侵蚀	4	增加植被和覆盖物将改善土壤入渗，减少土壤侵蚀。
风蚀	4	植被和覆盖物的增加将保护土表，减少土壤风蚀作用。
浅沟侵蚀	1	植被和覆盖物的增加将改善土壤入渗，保护土表，减少集中渗流造成的土壤剥离。
典型沟蚀	1	增加覆盖物将减少径流。
河岸、海岸线、输水渠	1	增加植被和覆盖物可以减少坡面漫流。
土质退化		
有机质耗竭	5	建立永久性植被将增加生物量的生产，增强土壤渗透性，有助于植物根系的建立。
压实	3	永久性植被会增加根系和有机质，减少导致压实的田间作业。
下沉	0	如果实践会影响排水，则可能会导致下沉。
盐或其他化学物质的浓度	2	永久覆盖物可以增加盐的吸收。
水分过量		
渗水	1	永久性植被提高水资源利用。然而，渗透性的增强会增加渗漏。
径流、洪水或积水	2	增加水资源利用和渗透性将减少径流和积水。
季节性高地下水位	1	永久性植被提高水资源利用。然而，渗透性的增强会增加渗漏。
积雪	1	永久性植被可以存留积雪。
水分不足		
灌溉水使用效率低	0	不适用
水分管理效率低	2	永久覆盖物有助于土壤渗透和水资源利用。
水质退化		
地表水中的农药	2	这一举措可减少农药的使用，减少径流和侵蚀，增加土壤有机质。
地下水中的农药	2	这一举措可减少农药的使用，增加土壤有机质。
地表水中的养分	4	减少侵蚀和径流，防止养分外流。永久性覆盖物可以吸收多余的养分，并将其转化为稳定的有机形式。
地下水中的养分	4	永久性植被将吸收多余养分。
地表水中的盐类	5	径流较少，可防止可溶盐的流失。永久性植被可以吸收多余的水，减少渗漏。
地下水中的盐类	2	永久性植被可以吸收盐分和水分，降低盐分的浸析。
粪肥、生物土壤中的病原体和化学物质过量	1	减少侵蚀和径流，防止病原体的传播。
粪肥、生物土壤中的病原体和化学物质过量	2	永久性植被增加了促进微生物活性的有机质，从而与病原体形成竞争。
地表水沉积物过多	4	侵蚀和径流减少，可防止沉积物生成。
水温升高	0	不适用
石油、重金属等污染物迁移	0	不适用
石油、重金属等污染物迁移	0	不适用
空气质量影响		
颗粒物（PM）和 PM 前体的排放	2	永久性植被减少了风蚀和扬尘的产生。
臭氧前体排放	1	减少永久性植被的机械使用，可减少臭氧前体的排放。
温室气体（GHG）排放	4	植被将空气中的二氧化碳转化为碳，储存在植物和土壤中。减少永久性植被的机械使用，可减少二氧化碳排放。
不良气味	0	不适用
植物健康状况退化		
植物生产力和健康状况欠佳	4	对植物进行选择和管理，可保持植物最佳生产力和健康水平。
结构和成分不当	4	选择适应且适合的植物。
植物病虫害压力过大	4	建立永久性植被可以与有害植物形成竞争，减缓有害植物的蔓延。
野火隐患，生物量积累过多	0	不适用

（续）

鱼类和野生动物——生境不足	效果	基本原理
食物	4	植被质量和数量的增加为野生动物提供了更多的食物和遮蔽物。
覆盖 / 遮蔽	4	植被质量和数量的增加为野生动物提供了更多的遮蔽物。
水	4	不适用
生境连续性（空间）	2	遮蔽物增多，将增加野生动物的生存空间。可用于连接其他遮蔽区域。
家畜生产限制		
饲料和草料不足	0	不适用
遮蔽不足	0	不适用
水源不足	0	不适用
能源利用效率低下		
设备和设施	0	不适用
农场 / 牧场实践和田间作业	0	不适用

CPPE 实践效果：5 明显改善；4 中度至明显改善；3 中度改善；2 轻度至中度改善；1 轻度改善；0 无效果；−1 轻度恶化；−2 轻度至中度恶化；−3 中度恶化；−4 中度至严重恶化；−5 严重恶化。

实施要求

（2015年11月）

生产商：__________ 项目或合同：__________

地点：__________ 国家：__________

农场名称：__________ 地段号：__________

实践位置图

（显示预计进行本实践的农场 / 现场的详细鸟瞰图，显示所有主要部件、布点、与地标的相对位置及测量基准）

索引

☐ 封面

☐ 规范

☐ 图纸

☐ 运行维护

☐ 认证声明

公用事业安全 / 呼叫系统信息

工作说明：

仅自然资源保护局审查

设计人：__________ 日期 __________

校核人：__________ 日期 __________

审批人：__________ 日期 __________

实践目的（勾选所有适用项）：

☐ 减少土壤侵蚀和沉积
☐ 改善水质
☐ 改善空气质量
☐ 加强野生动物栖息地和传粉昆虫栖息地
☐ 改善土质
☐ 管理植物病虫害

场地号 / 位置：________ 已实施面积：______英亩 播种日期：______ 选择日期：______
田地准备：____________
种植方法：____________

种植说明（如在区域外缘种植灌木等）：

播种率和植物种类		
植物种类	磅 / 英亩种子（纯活种子）	计划面积的种子总量（磅）
总计		

肥料和改良剂		
肥料成分	肥料形式	肥料用量（磅 / 英亩）
N		以氮计
P		以五氧化二磷计
K		以氧化钾计
S		以硫计
石灰		
石膏		

运行维护（勾选所有适用项）：

☐ 多年生作物系统（如果园、葡萄园、浆果和苗木）在割草和收获作业中，应尽量减少颗粒物的产生。
☐ 维护措施必须足以控制有害杂草和其他入侵物种。
☐ 为了确保草原筑巢鸟类有充足的昆虫食物来源，应进行“点式”喷洒或以其他方式控制有害杂草，以保护有利于本地传粉昆虫和其他野生动物的草地和豆科植物。

工作说明书—— 国家模板

（2014年9月）

此类可交付成果适用于个别实践。其他规划实践的可交付成果参考具体的工作说明书。

设计

可交付成果

1. 能够证明符合自然资源保护局实践中的相关准则并与其他计划和应用实践相匹配的设计文件。
    a. 保护计划中确定的目的。
    b. 客户需要获得的许可证清单。
    c. 列出所有规定的实践或辅助性实践。
    d. 制订计划和规范所需的与实践相关的计算和分析，包括但不限于：
        i. 种植日期
        ii. 田地准备
        iii. 植物种类选择和播种率
        iv. 种植后的植被管理
        v. 野生动物注意事项
2. 向客户提供书面计划和规范书包括草图和图纸，充分说明实施本实践并获得必要许可的相应要求计划和规范应根据保护实践《保护层》（327）制订。
3. 运行维护计划。
4. 证明设计符合实践和适用法律法规的文件。
5. 实施期间，根据需要所进行的设计修改。

注：可根据情况添加各州的可交付成果。

安装

可交付成果

1. 与客户进行的实施前会议。
2. 验证客户是否已获得规定许可证。
3. 根据计划和规范（包括适用的布局注释）进行定桩和布局。
4. 根据需要提供的应用指南。
5. 协助客户和原设计方并实施所需的设计修改。
6. 在实施期间，就所有联邦、州、部落和地方法律、法规和自然资源保护局政策的合规性问题向客户 / 自然资源保护局提供建议。
7. 证明施用过程和材料符合设计和许可要求的文件。

注：可根据情况添加各州的可交付成果。

验收

可交付成果

1. 实施记录。
    a. 实践单位
    b. 实际使用的材料
2. 证明施用过程符合自然资源保护局实践和规范并符合许可要求的文件。

3. 进度报告。

注：可根据情况添加各州的可交付成果。

参考文献

NRCS Field Office Technical Guide（eFOTG）, Section IV, Conservation Practice Standard Conservation Cover-327.

NRCS National Range and Pasture Handbook.

NRCS National Biology Manual.

NRCS National Environmental Compliance Handbook.

NRCS Cultural Resources Handbook.

注：可根据情况添加各州的参考文献。

保护实践效果（网络图）

（2014年9月）

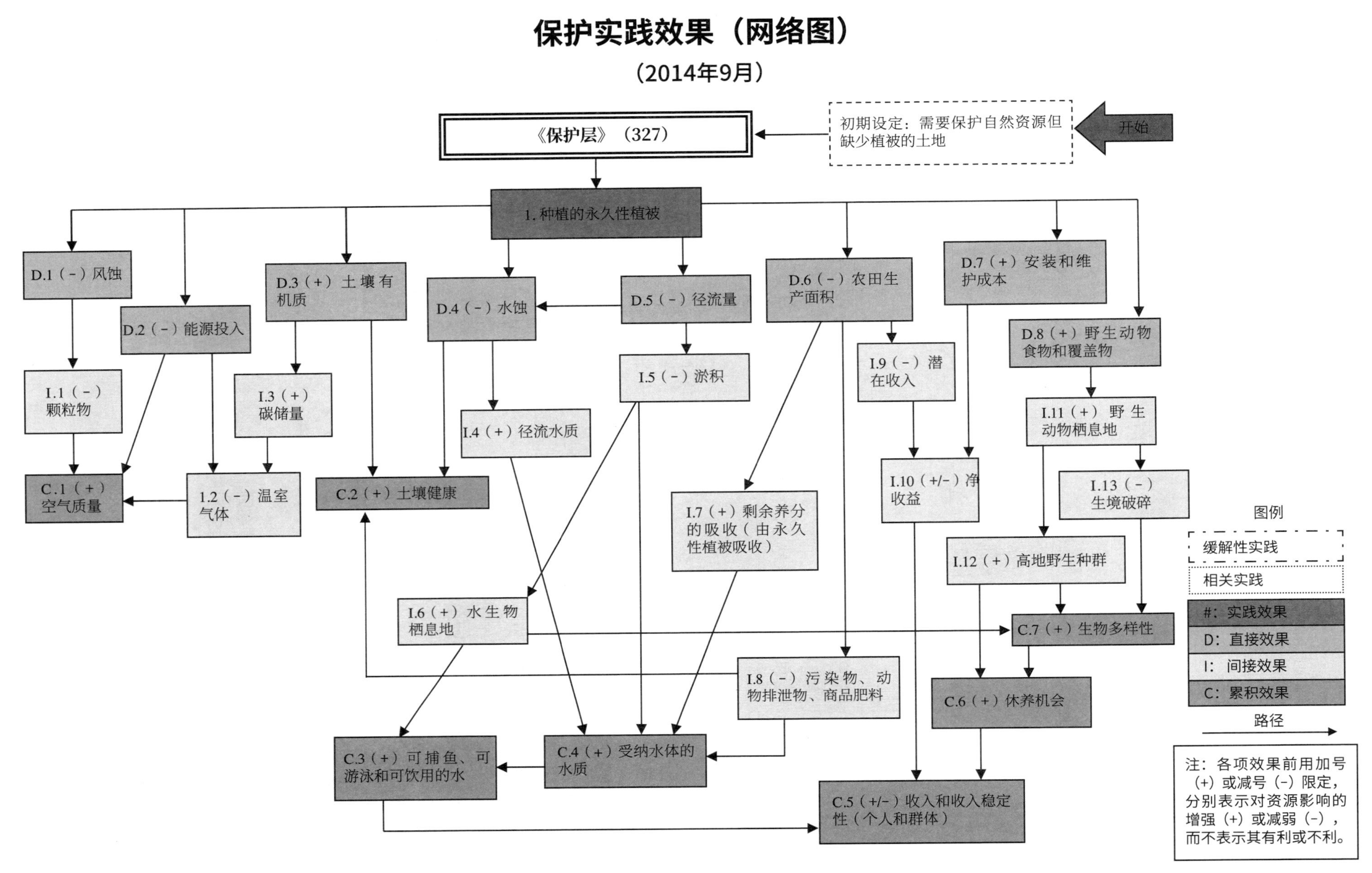

保护性作物轮作

（328，Ac.，2014年9月）

定义

保护性作物轮作是指在一定时间内（即轮作周期）在同一块农田上有计划地按顺序轮种不同类型的作物。

目的

本实践的目的如下：

- 减少片流侵蚀、细沟侵蚀和风蚀。
- 保持或增加土壤健康和有机物质含量。
- 减少营养过剩所致的水质退化。
- 提高土壤水分有效利用性。
- 降低微咸水中渗出的盐分以及其他化学物质的浓度。
- 减少植物病虫害。
- 为家畜提供草料。
- 为野生动物提供食物和栖息地，包括为授粉者提供草料和筑巢的地方。

适用条件

本实践适用于在轮作中每年至少种植一次作物的所有农田。

准则

适用于上述所有目的的总体准则

作物应按计划和技术规范中规定的顺序进行种植。轮作应包含至少两种不同的作物。因此，覆盖作物被视为不同的作物。

在实践适用范围下，如果计划种植的作物因天气、土壤条件或当地其他因素而无法种植时，应种植合适的可以替代计划种植作物的作物。

减少片流侵蚀、细沟侵蚀和风蚀的总体准则

选择可以及时地产出足量生物质和作物残茬的农作物、耕作系统以及种植顺序，并与管理系统中的其他实践相结合，才能减少片流侵蚀、细沟侵蚀和风蚀导致土壤流失的情况。

使用目前认可的侵蚀预测技术，预测需要的生物量和作物残茬的数量。

保持或增加土壤健康和有机物质含量的总体准则

根据土壤条件指数，在作物轮作周期中，种植会对有机物（OM）次因子值产生积极趋势的作物。对生物量的增加或减少做出适当的调整。

减少营养过剩所致的水质退化的总体准则

为了达到从土壤剖面回收过量养分质的目的，选用具有以下特点的作物：

- 可快速发芽并可快速形成根系。
- 生根深度足以达到未被前一作物去除的养分质。
- 营养需求量应易于利用过量营养。
- 由豆类、粪肥或堆肥提供可靠营养素。

提高土壤水分有效利用性的总体准则

根据当地气候模式、土壤条件、灌溉用水量和认可的水平衡程序选择作物、作物品种和作物种植

顺序。

降低微咸水中渗出的盐分以及其他化学物质的浓度的总体准则

选择在咸水渗漏补给区生长的作物，其生根深度和水分要求须足以达到充分利用可用土壤水的目的。不采用夏季休耕。通过许可的水平衡程序来选择作物并确定作物种植顺序。

如果地下水深度超过通常在补给地区生长的作物的生根深度，则种植深根性多年生作物，以达到土壤剖面常年干燥的目的。

选择对盐度水平具有耐受性的作物，并与排水区域盐度相匹配。

减少植物病虫害的总体准则

设计作物种植顺序，以达到抑制害虫生命周期的目的，这些有害生物可能包括杂草、昆虫和病原体。并且根据赠地大学的标准或行业标准来确定合适的作物种植顺序。

为家畜提供草料的总体准则

选择种植的作物应能满足牲畜饲养的目的。使用批准的草料 – 牲畜平衡程序确定所选作物的所需数量。

为野生动物提供食物和栖息地，包括为授粉者提供草料和筑巢的地方的总体准则

使用批准的栖息地评估程序，选择作物和作物管理活动，为目标野生动植物物种提供食物或覆盖物。

注意事项

当与自然资源保护局（NRCS）制定的保护实践《等高条植》（585）结合使用时，作物种植顺序应与带状地面设计一致。

为了减少土壤压实的情况，可以调整轮作作物，采用根系能够延伸到并穿透压实土壤层的深根作物。

为了提高深层土壤水分的利用效率，采用轮作方式或者深根作物和浅根作物相结合的方式，有助于利用土壤剖面中的所有可用水。

选择有潜力提供大量生物固氮的作物。

减少由营养过剩导致水质退化的注意事项：

- 种植一年生或多年生豆科作物等轮作作物为非豆类作物提供氮肥，尤其是在粪肥施用受到土壤中磷或钾含量过高限制的田地。
- 在整个轮作过程中，作物的碳或氮残留按照 25∶1 ～ 35∶1 留在土壤中，这个比例可以增强土壤向作物提供缓释氮的能力，同时减少氮沥滤。

加强种植模式多样性的注意事项

在轮作期间，尽量缩短休耕年限，并且在休耕期间，气候和土壤适宜的地方，用作物加以覆盖。

就作物多样性而言，计划种植的系列作物应包含不同类型的作物，例如以下混合作物：暖季型草、暖季阔叶作物、冷季型草、冷季阔叶作物。

- 包含暖季作物和冷季作物的两种作物种植顺序。
- 三季作物，包含暖季作物和冷季作物的 3 种作物种植顺序。同一种作物不应在同一块农田连续种植几年。
- 包含两种不同作物类型的 4 种作物种植顺序，同种作物不得超过种植顺序的一半。
- 对于年限更长的作物种植顺序（4 年或更长），种植同一作物的年限不超过两年效果更佳。
- 在热带地区或有不同干湿季的地区（地中海气候）种植，应交替种植草作物与阔叶作物。

减少片流侵蚀、细沟侵蚀和风蚀的注意事项

当与保护实践《植物残体管理措施》（329 和 345）结合使用时，可以通过选择高残留作物品种和使用覆盖作物以及调整植物密度的方式，提高产量，改良物种，并按需求分配残留物。

当与保护实践《等高条植》（585）或《等高缓冲带》（332）在陡坡上结合使用时，通过把其他措施也纳入到保护系统，可以显著提高每种措施的有效性。

选择耐风吹的土壤作物或耐高风速的作物可以减少风蚀对作物造成的损害。

如果种植对风蚀敏感的作物，可以采取作物残留管理、田间防风林、草本风障和间作等风蚀控制方法来降低对植物造成的损害。

改善土壤质量的其他考虑因素

考虑将多年生草皮作物与深层或粗纤维根系结合起来，使整个土壤剖面产生有机物质。

在半干旱地区，为了将水分储存在土壤中以备后续作物使用，常常使用季节性休耕，并在休耕期间保留足够的残余物以保护土壤表面，或者种植可储存深层水分的浅根覆盖作物，来降低耕作强度，并增加植被和作物残留物对土壤表面的覆盖。

为了达到该做法的效果，可以利用动物粪便和绿色肥料作物（覆盖作物）或者使用非合成地膜补充作物在轮作中产生的生物量来加强本实践的效果。

土壤健康和有机物管理的其他注意事项包括：

- 一年生或多年生的高生物量的作物至少应占轮作顺序（时间基准）的三分之一。
- 利用至少占据轮作顺序一半的覆盖作物和高残留产量作物。
- 对于以蔬菜等低残留作物为主的轮作，轮作作物包括占轮作一半的足够的覆盖作物和高残留作物。

减少病虫害对植物造成的损失的其他注意事项

延长轮作时间，以达到用常年的作物覆盖来打乱害虫生命周期的目的。

选择至少来自三个不同植物科的作物进行混合种植，并允许在同一植物科作物连续种植时间达三年或更长时间。

设计轮作方案来增强生物病虫害防治能力：

- 包括为有益昆虫提供食物和栖息地的年度开花或多年生植物，如荞麦、三叶草或穗花。
- 包括释放到土壤中抑制植物病原体、线虫和害虫（生物熏蒸）侵害的天然植物物种。
- 包括在轮作中为害虫天敌提供栖息地的作物。
- 收获后，保留抽薹或开花作物以为有益昆虫提供食物。

为野生动物提供食物和栖息地的注意事项，包括为授粉者提供草料和筑巢的地方

在冬季草木食物稀少的情况下，作物残留物可能是越冬野生动物的宝贵食物来源。在田间边缘留下几排未收割的植物或种植各种边界植物，将为越冬野生动物和有益昆虫以及授粉者提供食物和保护。

可以开发和种植使特定群落或物种以及野生生物生命周期受益的作物。食物地块或作物可以为野生生物恢复一部分栖息地，而且它们是野生动物最初的食物来源和覆盖物来源，食物出现之后，覆盖物会变成植被。

收获后，保留抽薹或开花作物可为有益昆虫提供重要的食物来源。

在施用农药时，应留神野生生物赖以生存的作物，尤其是存在筑巢的栖息地或授粉的牧草种类。

当昆虫授粉作物作为轮作作物的一部分时，须将授粉昆虫作物种植在离它们以前所在地不超过800英尺的地方，这样有助于留下当地为该作物授粉而存在的蜜蜂种群。

为保持授粉媒介和有益昆虫种群的稳定性，应确保每年的花卉资源总体密度保持一致。例如，在种植了两年的花卉后，种一年的草，将会导致授粉种群的迅速灭亡，而此情况是不可取的。

计划和技术规范

根据本实践的运行和维护要求，为每块农田或处理单元制订计划和技术规范。说明应阐述如何应用本实践以达到预期目的。以下说明记录在批准的《保护性作物轮作》（328）的“实施要求”文档中。该记录至少应包含以下项目：

- 田号和亩数。
- 作物轮作的目的。
- 作物的种植顺序。
- 将种植的作物类型。

- 耕种类型和时间。
- 每个作物和作物类型将在轮作中生长的时间长度，以及轮作的总时长。
- 为了解决天气、土壤条件、市场或其他可能阻碍计划作物种植的问题，有哪些适当的作物替代物。

运行和维护

由于天气或经济原因，应提供可接受的替代性轮作作物，以防种植失败或种植意图转移。可接受的替代性作物应具有与原始作物类似的特性，且可以达到原始作物的种植目的。

通过轮作评估和作物种植顺序判断计划体系是否符合计划目的。

参考文献

Green B, Kaminski D., Rapp B., Celetti M., Derksen D., Juras L., and Kelner D. 2005. Principles and practices of croprotation. Saskatchewan Agriculture and Food.

Karlen D.L., Hurley E.G., Andrews S.S. , Cambardella C.A. , Meek D.W. , Duffy M.D. , and Mallorino A.P. 2006. Croprotation effects on soil quality at three northern corn/soy bean belt locations. Agron. J. 98: 484-495.

Liebig, M.A., Tanaka D.L., Krupinsky J.M. , Merrill S.D. , and Hanson J.D. 2007. Dynamic cropping systems: Contributions to improve agroecosystem sustainability. Agron. J. 99: 899-903.

Sherrod, L.A., Peterson G.A. , Westfall D.G. , and Ahuja L.R. 2003. Cropping intensity enhances soil organic carbon and nitrogen in anotillagroecosystem. Agron. J. 67: 1533-1543.

USDA-AMS National Organic Program Final Rule 7 CFR Part 205. http: //www.ams.usda.gov/AMSv1.0/nop.

USDA, NRCS. 2014. Revised Universal Soil Loss Equation Version 2 (RUSLE 2) website: Washington, DC. http: //www.nrcs.usda.gov/wps/portal/nrcs/main/national/technical/tools/rusle2/

USDA, NRCS. 2014. Wind Erosion Prediction System (WEPS) website: Washington, DC. http: //www.nrcs.usda.gov/wps/portal/nrcs/main/national/technical/tools/weps/.

USDA, NRCS. 2011. National Agronomy Manual, 4th Ed. Washington, DC. http: //directives.sc.egov.usda.gov/viewerFS.aspx?hid=29606.

USDA, NRCS. 2014. Preventing or mitigating potential negative impacts of pesticides on pollinators using IPM and other conservation practices. Nat. Agron. Tech Note 9. Washington, DC. http: //directives.sc.egov.usda.gov/OpenNonWebContent.aspx?content=34828.wba.

保护实践概述

（2014年10月）

《保护性作物轮作》（328）

保护性作物轮作是指为了各种保护目的，在同一块农田上有计划地按顺序轮种不同类型的作物。

实践信息

保护性作物轮作一般为玉米或小麦等高残茬作物与蔬菜或大豆等低残茬作物轮作。轮作还可能涉及与其他大田作物轮作种植草料作物。

作物轮作因土壤类型、作物产量、耕作作业以及作物残茬的管理方式而异。最有效的土壤改良作物是纤维根高残茬作物，如草和粒谷类作物。

由于有机质的增加和土壤侵蚀的减少，用作草料的多年生植物在轮作中非常有效。此外，轮作有助于打破昆虫、疾病和杂草的生命周期。轮换增加农场经营的多样性，并可降低经济和环境风险。

常见相关实践

《保护性作物轮作》（328）通常与《等高种植》（330）、《覆盖作物》（340）、《残留物和耕作管理——免耕》（329）、《残留物和耕作管理——少耕》（345）和《梯田》（600）等保护实践一起实施。

保护实践的效果——全国

土壤侵蚀	效果	基本原理
片蚀和细沟侵蚀	4	保持充足的冠层和残茬覆盖可以减少土壤水蚀作用。
风蚀	4	保持充足的冠层和残茬覆盖可以减少土壤风蚀作用。
浅沟侵蚀	1	充足的覆盖物可减少径流。
典型沟蚀	0	不适用
河岸、海岸线、输水渠	0	不适用
土质退化		
有机质耗竭	4	高残茬作物可促进根系发育，增加土壤有机碳含量。
压实	1	轮作的深根作物可能会缓解土壤压实。
下沉	0	如果实践会影响排水，则可能会导致下沉。
盐或其他化学物质的浓度	2	耐盐作物具有较高的蒸腾速率，可以增加盐分吸收，降低根区盐分含量。
水分过量		
渗水	1	促进植物吸收，减少过度渗水。
径流、洪水或积水	2	草、豆科植物和高残茬作物轮作将缓解侵蚀、减少径流。
季节性高地下水位	1	草、豆科植物和高残茬作物轮作将缓解侵蚀、减少径流。
积雪	0	不适用

（续）

水源不足	效果	基本原理
灌溉水使用效率低	2	作物轮作根据作物需要平衡可用水。
水分管理效率低	2	作物轮作根据作物需要平衡可用水。
水质退化		
地表水中的农药	2	这一举措可打破害虫生命周期，减少农药的使用需求。
地下水中的农药	2	这一举措可打破害虫生命周期，减少农药的使用需求。
地表水中的养分	2	需要氮的作物或根深的作物可以去除多余的氮。轮作豆科植物的根部能够固氮，并减少氮肥的需求量。
地下水中的养分	2	需要氮的作物或根深的作物可以去除多余的氮。轮作豆科植物的根部能够固氮，并减少氮肥的需求量。
地表水中的盐分	1	这一举措可以减少侵蚀和径流，从而减少盐分的移动。有些作物可能会积盐。
地下水中的盐分	2	合适的作物可以吸收盐分，吸收量取决于作物轮作模式和作物生根方式。
粪肥、生物土壤中的病原体和化学物质过量	1	作物轮作可减少侵蚀和径流，防止病原体的传播。
粪肥、生物土壤中的病原体和化学物质过量	0	不适用
地表水沉积物过多	2	根据作物轮作和产生的生物量，作物轮作可减少侵蚀和径流，从而阻碍沉积物的流动。
水温升高	0	不适用
石油、重金属等污染物迁移	0	不适用
石油、重金属等污染物迁移	0	不适用
空气质量影响		
颗粒物（PM）和 PM 前体的排放	2	轮作作物的合理选择可以减少扬尘的产生。
臭氧前体排放	0	不适用
温室气体（GHG）排放	1	植被将空气中的二氧化碳转化为碳，储存在植物和土壤中。
不良气味	0	不适用
植物健康状况退化		
植物生产力和健康状况欠佳	4	对植物进行选择和管理，可保持植物最佳生产力和健康水平。
结构和成分不当	4	更换作物，选择更适合土壤和气候条件的作物。
植物病虫害压力过大	2	作物轮作有助于增加多样性，可以减少杂草，打破杂草生命周期，减缓有害植物的蔓延。
野火隐患，生物量积累过多	0	不适用
鱼类和野生动物——生境不足		
食物	2	选定的作物和适当的轮作可以为野生动物提供更多的食物。
覆盖 / 遮蔽	2	选定的作物和适当的轮作可以为野生动物提供更多的食物和覆盖物。
水	4	不适用
生境连续性（空间）	2	遮蔽物增多，将增加野生动物的生存空间。可用于连接其他遮蔽区域。
家畜生产限制		
饲料和草料不足	2	作物轮作可以用来增加草料作物。
遮蔽不足	0	不适用
水源不足	0	不适用
能源利用效率低下		
设备和设施	0	不适用
农场 / 牧场实践和田间作业	1	利用豆科作物提供氮。

CPPE 实践效果：5 明显改善；4 中度至明显改善；3 中度改善；2 轻度至中度改善；1 轻度改善；0 无效果；−1 轻度恶化；−2 轻度至中度恶化；−3 中度恶化；−4 中度至严重恶化；−5 严重恶化。

实施要求

（2015年11月）

生产商：________________ 项目或合同：________________

地点：________________ 国家：________________

农场名称：________________ 地段号：________________

实践位置图

（显示预计进行本实践的农场 / 现场的详细鸟瞰图，显示所有主要部件、布点、与地标的相对位置及测量基准）

索引

☐ 封面

☐ 规范

☐ 图纸

☐ 运行维护

☐ 认证声明

公用事业安全 / 呼叫系统信息

工作说明：

仅自然资源保护局审查

设计人：________________ 日期 ________________

校核人：________________ 日期 ________________

审批人：________________ 日期 ________________

实践目的（勾选所有适用项）：

- ☐ 减少风和水的侵蚀。
- ☐ 改善土壤健康。
- ☐ 管理植物养分平衡。
- ☐ 通过生物固氮方式供氮，减少能源消耗。
- ☐ 管理盐分渗透。
- ☐ 管理植物病虫害（杂草、昆虫和疾病）。
- ☐ 节约水资源。
- ☐ 为家畜提供饲料。
- ☐ 为生物能源原料提供一年生作物。
- ☐ 为野生动物提供食物和庇护，包括传粉昆虫草料、覆盖物和筑巢条件。

填写显示作物轮作设计的表格，或附上一份按田地显示轮作顺序的 RUSLE2 或 WEPS 打印材料。

☐ 附上的打印材料。

田地	英亩	目的（上述目的中的第 # 条）	计划种植的作物	轮作中每种作物的生长时长	作物序列	总轮作年限

如果使用耕作，请说明每种作物的初级耕作时间和类型，或者附上一份按田地显示轮作顺序的 RUSLE2 或 WEPS 打印材料。

☐ 附上的打印材料。

田地	初级耕作时间	初级耕作时间	作物

运行维护（勾选所有适用项）：

由于天气或经济原因，应提供可接受的替代性轮作作物，以防种植失败或种植意图转变。可接受的替代性作物应具有与原始作物类似的特性，且可以达到原始作物的种植目的。

计划作物替代

田地	计划作物	替代作物	附加准则（例如：可能需要覆盖作物）

通过轮作评估和作物种植顺序判断计划体系是否符合计划目的。

工作说明书—— 国家模板

（2014年9月）

此类可交付成果适用于个别实践。其他规划实践的可交付成果参考具体的工作说明书。

设计

可交付成果

1. 能够证明符合自然资源保护局实践中相关准则并与其他计划和应用实践相匹配的设计文件。
   a. 实践目的已确定并与保护计划相匹配。
   b. 客户需要获得的许可证清单。
   c. 列出所有规定的实践和辅助性实践。
   d. 制订计划和规范所需的与实践相关的计算和分析，包括但不限于：
      i. 计划种植的作物
      ii. 作物轮作顺序和时长
      iii. 土质方面的注意事项
      iv. 野生动物方面的注意事项
2. 向客户提供书面计划和规范书包括草图和图纸，充分说明实施本实践并获得必要许可的相应要求。应根据保护实践《保护性作物轮作》（328）的要求制订计划和规范。
3. 运行维护计划。
4. 证明设计符合实践和适用法律法规的文件。
5. 实施期间，根据需要所进行的设计修改。

注：可根据情况添加各州的可交付成果。

安装

可交付成果

1. 验证客户是否已获得规定许可证。
2. 根据需要提供的应用指南。
3. 协助客户和原设计方并实施所需的设计修改。
4. 在实施期间，就所有联邦、州、部落和地方法律、法规和自然资源保护局政策的合规性问题向客户 / 自然资源保护局提供建议。
5. 证明施用过程和材料符合设计和许可要求的文件。

注：可根据情况添加各州的可交付成果。

验收

可交付成果

1. 实施记录。
   a. 实践单位
   b. 实际种植的作物
   c. 土壤条件指数计算
2. 证明施用过程符合自然资源保护局实践和规范并符合许可要求的文件。
3. 进度报告。

注：可根据情况添加各州的可交付成果。

参考文献

NRCS Field Office Technical Guide（eFOTG）, Section IV, Conservation Practice Standard Conservation Cover-328.

NRCS National Agronomy Manual.

NRCS National Biology Manual.

NRCS National Environmental Compliance Handbook.

NRCS Cultural Resources Handbook.

注：可根据情况添加各州的参考文献。

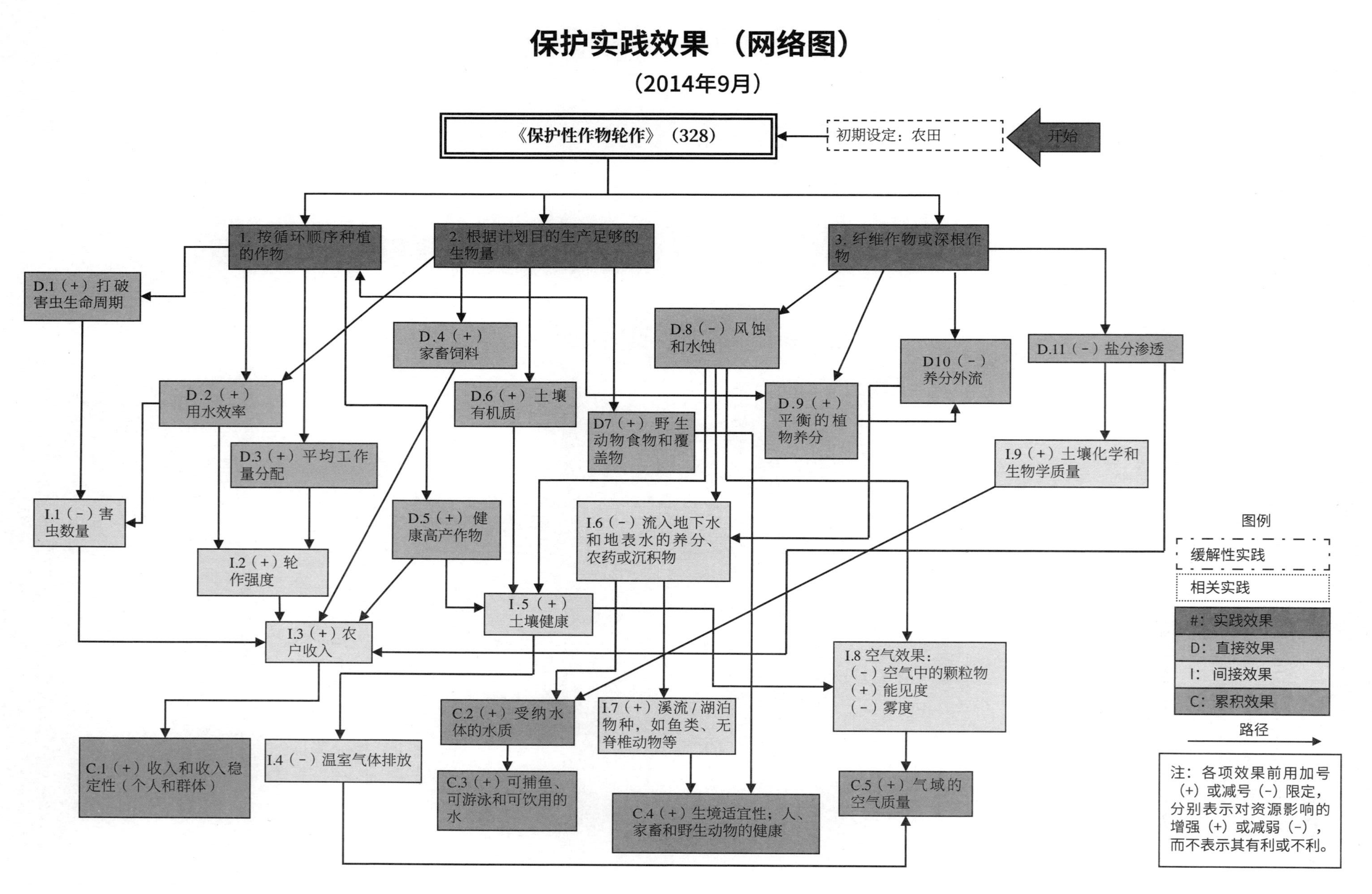
保护实践效果 （网络图）
（2014年9月）
《保护性作物轮作》（328）
初期设定：农田
开始
1. 按循环顺序种植的作物
2. 根据计划目的生产足够的生物量
3. 纤维作物或深根作物
D.1（+）打破害虫生命周期
D.2（+）用水效率
D.3（+）平均工作量分配
D.4（+）家畜饲料
D.5（+）健康高产作物
D.6（+）土壤有机质
D7（+）野生动物食物和覆盖物
D.8（-）风蚀和水蚀
D.9（+）平衡的植物养分
D10（-）养分外流
D.11（-）盐分渗透
I.1（-）害虫数量
I.2（+）轮作强度
I.3（+）农户收入
I.4（-）温室气体排放
I.5（+）土壤健康
I.6（-）流入地下水和地表水的养分、农药或沉积物
I.7（+）溪流 / 湖泊物种，如鱼类、无脊椎动物等
I.8 空气效果：
（-）空气中的颗粒物
（+）能见度
（-）雾度
I.9（+）土壤化学和生物学质量
C.1（+）收入和收入稳定性（个人和群体）
C.2（+）受纳水体的水质
C.3（+）可捕鱼、可游泳和可饮用的水
C.4（+）生境适宜性：人、家畜和野生动物的健康
C.5（+）气域的空气质量
图例
缓解性实践
相关实践
#：实践效果
D：直接效果
I：间接效果
C：累积效果
路径
注：各项效果前用加号（+）或减号（-）限定，分别表示对资源影响的增强（+）或减弱（-），而不表示其有利或不利。

人工湿地

（656，Ac.，2016年9月）

定义

一个利用水生植被对水进行生物处理的人工湿地生态系统。

目的

- 处理从事农业生产、牲畜及水产养殖设施排放的废水及污水。
- 提高改善雨水径流或其他水流质量。

适用条件

本实践适用于以下任何一种情况：

- 必须对农业生产和加工产生的有机废料进行废水处理。
- 农业雨水径流需要改善水质。

从传统意义看人工湿地通常用于建立或加强湿地功能，以此处理废水或其他农业径流。

勿将本实践代替自然资源保护局（NRCS）制定的《湿地恢复》（657）、《湿地创建》（658）或《湿地改良》（659），这些标准的主要目的不是为了处理废水或改善水质，而是修复、建造或加强湿地功能。

勿将本实践代替《反硝化反应器》（605），其主要目的是减少地下排水中的硝态氮含量；亦不能代替《饱和缓冲区》（604），其主要目的是减少地下排水口处的硝态氮含量，或改善、修复饱和土壤。

准则

适用于上述所有目的的总体准则

规划、设计和建造人工湿地需遵从联邦、州及地方法律法规。

进行人工湿地选址时，应尽可能降低对地下水资源的污染，保持美观。

适当配备进口控制装置，防止废物进入湿地，并控制正常运转期间的流入率，在需要运行和维护装置时，可以控制进水量。

配备出口控制装置，保持水深适中，使得水处理效果达到预期，符合水生植被的生长需求。设计准则时，参照保护实践《控水结构》（587）。

设计内部堤坝最低高度需高于设计水深，并为沉降性固体、腐烂植物垃圾、微生物质等的冲积预留空间。因为未对增长率进行分析，在设计使用寿命内或者在定期清理废物及沉积物等维护措施时，应按照每年 1 英寸的增加速度设计最低深度。

准备足够容量的蓄水池，以应对 25 年一遇、一次持续 24 小时的洪峰以及雨水径流量，防止溢出堤坝，周边堤坝采取防侵蚀保护措施。可以采用出口控制装置、临时存储设备以及辅助溢洪道达到所需的蓄水容积。

除非有特别说明，请参照保护实践《池塘》（378）中对溢洪道的要求、堤坝结构、边坡挖掘、堤坝土壤、防尘保护罩和挖掘物处理等的设计准则。

栽培介质需具备阳离子交换量充足、pH 及结构适当的特质，并具有导电性和有机质，有益于湿地植物生长，同时可以吸收污染物。

栽种在人工湿地的植被都是特有的，精选的湿地植被可以适应当地气候条件，并且可以抵抗养分浓度、害虫、盐碱和其他流入湿地的污染物。切勿使用侵入物种或在湿地周边蔓延、产生损害的其他物种。有关推荐品种和播种方法，请参阅适当的国家技术资料。

安全性。在人口密集区使用时，需安装安全栅栏、设置警告标识，禁止无关人员进入。

为方便清理和维护，准备一个入口并设置一个通道。

适用于人工湿地进行废水处理的附加准则

人工湿地不可建立在任何类别中的自然湿地内。

除非立地限制要求在洪泛区内建立人工湿地，否则应建在25年洪泛区高程以上的地区。建在洪泛区内，需要准备防护措施，以免遭受25年一遇、一次持续24小时的洪涝灾害。

水经过预处理后流进湿地可以减少固体、有机物和养分的含量，使其达到湿地系统可以承受的程度，同时，还可以防止固体在湿地内的过多淤积。

从上游分流径流或在湿地上游提供足够的储存空间，用于容纳要处理的废水以及25年一遇、一次持续24小时的暴雨带来的沉淀物和径流。根据湿地处理废水的速度设计蓄水装置出口，并将水排放到湿地。

设置至少两排功能一致的平行单元。

用根据美国自然保护局制定的《美国国家工程手册》第637部分第3章《人工湿地》的设计程序决定表面面积，或者根据国家监管和研究院保护合作伙伴认可的设计程序决定。

按照足够的长宽比例来设置和建造湿地单元，以确保均匀、可预测的水力停留时间。

防渗渗流控制。在适当的情况下，按照NRCS制定的《美国国家工程手册》第651部分《农业废物管理手册》附录10D来设置渗流控制措施。

人工湿地应禁止驯养牲畜，防止对湿地内的植物、堤坝和水控装置造成破坏。

适用于人工湿地进行水质改善的附加准则

建在洪泛区或河道时，应准备防护措施，可承受最少10年一遇、一次持续24小时的洪水损害。

当湿地用于改善地表水径流质量时，应使水位在10年一遇、一次持续24小时的暴雨事件后72小时内恢复到设计运行水位。

使用国家监管和学术保护合作伙伴认可的设计程序。选择能达到预期水质效果的设计水力停留时间。

注意事项

适用于所有目的的注意事项

景观影响。考虑人工湿地对现存湿地带来的影响，如景观生态系统内流域或其他重要特征。

一旦建在人口密集区内或周边，需考虑盛行风带来的臭气造成的潜在影响。

带菌体和害虫控制。人工湿地靠近居民区、商业楼和公共区域时，考虑使用蝙蝠巢箱、食蚊鱼及其他措施来控制带菌体和害虫。

污水季节性蓄水。在寒冷、干燥或过度潮湿的天气条件下，湿地功能可能有所减弱，应考虑湿地上游污水会进行季节性蓄水。

循环利用废水。考虑通过废水处理系统循环利用废水，储存人工湿地废水运用到土地上，或用在农业作业的其他地方。

湿地功能。在湿地功能被罕见的强劲暴风雨削弱之前，应考虑准备一个装置，能承受暴风雨的初期冲刷，并能让多余的水量绕开湿地流出。

考虑一个沉沙池，以及湿地内浅水和深水河段，增强湿地功能。

提供流入和流出结构以及单元几何结构，这些能够提升水流穿过湿地槽进行跨区域汇流。

考虑污染物进入湿地的可能性，在维护操作期间，这些污染物可能由于积聚、生物吸收或释放而导致环境问题。

考虑在人工湿地周边建造植物缓冲区，使其能够在雨水期对进出湿地的污染物进行额外过滤，并防止沉淀物过量堆积。

植物材料。在选择植被物种时，优先选择从人工湿地所在地的主要土地资源区（MLRA）内收集或种植的本地湿地植物，并考虑将化学污染从湿地植物区转移到人工湿地的可能性。

应挑选满足野生动物及传粉者栖息要求的植物。把阔叶草本和豆科植物添加到混合草种里，对于野生动物和传粉者来说，可以提升植物价值。

入口。人类和动物可能损害人工湿地或减弱其功能，应根据需要设置围栏或其他必要措施阻止或尽可能减少他们的进入。

为想要进入湿地的动物设立入口，为被带走或卡住的鱼类设出口。通常，平坦的坡地更有益于野生动物栖息。出于次要目的，希望将人工湿地当成野生动物栖息地，了解有关设计因素，请参照保护实践《湿地恢复》（657）、《湿地创建》（658）、《湿地改良》（659）、《湿地野生动物栖息地管理》（644）和《浅水开发与管理》（646）。

堤坝保护。考虑提供堤坝保护，防止动物穴居。

计划和技术规范

为人工湿地制订计划和技术规范，计划和技术规范必须至少包括但不限于：

- 该条例的特定平面图显示人工湿地之间的主要特征以及废物处理系统。
- 说明书技术规范或资料附带建筑草图的建筑注意事项，包括材料、方法和序列。
- 所有装置的位置、大小、材料类型以及立面图。
- 湿地的典型截面，包括护堤的面积和边坡。
- 精选植物物种。
- 栽种率、修剪率以及种植密度的比例。
- 栽种日期、种子或植物的保养和修理，以保证植物的存活率在可接受范围之内。
- 为使精选的植物物种移植生长，进行场地准备，如：稳固农作物、护根或固化、施肥和调整pH等机械化手段。

运行和维护

为了确保计划成功实行，制订运行和维护计划，需和负责本实践的操作员进行检验。

包括安全要求、水管理要求、沉积物和累积有机物的清除要求，结构物、路堤和植被的维护要求、媒介生物和害虫的控制措施以及维护作业期间潜在污染物的控制要求。

操作运行要求包括但不限于：

- 为保护植被，适当维持湿地的水位。
- 按照水预算，控制湿地水流。
- 监测湿地效果。
- 使用前，对养分里的废水进行取样。
- 检查出入口装置，以免遭受每年至少一次的特大暴风雨损害。

维护要求包括但不限于：

- 修筑堤坝。
- 控制所需植被的密度。
- 根除对当地栖息地有威胁的侵入物种或外来物种。
- 清理废物及淤沙。
- 维修围栏或其他辅助性部件。
- 更换湿地植被。
- 维修管道和溢洪道。
- 控制有害啮齿动物或带菌者（蚊子）。

参考文献

USDA, NRCS. National Engeering Handbook, Part 637, Chapter 3, Constructed Wetlands. Washington, D.C.

保护实践概述

（2016年9月）

《人工湿地》（656）

一个利用水生植被对水进行生物处理的人工湿地生态系统。

实践信息

人工湿地用于处理从事农业生产、家畜及水产养殖设施排放的废水及污水，或用于改善雨水径流或其他水流质量。

为保证人工湿地的正常运行，设置入口控制，以防止杂物进入；设置出口控制，以确保湿地植被有适量的水资源、维持设计水力停留时间。

对于废水管理系统，人工湿地被视为一种排放措施，因此，排放物必须在废水处理系统中的其他地方收集，或以符合排放许可证要求的方式排放到生态系统。

种植的湿地植物适合当地气候条件，可耐受湿地预计的污染水平。当地生境可能面临外来物种的入侵。

人工湿地需要在预期年限内进行维护。

常见相关实践

《人工湿地》（656）通常与《废物储存设施》（313）、《废物回收利用》（633）、《养分管理》（590）和《废物分离设施》（632）等保护实践一起使用。

保护实践的效果——全国

土壤侵蚀	效果	基本原理
片蚀和细沟侵蚀	0	不适用
风蚀	0	不适用
浅沟侵蚀	0	不适用
典型沟蚀	0	不适用
河岸、海岸线、输水渠	0	不适用
土质退化		
有机质耗竭	0	不适用
压实	0	不适用
下沉	0	不适用
盐或其他化学物质的浓度	0	不适用
水分过量		
渗水	0	不适用
径流、洪水或积水	2	形成临时蓄洪。
季节性高地下水位	0	不适用
积雪	0	不适用
水源不足		
灌溉水使用效率低	0	不适用
水分管理效率低	0	不适用
水质退化		
地表水中的农药	2	这一举措可收集农药残留并促进其降解。
地下水中的农药	1	这一举措可收集农药残留并促进其降解。
地表水中的养分	4	这一举措可收集养分和有机物，并促进湿地植物对养分和有机物的分解和利用。
地下水中的养分	1	这一举措可收集养分和有机物，并促进湿地植物对养分和有机物的分解和利用。
地表水中的盐分	1	地表径流中的盐分将被滞留在湿地中。部分湿地植物可吸收盐分。
地下水中的盐分	1	湿地可吸收径流或废水中的盐分，防止其流入地下水。
粪肥、生物土壤中的病原体和化学物质过量	4	病原体被滞留在湿地里。
粪肥、生物土壤中的病原体和化学物质过量	3	湿地中的微生物活性可以降低病原体水平。
地表水沉积物过多	5	系统将悬浮物截留起来，防止悬浮物进入地表水。
水温升高	0	占地面积通常太小，无法产生效果。
石油、重金属等污染物迁移	4	植被和厌氧条件可截留重金属。
石油、重金属等污染物迁移	1	附着在沉积物上的重金属会被截留在湿地中。
空气质量影响		
颗粒物（PM）和 PM 前体的排放	0	不适用
臭氧前体排放	0	不适用
温室气体（GHG）排放	1	有机质和沉积物的积累会隔离碳。然而，厌氧条件可以促进甲烷的产生。
不良气味	-1	厌氧条件可以促进硫化氢和其他恶臭化合物的产生。
植物健康状况退化		
植物生产力和健康状况欠佳	0	不适用
结构和成分不当	4	选择适应且适合的植物。
植物病虫害压力过大	-2	可以为有害的入侵植物创造栖息地。
野火隐患，生物量积累过多	0	不适用
鱼类和野生动物——生境不足		
食物	3	植被质量和数量的增加为野生动物提供了更多的食物和遮蔽物。

（续）

鱼类和野生动物——生境不足	效果	基本原理
覆盖 / 遮蔽	3	植被质量和数量的增加为野生动物提供了更多的覆盖物。
水	0	湿地提供了额外的水分，但可能含有化学物质，不适合鱼类和野生动物。
生境连续性（空间）	2	形成额外的湿地空间。
家畜生产限制		
饲料和草料不足	0	不适用
遮蔽不足	0	不适用
水源不足	0	不适用
能源利用效率低下		
设备和设施	0	不适用
农场 / 牧场实践和田间作业	0	不适用

CPPE 实践效果：5 明显改善；4 中度至明显改善；3 中度改善；2 轻度至中度改善；1 轻度改善；0 无效果；−1 轻度恶化；−2 轻度至中度恶化；−3 中度恶化；−4 中度至严重恶化；−5 严重恶化。

工作说明书—— 国家模板

（2016年9月）

此类可交付成果适用于个别实践。其他规划实践的可交付成果参考具体的工作说明书。

设计

可交付成果

1. 能够证明符合自然资源保护局实践中相关准则并与其他计划和应用实践相匹配的设计文件。
    a. 保护计划中确定的目的。
    b. 客户需要获得的许可证清单。
    c. 符合自然资源保护局国家和州公用设施安全政策（《美国国家工程手册》第 503 部分《安全》A 子部分“影响公用设施的工程活动”的第 503.00 节至第 503.06 节）。
    d. 辅助实践或组成实践清单。
    e. 制订计划和规范所需的与实践相关的计算和分析，包括但不限于：
        i. 地质与土力学［《美国国家工程手册》第 531a 子部分，《美国国家工程手册》第 651 部分，《农业废弃物管理现场手册》（AWMFH），附录 10d］
        ii. 水文条件 / 水力条件
        iii. 结构
        iv. 植被
        v. 环境因素
2. 向客户提供书面计划和规范书包括草图和图纸，充分说明实施本实践并获得必要许可的相应要求。
3. 合理的设计报告和检验计划（《美国国家工程手册》第 511 部分，B 子部分“文档”，第 511.11 和第 512 节，D 子部分“质量保证活动”，第 512.30 至 512.33 节）。
4. 运行维护计划。
5. 证明设计符合实践和适用法律法规的文件（《美国国家工程手册》第 505 部分《非自然资源保护局工程服务》A 子部分“前言”，第 505.0 和 505.3 节）的证明文件。
6. 安装期间，根据需要所进行的设计修改。

注：可根据情况添加各州的可交付成果。

安装

可交付成果

1. 与客户和承包商进行的安装前会议。
2. 验证客户是否已获得规定许可证。
3. 根据计划和规范（包括适用的布局注释）进行定桩和布局。
4. 安装检查（酌情根据检查计划开展）。
   a. 实际使用的材料(《美国国家工程手册》第 512 部分“施工”，第 C 子部分“施工材料评估”第 512.20 至 512.23 节；第 D 子部分“质量保证活动”，第 512.33 节）。
   b. 检查记录。
5. 协助客户和原设计方并实施所需的设计修改。
6. 在安装期间，就所有联邦、州、部落和地方法律、法规和自然资源保护局政策的合规性问题向客户 / 自然资源保护局提供建议。
7. 证明安装过程和材料符合设计和许可要求的文件。

注：可根据情况添加各州的可交付成果。

验收

可交付成果

1. 竣工文档。
   a. 实践单位
   b. “红线”图纸（《美国国家工程手册》第 512 部分“施工”，第 F 子部分“竣工”，第 512.50 至 512.52 节）
   c. 最终量
2. 证明安装过程符合自然资源保护局实践和规范并符合许可要求的文件［《美国国家工程手册》A 子部分第 505.03（c）（1）节］。
3. 进度报告。

注：可根据情况添加各州的可交付成果。

参考文献

NRCS Field Office Technical Guide（eFOTG）, Section IV, Conservation Practice Standard – Constructed Wetland, 656.

NRCS National Engineering Manual（NEM）.

National Engineering Handbook（NEH）, Part 651, Agricultural Waste Management Field Handbook（AWFMH）.

NRCS National Environmental Compliance Handbook.

NRCS Cultural Resources Handbook.

注：可根据情况添加各州的参考文献。

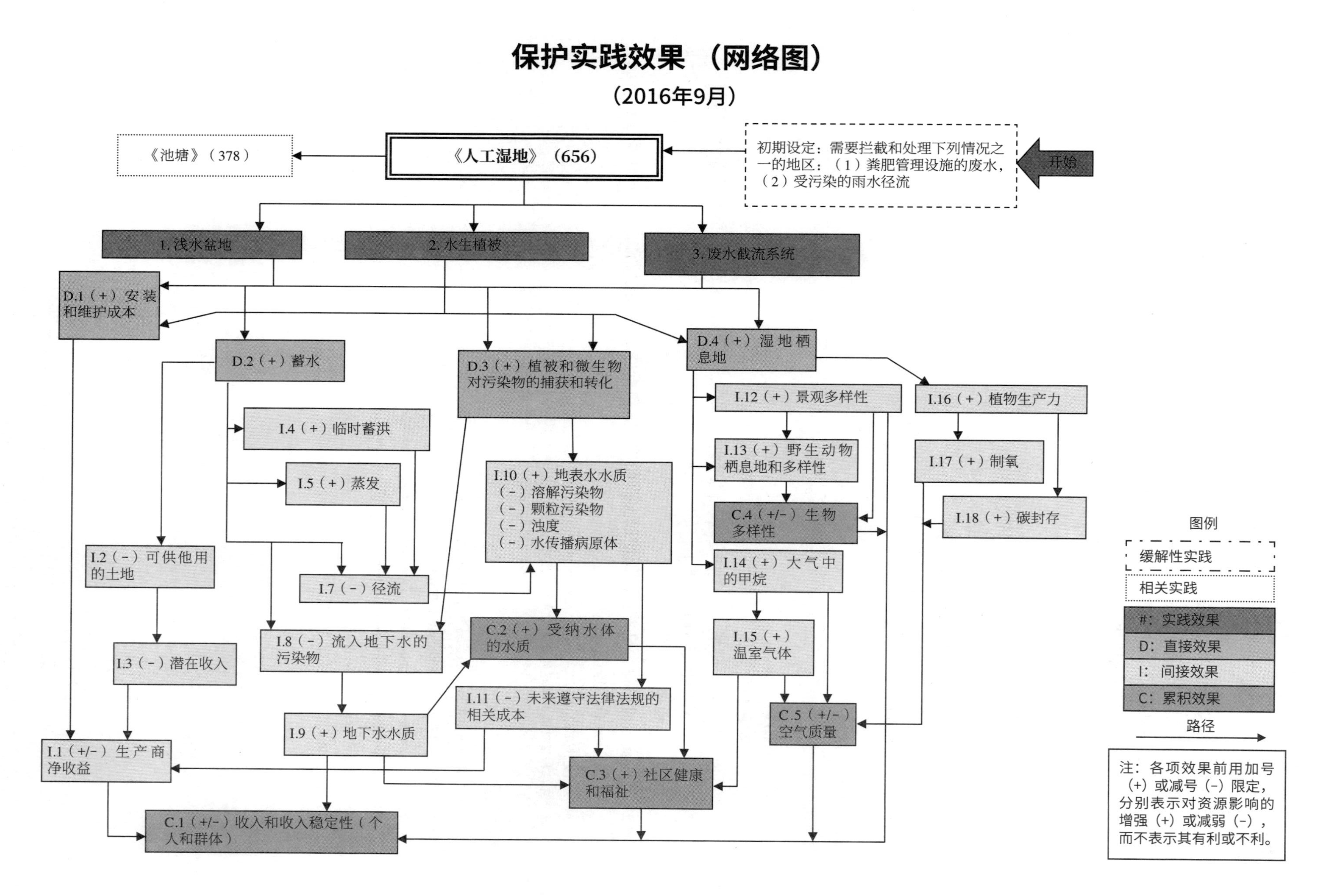

保护实践效果 （网络图）
（2016年9月）
开始
初期设定：需要拦截和处理下列情况之一的地区：（1）粪肥管理设施的废水，（2）受污染的雨水径流
《人工湿地》（656）
《池塘》（378）
1. 浅水盆地
2. 水生植被
3. 废水截流系统
D.1（+）安装和维护成本
D.2（+）蓄水
D.3（+）植被和微生物对污染物的捕获和转化
D.4（+）湿地栖息地
I.1（+/-）生产商净收益
I.2（-）可供他用的土地
I.3（-）潜在收入
I.4（+）临时蓄洪
I.5（+）蒸发
I.7（-）径流
I.8（-）流入地下水的污染物
I.9（+）地下水水质
I.10（+）地表水水质
（-）溶解污染物
（-）颗粒污染物
（-）浊度
（-）水传播病原体
I.11（-）未来遵守法律法规的相关成本
I.12（+）景观多样性
I.13（+）野生动物栖息地和多样性
I.14（+）大气中的甲烷
I.15（+）温室气体
I.16（+）植物生产力
I.17（+）制氧
I.18（+）碳封存
C.1（+/-）收入和收入稳定性（个人和群体）
C.2（+）受纳水体的水质
C.3（+）社区健康和福祉
C.4（+/-）生物多样性
C.5（+/-）空气质量
图例
缓解性实践
相关实践
#：实践效果
D：直接效果
I：间接效果
C：累积效果
路径
注：各项效果前用加号（+）或减号（-）限定，分别表示对资源影响的增强（+）或减弱（-），而不表示其有利或不利。

等高缓冲带

（332，Ac.，2014年9月）

定义

在山丘坡面上，沿等高线，按一定间隔，以窄条状密植多年生草本植物，以宽条状种植作物。

目标

该条例是为了满足以下目的：

- 减少片蚀和细沟侵蚀。
- 沉降泥沙，拦截水中污染物，以保护水质。
- 增加水分渗透，以增强土壤蓄水能力。
- 拦截营养物质，以保护水质。

适用条件

该实践适用于所有的缓坡耕地，包括果园、葡萄园和坚果园。

保护实践《带状种植技术要求》（85）：缓冲带的宽度要等同于或超过邻接的作物带宽度。

准则

总准则适用于上述所有目标

等高作物的地表径流必须有固定的出水口。

作物带的宽度要设定成设备宽度的倍数。

选取缓冲带植物时，不得种植国家规定的毒害植物。

缓冲带所在区域，禁止家畜踩踏以及设备碾压。

缓冲带并不属于正常轮作的一部分（尽管缓冲带可以收割或适合放牧），植被翻新之前，要保留在原处。

行级。当作物带的作物行数达到上限时，为了下一个作物带布局，在山坡上端或下端的最后一条缓冲带上，建立新的基线。

作物带分布。除非异常复杂的地形需要在该地区种植植被以建立可耕种系统，否则作物带将占据山顶区域。

当与梯田、改道或水和沉积物控制池一起使用时，缓冲带的布局应与它们的坡度和间距相协调，以便缓冲带边界尽可能与它们平行。直接将缓冲带建立在梯田、改道或水和沉积物控制池的上坡。

减少片蚀和细沟侵蚀的附加准则

最低行级。作物带的行数要在合理范围内，不能太稀疏，否则，径流水汇聚会给作物造成巨大损失。

最高行级。作物带最大行级不能超过：

- 上下山坡斜率的一半用于保护计划，或 2%，以较少者为准。
- 当作物接固定的水口，最多允许 3% 的行级达到最大宽度（150 英尺）。

缓冲带的宽度。宽度的最小值：

- 至少 15 英尺宽：种植草类或草类豆类混合或草类和非禾本植物混合时，草类至少要占 50%。
- 至少 30 英尺宽：单独使用豆类或非禾本植物时，或者豆类占场地的 50% 以上时。

根据需要增加缓冲带宽度，以保持作物带宽度均衡。各个缓冲带的宽度可能会有所不同。

在缓冲带之间，作物带的宽度将是均衡的，不会超过斜坡长度（L）的 50%，方便计算侵蚀程度。

植被。建立缓冲带，以永久植被组成，包括草、豆科植物或非禾本植物，或草与豆科植物或非禾本植物混种。

因地制宜，并且物种能耐受预期的沉积物沉积深度。

在作物带可能被侵蚀的前期，缓冲带需覆盖至少 95% 的地面。

草和豆科或非禾本混合物的种植密度至少为每平方英尺 50 株，而纯豆科或非禾本植物每平方英尺至少有 30 株。

降低因营养物质向下坡输送而导致水质退化问题的附加准则

最小行级。按照附加准则，减少片蚀和细沟侵蚀。

最大行级。按照附加准则，减少片蚀和细沟侵蚀。

植被。选取茎直立粗壮的永久植物，建立缓冲带。

缓冲带间距的确定。缓冲带间距至少 15 英尺。根据需要增加缓冲带间距，以保持作物带的间距均衡。

作物带的最大宽度。可以是坡长的一半或 150 英尺，以较小者为准。

缓冲带分布。除了在山坡上建立缓冲带之外，还要在斜坡底部建立缓冲带。底部的缓冲带宽度需是系统中最窄缓冲带的两倍。

通过增加水渗透改善土壤蓄水能力的附加准则

行级。沿缓冲带上缘的行级不得超过 0.2% 。

带宽。最小宽度将是：

- 至少 15 英尺宽：适用于种植草类或草类与豆科、非禾本混合物，草类至少要占 50%。
- 至少 30 英尺宽：适用于单独种植豆科或非禾本类时，或豆科和非禾本类占场地总数超过 50% 时。

根据需要增加缓冲带宽度，以保持作物带宽度均衡。各个缓冲带的宽度可能会有所不同。

在缓冲带之间，作物带的宽度将是均衡的，不会超过斜坡长度（L）的 50%，方便计算侵蚀程度。

植被。建立缓冲带，以永久植被组成，包括草、豆科植物或非禾本植物，或草与豆科植物或非禾本混种。

因地制宜，并且物种能耐受预期的沉积物沉积深度。

当作物带可能被侵蚀的前期，缓冲带覆盖率需至少达 95%。

草类、草类—豆类和非禾本类混合物的茎密度至少为每平方英尺 50 株，而纯豆科或非禾本植物每平方英尺至少有 30 株。

注意事项

通用。影响等高线耕作水土保持效果的几个因素。这些因素包括：10 年内 24 小时降雨量（单位：英寸）、脊高度、行级、坡度陡峭、土壤水文组、覆盖和粗糙度、坡长。覆盖和粗糙度、行级和垄高可以受管理的影响，并且根据设计提供或多或少的好处。

等高耕作在 2% ～ 10% 的斜坡上最有效。该实践在超过 10% 的斜坡上，以及 10 年内 24 小时降雨量超过 6.5 英寸的地区效果较差。由于难以满足行级标准，这种方法并不适用于高度斜坡的不规则性起伏地形。

该实践在 100 ～ 400 英尺长的斜坡上最有效。随着斜坡加长，地表径流的大小和速率可能远远超过狭窄的等高缓冲带的容纳范围。增大残渣覆盖面积以及其他保护技术（包括加宽缓冲带）将减少地表径流的速率，目的是增加坡长，提高实践有效性。

由于山地斜坡或难以建立平行带，行级也会受限，因此等高缓冲带在高低起伏的地形上较难建立。

现有或潜在存在集中水流侵蚀的区域应采取保护措施，比如采用草地化径流带，水和沉积物控制流域或引水梯田。

在实施过程中，如果等高线弯曲程度太大，而不能使设备与行对齐，则加宽缓冲带可有助于设备避开脊点。

在排水系统方面，至少在急剧弯曲的地方建立草地化径流带，方便设备移动，成行的缓冲带在转弯处不至中断。

条件允许情况下，在设计和布局之前，移除所有障碍物或改变现场边界以及形状，以提高条例的有效性和简化农业操作。

在布局之前，检查地形，在合适位置开始布局或获取一组带宽的关键点（包含一条作物带和一条缓冲带），以绕过障碍物或脊鞍。

可根据需要建立附加行标记，包括场地边界、篱笆、围栏线、通道、梯田等。多年生植被缓冲带可作为永久的等高线或行标记，以便在实施过程中确保设计好的行级。

考虑重建本土植物群落。使用适合于已确定的资源问题和管理目标的本地物种。考虑在改善其他资源方面有多种优势的植被。

野生生物和有益物种的食物及栖息地问题。为了增加传粉者和作物益虫的数量，也为了惠及野生动物，只要不影响缓冲带的有效性，可以开展以下管理活动：

- 种植草本植物，以改善野生动物、传粉昆虫或其他相关有益生物体栖息地状况。
- 播种的多种种子中，要包含本地草本植物，以增加栖息地的多样性，或为有益昆虫提供花粉和花蜜。
- 根据地理位置每隔一年或三年修剪缓冲带。稳固的植被一年四季都可以筑巢，并且为邻近受干扰地区流离失所的许多野生动物提供避难所。
- 地面筑巢物种筑巢期结束后才修剪缓冲带，但是在生长季节结束之前尽早修剪，以使其再生长。
- 要最大限度地拦截营养盐，选择根系发达的草种，能够有效去除缓冲带内进入土壤的营养盐。定期收割干草，以去除多余的营养物质。

计划和技术规范

为实施保护的每块土地制订计划和说明。规范应描述应用本实践所要达到预期目的的要求。已认证的《等高缓冲带》（332）需至少包含下列内容：

- 用于保护规划的土地坡度。
- 等高系统允许的最小和最大行级。
- 缓冲带的设计宽度。
- 缓冲带中的物种选择。
- 目的土地的示意图或照片。
- 用于建立系统的基线的大致位置。
- 系统稳定出口的位置。
- 在作物带上使用的设备宽度。

运行和维护

除了山岬或梯度小于规定的最末行，所有耕作区要平行于缓冲带的边界。

在严重侵蚀期，要定时修剪或收割缓冲带，保持合适的植物密度和高度，以便拦截从上坡作物带带来的沉积物。

根据需要给缓冲带施肥以保持生长密度。

每年至少修剪一次草皮并且改换一次水道。

在除草剂残留发挥功效后，由于施用除草剂而受到损害的种子或缓冲带系统，要检查或全部换新。

根据需要重新分配沿缓冲带和作物带界面的上坡边缘积聚的沉积物。当需要保持均衡的缓冲带和作物带边界层流时，应将沉积物均匀地向上铺展在种植带上。

如果沉积物正好在缓冲带的上坡边缘下方积聚至 6 英寸或更深处，或者茎秆密度低于缓冲带中的指定量，请重新定位缓冲区和作物带交界位置。

耕作带和缓冲带应轮换，以便在旧缓冲带正下方或上方的新建立的缓冲带中，形成成熟的覆盖保护层，然后移除旧缓冲带以种植容易腐蚀的作物。交替种植缓冲带以保持它们在山坡上的相对位置。如果撤掉了已建立的缓冲区，则设备宽度将被添加到一个作物带，并从另一个作物带中减去。

根据需要修整植被的岬角或末端区域，以保持地面植被覆盖率保持在 65% 以上。

参考文献

Foster, G.R. and Seth Dabney, 2005. Revised Universal Soil Loss Equation, Version 2 （RUSLE2） Science Documentation. USDA-ARS, Washington, DC. website： http：//www.ars.usda.gov/sp2UserFiles/Place/64080510/RUSLE/RUSLE2_Science_Doc.pdf and http：//www.nrcs.usda.gov/wps/portal/nrcs/main/national/technical/tools/rusle2/（verified March 2014）.

Renard, K.G., Foster G.R., Weesies G.A. , McCool D.K. , and Yoder D.C. , 1997. Predicting soil erosion by water： A guide to conservation planning with the Revised Universal Soil Loss Equation （RUSLE）.U.S. Department of Agriculture, Agriculture Handbook 703. website： http：//ars.usda.gov/SP2UserFiles/Place/64080530/RUSLE/AH_703.pdf（verified March 2014）.

USDA, NRCS. 2011, National Agronomy Manual, 4th Edition, Washington, D.C. http：//directives.sc.egov.usda.gov/viewerFS.aspx?hid=29606（verified March 2014）.

Zhou X., Helmers M.J., Asbjornsen H., Kolka R., Tomer M.D., and Cruse R.M. 2014., Nutrient Removal By Prairie Filter Strips in Agricultural Landscapes. Journal of Soil and Water Conservation. Jan/Feb 2014-Vol. 69, No. 1.

保护实践概述

（2014年10月）

《等高缓冲带》（332）

等高缓冲带由多年生牧草带与较宽的种植带相互交替，种植在等高线上。植被带一般种植适应的禾本科植物或同时种植禾本科植物和豆科植物。

实践信息

等高缓冲带减缓径流，截留泥沙，减少侵蚀。当水流过草带时，沉积物、营养物质、农药和其他潜在的污染物被过滤掉。草带还可为野生动物提供食物和庇护。

由于很难在山坡上保持各带边界平行或使得作物行梯度保持在限制范围内，因此很难在起伏地势上实施此实践。

等高缓冲带的有效性取决于几个变量，如陡度、土壤类型、种植作物、带宽、管理情况和气候因素。

常见相关实践

《等高缓冲带》（332）通常与《草地排水道》（412）、《病虫害治理保护体系》（595）、《残留物和耕作管理——免耕》（329）和《残留物和耕作管理——少耕》（345）等保护实践一起使用。

保护实践的效果——全国

土壤侵蚀	效果	基本原理
片蚀和细沟侵蚀	4	保护等高线上的植被可降低径流速度，从而减弱坡面漫流的剥离和输送能力。
风蚀	0	如果实践布局与侵蚀风向相垂直，则风携带的土壤颗粒被截留，土壤侵蚀作用减弱。
浅沟侵蚀	2	横穿坡面的植被可降低径流速度和流量，增强渗透性，减少集中渗流。
典型沟蚀	1	减少导致沟壑侵蚀的径流。
河岸、海岸线、输水渠	1	减少导致侵蚀的径流。
土质退化		
有机质耗竭	2	不适用
压实	0	不适用
下沉	0	不适用
盐或其他化学物质的浓度	0	植被有助于增强渗透和蒸散，但没有净效应。
水分过量		
渗水	-2	减少径流，并捕获飘散的积雪，从而增加水分入渗，水可能横向移动到渗漏区域，特别是在休耕期间。
径流、洪水或积水	1	径流减少可增强水分入渗，进而有助于减少洪水或积水的发生。
季节性高地下水位	-1	减少径流，导致水分入渗增强，从而增加地下水。
积雪	0	不适用
水源不足		
灌溉水使用效率低	0	不适用
水分管理效率低	1	减少径流，增加水分入渗。
水质退化		
地表水中的农药	2	减少径流和侵蚀，减少农药使用量。
地下水中的农药	0	这一举措可促进水分渗透，增加土壤有机质和生物活性。
地表水中的养分	2	这一举措可减少土壤水蚀，并可增加水分入渗，从而减少养分和有机物流入地表水。
地下水中的养分	-1	这一举措可降低径流速度，并捕获飘浮的积雪，从而增加水分入渗，有助于养分和有机物转移到地下水中。
地表水中的盐分	1	这一举措可减缓径流，增加水分入渗，减少盐分向地表水的迁移。
地下水中的盐分	-1	这一举措可降低径流速度，并捕获飘浮的积雪，从而增加水分入渗，有助于盐分转移到地下水中。
粪肥、生物土壤中的病原体和化学物质过量	1	等高缓冲带减少片蚀和细沟侵蚀，减缓径流速度，从而降低病原体向地表水迁移的可能性。
粪肥、生物土壤中的病原体和化学物质过量	-1	增加水分入渗可将病原体转入土壤。
地表水沉积物过多	2	等高缓冲带减少片蚀和细沟侵蚀，减缓径流速度，从而阻碍沉积物向地表水的输送。
水温升高	0	不适用
石油、重金属等污染物迁移	2	植被带减少片蚀和细沟侵蚀，减缓径流速度，从而降低重金属向地表水迁移的可能性。
石油、重金属等污染物迁移	0	这一举措可能导致水分入渗增加，但对地下水中重金属的影响微乎其微。
空气质量影响		
颗粒物（PM）和 PM 前体的排放	1	植被可降低侵蚀性风速，并阻止沙砾跃移，形成稳定区。
臭氧前体排放	0	不适用
温室气体（GHG）排放	1	植被将空气中的二氧化碳转化为碳，储存在植物和土壤中。
不良气味	0	不适用
植物健康状况退化		
植物生产力和健康状况欠佳	2	对植物进行选择和管理，可保持植物最佳生产力和健康水平。
结构和成分不当	5	选择适应且适合的植物。

（续）

植物健康状况退化	效果	基本原理
植物病虫害压力过大	4	种植并管理植被，可控制不需要的植物种类。
野火隐患，生物量积累过多	0	不适用
鱼类和野生动物——生境不足		
食物	2	植被质量和数量的增加为野生动物提供了更多的食物和遮蔽物。
覆盖 / 遮蔽	2	植被质量和数量的增加为野生动物提供了更多的食物和遮蔽物。
水	4	不适用
生境连续性（空间）	2	遮蔽物增多，将增加野生动物的生存空间。可用于连接其他遮蔽区域。
家畜生产限制		
饲料和草料不足	1	植被可用作家畜的饲料和草料。
遮蔽不足	0	不适用
水源不足	0	不适用
能源利用效率低下		
设备和设施	1	设备等高线上运作与上下坡。
农场和牧场实践及田间作业	1	设备等高线上运作与上下坡。

CPPE 实践效果：5 明显改善；4 中度至明显改善；3 中度改善；2 轻度至中度改善；1 轻度改善；0 无效果；−1 轻度恶化；−2 轻度至中度恶化；−3 中度恶化；−4 中度至严重恶化；−5 严重恶化。

实施要求

（2016年1月）

生产商：__________ 项目或合同：__________

地点：__________ 国家：__________

农场名称：__________ 地段号：__________

实践位置图

（显示预计进行本实践的农场 / 现场的详细鸟瞰图，显示所有主要部件、布点、与地标的相对位置及测量基准）

索引

☐ 封面

☐ 规范

☐ 图纸

☐ 运行维护

☐ 认证声明

公用事业安全 / 呼叫系统信息

工作说明：

仅自然资源保护局审查

设计人：__________ 日期__________

校核人：__________ 日期__________

审批人：__________ 日期__________

实践目的（勾选所有适用项）：

☐ 减少片蚀和细沟侵蚀。

☐ 减少沉积物和其他水污染物向下坡方向转移，避免水质退化。

☐ 通过增加水分入渗改善土壤湿度管理

☐ 减少养分向下坡方向转移，避免水质退化。

场地号 / 位置：______________ 已实施面积：_______英亩 播种日期：__________

保护规划坡度（%）：________ 种植作物行使用的设备宽度（英尺）：______________

平均缓冲宽度（英尺）：______ 最小缓冲宽度（英尺）：_________________________

缓冲带长度：______________ 缓冲带数量：____________________________

缓冲带间距（英尺）：_______

系统允许的垄向坡度：最小____% 最大____%

田地准备：__________________________________

种植方法：__________________________________

种植说明（例如，纯草籽完全按照等高线混合等）：

播种率和植物种类		
植物种类	磅 / 英亩种子（纯活种子）	计划面积的种子总量（磅）
总计		

肥料和改良剂		
肥料成分	肥料形式	肥料用量（磅 / 英亩）
N		以氮计
P		以五氧化二磷计
K		以氧化钾计
S		以硫计
石灰		
石膏		

运行维护（勾选所有适用项）：

☐ 平行于缓冲带边缘进行所有耕作作业，但梯度小于本实践规定的岬角或终端作物行除外。

☐ 在临界侵蚀期，及时修剪缓冲带，以保持适当的植被密度和高度，充分截留上坡种植带的沉积物。

☐ 根据需要施肥缓冲带，以保持林分密度。

☐ 每年至少修剪草皮转弯带和水道一次。

☐ 除草剂残余作用停止后，对因施用除草剂而损坏的缓冲带进行局部播种或全面修复。

☐ 根据需要重新分布沿缓冲带或作物带界面上坡边缘积聚的沉积物。当需要沿缓冲带或作物带边界保持均匀的片流时，应将这些沉积物均匀地散布在上坡种植带上。

☐ 如果沉积物刚好堆积在缓冲带上坡边缘以下 6 英寸或以上的深度，或者茎秆密度低于缓冲带中规定的值，则重新定位缓冲带或作物带相接位置。

☐ 种植带和缓冲带应轮换，以便在原缓冲带改种易受侵蚀的作物之前，能够在原缓冲带的正下方或正上方形成林分成熟的新缓冲带保护性覆盖物。轮流重置缓冲带位置，以保持其在山坡上的相对位置。

☐ 根据需要翻修有植被的岬角或终端作物行区域，以保持地被植物率在 65% 以上。

工作说明书—— 国家模板

（2014年9月）

此类可交付成果适用于个别实践。其他规划实践的可交付成果参考具体的工作说明书。

设计

可交付成果

1. 能够证明符合自然资源保护局实践中相关准则并与其他计划和应用实践相匹配的设计文件。
    a. 保护计划中确定的目的。
    b. 客户需要获得的许可证清单。
    c. 列出所有规定的实践和辅助性实践。
    d. 制订计划和规范所需的与实践相关的计算和分析，包括但不限于：
        i. 垄向坡度、耕作带宽度、植被带宽度
        ii. 植物物种选择
        iii. 带间距及排列
        iv. 侵蚀计算
        v. 坡长
        vi. 排水口稳定度
        vii. 野生动物注意事项
2. 向客户提供书面计划和规范书包括草图和图纸，充分说明实施本实践并获得必要许可的相应要求。应根据保护实践《等高缓冲带》（332）的要求制订计划和规范。
3. 运行维护计划。
4. 证明设计符合实践和适用法律法规的文件。
5. 安装期间，根据需要所进行的设计修改。

注：可根据情况添加各州的可交付成果。

安装

可交付成果

1. 与客户进行的安装前会议。
2. 验证客户是否已获得规定许可证。
3. 根据计划和规范（包括适用的布局注释）进行定桩和布局。
4. 根据需要制定的安装指南。
5. 协助客户和原设计方并实施所需的设计修改。
6. 在安装期间，就所有联邦、州、部落和地方法律、法规和自然资源保护局政策的合规性问题向客户 / 自然资源保护局提供建议。
7. 证明安装过程和材料符合设计和许可要求的文件。

注：可根据情况添加各州的可交付成果。

验收

可交付成果

1. 安装记录。
    a. 实际采用的梯度、耕作带的实际宽度和植被带的实际宽度
    b. 实践单位
    c. 实际使用的材料
2. 证明安装过程符合自然资源保护局实践和规范并符合许可要求的文件。
3. 进度报告。

注：可根据情况添加各州的可交付成果。

参考文献

NRCS Field Office Technical Guide（eFOTG）, Section IV, Conservation Practice Standard Contour Buffer Strips - 332.

NRCS National Agronomy Manual.

NRCS National Environmental Compliance Handbook.

NRCS Cultural Resources Handbook.

注：可根据情况添加各州的参考文献。

保护实践效果（网络图）

（2014年9月）

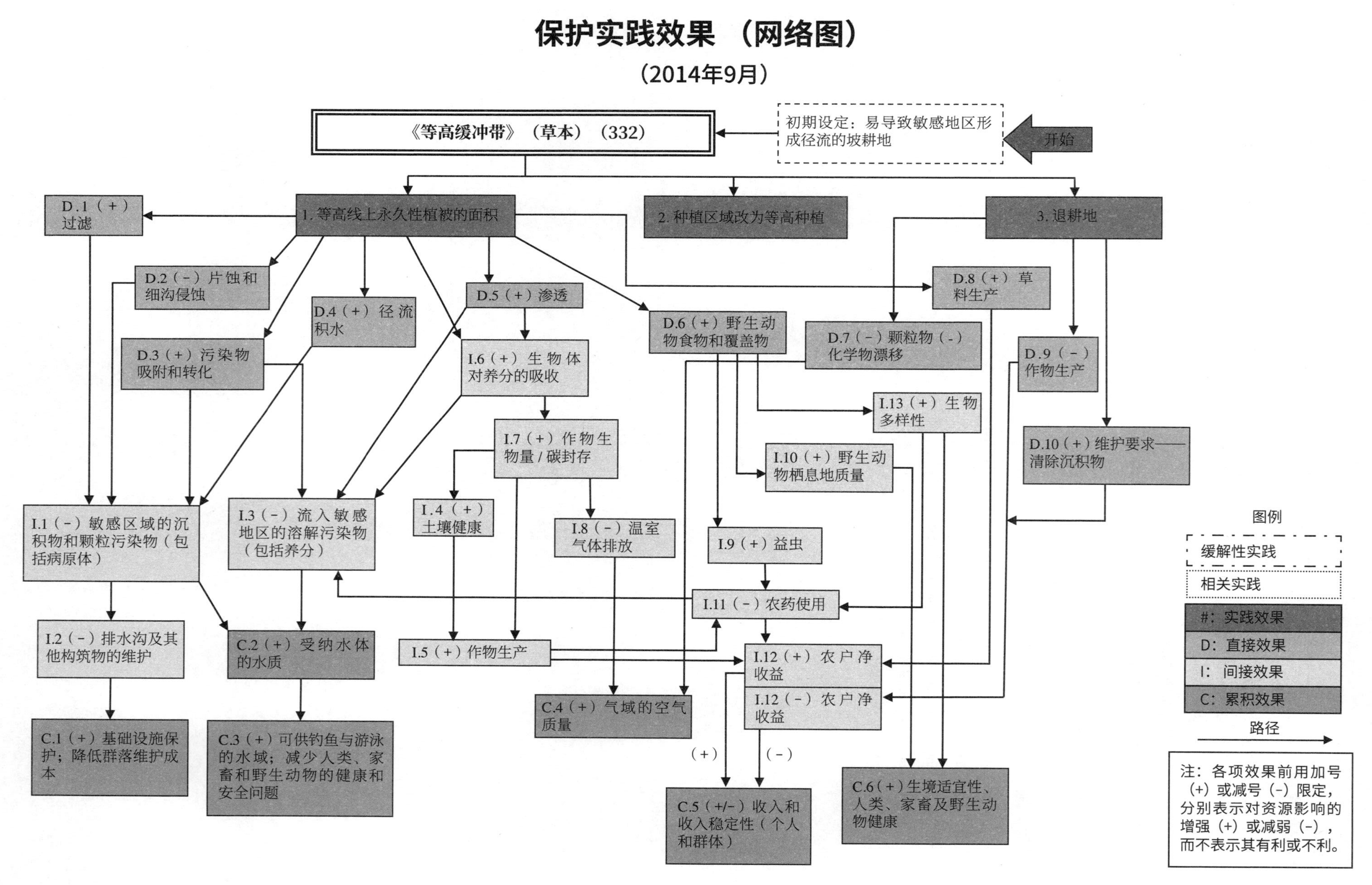

等高种植

（330，Ac.，2017年10月）

定义

一种通过对在等高线附近的山坡耕作、种植和进行其他操作形成的田埂、犁沟和田面糙度进行调整的耕作方式，旨在改变水流速度或方向。

目的

- 减少片流侵蚀和细沟侵蚀。
- 减少流入地表水的泥沙。
- 减少地表水过量养分。
- 减少流入地表水的农药。
- 提高水分管理的效率。

适用条件

保护实践《等高种植》（330）适用于在坡地种植作物。参照保护实践《等高果园和其他多年生作物》（331），对果园、葡萄园和坚果作物进行管理。

准则

适用于上述所有目的的总体准则

土地坡度在允许排水的同时，须尽可能保持水平。最大的土地坡度不得超过用于保护计划的斜坡坡度的一半，即最大的土地坡度为 4%。

当土地坡度达到设计允许的最大坡度时，必须从上一个等高线沿斜坡向上或向下构建一条新的基准线，并将其应用于下一个等高线图的绘制中。

在坡度不小于 0.2% 的斜坡上，需要考虑积水问题。设计土地坡度时要尽量考虑有效的行间距。包括土壤入渗速率慢到极慢的土地（土壤水文组 C 或 D），或作物对积水反应敏感的土地。

在固定排水口的 50 英尺范围内，允许出现与设计的土地坡度 10% 的误差。

农业生产种植活动应从等高线基线开始，以平行的方式沿斜坡向上、向下继续种植直至种满。农田作业应从两条不平行的等高线基线交会处开始，须形成一个校正区（校正区处于农田中两个不同等高系统相接的地方），用于永久性种草或种植一年生密播作物。

在等高线曲率变化太大以至出现农田作业时机械和行间不协调情况，必要的时候可在尖锐的田埂处或其他特殊的地方构造草皮转弯带。

对于间距大于 10 英寸的土地，在轮耕时最小的田埂高度是 2 英寸，因为轮耕时最容易发生片流侵蚀和细沟侵蚀。利用当前获批准的水侵蚀预测技术，在田间操作过程中记录下田埂的高度。

对于间距为 10 英寸或小于 10 英寸的土地，田埂高度最小必须是 1 英寸，以种植密播作物，如小粒谷类作物。利用当前获批准的水侵蚀预测技术，在田间操作过程中记录下田埂的高度。

来自梯田的集中水流必须被输送到固定的排水口。

注意事项

存在几个会影响等高种植在减少土壤侵蚀有效性的因素。这些因素包括：10 年间平均 24 小时降水量（英寸）、田埂的高度、行间距、地形坡度、水文土壤组、植被覆盖和田面糙率、斜坡长度。植被覆盖和田面糙率、行间距和田埂的高度会受到管理的影响，并根据设计带来或多或少好处。

在坡度为 2% ~ 10% 的斜坡上，等高种植是最有效的。在坡度大于 10% 的斜坡上以及 10 年间平均 24 小时降水量为 6.5 英寸或更高的地区，等高种植在实现既定目的方面的效果却不甚明显。由于难以满足土地坡度的标准，等高种植方法不适用于具有较高坡度的起伏地形。

在 100 ~ 400 英尺长的斜坡上，等高种植是最有效的。在超过 400 英尺长的斜坡上，地表径流的体积和速度超过了等高田埂的承载能力。增加枯落物覆盖并提高田面糙率将会改变植被的管理状况，并且减少地表径流速度。增加坡长对等高种植很有效。仅仅增加田面糙率是不足以产生这种效果的。

土地坡度越接近真实的等高线，侵蚀减少的程度越高，土壤水分利用效率也越能得到提高。

设计和布局之前，在可行的情况下，应考虑移除阻碍物，改变农田界线，以提高等高种植的有效性和实施农业操作的简便性。

要改变农具室并控制农田边缘的侵蚀，可参照保护实践《田地边界》（386）。

如果在等高线上进行垄作，要避免校正区的田埂行交叉，因为这样会破坏田埂的有效性。如果无法避免校正区田埂行交叉，则可以构造草皮转弯带。

校正区的宽度和基准线之间的距离，应根据设备的操作宽度进行调整。

田埂高度是由耕作和种植设备的操作确定的。田埂高度越高，就越能有效地减缓地表径流的流动。在目前获批准的《土壤侵蚀工具》中，可以看到每一种农田作业的田埂高度。

采用保护实践《草地排水道》（412）、《水和沉积物滞留池》（638）、《地下出水口》（620）或其他适用实践来保护现有或潜在的受到集中渗流侵蚀的区域。

计划和技术规范

根据实施文件的要求为每个地点和每个目的制定技术规范。

文件必须包括：

- 坡地的坡度和长度。
- 规划土壤制图单元。
- 计划的梯田坡度。
- 最小的田埂高度和行间距。
- 梯田系统内允许的最小和最大土地坡度，梯田系统内允许的最小和最大行间距。

运行和维护

如果满足了合适的土地坡度标准，须平行于等高线基线或梯田、排水道或等高缓冲带边界等采用等高操作的地方来实施所有的耕作和种植作业。

在没有出现梯田、排水道或等高缓冲带边界的地方，在土地坡度上保留等高线标记，这样在后续每种作物的等高线标记建立之后，就会保持作物的行在设定的土地坡度上。等高线标记可以是田地边界，可以是靠近原始等高线基线或在其上未耕种作物的一行，或是其他易于识别的、连续的、持久的标记。所有的耕作和种植作业都必须与已建立的标记平行。如果有标记看不见了，则在下一轮播种之前，应在本实践制定的适用标准内重新建立一条等高线基线。

参考文献

Flanagan D.C., Nearing M.A, 1995. USDA-Water Erosion Prediction Project, Hillslope Profile and Watershed Model Documentation, NSERL Report #10, July .

Foster G.R, 2005. Revised Universal Soil Loss Equation, Version 2（RUSLE2）Science Documentation（In Draft）. USDA-ARS, Washington, DC.

Renard K.G., Foster G.R. , Weesies G.A. , McCool D.K. , and D.C. Yoder, 1997. Predicting soil erosion by water：A guide to conservation planning with the Revised Universal Soil Loss Equation（RUSLE）.U.S. Department of Agriculture, Agriculture Handbook 703.

保护实践概述

（2017年10月）

《等高种植》（330）

等高种植是一种通过对在等高线附近的山坡耕作、种植和进行其他操作形成的田埂、犁沟和田面糙度进行调整的耕作方式，旨在改变水流速度或方向。

实践信息

等高种植通常用于耕作、种植和培育一年生作物的坡地。

在一个设计合理的等高种植体系中，耕作犁沟拦截径流，让更多的水分渗入土壤。等高种植在2% ~ 10% 的坡度上最有效。

保护效果包括但不限于：

- 减少片蚀和细沟侵蚀。
- 减少流入地表水的泥沙。
- 减少地表水过量养分。
- 减少流入地表水的农药。
- 增加水分入渗。

为了保证这一实践的有效性，所有的耕作和种植作业必须与已建立的标记平行。

常见相关实践

由于降水量偶尔超过等高线控制径流的能力，通常将保护实践《等高种植》（330）与《残留物和耕作管理——少耕》（345）、《残留物和耕作管理——免耕》（329）、《等高缓冲带》（332）等侵蚀控制保护实践结合起来规划。

为保护现有或潜在的集中渗流侵蚀区域，保护实践《等高种植》（330）通常与《草地排水道》（412）、《水和沉积物滞留池》（638）和《地下出水口》（620）等保护实践一起使用。

保护实践的效果——全国

土壤侵蚀	效果	基本原理
片蚀和细沟侵蚀	2	等高种植可降低径流速度，改变坡面漫流方向，从而降低地表水流的侵蚀和输送能力。
风蚀	0	不适用
浅沟侵蚀	0	不适用
典型沟蚀	0	不适用
河岸、海岸线、输水渠	0	不适用
土质退化		
有机质耗竭	1	土壤侵蚀减少，可减少有机质流失。
压实	0	不适用
下沉	0	不适用
盐或其他化学物质的浓度	0	不适用
水分过量		
渗水	-2	增加水分入渗，水可能会横向移动到渗漏区域，特别是在休耕期间。
径流、洪水或积水	1	增强水分入渗，进而有助于减少洪水或积水的发生。
季节性高地下水位	-1	增强渗透，可能导致地下水过量。
积雪	0	不适用
水源不足		
灌溉水使用效率低	0	不适用
水分管理效率低	1	增加水分入渗，改善剖面中的储水量。
水质退化		
地表水中的农药	1	这一举措可减少径流和侵蚀。
地下水中的农药	-1	这一举措能够增强土壤渗透。
地表水中的养分	2	这一举措可减少片蚀和细沟侵蚀，增加水分入渗，从而减少流入地表水的养分和有机物。
地下水中的养分	-1	这一举措可降低径流速度，增加水分入渗，有助于养分和有机物转移到地下水中。
地表水中的盐分	1	这一举措可减缓径流，增加水分入渗，减少盐分向地表水的迁移。
地下水中的盐分	-1	这一举措可降低径流速度，增加水分入渗，有助于盐分流入地下水。
粪肥、生物土壤中的病原体和化学物质过量	1	等高种植减少片蚀和细沟侵蚀，减缓径流速度，从而降低病原体向地表水迁移的可能性。
粪肥、生物土壤中的病原体和化学物质过量	0	不适用
地表水沉积物过多	2	等高种植减少片蚀和细沟侵蚀，减缓径流速度，从而阻碍沉积物流入地表水。
水温升高	0	不适用
石油、重金属等污染物迁移	0	不适用
石油、重金属等污染物迁移	0	不适用
空气质量影响		
颗粒物（PM）和 PM 前体的排放	0	不适用
臭氧前体排放	0	不适用
温室气体（GHG）排放	0	不适用
不良气味	0	不适用
植物健康状况退化		
植物生产力和健康状况欠佳	1	增强渗透，增加作物生长的可用水。
结构和成分不当	0	不适用
植物病虫害压力过大	0	不适用
野火隐患，生物量积累过多	0	不适用

（续）

鱼类和野生动物——生境不足	效果	基本原理
食物	0	不适用
覆盖 / 遮蔽	0	不适用
水	0	不适用
生境连续性（空间）	0	不适用
家畜生产限制		
饲料和草料不足	0	不适用
遮蔽不足	0	不适用
水源不足	0	不适用
能源利用效率低下		
设备和设施	1	设备等高线上运作与上下坡。
农场 / 牧场实践和田间作业	1	设备等高线上运作与上下坡。

CPPE 实践效果：5 明显改善；4 中度至明显改善；3 中度改善；2 轻度至中度改善；1 轻度改善；0 无效果；−1 轻度恶化；−2 轻度至中度恶化；−3 中度恶化；−4 中度至严重恶化；−5 严重恶化。

实施要求

（2014年1月）

生产商：________________　　项目或合同：________________

地点：________________　　国家：________________

农场名称：________________　　地段号：________________

实践位置图

（显示预计进行本实践的农场 / 现场的详细鸟瞰图，显示所有主要部件、布点、与地标的相对位置及测量基准）

索引

☐ 封面

☐ 规范

☐ 图纸

☐ 运行维护

☐ 认证声明

公用事业安全 / 呼叫系统信息

在地图上，划定集中渗流的等高线基线、校正区和稳定排水口。

工作说明：

仅自然资源保护局审查

设计人：________________　　日期________________

校核人：________________　　日期________________

审批人：________________　　日期________________

实践目的：

- 减少片蚀和细沟侵蚀。
- 减少沉积物、其他固体和附着在其上的污染物的迁移。
- 减少溶液径流中污染物的迁移。
- 增加水分入渗。

主要关键土壤制图单元 / 组成部分的场地规划条件			
规划制图单元 / 组成部分	规划坡度（%）	规划坡长（英尺）	规划的绝对等高线垄向坡度百分比

最大和最小等高线垄向坡度	
最大等高线垄向坡度（百分比）	最大等高线垄向坡度（百分比）
作物行应具有足够的坡度，以确保径流不会积水并损害作物。	最大垄向坡度不得超过：（a）用于保护规划的斜坡坡度的一半；（b）10%，以两者中较小者为准。在稳定出口 150 英尺范围内，允许与设计垄向坡度的最大偏差为 25%。

最小田埂高度和作物行植物间距		
作物行间距大于 10 英寸	作物行间距小于等于 10 英寸	免耕种植
在轮耕时最小的田埂高度是 2 英寸，因为轮耕时最容易发生片蚀和细沟侵蚀（RUSLE2）。	对于密播作物，如粒谷类作物，田埂高度最小必须是 1 英寸。植物高度应至少为 6 英寸，在最易受片蚀和细沟侵蚀的时期，行内植物之间的间距不得大于 2 英寸。	无最小田埂高度

校正区： 农田作业应从两条不平行的等高线基线交会处开始，须形成一个校正区，用于永久性种草或种植一年生密播作物。

运行维护：

- 如果满足了合适的土地坡度标准，须平行于等高线基线或梯田、排水道或等高缓冲带边界等采用等高操作的地方来实施所有的耕作和种植作业。
- 在没有出现梯田、排水道或等高缓冲带边界的地方，在土地坡度上保留等高线标记，这样在后续每种作物的等高线标记建立之后，就会保持作物的行在设定的土地坡度上。等高线标记可以是田地边界，可以是靠近原始等高线基线或在其上未耕种作物的一行，或是其他易于识别的、连续的、持久的标记。所有的耕作和种植作业都必须与已建立的标记平行。如果有标记看不见了，则在下一轮播种之前，应在本实践制定的适用标准内重新建立一条等高线基线。
- 农业生产种植活动应从等高线基线开始，以平行的方式沿斜坡向上、向下继续种植直至种满。农田作业应从两条不平行的等高线基线交会处开始，须形成一个校正区，用于永久性种草或种植一年生密播作物。
- 在等高线曲率变化太大以至出现农田作业机械和行间不协调情况时，必要的时候可在尖锐的田埂处或其他特殊的地方构造草皮转弯带。

工作说明书—— 国家模板

（2017年10月）

此类可交付成果适用于个别实践。其他规划实践的可交付成果参考具体的工作说明书。

设计

可交付成果

1. 能够证明符合自然资源保护局实践中相关准则并与其他计划和应用实践相匹配的设计文件。
   a. 保护计划中确定的目的。
   b. 客户需要获得的许可证清单。
   c. 列出所有规定的实践或辅助性实践。
   d. 制订计划和规范所需的与实践相关的计算和分析，包括但不限于：
      i. 坡地的坡度和长度
      ii. 规划土壤制图单元
      iii. 规划的等高线垄向坡度
      iv. 最小的田埂高度和行间距
      v. 梯田系统内允许的最小和最大土地坡度
2. 向客户提供书面计划和规范书包括草图和图纸，充分说明实施本实践并获得必要许可的相应要求。应根据保护实践《等高种植》（330）制订计划和规范，并记录在 330 号实践的实施要求文件中。
3. 运行维护计划。
4. 证明设计符合实践和适用法律法规的文件。
5. 实施期间，根据需要所进行的设计修改，并记录在 330 号实践的实施要求文件中。

注：可根据情况添加各州的可交付成果。

安装

可交付成果

1. 与客户进行的实施前会议。
2. 验证客户是否已获得规定许可证。
3. 根据需要提供的应用指南。
4. 协助客户和原设计方并实施所需的设计修改。
5. 在安装期间，就所有联邦、州、部落和地方法律、法规和自然资源保护局政策的合规性问题向客户 / 自然资源保护局提供建议。
6. 证明施用过程和材料符合设计和许可要求的文件。

注：可根据情况添加各州的可交付成果。

验收

可交付成果

1. 实施记录。
   a. 实际采用的垄向坡度和田埂高度
   b. 实践单位
2. 证明施用过程符合自然资源保护局实践和规范并符合许可要求的文件，并记录在 330 号实践的实施要求文件中。

3. 进度报告。

注：可根据情况添加各州的可交付成果。

参考文献

NRCS Field Office Technical Guide（eFOTG）, Section IV, Conservation Practice Standard -Contour Farming-330.

NRCS National Agronomy Manual.

NRCS National Environmental Compliance Handbook.

NRCS Cultural Resources Handbook.

注：可根据情况添加各州的参考文献。

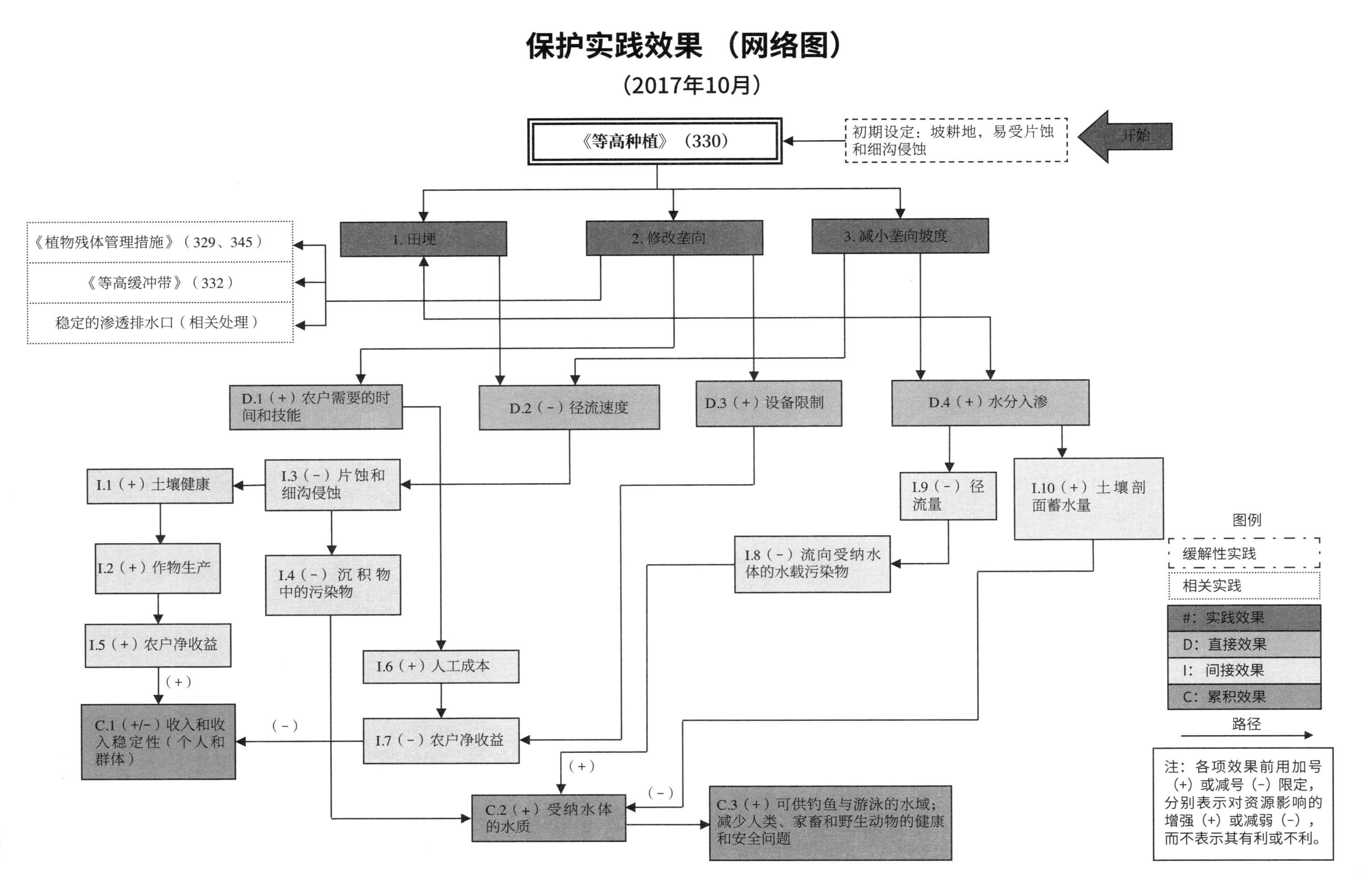
保护实践效果（网络图）
（2017年10月）
开始
初期设定：坡耕地，易受片蚀和细沟侵蚀
《等高种植》（330）
1. 田埂
2. 修改垄向
3. 减小垄向坡度
《植物残体管理措施》（329、345）
《等高缓冲带》（332）
稳定的渗透排水口（相关处理）
D.1（+）农户需要的时间和技能
D.2（-）径流速度
D.3（+）设备限制
D.4（+）水分入渗
I.1（+）土壤健康
I.3（-）片蚀和细沟侵蚀
I.9（-）径流量
I.10（+）土壤剖面蓄水量
I.2（+）作物生产
I.4（-）沉积物中的污染物
I.8（-）流向受纳水体的水载污染物
I.5（+）农户净收益
I.6（+）人工成本
（+）
C.1（+/-）收入和收入稳定性（个人和群体）
（-）
I.7（-）农户净收益
（+）
（-）
C.2（+）受纳水体的水质
C.3（+）可供钓鱼与游泳的水域；减少人类、家畜和野生动物的健康和安全问题
图例
缓解性实践
相关实践
#：实践效果
D：直接效果
I：间接效果
C：累积效果
路径
注：各项效果前用加号（+）或减号（-）限定，分别表示对资源影响的增强（+）或减弱（-），而不表示其有利或不利。

等高果园和其他多年生作物

（331，Ac.，2015年8月）

定义

在等高线或等高线附近种植果树、葡萄或其他多年生作物。

目的

- 减少片状、细沟侵蚀。
- 减少过量沉积物和其他相关污染物的运输。
- 通过增强渗透功能来提高水的利用效率。

适用条件

此实践适用于果园、葡萄园或种有其他多年生作物的坡地。对于每年播种的作物，需使用保护实践《等高种植》（330）。

准则

适用于上述所有目的的总体准则

当种植地受到干扰时，须采取临时侵蚀控制措施，直至种植完毕且相应遮盖物搭建完成。

转移邻近地点的坡面漫流，以确保这种实践的正常运作。

避免将这一做法应用于有块体运动迹象或有可能发生山体滑坡的区域山体滑坡。

行间距。最大行间距将尽可能与等高线对齐，但不得超过：

- 用于保护规划的上下坡度比的一半，或者 4%（或在狭长地区提供保护覆盖时为 10%），以较小者为准。

在距离固定出口 150 英尺的范围内，允许与设计行间距偏差 25%。

当行间距达到最大设计等级时，从最后一条等高线向上或向下倾斜的基准线处新建立一条，并用于下一个等高线。

对于渗滤速率慢至极慢的土壤（水文土壤组 C 或 D）或种植作物可能受到小于 48 小时的积水条件损害的土壤，须建立一个不低于 0.2% 的行间距。

临界坡长。请勿在比临界坡长更长的山坡上安装设施。

当超过临界坡长时，通过改道、梯田或其他设施缩短坡长。

使用当前侵蚀预测技术来确定临界坡长。

稳定的排水口。使径流从等高线处排到固定出水口。

改善渗透并减少沉积和相关污染物运输的总体准则

在树或一排排藤蔓处或附近提供一个向内倾斜的台阶或护堤。

注意事项

由于难以达到行间距标准，这种实践不太适合被沟渠切割或受地形起伏剧烈影响的区域。

地形测量或利用地形图有助于查看所需的种植模式是否适合斜坡。

缓慢引流可能会增加致病风险的地方，或犁沟可能会被水灌满且会溢出的地方不适宜等高种植。

向外倾斜的阶地会受到阶地上方斜坡径流引起的侵蚀。

这一做法与植被覆盖和正确灌溉输送法（如适用的话）相结合，效果最佳。

植被覆盖，特别是在一排排的树或藤蔓之间、在一排排的犁沟中、在等高和改道上进行植被覆盖，可以增加渗透、减少径流、帮助控制侵蚀、为有益的物种和授粉昆虫提供栖息地，并促进养分循环。

计划和技术规范

计划和技术规范应适用于每个等高果园或种有其他多年生作物的田地。计划和技术规范将包括：

- 用于保护规划的土地坡度百分比。
- 等高系统允许的最大和最小行间距。
- 田地草图或照片：
  - 用于建立系统的基线的大致区域；
  - 本系统中稳定排水口的位置。
- 合适的临时覆盖植被的技术规范。

计划中需包含使用目前批准的水蚀预测技术的保护系统评估报告。

运行和维护

这种实践所需的维护包括：

- 在等高线上或等高线附近进行树木或藤蔓行间的所有栽培活动。
- 定期检修径流出水口。
- 保护上坡和下坡农道免受侵蚀。
- 保留适当的植被覆盖以治理侵蚀。

参考文献

Foster, G.R., Yoder D.C., Weesies G.A., Mc Cool D.K., Mc Gregor K.G., and Binger R.L., 2003. User's Guide–Revised Universal Soil Loss Equation（RUSLE2）. Version 2. USDA. http：//fargo.nserl.purdue.edu/rusle2_dataweb/RUSLE2_Index.htm.

Renard, K.G., Foster G.R., Weesies G.A., Mc Cool D.K., and Yoder D.C., 1997. Predicting soil erosion by water： A Guide to conservation planning with the Revised Universal Soil Loss Equation（RUSLE）. Agriculture Handbook 703. USDA.

保护实践概述

（2017年10月）

《等高果园和其他多年生作物》（331）

等高果园和其他多年生作物保护实践要求在等高线上或等高线附近种植果园、葡萄园或其他多年生作物。

实践信息

当果园、葡萄园或其他多年生作物建在坡地上时，本实践适用。在等高线上进行种植可以保持、保护土壤、水和相关的自然资源。

保护效果包括但不限于：

- 减少片蚀和细沟土壤侵蚀。
- 减少过多沉积物和其他伴生污染物的迁移。
- 通过改善渗透提高用水效率。

这种做法也有利于操作设备以及提高美观性。

在等高线上种植果园和水果区一般需要建造一个台阶或梯田，通往正在生长的乔木或灌木。

常见相关实践

《等高果园和其他多年生作物》（331）通常与诸如《行车通道》（560）、《引水渠》（362）、《草地排水道》（412）、《地下出水口》（620）和《保护层》（327）等保护实践一起应用。

保护实践的效果——全国

土壤侵蚀	效果	基本原理
片蚀和细沟侵蚀	4	等高种植可降低径流速度，改变地表水流方向，从而降低坡面漫流的侵蚀和输送能力。
风蚀	0	不适用
浅沟侵蚀	1	
典型沟蚀	0	不适用
河岸、海岸线、输水渠	0	不适用
土质退化		
有机质耗竭	2	土壤侵蚀减少，可减少有机质流失。
压实	0	不适用
下沉	0	不适用
盐或其他化学物质的浓度	0	不适用
水分过量		
渗水	-2	增加水渗透，水可能会横向移动到渗漏区域，特别是在休耕期间。
径流、洪水或积水	1	增加水分入渗，进而有助于减少洪水或积水的发生。
季节性高地下水位	-1	增强渗透，可能导致地下水过量。
积雪	0	不适用
水源不足		
灌溉水使用效率低	1	绘等高线降低了坡度、灌水速度、增强了渗透。
水分管理效率低	2	增加水渗透，改善剖面中的储水量。
水质退化		
地表水中的农药	1	这一举措可减少径流和侵蚀。
地下水中的农药	-1	这一举措能够增强土壤渗透。
地表水中的养分	2	这一举措可以减少片蚀和细沟侵蚀，增加水分入渗，从而减少流入地表水的养分和有机物。
地下水中的养分	-1	这一举措可降低径流速度，增加水分入渗，有助于养分和有机物转移到地下水中。
地表水中的盐分	1	这一举措可减缓径流，增加水分入渗，减少盐分向地表水的迁移。
地下水中的盐分	-1	这一举措可降低径流速度，增加水的渗透，有助于盐分流入地下水。
粪肥、生物土壤中的病原体和化学物质过量	0	不适用
粪肥、生物土壤中的病原体和化学物质过量	0	不适用
地表水沉积物过多	2	等高种植减少片蚀和细沟侵蚀,减缓径流速度,从而阻碍沉积物流入地表水。
水温升高	0	不适用
石油、重金属等污染物迁移	0	不适用
石油、重金属等污染物迁移	0	不适用
空气质量影响		
颗粒物（PM）和 PM 前体的排放	0	不适用
臭氧前体排放	0	不适用
温室气体（GHG）排放	1	植被将空气中的二氧化碳转化为碳，储存在植物和土壤中。
不良气味	0	不适用
植物健康状况退化		
植物生产力和健康状况欠佳	1	增强渗透，增加作物生长的可用水。
结构和成分不当	0	不适用
植物病虫害压力过大	4	种植并管理植被，可控制不需要的植物种类。
野火隐患，生物量积累过多	0	不适用
鱼类和野生动物——生境不足		
食物	0	不适用

（续）

鱼类和野生动物——生境不足	效果	基本原理
覆盖 / 遮蔽	0	不适用
水	4	不适用
生境连续性（空间）	0	不适用
家畜生产限制		
饲料和草料不足	0	不适用
遮蔽不足	0	不适用
水源不足	0	不适用
能源利用效率低下		
设备和设施	1	设备等高线上运作与上下坡。
农场 / 牧场实践和田间作业	1	设备等高线上运作与上下坡。

CPPE 实践效果：5 明显改善；4 中度至明显改善；3 中度改善；2 轻度至中度改善；1 轻度改善；0 无效果；−1 轻度恶化；−2 轻度至中度恶化；−3 中度恶化；−4 中度至严重恶化；−5 严重恶化。

实施要求

（2013年1月）

生产商：________________　项目或合同：________________

地点：________________　国家：________________

农场名称：________________　地段号：________________

实践位置图

（显示预计进行本实践的农场 / 现场的详细鸟瞰图，显示所有主要部件、布点、与地标的相对位置及测量基准）

索引

- ☐ 封面
- ☐ 规范
- ☐ 图纸
- ☐ 成本估算和项目投标书
- ☐ 运行维护

公用事业安全 / 呼叫系统信息

在地图上，划定集中渗流的等高线基线、校正区和稳定排水口。

工作说明：

仅自然资源保护局审查

设计人：________________　日期________________

校核人：________________　日期________________

审批人：________________　日期________________

实践目的：

- 减少片蚀和细沟侵蚀。
- 减少沉积物、其他固体和附着在其上的污染物的迁移。
- 增加水渗透。

主要关键土壤制图单元 / 组成部分的场地规划条件			
规划制图单元 / 组成部分	规划坡度（%）	规划坡长（英尺）	规划的绝对等高线垄向坡度百分比

最大和最小等高线垄向坡度	
最大等高线垄向坡度（百分比） 作物行应具有足够的坡度，以确保径流不会积水并损害作物。	最大等高线垄向坡度（百分比） 最大垄向坡度不得超过：（a）用于保护规划的斜坡坡度的一半，（b）10%，以两者中较小者为准。在稳定出口 150 英尺范围内，允许与设计垄向坡度的最大偏差为 25%。

运行维护：

- 在等高线上或等高线附近的树木或藤蔓排之间开展所有栽培操作。
- 定期检查和维修径流排水口。
- 保护上坡和下坡农用道路不受侵蚀。
- 保持充足植被，控制侵蚀。

工作说明书—— 国家模板

（2010年1月）

此类可交付成果适用于个别实践。其他规划实践的可交付成果参考具体的工作说明书。

设计

可交付成果

1. 能够证明符合自然资源保护局实践中相关准则并与其他计划和应用实践相匹配的设计文件。
   a. 保护计划中确定的目的。
   b. 客户需要获得的许可证清单。
   c. 列出所有规定的实践和辅助性实践。
   d. 制订计划和规范所需的与实践相关的计算和分析，包括但不限于：
      i. 植物物种和播种率
      ii. 最小 / 最大坡度
      iii. 临界坡长
      iv. 侵蚀计算
      v. 排水口稳定度
2. 向客户提供书面计划和规范书包括草图和图纸，充分说明实施本实践并获得必要许可的相应要求。
3. 运行维护计划。

4. 证明设计符合实践和适用法律法规的文件。
5. 安装期间，根据需要所进行的设计修改。

注：可根据情况添加各州的可交付成果。

安装

可交付成果

1. 与客户进行的安装前会议。
2. 验证客户是否已获得规定许可证。
3. 根据需要制定的安装指南。
4. 协助客户和原设计方并实施所需的设计修改。
5. 在安装期间，就所有联邦、州、部落和地方法律、法规和自然资源保护局政策的合规性问题向客户 / 自然资源保护局提供建议。
6. 证明安装过程和材料符合设计和许可要求的文件。

注：可根据情况添加各州的可交付成果。

验收

可交付成果

1. 安装记录。
    a. 应用的实际坡度
    b. 实践单位
    c. 实际使用的材料
2. 证明安装过程符合自然资源保护局实践和规范并符合许可要求的文件。
3. 进度报告。

注：可根据情况添加各州的可交付成果。

参考文献

NRCS Field Office Technical Guide（eFOTG）, Section IV, Conservation Practice Standard - Contour Orchard and Other Fruit Area-331.

NRCS National Agronomy Manual.

NRCS National Environmental Compliance Handbook.

NRCS Cultural Resources Handbook.

注：可根据情况添加各州的参考文献。

保护实践效果（网络图）

（2015年8月）

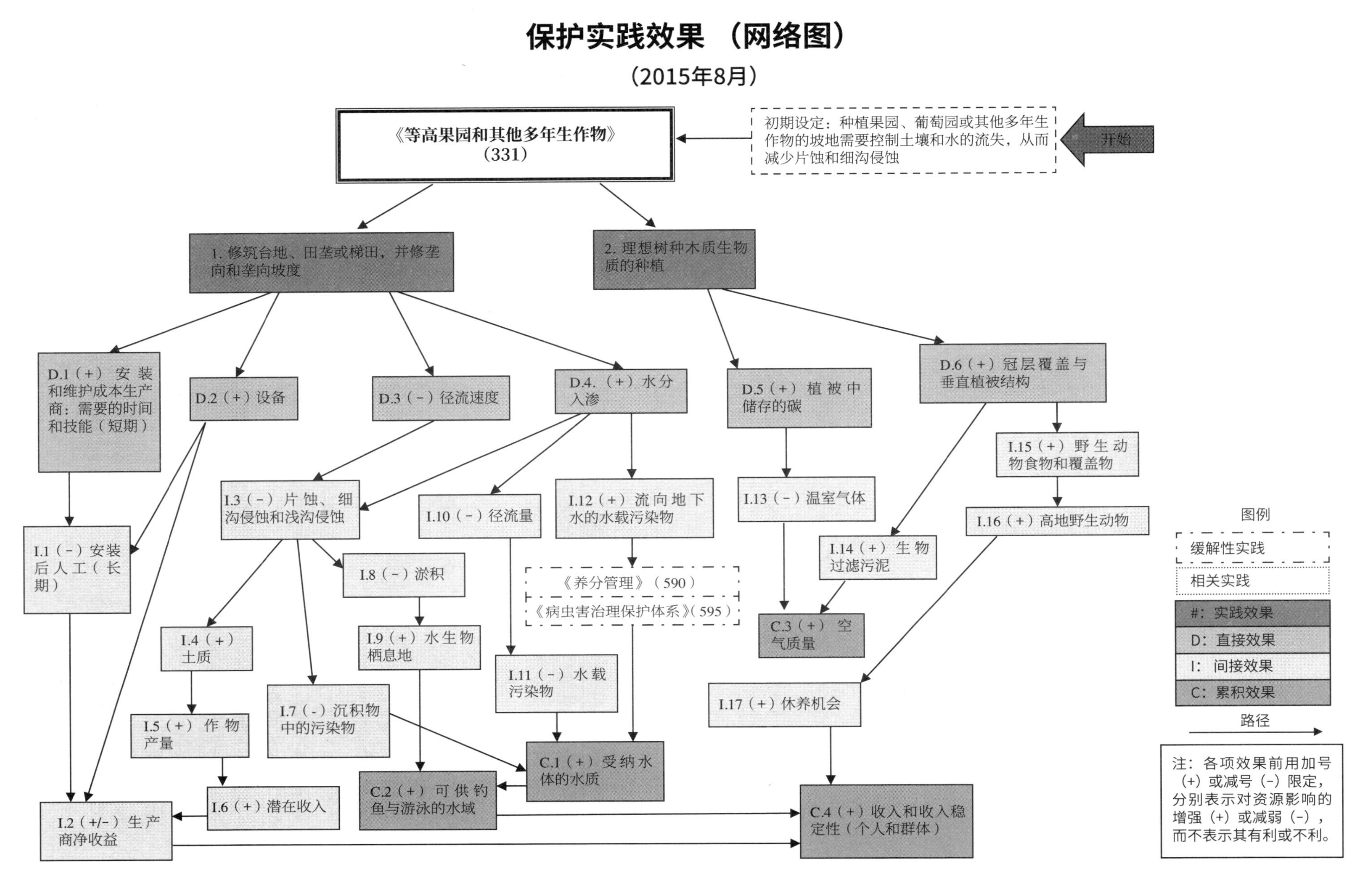

覆盖作物

（340，Ac.，2014年9月）

定义

种植季节性植被，如草、豆科植物以及草本植物。

目的

本实践适用于以下一种或多种情况：

- 减少由风和水造成的侵蚀。
- 保持或改善土壤肥力和有机质含量。
- 通过利用多余的土壤养分降低水质退化。
- 阻止抑制杂草过度生长，打乱害虫周期。
- 提高土壤水分利用率。
- 减少土壤压实。

适用条件

所有需要季节性植被覆盖的土地，以保护或改善自然资源。

准则

适用于上述所有目的的总体准则

植物种类、苗床准备、播种率、播种日期、播种深度、肥力要求和种植方法需符合当地适用标准和土壤或场地条件。

选择与种植系统其他成分相适应的物种。

确保作物使用的除草剂与覆盖作物的选择和目的相一致。

覆盖作物可在连作作物间种植，或伴栽到生产作物中或轮种。选择的作物物种和种植日期不能影响生产作物产量或收割。

不得对覆盖作物的残茬进行焚烧。

确定最终的种植方法和时间，满足种植者的要求，符合当前美国自然资源保护局（NRCS）《覆盖作物终止指南》。

当在覆盖作物上放牧或被制成干草时，应确保作物选择符合农药标签的轮作作物限制，确保计划管理不会影响选定的保护目的。

不能为了给种子提供生长环境而收割覆盖作物。

如果土壤中没有所选豆科植物的特定根瘤菌，在播种时选用经过接种处理的种子。

减少风和水的侵蚀的附加准则

在临界侵蚀期内，及时种植覆盖作物并结合其他措施，以充分保护土壤。

选择充分防止侵蚀的覆盖作物。

利用现有的侵蚀预测技术，确定覆盖作物要达到侵蚀目的所需的地表和冠层覆盖量。

保持或提升土壤健康和有机质含量的附加准则

覆盖作物种类将选择有机物质和根量生产更高的覆盖作物种类，以保持或增加土壤有机物质。

包括覆盖作物和相关管理活动在内的计划作物轮作将使用当前批准的 NRCS 土壤调节指数（SCI）程序对土壤调节指数值 >0 进行评分，并适当添加或减少植物生物量。

应尽早种植覆盖作物，并在实际可行的情况下尽可能晚地终止生产者的种植制度，以最大限度地提高植物生物产量，同时考虑作物保险标准、种植下一作物所需的时间和土壤水分消耗。

通过利用多余的土壤养分来减少水质降解的附加准则

在收割生产作物前后尽快种植覆盖作物（即收割前后）。

选择覆盖作物物种，使其能够有效地利用养分。

较晚终止覆盖作物，以最大限度地提高植物生物产量和促进养分吸收。确定终止日期可能需要考虑作物保险标准、种植下一季作物所需的时间、天气条件和覆盖作物对下季作物土壤水分和养分利用的影响。

如果覆盖作物收割后作为饲料（干草等）使用，选择适合规划的牲畜物种，并且能够去除存在的过量养分。

抑制过大的杂草压力和破坏害虫周期的附加准则

覆盖作物种类的选择应考虑其生命周期、生长习性以及其他生物、化学或物理特性，以实现下列一个或多个目的：

- 抑制杂草生长，或与杂草抗争。
- 打破害虫生命周期或抑制植物害虫或病原体。
- 为害虫的天敌提供食物或栖息地。
- 释放抑制土壤病原体或害虫的化合物，如硫代葡萄糖苷。

在随后的轮作中选择不包含害虫或后续作物病害的覆盖作物品种。

提高土壤水分利用率的附加准则

在土壤含水量有限的地区，应尽早终止覆盖作物的生长，以保护随后作物生长所需的土壤水分。为保持土壤水分而建立的覆盖作物应留在土壤表面。

在潜在土壤水分过量的地区，应尽可能长时间地保留覆盖作物，以最大限度地降低土壤水分。

减少土壤压实的附加准则

选择有深根能力和能够穿透或防止压实层的覆盖作物品种。

注意事项

及时种植覆盖作物，以在充足水分的情况下建立良好的林分。

在适用时，确保覆盖作物得到管理，并与客户的作物保险标准相一致。

尽可能地保持覆盖作物的生长以使植物生长最大化，从而有时间为下一作物做好准备并优化土壤水分。

选择与生产系统相适应的覆盖作物，能很好地适应本地区的气候和土壤，对流行的病虫害、杂草具有抵抗力。避免选择携带和含有潜在有害疾病或昆虫的覆盖作物。

覆盖作物可用于改善建立多年生物种的生境。

当在覆盖作物上放牧时，选择具有理想牧草特性、适合牲畜食用的、且不影响后续作物生产的品种。利用不同的豆类和其他杂类草来增加传粉者的觅食机会。

选择覆盖作物来为生产作物害虫的天敌提供食物或栖息地。

覆盖作物残茬应留在土壤表面以最大限度地提高化感作用（化学）和覆盖（物理）效应。

高密度地种植覆盖作物以促进冠层闭合，抑制杂草，提高播种率（正常 1.5 ~ 2 倍），可以提高抗杂草力。

可以选择能够释放生物湿润化合物的覆盖作物，这些化合物可以抑制土壤中的植物害虫和病原体。

选择陷阱作物，进而转移生产作物中的害虫。

选择混合种植两种或多种不同类别的覆盖作物，以实现以下一种或多种：（1）不同成熟期的物种组合；（2）吸引有益昆虫；（3）吸引传粉者；（4）增加土壤生物多样性；（5）害虫的陷阱作物；（6）为野生动物生境管理提供食物和庇护。

使用豆科植物或混合使用豆科植物、草、十字花科植物和其他植物以实现生物固氮。根据土壤类型和条件、季节和天气条件、种植制度、终止时覆盖作物的碳氮比，以及后续作物的预期氮需求，选择覆盖作物种类或混合作物的终止时间和终止方法。当地政府建议在随后的豆科作物中减少氮的使用量，如果土壤中没有所选豆科植物的特定根瘤菌，则在种植时选用合适的混合作物处理种子。

及时终止覆盖作物以达到养分释放的目的。与在更成熟的阶段终止相比，在早期营养阶段终止可能释放养分质更加快速。

残渣分解速率和土壤肥力都会影响覆盖作物终止后的养分有效性。

选择适当的覆盖作物时，应评估化感效应对后续作物的影响。

当在 30% 左右豆科植物开花时终止覆盖作物，会产生更多的植物可用氮。

减少风或水的侵蚀的附加准则

为减少侵蚀，在刮风或降雨可能发生侵蚀的时段，冠层和表层残留物覆盖率达到 90% 或更高时，可获得最佳效果。

通过利用土壤过剩养分减轻水质退化的附加准则

利用深根系物种最大限度地恢复养分。

在适当的作物生产系统，抽穗之前刈割某些禾本科覆盖作物（如高粱—苏丹草、珍珠粟）并允许覆盖作物再生，可以提高生根深度和密度，从而增加它们的深松能力和养分循环效率。

提高土壤健康和有机质含量的附加准则

增加覆盖作物的多样性（例如几种植物的混合作物），增加土壤生物多样性，从而提高土壤有机质的含量。

种植豆科植物或混合种植豆科植物与草、十字花科植物和其他植物，通过生物固氮的方式提供氮。

在 30% 左右豆科植物开花时终止，此时会增加植物可用氮。

计划和技术规范

为每块土地或处理单元制订计划和技术规范。规范应说明应用此实践达到预期目的的要求。建立覆盖作物的计划应至少包括经批准的《覆盖作物》（340）实施要求文件中的以下规范：

- 农田数量和面积。
- 拟种植的植物种类。
- 播种率。
- 播种日期。
- 设定作业程序种植流程。
- 施肥的速率、时间和形式（如果需要的话）。
- 终止覆盖作物的日期和方式。
- 对种植和管理覆盖作物的其他信息，例如，如果计划作为饲料或干草使用，则应对饲养或放牧计划进行管理。

运行和维护

其能否达到计划要求。如果覆盖作物不能达到要求，则进行调整，改变覆盖作物的种类，或者选择不同的技术。

参考文献

A. Clark, ed, 2007. Managing cover crops profitably. 3rd ed. Sustainable Agriculture Network Handbook Series； bk 9.

Hargrove W.L, ed, 1991. Cover crops for clean water. SWCS.

Magdoff F and H. van Es.Cover Crops. 2000. In Building soils for better crops. 2nd ed. Sustainable Agriculture Network Handbook Series； bk 4. National Agriculture Library. Beltsville, MD.

Reeves, D.W. 1994.Cover crops and erosion. p. 125-172 In J.L. Hatfield and B.A. Stewart（eds.）Crops Residue Management. CRC Press, Boca Raton, FL.

NRCS Cover Crop Termination Guidelines： http：//www.nrcs.usda.gov/wps/portal/nrcs/detail/national/climatechange/?cid=stelprdb1077238.

Revised Universal Soil Loss Equation Version 2（RUSLE2）website：http：//www.nrcs.usda.gov/wps/portal/nrcs/main/national/technical/tools/rusle2/.

Wind Erosion Prediction System（WEPS）website：http：//www.nrcs.usda.gov/wps/portal/nrcs/main/national/technical/tools/weps/.

USDA, Natural Resources Conservation Service, National Agronomy Manual, 4th Edition, Feb. 2011. Website：http：//directives.sc.egov.usda.gov/ Under Manuals and Title 190.

保护实践概述

（2014年10月）

《覆盖作物》（340）

覆盖作物是指种草类或小粒谷类或豆科植物，主要用于季节性保护和土壤改良。

实践信息

覆盖作物和绿肥作物均种植在需要覆盖作物具有季节性或长期效益的土地上。

本实践主要用于治理侵蚀、增加土壤肥力和有机物质、改善土壤耕性、增加土壤渗透和曝气并改善土壤总体的健康状况。本实践也可用来增加蜜蜂数量，达到授粉目的。覆盖作物和绿肥作物可以对水量和水质产生有益影响。覆盖作物对沉积物、病原体、溶解的污染物以及附着在沉积物上的污染物的移动具有过滤作用。

覆盖作物的运行维护包括：通过割草或使用其他害虫管理技术来抑制杂草、通过选择节水型植物并在过度蒸腾之前终止覆盖作物来管理土壤湿度的有效利用。利用覆盖作物作为绿肥作物进行养分循环，将何时终止覆盖作物才能使养分释放与后续经济作物的吸收量相匹配。

常见相关实践

《覆盖作物》（340）通常与《保护性作物轮作》（328）、《残留物和耕作管理——免耕》（329）；《残留物和耕作管理——少耕》（345）；《养分管理》（590）以及《病虫害治理保护体系》（595）等保护实践一起应用。

保护实践的效果——全国

土壤侵蚀	效果	基本原理
片蚀和细沟侵蚀	4	在侵蚀期增加覆盖作物可减少土壤水蚀。
风蚀	4	在侵蚀期增加覆盖作物可减少土壤风蚀。
浅沟侵蚀	3	在侵蚀期增加覆盖作物将减少集中渗流以及伴生的土壤剥离。
典型沟蚀	0	不适用
河岸、海岸线、输水渠	0	不适用
土质退化		
有机质耗竭	2	产生的生物质较多，会增加有机质含量。
压实	2	增加的生物量和根系改善了聚集性，从而可以更好地抵抗土壤压实。
下沉	0	如果实践会影响排水，则可能会导致下沉。
盐或其他化学物质的浓度	1	增加有机质含量会缓冲盐分。
水分过量		
渗水	1	成长植物会吸收多余水分；但渗透随之会增加，从而抵消掉一部分效果。
径流、洪水或积水	2	成长植物会减少径流、增加渗透。
季节性高地下水位	1	成长植物会吸收多余水分，但渗透随之会增加，从而抵消掉一部分效果。
积雪	0	不适用
水源不足		
灌溉水使用效率低	1	改善渗透。
水分管理效率低	2	改善渗透、土壤结构以及冬季可能会损耗的水资源利用。在干燥气候（<20英寸/年），覆盖作物将争夺主要作物的水分。
水质退化		
地表水中的农药	2	这一举措可减少径流和侵蚀。
地下水中的农药	2	这一举措增加了土壤有机质、生物活性和农药吸收。
地表水中的养分	2	这一举措可减少侵蚀、径流和养分的迁移。覆盖作物可以吸收过量养分。
地下水中的养分	2	这一举措可减少侵蚀、径流和养分的迁移。覆盖作物可以吸收过量养分。
地表水中的盐分	0	径流较少，可防止可溶盐的流失。种植植被可以吸收多余的水，减少渗漏。
地下水中的盐分	1	覆盖作物可以吸收盐分和水分，降低盐分的浸析。
粪肥、生物土壤中的病原体和化学物质过量	1	侵蚀和径流减少，从而减少了病原体的传播。
粪肥、生物土壤中的病原体和化学物质过量	2	这一举措增加了促进微生物活性的有机质，从而与病原体形成竞争。
地表水沉积物过多	2	植被会减少侵蚀和泥沙输送。
水温升高	0	不适用
石油、重金属等污染物迁移	0	不适用
石油、重金属等污染物迁移	0	不适用
空气质量影响		
颗粒物（PM）和PM前体的排放	3	地被植物有助于减少风蚀和扬尘的产生。
臭氧前体排放	0	不适用
温室气体（GHG）排放	2	植被将空气中的二氧化碳转化为碳，储存在植物和土壤中。
不良气味	0	不适用
植物健康状况退化		
植物生产力和健康状况欠佳	2	对植物进行选择和管理，保持最佳的生产力和健康水平，并能促进后续作物的健康和生产力。
结构和成分不当	5	选择适应且适合的植物。
植物病虫害压力过大	4	种植并管理植被，可控制不需要的植物种类。
野火隐患，生物量积累过多	0	不适用
鱼类和野生动物——生境不足		
食物	2	植被质量和数量的增加为野生动物提供了更多的食物和遮蔽物。

（续）

鱼类和野生动物——生境不足	效果	基本原理
覆盖 / 遮蔽	2	植被质量和数量的增加为野生动物提供了更多的遮蔽物。
水	4	不适用
生境连续性（空间）	2	遮蔽物增多，将增加野生动物的生存空间。可用于连接其他遮蔽区域。
家畜生产限制		
饲料和草料不足	2	覆盖作物可增加补充草料数量。
遮蔽不足	0	不适用
水源不足	0	不适用
能源利用效率低下		
设备和设施	0	不适用
农场 / 牧场实践和田间作业	2	覆盖作物可减少氮素输入。

CPPE 实践效果：5 明显改善；4 中度至明显改善；3 中度改善；2 轻度至中度改善；1 轻度改善；0 无效果；−1 轻度恶化；−2 轻度至中度恶化；−3 中度恶化；−4 中度至严重恶化；−5 严重恶化。

实施要求

（2014年3月）

生产商：______________________　项目或合同：______________________

地点：______________________　国家：______________________

农场名称：______________________　地段号：______________________

实践位置图

（显示预计进行本实践的农场 / 现场的详细鸟瞰图，显示所有主要部件、布点、与地标的相对位置及测量基准）

索引

☐ 封面

☐ 规范

☐ 运行维护

☐ 认证声明

公用事业安全 / 呼叫系统信息

工作说明：

仅自然资源保护局审查

设计人：______________________　日期______________________

校核人：______________________　日期______________________

审批人：______________________　日期______________________

实践目的（勾选所有适用项）：

☐ 减少风和水的侵蚀。
☐ 保持或提高土壤健康和有机质含量。
☐ 通过吸收过量的土壤养分减少水质退化。
☐ 抑制过度的杂草压力、打破害虫循环。
☐ 提高土壤湿度利用效率。
☐ 尽量减少土壤压实。

播种和管理：填写下表：填写每个田块适当覆盖作物的相关信息。

田块编号	英亩	播种品种	播种率（磅/英亩纯活种子）	播种日期范围	播种方法	终止日期或惯例日期	终止方法
* 纯度百分比乘以发芽百分比，即可算出纯活种子率（PLS）。播种率除以百分比，即可求出每英亩所需的纯活种子。例如：98% 纯度度 ×60% 发芽率 =0.588% 纯活种子率；10 磅 / 英亩 ×0.588% 磅 / 英亩率 =17 磅 / 英亩。							

如有必要，可使用土壤改良剂。在播前整地前或在播种前施用土壤改良剂（如果使用免耕播种机的话）。

场地	所需氮肥（磅 / 英亩）	所需碳酸钾肥料（磅 / 英亩）	所需磷肥（磅 / 英亩）
补充规范:			

工作说明书—— 国家模板

（2014年9月）

此类可交付成果适用于个别实践。其他规划实践的可交付成果参考具体的工作说明书。

设计

可交付成果

1. 能够证明符合自然资源保护局实践中的相关准则并与其他计划和应用实践相匹配的设计文件。
   a. 确定实践目的并与保护计划以及客户的作物保险标准相一致。
   b. 客户需要获得的许可证清单。
   c. 列出所有规定的实践或辅助性实践。
   d. 制订计划和规范所需的与实践相关的计算和分析，包括但不限于：
      i. 种植日期
      ii. 场地和播前整地
      iii. 所需土壤改良剂
      iv. 品种选择和播种率
      v. 覆盖作物的终止时间和方法
2. 向客户提供书面计划和规范书包括草图和图纸，充分说明实施本实践并获得必要许可的相应、要求。应根据保护实践《覆盖作物》（340）的要求制订计划和规范。
3. 运行维护计划。
4. 证明设计符合实践和适用法律法规的文件。
5. 实施期间，根据需要所进行的设计修改。

注：可根据情况添加各州的可交付成果。

安装

可交付成果

1. 验证客户是否已获得规定许可证。
2. 根据需要提供的应用指南。
3. 协助客户和原设计方并实施所需的设计修改。
4. 在实施期间，就所有联邦、州、部落和地方法律、法规和自然资源保护局政策的合规性问题向客户 / 自然资源保护局提供建议。
5. 证明施用过程和材料符合设计和许可要求的文件，以及（如适用）客户的作物保险。

注：可根据情况添加各州的可交付成果。

验收

可交付成果

1. 实施记录。
   a. 实践单位
   b. 实际使用的材料
2. 证明施用过程符合自然资源保护局实践和规范并符合许可要求的文件。
3. 进度报告。

注：可根据情况添加各州的可交付成果。

参考文献

NRCS Field Office Technical Guide（eFOTG）, Section IV, Conservation Practice Standard Cover Crop - 340.

NRCS National Agronomy Manual.

NRCS National Environmental Compliance Handbook.

NRCS Cultural Resources Handbook.

注：可根据情况添加各州的参考文献。

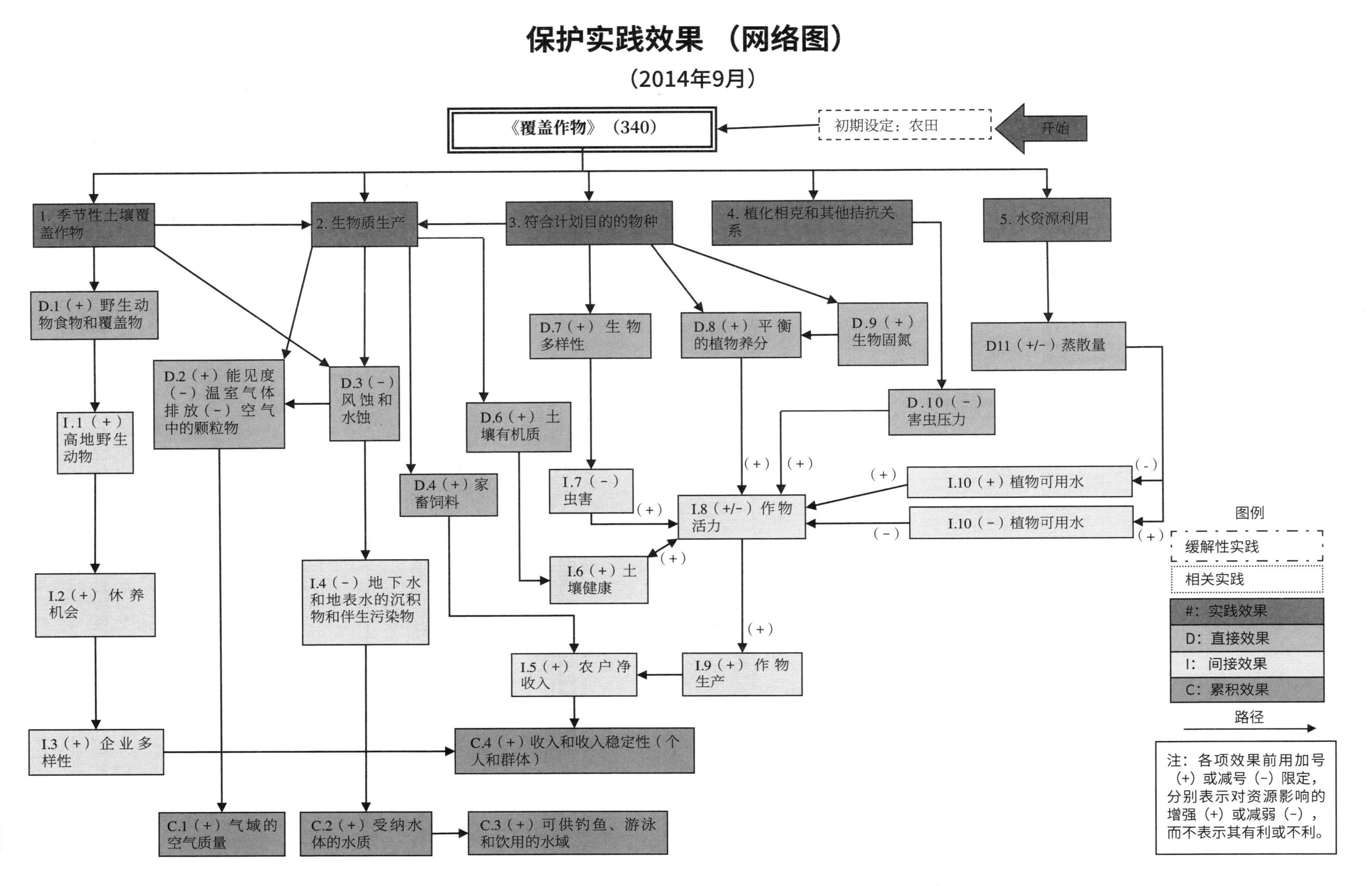
保护实践效果（网络图）
（2014年9月）
《覆盖作物》（340）
初期设定：农田
开始
1. 季节性土壤覆盖作物
2. 生物质生产
3. 符合计划目的的物种
4. 植化相克和其他拮抗关系
5. 水资源利用
D.1（+）野生动物食物和覆盖物
D.2（+）能见度（-）温室气体排放（-）空气中的颗粒物
D.3（-）风蚀和水蚀
D.4（+）家畜饲料
D.6（+）土壤有机质
D.7（+）生物多样性
D.8（+）平衡的植物养分
D.9（+）生物固氮
D.10（-）害虫压力
D11（+/-）蒸散量
I.1（+）高地野生动物
I.2（+）休养机会
I.3（+）企业多样性
I.4（-）地下水和地表水的沉积物和伴生污染物
I.5（+）农户净收入
I.6（+）土壤健康
I.7（-）虫害
I.8（+/-）作物活力
I.9（+）作物生产
I.10（+）植物可用水
I.10（-）植物可用水
C.1（+）气域的空气质量
C.2（+）受纳水体的水质
C.3（+）可供钓鱼、游泳和饮用的水域
C.4（+）收入和收入稳定性（个人和群体）
（+）
（-）
图例
缓解性实践
相关实践
#：实践效果
D：直接效果
I：间接效果
C：累积效果
路径
注：各项效果前用加号（+）或减号（-）限定，分别表示对资源影响的增强（+）或减弱（-），而不表示其有利或不利。

关键区种植

（342，Ac.，2016年9月）

定义

在侵蚀率高或预期侵蚀率高的场地，以及在物理、化学或生物条件妨碍正常播种和种植植被的场地上种植永久植被。

目的

- 稳定现有或预期的高风力侵蚀和水力侵蚀区域。
- 稳定河流、河道两岸、池塘等岸线、土层结构的保护标准。
- 稳定沙丘、河岸等区域。

适用条件

本实践适用于高干扰区域，如：
- 活跃区或废弃的开采区。
- 城市修复场地。
- 施工区域。
- 保护实践施工场地。
- 在自然灾害如洪水、飓风、龙卷风和野火发生之前或之后需要稳定的区域。
- 受天然河道侵蚀的两岸、新建河道的两岸和湖岸线。
- 其他因人类活动或自然事件而退化的区域。

准则

适用于上述所有目的的总体准则

场地准备。进行场地调查，确定可能影响植被成功建立的任何物理、化学或生物条件。

如有需要，清除多余材料并平整土地，以实现种植目的。

为所有播种的物种准备合适的苗床。根据需要在苗床准备前将土层压实并对土壤进行再次加固。

根据场地条件要求，坡地分级时，将堆积的表层土壤重新分配到种植区域。

物种选择。选择适合于当地场地条件和预期用途的播种或种植的品种，并选择当地常见的品种种植。

所选物种应在适当的时期内有足够的密度和活力，不影响本区域的生态平衡。

种植植被。使用最适合场地和土壤条件的方法播种。

在种植植被期间，在可以自然供应所需的水分或可以灌溉的区域铺草。使用能确保植被在建立之前保持原位的技术来放置和固定草皮。

指定物种、播种或种植率、豆类接种、最低种植量［如纯活种子（PLS）］、苗床准备方法及应用前的种植方法。只使用可行的优质种子或种植原材料。

每次均使用最佳的种子或植物来确保植被的种植和所选物种生长。

在规定期内种植所选物种。

根据当地办公室技术指南要求进行土壤改良（如石灰、肥料、堆肥）。

根据需要覆盖或以其他方式稳定，例如，阴离子聚丙烯酰胺播种，以确保成功种植植被。

稳定河流、河道两岸、池塘等岸线、土层结构的保护标准的附加准则

河岸和河道护坡。筑建河道边坡，使其稳定并允许建立及维护所需植被。

为保证其稳定性，在坡度比为 3∶1 的坡度上可能需要采取植物性和结构性措施。

物种选择。用于此目的的植物材料必须：

- 种植物种适应本地水文条件。
- 使用条例证明其适应本区域。
- 与本区域现有的植被保持一致。
- 保护河道两岸，但不限制河道容量。

种植植被。根据当地种植指南或技术说明，指定物种、种植率、间隔、种植方法和日期。

在实际种植过程中确认并保护现有的优良植被。

在流速、土壤和两岸稳定性无法仅靠建立植被来保持稳定的情况下，利用植物性和结构性标准，应结合使用活性和惰性物质。请按照保护实践《河岸和海岸保护》（580）。

管控该场地上与将要种植的植被产生竞争关系的现有植被（例如裸根植物、容器内植物、球根—粗根植物、盆栽），以确保物种成功种植。

根据美国自然资源保护局（NRCS）制定的《工程场地手册》第 16 章，第 650 部分《河坡和河岸保护》和第 18 章《为山地斜坡保护和侵蚀减少而设立的土壤生物工程》为稳定河两岸而种植植被。

场地保护和控制进出。种植区完全建立之前限制进入。

稳定沙丘、河岸等区域的附加准则

沙丘和沿海区域的植物必须能够在沙吹、喷砂、盐雾、海水洪涝、干旱、高温和低营养供应的环境下生存。

在适用的情况下，植被恢复和稳定计划包括拦沙装置，如沙栅栏或灌木垫。

注意事项

应考虑适应该场地的物种或多种混合物种的多种好处。本地物种可以在合适的场地种植。

为了使授粉植物和其他野生动物受益，具有弹性根系和良好的土壤保持能力的野花和开花灌木也应考虑作为一小部分纳入以草为主的种植。适当时，考虑使用多种非禾科本草植物支持传粉。

可按照例如《引水渠》（362）、《障碍物移除》（500）、《地下排水沟》（606）、《地下出水口》（620）或《阴离子型聚丙烯酰胺的施用》（450）等保护实践的必要规划及安装说明来确保本地区植被的建立。

本实践建立的植被区可为各种类型的野生动物提供栖息地。例如修剪或喷洒之类的维护活动可能会对某些物种产生有害影响，管理活动应将对野生动物的伤害降低至最小化。

计划和技术规范

根据本实践的准则、运行和维护条例，为每块农田或管理单元制订计划和技术规范。使用认可的实施要求文档记录实践技术规范。

如适用，在计划中考虑下列要素，以实现预期目标：

- 实践目的。
- 现场准备。
- 表土需求。
- 施肥。
- 苗床准备 / 种植区域。
- 播种 / 种植时机和方法。
- 物种选择。
- 种子 / 植物源。
- 种子分析 / 纯活种子。
- 播种率 / 植物间距。
- 用覆盖物覆盖、阴离子聚丙烯酰胺或其他稳定材料。
- 培植所需的水分。

- 保护植被。
- 描述成功种植案例（例如，最低地面 / 林冠覆盖率、存活率、林分密度）。

运行和维护

- 控制该区域的进出，确保现场稳定。
- 保护植物免受害虫（如杂草、昆虫、疾病、牲畜或野生动物）的侵袭，以确保其可以长期生存。
- 可能需要检查、重新播种或重新种植，以及施肥，以确保这种实践发挥其预期作用。
- 定期观察其进展，直到本实践符合成功种植和实施的标准。
- 描述成功种植案例（例如，最低地面 / 林冠覆盖率、存活率、林分密度）。

参考文献

Federal Interagency Stream Restoration Working Group. 1998.Stream corridor restoration：principles, processes, and practices. USDA NRCS National Engineering Handbook, Part 653.

USDA NRCS. 2007. National Engineering Handbook, Part 654. Stream restoration guide.

USDA NRCS. 2015. The PLANTS Database （http：// plants.usda.gov, 8 December 2015）. National Plant Data Team, Greensboro, NC.

保护实践概述

（2016年9月）

《关键区种植》（342）

关键区种植是指在侵蚀率较高或预计侵蚀率较高的地点，以及在条件不利于按常规做法种植植被的地点种植永久性植被。

实践信息

侵蚀防治是选择植物材料时的首要考虑因素。但草类、树木、灌木和藤本植物可供选择的种类较广，且适合大多数地点种植。野生动物和美观性是另外的考虑因素，该因素会影响需要执行本实践的地点作出的规划决策。

保护效果包括但不限于：

- 减少片蚀和细沟侵蚀。
- 减少沉积物的迁移。
- 稳定斜坡、路堤、河岸、岸线、沙丘。

在规划本实践时，必须做出以下决定：

- 要种植的植物种类。
- 种植方法和比例。
- 植物种植及生长所需的肥料和土壤改良剂。
- 植被覆盖要求。
- 种植场地准备。
- 灌溉要求。
- 植被种植后的场地管理。

常见相关实践

为开展区域准备工作或保证植物种植，可能需要实施一些保护实践，如《引水渠》（362）、《障碍物移除》（500）、《地下排水沟》（606）或《地下出水口》（620）等。

《关键区种植》（342）通常与《覆盖》（484）、《养分管理》（590）及《草本杂草处理》（315）等保护实践一起应用。

保护实践的效果——全国

土壤侵蚀	效果	基本原理
片蚀和细沟侵蚀	5	植被和覆盖增加、侵蚀条件稳定，从而改善渗透并减少水对土壤的剥离。
风蚀	5	植被和覆盖物的增加将保护土表，减少土壤风蚀作用。
浅沟侵蚀	5	植被和覆盖物的增加将改善土壤入渗，保护土表，减少集中渗流造成的土壤剥离。
典型沟蚀	4	植被和覆盖增加，从而减少侵蚀和径流。
河岸、海岸线、输水渠	4	植被和覆盖增加，从而减少侵蚀和径流。
土质退化		
有机质耗竭	5	覆盖物增多、种植植被，可增加土壤有机质含量。
压实	2	促进根系生长，降低压实度。
下沉	0	如果实践会影响排水，则可能会导致下沉。
盐或其他化学物质的浓度	1	植被的增加会增加盐分的吸收；而有机质的增加可能会束缚盐分和其他化学物质。
水分过量		
渗水	0	成长植物会吸收多余水分，但是种植面积太小，所以效果也会被中和。
径流、洪水或积水	0	成长植物会吸收多余水分，但是种植面积太小，所以效果也会被中和。
季节性高地下水位	0	成长植物会吸收多余水分，但是种植面积太小，所以效果也会被中和。
积雪	0	不适用
水源不足		
灌溉水使用效率低	0	不适用
水分管理效率低	0	不适用
水质退化		
地表水中的农药	0	不适用
地下水中的农药	0	不适用
地表水中的养分	2	这一举措可减少侵蚀以及沉积物附着养分向地表水的输送。永久性植被将吸收养分。
地下水中的养分	1	永久性植被将吸收多余养分。
地表水中的盐分	0	径流较少，可防止可溶盐的流失。种植植被可以吸收多余的水，减少渗漏。
地下水中的盐分	0	植被吸收水分和盐分。
粪肥、生物土壤中的病原体和化学物质过量	0	不适用
粪肥、生物土壤中的病原体和化学物质过量	0	不适用
地表水沉积物过多	4	植被减少了侵蚀和沉积物输送。
水温升高	0	不适用
石油、重金属等污染物迁移	0	不适用
石油、重金属等污染物迁移	0	不适用
空气质量影响		
颗粒物（PM）和 PM 前体的排放	2	永久性植被有助于减少风蚀和扬尘的产生。
臭氧前体排放	0	不适用
温室气体（GHG）排放	1	植被将空气中的二氧化碳转化为碳，储存在植物和土壤中。
不良气味	0	不适用
植物健康状况退化		
植物生产力和健康状况欠佳	5	选择适当的植物、养分改善和管理可以促进植物的生长、增强活力。
结构和成分不当	5	选择适应且适合的植物。

（续）

植物健康状况退化	效果	基本原理
植物病虫害压力过大	4	建立永久性植被可以与有害植物形成竞争，减缓有害植物的蔓延。
野火隐患，生物量积累过多	0	不适用
鱼类和野生动物——生境不足		
食物	2	植被质量和数量的增加为野生动物提供了更多的食物和遮蔽物。
覆盖 / 遮蔽	2	植被质量和数量的增加为野生动物提供了更多的遮蔽物。
水	5	不适用
生境连续性（空间）	2	遮蔽物增多，将增加野生动物的生存空间。可用于连接其他遮蔽区域。
家畜生产限制		
饲料和草料不足	0	不适用
遮蔽不足	0	不适用
水源不足	0	不适用
能源利用效率低下		
设备和设施	0	不适用
农场 / 牧场实践和田间作业	0	不适用

CPPE 实践效果：5 明显改善；4 中度至明显改善；3 中度改善；2 轻度至中度改善；1 轻度改善；0 无效果；−1 轻度恶化；−2 轻度至中度恶化；−3 中度恶化；−4 中度至严重恶化；−5 严重恶化。

实施要求

（2013年1月）

生产商：______________________　项目或合同：______________________

地点：______________________　国家：______________________

农场名称：______________________　地段号：______________________

实践位置图
（显示预计进行本实践的农场 / 现场的详细鸟瞰图，显示所有主要部件、布点、与地标的相对位置及测量基准）

索引
□ 封面
□ 规范
□ 运行维护
□ 认证声明

公用事业安全 / 呼叫系统信息

工作说明：

仅自然资源保护局审查
设计人：______________________　日期______________________
校核人：______________________　日期______________________
审批人：______________________　日期______________________

实践目的（勾选所有适用项）：

☐ 稳定现有或预期土壤风蚀率或水蚀率较高的地区。

☐ 稳定溪流和沟渠两岸、池塘和其他岸线、结构保护实践的土质特征。

☐ 稳定沙丘、河岸带等地区

现场条件

坡度范围	pH 范围	土壤类型 / 土壤质地	土壤排水等级	植被或场地现状状况

永久性种子或植物需求

田地准备土方工程（如适用）等：

____

播前整地：

____

表层土要求（如适用）：

____

播种时间：

____

永久性种子 / 植物品种混合	英亩	纯活种子（磅 / 英亩）或植物间距（英尺）	所需总磅数或所需植物总数
1.			
2.			
3.			
4.			
5.			

改良剂

需肥量	来源	磅 / 英亩	总计	注
氮				
磷酸盐（P_2O_5）				
钾碱（K_2O）				

石灰需求量	来源	吨 / 英亩	总计	注
石灰				
播前整地方法				
播种 / 种植 / 铺植方法:				
覆盖物要求（类型、种植率 / 英亩）				
其他注意事项（如接种剂、灌溉、管理、植物保护等）				

“临时覆盖作物种植”类种子或植物要求（如适用）	
田地准备土方工程（如适用）等：	
播前整地：	
表层土要求（如适用）：	
播种时间：	

临时性种子 / 植物品种混合	英亩	纯活种子（磅 / 英亩）或植物间距（英尺）	所需总磅数或所需植物总数
6.			
7.			
8.			
9.			
10			

临时覆盖作物改良剂

需肥量	来源	磅 / 英亩	总计	注
氮				
磷酸盐（P_2O_5）				
钾碱（K_2O）				
石灰	来源	吨 / 英亩	总计	注
石灰				
播前整地方法				
播种 / 种植 / 铺植方法：				
覆盖物要求（类型、种植率 / 英亩）				
其他注意事项（如接种剂、灌溉、管理、植物保护等）				

附加布局图（如需）

工作说明书—— 国家模板

（2016年9月）

此类可交付成果适用于个别实践。其他规划实践的可交付成果参考具体的工作说明书。

设计

可交付成果

1. 能够证明符合自然资源保护局实践中的相关准则并与其他计划和应用实践相匹配的设计文件。
    a. 保护计划中确定的目的。
    b. 客户需要获得的许可证清单。
    c. 列出所有规定的实践或辅助性实践。
    d. 制订计划和规范所需的与实践相关的计算和分析，包括但不限于：

i. 种植日期
ii. 所需场地和播前整地
iii. 所需土壤改良剂
iv. 品种选择、播种或种植率及种植方法
v. 所需覆盖物的类型和数量

2. 向客户提供书面计划和规范书包括草图和图纸，充分说明实施本实践并获得必要许可的相应要求，并记录在 342 号实践的实施要求文件中。
3. 运行维护计划（可合并到实施要求中）。
4. 证明设计符合实践和适用法律法规的文件并记录在 342 号实践的实施要求文件中。
5. 实施期间，根据需要所进行的设计修改，并记录在 342 号实践的实施要求文件中。

注：可根据情况添加各州的可交付成果。

安装

可交付成果

1. 与客户进行的实施前会议。
2. 验证客户是否已获得规定许可证。
3. 根据计划和规范（包括适用的布局注释）进行定桩和布局。
4. 根据需要提供的应用指南。
5. 协助客户和原设计方并实施所需的设计修改。
6. 在实施期间，就所有联邦、州、部落和地方法律、法规和自然资源保护局政策的合规性问题向客户 / 自然资源保护局提供建议。
7. 证明施用过程和材料符合设计和许可要求的文件。

注：可根据情况添加各州的可交付成果。

验收

可交付成果

1. 实施记录。
   a. 实践单位
   b. 实际使用的材料
2. 证明施用过程符合自然资源保护局实践和规范并符合许可要求的文件，同时记录在 342 号实践的实施要求文件中。
3. 进度报告。

注：可根据情况添加各州的可交付成果。

参考文献

NRCS Field Office Technical Guide（eFOTG）, Section IV, Conservation Practice Standard Critical Area Planting - 342.

NRCS National Agronomy Manual.

NRCS National Environmental Compliance Handbook.

NRCS Cultural Resources Handbook.

注：可根据情况添加各州的参考文献。

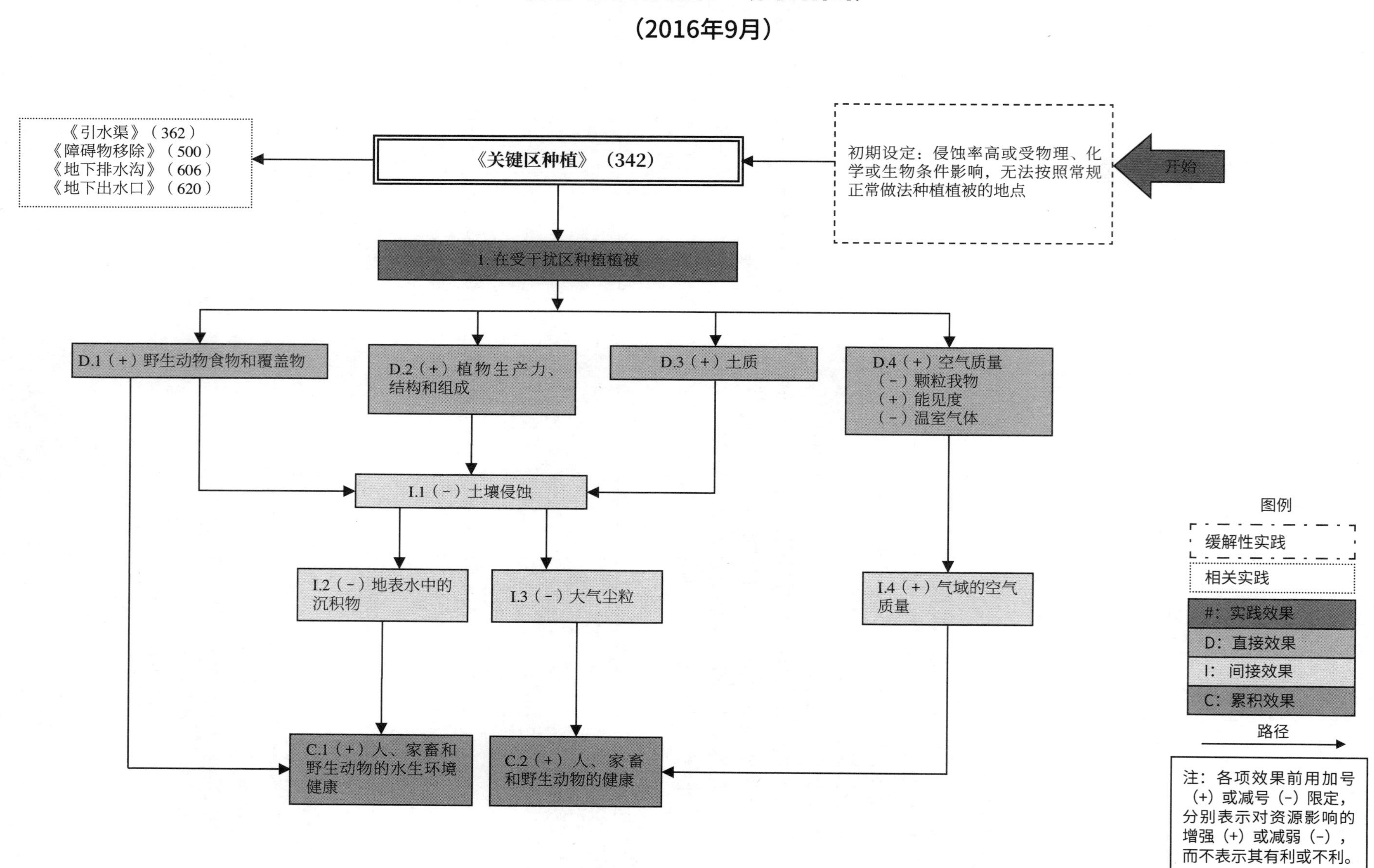

保护实践效果（网络图）
（2016年9月）
开始
初期设定：侵蚀率高或受物理、化学或生物条件影响，无法按照常规正常做法种植植被的地点
《关键区种植》（342）
《引水渠》（362）
《障碍物移除》（500）
《地下排水沟》（606）
《地下出水口》（620）
1. 在受干扰区种植植被
D.1（+）野生动物食物和覆盖物
D.2（+）植物生产力、结构和组成
D.3（+）土质
D.4（+）空气质量
（-）颗粒我物
（+）能见度
（-）温室气体
I.1（-）土壤侵蚀
I.2（-）地表水中的沉积物
I.3（-）大气尘粒
I.4（+）气域的空气质量
C.1（+）人、家畜和野生动物的水生环境健康
C.2（+）人、家畜和野生动物的健康
图例
缓解性实践
相关实践
#：实践效果
D：直接效果
I：间接效果
C：累积效果
路径
注：各项效果前用加号（+）或减号（-）限定，分别表示对资源影响的增强（+）或减弱（-），而不表示其有利或不利。

反硝化反应器

（605，No.，2015年9月）

定义

一种通过增强反硝化作用，利用碳源减少地下农业排水中硝酸盐氮的含量。

目的

本实践可实现以下目标：

- 减少地下农业排水的硝酸盐氮含量，以改善水质。

适用条件

本实践适用于需要减少地下排水中硝酸盐氮浓度的地方。

本实践并不适用于某些地下排水管道，如梯田，其排水源主要来自地表入水口。

准则

适用于上述所有目的的总体准则

性能和容量。根据以下条件之一设计生物反应器的能力：

- 处理 10 年中连续 24 小时的排放最大流量。
- 对排水系统至少处理其最大流量的 15%。
- 在使用当地证明的标准（如排水系数）时，对排水系统至少处理长期平均年流量的 60%。

在计算地下排水的处理容量设计时，不考虑地表入水口的水流。

设计反应器的水力滞留时间，在最大流量下至少 3 小时。

考虑到滤料的孔隙度，以水流的平均深度通过滤料。该反应器的有效容积计算公式为：

$$V=L\times W\times（d_{in}+d_{out}）/2\times P$$

其中：

V 是滤料的有效体积（英尺^3）；

L 和 W 是填料池的长度和宽度（英尺）；

d_{in} 和 d_{out} 是入口水和出口水的深度（英尺）；

P 是滤料的孔隙度（十进制百分比）。

设计生物反应器，使排水通过反应器实现硝酸盐氮负荷至少 30% 的年减量。

如果减少的情况可能导致甲基汞的生产，则制定额外的规定以确保在填料池中不会出现停滞的情况。

填料池。用一种滤料获得碳源，它可以一定程度地不受污垢、细料和其他污染物的污染。在生物反应器中分配滤料以实现均匀的流道。

在需要的时候，在反应器的底部、边缘和顶部使用土工布或塑料衬砌，以防止土壤颗粒进入生物反应器，并通过从填料池过滤出来，减少要处理的流路。

设计生物反应器填料，预期寿命至少为 10 年。为了创造更长的使用寿命，提供定期更换填料的原料。

设计填料池，以防止优先流模式的发生。对于一个长宽比为 4∶1 或更大的填料池，在入水口使用多孔配水管和在出水口使用多孔收集管。对于更宽的填料池，设计一个多头分配系统，以便每头所提供的宽度不超过填料池长度的 25%。

详细说明进入填料池的碳滤料。如果木片是滤料，特别要注意的是，需要使用没有高单宁含量的木材，如橡树、雪松或红木。不要使用任何经过地面接触处理过的木材。

水控装置。设计生物反应器入水口和出口水控制结构以提供所需的容量和水力滞留时间。使用保护实践《控水结构》（587），用于设计。

选择或设计控制上游水位的水控装置，并提供超出设计容量的安全分流方案。

在上游水控制结构中选择一个水位设计，以防止水位上升过高的危害。

在出水口结构上提供一个低水位的孔口或开口，以确保在无排水流量期间，填料池的排水时间最长为 48 小时。

提供一个完全排空填料池的出水口，以便于生物反应器的管理和维护。

保护。保护生物反应器不受间歇性的地表大暴雨流影响，以免导致冲洗掉现有的生物膜。

在生物反应器上建立地面，使水流动并允许处理。处理在安装生物反应器过程中所挖出的多余土壤，与邻近的地方混合或搬运走。

为了防止生物反应器被压坏，用适当的标志或用栅栏确定生物反应器的位置，以避免其他设备从生物反应器上经过。如果有用于除草或其他目的的设备运输，提供足够的防护以避免对生物反应器造成损害。

从水控装置的地砖引水过程中，地砖线的流速不得超过保护实践《地下排水沟》（606）中所规定的最大速度。

在施工 14 天内，通过播种或覆盖地面，保护所有会受干扰的非作物建筑区。见保护实践《关键区种植》（342）中种子选择、苗床准备、施肥和播种的标准。对现有的过滤带或其他保护实践中反硝化生物反应器的安装，可根据施工过程中对保护实践的播种要求，对受到干扰的区域进行重新绿化。

注意事项

其他的实践和管理系统可以单独或与反硝化生物反应器一起降低硝酸盐氮的含量。例如包括保护实践《养分管理》（590）、《覆盖作物》（340）以及《排水管理》（554）。

在设计工作之前，确定地砖引水的正常硝酸盐水平再规划工作，将有助于设计参数的确定。

添加接种剂以改善生物反应器的功能。

将惰性材料如砾石，与所需数量的活性碳源混合，以提供所需的生物反应器容量、孔隙度和流速。

将生物反应器放置在较低的长椅上，将减少对生长季节中服务区的排水需求的干扰。

在暴风雨天气，通过选择一个远离水面的区域尽可能地排除生物反应器表面水。

在设计生物反应器时，采用基于排水系统最大流量百分比的方法，针对最大流量的 15% ~ 20% 以达到最佳性能。

注意对下游水流或含水层的影响，这影响到其他水的使用或用户。例如，生物反应器最开始的水流可能含有不好的污染物。

如果所选地址的地形使得生物反应器上游的水位升高，可能会对作物产生负面影响。根据保护实践《排水管理》（554），管理生物反应器上游的水位。

如果生物反应器上游水位的升高不会对作物造成负面影响，那么全年都要保持设定的水位。

计划和技术规范

为反硝化反应器制订计划和技术规范，描述应用实践以达到预期目的的要求。

作为最低限度，计划和技术规范必须包括：

- 反硝化反应器和相关组件的布局计划图。
- 典型的生物反应器横截面图。
- 包括进水口和出水口在内的生物反应器的描绘。
- 关于水位控制所需结构的细节。
- 关于生物反应器填充料的规格。
- 播种需求（如有需要）。

- 对生物反应器和相关组件安装的特定地点的建筑规范要求。

运行和维护

提供一个运行和维护计划，并与土地管理人员一起核查。特定的操作应该包括在应用中正常的重复活动和使用，以及维修和保养。该计划必须适用于特定位置，包括但不限于以下描述：

- 计划中的水位管理和定时。
- 对生物反应器和有效的排水系统的检查和维护要求，特别是上游的地表入水口。
- 需要监测生物反应器滤料的状况，并根据需要更换或补充滤料。
- 阐明系统性能的监测和报告标准。
- 监测信息以在需要时改进和管理此法的设计。

参考文献

Christianson, L. E., A. Bhandari, M.H. Helmers, and M. St. Clair. 2009. Denitrifying Bioreactors for Treatment of Tile Drainage. In: Proceedings of World Environmental and Water Resources Congress, May 17-21.

Christianson L., A. Bhandari, and M. Helmers. 2011. Potential design methodology for agricultural drainage denitrification bioreactors. In: Proc. 2011 EWRI Congress. Reston, Va.: ASCE Environmental and Water Resources Institute.

Christianson L., M. Helmers, A. Bhandari, K. Kult, T. Sutphin, and R. Wolf. 2012. Performance evaluation of four field-scale agricultural drainage denitrification bioreactors in Iowa. Trans. ASABE. 55（6）: 2163-2174.

Cooke R.A. N.L. Bell. 2012. Protocol and Interactive Routine for the Design of Subsurface Bioreactors. Submitted to: Applied Engineering in Agriculture, August.

Woli K.P., David M.B., Cooke R.A., McIsaac G.F., and Mitchell C.A. 2010. Nitrogen balance in and export from agricultural fields associated with controlled drainage systems and denitrifying bioreactors. Eco. Eng., 36: 1558-1566.

保护实践概述

（2015年9月）

《反硝化反应器》（605）

反硝化反应器是一种含有碳源的结构部件，安装后通过增强反硝化作用来降低地下农业排水水流中硝酸盐氮的浓度。

实践信息

反硝化反应器是可用于帮助减少暗管排水流出作物田时排水中过高硝酸盐浓度的实践之一。

一般情况下，该反应器安装在暗管排水系统的末端，刚好在排出水进入排水沟或溪流的前面。暗管上安装了一个控水结构，操作人员通过该结构能够将一部分排水流引流到反应器室内。在暗管排水系统的高流量期间，该结构被设置为绕过过大流量而不经过反应器。由于暗管在大多数情况下不会出现全流量，因此这种策略是一种很好的方法，可以确保去除暗管水中的大部分硝酸盐，而不会对暗管排水系统的排水能力产生负面影响。

反应器室是在暗管附近挖入地下的一个坑。坑内衬塑料、用木片填充。安装塑料是为了防止土壤迁移到木片中，并确保暗管水在木片室中能够停留足够长的时间，以便充分去除硝酸盐。坑内全部用木片填满；如果预计现场会有车辆通行的话，则在木屑上铺一层至少 2 英尺深的保护层，保护室内不受地表水的影响。

反应器的安装包括水管设施和木片。管道将主暗管中的控制结构与反应器室开始处的分配歧管（穿孔管）连接起来。在反应器室的另一端，装有一个集水管收集处理过的水，并通过一个结构部件将其输送到排水沟或溪流中。当木片失去消除硝酸盐的能力时，如果有必要，可被替换和回收木片，从而继续该消除过程。

反应器中实际工作是由反硝化细菌来完成的。这些生物在木片上定居，利用木材中的碳作为能源，并将水中的硝酸盐还原为氮气。该反应器的设计寿命至少为 10 年。

工作说明书—— 国家模板

（2015年9月）

此类可交付成果适用于个别实践。其他规划实践的可交付成果参考具体的工作说明书。

设计

可交付成果

1. 能够证明符合自然资源保护局实践中的相关准则并与其他计划和应用实践相匹配的设计文件。
    a. 保护计划中确定的目的。
    b. 客户需要获得的许可证清单。
    c. 对周边环境和构筑物的影响。
    d. 符合自然资源保护局国家和州公用设施安全政策（《美国国家工程手册》第 503 部分《安全》，A 子部分“影响公用设施的工程活动”第 503.00 节至第 503.06 节）。
    e. 制订计划和规范所需的与实践相关的计算和分析，包括但不限于：
        i. 地质与土力学《美国国家工程手册》第 531a 子部分，例如土壤日志和测试报告
        ii. 水文条件 / 水力条件
        iii. 结构，包括适当的危险等级
        iv. 植被
        v. 一份暗管布置图，包括暗管大小、材料、深度，以及向反硝化反应器排水的所有暗管位置。如果没有暗管布置图，请提供反硝化反应器大小的相关文件，包括排水面积
2. 向客户提供书面计划和规范书包括草图和图纸，充分说明实施本实践并获得必要许可的相应要求。
3. 运行维护计划。
4. 证明设计符合实践和适用法律法规的文件［《美国国家工程手册》A 子部分第 505.03（b）（2）节］。
5. 安装期间，根据需要所进行的设计修改。

注：可根据情况添加各州的可交付成果。

安装

可交付成果

1. 与客户、承包商和自然资源保护局代表召开施工前会议。
2. 验证客户是否已获得规定许可证。

3. 根据计划和规范（包括适用的布局注释）进行定桩和布局。
4. 安装检查（根据检查计划开展）：
    a. 实际使用的材料(《美国国家工程手册》第512部分D子部分“质量保证审查”第512.33节）
    b. 检查记录
5. 协助客户和原设计方并实施所需的设计修改。
6. 在安装期间，就所有联邦、州、部落和地方法律、法规和自然资源保护局政策的合规性问题向客户/自然资源保护局提供建议。
7. 证明安装过程和材料符合设计和许可要求的文件。

注：可根据情况添加各州的可交付成果。

验收

可交付成果

1. 竣工文档。
    a. 实践单位
    b. 图纸
    c. 最终量
2. 证明安装和材料符合自然资源保护局实践和规范并符合许可证要求的文件［《美国国家工程手册》A子部分，第505.03（c）（1）节］。
3. 进度报告。

注：可根据情况添加各州的可交付成果。

参考文献

NRCS Field Office Technical Guide（FOTG）, Section IV, Conservation Practice Standard - Denitrifying Bioreactor, 605.

NRCS National Engineering Handbook, Part 624, Section 16, Drainage.

NRCS National Engineering Handbook, Part 650, Chapter 14, Water Management（Drainage）.

NRCS National Environmental Compliance Handbook.

NRCS Cultural Resources Handbook.

注：可根据情况添加各州的参考文献。

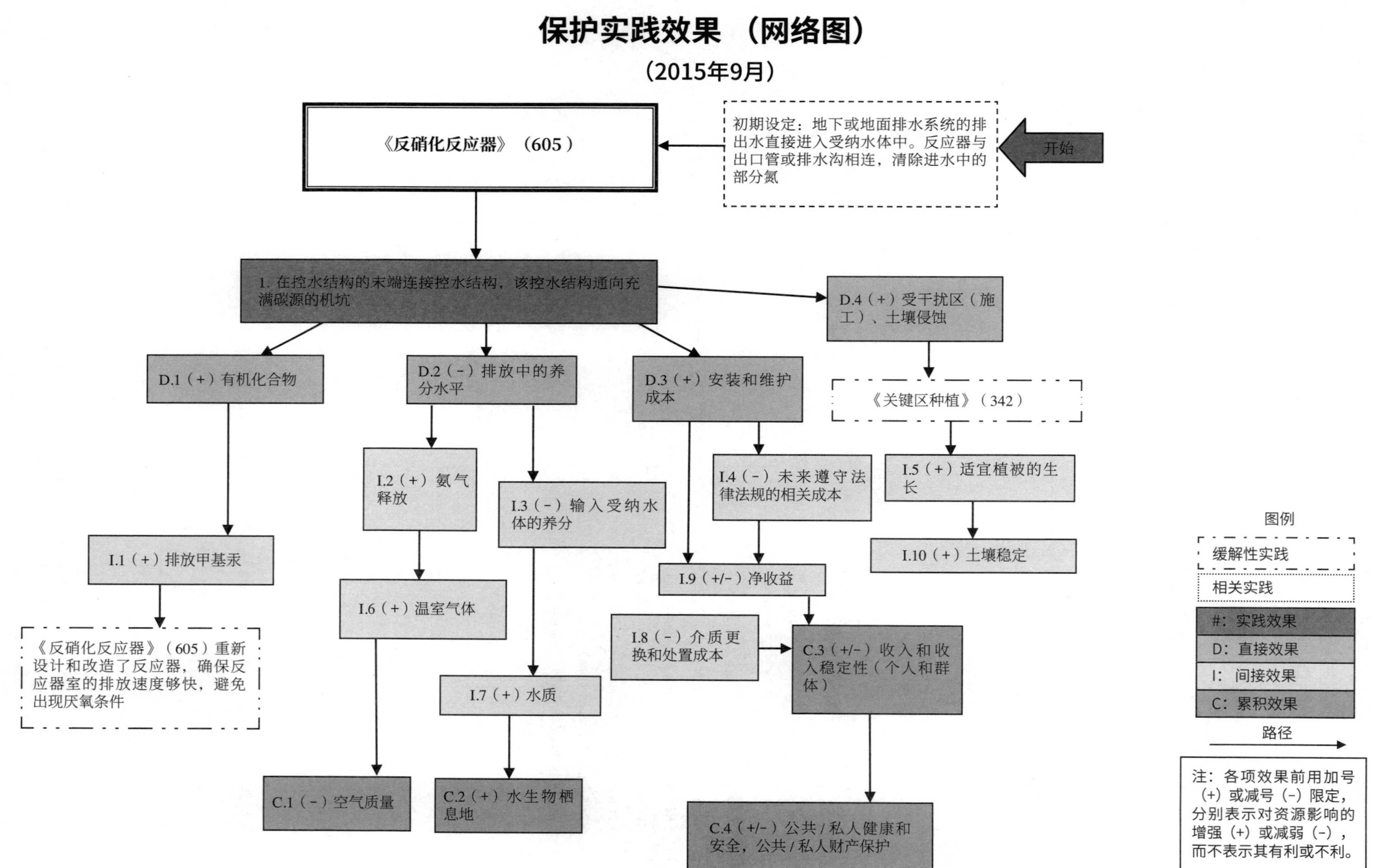
保护实践效果（网络图）
（2015年9月）
开始
初期设定：地下或地面排水系统的排出水直接进入受纳水体中。反应器与出口管或排水沟相连，清除进水中的部分氮
《反硝化反应器》（605）
1. 在控水结构的末端连接控水结构，该控水结构通向充满碳源的机坑
D.1（+）有机化合物
D.2（-）排放中的养分水平
D.3（+）安装和维护成本
D.4（+）受干扰区（施工）、土壤侵蚀
《关键区种植》（342）
I.1（+）排放甲基汞
《反硝化反应器》（605）重新设计和改造了反应器，确保反应器室的排放速度够快，避免出现厌氧条件
I.2（+）氨气释放
I.3（-）输入受纳水体的养分
I.4（-）未来遵守法律法规的相关成本
I.5（+）适宜植被的生长
I.10（+）土壤稳定
I.6（+）温室气体
I.9（+/-）净收益
I.8（-）介质更换和处置成本
C.3（+/-）收入和收入稳定性（个人和群体）
I.7（+）水质
C.1（-）空气质量
C.2（+）水生物栖息地
C.4（+/-）公共/私人健康和安全，公共/私人财产保护
图例
缓解性实践
相关实践
#：实践效果
D：直接效果
I：间接效果
C：累积效果
路径
注：各项效果前用加号（+）或减号（-）限定，分别表示对资源影响的增强（+）或减弱（-），而不表示其有利或不利。

引水渠

（362，Ft，2016年5月）

定义

一般修建在边坡上的水道，在下侧有支撑脊。

目的

本实践用于实现下列一项或多项目的：

- 防止水聚集在长斜坡上、起伏地表和过于平坦或不规则地面上。
- 使水远离农场及其建筑物、农业废物系统以及其他改良工程。
- 收集或管理水，以用于水流贮藏、水流扩展或集水系统。
- 因地形、土地使用或土地所有权原因阻止上面的土地成为梯田的地方，将水从梯田上部引走，以保护梯田系统。
- 拦截地表水和浅层地下水。
- 减少山地径流造成的径流损失。
- 减少城市或开发区、工地或采矿点的水土流失和径流损失。
- 将活动冲沟或严重侵蚀地区的水引走。
- 加强保护耕作或带状种植系统的水管理。

适用条件

本实践适用于所有需要对地表径流控制和管理的土地，以及可修建改道、有出口的土壤和地形。

准则

容量

作为临时措施且预期寿命不到 2 年的引水渠，按照 2 年一遇 24 小时暴雨的洪峰流量设计最低排放容量。

保护农业用地的引水渠，最低要具备应对 10 年一遇 24 小时暴雨的洪峰流量的容量。

旨在保护市区、建筑物、道路和动物粪便管理系统等区域的引水渠，最低要具备应对 25 年一遇 24 小时暴雨的洪峰流量的能力。最低出水高度为 0.3 英尺。

设计深度为水道暴雨流深度加出水高度。

横截面

水道横截面可以是抛物线形、V 形或梯形。引水边坡以稳定性和维护要求为修建基础。

支撑脊的最小顶部宽度为 4 英尺，但在农田、牧场或林地上排水面积不足 10 英亩的水道除外。这些水道支撑脊的最小顶部宽度 3 英尺即可。

任何地点的支撑脊顶部不得低于设计深度加上特定的填土沉降量高度。

在涵洞交叉处的引水渠设计深度必须等于涵洞设计暴雨的上水深度加上出水高度。

水道稳定性和容量

水道等级可统一或多样化。根据《美国国家工程手册》第 650 部分，《工程现场手册》第 9 章“引水渠”，或美国农业科学研究局《农业手册》第 667 部分“草皮护面水道的稳定性设计”（1987 年 9 月版）或其他等效方法，确定水道稳定性有关的最低深度和宽度要求。可以在美国农业部国家农业图书馆数字馆藏网站上找到农业科学研究局《农业手册》。

当使用滞留分级法（公式为 $Q=AV$）确定水道容量（Q）时。速度（V）是用曼宁公式计算的；

使用曼宁公式中的最高预期值“n”，“n”代表了由于高度、密度和植被类型而导致的水流滞留。

防止沉降

通常不应在高沉降区下面使用引水渠。当在高沉降区下面使用引水渠时，需要对排水区采取措施，以防止水道内沉积物累积而造成的破坏。这些措施包括土地处理侵蚀控制措施、栽培或耕作措施、植被过滤带或结构措施等。配合引水渠建设或在引水渠修建前采取必要的沉降控制措施。

如果存在泥沙进入渠道的问题，设计中应包括泥沙积累的额外容量，并在运行和维护计划中说明如何定期清除泥沙。

排水口

每个引水渠必须有一个安全稳定、具备足够容量的排水口。排水口可以是一条有草的水道、防渗水道、植被或铺砌区域、边坡稳定设施、地下排水口、稳定水道、沉降池，或是这些设施配合使用。排水口必须将径流输送到流出后不会造成危害的地方。在引水渠施工前安装植被排水口，确保在排水水道内建立稳定的植被覆盖。

在使用地下排水口时，导流埂必须包含设计暴雨径流和地下排水口释放速率，以防止溢流。为了防止引水渠溢出，出口的设计出水能力必须等于或低于汇合处的水道设计深度。

植被种植

根据自然资源保护局保护实践《关键区种植》（342）为引水渠选址。选择适合现场条件和预期用途的品种。在适当的时间范围，使用能达到适当密度、高度和活力的植物种类，以稳定水道。

条件允许时尽快种植植被。使用地膜锚定、覆盖作物、岩石、稻草或干草捆、织物检查、过滤围栏或径流引水渠保护植被，直到建成。在引水渠工程施工前，种植生长密集的作物（如小粒谷类作物或小米），可以显著减少建造过程中引水渠的流量。

衬砌

如果土壤或气候条件阻碍了植被的保护作用，则可以使用混凝土、碎石、岩石乱石、空心混凝土块或其他经批准的人造内层系统等非植物性衬砌。

根据自然资源保护局制定的保护实践《衬砌水道或出口》（468）设计引水渠内衬。

注意事项

耕地的引水渠应与其他结构或标准保持一致，以便使用现代农耕设备。为方便种植，边坡长度应适应设备宽度。

在非农田地区，考虑在因修建引水渠而受到干扰的地区种植原生植被。

为防止上游来水进入湿地而修建的引水渠，会通过改变水文来改变湿地。分析对下坡的影响时，尽量减少对现有湿地功能和价值的负面影响。同时，在设计引水渠时，考虑如何最大化湿地的功能和价值。

任何建筑活动都应尽量减少对野生动物栖息地的干扰。应积极恢复和改善野生动物栖息地，包括受威胁、濒危和其他物种的栖息地。

应避免在作业过程中可能曝露限制植物生长的地下土壤、底土、基材（如盐度、酸度、根系限制）等的地区修建植被引水渠。无法避免时，咨询土壤学家，寻求改善建议。如果不可行，可以考虑在开挖引水渠时，储备表层土，并将表层土置换到挖掘区域，以促进种植植被。

计划和技术规范

根据本实践，对符合实施操作要求的引水渠制订计划和技术规范。计划和技术规范必须至少包括：

- 引水渠布局的平面图。
- 引水渠的典型截面。
- 包括水道底部和支持脊顶部的引水渠文件。
- 过量土壤材料的处理要求。
- 植被栽植要求。

运行和维护

编制运行和维护计划供客户使用。包括保持引水容量、径流水储存、脊高和排水口的具体说明。在运行和维护计划中至少要做到：

- 定期检查，特别是大暴雨之后应定期检查。
- 必要时立即修复或替换引水渠受损组件。
- 如果高产沙区在引水渠以上的排水区域，提供引水容量、脊高和排水口正面图。提出必要的清理要求。
- 地下出口的入水口必须保持清洁，并疏导沉降物，使入水口处于最低点。被农用机械损坏的入水口，必须立即更换或修理。
- 必要时清理沉降物，保持引水渠容量。
- 维护植被和树木。通过人工、化学和机械方式控制灌木丛。在草原鸟类的非主要筑巢繁殖季节维护植被。
- 控制影响植被及时种植的病虫害。
- 机械设备要远离陡峭倾斜的支撑脊。设备操作员应知晓所有潜在危险。

参考文献

USDA, ARS. 1987. Stability design of grass-lined open channels. Agriculture Handbook 667.

USDA, NRCS. National Engineering Handbook, Part 650, Engineering Feld Handbook, Chap.9, Diversions.

保护实践概述

（2016年5月）

《引水渠》（362）

引水渠是一种土制的渠道，建造在下坡有一个支撑垄的斜坡上。

实践信息

引水的主要目的是将多余的水引向新方向以供使用或安全处置。用途包括截留从长山坡上流下的浓缩水、集水存储；在保护性耕作系统中，将水从集水沟、农场或动物管理中引向别处。

引水渠的设计标准取决于其用途。将水从建筑物、道路或动物排泄物系统引流出去的引水渠比用于保护农业用地的引水渠要大。

引水渠的横截面可以是抛物线形、V 形或梯形结构。位于下坡一侧的田埂通常顶部约 4 英尺宽，并且具有稳定的边坡。大多数情况下沟渠和田埂会采用植被覆盖。如果需要防腐蚀处理，沟渠可以用砾石、混凝土或类似材料进行衬砌。

引流必须进入较为稳定水渠，如有草地的排水道、有衬砌的水道、坡度稳定设施、地下排水口或稳定水道。引水渠的位置取决于出口条件、地形、土地利用、耕作作业和土壤类型。

维护要求包括定期检查、清除沉积物、对受侵蚀地区和出口进行修复和植被恢复，以及重新分级引水渠以便保持规划容量。

常见相关实践

《引水渠》（362）通常与《草地排水道》（412）、《梯田》（600）、《废物储存设施》（313）或《地下出水口》（620）等保护实践一起应用。

保护实践的效果——全国

土壤侵蚀	效果	基本原理
片蚀和细沟侵蚀	1	穿过斜坡的沟渠减少了斜坡长度和径流水分离土壤颗粒的机会。
风蚀	0	不适用
浅沟侵蚀	2	在斜坡上建造一条沟渠，拦截地表水流，减少土壤水蚀。
典型沟蚀	2	坡面漫流从集水沟中分流出去。
河岸、海岸线、输水渠	1	减少流向溪流的坡面漫流。
土质退化		
有机质耗竭	0	不适用
压实	0	不适用
下沉	0	不适用
盐或其他化学物质的浓度	0	不适用
水分过量		
渗水	-1	由于引水渠后方临时蓄水，渗水可能会增加。
径流、洪水或积水	2	将水引流出去，防止积水或洪水。
季节性高地下水位	2	拦截浅层地下水流。
积雪	0	不适用
水源不足		
灌溉水使用效率低	2	有助于收集、再利用径流。
水分管理效率低	2	收集或引导水流，用于洒水或集水系统。
水质退化		
地表水中的农药	1	这一举措将水引流到农药施用地点之外。
地下水中的农药	1	这一举措将水引流到农药施用地点之外。
地表水中的养分	0	引水渠将截留部分沉积物，从而减少向田外输送的被沉积物吸附的养分数量。由于引水渠集中在坡面漫流上，因此可能会增加场外的溶解物。
地下水中的养分	-1	这一举措增加了渗透，可能会转移养分。
地表水中的盐分	0	不适用
地下水中的盐分	0	不适用
粪肥、生物土壤中的病原体和化学物质过量	1	实现更好的径流管理。
粪肥、生物土壤中的病原体和化学物质过量	0	不适用
地表水沉积物过多		
水温升高	2	引水渠收集并将径流速度减缓到不具有侵蚀性的水平。
石油、重金属等污染物迁移	0	这一举措控制了地表侵蚀和地表水活动。
石油、重金属等污染物迁移	1	径流得到控制后，减少了侵蚀以及附着在相关沉积物上的重金属。
空气质量影响	0	不适用
颗粒物（PM）和 PM 前体的排放		
臭氧前体排放	0	不适用
温室气体（GHG）排放	0	不适用
不良气味	0	不适用

（续）

颗粒物（PM）和 PM 前体的排放	效果	基本原理
植物健康状况退化	0	不适用
植物生产力和健康状况欠佳		
结构和成分不当	2	对水进行管理，优化植物的水分需求。
植物病虫害压力过大	0	不适用
野火隐患，生物量积累过多	0	不适用
鱼类和野生动物——生境不足		
食物	0	不适用
覆盖 / 遮蔽	0	不适用
水	0	不适用
生境连续性（空间）	0	不适用
家畜生产限制		
饲料和草料不足	0	不适用
遮蔽不足	0	不适用
水源不足	0	不适用
能源利用效率低下		
设备和设施	0	不适用
农场 / 牧场实践和田间作业	0	不适用

CPPE 实践效果：5 明显改善；4 中度至明显改善；3 中度改善；2 轻度至中度改善；1 轻度改善；0 无效果；−1 轻度恶化；−2 轻度至中度恶化；−3 中度恶化；−4 中度至严重恶化；−5 严重恶化。

工作说明书—— 国家模板

（2016年5月）

此类可交付成果适用于个别实践。其他规划实践的可交付成果参考具体的工作说明书。

设计

可交付成果

1. 能够证明符合自然资源保护局实践中的相关准则并与其他计划和应用实践相匹配的设计文件。
    a. 保护计划中确定的目的。
    b. 客户需要获得的许可证清单。
    c. 符合自然资源保护局国家和州公用设施安全政策（《美国国家工程手册》第 503 部分《安全》A 子部分“影响公用设施的工程活动”第 503.00 节至第 503.06 节）。
    d. 制订计划和规范所需的与实践相关的计算和分析，包括但不限于：
        i. 水文条件 / 水力条件
        ii. 出水容量和稳定性
        iii. 植被
        iv. 环境因素
2. 向客户提供书面计划和规范书包括草图和图纸，充分说明实施本实践并获得必要许可的相应要求。
3. 运行维护计划。
4. 证明设计符合实践和适用法律法规的文件［《美国国家工程手册》A 子部分第 505.03（a）（3）节］。

5. 安装期间，根据需要所进行的设计修改。

注：可根据情况添加各州的可交付成果。

安装

可交付成果

1. 与客户和承包商进行的安装前会议。
2. 验证客户是否已获得规定许可证。
3. 根据计划和规范（包括适用的布局注释）进行定桩和布局。
4. 安装检查（酌情根据检查计划开展）。
   a. 实际使用的材料
   b. 检查记录
5. 协助客户和原设计方并实施所需的设计修改。
6. 在安装期间，就所有联邦、州、部落和地方法律、法规和自然资源保护局政策的合规性问题向客户 / 自然资源保护局提供建议。
7. 证明安装过程和材料符合设计和许可要求的文件。

注：可根据情况添加各州的可交付成果。

验收

可交付成果

1. 竣工文档。
   a. 实践单位
   b. 图纸
   c. 最终量
2. 证明安装过程符合自然资源保护局实践和规范并符合许可要求的文件［《美国国家工程手册》A 子部分第 505.03（c）（1）节］。
3. 进度报告。

注：可根据情况添加各州的可交付成果。

参考文献

NRCS Field Office Technical Guide（eFOTG）, Section IV, Conservation Practice Standard - Diversion, 362.

NRCS National Engineering Manual（NEM）.

NRCS National Environmental Compliance Handbook.

NRCS Cultural Resources Handbook.

注：可根据情况添加各州的参考文献。

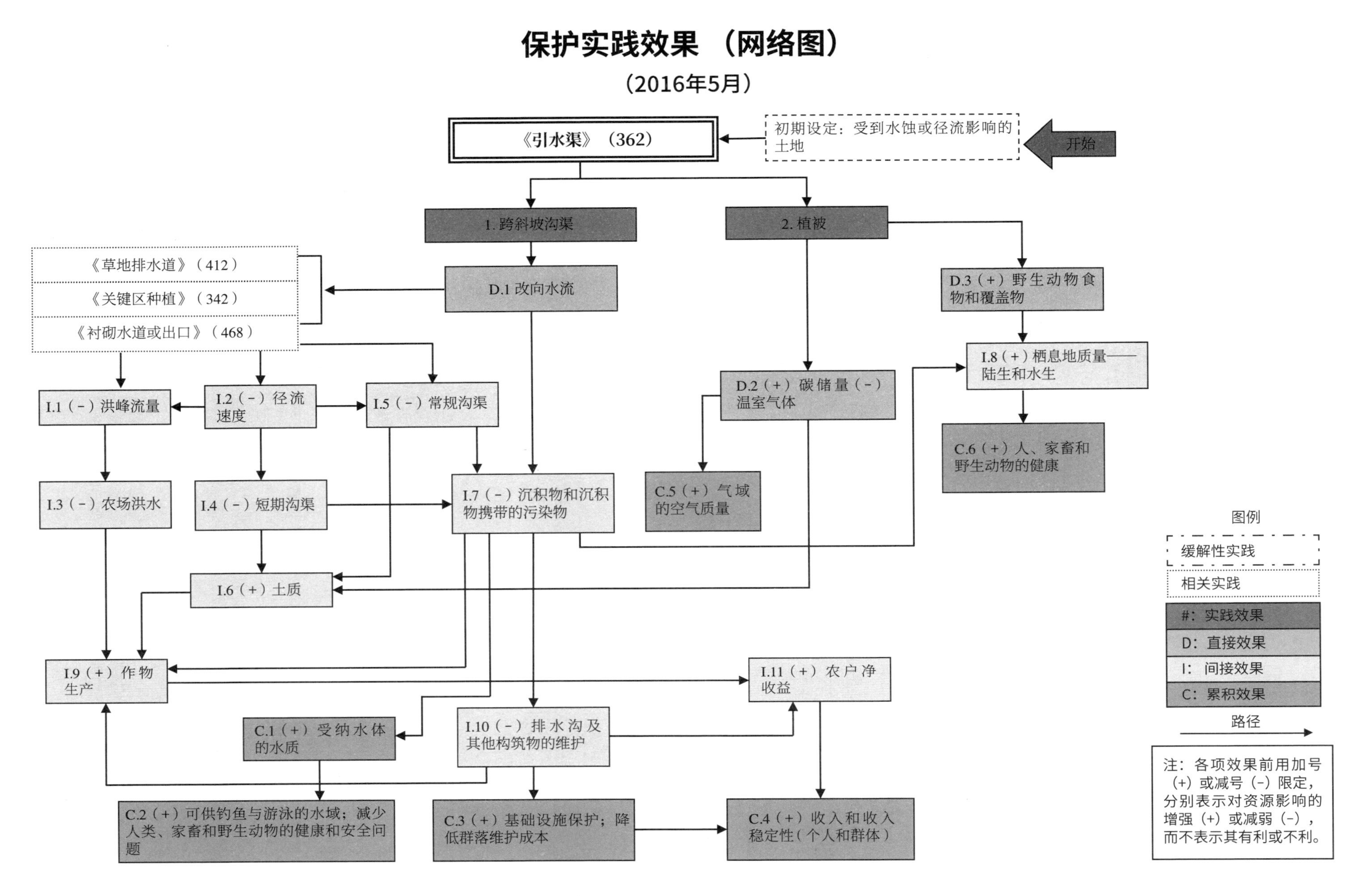
保护实践效果（网络图）
（2016年5月）
《引水渠》（362）
初期设定：受到水蚀或径流影响的土地
开始
1. 跨斜坡沟渠
2. 植被
《草地排水道》（412）
《关键区种植》（342）
《衬砌水道或出口》（468）
D.1 改向水流
D.3（+）野生动物食物和覆盖物
I.8（+）栖息地质量——陆生和水生
D.2（+）碳储量（-）温室气体
I.1（-）洪峰流量
I.2（-）径流速度
I.5（-）常规沟渠
C.6（+）人、家畜和野生动物的健康
I.3（-）农场洪水
I.4（-）短期沟渠
I.7（-）沉积物和沉积物携带的污染物
C.5（+）气域的空气质量
I.6（+）土质
I.9（+）作物生产
I.11（+）农户净收益
C.1（+）受纳水体的水质
I.10（-）排水沟及其他构筑物的维护
C.2（+）可供钓鱼与游泳的水域；减少人类、家畜和野生动物的健康和安全问题
C.3（+）基础设施保护；降低群落维护成本
C.4（+）收入和收入稳定性（个人和群体）
图例
缓解性实践
相关实践
#：实践效果
D：直接效果
I：间接效果
C：累积效果
路径
注：各项效果前用加号（+）或减号（-）限定，分别表示对资源影响的增强（+）或减弱（-），而不表示其有利或不利。

排水管理

（554，Ac.，2016年9月）

定义

通过调节地表或地下农业排水系统的流量，对排水量和地下水位高度进行的管理措施。

目的

本实践旨在：

- 减少从排水系统进入到下游接收水体的养分、病原体和农药负荷。
- 改善植物的生产力、健康水平和生长活力。
- 降低土壤有机质的氧化。

适用条件

有地表或地下农业排水系统的农用地，该排水系统可以全部或部分通过调整出口水位的高度来管理排水量和水位。

天然地下水位偏高且地形平坦、单一、无坡度到坡度非常平缓的农田。

盐化和碱化土壤，但需要特别注意。具体见参考文献第三条：Qadir and Oster，2003。

本实践不适用于通过地下排水系统提供灌溉水的农田。对此，请按照保护实践《灌溉系统——地表和地下灌溉》（443）和《灌溉用水管理》（449）进行管理。

本实践不适用于由地面径流引发的季节性洪泛农田。

准则

适用于上述所有目的的总要求

确保排水和水位的措施实施不会对其他财产或排水系统造成不利影响。除非得到上游土地所有者的书面许可，否则管理系统中使用的水控装置不得使水回流到农地产权界之外的其他区域。

通过调整排水系统中水控装置的出口高度来管理重力排水系统。有关设计标准，请参照美国自然资源保护局（NRCS）制定的保护实践《控水结构》（587）执行。与自由排水模式不同，排水管理模式是通过提高控制装置出口的水位高度到正常排水高度以上，将水存储在土壤中。

通过调整泵循环的高度开关对抽排水口进行常年管理，为排水系统提供要求的出水口高度。

在流动排水中提高水控装置出水口高度必定会导致土壤剖面内的自由水水面升高。

将水控装置和泵安装在便于运行和维护的位置。在自由排水模式运行时，水控结构中任何埋入式管路控制阀阀头均不能超过 0.2 英尺，以保证排水系统的流速不受限制。

如果可行，应确保排水系统中的流速不超过保护实践《地表排水——干渠或侧渠》（608）和《地下排水沟》（606）规定的可接受速度。在控制装置排水时，控制排水速度是特殊需要的。

在天气寒冷时，停止排水后应降低排水口高度，避免冻坏水控结构。当排水恢复时，将排水口水位升至设定高度。

控制标高。将每个水控结构的排水口高度参照“控制标高”进行调整，该高度为受水控装置操作影响农地（控制区域）内地表的最低高度。

参照州排水指南相关规定中推荐的有关排水区域中主要土壤类型侧向间距，确定单一排水管的农地面积。排水区的外边界是距离排水管侧向间距的一半。

若没有州排水指南，利用 van Schilfgaarde 方程和该州认可的相关时间因子来确定排水管间距。

控制区域。每个水控装置所控区域（或受影响区域）定义为该控制装置的上游排水区。控制区的下界为该水控装置的设计控制水位下端，上界为以相邻的上游装置所控高程或者在给定控制装置之上所限定的高程，取两者之间的较小值。确定的最大高程为 2 英尺。

制定一份管理日历，详细说明常年水控装置排水口目标高度，以实现预期目标。常年调整水位，使得根区能够合理生长发育。明确需要调整排水口水位的可能出现的状况，如强降雨事件，并详述调整方法。为操作者提供监测及记录水控装置水位和控制区内地下水位的方法。通过了解这些信息，操作人员能够根据天气变化进行灵活调整，从而减少对作物和土壤的不利影响。

减少养分、病原体和农药负荷的附加准则

排水管理需常年不间断进行。

尽量减少向下的排水，以便为作物根系提供足够的生长区。

根据排水管理模式要求维持每个水控装置排水口正常工作，除非为了保证田间机械作业的正常进行，或出现了极端天气状况和系统维护等，需要降低地下水位。

在休闲期，将水控结构的排水口水位提高到离地表 12 英寸或更少。提高排水口水位的工作应在完成最后一次田间收割工作后 2 周内进行。在开始下一个季节田间作业前，改为自由排水模式不要超过 2 周，除非在系统维护期间或为方便田间机械作业。

在寒冷的气候下，排水停止后，降低排水口水位。这将避免冻坏水控装置。流量恢复后，将水位升至设计高度。在有冬季覆被植物的农田，降低排水口高度 0.5 英尺之内，以便增加覆被植物的生根深度。

在施用液态有机肥之前和期间，将水控装置的排水口高度降低到控制标高以下 0.5 英尺以内或者置于作物根区以下，以防粪肥通过土壤大孔隙（裂缝、虫洞、根通道）直接渗漏到排水管中。至少在施肥 15 天后或直到下一次产生排水流的降水，再调整出口水位高度，监控控制装置，防止粪便堵塞。疏通装置的堵塞，并以适当的方式处理堵塞物。

提高植物生产力、健康和生长活力的附加准则

在管理排水流量时要确保土壤剖面中储存的水足以供作物或其他植被利用，并根据根系深度和土壤类型设定水位，以保持根系的适当发育和土壤的通透性。

种植作物后提高排水口水位，以保持作物根区水分保持与迁移。

减少土壤有机质氧化的附加准则

尽量减少排水量，以便为作物提供足够的根区。

为了减少有机质的氧化，设置出水口标高，使地下水位上升到地表或达到设计的最高高度，以便有足够的时间创造厌氧土壤环境。这一做法必定会降低土壤通透层的年平均厚度。

注意事项

一般情况下，不要求一年内的所有时间排水强度都相同。因此需要制定一项管理策略在提高作物产量的同时尽量减少对水质的负面影响。

为了经济实用，每个控制装置都需要有数量足够大的耕地面积。因此，排水管理通常在近乎平坦的农田上进行，坡度一般低于 1.0%。在缓坡上，设计等高线上的排水侧向，使每个装置所控区域最大化。在生长季节提高地下水位通常会增加蒸散，并可能增加作物产量。注意保持作物根区的通气性，以免损害作物。

在作物生长期，如果土壤剖面中的自由水水位靠近地表，则需要监测根系的发育情况。

由于土层中蓄水量的增加，排水管理可能会影响水分平衡，特别是影响径流、入渗、蒸发、蒸腾、深层渗透和地下水补给的水量和径流。

农田坡度较高时，排水管理可能会增加溪流和沟渠的基流。较高的地下水位可能会增加侧向和纵向渗漏损失。由于这种水很可能会通过低氧气含量区，所以渗漏水在到达地表水管之前可能会发生反硝化脱氮。

安装使用经济实用的水位观测井以改进管理。

避免在细质地和潮湿的土壤上进行机械作业，以减少土壤压实。

降低有机土壤矿化可能会减少土壤中可溶性磷的释放，但水位管理可能会增加矿质土壤中可溶性磷的释放。

地下水位升高可能会增加农田径流。因此，需要采取控制沉积物及农用化学物质流失进入水体的水土保护措施。

采用本实践办法以减少农药负荷或进行鼠害控制时，农药使用量应参照保护实践《病虫害治理保护体系》（595）。

如果保护野生动物栖息地是应注意的资源问题，该系统的设计应保证在休闲期排水口的控制高度与目标物种的栖息地管理计划一致。

计划和专项说明

制订计划和专项说明，阐明为达到预期目标需要实施实践的要求。

至少包括：

- 农场和农田信息及位置图。
- 农地所有者要达到的目的。
- 一张或多张地图，包括：
  - 农田边界。
  - 排水管理项目区（排水区）边界。
  - 显示排水类别的土壤图。
  - 排水系统的地图，包括水控装置的位置以及所有主管道和支管道的尺寸和位置。
  - 等于或低于一英尺等高线的地形图。
  - 显示每个现有和规划的控制装置位置、尺寸和受影响区域（即控制区域）的地图。
- 含有本实践中关于“运行和维护”一节内容的管理计划。

运行和维护

准备一份运行和维护计划，并经土地所有者或负责实施本办法的运行商审查。

- 确定工作的预期目标、安全要求，以及达到预期目标所必需的关键时间节点和地下水位的目标高度。
- 关于排水管理系统关键部件运行和维护指南，包括在降低地下水位时将流速维持在允许范围内的必要说明。强调在适用情况能够达到以下管理目标：
  - 在耕作、收割和其他农田作业之前，将排水口水位设置在能够保证整个农田机械作业畅通进行的深度（特别是排水口底部）。
  - 在耕种和其他必要的农田作业之后，将排水口水位提高到设计水平。监测水位以保证，土壤具有储存下渗的雨水以及上坡处通过土内径流的来水的空间；根据土壤质地，考虑到可能需要大量存储空间以允许毛细水上升。这取决于作物种类、生长阶段和土壤类型。
  - 在作物生长期内调节装置中的排水口高度，避免根区处于长期水分饱和状况（如果有的话，可以在地下水观察井中观察到）。
  - 在休闲期，设置控制装置中的排水口高度，允许当地地下水和渗透降水将地下水位提升至接近地表或设计的高度。
  - 为防止液态有机肥施用过程中泄漏到排水管中，需要特别确定排水口高度并规定其前后应保持本高度的天数。
- 更换变形的闸板和损坏的密封件，避免装置渗漏。

参考文献

USDA，NRCS.2001.National Engineering Handbook，Part 624，Sec10，Water table control and Sec.16，Drainage of agricultural land.

USDA，NRCS.2001. National Engineering Handbook，Part 650，Engineering Field Handbook，Chapter14，Water management（Drainage）.

Qadir，M. and Oster J.D.，2003. Crop and irrigation management strategies for saline-sodic soils and waters aimed at environmentally sustainable agriculture. Science of The Total Environment. DOI：10.1016/j.scitotenv.2003.10.012.Volume323，Issues1–3，5May2004，Pages1–19.

保护实践概述

（2016年5月）

《排水管理》（554）

排水管理是利用治水结构管理地面或地下农业排水系统的水排放的过程。

实践信息

在排水系统中进行调水旨在通过控制排泄水流出量来管理含水量。本实践适用于在某些时段需要排水而在其他时间需限制流出量的地区。限制流出量可提高土壤中的水分含量，如此作物就可利用该水分，或者当需要潮湿条件来保护有机物质（有机土壤）时，即可利用该水分。本实践尤其适用于可用水容量较低的高渗透性土壤，以及当土壤水分条件有利于有机物质分解时有沉降倾向的有机土壤。

管理依据的是沟渠蓄水的时间和阶段、抽水时间表，以及这些项目与降水量、季节、作物需求和土壤需求的协调情况。田间地下水位观测点可用于确定控制高程设置于临界田间地下水位深度的关系。

常见相关实践

《排水管理》（554）通常与《控水结构》（587）、《地下排水沟》（606）、《地表排水——干渠或侧渠》（608）、《泵站》（533）、《排水竖管》（630）、《水和沉积物滞留池》（638）、《堤坝》（356）、《关键区种植》（342）等保护实践一起应用。

保护实践的效果——全国

土壤侵蚀	效果	基本原理
片蚀和细沟侵蚀	0	不适用
风蚀	2	控制水面高度可以保持土表湿润，防止土壤被风吹走。
浅沟侵蚀	0	不适用
典型沟蚀	0	不适用
河岸、海岸线、输水渠	0	不适用
土质退化		
有机质耗竭	2	保持根区的地下水位可减少有机质的氧化。某些情况下降低地下水位会增加氧化作用。
压实	-1	潮湿的土表易受设备压实。
下沉	2	减少有机质氧化，可减少下沉的可能性。
盐或其他化学物质的浓度	0	如果地下水位保持在较高的水平，就可能出现盐分积聚。

（续）

水分过量	效果	基本原理
渗水	1	对地下水位进行管理，防止过度渗水。
径流、洪水或积水	-2	控制径流，创造积水或洪水条件。
季节性高地下水位	2	对地下水进行管理，以便限制与目前或预期土地使用相适应的饱和期。
积雪	0	不适用
水源不足		
灌溉水使用效率低	0	不适用
水分管理效率低	0	不适用
水质退化		
地表水中的农药	2	排水可减少径流和侵蚀。
地下水中的农药	2	在作物生长期间，排水可增加根区需氧农药的降解。
地表水中的养分	1	水的释放速度比在自然条件下慢，使溶液中的某些养分有更多的时间挥发且附着在沉积物上的养分有更多时间沉淀出来。
地下水中的养分	-1	这一举措可提升地下水的高度，使其更接近养分。增加污染地下水的概率。
地表水中的盐分	0	这一举措可以降低盐污染水的放水速度，但对盐量没有影响。
地下水中的盐分	0	不适用
粪肥、生物土壤中的病原体和化学物质过量	1	放水受到控制，从而降低了排放的总水量。
粪肥、生物土壤中的病原体和化学物质过量	1	这一举措将改变排水的时间和可能的排水量。根区的涵养水分可能有助于病原菌的消亡。
地表水沉积物过多	0	不适用
水温升高	0	不适用
石油、重金属等污染物迁移	2	放水受到控制，降低了富含重金属的沉积物进入地表水的可能性。
石油、重金属等污染物迁移	0	改变土壤水位会影响土壤化学特性，增加某些金属的溶解度，从而或多或少容易浸析部分金属。
空气质量影响		
颗粒物（PM）和 PM 前体的排放	2	管理排水可以保持土表湿润，降低风蚀概率。
臭氧前体排放	0	不适用
温室气体（GHG）排放	1	提供促进植物生长的条件。植物生长的增加将空气中的二氧化碳转化为碳，储存在植物和土壤中。
不良气味	0	不适用
植物健康状况退化		
植物生产力和健康状况欠佳	2	排水为植物的最快生长提供了条件。
结构和成分不当	0	不适用
植物病虫害压力过大	0	不适用
野火隐患，生物量积累过多	0	不适用
鱼类和野生动物——生境不足		
食物	0	不适用
覆盖 / 遮蔽	0	不适用
水	0	季节性洪水为一些物种提供了水源。
生境连续性（空间）	2	季节性洪水为一些种类提供了栖息地。
家畜生产限制		
饲料和草料不足	4	保持草料生产的最佳含水量。
遮蔽不足	0	不适用
水源不足	0	不适用
能源利用效率低下		
设备和设施	0	不适用
农场 / 牧场实践和田间作业	0	不适用

CPPE 实践效果：5 明显改善；4 中度至明显改善；3 中度改善；2 轻度至中度改善；1 轻度改善；0 无效果；-1 轻度恶化；-2 轻度至中度恶化；-3 中度恶化；-4 中度至严重恶化；-5 严重恶化。

工作说明书—— 国家模板

（2016年5月）

此类可交付成果适用于个别实践。其他规划实践的可交付成果参考具体的工作说明书。

设计

可交付成果

1. 能够证明符合自然资源保护局实践中的相关准则并与其他计划和应用实践相匹配的设计文件。
   a. 保护计划中确定的目的。
   b. 客户需要获得的许可证清单。
   c. 符合自然资源保护局国家和州公用设施安全政策（《美国国家工程手册》第 503 部分《安全》A 子部分“影响公用设施的工程活动”第 503.00 节至第 503.06 节）。
   d. 辅助实践 / 组成实践清单。
   e. 制订计划和规范所需的与实践相关的计算和分析，包括但不限于：
      i. 地质与土力学（《美国国家工程手册》第 531a 子部分）
      ii. 水文条件 / 水力条件
      iii. 结构
      iv. 植被
      v. 环境因素
      vi. 安全注意事项（《美国国家工程手册》第 503 部分《安全》A 子部分第 503.10 至 503.12 节）
2. 向客户提供书面计划和规范书包括草图和图纸，充分说明实施本实践并获得必要许可的相应要求。
3. 运行维护计划（《国家运行和维护手册》第 500.70 部分以及第 500.40 部分至 500.42 部分）。
4. 证明设计符合实践和适用法律法规的文件［《美国国家工程手册》A 子部分第 505.03（a）（3）节］。
5. 安装期间，根据需要所进行的设计修改。

注：可根据情况添加各州的可交付成果。

安装

可交付成果

1. 与客户和承包商进行的安装前会议。
2. 验证客户是否已获得规定许可证。
3. 根据计划和规范（包括适用的布局注释）进行定桩和布局。
4. 安装检查（酌情根据检查计划开展）。
   a. 实际使用的材料（第 512 部分 D 子部分“质量保证活动”第 512.33 节）
   b. 检查记录
5. 协助客户和原设计方并实施所需的设计修改。
6. 在安装期间，就所有联邦、州、部落和地方法律、法规和自然资源保护局政策的合规性问题向客户 / 自然资源保护局提供建议。
7. 证明安装过程和材料符合设计和许可要求的文件。

注：可根据情况添加各州的可交付成果。

验收

可交付成果

1. 竣工文档。
   a. 实践单位
   b. 图纸
   c. 最终量
2. 证明安装过程符合自然资源保护局实践和规范并符合许可要求的文件 [《美国国家工程手册》A 子部分第 505.03（c）（1）节]。
3. 进度报告。

注：可根据情况添加各州的可交付成果。

参考文献

NRCS Field Office Technical Guide（FOTG）, Section IV, Conservation Practice Standard - Drainage Water Management, 554.

NRCS National Engineering Handbook, Part 624, Section 16, Drainage.

NRCS National Engineering Handbook, Part 650, Chapter 14, Water Management（Drainage）.

NRCS National Environmental Compliance Handbook.

NRCS Cultural Resources Handbook.

注：可根据情况添加各州的参考文献。

保护实践效果（网络图）

（2016年9月）

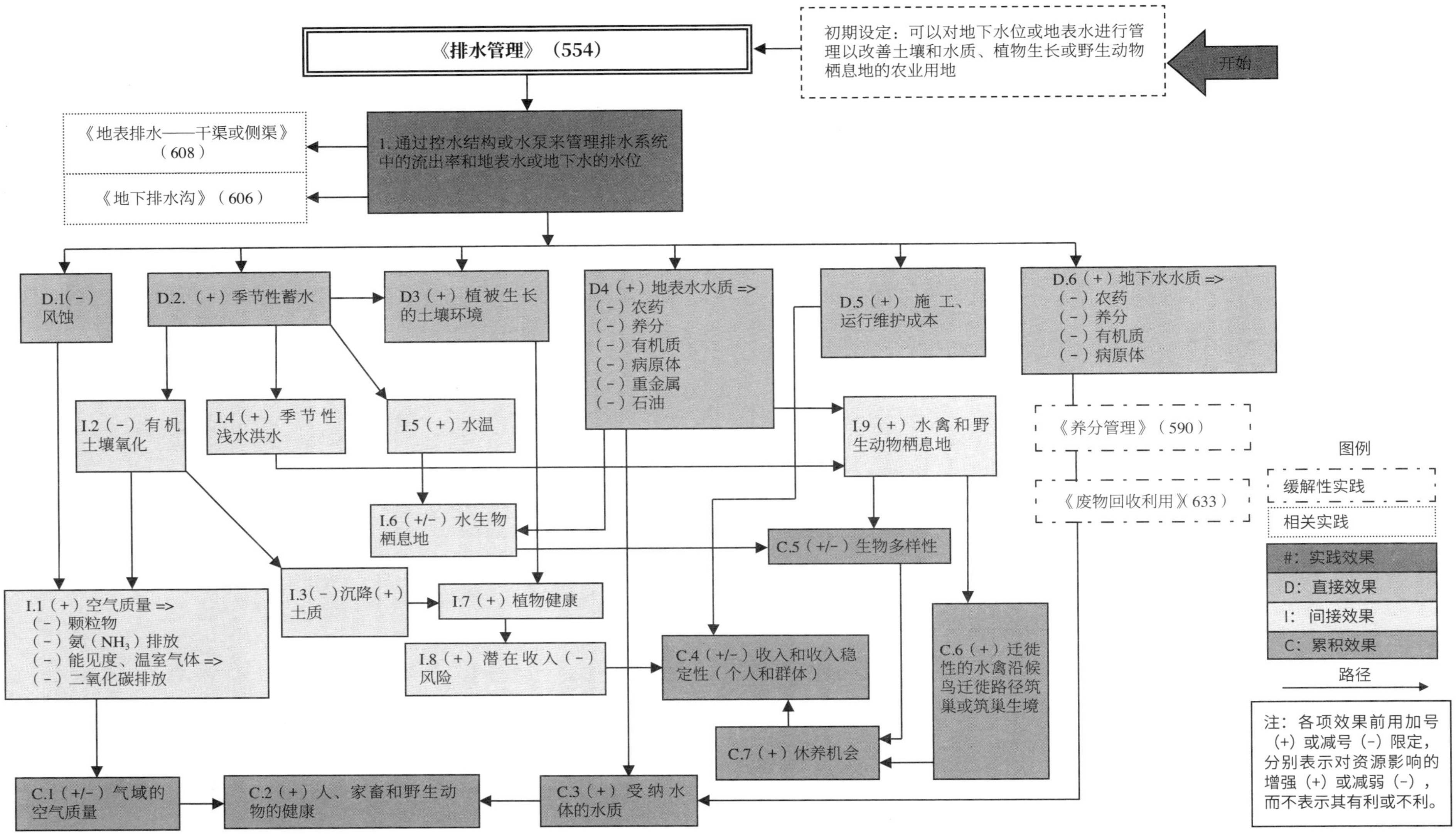

开始

初期设定：可以对地下水位或地表水进行管理以改善土壤和水质、植物生长或野生动物栖息地的农业用地

《排水管理》（554）

1. 通过控水结构或水泵来管理排水系统中的流出率和地表水或地下水的水位

《地表排水——干渠或侧渠》（608）

《地下排水沟》（606）

D.1（-）风蚀

D.2.（+）季节性蓄水

D3（+）植被生长的土壤环境

D4（+）地表水水质 =>
（-）农药
（-）养分
（-）有机质
（-）病原体
（-）重金属
（-）石油

D.5（+）施工、运行维护成本

D.6（+）地下水水质 =>
（-）农药
（-）养分
（-）有机质
（-）病原体

《养分管理》（590）

《废物回收利用》（633）

I.2（-）有机土壤氧化

I.4（+）季节性浅水洪水

I.5（+）水温

I.9（+）水禽和野生动物栖息地

I.6（+/-）水生物栖息地

C.5（+/-）生物多样性

I.1（+）空气质量 =>
（-）颗粒物
（-）氨（NH_3）排放
（-）能见度、温室气体 =>
（-）二氧化碳排放

I.3（-）沉降（+）土质

I.7（+）植物健康

I.8（+）潜在收入（-）风险

C.4（+/-）收入和收入稳定性（个人和群体）

C.6（+）迁徙性的水禽沿候鸟迁徙路径筑巢或筑巢生境

C.7（+）休养机会

C.1（+/-）气域的空气质量

C.2（+）人、家畜和野生动物的健康

C.3（+）受纳水体的水质

图例

缓解性实践

相关实践

#：实践效果

D：直接效果

I：间接效果

C：累积效果

路径

注：各项效果前用加号（+）或减号（-）限定，分别表示对资源影响的增强（+）或减弱（-），而不表示其有利或不利。

病死动物应急管理

（368，No., 2015年9月）

定义

一种管理灾难性事件中动物尸体的手段或方法。

目的

本实践可用于实现下列一项或多项目的：

- 减少对地表水和地下水资源造成的影响。
- 减少尸体气味的影响。
- 减少病原体的传播。

适用条件

本实践适用于处理因灾难性事件而丧生的动物。

本实践不适用于处理因疾病性灾难而丧生的动物。在因疾病性灾难而导致动物丧生的情况下，只有在适当的州或联邦当局，通常是州兽医或美国农业部动植物卫生检验局（APHIS）批准在本实践中使用这一管理方法时，本实践才适用。

该做法不适用于处理自然死亡的动物。须依据保护实践《动物尸体无害化处理设施》（316）处理自然死亡的动物。

准则

适用于所有目的的一般准则

按照所有适用的联邦、州和地方法规制定突发性死亡管理办法，处理因灾难性事件而丧生的动物。

至少要将径流（25 年内 24 小时降雨产生的径流）从动物突发性死亡的处理现场转移开。

须配有警示标志、围栏、制冷设备锁，并酌情提供其他设备，以确保人畜安全。

在处理因灾难性事件而丧生的动物工作的规划、安装、操作和维护等所有方面，解决生物安保问题。

土地所有者或承包商负责查找项目地区所有已埋的公用设施，包括排水瓦和其他结构措施。

必要时需涵盖关闭或移除突发性死亡管理行动的临时组成部分的规定。

现场处置

位置。确定现场死亡管理活动的位置，选择顺风处和园林处，尽量减少气味影响，保护现场影像资料。

条件允许时，利用坡下的泉水或水井确定设施位置，或采取必要措施防止地下水污染。

将现场死亡管理作业定位在 100 年洪泛区海拔以上，除非场地限制要求在洪泛区内进行，且位于洪泛区内的管理作业是便捷的，必要时可迅速重新定位（即将运输地点装载到场外处置地点）。如果农场上没有合适的位置，请使用场外处理办法。

圈定开展现场死亡管理活动的位置，尽量减少对日常工作的干扰。

为现场死亡管理活动找到适当的、不干扰其他运行通道的进出口，如牲畜通道和饲料通道。

应将受渗透限制的场地设在设施底部和季节性高水位之间至少有 2 英尺的地方，除非采用特殊的设计解决了渗透问题。

“土壤适宜性和网上土壤调查限制”（http：//websoilsurvey.nrcs.usda.gov/app/）中“灾后复原”类别中的土壤解释可用作初步筛选工具，以确定最适合采取该做法的可能区域。

根据保护实践《关键区种植》（342），对所有受尸体管理活动干扰的地区重新种植。

掩埋坑或沟

概述。将灾难性死亡的动物埋在现场或埋在州和地方监管机构指定的地方。此举可能需要多个坑或沟。在可能的情况下，安排埋葬灾难性死亡的动物的时间以尽量减少在衰变腐烂早期阶段尸体膨胀所带来的影响。在州法律允许的情况下，无须或轻微覆盖大型动物尸体，直至尸体膨胀，或使用方法减少或消除肿胀。随着腐烂完成，在地表稳定后，保留表层土以重新调整处理场地的等级。将土堆置于离掩埋坑或沟边缘不超过 2 英尺的地方。

在埋葬坑或沟的操作区域内，移除或控制所有田地排水瓦（底下排水沟）。

土壤适宜性。进行现场土壤调查，以确定该地点是否适合建造掩埋尸体的坑或沟。在未浸水的土壤上、在距埋坑底部 2 英尺范围内没有地下水位的土壤上建造掩埋坑。避免在计划建造坑或沟的地方底部存在硬基岩、基岩裂缝或高渗透性地层的区域，由于挖掘困难和地下水潜在污染，这些场地是不可取的。

防渗。如果渗水会造成潜在的水质问题，请提供符合《美国国家工程手册》第 651 部分《农业废物管理现场手册（AWMFH）》、黏土衬垫设计标准附录 10D 或其他可接受的衬垫技术要求的衬里。

大小和容量。使用适当的重量体积转换来确定坑或沟的大小以应对灾害伤亡。坑或沟底部应相对水平。坑或沟的长度可能受到土壤适宜性和坡度的限制。如果需要多个坑或沟，用至少 3 英尺的原状土或压实土将坑或沟隔开。在尸体上方放置至少 2 英尺的覆盖物。掩埋地点的完工坡度应略高于自然地面高度，以应对沉降和减少降雨事件造成的积水问题。

掩埋坑或沟装载设计和安全。使用障碍物以保持车辆交通距离坑或沟边缘至少 4 英尺。

使用符合美国职业安全与健康管理局（OSHA）标准的基坑挖掘技术。对于深 4 ~ 5 英尺的坑或沟，在主坑周围建造一个 18 英寸宽、1 英尺深的台阶或长凳，使剩余的垂直墙不超过 4 英尺。对于深超过 5 英尺的坑，建造 2 级水平倾斜和 1 级垂直或平直的土墙。

堆肥

概述。使用堆肥，请参照《美国国家工程手册》第 637 部分第 2 章“堆肥”和第 651 部分第 10 章第 651.1007 节“尸体处理”中所述。

制订计划所需的碳质材料数量，以加速堆肥作业。

必要时保护堆肥尸体免受降水的影响，或提供适当的过滤区域，或有收集污染径流的办法。用至少 18 英寸的木屑、成品堆肥或其他碳质材料覆盖动物死尸，防阻食腐动物，减少尸体的气味。

焚烧炉和气化炉

概述。使用已批准在本州内使用的 4 类（人类和动物遗骸）焚化炉。气化是一种高温蒸发生物质的方法，在无直接火焰的情况下，在燃烧后的燃烧室中，对生物质进行气化。此法应满足所有州适用的空气质量和排放要求。

容量。根据事件中动物的平均重量乘以动物的数量，确定最小焚烧炉和气化炉的容量。该过程可能需要与焚化炉和气化炉联合使用的制冷设备，以改善焚化和气化装置的装载循环和燃料使用效率。

灰烬。根据制造商的建议清灰，最大限度地提高焚化效率。按照保护实践《养分管理》（590），或采用其他可接受的处置方法。

地点。将焚烧炉和气化炉放置在离任何建筑物周围至少 20 英尺远的地方。

露天燃烧

露天燃烧是指在高温下燃烧废物，将其转化为热量、气体排放物和灰烬。气体排放物直接排放到人类呼吸的大气中，而不用通过烟囱进行排放。

露天燃烧包括在开阔的田地和开放的可燃堆、或用柴堆或焚烧炉焚烧尸体。焚烧时必须尽可能远离公共场合。要根据当地的条件和情况决定这是否是最佳的选择。

在进行露天燃烧之前，可能需要在农场进行预处理。预处理可以包括或粉碎那些可在密封容器中运输或经过发酵或冷冻的尸体。但不推荐研磨或粉碎因感染高致病性禽流感（HPAI）等传染病的尸体，因为会使病毒气雾化。

露天焚烧作业受到严格管制，通常由州或地方官员管理。若允许露天焚烧作业，通常需要许可证才能进行。

根据保护实践《关键区种植》（342），对所有因施工而受到干扰的地区进行重新种植。

尸体冷冻的临时储存办法

概述。处置前可将灾难性死亡的动物保存在制冷设备中。由于此情况下通常会遇到大量死亡动物，因此如果使用制冷，则可能需要多个制冷设备。使用与清空制冷设备的机构兼容的制冷设备。根据情况应为制冷设备提供保护，且避免降水和阳光直射。

制冷设备的设计、结构、电源和安装应按照制造商的建议进行。制冷设备应采用耐用材料和防漏材料。

将制冷设备放置在一个具有适当强度的垫子上，以承受用于装载或移除箱子或托盘的车辆交通所施加的负荷。

温度。制冷设备应是自成一体的装置，用于在分解前冷冻动物尸体。待处理的尸体应储藏在 22 ~ 26 °F。将被堆肥、焚化、气化或焚烧的尸体储存在高于冻结温度的几度以上，以便于燃烧，并减少焚烧或气化尸体所需的堆肥时间或燃料量。

容量。调整制冷设备的尺寸，以适应尸体大小。在计算所需体积时，请使用死亡动物的数量、动物的平均重量以及体重与体积的换算系数。按每立方英尺 45 磅进行重量与体积转换，除非当地记录有相应的体积转换系数。

电源。要有足够的能源来提供冷却和冻结尸体所需的大量电力。

场外处置

在某些情况下，现场处理全部或部分尸体可能是不切实际的。在这种情况下，需要由第三方将尸体运输到场外设施处进行处置。

运输

用于将尸体运送到另一地点进行处置的床、拖车、垃圾箱等运具应能防漏、防水和有覆盖物。

转化处理

概述。动物尸体的转化处理涉及使用机械处理（例如研磨、混合、压榨、拆解和分离），热处理（例如蒸煮、蒸发、和干燥），或化学处理（例如溶剂萃取），将尸体转化为 3 种最终产品——胴体粉、熔化的脂肪以及水。当达到适当的加工条件时，最终产品将不含致病细菌和难闻气味。

在口蹄疫等疾病暴发时，运送和长途运输的限制可能无法在检疫区内从传统来源处获得材料。此外，由于自然灾害（如飓风）而死的动物在腐烂之前可能还无法接近，以至于无法被运送至处理装置处，所以必须在现场处置。

动物尸体应当按照州和地方的规章制度以卫生安全的方式收集和转移。

填埋

概述。现代二级填埋场是在高度管制下进行运作的，是专门用技术复杂的系统进行设计和建造以保护环境。二级填埋场的环境保护系统通常比那些符合环保局环境保护系统豁免标准的小型、干旱或偏远的垃圾填埋系统更稳定，而且在处置大量尸体材料时有机负荷高的情况下，几乎不会失效。

在许多州，政府允许在垃圾填埋场处理动物尸体；然而，这不一定是一种可供选择的办法，因为个别填埋场经营者通常会决定是否接受尸体。在紧急情况或遭受灾难性损失的情况下，时间往往非常有限，因此垃圾填埋场的优势在于已有的垃圾处理基础设施可以立即使用。此外，可在堆填区弃置的尸体物料的数量可能相对较多。

堆填区，特别是二级堆填区，须事先获得批准，而所需的环境保护措施亦会预先存在；因此，填埋是一种通常不会对环境构成危害的处置方法。

注意事项

规划突发性动物死亡尸体管理的主要考虑因素是：

- 运作中的现有设备和土地应用区。
- 经营者的管理能力。
- 死亡损失对生产者造成的情感影响。
- 州和地方机构所要求的污染控制程度。
- 对野生生物和家畜的影响。
- 现有可用替代品的经济性。
- 对邻居的影响（美观、气味、公共道路交通）。

根据“农场安全和安保”这一要素，实施“综合养分管理计划”（CNMP）的动物行动可能已经计划了受灾死亡处置办法。站点适宜性的初步规划应参照网上土壤调查对“灾后复原规划”的土壤解释（http：//websoilSurveyy.nrcs.usda.gov/）。

考虑采取措施以保持适当的视觉资源、减少气味，并控制粉尘。措施可以包括使用现有的植物屏障和地形，以保护灾难性动物死亡处理不受公众的关注，减少气味，并尽量减少视觉影响。

预防受灾尸体膨胀的替代方案包括在放置所需的覆盖物之前切开动物胸部、腹腔和内脏。

国家各州对保存记录的要求各不相同。埋葬地点、死亡类型和数量、埋葬日期和其他相关细节等项目视州或地方法规而定。

计划和技术规范

制订动物尸体处置设施的计划和技术规范，说明实施该措施的要求。计划和技术规范至少应包括：

- 国家州当局的联系信息，因为州当局可能会死因、动物种类和栖息地等提出具体的要求。
- 尸体的数量、类型和重量。
- 农场动物尸体管理活动的布局和地点。
- 农场处置方法所涉及的数量、容量和类型。
- 分级方案，显示开挖和填土情况。根据需要包括排水功能。
- 土壤和地基的调查结果、解释和报告（视情况而定）。
- 对现场处置（即堆肥、埋葬等）和材料数量的要求（视情况而定）。
- 所有组成部分的结构细节，视情况而定。
- 适当防止侵蚀的植物要求。
- 气味管理或气味最小化要求。
- 使用场外处置，如进行转化处理或填埋，应包括所选择的场外运输和处置设施的名称、地点和联系方式。

运行和维护

应制订运行和维护计划，并由负责实施此实践的操作员审核。该计划至少包括：

- 对这一做法的每个部分进行适当运行和维护的具体指示。详细说明维护条例的有效性和使用寿命所需的检查和修理水平。
- 安全考虑。
- 解决安装、运行和维护各方面的生物安保问题。
- 确定突发死亡动物尸体管理活动的现场地点，并酌情确定处置地点。
- 联系因灾受损人员的方式及电话（图 1）。

紧急联系人和农场信息

计划日期：	
农场名称：	
业主 / 经营者：	
县：	
设施的实际地址：	
设施说明：	
紧急联系人	
当地兽医：	
值班兽医：	
综合者：	
其他：	
当地应急电话：	
24 小时内通知机构名单：	
州动物卫生机构：	
州兽医：	
联邦地区兽医主管：	
重型设备承包商	
用于处理尸体：	
用于挖掘埋藏坑：	
堆肥材料供应商：	
焚烧炉：	
填埋场：	
招标设施：	
其他（具体说明）：	

图 1 紧急死亡率反应

- 保存尸体数量、平均体重、死因和死亡日期的记录。
- 受灾死亡尸体处理的方法和程序。
- 酌情定期视察处置场地。
- 及时修理或酌情更换损坏的部件。
- 依据现场参考文献及制造商或安装人员，酌情解决机械设备故障。

焚化炉和气化炉的附加运行和维护

合理操作，以最大限度地提高处理效率，减少排放问题。

根据制造商的建议装载这些部件。

经常清除灰尘，以达到最大限度的焚烧，且防止损坏设备，涵盖收集和处理焚烧后剩余灰烬的方法。

制冷设备的附加运行和维护

根据制造商的建议加载制冷设备，不得超过设计容量。

定期检查制冷设备是否存在泄漏，检查结构是否完整，监测温度。

堆肥的附加运行和维护

识别需要随时可用的操作信息和设备。

尽快找到足以确定灾害事件的含碳材料来源。

包括给出分层或混合顺序的配料配方。

提供操作的最高和最低温度、土地使用率、湿度水平、气味管理、测试等。

尽快熟悉堆肥方法和程序。

参考文献

Code of Federal Regulations. Title 40-Protection of Environment. Chapter I-Environmental Protection Agency （Continued）. Subchapter I-Solid Wastes. Part 258-Criteria for Municipal Solid Waste Landfills. Subpart A– General，Section 258.1（4）（f）（1）. http：//www.gpo.gov/fdsys/pkg/CFR-2014-title40-vol25/xml/CFR-2014-title40-vol25-sec258-1.xml.

EPA Criteria for Meeting the Small，Arid，and Remote Municipal Solid Waste Land fill Exclusion http：//yosemite.epa.gov/osw/rcra.nsf/ea6e50dc6214725285256bf00063269d/148f6afee54217be852568e300468382!OpenDocument.

Nutsch A，J. McClaskey，J.Kastner，Eds，2004.Carcassdisposal：acomprehensive review，National Agricultural Biosecurity Center，Kansas State University，Manhattan，Kansas.

USDA，NRCS.National Engineering Handbook，Part651，Agricultural Waste Management Field Handbook. Washington，D.C.

USDA，NRCS.National Engineering Handbook，Part 637，Chapter 2，Composting.Washington，D.C.

保护实践概述

（2015年9月）

《病死动物应急管理》（368）

一种用来管理灾难性死亡事件中的动物尸体的手段或方法。

实践信息

实施病死动物应急管理旨在减少对地表水和地下水资源的污染、减少对气味的影响、减少与灾难性动物死亡相关的病原体的传播。

动物灾难性死亡应急处置的场内方法包括掩埋、堆肥、焚烧或气化和露天焚烧。紧急死亡事故也可在场外处理或在D级填埋场处置。灾难性死亡中的尸体在处置前可保存在冷藏装置中。由于在灾难性死亡的情况下通常会出现大量的动物死亡，如果采用冷藏措施，很可能需要多个冷藏装置。

本实践的设计信息包括场地位置、设计尺寸、土壤与基础评估和安全性 / 生物安全性功能。

设施的运行要求取决于生产商选择的处理方法，并将包括适当处理剩余材料的规定。需要在应急处置期间对机械处置设备进行维护，确保设备按设计运行。

常见相关实践

《病死动物应急管理》（368）通常与《引水渠》（362）、《关键区种植》（342）等保护实践一起应用。堆肥材料和焚烧或气化产生的副产品的处理将按照《养分管理》（590）进行。

工作说明书—— 国家模板

（2015年9月）

此类可交付成果适用于个别实践。其他规划实践的可交付成果参考具体的工作说明书。

设计

可交付成果

1. 能够证明符合自然资源保护局实践中的相关准则并与其他计划和应用实践相匹配的设计文件。
   a. 保护计划中确定的目的。
   b. 客户需要获得的许可证清单。
   c. 符合美国自然资源保护局国家和州公用设施安全政策（《美国国家工程手册》第 503 部分《安全》A 子部分“影响公用设施的工程活动”）。
   d. 制订计划和规范所需的与实践相关的计算和分析，包括但不限于：
      i. 地质与土力学（《美国国家工程手册》第 531a 子部分）
      ii. 容量
      iii. 结构、机械和配件设计
      iv. 环境因素（如空气质量、生物安全）
2. 向客户提供书面计划和规范书包括草图和图纸，充分说明实施本实践并获得必要许可的相应要求。
3. 合理的设计报告和检验计划（《美国国家工程手册》第 511 部分，B 子部分“文档”，第 511.11 和第 512 节，D 子部分“质量保证活动”，第 512.30 至 512.32 节）。
4. 运行维护计划。
5. 证明设计符合实践和适用法律法规的文件［《美国国家工程手册》第 505 部分 A 子部分第 505.3（b）节］。
6. 安装期间，根据需要所进行的设计修改。

注：可根据情况添加各州的可交付成果。

安装

可交付成果

1. 与客户和承包商进行的安装前会议。
2. 验证客户是否已获得规定许可证。
3. 根据计划和规范（包括适用的布局注释）进行定桩和布局。
4. 安装检查（酌情根据检查计划开展）。
   a. 实际使用的材料（《美国国家工程手册》第 512 部分 D 子部分“质量保证活动”第 512.33 节）
   b. 检查记录
5. 协助客户和原设计方并实施所需的设计修改。
6. 在安装期间，就所有联邦、州、部落和地方法律、法规和美国自然资源保护局政策的合规性问题向客户 / 美国自然资源保护局提供建议。
7. 证明安装过程和材料符合设计和许可要求的文件。

注：可根据情况添加各州的可交付成果。

验收

可交付成果

1. 竣工文档。
    a. 实践单位
    b. 图纸
    c. 最终量
2. 证明安装过程符合美国自然资源保护局实践和规范并符合许可要求的文件［《美国国家工程手册》A 子部分第 505.3（c）节］。
3. 进度报告。

注：可根据情况添加各州的可交付成果。

参考文献

NRCS Field Office Technical Guide（eFOTG）, Section IV, Conservation Practice Standard - Animal Mortality Facility, 316.

NRCS National Engineering Manual（NEM）.

NRCS National Environmental Compliance Handbook.

NRCS Cultural Resources Handbook.

National Engineering Handbook（NEH）, Part 651, Agricultural Waste Management Field Handbook（AWMFH）.

National Engineering Handbook Part 637, Chapter 2 – Composting.

注：可根据情况添加各州的参考文献。

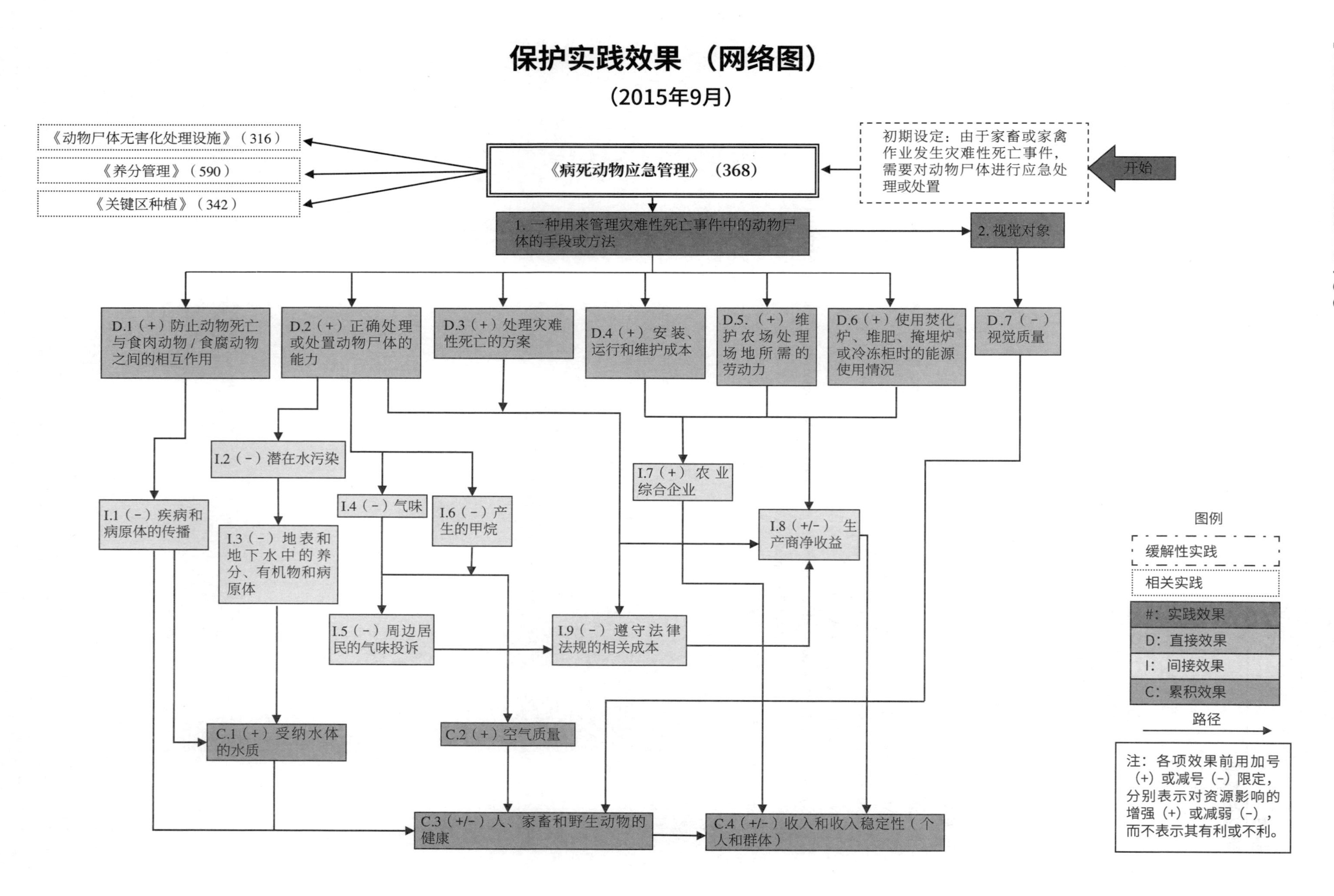
保护实践效果（网络图）
（2015年9月）
开始
初期设定：由于家畜或家禽作业发生灾难性死亡事件，需要对动物尸体进行应急处理或处置
《病死动物应急管理》（368）
《动物尸体无害化处理设施》（316）
《养分管理》（590）
《关键区种植》（342）
1. 一种用来管理灾难性死亡事件中的动物尸体的手段或方法
2. 视觉对象
D.1（+）防止动物死亡与食肉动物/食腐动物之间的相互作用
D.2（+）正确处理或处置动物尸体的能力
D.3（+）处理灾难性死亡的方案
D.4（+）安装、运行和维护成本
D.5.（+）维护农场处理场地所需的劳动力
D.6（+）使用焚化炉、堆肥、掩埋炉或冷冻柜时的能源使用情况
D.7（-）视觉质量
I.1（-）疾病和病原体的传播
I.2（-）潜在水污染
I.3（-）地表和地下水中的养分、有机物和病原体
I.4（-）气味
I.5（-）周边居民的气味投诉
I.6（-）产生的甲烷
I.7（+）农业综合企业
I.8（+/-）生产商净收益
I.9（-）遵守法律法规的相关成本
C.1（+）受纳水体的水质
C.2（+）空气质量
C.3（+/-）人、家畜和野生动物的健康
C.4（+/-）收入和收入稳定性（个人和群体）
图例
缓解性实践
相关实践
#：实践效果
D：直接效果
I：间接效果
C：累积效果
路径
注：各项效果前用加号（+）或减号（-）限定，分别表示对资源影响的增强（+）或减弱（-），而不表示其有利或不利。

饲料管理

（592，AU, 2016年9月）

定义

控制和管理饲养家畜和家禽可需要的营养素、饲料、添加剂的质量和数量。

目的

- 水质
  - 通过减少有机肥中排泄出的氮、磷、硫、盐和其他养分质，从而控制地表和地下水中含有过多的养分。
  - 通过减少有机肥中病菌和化学物质的数量和活性，从而避免在施用有机肥、生物固体和混合肥料的过程中产生过多的病原体和化学物质。
- 空气质量
  - 在饲养动物过程中减少气味、颗粒物和二氧化碳的排放。

适用条件

家禽和家畜的饲养：

- 在整个农场的养分质处于失衡的状态时，当农场中输入的养分质超出了植物流转所输出和利用的养分质时。
- 当土壤中有大量的养分质堆积时。
- 土地施肥而基地面积不足以按土地实验或者是在植物轮作时建议的速度来施用养分质。
- 寻找改善养分质利用率，减少肥料中的病原体或者是减少气味和温室气体排放的方法时。

准则

总准则适用于上述所有目的的总体准则

为家畜和家禽提供充足的养分质来维持它们的健康、成长、生产、效能、繁殖。

依照下列最新的建议之一来改善特殊动物物种的饲养：

- 美国国家科学研究委员会（NRC）
- 赠地大学（LGU）

对配方饲料和所有的用于配方饲料的饲养原料进行实验室分析，从而确定饲料的营养成分。

在必要时经常性地对饲料进行分析，因为饲料中的化学成分改变需要对饲料做出及时调整。

利用实验室对饲料进行分析，分析结果被赠地大学、州政府的农业部或者是州政府的将会采纳该饲养策略的其他相关部门所接受。在饲养过程中，为了调整配方比率将会采用分析饲料原料的数据和合适的历史饲料分析数据信息。

用肥料分析或者是计算养分的摄取和排放率来决定养分质的利用和排出。如果采用肥料分析法，必须在赠地大学、州政府的农业部或者是州政府的将会采纳该饲养策略的其他相关部门接受的实验室进行测试分析。通过电子表格中或者是计算机模型中的养分质摄取和排出的计算结果，同样是一种可以接受的检测养分质的摄取和排出的方法。这些表格或者是计算机模型的计算数据必须是有科学依据的，必须要遵守美国国家科学委员会或者是赠地大学所推荐的最新建议中的标准。

在改进喂食和饲养管理策略时，聘用专业的动物营养学家、独立专业的营养学家或者是其他相对来说有资质的个人。可根据州政策或法规的要求，聘用通过州政府认可的认证计划的经认证的动物营养师。

为达到动物物种生长所需要的计划或者发展目标，配方饲料应该提供足量和准确配比的可用养分质。

为达到特定的遗传潜力、环境要求、保证动物健康和繁殖力的目的，可对营养水平作出调整。

在保持动物的健康和繁殖力的同时，用以下一种或者多种饲料管理标准或者是饲养管控技术来减少氮、磷或其他排出的养分质、病菌、气味和温室气体：

- 配制更接近动物需求的饲料，辅以饲料管理，根据需要对动物进行分组，并将配方饲料持续地喂养给正确的动物组。
- 减少或者消除对磷元素的补充。
- 减少蛋白质，增补氨基酸（非反刍类）。
- 通过配方供应来满足瘤胃对于氮和氨基酸的需求，减少反刍动物饲料中蛋白质含量。
- 控制饲料中天然蛋白质和能量（碳水化合物和脂肪）含量，加强氨基酸（反刍动物）的含量。包含转化碳水化合物、脂肪和蛋白质利用的类型和量。
- 在饲料中酌情使用极易消化的饲料或者草料。
- 用植酸酶或者是用酶科学合成的植酸酶来改善磷的可用量，减少饲料中含磷量的补充（非反刍类）。
- 在磷的供给超量时，减少反刍类动物的饲料中磷含量。因为饲料副产品、谷物和养料中磷含量经常超出美国国家科学研究委员会的建议值，这是不可否认的。
- 通过科学的遴选支持酶或者是其他产品来加强饲料的消化性和可利用率。
- 在法律允许的范围内，使用经过科学检测和环境友好型的生长促进剂和添加剂。
- 在生理学基础或者是生产状态允许的范围内，实施群饲。
- 实施阶段饲养。
- 实施分性别饲养。
- 使用已经被证明可以减少肥料中的养分质、病菌、气味或者是温室气体的其他饲料加工、管理、添加、或饲料管控技术。
- 改善饲料运送的形式或方法。
- 当牲畜由牧场草场和机械收获加工饲料共同喂养时，需要测定牧场的牧草营养成分、饲料配给的比例和营养平衡。所有的饲料，包括放牧的草场都要经过检测，以保证牲畜的营养需求且避免由于喂养而导致营养过剩。草场检测必须通过赠地大学对检测过程的认证和同意。
- 调整收割策略或者利用可替代的饲料来源去为动物提供相应的营养需求。

注意事项

饲料管理可以通过高效喂养养分来增加农场的净收入。

基于动物的不同生长阶段、预期目的和产物类型（如肉、奶、蛋），考虑营养需求。

运用自然资源保护局对于特定物种的营养管理（饲养管理）技术说明中的管理标准。在参考文献的章节中可以找到自然资源保护局 eDirectives 的网站链接。

考虑替代饲养原料（例如副产品），对排出粪料营养成分的潜在影响。

分析动物饮用水中的养分质含量、含硫量、是否存在病原体，调整饲料或者处理水中的其他多余元素。

考虑饲料管理对于肥料排出量和肥料存储要求的潜在影响。

考虑饲料管理标准以及饲料控制对于粪便气味、病原体、温室气体、灰尘和动物健康的饮食管控的影响，即使客户的目标不包含其中的一种或多种。

考虑使用浓缩液以及在农场中种植的草料来使农场中养分质输入达到最小化，最大化地循环使用农场中的养分质。

分析新鲜粪便肥料来判断粪肥的养分含量并评估对于饲养策略的影响。

计划和技术规范

饲料管理的计划和技术规范须说明关于饲料管理的具体标准和操作技术。

在饲料管理计划需要包含以下部分：

- 技术或工艺类型或实施的饲养操作以及他们的预期目标。
- 在饲料管理操作实施之前及之后，做好饲料分析和饲料配给的工作。
- 通过饲料称重、混合、运送，提供每组饲养所需的配方饲料。
- 在送检之前，如果适用的话，对样本和保留饲料成分、有机肥和水分拟定协议。
- 在实施饲料管理操作前，估测或测量粪料的营养成分。
- 估测饲料管理对粪料养分的影响。
- 对粪料的病原体含量、气味和温室气体减少的预期影响。
- 指导如何对饲料管理计划进行审查和修订。
- 饲料中氮、磷的含量和来源。
- 对制订计划的饲料管理专家进行资质鉴定。

运行和维护

生产商、客户负责饲料管理计划的操作和维护。

维护运行和维护行为包含：

- 为确定是否有必要进行调整和修改，定期检查饲养管理计划。
- 对饲料分析程序化，记录氮、磷的实际摄入值。当实际的摄入量高于或者是与计划量不同时，记录会指出造成不同的原因。

持续记录实施计划，可适用的记录包含：

- 饲料分析和口粮定制，包含在实施饲养策略之前记录口粮定制。
- 记录评估饲养策略对减少粪肥营养成分和功效的影响。
- 在实施饲养策略之后分析粪肥来测定粪肥的营养含量。
- 检查的日期和实施检查的人，以及在检查中提出的任何建议。

计划实施的记录需要保存 5 年，如果其他联邦、州或者是当地的法令、项目或者合同需要的话，记录保存应超过 5 年。

参考文献

National Academy of Sciences（NRC）Animal Nutrition Reports. http：//dels.nas.edu/Agriculture/Animal-Nutrition/Reports-Academies-Findings.

USDA NRCS, and USDA-ERS. 2000. Manure Nutrients Relative to the Capacity of Cropland and Pastureland to Assimilate Nutrients. http：//www.nrcs.usda.gov/wps/portal/nrcs/detail/national/technical/nra/dma/?&cid=nrcs143_014126.

USDA NRCS. 2003 Nutrient Management Technical Note 1, Effects of Diet and Feeding Management on Nutrient Content of Manure. http：//directives.sc.egov.usda.gov/OpenNonWebContent.aspx?content=18558.wba.

USDA NRCS. 2003. Nutrient Management Technical Note 4, Feed and Animal Management for Poultry. http：//directives.sc.egov.usda.gov/OpenNonWebContent.aspx?content=18561.wba.

USDA NRCS. 2003. Nutrient Management Technical Note 2, Feed and Animal Management for Beef Cattle. http：//directives.sc.egov.usda.gov/OpenNonWebContent.aspx?content=18559.wba.

USDA NRCS. 2003. Nutrient Management Technical Note 3, Feed and Animal Management for Swine（Growing and Finishing）http：//directives.sc.egov.usda.gov/OpenNonWebContent.aspx?content=18560.wba.

USD NRCS. 2003. Nutrient Management Technical Note 5, Feed and Animal Management for Dairy Cattle. http：//directives.sc.egov.usda.gov/OpenNonWebContent.aspx?content=18562.wba.

USDA NRCS. 2012. Nutrient Management Technical Note 8, Animal Diets and Feed Management. http：//directives.sc.egov.usda.gov/OpenNonWebContent.aspx?content=31266.wba.

保护实践概述

（2016年9月）

《饲料管理》（592）

《饲料管理》是指为达到预期目的而对牲畜和家禽有效养分、饲料或添加剂的数量或质量进行管理的实践。

实践信息

《饲料管理》用于整个农场养分失衡、农场进口养分多于出口及种植方案利用养分下的牲畜和家禽作业。牲畜和家禽作业采用土地施用粪肥且没有足够大土地基础采用土壤测试推荐的比例施用养分并供轮作中的作物利用时，本实践适用。

本实践旨在提供牲畜和家禽养殖、生产和繁殖所需的有效养分数量，同时通过尽量减少这些养分和其他养分的过量喂养，减少粪肥中排泄出的营养物质量，特别是氮和磷，并通过更有效地喂养营养物质提高农场的净收入。

《饲料管理》也用于通过减少病原体和化学品在粪肥中的数量和活性，防止粪肥、生物固体或堆肥施用中出现过量病原体和化学品。《饲料管理》可通过减少动物饲养作业中的气味、颗粒物和温室气体（GHG）排放来提高空气质量。

常见相关实践

《饲料管理》（592）通常与保护实践《养分管理》（590）一起应用。

保护实践的效果——全国

土壤侵蚀	效果	基本原理
片蚀和细沟侵蚀	0	不适用
风蚀	0	不适用
浅沟侵蚀	0	不适用
典型沟蚀	0	不适用
河岸、海岸线、输水渠	0	不适用
土质退化		
有机质耗竭	0	不适用
压实	0	不适用
下沉	0	不适用
盐或其他化学物质的浓度	0	不适用
水分过量		
渗水	0	不适用
径流、洪水或积水	0	不适用
季节性高地下水位	0	不适用
积雪	0	不适用

（续）

水源不足	效果	基本原理
灌溉水使用效率低	0	不适用
水分管理效率低	0	不适用
水质退化		
地表水中的农药	0	不适用
地下水中的农药	0	不适用
地表水中的养分	2	减少粪肥中排泄的养分量可以减少在施用粪肥的土地上过度施用养分的可能性，从而降低养分流失到地表水中的可能性。
地下水中的养分	2	这一举措可减少粪肥中排泄出的养分量，从而减少了土地上粪肥过度施用的可能性。
地表水中的盐分	1	某些饲料会导致粪肥中出现高盐含量。
地下水中的盐分	0	不适用
粪肥、生物土壤中的病原体和化学物质过量	1	可以通过添加某些添加剂减少粪便中的病原体。
粪肥、生物土壤中的病原体和化学物质过量	1	可以通过添加某些添加剂减少粪便中的病原体。
地表水沉积物过多	0	不适用
水温升高	0	不适用
石油、重金属等污染物迁移	0	不适用
石油、重金属等污染物迁移	0	不适用
空气质量影响		
颗粒物（PM）和 PM 前体的排放	4	改变饲料形式可以降低粉尘水平。饲料中更好的氮管理可以大大减少氨排放量。
臭氧前体排放	1	饲料管理可减少挥发性有机化合物（VOC）排放量。更好的氮管理可以减少氮的排泄，从而降低氮物质中氧化物排放的可能性。
温室气体（GHG）排放	4	饲料管理可以减少氮排泄，从而降低排放一氧化二氮的可能性。反刍动物的饲料管理也可以减少甲烷排放量。
不良气味	4	饲料管理可减少挥发性有机化合物排放量。更好的氮和硫管理可降低氨和硫化氢的排放量。
植物健康状况退化		
植物生产力和健康状况欠佳	0	不适用
结构和成分不当	0	不适用
植物病虫害压力过大	0	不适用
野火隐患，生物量积累过多	0	不适用
鱼类和野生动物——生境不足		
食物	0	不适用
覆盖 / 遮蔽	0	不适用
水	0	不适用
生境连续性（空间）	0	不适用
家畜生产限制		
饲料和草料不足	5	饲料和草料均衡喂养，保证满足家畜的营养需求。
遮蔽不足	0	不适用
水源不足	0	不适用
能源利用效率低下		
设备和设施	0	不适用
农场 / 牧场实践和田间作业	1	改善饮食、减少粪便排泄。降低运输和利用粪肥所需的能源。

CPPE 实践效果：5 明显改善；4 中度至明显改善；3 中度改善；2 轻度至中度改善；1 轻度改善；0 无效果；−1 轻度恶化；−2 轻度至中度恶化；−3 中度恶化；−4 中度至严重恶化；−5 严重恶化。

工作说明书—— 国家模板

（2016年9月）

此类可交付成果适用于个别实践。其他规划实践的可交付成果参考具体的工作说明书。

设计

可交付成果

1. 能够证明符合自然资源保护局实践中的相关准则并与其他计划和应用实践相匹配的设计文件。
   a. 保护计划中确定的目的。
   b. 列出所有规定的实践或辅助性实践。
   c. 制订计划和规范所需的与实践相关的计算和分析，包括但不限于：
      i. 家畜种类、大小、数量
      ii. 饮食建议
      iii. 饲料分析
      iv. 粪便分析
      v. 为减少病原体、气味或温室气体而采取的行动
2. 提供给客户的说明书，该说明书应充分描述有关实施本实践以及获得规定许可证的要求。
3. 运行维护计划。
4. 证明设计符合实践和适用法律法规的文件。
5. 实施期间，根据需要所进行的设计修改。

注：可根据情况添加各州的可交付成果。

安装

可交付成果

1. 与客户进行的实施前会议。
2. 根据需要提供的应用指南。
3. 协助客户和原设计方并实施所需的设计修改。
4. 在实施期间，就所有联邦、州、部落和地方法律、法规和自然资源保护局政策的合规性问题向客户 / 自然资源保护局提供建议。
5. 证明施用过程和材料符合设计和许可要求的文件。

注：可根据情况添加各州的可交付成果。

验收

可交付成果

1. 实施记录。
   a. 实践单位
   b. 实际使用的材料
2. 证明施用过程符合自然资源保护局实践和规范并符合许可要求的文件。
3. 进度报告。
4. 与客户和承包商举行退出会议。

注：可根据情况添加各州的可交付成果。

参考文献

NRCS Field Office Technical Guide（eFOTG）, Section IV, Conservation Practice Standard Feed Management – 592.

NRCS National Environmental Compliance Handbook.

NRCS Cultural Resources Handbook.

注：可根据情况添加各州的参考文献。

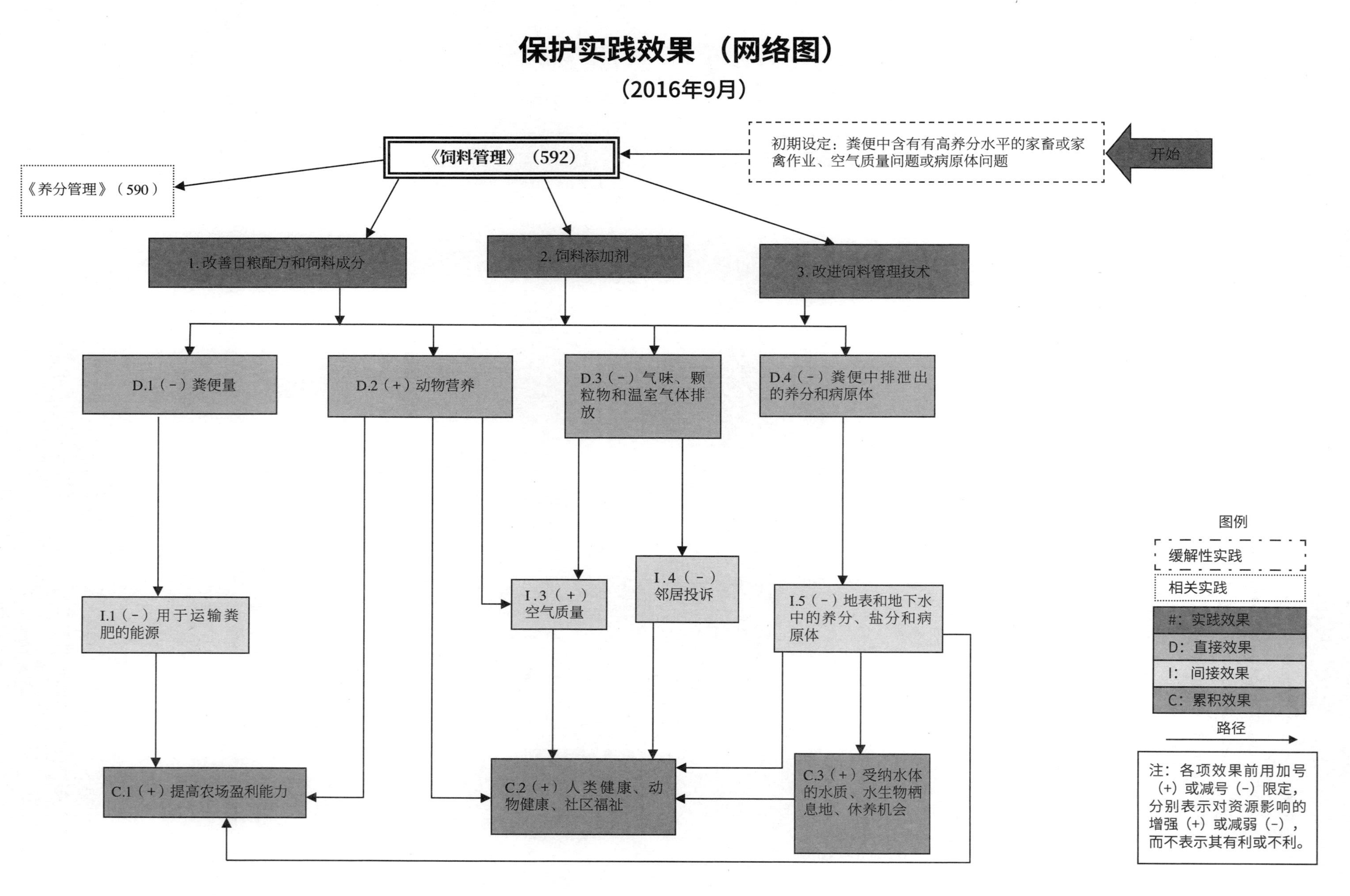

保护实践效果（网络图）
（2016年9月）
开始
初期设定：粪便中含有有高养分水平的家畜或家禽作业、空气质量问题或病原体问题
《饲料管理》（592）
《养分管理》（590）
1. 改善日粮配方和饲料成分
2. 饲料添加剂
3. 改进饲料管理技术
D.1（-）粪便量
D.2（+）动物营养
D.3（-）气味、颗粒物和温室气体排放
D.4（-）粪便中排泄出的养分和病原体
I.1（-）用于运输粪肥的能源
I.3（+）空气质量
I.4（-）邻居投诉
I.5（-）地表和地下水中的养分、盐分和病原体
C.1（+）提高农场盈利能力
C.2（+）人类健康、动物健康、社区福祉
C.3（+）受纳水体的水质、水生物栖息地、休养机会
图例
缓解性实践
相关实践
#：实践效果
D：直接效果
I：间接效果
C：累积效果
路径
注：各项效果前用加号（+）或减号（-）限定，分别表示对资源影响的增强（+）或减弱（-），而不表示其有利或不利。

田地边界

（386，Ac, 2016年9月）

定义

田地边界是一条在一块田地边缘或周围建立的固定植被带。

目的（资源方面）

- 减少风蚀和水蚀，并减少过多的泥沙对地表水的侵蚀（土壤侵蚀）。
- 减少沉积物堆积，保护地表水和地下水的水质，防止富营养化（水质退化）。
- 为野生动物、传粉昆虫或其他的有机生物提供食物和栖息地（鱼类和野生动物栖息地不足）。
- 减少温室气体排放，增加碳储量（影响空气质量）。
- 减少颗粒物质的排放（影响空气质量）。

适用条件

此实践适用于田地内部边界。可用于支撑或连接田地内和田地之间其他缓冲区。此实践主要适用于农田和牧场。

准则

适用于上述所有目的的总体准则

为满足资源需求、实现生产者目标，在田地边缘建立田地边界。田地边界最小宽度设定应基于当地特定目标或安装条例目标的设计标准。

建立田地边界以适应永久性草地、非禾草本植物和灌木的适应性物种，实现设计目标。

种在田地边界的植物应具有耐风蚀和水蚀的物理特点。对于会受到交通设备影响的边界地区，应种植对交通设备耐受性强的植物。

苗床准备、播种率、播种日期、播种深度、肥力要求和种植方法应符合当地标准和地质条件。

作为苗床准备工作的一部分，清除规划边界地区的短期沟渠和细沟。如果存在这种情况，要立即处理规划边界地区上坡的短暂沟壑和径流，以确保更多的片流和较少的槽流流入田地边界地区。

分散或重新定向田地边界的集中水流，防止沟蚀。

减少风蚀和水蚀并减少地表水沉积物过量堆积的附加准则

应及时建立田地边界，以便在关键的侵蚀期间使土壤得到充分保护。

建立覆盖密集的永久性物种。

种植硬茎、直立草、草 / 豆科植物或灌木丛，用以防风或水性土壤颗粒。

应利用目前批准的水蚀和风蚀预测技术，确定田地边界需要的地表或冠层覆盖量。估算土壤侵蚀应考虑到管理系统中其他做法的影响。

减少风力侵蚀。确定边界，以便在严重侵蚀期间根据主导风向数据确定场地迎风面的稳定区域。

严重风蚀期间，草或灌木丛的最小高度应为 1 英尺。

减少水力侵蚀。确定边界以消除斜坡末端排、岬地和其他集中水流进入或流出田地的区域。

尽可能让植物的排列方向垂直于片流方向。

减少田野外部沉积物堆积，保护地表水和地下水水质、防止富营养化的附加准则

禁止焚烧田地边界。

至少应根据沿径流进入或离开田地的边缘确定田地边界。为达成此目标，最小宽度应为 30 英尺，且应是密集的植被带（类似于茂密的草地）。

设计边界宽度应符合所有适用州和地方性法规有关粪肥和化学品使用限制的标准。

种植硬茎、直立草、草 / 豆科植物或灌木丛，用以防风或水性土壤颗粒。

为野生动物、传粉昆虫或其他有益生物提供食物和覆盖物的附加准则

使用经批准的栖息地评估程序，以确定目标野生动物物种所需食物和栖息地的资源、适当数据与安排情况。

选择为引人关注的野生动物物种提供合适栖息地、食物来源和覆盖物的物种。

此项目标的最小宽度应为 30 英尺。

在田地边界内安排割草、收割、除杂草和其他管理活动，以适应目标野生动物物种的繁殖和其他生命周期要求。

在可能的情况下，在任何给定时间内的干扰不得超过田地边界的 1/3。禁止在田地边界区域开车。

对于以目标害虫为食物的益虫来说（例如掠夺性和寄生性昆虫、蜘蛛、食虫鸟和蝙蝠、肉食鸟和陆地啮食类动物），至少在控制目标害虫的关键时期，最好在全年范围内，选择满足饮食多样化、筑巢和覆盖目标物种要求的多种植物物种。避免将田地边界暴露在对野生动物、传粉昆虫和其他有益生物有潜在危害的农药和其他化学物质中。

当出现野生动物或传粉昆虫问题时，只要土壤资源问题也得到充分解决（即没有过度的土壤流失），那么地表覆盖的百分比就可以低于保护土壤和水质可接受的水平。这可以通过简单的增大田地边界宽度得以实现。

减少温室气体、增加碳储量的附加准则

在该场地上种植可在地面或者地下产生足够的生物量的植物物种（即，可达成积极的土壤调节指数）。

最大化田地边界的宽度和长度，以适应场地并增加总生物量产量。

禁止焚烧田地边界。

禁止因耕作方式破坏植被的根系。

减少排放颗粒物质的附加准则

建立具有优化空气质量、拦截和黏附颗粒物作用的植物物种。选择具有固定根系和残余物的植物，以稳定土壤结构并减少空气中颗粒物产生。

禁止焚烧田地边界。

种植抗物理交通损害的物种。

注意事项

适用于所有目的

田地边界宽度要符合所有适用州和地方性法规有关粪肥和化学品施用限制的标准。

植物田地边界要围绕整个田块，而不仅仅是水进入或流出田地的边缘，以最大限度地节约资源。

在农作物或田地边界界面处建立一条狭窄的硬茎、直立草带，可以增加田地边界土壤颗粒和其他悬浮颗粒吸附率。

本地植物最适合野生动植物和传粉昆虫栖息地的改善，并在适合地质条件和符合生产者目标的情况下提供其他生态效益。

在改善野生动物栖息地环境时，也应鼓励增加植物物种多样性。多重结构植被的种植将最大限度地提高野生动物的利用率。

包括提供不同花粉和花蜜以促进增加当地传粉种群的本地植物。在可能的情况下，重新建立该地区本地植物群落。

在田地边界上叠种杂草，以增加植物多样性、土壤质量、授粉昆虫和野生动物受益。

在选择植物品种时应考虑植物对于以下情况的耐受性：

- 计划使用的泥沙沉积物和各种化学物质。
- 在田地边界活跃的生长期内，干旱地区的干旱或蒸散量可能超过降水量。

- 设备运输。

种植具有理想视觉效果，且不会干扰野外作业或田地边界维护的植物物种。

种植植物时，要考虑到临近植物的遮蔽因素。

相对于引进的物种来说，本地多年生植物物种的资源保护期更长。

保护实践《计划烧除》（338）、《计划放牧》（528）、《早期演替栖息地发展与管理》（647）是用于为特定野生动物物种提供适宜栖息地的管理标准，其前提是这些做法不违背此标准目的。

为尽量减少野生动物的死亡率和栖息地的退化，仅在必要时才可在田地边界上以低速并充分抬高工具的方式打开或运行机器。如果是筑巢季，有必要在田地边界进行大量的机器运行和车辆来往，则可通过提前割草以减少其作为筑巢地点的可能性，进而减少死亡率。

设计边界的宽度应与所需采用逆流边界的宽度保持一致，便于管理（即土地使用与管理变更应在同一地点）

考虑在邻近的高地地区安装等高线缓冲系统、免耕或其他保护措施，以减少地表径流和田地边界产生过多沉积物。

作为有机生产者的有机系统计划的一部分，有机作物生产者必须在安装前向其证明人提交计划和技术规范。

当出现遗传漂变的问题时，利用缓冲植被，在产生花粉的作物和必须保护的作物之间制造一种屏障，或者增大间隔距离，从而减小异花授粉的概率。

边界宽度可设计成用于容纳设备转弯、停车、装卸设备、粮食收获作业等，以最大限度地减少高交通区域边缘的土壤压实。

在田地边界范围内，可能需要水闸或护堤来分散或改变集中水流的方向。

计划和技术规范

每个地点和目的做好技术规范，并将其记录在已批准的实施需求文件中。

- 标准目的。
- 基于本地设计标准的田地边界宽度和长度。
- 建在田间或农场边界地带的田地边界位置。
- 准备使用的物种和所使用物种的位置和种植密度。
- 场地准备要求。
- 种植时间与方法。
- 石灰或肥料的施用要求。
- 运行与维护要求。

运行和维护

田地边界需要认真管理与维护，以确保其功能和使用期限。根据需要实施以下运行和维护标准：

- 修复风暴所造成的破坏。
- 堆积的沉积物影响田地边界的功能或者威胁到植物生存时，可以沿着田地边界的上边或者内部清除沉积物。
- 关闭农药喷雾器，改善耕作设备，以避免对田地边界造成破坏。
- 在因动物、化学药品、耕种或交通设备破坏的田地边界进行规划与重新播种。
- 不要在任何时间将田地边界用作干草场或机械停车场，这样做会破坏田地边界功能。
- 通过石灰、施肥、割草或焚烧，控制有毒杂草来维持田地边界功能，以维持所需的营养成分和植物活力。
- 在田地边界地的短期沟壑和小溪进行修复和重新种植。
- 在压实和车辆交通削弱了田地边界功能的少见情况下，可以进行极小的侵入性垂直耕作（例如辅助耕作）。耕作的目的是缓解土壤压实，提高土壤入渗率，为植被重建和田野边界功能重建提供更好的介质。

- 在管理野生动物时，不能在动物初次筑巢、育雏和产犊期做会破坏植被的维护活动。除此之外，在管理野生动物、传粉昆虫和益虫的栖息地期间，生产区域进行杀虫剂喷洒作业时要考虑到杀虫剂材料的毒性，需适用于非害虫生物以及天气条件，防止这些动物、传粉昆虫和益虫受到杀虫剂的危害。应尽可能在生长季节结束之前，定时开展再生活动。保持最佳植被演替状态，从而适应目标野生动物物种的要求。
- 允许定期移除某些作物，如草药、坚果和水果，前提是保护目的不因植被丧失或收获受到干扰时而受到损害。
- 土壤水分饱和期间，应避免车辆通行。
- 依据土地使用者的需要，维护田地边界并进行记录。

参考文献

Baumgartner J. et al，2005 Biodiversity Conservation–An Organic Farmer’s Guide. Wild Farm Alliance. http：//www.wildfarmalliance.org.

Renard K.G.，Foster G.R.，Weesies G.A.，Mc Cool K.D.K. and Yoder D.C.，1997. Predicting Soil Erosion by Water：A Guide to Conservation Planning with the Revised Universal Soil Loss Equation（RUSLE），Agricultural Handbook Number 703.

Revised Universal Soil Loss Equation Version 2（RUSLE2）Website（checked May 2007）：http：//fargo.nserl.purdue.edu/rusle2_dataweb/RUSLE2_Index.htm.

保护实践概述

（2016年9月）

《田地边界》（386）

田地边界是指在田地的一侧或多侧种植永久性植被（草类、豆科植物、杂草或灌木）的带状地区。

实践信息

包含边界的田地通常是但也不一定非要是农田。田地边界一般由农田转换而来，但也可能是在清除林地边缘的大树后，保留下来的草本植物和小木本植物的过渡地带。

田地边界具有功能性和美观性，属于多用途实践，可发挥下列一项或多项功能：

- 减少风蚀和水蚀。
- 保护土壤和水质。
- 协助管理有害昆虫种群。
- 提供野生动物食物和覆盖物。
- 提供乔木或灌木产品。
- 增加生物质和土壤中的碳储量。
- 改善空气质量。

在选择本实践的植物种类时，应考虑上述功能。

常见相关实践

《田地边界》（386）通常与《保护性作物轮作》（328）、《早期演替栖息地发展 / 管理》（647）以及高地或湿地野生动物栖息地管理实践（645 和 644）等保护实践一起使用。

保护实践的效果——全国

土壤侵蚀	效果	基本原理
片蚀和细沟侵蚀	4	跨斜坡种植的永久性植被减少了侵蚀性水能。
风蚀	4	硬茎永久性植被捕获了跃移颗粒物。更为粗糙的表面减缓了风速。
浅沟侵蚀	1	跨斜坡种植的植被减少了流出农田的集中渗流的冲蚀力度。
典型沟蚀	0	不适用
河岸、海岸线、输水渠	1	植被增加可以减少流经河岸的集中性径流。
土质退化		
有机质耗竭	4	永久覆盖层和缺乏土体扰动减少了土壤有机物质如根系的分解可造成物质积累。
压实	2	根部渗透和有机质有助于土壤结构的修复。
下沉	0	排水对沉降的影响最大。
盐或其他化学物质的浓度	0	不适用
水分过量		
渗水	0	不适用
径流、洪水或积水	1	永久性植被可减少径流、增加渗透。
季节性高地下水位	0	不适用
积雪	0	不适用
水源不足		
灌溉水使用效率低	0	不适用
水分管理效率低	0	不适用
水质退化		
地表水中的农药	2	这一举措可减少径流和侵蚀。此外，田地边界可能吸引益虫或诱捕害虫，从而减少对农药的施用需求。
地下水中的农药	2	这一举措可吸引益虫或诱捕害虫，从而减少对农药的施用需求。
地表水中的养分	2	永久性植被会占用可吸收有效养分、增加有机质。增加的有机质将进一步增加阳离子交换量，从而维持养分。
地下水中的养分	2	永久性植被会占用可吸收有效养分、增加有机质。增加的有机质将进一步增加阳离子交换量，从而维持养分。
地表水中的盐分	0	不适用
地下水中的盐分	1	这一举措将增加植物的吸收量。
粪肥、生物土壤中的病原体和化学物质过量	1	减少侵蚀和径流，防止病原体的传播。但如果永久性植被中的环境更潮湿的话，可能会减缓病原体的死亡。
粪肥、生物土壤中的病原体和化学物质过量	0	永久性植被增加了土壤有机质和微生物活性，从而与病原体形成竞争。而永久性植被可通过减缓干燥速度而延缓某些病原体的死亡。
地表水沉积物过多	2	植被保护土表、捕获沉积物。
水温升高	0	不适用
石油、重金属等污染物迁移	0	不适用
石油、重金属等污染物迁移	0	不适用
空气质量影响		
颗粒物（PM）和 PM 前体的排放	1	田地边缘周围的永久性植被减少了边界地区车辆通行和耕作产生的微粒排放。
臭氧前体排放	0	不适用
温室气体（GHG）排放	1	植被将空气中的二氧化碳转化为碳，储存在植物和土壤中。
不良气味	0	不适用
植物健康状况退化		
植物生产力和健康状况欠佳	5	对植物进行选择和管理，可保持植物最佳生产力和健康水平。
结构和成分不当	5	选择适应且适合的植物。
植物病虫害压力过大	4	种植并管理植被，可控制不需要的植物种类。
野火隐患，生物量积累过多	0	不适用

（续）

鱼类和野生动物——生境不足	效果	基本原理
食物	2	植被质量和数量的增加为野生动物提供了更多的食物和遮蔽物。
覆盖 / 遮蔽	2	可以选择、管理植物，提高其作为覆盖 / 遮蔽的价值。
水	4	不适用
生境连续性（空间）	2	永久性植被可为选定的野生物种提供更多的栖息地和更高的连通性。
家畜生产限制		
饲料和草料不足	0	家畜的饲料和草料种植可能有一定的用途。
遮蔽不足	0	不适用
水源不足	0	不适用
能源利用效率低下		
设备和设施	0	不适用
农场 / 牧场实践和田间作业	0	不适用

CPPE 实践效果：5 明显改善；4 中度至明显改善；3 中度改善；2 轻度至中度改善；1 轻度改善；0 无效果；−1 轻度恶化；−2 轻度至中度恶化；−3 中度恶化；−4 中度至严重恶化；−5 严重恶化。

实施要求

（2016年1月）

生产商：______________________　项目或合同：______________________

地点：______________________　国家：______________________

农场名称：______________________　地段号：______________________

实践位置图 （显示预计进行本实践的农场 / 现场的详细鸟瞰图，显示所有主要部件、布点、与地标的相对位置及测量基准）

索引 □ 封面 □ 规范 □ 图纸 □ 运行维护 □ 认证声明

公用事业安全 / 呼叫系统信息

工作说明：

仅自然资源保护局审查

设计人：______________________　日期______________________

校核人：______________________　日期______________________

审批人：______________________　日期______________________

实践目的（勾选所有适用项）：

☐ 减少风和水的侵蚀。

☐ 保护土壤和水质。

☐ 为野生动物提供食物、覆盖物和传粉昆虫栖息地。

☐ 增加碳储量。

☐ 改善空气质量。

场地号 / 位置：________ 已实施面积：________ 播种日期：________

平均宽度：________ 最小宽度：________ 田地边界长度：________

田地准备：________

种植方法：________

种植说明（如在区域外缘种植灌木等）：________

播种率和播种品种（木本物种单位为株 / 线性英尺）

植物种类	磅 / 英亩种子（纯活种子）	计划面积的种子总量（磅）
1.		
2.		
3.		
4.		
5.		
6.		
7.		
8.		
9.		
10.		
总计 =		

* 纯度百分比乘以发芽百分比，即可算出纯活种子（PLS）率。播种率除以百分比，即可求出每英亩所需的纯活种子。例如：98% 纯度度 ×60% 发芽率 =0.588% 纯活种子率；10 磅 / 英亩 ×0.588%=17 磅 / 英亩。

肥料和改良剂

肥料成分	肥料形式	肥料用量（磅 / 英亩）
N		以氮计
P		以五氧化二磷计
K		以氧化钾计
S		以硫计
石灰		
石膏		

运行维护

☐ 保持植被区域原有的宽度和深度。

☐ 收割、修剪、补种和施肥，保持植物密度和旺盛的植物生长事态。应对截沙带的割草或放牧作业进行管理，以便在预计发生风蚀或作物损害的季节到来之前，保证植物重新生长到计划高度。可行情况下，除地上造巢鸟类的主要筑巢季节之外，安排对植被进行收割、修剪或其他机械干扰。

☐ 截沙带中积聚的风成沉积物应酌情清除并分散在场地表面，必要时重新种植截沙带。根据需要重新种植或迁移截沙带，保持植物密度、宽度和高度。

☐ 打开截沙带时，关闭农药喷雾器。

☐ 控制有害杂草。

☐ 定期评估截沙带的有效性，以便满足计划目的，并根据需要调整管理工作。

工作说明书—— 国家模板

（2016年9月）

此类可交付成果适用于个别实践。其他规划实践的可交付成果参考具体的工作说明书。

设计

可交付成果

1. 能够证明符合自然资源保护局实践中的相关准则并与其他计划和应用实践相匹配的设计文件。
    a. 实施要求中确定的实践目的。
    b. 客户需要获得的许可证清单（如适用）。
    c. 符合自然资源保护局国家和州公用设施安全政策（《美国国家工程手册》第503部分《安全》，第503.00节至503.22节）。
    d. 列出所有规定的实践或辅助性实践。
    e. 制订计划和规范所需的与实践相关的计算和分析，包括但不限于：
        i. 田地边界的宽度和长度
        ii. 植被种类的选择及播种率
        iii. 所需场地和播前整地
        iv. 侵蚀计算（如适用）
        v. 野生动物方面的考虑因素（如适用）
2. 向客户提供书面计划和规范书包括草图和图纸，充分说明实施本实践并获得必要许可的相应要求，应根据保护实践《田地边界》（386）制订计划和规范，并记录在386号实践的实施要求文件中。
3. 记录在386号实践的实施要求文件中的运行维护，并可以与实施要求文档配合使用。
4. 证明设计符合实践和适用法律法规的文件，并记录在386号实践的实施要求文件中。
5. 安装期间，根据需要所进行的设计修改。

注：可根据情况添加各州的可交付成果。

安装

可交付成果

1. 与客户进行的安装前会议。
2. 验证客户是否已获得规定许可证。
3. 根据计划和规范（包括适用的布局注释）进行定桩和布局。
4. 根据需要制订的安装指南。
5. 协助客户和原设计方并实施所需的设计修改。
6. 在安装期间，就所有联邦、州、部落和地方法律、法规和自然资源保护局政策的合规性问题向客户 / 自然资源保护局提供建议。
7. 证明安装过程和材料符合设计和许可要求的文件。

注：可根据情况添加各州的可交付成果。

验收

可交付成果

1. 安装记录。
   a. 实践单位
   b. 实际使用的材料
2. 证明安装过程符合自然资源保护局实践和规范并符合许可要求的文件，并记录在386号实践的实施要求文件中。
3. 进度报告。

注：可根据情况添加各州的可交付成果。

参考文献

NRCS Field Office Technical Guide（eFOTG）, Section IV, Conservation Practice Standard Field Border - 386.

NRCS National Agronomy Manual.

NRCS National Environmental Compliance Handbook.

NRCS Cultural Resources Handbook.

注：可根据情况添加各州的参考文献。

保护实践效果 （网络图）

（2016年9月）

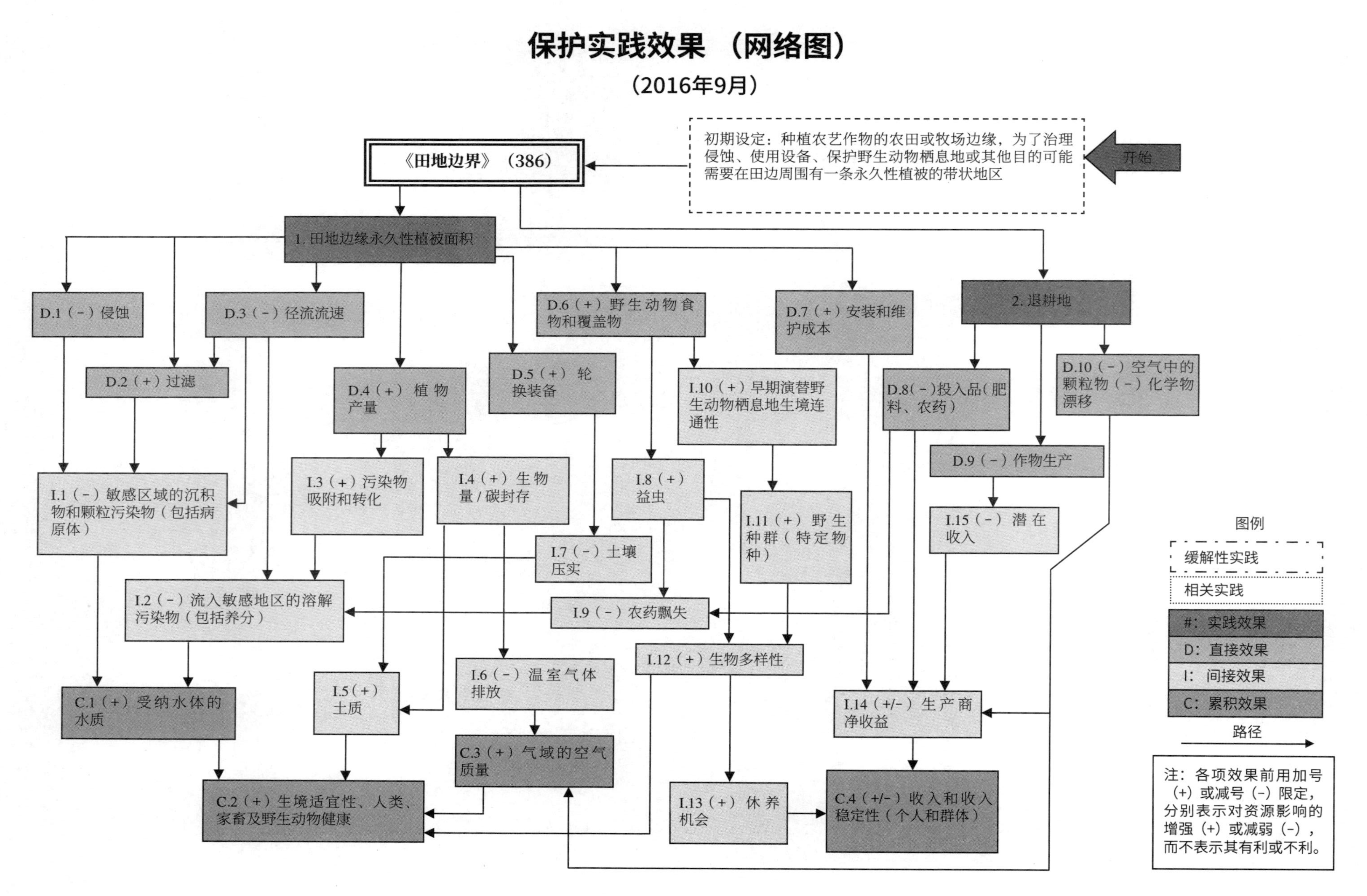

过滤带

（393，Ac, 2016年9月）

定义

一种可以去除地表径流污染物的草本植被带状区或片状区。

目的

- 减少地表水中径流和过量沉积物中的悬浮固体和伴生污染物。
- 减轻径流中的溶解污染物负荷。
- 减少灌溉尾水中的悬浮物和伴生污染物，并减少地表水中的过量沉积物。

适用条件

在受泥沙、其他悬浮固体和径流中溶解污染物影响的保护环境敏感区域，设置过滤带。

准则

适用于上述所有目的的总体准则

进入植物过滤带的陆流将呈现均匀的片状流动。

集中流在进入植物过滤带之前会被分散。

沿过滤带前缘的最大坡度不超过上坡和下坡坡度百分比的一半，从过滤带开始立即上坡，最大坡度不超过5%。

过滤带不可用作设备运输通道或牲畜的通行道。

减少地表水中的过量沉积物，并减少径流中的溶解污染物、悬浮固体和伴生污染物的附加准则

根据《农学技术说明2号》《使用修订通用土壤流失方程》版本2（RUSLE2）中提到的关于设计和植物过滤带（FVS）对沉积物的效力预测，基于过滤带上部边缘的沉积物输送量和过滤带流程长度与起作用的流程长度之比，过滤带设计为10年寿命。带有悬浮固体和相关污染物的径流为20英尺，是通过过滤带的最小流程长度为，带有溶解污染物和病原体的径流为30英尺。

污染源区域的下坡应立即建立过滤带。

过滤带上方的排水区应有1%或更高的坡度。.

植被。过滤带将定植永久草本植被。所选物种将：

- 足以抵挡沉积物沉降的局部掩埋。
- 容许在过滤带上产生径流的区域使用除草剂。
- 茎硬，靠近地面有较高的茎密度。
- 适用于当前的地质条件和预期用途。
- 能够在适当的时间内达到足够的密度和活力，以充分稳固场地，以便在日常管理活动中适当使用。

在使用前，应明确植物种类、播种率（磅/英亩）、植物栽培（植数/英亩）、定植苗的最低质量（纯种子或茎厚度）和栽种方法。只可使用易活的高品质种子或定植苗。

一次性，并以确保选定物种的存活和生长的最佳方式完成场地准备和播种或种植。在操作前，制订栽种参数（如地面/冠层覆盖最小百分比、存活百分比、林分密度）。

在土壤水分足以萌发和存活时安排栽植期。定时安排播种，以防邻近作物的耕作损坏已播种的过滤带。

为达到去除磷的目的，每年至少一次移除（或收割）植物过滤带地面上的生物量。

最小播种密度和茎密度等于该气候区高质量牧草干草的播种密度或当前水蚀技术中确定捕集效率所选择的植被密度，以较高的播种率为准。

减少灌溉尾水中的悬浮固体和伴生污染物，减少地表水中的过量沉积物的附加准则

过滤带植被将由小粒谷物或其他合适的年生长周期的植物构成。

播种率应足以确保植株间距不超过 4 英寸（每平方英尺 16 ～ 18 株植物）。

在灌溉季节之前栽种过滤带，以便植物成熟到足以过滤第一次灌溉中的沉淀物。

注意事项

通用注意事项

过滤带行宽（流程长度）可根据需要增加，以适应收割和维护设备。

与沿前缘具有梯度的过滤带相比，带轮廓前缘的过滤带运行效果更好。

对于高质量的牧草作物，建立比正常密度高的茎密度的播种率将更有效地捕集和处理污染物。

在必要时，可以通过割草、除草剂和人工除草来控制侵入植物物种。

减少径流中悬浮固体及伴生污染物的注意事项。增加过滤带的宽度，使之超过所需的最小值，可增加捕获径流中更多污染物的可能性。

创建、恢复或增强野生动植物、有益昆虫和传粉昆虫的草本栖息地的注意事项。过滤带通常是打破集中耕种区域单调性的唯一突破口。这种草本覆盖物对野生动物和传粉昆虫的好处可以通过以下方式加强：

- 适当时，使用符合此标准目的的本地草种，同时为优先野生动植物提供栖息地。
- 将草本植物物种（包括天然草本植物）加入到有利于野生动植物和传粉昆虫的播种混合物中，符合所列举的目的之一。改变播种混合物不应影响建立植物过滤带的目的。
- 增加过滤带宽度，超过所需最小值。多出来的区域可以为野生动植物和传粉昆虫增加食物养料和覆盖层。
- 过滤带上的管理活动（割草、焚烧或轻耕）应每隔一年进行，频率取决于地理位置，以达成本实践的目的。
- 管理活动应在最初筑巢和生殖产犊季节之外完成。在生长季节结束前，应定时开展活动以保证植被再生。
- 作为有机生产商有机系统计划的一部分，有机生产商应在安装前，向其认证代理商提交计划和说明书并得到批准。

保持或增强流域功能和价值的注意事项。过滤带可用于增强流域内的草本植被廊道和非耕作植被斑块的连通性，增强流域的美学效果，策略性地定位以减少径流，并通过流域增加渗透力和地下水补给量。

增加碳储量。增加过滤带的宽度使之超过所需的最小值，可增加碳封存的可能性。

计划和技术规范

将为每片田地或设备机组提供本实践的栽种和操作的技术规范。使用实施要求文件时需记录技术规范。技术规范将至少明确以下内容：

- 此实践目的。
- 过滤带的长度、宽度（宽度是指通过过滤带的流程长度）和坡度。
- 完成计划目的所需的植物物种选择和播种 / 种植 / 发芽率。
- 种植日期和种植方法。
- 种子或植物材料的特殊护理和处理要求，以确保种植材料具有可令人接受的存活率。
- 关于只使用易活的、高质量和适应性强的种子的声明。
- 足以建立和种植选定品种的场地准备说明。

运行和维护

为了过滤污染物和养分（磷），适当收割和除去永久性滤带植被植物，以促进密集生长，维持直立的生长习性并除去植物组织中所含的养分和其他污染物。

控制不需要的杂草种类，特别是各州列出的有害杂草。

如果采用保护实践《计划烧除》（338）来管理和维护过滤带，必须制订经批准的焚烧计划。

检查雨后过滤带，并修理已形成的沟壑，除去不均匀的泥沙淤积，补种受干扰区域，并采取其他措施防止集中流通过过滤带。

根据需要施用补充养分，以维持物种组成和林分密度。

当过滤带带状区域处的泥沙淤积危害滤带功能时，定期改造和重建过滤带。如果需要的话，可在再分类区域重新栽种过滤带植被。

如果放牧活动需从过滤带中获取植被，放牧计划必须确保过滤带的完整性和功能不受影响。

参考文献

Dillaha T.A., Sherrard J.H., and Lee D., 1986. Long-Term Effectiveness and Maintenance of Vegetative Filter Strips. VPI-VWRRC Bulletin 153.

Dillaha T.A., and Hayes J.C. , 1991. A Procedure for the Design of Vegetative Filter Strips: Final Report Prepared for U.S. Soil Conservation Service.

Foster G.R. 2005. Revised Universal Soil Loss Equation, Version 2 (RUSLE 2) Science Documentation (InDraft). USDA-ARS, Washington DC.

Renard K.G., Foster G.R., Weesies G.A., McCool D.K., and D.C.Yoder, 1997. Predicting Soil Erosion by Water: A Guide to Conservation Planning with the Revised Universal Soil Loss Equation (RUSLE). U.S. Department of Agriculture. Agriculture Handbook 703.

Revised Universal Soil Loss Equation Version 2 (RUSLE 2) Website (checked May 2007): http: //fargo.nserl.purdue.edu/rusle2_dataweb/RUSLE2_Index.htm.

Dosskey M.G., Helmers M.J., and Eisenhauer D.E., 2008. A Design Aid for Determining Width of Filter Strips. Journal of Soiland Water Conservation. July/Aug 2008—vol.63, No.4.

保护实践概述

（2015年9月）

《过滤带》（393）

过滤带是一个用来清除径流和废水沉积物、有机物质和其他污染物的植被区。

实践信息

过滤带通常位于田地的下边缘，设计成为田地与环境敏感区域（例如溪流、湖泊、湿地）和其他易受沉积物和水载污染物破坏的区域之间的缓冲区。

除了起到缓冲作用外，过滤带通过适当的植物选择和管理，还可以实现其他功效，例如：

- 改善鱼类和野生动物栖息地。
- 改善田间路径。
- 增加家畜草料。

通过割草、施肥、治理杂草和重新播种（按需进行）促进养分快速增长，从而开展过滤带的运行与维护工作。发生风暴后，检查过滤带；如有必要，填充沟壑并清除积聚的沉积物，保持过滤带有效运行。

在一年中的潮湿时期，将家畜和车辆流量除在过滤带之外，减少限制渗透的土壤压实情况。

常见相关实践

《过滤带》(393)通常与《养分管理》(590)、《病虫害治理保护体系》(595)、《废物回收利用》(633)以及《植物残体管理措施》(329、345)等保护实践一起使用。

保护实践的效果——全国

土壤侵蚀	效果	基本原理
片蚀和细沟侵蚀	0	不适用
风蚀	0	不适用
浅沟侵蚀	0	不适用
典型沟蚀	0	不适用
河岸、海岸线、输水渠	0	不适用
土质退化		
有机质耗竭	5	由于在永久覆盖层下不存在土体扰动，减少了侵蚀、提高了根质量同时减少了氧化作用，因此有机质会增加或保持现有水平。
压实	5	根部渗透和有机质有助于土壤结构的修复。
下沉	0	不适用
盐或其他化学物质的浓度	0	不适用
水分过量		
渗水	0	不适用
径流、洪水或积水	0	不适用
季节性高地下水位	0	不适用
积雪	0	不适用
水源不足		
灌溉水使用效率低	0	不适用
水分管理效率低	0	不适用
水质退化		
地表水中的农药	2	这一举措减少径流并捕获吸附的农药。此外，过滤带可能吸引益虫或诱捕害虫，从而减少对农药的施用需求。
地下水中的农药	1	有可能增加植物根系的渗透和吸收以及具有生物活性的农药的分解。
地表水中的养分	5	过滤掉了固体有机物以及附着在沉积物上的养分物质。可溶性养分渗入土壤中，可被植物吸收或被土壤生物利用。
地下水中的养分	2	永久性植被会占用可吸收有效养分、增加有机质。增加的有机质将进一步增加阳离子交换量，从而维持养分。
地表水中的盐分	1	这一举措可减缓径流，增加水分入渗，减少盐分向地表水的迁移。
地下水中的盐分	1	这一举措将增加植物的吸收量。
粪肥、生物土壤中的病原体和化学物质过量	3	过滤带捕获并延迟病原体传播，但也可能因为植被保护病原体不被干燥而延迟病原体的死亡。
粪肥、生物土壤中的病原体和化学物质过量	1	这一举措可截留并延迟病原体传播，但也可能因为植被保护病原体不被干燥而延迟病原体的死亡。
地表水沉积物过多	5	植被保护土表、截留沉积物、养分和其他物质。
水温升高	0	不适用
石油、重金属等污染物迁移	4	含有重金属的径流速度减慢，从而可截留沉积物并增加对所有金属常被束缚住的土壤的渗透。有些植物能吸收重金属。
石油、重金属等污染物迁移	1	较高的有机质含量增加了土壤的缓冲能力。有些植物能吸收部分重金属。

（续）

空气质量影响	效果	基本原理
颗粒物（PM）和 PM 前体的排放	1	改作永久性植被的地区减少了易受风蚀和耕作影响的地区。
臭氧前体排放	0	不适用
温室气体（GHG）排放	1	植被将空气中的二氧化碳转化为碳，储存在植物和土壤中。
不良气味	0	不适用
植物健康状况退化		
植物生产力和健康状况欠佳	5	对植物进行选择和管理，可保持植物最佳生产力和健康水平。
结构和成分不当	5	选择适应且适合的植物。
植物病虫害压力过大	4	建设并管理过滤带，从而控制目标物种。稠密的永久性覆盖物限制了有害植物的入侵。
野火隐患，生物量积累过多	0	不适用
鱼类和野生动物——生境不足		
食物	2	植被质量和数量的增加为野生动物提供了更多的食物和庇护，但植被的清除限制了庇护范围。
覆盖 / 遮蔽	2	植被质量和数量的增加为野生动物提供了更多的食物和庇护，但植被的清除限制了庇护范围。
水	0	不适用
生境连续性（空间）	2	植被质量和数量的增加为野生动物提供了更多的食物和庇护，但植被的清除限制了庇护范围。
家畜生产限制		
饲料和草料不足	0	不适用
遮蔽不足	0	不适用
水源不足	0	不适用
能源利用效率低下		
设备和设施	0	不适用
农场 / 牧场实践和田间作业	0	不适用

CPPE 实践效果：5 明显改善；4 中度至明显改善；3 中度改善；2 轻度至中度改善；1 轻度改善；0 无效果；−1 轻度恶化；−2 轻度至中度恶化；−3 中度恶化；−4 中度至严重恶化；−5 严重恶化。

实施要求

（2016年1月）

生产商：________________ 项目或合同：________________

地点：________________ 国家：________________

农场名称：________________ 地段号：________________

实践位置图

（显示预计进行本实践的农场 / 现场的详细鸟瞰图，显示所有主要部件、布点、与地标的相对位置及测量基准）

索引

☐ 封面

☐ 规范

☐ 图纸

☐ 运行维护

☐ 认证声明

公用事业安全 / 呼叫系统信息

工作说明：

仅自然资源保护局审查

设计人：________________ 日期 ________________

校核人：________________ 日期 ________________

审批人：________________ 日期 ________________

实践目的（勾选所有适用项）：

□ 减少径流中的悬浮固体和伴生污染物。

□ 减轻径流中的溶解污染物负荷。

□ 减少灌溉尾水中的悬浮物和伴生污染物，并减少地表水中的过量沉积物。

场地号 / 位置：__________ 已实施的英亩数：______ 播种日期：______________

平均宽度：__________ 最小宽度：__________ 过滤带长度：______________

田地准备：________________________________

种植方法：________________________________

种植说明（例如仅适用于暖季草等）：________________________

播种率和播种品种（木本物种单位为株 / 英尺）

植物种类	磅 / 英亩种子（纯活种子）	计划面积的种子总量（磅）
1.		
2.		
3.		
4.		
5.		
6.		
7.		
8.		
9.		
10.		
总计 =		

* 纯度百分比乘以发芽百分比，即可算出纯活种子（PLS）率。播种率除以百分比，即可求出每英亩所需的纯活种子。例如：98% 纯度度 ×60% 发芽率 =0.588% 纯活种子率；10 磅 / 英亩 ×0.588%=17 磅 / 英亩。

肥料和改良剂

肥料成分	肥料形式	肥料用量（磅 / 英亩）
N		以氮计
P		以五氧化二磷计
K		以氧化钾计
S		以硫计
石灰		
石膏		

运行维护

□ 为了过滤污染物，应酌情收割永久性过滤带植物，刺激密集生长、保持直立生长习性，并去除植物组织中所含的养分物质和其他污染物。

☐ 治理不需要的杂草种类，特别是国家列出的有害杂草。

☐ 如果使用规定焚烧措施来管理和维护过滤带，则必须制订经批准的焚烧计划。

☐ 在风暴发生后检查过滤带并修复已形成的任何沟壑、清除会扰乱片流的不均匀沉积的泥沙沉积、对受干扰区进行补种，并采取其他措施防止集中渗流流过过滤带。

☐ 根据需要施加补充养分，保持过滤带所需的物种组成和林分密度。

☐ 当过滤带—农田界面的泥沙沉积危及其功能时，定期在过滤带区域重整坡度并重新种植植物。如有必要，在退化地区重新种植过滤带植被。

☐ 如果利用放牧从过滤带上收割植被，则放牧计划必须确保不会对过滤带的完整性和功能造成不利影响。

工作说明书—— 国家模板

（2016年9月）

此类可交付成果适用于个别实践。其他规划实践的可交付成果参考具体的工作说明书。

设计

可交付成果

1. 能够证明符合自然资源保护局实践中的相关准则并与其他计划和应用实践相匹配的设计文件。
   a. 实施要求中确定的实践目的。
   b. 客户需要获得的许可证清单。
   c. 列出所有规定的实践或辅助性实践（如适用）。
   d. 制订计划和规范所需的与实践相关的计算和分析，包括但不限于：
      i. 过滤袋宽度、长度和坡度百分比
      ii. 影响过滤带径流的面积大小和坡度百分比
      iii. 植被种类的选择
      iv. 侵蚀计算
2. 向客户提供书面计划和规范书包括草图和图纸，充分说明实施本实践并获得必要许可的相应要求，应根据保护实践《过滤带》（393）制订计划和规范，并记录在 393 号实践的实施要求文件中。
3. 运行维护计划。
4. 证明设计符合实践和适用法律法规的文件，并记录在 393 号实践的实施要求文件中。
5. 安装期间，根据需要所进行的设计修改。

注：可根据情况添加各州的可交付成果。

安装

可交付成果

1. 与客户进行的安装前会议。
2. 验证客户是否已获得规定许可证。
3. 根据计划和规范（包括适用的布局注释）进行定桩和布局。
4. 根据需要制订的安装指南。
5. 协助客户和原设计方并实施所需的设计修改。

6. 在实施期间，就所有联邦、州、部落和地方法律、法规和自然资源保护局政策的合规性问题向客户 / 自然资源保护局提供建议。
7. 证明安装过程和材料符合设计和许可要求的文件。

注：可根据情况添加各州的可交付成果。

验收

可交付成果

1. 安装记录。
    a. 实践单位
    b. 实际使用的植物材料
2. 证明安装过程符合自然资源保护局实践和规范并符合许可要求的文件，并记录在 393 号实践的实施要求文件中。
3. 进度报告。

注：可根据情况添加各州的可交付成果。

参考文献

NRCS Field Office Technical Guide（eFOTG）, Section IV, Conservation Practice Standard Filter Strip - 393.

NRCS National Agronomy Manual.

NRCS National Environmental Compliance Handbook.

NRCS Cultural Resources Handbook.

注：可根据情况添加各州的参考文献。

保护实践效果（网络图）

（2016年9月）

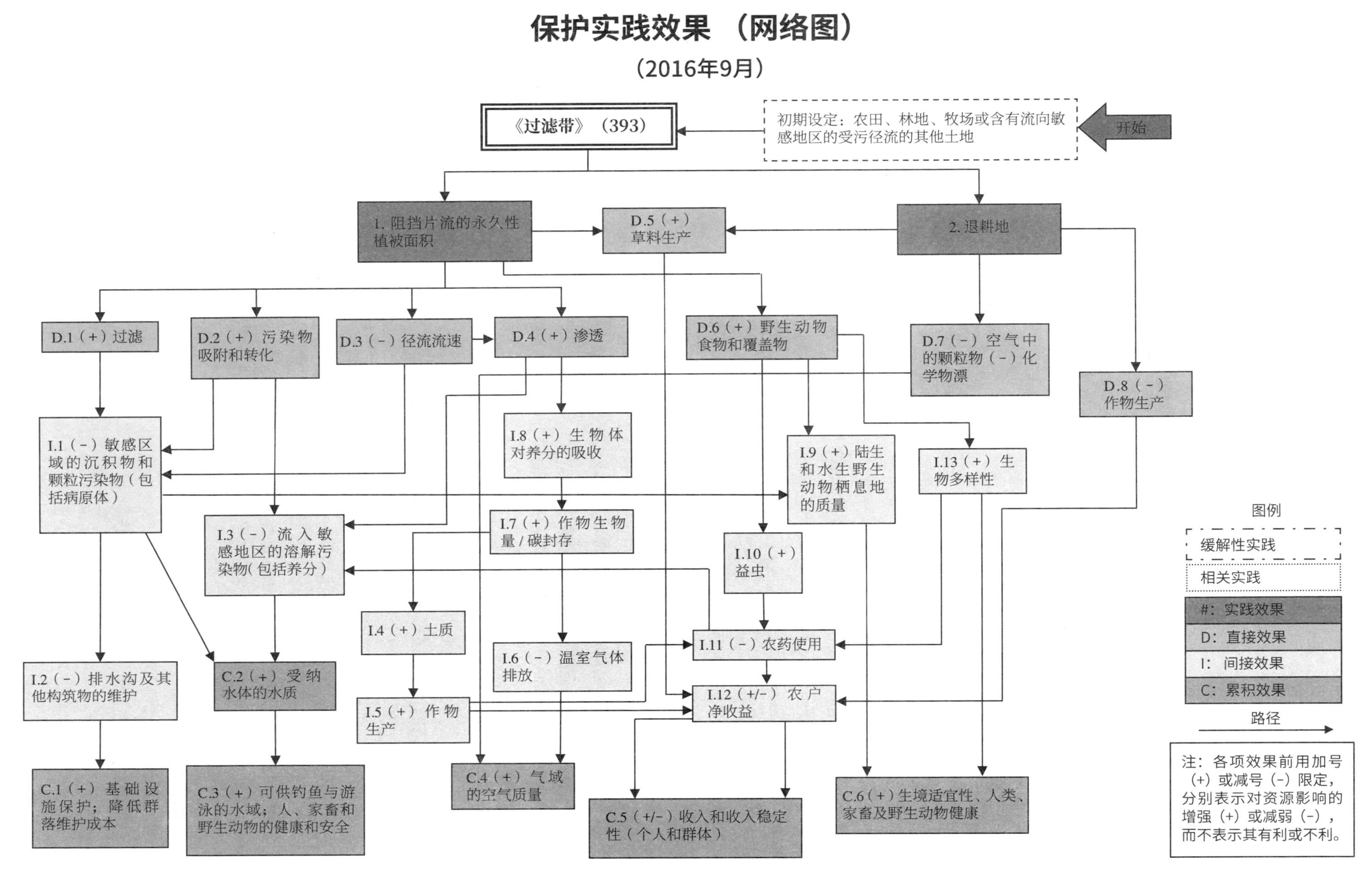

牧草和生物质种植

（512，Ac.，2010年1月）

定义

培植适合于牧草、干草或生物质生产的合适的且能够共存的草本植物物种和品种。

目的

- 改善或提高家畜营养和健康。
- 在牧草产量低的时期提供或增加草料供应。
- 减少水土流失。
- 改善土质和水质。
- 生产可用于生物燃料或能源生产的原料。

适用条件

这一实践适用于一切适宜种植一年生、两年生或多年生草本植物的土地，且这些植物可用于草料或生物质生产。这一实践不适用于种植一年生且可收获的粮食作物、纤维作物和油料作物。

准则

总准则适用于上述所有目的的总体准则

基于以下要求的植物物种和品种：

- 气候条件，例如年降水量及降水分布、生长周期、极端温度和美国农业部植物耐寒性区域。
- 土壤状况和景观位置属性，如 pH、有效蓄水量、坡向、坡度、排灌级别、肥力水平、含盐度、埋深、洪水和积水以及可能存在的植物有毒元素含量。
- 对当地常见病虫害的抵抗和防御能力。

遵照由种植物手册、土地授予与研究院、推广机构或田间试验代理商等推荐的种植率、种植法和种植日期。

播种率将以种子净发芽率为基础进行计算。

在适合种子大小或种植物的深度进行种植，同时确保与土壤保持均匀的接触。

给田地配备的作物培养基不应限制植物发芽。

应在土壤湿度适合植物萌芽和培植的时候种植作物。

所有种子和种植材料都需达到国家质量标准。

禁止种植联邦、州或地方毒性品种。

根据最近的土壤测试，运用所有的植物养分或者进行土壤改良以达到种植目的。可从种植物手册、土地授予与研究院、推广机构或田间试验代理商处获得种植率、种植方法和种植日期等信息。

种植豆类时，应使用预先接种的种子或在种植前接种适当的根瘤菌。

植物培植成功之前禁止牲畜入内。

要基于预期用途、管理水平、实际产量预估、成熟期和与其他物种的相容性来挑选牧草种类。在种植前要确认植物对土地的适应性。

增强或保持牲畜营养和健康的附加准则

选择的牧草种类（在数量和质量上）要能满足喂养牲畜的种类所要求的营养水平。

作为混合料种植的牧草种类要显示出相同的适口性，以避免选择性放牧。

牧草生产不足时提供或增加草量的附加准则

在正常的农场或牧场牧草生产不足的时期，选择种植的植物要能满足牲畜的饲料需求。

减少侵蚀、提升水质的附加准则

为保护土壤免受风和水的侵蚀，要有足够的地被植物和根群。

生产用于生物燃料或能源生产原料的附加准则

选取的植物要能够生产所需植物材料充足的种类和数量。

注意事项

在动物聚集地区，考虑培植能够承受高强度放牧和践踏的持久物种。

存在野生生物和授粉者的地方，可考虑采用获批的栖息地评估程序以选择植物。

存在空气质量问题的地方，考虑采用造林整地和种植技术，将由空气引起的颗粒物的传播降至最低。

以碳吸存为目的的地方，要选择根深的并能增加地下碳储存的多年生植物物种。

在成苗期和接近成苗期的时候，应考虑采用以下适用的保护实践的计划和应用：《草料收割》（511）、《草本杂草处理》（315）、《养分管理》（590）和《计划放牧》（528）。

计划和技术规范

按此实践中描述的准则、注意事项以及运行和维护来为每块地或管理单元制订作物种植计划和技术规范。需将这些计划和技术规范记录在一个专门的土地工作表中或者在保护计划中加以说明。

为达到预期目的，该计划和技术规范需包含以下内容：

- 整地。
- 施肥（如果适用）。
- 苗圃 / 种植床的准备。
- 播种 / 种植方法。
- 播种 / 种植时间。
- 种类选择。
- 使用的豆类接种菌的类型（如果适用）。
- 种子 / 植物来源。
- 种子分析。
- 播种 / 种植率。
- 为植物培植追加水分（如果适用）。
- 苗圃保护（如果适用）。

运行和维护

使用之前，要检查并校正设备。种植期间要持续监测，确保种植材料具有合适的发芽率、分布和深度。

监测新苗圃的水分亏缺状况。根据干旱的严重程度，水分缺失时，需减少杂草、早点收割任何伴生的作物，可能的话进行灌溉或重栽不合格的成苗。

参考文献

Ball D.M., Hoveland C.S. , and Lacefield G.D., 2007. Southern Forages,4th Ed. International Plant Nutrition Institute, Norcross, GA.

Barnes R.F., Miller D.A. , and Nelson C.J. , 1995. Forages, The Science of Grassland Agriculture, 5th Ed. Iowa State University Press, Ames.

United States Department of Agriculture, Natural Resources Conservation Service. 1997. National Range and Pasture handbook. Washington, DC.

USDA, NRCS. 2008. The PLANTS Database（http://plants.usda.gov, 08October 2008）. National Plant Data Center, Baton Rouge, LA 70874-4490 USA.

USDA, NRCS. 2009. Technical Note 3. Planting and Managing Switchgrass as a Biomass Energy Crop.

保护实践概述

（2012年2月）

《牧草和生物质种植》（512）

牧草和生物质种植用于培植适合于牧草、干草或生物质生产的合适的或能够共存的草本植类物种、种类和品种。

实践信息

本实践适用于一切适宜种植一年生、两年生或多年生草本植物的土地，且这些植物可用于草料和生物质生产。这一实践不适用于种植一年生且可收获的粮食作物、纤维作物和油料作物。

牧草和生物质种植可帮助改善或维持家畜营养和健康、在牧草产量低的时期提供或增加草料供应、减少土壤侵蚀、改善土质和水质。还能够生产可用于生物燃料或能源生产的原料。

植物物种选择的考虑因素包括气候条件，例如年降水量及降水分布、生长周期、极端温度和美国农业部植物耐寒性区域。土壤条件和景观位置属性，如pH、有效蓄水量、坡向、坡度、排灌级别、肥力水平、含盐度、埋深、洪水和积水以及植物有毒元素含量等重点考虑因素。还应考虑对当地常见病虫害的抵抗对当地常见病虫害的防御能力。

遵照由种植物手册、土地授予与研究院、推广机构或田间试验代理商等推荐的种植率、种植法和种植日期。

参考当地自然资源保护局现场办公室技术指南，了解关于种植和管理逾期用途物种的养殖规范。

常见相关实践

《牧草和生物质种植》（512）通常与《牧草收割管理》（511）、《草本杂草处理》（315）、《养分管理》（590）、《计划放牧》（528）及《高地野生动物栖息地管理》（645）等保护实践一起使用。

保护实践的效果——全国

土壤侵蚀	效果	基本原理
片蚀和细沟侵蚀	1	种植适应的植被物种增加了植被、降低了侵蚀概率。种植期间可能会出现轻度到中度的侵蚀风险，主要取决于播前整地、播种方法以及种植物种的情况。
风蚀	1	种植适应的植被物种增加了植被、降低了侵蚀概率。种植期间可能会出现轻度到中度的侵蚀风险，主要取决于播前整地、播种方法以及种植物种的情况。
浅沟侵蚀	0	种植适应的植被物种增加了植被、降低了侵蚀概率。种植期间可能会出现轻度到中度的侵蚀风险，主要取决于播前整地、播种方法以及种植物种的情况。
典型沟蚀	0	长期看来，该分水岭的植被面积会增加、径流会减少。
河岸、海岸线、输水渠	0	不适用
土质退化		
有机质耗竭	1	如果与土地利用的变化相关联，会提高生物量的产量、促进根系发育、枯枝落叶积累、增加生物活性或减少耕作。
压实	2	如果与土地利用的变化相关联，会提高生物量的产量、促进根系发育、枯枝落叶积累、增加生物活性或减少耕作。
下沉	0	不适用
盐或其他化学物质的浓度	0	不适用
水分过量		
渗水	0	不适用
径流、洪水或积水	1	覆盖和渗透增加将减少径流和坡面漫流。
季节性高地下水位	0	不适用
积雪	0	不适用
水源不足		
灌溉水使用效率低	0	不适用
水分管理效率低	0	不适用
水质退化		
地表水中的农药	1	所选择的植物种类将减少径流和侵蚀。
地下水中的农药	0	不适用
地表水中的养分	1	永久性植被将吸收多余养分。
地下水中的养分	0	不适用
地表水中的盐分	0	不适用
地下水中的盐分	0	不适用
粪肥、生物土壤中的病原体和化学物质过量	1	改善植被、提高土壤微生物活性，从而减少病原体的传播；但土地利用的改变可能增加牧场潜在病原体的水平。
粪肥、生物土壤中的病原体和化学物质过量	0	不适用
地表水沉积物过多	1	改善植被，从而减少径流和淤积。
水温升高	0	不适用
石油、重金属等污染物迁移	1	改善植被，从而减少径流和淤积。
石油、重金属等污染物迁移	0	不适用
空气质量影响		
颗粒物（PM）和 PM 前体的排放	1	提高一些牧场植物的吸收、减少侵蚀和径流，从而减少附着在沉积物上的重金属向场外移动。
臭氧前体排放	0	不适用
温室气体（GHG）排放	4	植被将空气中的二氧化碳转化为碳，储存在植物和土壤中。此外，使用生物量作为替代能源可以大大减少矿物燃料的使用（以及矿物燃料的二氧化碳排放量）。
不良气味	0	不适用
植物健康状况退化		
植物生产力和健康状况欠佳	1	种植永久性植被可减少因风蚀而产生颗粒物的可能性。

（续）

植物健康状况退化	效果	基本原理
结构和成分不当	1	选择适应且适合的植物。
植物病虫害压力过大	0	不适用
野火隐患，生物量积累过多	0	不适用
鱼类和野生动物——生境不足		
食物	1	种植的植物种类可以为某些物种提供食物。
覆盖 / 遮蔽	1	所选择的植物种类与当地环境相适应，并能为野生动物提供掩护。
水	1	不适用
生境连续性（空间）	0	不适用
家畜生产限制		
饲料和草料不足	5	将选择适应季节性家畜生产和养分需要的植物物种。
遮蔽不足	0	不适用
水源不足	0	不适用
能源利用效率低下		
设备和设施	0	不适用
农场 / 牧场实践和田间作业	0	不适用

CPPE 实践效果：5 明显改善；4 中度至明显改善；3 中度改善；2 轻度至中度改善；1 轻度改善；0 无效果；−1 轻度恶化；−2 轻度至中度恶化；−3 中度恶化；−4 中度至严重恶化；−5 严重恶化。

工作说明书—— 国家模板

（2010年1月）

此类可交付成果适用于个别实践。其他规划实践的可交付成果参考具体的工作说明书。

设计

可交付成果

1. 能够证明符合自然资源保护局实践中的相关准则并与其他计划和应用实践相匹配的设计文件。
    a. 保护计划中确定的目的。
    b. 客户需要获得的许可证清单。
    c. 制订计划和规范所需的与实践相关的计算和分析，包括但不限于：
        i. 所需种植床条件及整地方法
        ii. 所需的土壤和种子改良剂
        iii. 每种种植种类的品种或产地及数量
        iv. 种植日期、种植深度及种植设备说明
        v. 根据需要将不同类型的种子（如松软种子、大颗粒种子、小颗粒种子、光滑种子和密实种子）放入适用的播种机种子箱中
2. 向客户提供书面计划和规范书包括草图和图纸，充分说明实施本实践并获得必要许可的相应要求。
3. 运行维护计划。
4. 证明设计符合实践和适用法律法规的文件。
5. 安装期间，根据需要所进行的设计修改。

注：可根据情况添加各州的可交付成果。

安装

可交付成果

1. 与客户和承包商进行的实施前会议。
2. 验证客户是否已获得规定许可证。
3. 根据计划和规范（包括适用的布局注释）进行定桩和布局。
4. 确定在农田或牧场计划图上拟实施实践的区域。
5. 应用考察。
    a. 实际使用的材料
    b. 检查记录
6. 协助客户和原设计方并实施所需的设计修改。
7. 在安装期间，就所有联邦、州、部落和地方法律、法规和自然资源保护局政策的合规性问题向客户 / 自然资源保护局提供建议。
8. 证明施用过程和材料符合设计和许可要求的文件。

注：可根据情况添加各州的可交付成果。

验收

可交付成果

1. 实施记录。
    a. 实践单位
    b. 最终使用材料的数量和质量
2. 证明施用过程符合自然资源保护局实践和规范并符合许可要求的文件。
3. 与客户和承包商举行退出会议。
4. 进度报告。

注：可根据情况添加各州的可交付成果。

参考文献

Field Office Technical Guide（eFOTG）, Section IV, Conservation Practice Standard – Forage and biomass Planting – 512.

NRCS National Range and Pasture Handbook.

NRCS National Environmental Compliance Handbook.

NRCS Cultural Resources Handbook.

注：可根据情况添加各州的参考文献。

保护实践效果（网络图）

（2014年3月）

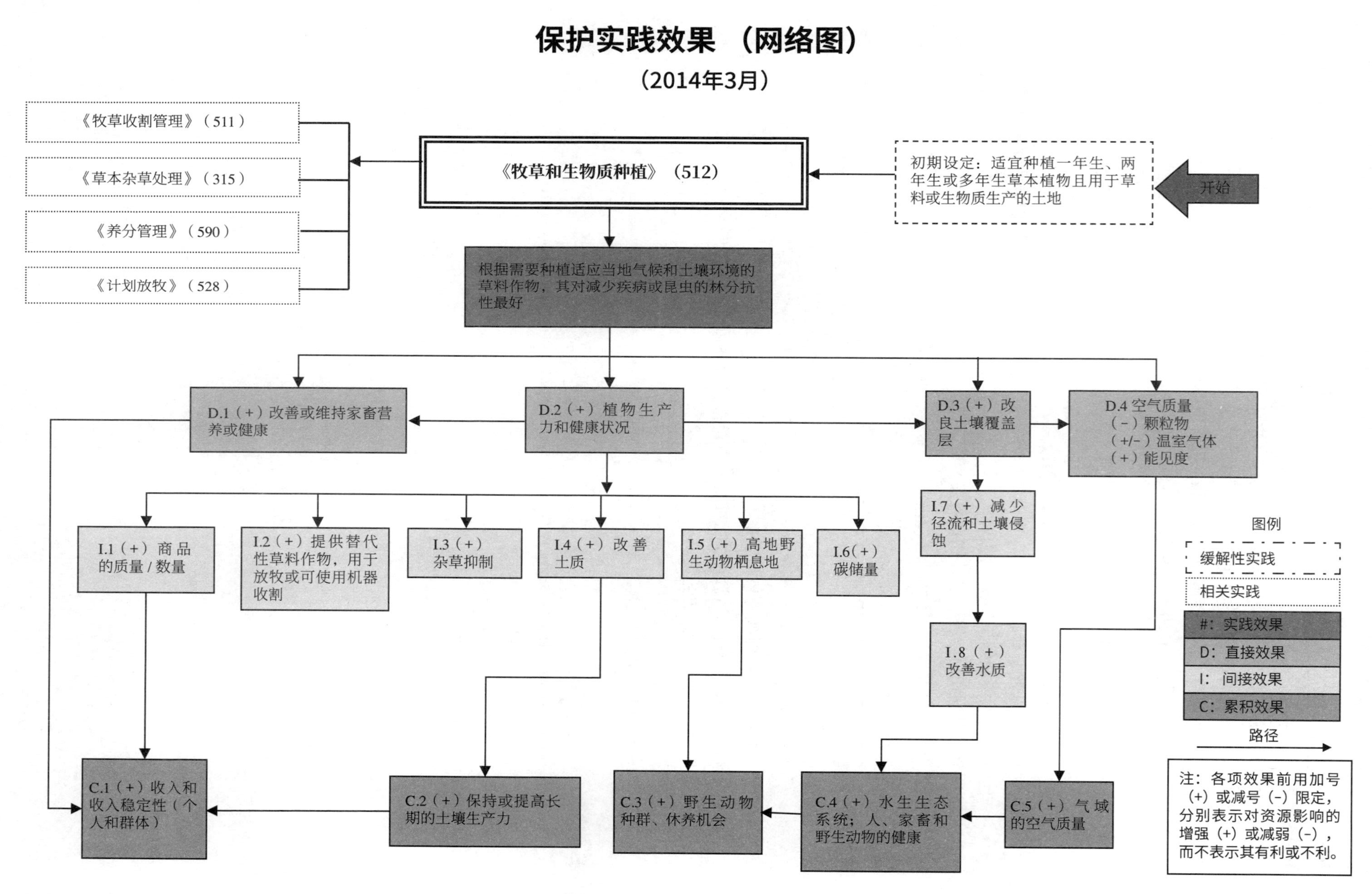

林分改造

（666，Ac., 2015年9月）

定义

通过砍伐或杀死选定的树木或林下植被来控制物种组成、林分结构或林分密度，以实现所需要的森林条件或建立所需要的生态系统。

目的

- 改善和维持森林健康和生产力。
- 减少害虫和水分胁迫造成的损害。
- 使森林林分再生。
- 降低火灾风险和隐患，并促进焚烧规定。
- 恢复或维持自然植物群落。
- 改善野生生物和授粉动物的栖息地。
- 改善出水量的水量、质量和时间。
- 增加或保持碳储量。

适用条件

适用于所有可以提高树木数量和质量的土地。

准则

适用于上述所有目的的总体准则

描述改造区域的范围、大小和选址。

确定并保留优选的树木和林下植被，以实现所有预期目的及土地所有者的目标。

使用根据物种和物种组的可行准则来确定要保留的树木及林下物种的间距、密度、径阶分布及数量。使用已获批准的造林 / 种植指南制订改造计划以避免植被过密。

描述将要改造的每个林分的当前状况和所期望达到的状况，包括物种、植被类型和径阶分布。从以下方面描述森林树木拥有量：每英亩林木数量、每英亩总干面积、每英亩的树木数量、树与树的间距，或者是任何其他合适的、专业的可接受密度或林分协议。

如果需使用除草剂，请参照保护实践《病虫害治理保护体系》（595）中的 WIN-PST 标准，并遵守适用的州和当地法律。

选择可以避开昆虫和疾病高发期的时机砍伐树木。

在开展森林林分改造活动时，要避免或尽量减少土壤侵蚀、压实、留下车辙和对所留植被造成损伤，同时需保持水文条件。通过选择合适的砍伐方法、伐木倒向和伐木时机以及重型设备操作来保护现场资源。请参照保护实践《森林小径与过道》（655）的规定开展临时通行，以保护土壤和场地资源免受车辆影响。

用于与林区改造活动相关的更多道路占用，请参照保护实践《行车通道》（560）的规定，占用与林区改造活动相关的道路。

请参照保护实践《木质残渣处理》（384）的规定，适当处理伐木时留下的残渣和碎片，以防止发生不可控制的火灾、安全、环境或虫害危害。残留的木质材料须堆放在不妨碍预期使用目的或其他管理活动的地方。请勿燃烧植被残渣，除非出现以下 3 种情况：存在令人担忧的火灾隐患、面临疾病和虫害威胁、通过燃烧可更好的实现其他的治理目标。请参照保护实践《计划烧除》（338）的规定，现场焚烧伐木时留下的残渣和碎片。

遵守州关于最佳水质管理标准的相关规定。

改善和维持森林健康和生产力的附加准则

对移除木质生物质在内等的处理应是可持续的，不会对土壤有机质、粗木质残渣的补充和保留或野生动物栖息地造成影响。请参照保护实践《木质残渣处理》（384）的规定进行处理，如果需要的话。如果适用，可参照森林协会于 2010 年发布的生物量采伐指南和相关州指南。

巧妙地控制林分特征以减轻病虫害的威胁。可通过种植多种树木、形成树木的龄级图表等途径实现林分控制。

降低火灾风险和隐患，促进焚烧的附加准则

降低载畜率并改变树木的空间布局，以尽可能减少树冠冠火蔓延。

如适用，可参照保护实践《防火线》（383）中所述的含减少阶梯燃烧在内的控制野火风险和减少损害的标准；亦可参照《木质残渣处理》（384）的规定或《防火带》（394）的规定。

改善野生生物和授粉动物的栖息地的附加准则

在适当的规模中控制具体的或多样的植被覆盖类型、物种、径阶分布和载畜率，以满足野生生物栖息地所需的生存要求。

建立、收集和保留足够的根株、巢穴、洞穴和巢穴树以及木质材料，以满足物种的生存需求。

请参照保护实践《早期演替栖息地发展 / 管理》（647）、《稀有或衰退自然群落恢复》（643）、《高地野生动物栖息地管理》（645）或《湿地野生动物栖息地管理》（644），酌情管理野生动植物相关活动。

改变出水的水量、质量和时间

创建一个龄级图表以增加出水量并稳定流域的季节性出水量。

在林冠上打开多个开口，让更多光线能够照射到地面，促进林下植被的生长和植物物种组成和垂直结构的多样性。这些改善措施将增加地表降雨入渗量并减少径流，从而减少水土流失和改善水质。

增加碳储量的附加准则

管理种植具有较高增长率及有潜在碳汇率的树种并控制载畜率。

注意事项

关于改善野生生物和授粉动物栖息地的注意事项

《州野生动物栖息地指南》《野生动物栖息地评估程序》以及《林地评估记分卡》等都是在规划林分改造时可以用到的手册。

考虑去除依附在作物树上的藤蔓，但保留在非作物树上依附的有益于野生动物生存的藤蔓（如葡萄和毒葛）。

通过对作物树进行管理并采用其他技术提高橡树（种子、葇荑花、果实和坚果）的数量和质量，这些是野生动物重要的食物来源。

改善整个森林的水平多样性或群聚点（不同龄级为单位），实现野生生物多样性。

改善或保持被改造林分的垂直结构或植被分层。

通过提供适当规模的改造区域或栖息地块，有利于保护濒危野生动物物种。

算好开展林分改造活动的时间，以尽量降低对季节性授粉动物和野生动物活动（如筑巢、迁徙等）的影响。

关于改善和维持森林健康和生产力的注意事项

在决定要保留哪些树木以及要砍掉哪些树木时，考虑作物树管理（Perkey 等，1994）。

在对森林林分进行改造期间，按照可用的卫生救助和风险评级标准来决定要砍掉哪些树木。（参照 Donaldson 和 Seybold 于 1998 年发表的细化和卫生）。

可能会随着时间的迁移，选择不同的造林目标和收获再生的策略，但须基于先前的管理来选择不同的造林目标和收获再生的策略。

在设法修复已经反复遭受掠夺式采伐的退化林分时，考虑寻求专业林务员的协助。通常情况下，必须制订复杂的特定场地改造计划以克服反复掠夺式木材采伐。

理想物种的成功再生通常取决于是否能及时运用林分改造等其他措施，如焚烧规定、整地、种植树木和灌木、规定的放牧和通行控制。

应调整改造区的改造范围、时机、规模或改造强度，以尽量减少如水文和河流流变、栖息地破碎、养分循环、生物多样性和视觉资源等（现内和场外）累积效应。

要至少保留 1/4 ～ 1/3 的枝条、顶部枝干和主干，以在砍伐后可以保护森林生产力。在非生长季使用全树砍伐系统采伐时，最小限度地去除针叶或树叶，就地保留优良木质物种，或将砍伐的树木就地放置任其针叶或树叶自行脱落。

在改造森林林分时，要注意控制物种侵入。酌情使用保护实践《灌木管理》（314）或《草本杂草处理》（315）。

如果可能的话，公布商业林产品（锯木、纸浆等）所需的胸径、原木长度等的最低标准，以便知道何时将客户引荐给专业的林业员。

建议土地所有者与服务提供者签订书面合同，本合同须明确说明活动的规模、活动持续时间、各方的责任和义务以及提供服务的金额和付款时间。

关于增加碳储量的注意事项

为了增加碳储量，可以将同龄管理转变为不同龄管理，以增加现场碳的保留。使用可以促进高级再生和保留成熟树木（如防风林）的再生方法，以长期保留现场碳。可以保留根株和掉落的木屑残渣以进行额外的现场碳储存，并采用保持土壤质量（包括保留有机碳）的技术。

种植可以将碳储存在耐用制成品中的树木，要考虑延长轮伐期以使成熟的树木长得更长更粗；也可以利用作物树管理技术（Perkey 等，1994）集中种植合适的长寿物种。

关于改善视觉质量的注意事项

当林分改造用于改善视觉质量时，可以留下适合本地生长的在形状和结构上具有观赏性的树木或开花植物，特别是在建筑物、道路和建房区周围。

计划和技术规范

为每一个实施本措施的地区制订计划和技术规范。该计划和技术规范须包括经批准的表格、实施要求（工作表）、技术说明、保护计划的叙述声明或是其他可接受文件。该计划和技术规范须明确阐述森林林分改造的目的和宗旨。依据具体的林分种植准则清楚地记录改造前和改造后的林分状况。

运行和维护

与操作人员一起为本地区制订并复审维护计划。本计划须详述在使用年限内正确运用这一措施的须知事项。至少应包括进行定期检查以评估昆虫、疾病和其他害虫、风暴损害和非法侵入造成的损害。请参照保护实践《森林小径与过道》（655），通过栽种或维护植被和结构性措施来控制森林小径、滑道和过道及邻近地区的侵蚀。请参照本文件的“改造和维持森林健康和生产力的附加准则”部分，治理虫害。请参照保护实践《木质残渣处理》（384）治理风暴所带来的损害，并合理处理伐木后遗留的残渣和碎片。请参照保护实践《访问控制》（472）治理侵入物带来的损害以预防潜在的损害。

参考文献

Clatterbuck W.K.，2006. Treatments for Improving Degraded Hardwood Stands. Univ. of KY CES pub. FOR-104. Available at： http：//www2.ca.uky.edu/forestryextension/Publications/FOR_FORFS/for104.pdf（verified January 21, 2015）.

Donaldson S., and Seybold S.J.，1998. Thinning and Sanitation： Tools for the Management of Bark Beetles in the Lake Tahoe Basin. NV Cooperative Extension Service Fact Sheet 98-42. Available at： http：//www.unce.unr.edu/publications/files/ho/other/fs9842.pdf（verified January 21, 2015）.

Firewise Communities. Available at: http://www.firewise.org/ (verified January21, 2015).

Gartner T., Mulligan J., Rowan S., and Gunn J., eds, 2013. Natural Infrastructure: Investing in Forested Landscapes for Source Water Protection in the United States. World Resources Institute. Available at: http://www.wri.org/publication/natural-infrastructure (verified 21 January 2015).

Heiligmann R.B., 1998. Controlling Undesirable Trees, Shrubs and Vines in your Woodland. Ohio St. Univ. Exten. Pub. F-45-97. Available at: http://ohioline.osu.edu/for-fact/0045.html (verified January, 21, 2015).

Kenefic L.S., and Nyland R.D., 2005. Proceedings of the Conference on Diameter-Limit Cutting in Northeastern Forests. Gen. Tech. Report NE-342, USFS, NE Res. Sta. Available at: http://www.fs.fed.us/ne/newtown_square/publications/technical_reports/pdfs/2006/ne_gtr342.pdf (verified January 21, 2015).

Perkey A.W., Wilkins B.L., and Smith H.C., 1994. Crop Tree Management in Eastern Hardwoods. USDA-Forest Service, NE Area S&PF, Pub. NA-TP-19-93. Available at: http://www.na.fs.fed.us/pubs/ctm/ctm_index.html (verified January 21, 2015).

The Forest Guild. 2010. Forest Biomass Retention and Harvesting Guidelines for the Northeast. Available at: http://www.forestguild.org/publications/research/2010/FG_Biomass_Guidelines_NE.pdf (verified January 21, 2015).

USDA-NRCS. National Biology Manual, National Forestry Handbook, and National Forestry Manual. Available on the NRCS eDirectives system: http://directives.sc.egov.usda.gov/default.aspx.

保护实践概述

（2015年9月）

《林分改造》（666）

林分改造是通过砍伐或杀死选定的树木或林下植被来控制物种组成、林分结构。

实践信息

本实践适用于竞争性植被干扰了优选树木和林下物种生长的林地区域。确定并保留优选的树木和林下植被，以实现森林林分所需的组成和结构。

本实践的技术规范包括确定优选植物的间距、密度和数量或面积。处理的时间和保留下来的枯萎或即将枯萎的树木应有助于最大限度地减少对筑巢鸟类和其他野生动物的影响。通过改变树木和林下植被的组成及间距，可以增加所需野生物种的食物、改善野生物种的庇护处。

保护效果包括但不限于：

- 改善植物健康和生产力。
- 降低了对害虫和水分应力的敏感性。
- 减少野火隐患。
- 改善野生动物栖息地。
- 增加了出水量、改善了水质或创造了有利的水流时机。
- 增加碳储量。

常见相关实践

《林分改造》（666）通常与《木质残渣处理》（384）、《病虫害治理保护体系》（595）、《灌木管理》（314）、《草本杂草处理》（315）、《访问控制》（472）、《关键区种植》（342）、《防火带》（394）、《防火线》（383）、《森林小径与过道》（655）、《行车通道》（560）、《计划烧除》（338）、《乔木/灌木修剪》（660）、《高地野生动物栖息地管理》（645）、《早期演替栖息地发展/管理》（647）、《稀有或衰退自然群落恢复》（643）、《湿地野生动物栖息地管理》（644）等保护实践以及其他侵蚀防治实践一起应用。

保护实践的效果——全国

土壤侵蚀	效果	基本原理
片蚀和细沟侵蚀	1	树木和其他植被被砍伐或杀死，但木质物残体留在现场与地面接触。
风蚀	0	残留植被和碎屑保持未侵蚀状态。
浅沟侵蚀	1	树木和其他植被被砍伐或杀死，但木质物残体留在现场与地面接触。
典型沟蚀	1	树木和其他植被被砍伐或杀死，但木质物残体留在现场与地面接触。
河岸、海岸线、输水渠	0	不适用
土质退化		
有机质耗竭	1	树木和其他植被被砍伐或杀死，但木质物残体留在现场与地面接触，从而增加运维周期。
压实	-2	用于收获或清理林产品的设备可压实那些使容易被压实的森林土壤。
下沉	0	不适用
盐或其他化学物质的浓度	0	从现场移走或采伐含有已吸收盐分/化学品的森林产品。
水分过量		
渗水	0	高大树木较少的话，水的消耗量也会较少。
径流、洪水或积水	2	从容易发生洪水或积水的地区移除木质材料，促使水流流经或流出该地区，从而减少洪水的持续时间。
季节性高地下水位	0	深根植被密度降低，导致地下水位升高。
积雪	0	不适用
水源不足		
灌溉水使用效率低	0	不适用
水分管理效率低	3	移除多余树木和不理想的植被被，将水重新分配给剩余的理想植被或从场地提供额外的出水量。
水质退化		
地表水中的农药	1	管理植物健康水平和生长活力减少了对农药施用的需求。
地下水中的农药	1	管理植物健康水平和生长活力减少了对农药施用的需求。
地表水中的养分	1	移除覆盖层冠层植被增加了地被植物的数量和生长活力，从而减缓了地表径流并可以进行渗透。养分和有机物被植被和土壤生物群吸收。
地下水中的养分	1	从现场移走或采伐含有已吸收养分/有机质的森林产品。
地表水中的盐分	1	移除覆盖层冠层植被可以增加地被植物的数量和生长活力，从而减缓径流、增加渗透。
地下水中的盐分	0	可从现场移走或采伐在生物量中储存盐分的林产品。降低林分密度可以增加盐分的渗透和浸析。
粪肥、生物土壤中的病原体和化学物质过量	1	移除冠层/木本植被会暴露场地、增加原本会进入地表水中的病原体死亡率。
粪肥、生物土壤中的病原体和化学物质过量	1	移除冠层/木本植被会暴露场地、增加原本会进入地表水中的病原体死亡率。
地表水沉积物过多	0	理想植被的适当载畜率造成的效果最小。
水温升高	0	移除邻近溪流的上层冠层可移除调节溪流温度的遮阴。
石油、重金属等污染物迁移	1	移除上层林冠增加了地被植物的生长活力，从而增加了重金属的吸收、减少了径流。
石油、重金属等污染物迁移	1	移除上层林冠增加了地被植物的生长活力，从而增加了重金属的吸收、减少了浸析的可能性。

（续）

空气质量影响	效果	基本原理
颗粒物（PM）和 PM 前体的排放	1	通过降低野火的发生率，可最大限度地减少颗粒物的排放。
臭氧前体排放	1	通过降低野火的发生率，可最大限度地减少颗粒物的排放。
温室气体（GHG）排放	4	剩余植物的健康和生长活力增加了对 CO_2 的吸收，从而起到固碳效果。碳物质可能无限期地储存在从现场移走的木制品中。此外，由于野火发生率降低，二氧化碳排放量也随之减少。
不良气味	0	不适用
植物健康状况退化		
植物生产力和健康状况欠佳	5	大多数多产、健康、生机勃勃的植物被保留了下来。
结构和成分不当	5	被选择保留下来的植物均是更适应、更合适的品种。
植物病虫害压力过大	5	有害植物和入侵植物被清除。
野火隐患，生物量积累过多	5	移除冠层和下层可以减少可燃物载量、破坏可燃物的连续性、清除“梯形”可燃物。
鱼类和野生动物——生境不足		
食物	3	对冠层和下层进行管理，提高木材产量和价值；同时还可以为野生动物提供食物、改善分水岭条件。
覆盖 / 遮蔽	3	对树木进行管理，提高木材产量和价值；同时还可以为野生生物提供掩护 / 遮蔽、改善水生物栖息地中水域的水量和水质。
水	1	不适用
生境连续性（空间）	3	对冠层和下层进行管理，提高空间需求。
家畜生产限制		
饲料和草料不足	3	改良冠层，提高下层草料草的数量和质量。
遮蔽不足	0	余下的冠层和下层继续作为遮蔽物。
水源不足	0	不适用
能源利用效率低下		
设备和设施	0	不适用
农场 / 牧场实践和田间作业	1	提高收获作业的效率、增加潜在的生物量生产。

CPPE 实践效果：5 明显改善；4 中度至明显改善；3 中度改善；2 轻度至中度改善；1 轻度改善；0 无效果；−1 轻度恶化；−2 轻度至中度恶化；−3 中度恶化；−4 中度至严重恶化；−5 严重恶化。

工作说明书—— 国家模板

（2015年9月）

此类可交付成果适用于个别实践。其他规划实践的可交付成果参考具体的工作说明书。

设计

可交付成果

1. 能够证明符合自然资源保护局实践中的相关准则并与其他计划和应用实践相匹配的设计文件。
    a. 保护计划中确定的目的。
    b. 客户需要获得的许可证清单。
    c. 制订计划和规范所需的与实践相关的计算和分析，包括但不限于：
        i. 确定采收 - 再生策略以及要保留下来的树木和林下植被的种类
        ii. 清除树木和林下叶层的时间安排和方法
        iii. 将野火隐患、侵蚀、径流、土壤压实和土壤位移减到可接受的水平
2. 向客户提供书面计划和规范书包括草图和图纸，充分说明实施本实践并获得必要许可的相应要求。

3. 所需运行维护工作的相关文件。
4. 证明设计符合实践和适用法律法规的文件。
5. 安装期间根据需要所进行的设计修改。

注：可根据情况添加各州的可交付成果。

安装

可交付成果

1. 与客户进行的实施前会议。
2. 验证客户是否已获得规定许可证。
3. 根据包括适用布局说明在内的计划和规范，对“留”树或“取”树进行布局和样本标记（如适用）。
4. 根据需要提供的应用指南。
5. 协助客户和原设计方并实施所需的设计修改。
6. 在安装期间，就所有联邦、州、部落和地方法律、法规和自然资源保护局政策的合规性问题向客户 / 自然资源保护局提供建议。
7. 证明施用过程和材料符合设计和许可要求的文件。

注：可根据情况添加各州的可交付成果。

验收

可交付成果

1. 实施记录。
    a. 实践单位
    b. 实际使用和应用的缓解措施
2. 证明施用过程符合自然资源保护局实践和规范并符合许可要求的文件。
3. 进度报告。

注：可根据情况添加各州的可交付成果。

参考文献

NRCS Field Office Technical Guide（eFOTG）, Section IV, Conservation Practice Standard – Forest Stand Improvement, 666.

NRCS National Forestry Handbook（NFH）, Part 636.4.

NRCS National Environmental Compliance Handbook.

NRCS Cultural Resources Handbook.

注：可根据情况添加各州的参考文献。

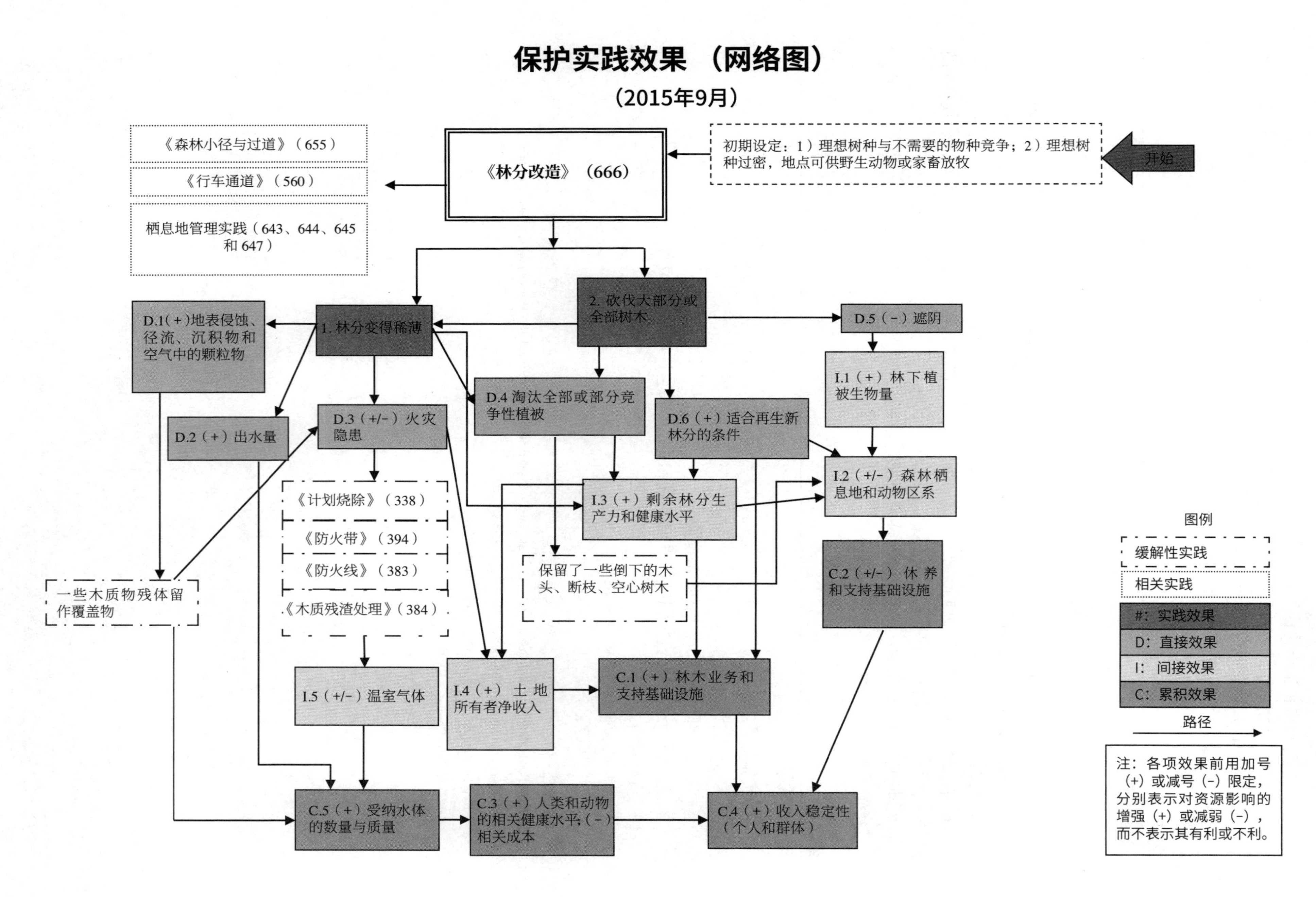

保护实践效果（网络图）
（2015年9月）
开始
初期设定：1）理想树种与不需要的物种竞争；2）理想树种过密，地点可供野生动物或家畜放牧
《林分改造》（666）
《森林小径与过道》（655）
《行车通道》（560）
栖息地管理实践（643、644、645和647）
1. 林分变得稀薄
2. 砍伐大部分或全部树木
D.1（+）地表侵蚀、径流、沉积物和空气中的颗粒物
D.2（+）出水量
D.3（+/-）火灾隐患
D.4 淘汰全部或部分竞争性植被
D.5（-）遮阴
D.6（+）适合再生新林分的条件
I.1（+）林下植被生物量
I.2（+/-）森林栖息地和动物区系
I.3（+）剩余林分生产力和健康水平
I.4（+）土地所有者净收入
I.5（+/-）温室气体
一些木质物残体留作覆盖物
《计划烧除》（338）
《防火带》（394）
《防火线》（383）
《木质残渣处理》（384）
保留了一些倒下的木头、断枝、空心树木
C.1（+）林木业务和支持基础设施
C.2（+/-）休养和支持基础设施
C.3（+）人类和动物的相关健康水平;（-）相关成本
C.4（+）收入稳定性（个人和群体）
C.5（+）受纳水体的数量与质量
图例
缓解性实践
相关实践
#：实践效果
D：直接效果
I：间接效果
C：累积效果
路径
注：各项效果前用加号（+）或减号（-）限定，分别表示对资源影响的增强（+）或减弱（-），而不表示其有利或不利。

边坡稳定设施

（410，No.，2014年9月）

定义

边坡稳定设施用于维护自然形成或人造渠道边坡的稳定。

目的

边坡稳定的目的是固化稳定边坡，减少侵蚀或改善水质。

适用条件

本实践适用于需要稳定边坡或控制沟蚀的渠道。

准则

总体准则

边坡稳定设施的规划、设计和构建须符合所有联邦、州和地方法规。

将进水口的顶部设置在高处，这样可以稳定渠道并防止上游水流冲击。

土堤和辅助泄洪道的设计需要满足表 1 或表 2 所示的总流量，而且保证不超过土堤。地基的平整、压实、顶部宽度和边坡的处理必须确保预期的水流条件下堤防稳定。

提供与设施预期寿命对应的最小沉积物容量，或定期清理。

提供必要的措施以防止严重伤害或生命损失，如防护栏、警示标志、围栏或救生设备。

根据保护实践《关键区种植》（342）要求，若堤坝土表、地基溢洪道、取土场和其他区域在施工过程中受到影响，则需要种植种子或草皮。如果气候条件不适合种植种子或草皮，则使用保护实践《覆盖》（484）来种植无机覆盖材料，如砾石。

土石坝。低危险水坝的单位面积存储量乘以水坝有效高度为 3 000 英亩 / 平方英尺或更大的，以及水坝有效高度超过 35 英尺和重点高危险水坝，其建造标准必须达到或超过工程技术发布的 TR-210-60 中《土坝和水库》中的要求标准。

低危险水坝的单位面积存储量乘以水坝有效高度的数值小于 3 000 英亩 / 平方英尺的，以及水坝有效高度不高于 35 英尺的，其建造标准必须达到或超过保护实践《池塘》（378）中的要求标准。

大坝的有效高度是辅助溢洪道顶部与沿大坝中心线横截面最低点之间的高度差（以英尺为单位）。如果没有辅助溢洪道，则坝顶为上限。

储存容量是指在没有开放式渠道辅助溢洪道的情况下，最低辅助溢洪道顶部高度以下或者坝顶以下每英亩英尺的容积。

池塘大小的水坝。如果需要机械溢洪道，主溢洪道的最小容量的设计必须达到表 3 所示频率下持续时间为 24 小时风暴的峰值流量，减去滞留存储的减少量。对于有效高度小于 20 英尺，没有溢流的稳定辅助溢洪道，但是辅助溢洪道至下游水道的沿岸植被良好的情况下的水坝，设计师可以降低主溢洪道容量，但是不低于 2 年一遇、持续时间为 24 小时风暴所需容量的 80%。对于存储容量超过 50 英亩–英尺或标准值超过表 3 所示的水坝，使用 10 年一遇、持续时间为 24 小时风暴所需容量作为最小设计容量。

小型池塘水坝。对于有效高度小于 15 英尺和在 10 年一遇、持续 24 小时暴雨的情况下径流量小于 10 英亩–英尺的大坝，设计人员可以根据保护实践《水和沉积物滞留池》（638）的要求，在无溢流的状况下，按照 10 年一遇、持续 24 小时风暴情况下的峰值流量来设计边坡稳定设施。如果配套使用存储量和机械溢洪道泄流能够满足设定风暴等级的要求，则不需要辅助溢洪道。

全流量开放式结构。设计下降式、滑槽式和箱式排水口溢洪道时，参考《美国国家工程手册》第650部分、《工程现场手册》和其他自然资源保护局制定的出版物和报告的要求。根据表1所示频率和持续时间的风暴中预期的峰值流量来设计提供最低容量（减去滞留存雨量）。如果现场条件超过表1所示的情况，主溢洪道的最小设计容量应参考25年一遇、持续时间24小时的风暴降水量，最低设计总容量为百年一遇、持续时间24小时的风暴最小总容量。结构不得影响上游或下游的稳定。暴雨径流可能会再次流入水坝，安装相应的装置。

箱式排水口与道路涵洞的承载能力比例必须符合相关道路管理部门的要求，或者按照表1或表2的规定（减去滞留存雨量），以较大者为准。箱式排水口的容量（连接到新的或现有涵洞）必须等于或超过设计流量下的涵洞容量。

岛型结构。设计的最小容量等于下游渠道容量。在不溢出机械溢洪道头墙延伸部分的条件下，设计最小的辅助溢洪道容量相当于预期的峰值流量所需的总容量，峰值流量按照表1所示频率下的24小时持续风暴估算。必要时，需要考虑到未进入水坝的暴雨径流再次流入水坝的可能性。

侧向进水口、开放式溢流堰、或滴管排水结构。开放式溢流堰或管道结构可以将地表水从现场高程或横向渠道降低到较深明渠，其容量的最小设计标准请参照表2。主溢洪道最小容量的设计要等于所有条件下设计的排水曲线径流。如果现场条件值超过表2所示的数值，则最小总容量按照50年一遇、持续24小时风暴的容量进行设计。

注意事项

提供足够的排量，以尽量减少滞留水量对作物的破坏。

在显著区域以及娱乐区域，考虑景观的观赏性。地貌、结构材料、水元素和植物材料应该在视觉上和功能上与周围环境相辅相成。根据情况开挖和消平地貌使之与自然地形相融合。设置湖滨线和岛屿来增加视觉美感，提供野生动物栖息地。对暴露的混凝土表面进行处理以增加质感，减少反射，并减少和周围环境的色差。选择地点以减少不利影响或创建理想的风景点。

考虑边坡稳定设施对水生动植物栖息地的影响。渠道的设计要适于鱼类生存并要考虑结构对鱼类通行的影响。

在自然河流中，考虑边坡稳定设施对河流地貌条件的影响。

提供围栏以保护建筑物、土堤和溢出渠的植物不受牲畜的损害。在市区附近，适当安装围栏以控制人畜的进出。

表1　全流量开放式漫结构的最低设计标准

5年一遇、持续24小时的雨量下最大排水面积（英亩）			垂直高度差（英尺）	发生持续24小时风暴的最低设计频率	
0～3英寸	3～5英寸	＞5英寸		主溢洪道容量（年）	总容量（年）
1 200	450	250	0 ~ 5	5	10
2 200	900	500	0 ~ 10	10	25

表2　侧向进水口、开放式溢流堰、或滴管排水结构最低容量的设计标准

5年一遇、持续24小时的雨量下最大排水面积（英亩）			高度差（英尺）	发生持续24小时风暴的最低设计频率	
0～3英寸	3～5英寸	＞5英寸		水渠深度（英尺）	总容量（年）
1 200	450	250	0 ~ 5	0 ~ 10	5
1 200	450	250	5 ~ 10	10 ~ 20	10
2 200	900	500	0 ~ 10	0 ~ 20	25

表 3 水坝容量低于 50 英亩 - 英尺时，主溢洪渠的最小容量设计标准

5 年一遇、持续 24 小时的雨量下最大排水面积（英亩）			水坝的有效高度（英尺）	发生持续 24 小时风暴的最低设计频率（年）
0～3 英寸	3～5 英寸	＞5 英寸		
200	100	50	0 ～ 35	2
400	200	100	0 ～ 20	2
400	200	100	20 ～ 35	5
600	400	200	0 ～ 20	5

计划和技术规范

应根据此实践应用实践的要求准备建造边坡稳定设计的计划和技术规范。计划和技术规范中至少包含以下项目：

- 边坡稳定设施及其附属设施的布局平面图。
- 根据需要提供的边坡稳定设施以及附属特征的典型剖面和横截面图。
- 根据需要提供设计结构图。
- 根据需要提供播种要求。
- 安全特性。
- 具体的施工要求。

运行和维护

为操作员准备运行和维护计划。在运行和维护计划中至少包含以下项目：

- 要求定期检查所有设施、土堤、溢洪道和其他重要附属设施。
- 要求及时修理或更换损坏的部件。
- 当达到预定水位高度时，要求及时清除沉积物。
- 要求定期清除树木、灌木丛和入侵物种。
- 需要定期检查安全部件并在必要时及时修理。
- 根据需要进行植被保护和在裸露地表及时播种。

参考文献

USDA Natural Resources Conservation Service. Engineering Technical Releases, TR-210-60, Earth Dams and Reservoirs. Washington, DC.

USDA Natural Resources Conservation Service. National Engineering Handbook, Part 628, Dams. Washington, DC.

USDA Natural Resources Conservation Service. National Engineering Handbook, Part 650, Engineering Field Handbook. Washington, DC.

保护实践概述

（2014年9月）

《边坡稳定设施》（410）

边坡稳定设施用于稳定自然形成或人工渠道的边坡，以及防止水流冲击。

实践信息

安装边坡稳定设施旨在稳定沟渠边坡、控制侵蚀，防止形成或推进冲沟和水流冲击。本实践适用于需要安装稳定设施来稳定场地的地区。设计坡度稳定设施并不是为了调节沟渠区域内的流量或水位。

如果可行，应特别注意改善鱼类和野生动物栖息地。本实践也有助于减少沉降污染。

边坡稳定设施的位置应能够确保将泄洪道进水口的顶部设置在高处，这样可以控制上游水流冲击。

本实践中有多种可供选择的设施类型，并且需要进行密集的现场调查，以便为特定的现场规划和设计适当的坡度稳定设施。该设施可以由岩石、混凝土或金属材料组成。某些替代设施包括使用牛板结构、处理过的木材、土工织物或大型预制混凝土块。

常见相关实践

《边坡稳定设施》（410）通常与《草地排水道》（412）及《关键区种植》（342）等保护实践一起应用。

保护实践的效果——全国

土壤侵蚀	效果	基本原理
片蚀和细沟侵蚀	0	不适用
风蚀	0	不适用
浅沟侵蚀	0	不适用
典型沟蚀	2	这一举措可稳固水渠，防止进一步侵蚀。
河岸、海岸线、输水渠	2	这一举措可稳固水渠，防止进一步侵蚀。
土质退化		
有机质耗竭	0	不适用
压实	0	不适用
下沉	0	不适用
盐或其他化学物质的浓度	0	不适用
水分过量		
渗水	0	不适用
径流、洪水或积水	0	不适用
季节性高地下水位	0	不适用
积雪	0	不适用
水源不足		
灌溉水使用效率低	0	不适用
水分管理效率低	0	不适用
水质退化		
地表水中的农药	0	不适用
地下水中的农药	0	不适用
地表水中的养分	0	不适用
地下水中的养分	0	不适用
地表水中的盐分	0	不适用
地下水中的盐分	0	不适用
粪肥、生物土壤中的病原体和化学物质过量	0	不适用
粪肥、生物土壤中的病原体和化学物质过量	0	不适用
地表水沉积物过多	2	沟渠经过稳定，可以防止过度侵蚀。
水温升高	0	稳定坡度可减少潜流（地下渗流）。
石油、重金属等污染物迁移	0	不适用
石油、重金属等污染物迁移	0	不适用

（续）

空气质量影响	效果	基本原理
颗粒物（PM）和 PM 前体的排放	0	不适用
臭氧前体排放	0	不适用
温室气体（GHG）排放	0	不适用
不良气味	0	不适用
植物健康状况退化		
植物生产力和健康状况欠佳	0	不适用
结构和成分不当	0	不适用
植物病虫害压力过大	0	不适用
野火隐患，生物量积累过多	0	不适用
鱼类和野生动物——生境不足		
食物	2	沟渠两岸附近和岸边的土壤 / 植物水分关系，得到改善，从而促进物种多样性和植物生长。稳定设施不会阻碍鱼道。
覆盖 / 遮蔽	2	土壤 / 植物水分关系得到改善，从而促进物种多样性和植物生长。稳定设施不会阻碍鱼道。
水	0	在稳定设施内部或附近储存部分水来稳定沟壑。
生境连续性（空间）	0	不适用
家畜生产限制		
饲料和草料不足	0	不适用
遮蔽不足	0	不适用
水源不足	0	不适用
能源利用效率低下		
设备和设施	0	不适用

CPPE 实践效果：5 明显改善；4 中度至明显改善；3 中度改善；2 轻度至中度改善；1 轻度改善；0 无效果；−1 轻度恶化；−2 轻度至中度恶化；−3 中度恶化；−4 中度至严重恶化；−5 严重恶化。

工作说明书—— 国家模板

（2010年1月）

此类可交付成果适用于个别实践。其他规划实践的可交付成果参考具体的工作说明书。

设计

可交付成果

1. 能够证明符合自然资源保护局实践中的相关准则并与其他计划和应用实践相匹配的设计文件。
   a. 根据保护计划确定作业目的。
   b. 客户需要获得的许可证清单。
   c. 保证符合自然资源保护局国家和州公用设施安全政策（《美国国家工程手册》第 503 部分《安全》A 子部分“影响公用设施的工程活动”第 503.00 节至第 503.06 节）。
   d. 提供制订计划和规范所需的与实践相关的计算和分析，包括但不限于：
      i. 危险等级（《美国国家工程手册》第 520 部分，C 子部分“大坝”）
      ii. 地质与土力学（《美国国家工程手册》第 531 部分《地质学》第 533 部分《土壤工程学》）
      iii. 水文条件 / 水力条件（《美国国家工程手册》第 530 部分《水文学》）
      iv. 结构（《美国国家工程手册》第 536 部分《结构设计》）
      v. 植被

vi. 环境因素

vii. 安全注意事项（《美国国家工程手册》第 503 部分《安全》A 子部分第 503.10 至 503.12 节）

2. 向客户提供书面计划和规范书包括草图和图纸，充分说明实施本实践并获得必要许可的相应要求。
3. 合理的设计报告和检验计划（《美国国家工程手册》第 511 部分，B 子部分“文档”，第 511.11 和第 512 节，D 子部分“质量保证活动”，第 512.30 至 512.32 节）。
4. 提供运行维护计划。
5. 提供证明设计符合实践和适用法律法规的文件（《美国国家工程手册》第 501 部分《授权》A 子部分“评审和批准”第 501.3 条）。
6. 提供安装期间，根据需要所进行的设计修改。

注：可根据情况添加各州的可交付成果。

安装

可交付成果

1. 与客户和承包商进行的安装前会议。
2. 验证客户是否已获得规定许可证。
3. 根据计划和规范（包括适用的布局注释）进行定桩和布局。
4. 提供安装质量保证（按照质量保证计划的要求提供，视情况而定）。
   a. 实际使用的材料（第 512 部分 D 子部分“质量保证活动”第 512.33 节）
   b. 质量保证记录
5. 协助客户和原设计方并实施所需的设计修改。
6. 在安装期间，就所有联邦、州、部落和地方法律、法规和自然资源保护局政策的合规性问题向客户 / 自然资源保护局提供建议。
7. 提供证明安装过程和材料符合设计和许可要求的文件。

注：可根据情况添加各州的可交付成果。

验收

可交付成果

1. 提供竣工文档。
   a. 实践单位
   b. 图纸
   c. 最终量
2. 提供证明安装过程符合自然资源保护局实践和规范并符合许可要求的文件（《美国国家工程手册》第 501 部分《授权》A 子部分“评审和批准”第 501.3 节）。
3. 进度报告。

注：可根据情况添加各州的可交付成果。

参考文献

NRCS Field Office Technical Guide（eFOTG）, Section IV, Conservation Practice Standard - Grade Stabilization Structure, 410.

NRCS National Engineering Manual（NEM）.

NRCS Technical Release 60, Earth Dams and Reservoirs .

NRCS National Environmental Compliance Handbook.

NRCS Cultural Resources Handbook.

注：可根据情况添加各州的参考文献。

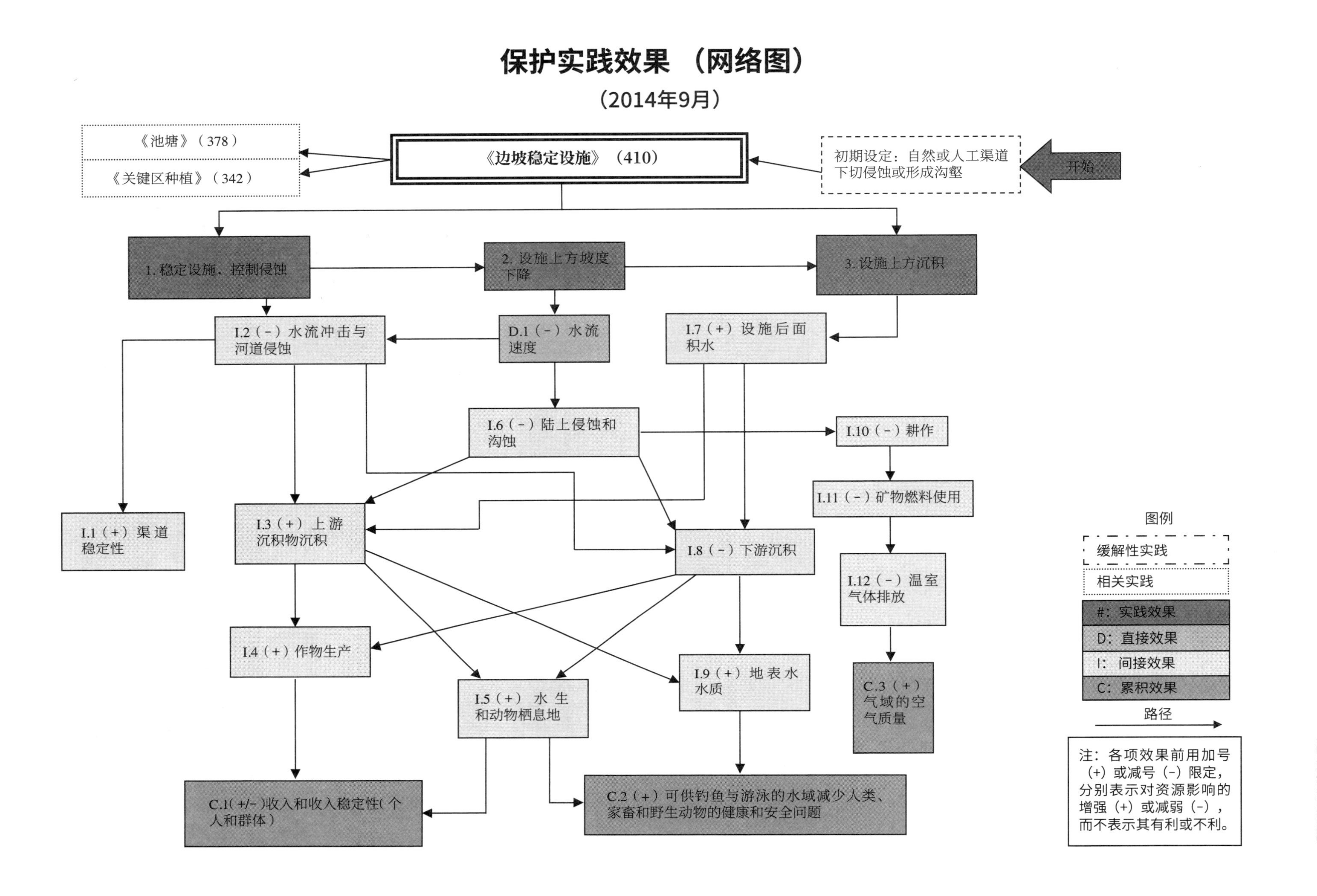
保护实践效果（网络图）
（2014年9月）
《池塘》（378）
《关键区种植》（342）
《边坡稳定设施》（410）
初期设定：自然或人工渠道下切侵蚀或形成沟壑
开始
1. 稳定设施，控制侵蚀
2. 设施上方坡度下降
3. 设施上方沉积
I.2（-）水流冲击与河道侵蚀
D.1（-）水流速度
I.7（+）设施后面积水
I.6（-）陆上侵蚀和沟蚀
I.10（-）耕作
I.11（-）矿物燃料使用
I.1（+）渠道稳定性
I.3（+）上游沉积物沉积
I.8（-）下游沉积
I.12（-）温室气体排放
I.4（+）作物生产
I.5（+）水生和动物栖息地
I.9（+）地表水水质
C.3（+）气域的空气质量
C.1（+/-）收入和收入稳定性（个人和群体）
C.2（+）可供钓鱼与游泳的水域减少人类、家畜和野生动物的健康和安全问题
图例
缓解性实践
相关实践
#：实践效果
D：直接效果
I：间接效果
C：累积效果
路径
注：各项效果前用加号（+）或减号（-）限定，分别表示对资源影响的增强（+）或减弱（-），而不表示其有利或不利。

草地排水道

（412，No., 2014年9月）

定义

一种用适当的植被建立的具有形状或坡度的渠道，该水道利用宽且浅的横截面，以无侵蚀流速将地表水输送至稳定出口。

目的

- 从梯田、分水渠或其他水流聚集区输送径流，且不会引起侵蚀和洪水。
- 防止侵蚀沟的形成。
- 保护或改善水质。

适用条件

本实践适用于需要提升输水能力和保护植被的地区，以防止侵蚀并改善由地表集中径流造成的水质问题。

准则

适用于上述所有目的的附加准则

按照各联邦、各州以及当地法律和法规，计划、设计和建设草地排水通道。

输水容量。设计的水道的峰值输送水量要能够输送 10 年一遇持续 24 小时的暴雨。必要时，考虑在计划维修事项之间水道中可能积聚沉积物量，增加输送容量。当水道坡度不足 1% 时，若水流不会引起过度侵蚀，则可允许有水道外漫流。应确保设计的输送容量至少能够在作物受损前排出积水。

稳定性。遵循《美国国家工程手册》第 650 部分，《工程现场手册》第 7 章“草地排水道”，或美国农业研究局（ARS）《农业手册》667 号“草地开放式通道的稳定性设计”等的步骤，确定草地排水道稳定性所需的最小深度和宽度。

确保所选植被物种适宜当地条件和用途。选择的物种应能够在合适时间内达到足够密度、高度且能够旺盛生长，以稳定水道。

宽度。除非有多条或分流水道或其他方法能够控制蜿蜒的低水流，否则一般应保持梯形水道的底部宽度小于 100 英尺。

边坡。控制边坡水平与垂直比例为 2∶1。根据拟用于维修和耕种的设备需要，尽量减少边坡，以减少对水道的损害。

深度。该水道的容量必须足够大，使得该水道的水面低于在设计水流中流入该水道的支流水道、梯田或引水道的水面。

在必须积蓄水流以防止造成破坏时，在设计深度之上提供 0.5 英尺的超高。当植被减缓水流作用为最大时，提供高于设计深度的超高。

排水。如果需要建立和维护引起水流时间延长、水位升高或易发生渗漏问题的植被时，请依照保护实践《地下排水沟》（606）、《地下出水口》（620），或其他适当的措施设计水道。

在排水措施不可行或难以解决渗水问题时，则应用保护实践《衬砌水道或出口》（468）来代替《草地排水道》（412）。

出口。提供稳定并有足够容量的出口。出口可以是另一植被通道、土沟、稳定的梯级结构、过滤带或其他合适的出口。

植被栽植。按照保护实践《关键区种植》（342）中的“植被栽植”或州种植指南中给出的要求尽快种植植被。

一旦条件允许，立即栽植植被。在栽植过程中，采用地膜锚固、保护作物、秸秆或干草捆、织物或岩石、过滤栅栏或径流分流来保护植被，直至建成。建造草地水道之前，在流域内密集种植生长作物，如小粒谷物或谷子，也可大大减少水道在建造期间的水流量。

必要时提供牲畜和车辆专用通道，防止对排水道和植被造成破坏。

注意事项

如果需要保护环境敏感区免遭溶解态污染物、病原体或径流中的沉积物的危害，应考虑在水流区域上方的水道上栽植宽度更宽的植被。增加水流上方水道的宽度也将增加沉积物和病原体的过滤，增加径流的渗入，同时也增加了养分流失。如沉积物控制是主要关注点，考虑采用能够耐受局部掩埋的植被，并在水道上游采取残留物管理等沉积物控制措施。考虑增加水道深度、增加宽度以拦截和储存沉积物，减少农田损失。以这种方式拦截沉积物时，务必定期清理水道。

通常沿着水道耕作和作物种植，从而引起水道边缘优先流，以及导致侵蚀。需要考虑采用确保邻近地区径流进入水道的措施。设置导流的土堆或小洼地等措施可以直接将优先流引入草地排水道。

实施本实践时，应避开某些区域，如在心土层或底层物质中存在着限制植物生长的物质（如盐分、酸性、限制扎根等）的区域。若不能避开上述区域，请向土壤专家请求建议以改善土壤条件，若不可行，则考虑多挖水道土层，并用表层土覆盖挖开区域，以促进植物生长。

在确定草地排水道位置时，应尽量避开或保护重要的野生动物栖息地，如树木覆盖区或湿地。如种有树木和灌木，其应被保存或种植在草地排水道边缘以防止其影响水利功能。中等或高大的禾草和多年生阔叶植物也可沿水道边缘种植，改善野生动物栖息地。如与河岸地区、树木繁茂的森林和湿地等其他类型的栖息地相连，将更有利于水道和野生生物。条件允许的话，选择具有多种用途的植物物种，类似既对野生动物有益，同时还能满足提供稳定径流输送的基本要求的物种。

在一些潮湿地区，水生植被可能用于潜流排水或石缝。

如有必要，在干旱地区使用灌溉或补充灌溉，以促进植物萌发和植被生长。

可以通过在水道两侧增加适宜植被的宽度建立野生动物栖息地。应注意避免建立小且孤立的种植区，因为这些区域可能使其中的野生动物易被捕食，造成繁殖率下降，而引起该区域内种群数量降低。

考虑种植能够为本地蜜蜂和其他传粉生物提供花粉和花蜜的各种豆科植物、草本植物和乳草等开花植物。在干旱地区，这些区域可种植需水量较高的开花植物，从而可在夏季晚些时候提供繁花。

草地水道的建设会占用大面积土地，也可能影响文化资源。在工程实施前务必遵守各州的文化资源保护政策。

计划和技术规范

根据本实践，编制符合本实践实施要求的草地排水道计划和说明，至少包括：

- 草地排水道的平面布局规划图。
- 标准的草地排水道横截面。
- 草地排水道剖面图。
- 多余土壤的处理要求。
- 以书面形式呈现的草地排水道安装的场地具体施工规范要求，包括在施工和植被栽植过程中集中流的控制说明。
- 植被栽植要求。

运行和维护

提供一份经土地所有者审查的运行和维护计划。该计划应酌情包括以下内容及其他项目：

- 制订保持水道容量、植被覆盖率和出口稳定性的维护计划。当植被遭机器、除草剂或水力侵蚀破坏时，必须及时修复。

- 通过采用径流分流或机械稳定方法，如泥沙拦截、地表覆盖、干草捆障碍物等，使水道免遭集中流的破坏，以确保在植被栽植期间坡度的稳定性。
- 尽可能驱除牲畜，特别是在雨季，以减少其对植被的损害。只有在管制放牧制度开始实行时，才允许在水道上放牧。
- 定期检查草地，特别是在暴雨之后。立即填充、压实和补种受损区域。清理淤积，保持草地排水道的容量。
- 避免使用会对排水道区域及其邻近区域的植被或授粉昆虫有害的除草剂。
- 在耕作和栽培过程中，避免将水道作为植物转行处使用。
- 修剪植被或定期放牧以保持容量并减少泥沙淤积。修剪可能会适当提高野生动物的价值，但必须避开筑巢高峰季节，并防止冬季覆盖率的降低。
- 根据需要施用补充养分，以保持水道的所需物种种类和植株密度。
- 控制有害杂草的生长。
- 不要使用水道作为田间道路。避免在土壤较湿时使用重型设备。
- 横渡水道时，应将耕作机械举离水道并关闭化学施用装置。

参考文献

USDA，ARS.1987. Stability design of grass-lined open channels. Agriculture Handbook 667.

USDA，NRCS.2007. National Engineering Handbook，Part650，Engineering Field Handbook，Chap.7，Grassed waterways.

保护实践概述

（2014年10月）

《草地排水道》（412）

草地排水道是一种用适当的植被建立的具有形状或坡度的渠道，该水道利用宽且浅的横截面，以无侵蚀流速将地表水输送至稳定出口。

实践信息

建造排水道旨在输送水流聚集区、梯田或需要控制侵蚀的引水渠处的径流。排水道通过减少径流水携带的泥沙，可治理沟壑及改善下游水体的水质。

草地排水道通常呈抛物线状或梯形，其设计能够让农场设备在不损坏水道或设备的情况下穿过去。

条件允许的话，选择具有多种用途的植物物种，类似既对野生动物有益同时还能满足提供稳定径流输送的基本要求的物种。高束草和多年生杂草也可以沿排水道边缘种植，改善野生动物栖息地。制种包括可提供花粉和花蜜的各种豆科植物或其他杂草，能够为本地蜜蜂提供栖息地。

本实践的预期年限至少为 10 年。为保持水道容量、植被和排水口稳定性，需要进行一些维护，包括割草（或限制放牧）、施肥和清理沉积物。草地排水道上的大部分破坏均是由设备或除草剂造成的，通过仔细管理即可避免。必须迅速修复被机械、除草剂或侵蚀破坏的植被。

常见相关实践

《草地排水道》(412)通常与《梯田》(600)、《引水渠》(362)、《关键区种植》(342)等保护实践以及其他侵蚀防治实践一起使用。

保护实践的效果——全国

土壤侵蚀	效果	基本原理
片蚀和细沟侵蚀	0	不适用
风蚀	0	可以通过截留跃移土颗粒来减少无覆盖无区域的距离。
浅沟侵蚀	5	渠道的形状或边坡能够输送径流水而不会引起侵蚀。
典型沟蚀	4	控制和管理径流，防止出现侵蚀。
河岸、海岸线、输水渠	1	流入溪流的水流得到控制，防止出现侵蚀。
土质退化		
有机质耗竭	3	排水道地区的永久性植被增加了土壤有机质含量。
压实	0	不适用
下沉	0	不适用
盐或其他化学物质的浓度	-1	植被捕获了受污染的沉积物。
水分过量		
渗水	0	提供渗水出口。
径流、洪水或积水	3	排水道为排水渠和其他治水措施提供出口。
季节性高地下水位	2	作为本实践的一部分，安装的地下排水沟能够清除多余水量。
积雪	0	不适用
水源不足		
灌溉水使用效率低	0	不适用
水分管理效率低	0	不适用
水质退化		
地表水中的农药	2	这一举措增加了渗透、捕获了被吸附的农药。
地下水中的农药	0	这一举措可促进水分渗透，增加土壤有机质和生物活性。
地表水中的养分	2	渠道中的植被会过滤掉部分沉积物；同时植被也会吸收一些养分。
地下水中的养分	0	这一举措可排水道内的渗透量略有增加；但植被会吸收养分。
地表水中的盐分	0	这一举措可渗透量略有增加，可降低径流中可溶盐的含量。
地下水中的盐分	0	不适用
粪肥、生物土壤中的病原体和化学物质过量	1	排水道起到过滤器的作用，减少了径流中的病原体。
粪肥、生物土壤中的病原体和化学物质过量	0	不适用
地表水沉积物过多	2	侵蚀得到控制、植被捕获沉积物、径流以安全速度输送。
水温升高	0	水不会滞留在排水道中。
石油、重金属等污染物迁移	1	排水道起到过滤器的作用，减少了径流中的重金属。而植被可能吸收重金属。
石油、重金属等污染物迁移	0	不适用
空气质量影响		
颗粒物(PM)和PM前体的排放	0	不适用
臭氧前体排放	0	不适用
温室气体(GHG)排放	1	植被将空气中的二氧化碳转化为碳，储存在植物和土壤中。
不良气味	0	不适用
植物健康状况退化		
植物生产力和健康状况欠佳	5	植被保持最佳状态下，可充分发挥排水道的功能。

（续）

植物健康状况退化	效果	基本原理
结构和成分不当	4	被选择保留下来的植物均是更适应、更合适的品种。
植物病虫害压力过大	4	种植并管理植被，可控制不需要的植物种类。
野火隐患，生物量积累过多	0	不适用
鱼类和野生动物——生境不足		
食物	1	在排水道水力功能区外种植适合野生动物的植物可以提供食物。
覆盖 / 遮蔽	1	在排水道水力功能区外种植适合野生动物的植物可以提供掩护 / 遮蔽。
水	0	这一举措改善了地表水水质，并为水生物种提供了季节性栖息地，特别是当栖息地与溪流或河流相连时。
生境连续性（空间）	1	在农田中修建排水道可增加空间并提供野生动物廊道。
家畜生产限制		
饲料和草料不足	1	家畜的饲料和草料种植可能有一定的用途。
遮蔽不足	0	不适用
水源不足	0	不适用
能源利用效率低下		
设备和设施	1	使用设备穿越的沟壑较少。
农场 / 牧场实践和田间作业	1	使用设备穿越的沟壑较少。

CPPE 实践效果：5 明显改善；4 中度至明显改善；3 中度改善；2 轻度至中度改善；1 轻度改善；0 无效果；−1 轻度恶化；−2 轻度至中度恶化；−3 中度恶化；−4 中度至严重恶化；−5 严重恶化。

工作说明书—— 国家模板

（2014年9月）

此类可交付成果适用于个别实践。其他规划实践的可交付成果参考具体的工作说明书。

设计

可交付成果

1. 能够证明符合自然资源保护局实践中的相关准则并与其他计划和应用实践相匹配的设计文件。
    a. 保护计划中确定的目的。
    b. 客户需要获得的许可证清单。
    c. 符合自然资源保护局国家和州公用设施安全政策（《美国国家工程手册》第 503 部分《安全》A 子部分“影响公用设施的工程活动”第 503.00 节至第 503.06 节）。
    d. 制订计划和规范所需的与实践相关的计算和分析，包括但不限于：
        i. 水文条件 / 水力条件
        ii. 出水容量和稳定性
        iii. 播前整地、土壤改良剂和植被要求
2. 向客户提供书面计划和规范书包括草图和图纸，充分说明实施本实践并获得必要许可的相应要求，应根据保护实践《草地排水道》（412）的要求制订计划和规范。
3. 运行维护计划。
4. 证明设计符合实践和适用法律法规的文件［《美国国家工程手册》A 子部分第 505.03（a）（3）节］。
5. 安装期间，根据需要所进行的设计修改。

注：可根据情况添加各州的可交付成果。

安装

可交付成果

1. 与客户和承包商进行的安装前会议。
2. 验证客户是否已获得规定许可证。
3. 根据计划和规范（包括适用的布局注释）进行定桩和布局。
4. 安装检查。
   a. 实际使用的材料
   b. 检查记录
5. 协助客户和原设计方并实施所需的设计修改。
6. 在安装期间，就所有联邦、州、部落和地方法律、法规和自然资源保护局政策的合规性问题向客户 / 自然资源保护局提供建议。
7. 证明安装过程和材料符合设计和许可要求的文件。

注：可根据情况添加各州的可交付成果。

验收

可交付成果

1. 竣工文档。
   a. 实践单位
   b. 图纸
   c. 最终量
2. 证明安装过程符合自然资源保护局实践和规范并符合许可要求的文件［《美国国家工程手册》A 子部分第 505.03（c）（1）节］。
3. 进度报告。

注：可根据情况添加各州的可交付成果。

参考文献

Field Office Technical Guide（eFOTG）, Section IV, Conservation Practice Standard – Grassed Waterway, 412.

National Engineering Manual.

NRCS National Environmental Compliance Handbook.

NRCS Cultural Resources Handbook.

注：可根据情况添加各州的参考文献。

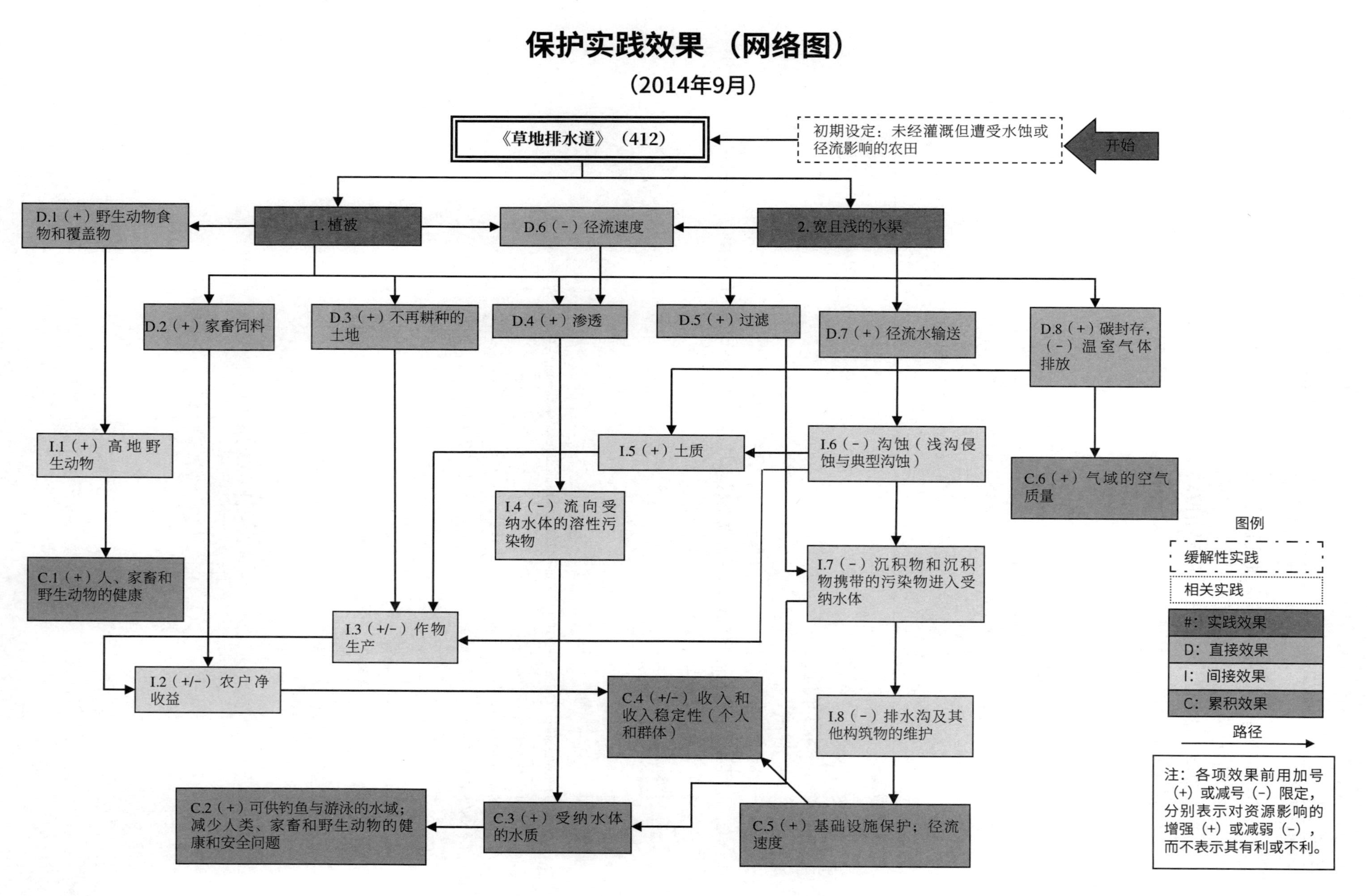

保护实践效果（网络图）
（2014年9月）
《草地排水道》（412）
初期设定：未经灌溉但遭受水蚀或径流影响的农田
开始
1. 植被
2. 宽且浅的水渠
D.1（+）野生动物食物和覆盖物
D.6（-）径流速度
D.2（+）家畜饲料
D.3（+）不再耕种的土地
D.4（+）渗透
D.5（+）过滤
D.7（+）径流水输送
D.8（+）碳封存，（-）温室气体排放
I.1（+）高地野生动物
I.5（+）土质
I.6（-）沟蚀（浅沟侵蚀与典型沟蚀）
C.6（+）气域的空气质量
I.4（-）流向受纳水体的溶性污染物
C.1（+）人、家畜和野生动物的健康
I.7（-）沉积物和沉积物携带的污染物进入受纳水体
I.3（+/-）作物生产
I.2（+/-）农户净收益
C.4（+/-）收入和收入稳定性（个人和群体）
I.8（-）排水沟及其他构筑物的维护
C.2（+）可供钓鱼与游泳的水域；减少人类、家畜和野生动物的健康和安全问题
C.3（+）受纳水体的水质
C.5（+）基础设施保护；径流速度
图例
缓解性实践
相关实践
#：实践效果
D：直接效果
I：间接效果
C：累积效果
路径
注：各项效果前用加号（+）或减号（-）限定，分别表示对资源影响的增强（+）或减弱（-），而不表示其有利或不利。

地下水检测

（355，No.，2013年12月）

定义

对水井或泉水地下水物理性质、生物性质和化学性质进行检测。

目的

本实践用于确定在预期用途下地下水的供应质量。

适用条件

本实践适用于从生产水井中获取的地下水，或用于农业或供野生动植物使用的泉水。

本实践不适用于监测井，该水井是用于采样、监测或测试与废物管理系统的地下水污染有关的地下水的质量参数。

准则

选择与井或泉水的预期用途或问题一致的测试参数。

使用符合美国国家环境保护署的《水和废物监测分析方法》要求的取样和测试程序。

注意事项

考虑使用计算机化的田间档案保存系统，以方便数据输入、分析和检索测试结果。

计划和技术规范

编制地下水测试计划和技术规范，描述为达到预期目标而施行此标准的要求。包括以下内容：

- 记录供水的位置及深度。
- 记录含水层的特征、地质和与潜在的污染源（如地表水、化粪池系统、化学品储存设施、垃圾填埋场、道路、动物粪便储存或处理设施或自然污染源）有关的场地历史。
- 记录设置水井或开发泉水的施工方法。
- 描述样本收集过程、存储、运输和测试，并报告测试结果。

运行和维护

在水井或泉水的设计寿命内保持水质测试记录。水质测试记录中包括下列项目：

- 通过地面坐标，如全球定位系统（GPS）或其他合适的定位方式确定的采样地位置。
- 样本收集者的姓名和职位。
- 水的计划用途。
- 取样地的深度间隔。
- 取样的日期和时间。
- 采样器的类型和采样量。
- 所使用的标准收集程序。
- 水质分析日期。
- 开展此分析的实验室名称和地址。
- 测试参数。
- 根据适用的水质标准要求，制订额外测试的计划。

- 评估为达到预期目的水质采取的任何补救措施的趋势和效果的记录。
- 取样时对水井或泉水的状态进行的观察。
- 设置水井或开发泉水的日期。
- 其他规范要求的记录。

参考文献

U.S. Environmental Protection Agency, Mar. 1983. “Manual of Methods for Chemical Analysis of Water and Wastes”, EPA/600/479/020, Office of Research and Development, Washington, DC20460, 552p.

保护实践概述

（2014年9月）

《地下水检测》（355）

地下水检测主要是对水井或泉水开发中的地下水的物理性质、生物性质和化学性质进行检测。

实践信息

所需的测试和适用标准将根据水的预期用途而定。

按照既定程序收集和分析水样。当地、州、部落或联邦法律法规可能会具体要求特定的参数、取样程序和实验室分析。请联系测试机构，获取指导意见。

必要时，应从了解试验程序和目标的来源处获取试验结果的解释以及补救措施的相关建议。

需要保存水样采集条件和时间的相关记录。

常见相关实践

《地下水检测》（355）通常与《水井》（642）、《灌溉系统——微灌》（441）、《喷灌系统》（442）、《牲畜用水管道》（516）以及《泉水开发》（574）等保护实践一起使用。

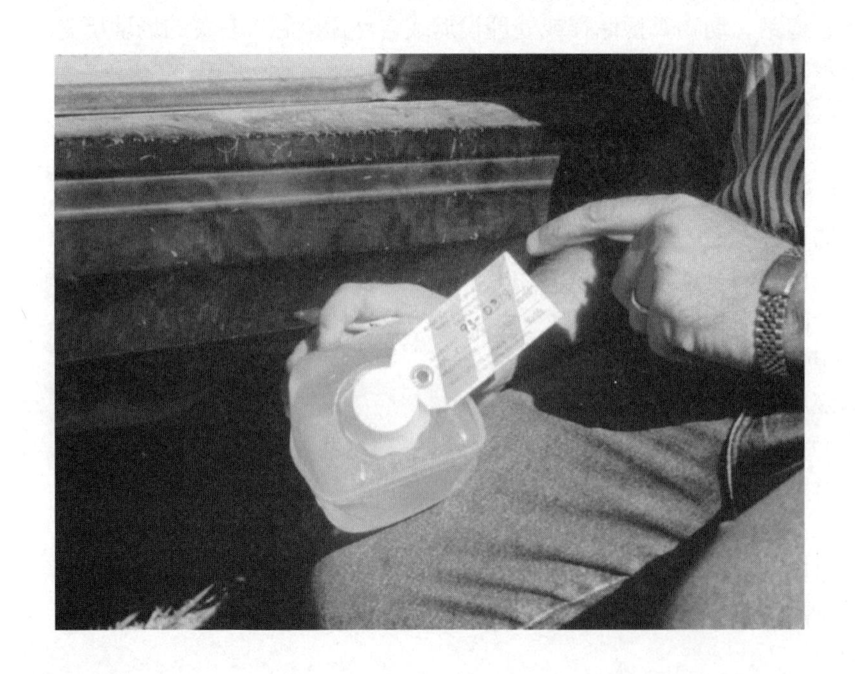

保护实践的效果——全国

土壤侵蚀	效果	基本原理
片蚀和细沟侵蚀	0	不适用
风蚀	0	不适用
浅沟侵蚀	0	不适用
典型沟蚀	0	不适用
河岸、海岸线、输水渠	0	不适用
土质退化		
有机质耗竭	0	不适用
压实	0	不适用
下沉	0	不适用
盐或其他化学物质的浓度	0	不适用
水分过量		
渗水	0	不适用
径流、洪水或积水	0	不适用
季节性高地下水位	0	不适用
积雪	0	不适用
水源不足		
灌溉水使用效率低	0	不适用
水分管理效率低	0	不适用
水质退化		
地表水中的农药	0	不适用
地下水中的农药	0	检测本身并不能改善被农药降解的水质。但如果测试表明地下水中存在农药，则应在随后采取措施，控制农药进入地下水。
地表水中的养分	0	不适用
地下水中的养分	0	检测本身并不能改善被养分降解的水质。但如果测试表明地下水中存在农药，则应在随后采取措施，控制农药进入地下水。
地表水中的盐分	0	不适用
地下水中的盐分	0	检测本身并不能改善被盐分降解的水质；但如果测试表明地下水中存在农药，则应在随后采取措施，控制盐分进入地下水。
粪肥、生物土壤中的病原体和化学物质过量	0	不适用
粪肥、生物土壤中的病原体和化学物质过量	0	检测本身并不能改善被粪肥降解的水质；但如果测试表明地下水中存在农药，则应在随后采取措施，控制粪肥进入地下水。
地表水沉积物过多	0	不适用
水温升高	0	不适用
石油、重金属等污染物迁移	0	不适用
石油、重金属等污染物迁移	0	不适用
空气质量影响		
颗粒物（PM）和 PM 前体的排放	0	不适用
臭氧前体排放	0	不适用
温室气体（GHG）排放	0	不适用
不良气味	0	不适用
植物健康状况退化		
植物生产力和健康状况欠佳	0	不适用
结构和成分不当	0	不适用
植物病虫害压力过大	0	不适用
野火隐患，生物量积累过多	0	不适用

（续）

鱼类和野生动物——生境不足	效果	基本原理
食物	0	不适用
覆盖 / 遮蔽	0	不适用
水	0	不适用
生境连续性（空间）	0	不适用
家畜生产限制		
饲料和草料不足	0	不适用
遮蔽不足	0	不适用
水源不足	0	不适用
能源利用效率低下		
设备和设施	0	不适用
农场 / 牧场实践和田间作业	0	不适用

CPPE 实践效果：5 明显改善；4 中度至明显改善；3 中度改善；2 轻度至中度改善；1 轻度改善；0 无效果；−1 轻度恶化；−2 轻度至中度恶化；−3 中度恶化；−4 中度至严重恶化；−5 严重恶化。

工作说明书—— 国家模板

此类可交付成果适用于个别实践。其他规划实践的可交付成果参考具体的工作说明书。

设计

可交付成果

1. 能够证明符合自然资源保护局实践中的相关准则并与其他计划和应用实践相匹配的设计文件。
   a. 明确的客户需求，与客户进行商讨的记录文档，以及提议的解决方法。
   b. 保护计划中确定的目的。
   c. 农场或牧场规划图上显示的施用规划实践的位置。
   d. 制订计划和规范所需的与实践相关的计算和分析，包括但不限于：
      i. 地下水检测的方法 / 程序一览表
      ii. 进行检测的国家认证实验室名称
      iii. 潜在污染源
2. 运行维护计划。
3. 证明设计符合自然资源保护局实践和规范并适用法律法规（《美国国家工程手册》第 505 部分《非自然资源保护局工程服务》A 部分“前言”，第 505.0 和 505.3 节）的证明文件。

注：可根据情况添加各州的可交付成果。

安装

可交付成果

1. 与客户和承包商进行的安装前会议。
2. 协助客户和原设计方并实施所需的设计修改。

注：可根据情况添加各州的可交付成果。

验收

可交付成果

1. 地下水检测的日期、时间、地点和水样采集的方法。
2. 地下水检测分析的日期、时间。
3. 地下水检测由国家认证实验室进行的证明。
4. 检测结果和解释。
5. 检测符合自然资源保护局实践和规范的证明（《美国国家工程手册》第 505 部分《非自然资源保护局工程服务》A 子部分“导言”第 505.3 条）。
6. 进度报告。

注：可根据情况添加各州的可交付成果。

参考文献

NRCS Field Office Technical Guide（eFOTG）, Section IV, Conservation Practice Standard - Groundwater Testing, Code 355.

NRCS National Engineering Manual（NEM）.

注：可根据情况添加各州的参考文献。

保护实践效果（网络图）

（2014年9月）

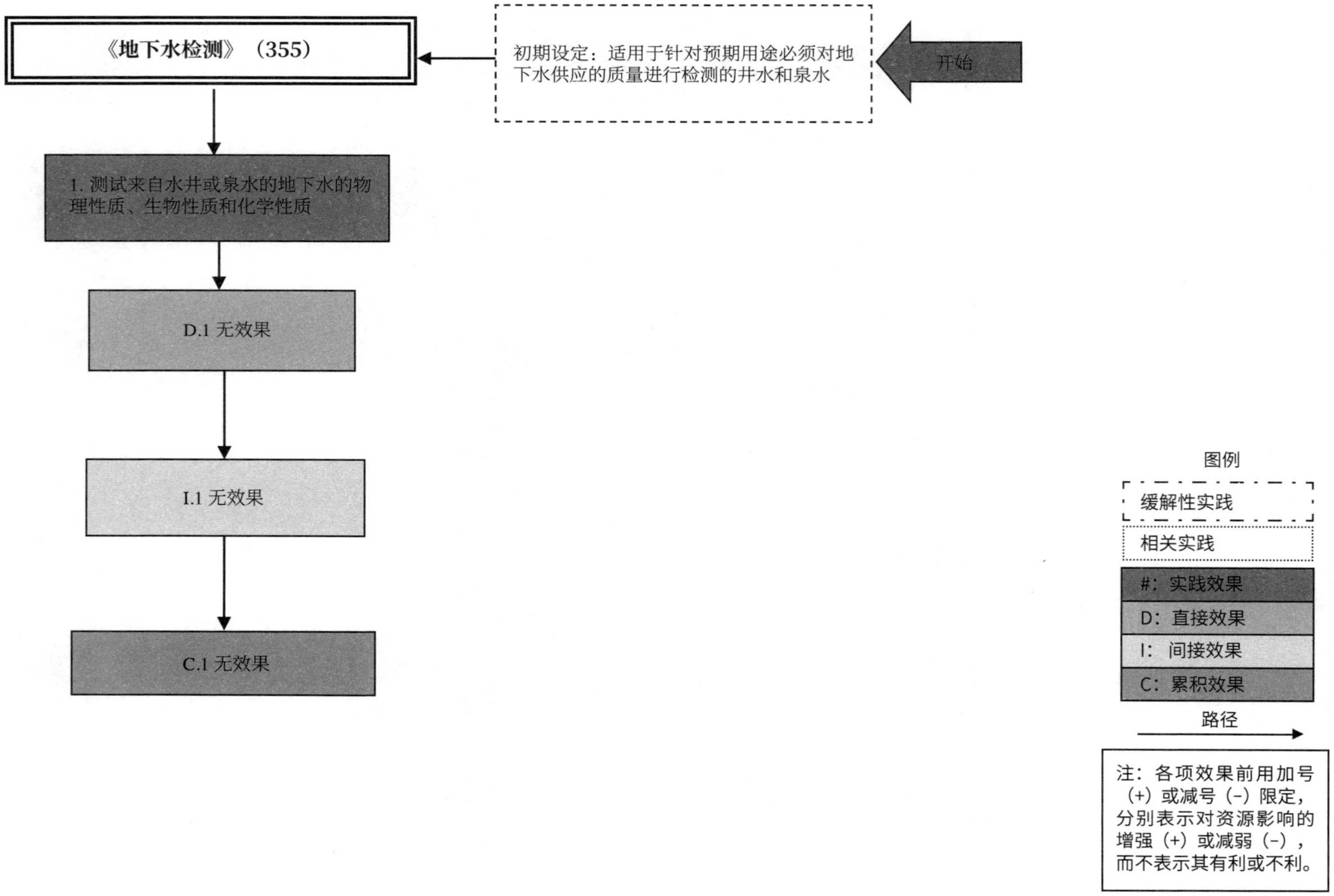

开始

初期设定：适用于针对预期用途必须对地下水供应的质量进行检测的井水和泉水

《地下水检测》（355）

1. 测试来自水井或泉水的地下水的物理性质、生物性质和化学性质

D.1 无效果

I.1 无效果

C.1 无效果

图例

缓解性实践

相关实践

#：实践效果

D：直接效果

I：间接效果

C：累积效果

路径

注：各项效果前用加号（+）或减号（-）限定，分别表示对资源影响的增强（+）或减弱（-），而不表示其有利或不利。

密集使用区保护

（561，sq.ft., 2014年9月）

定义

密集使用区保护用于稳定人、动物及车辆频繁密集使用的地面。

目的

密集使用区保护用于：

- 为动物、人或车辆频繁使用的区域提供稳定、不受损坏的地面。
- 保护或改善水质。

适用条件

此实践适用于所有土地使用，该土地需解决一个或多个资源问题且被经常或集中使用。

准则

适用于上述所有目的的总准则

设计负荷。基于承载交通（车辆、动物或人类）的类型和频次，将设计负荷建立在土地密集使用区上。

地基。评估场地地基，以确保土壤的假定承载力符合预期的设计负荷和使用频率。

必要时，通过拆除和处置不足以承受设计负荷的材料，为地基做准备。

在所有需要增加承重强度、排水、物料分离和土壤加固的场地上，使用沙砾、碎石、其他适用材料、土工织物或组合材料作为基层。参照《美国国家工程手册》第 642 部分《设计说明》（24）、《土工织物使用指南》，或用于土工织物选择的其他经国家批准的参考文献。

如果土地密集使用区存在地下水污染的可能性，则需要选择另一场地或提供一个防渗屏障。对防渗区域的污染地表径流采取预防措施。

地面处理。选择一种稳定且适合土地密集使用区的地面处理方法。根据所使用的材料，表面处理必须满足以下要求。

混凝土。根据美国混凝土协会（ACI）《混凝土停车场设计与施工指南》（ACI 330R），设计承受分布固定荷载，轻型车辆交通或重型卡车或农业设备不经常使用的地面板。按照美国混凝土协会《地面板设计指南》（ACI 360R），设计经常甚至频繁地进行重型卡车或重型农业设备运输的地面板。根据美国混凝土协会《环境工程混凝土结构地面板的要求设计》（ACI 350，附录 H）设计防水板。

根据自然资源保护局《美国国家工程手册》第 536 部分《结构工程》设计混凝土结构。

沥青混凝土路面。路面结构设计请参照美国国家公路与运输协会标准（AASHTO）指南或国家公路部门关于沥青混凝土路面设计标准的规范。

用至少 4 英寸的压实沥青混凝土铺在至少 4 英寸压实砾石路基上，以代替现场特定的少量使用区域的设计。该地区的道路铺路通常使用沥青混凝土混合料。

其他水泥基材料。水泥基材料，如土壤水泥、农用石灰、碾压混凝土和煤燃烧副产品（烟气脱硫污泥和粉煤灰），可作为耐用、稳定的铺面材料。选择无毒且具有符合预期用途的具备化学特性的材料。

集料。为预期磨损和使用设计集料表面。代替为将要进行轻型非机动车使用现场特定设计的区域，为集料铺面和基层安装最小组合厚度，牲畜为 6 英寸，其他用途为 4 英寸。

对于其他用途，请使用《农业工程说明》（4），《泥土和集料表面设计指南》，或其他适当的方法来设计集料厚度。

覆盖物。使用最小 6 英寸厚的材料，如石灰石、煤渣、棕榈树皮、树皮覆盖物、砖屑或碎橡胶。不建议在牲畜或车辆用道上使用覆盖物。

植被。选择能够承受预期用途的植被。根据保护实践《关键区种植》（342）或适用的州立参照标准建立植被。

其他。也可使用其他能满足预期的目的和设计寿命的材料。

结构。当需要一个顶盖来解决资源问题时，使用保护实践《顶盖和覆盖物》（367）。使用非废料时，应根据公认的工程条例来设计结构。

排水和侵蚀防治。根据需要，在设计中加入表面和地下排水的规定。包括在不会造成水土流失或水质损害的情况下处理径流的规定。尽可能防止地表水进入密集使用区。

施工后应尽快稳固所有被施工扰动的区域。参照保护实践《关键区种植》（342）栽种植被。如果植被不适合该场地，使用保护实践《覆盖》（484）的标准来稳固被干扰的区域。

牲畜密集使用地区的附加准则

包括收集、储存、利用或处理肥料和污染径流的其他做法，否则这些污染的径流会引起资源问题。

休憩用地的附加准则

1990 年《美国残疾人法案》（ADA）要求公众娱乐场所必须对残疾人士开放。解决新建筑场地的使用要求，以及现有设施何时改变调整的问题。

注意事项

土地密集使用区可能会对毗邻的土地使用产生重大影响。这些影响可以涉及环境、视觉和文化方面。选择与相邻区域兼容的处理方法。应考虑临近土地以及将产生稳定性问题的土地使用。

植被土地密集使用区可能需要额外的材料，如土工格栅或其他加固技术，休息和恢复阶段的规划安排，以确保植物的稳定性不受影响。

在设计过程中考虑用户的安全。避免光滑的表面、尖锐的角，或可能令用户受困的路面及构筑物。对于牲畜使用较多的地区，应避免使用可能会伤害牲畜的尖锐材料。

铺设或以其他降低土地密集使用区的渗透性的方式，可以减少渗透并增加地表径流。根据土地密集使用区的大小，这可能会影响周边地区的水资源预算。考虑对地面和地表水的影响。

在泥泞的土地上安装密集使用区保护设施可以改善动物的健康状况。泥浆传播细菌和真菌疾病，为苍蝇提供繁殖场所。蹄吸力使牛在泥泞的地方难以移动。此外，泥浆会抵消毛发的保温作用，使得动物必须消耗更多的能量来保暖。当温度下降时，可能会发生动物聚集，从而减少或破坏植被覆盖物，导致水土流失和引起水质问题。

为减少土地密集使用区对水质的负面影响，可考虑尽可能将其尽量远离水体或水道。在某些情况下，这可能需要重新安置土地密集使用区，而不是仅仅改装已使用区域。

尽可能在地表材料的底部与季节性高地下水位或基岩之间保持 2 英尺的分隔距离。

为减少密集使用区域相关的颗粒物引起的空气质量问题，可考虑使用保护实践《防风林 / 防护林建造》（380）、《草本植物防风屏障》（603）、《露天场地上动物活动产生粉尘的控制》（375）、《未铺筑路面和地表扬尘防治》（373），以控制密集使用区域的粉尘。

考虑如何尽可能减少土地密集使用区的用地面积。这可能需要改变饲养家畜的方式，但从长远来看，会带来更高效的更少的维护工作。

对于需要经常刮擦清理的地区，松散的集料或其他非水泥基材料可能不是最佳选择。应考虑更耐用的表面，如混凝土表面。

计划和技术规范

为密集使用区保护制订计划和技术规范，应描述按照这一实践及相关操作安装的要求。计划和技术规范至少应包括：

- 显示实践地的位置和范围的平面图，包括相邻区域特征和已知设施的位置和距离。

- 显示铺装或稳定材料的类型和所需厚度的标准截面图。
- 根据需要制订分级计划。
- 在适当情况下，制订所需的结构细节计划。
- 用于稳定施工区域的方法和材料。
- 符合现场安装要求的施工规范。

运行和维护

在实践实施前，准备一份运行和维护计划，并与操作员一起进行核查。运行和维护计划的至少应包含：

- 定期检查——年检和紧急降雨后立即进行的检查。
- 迅速修理或更换损坏的部件，特别是受到磨损或侵蚀的表面。
- 对于牲畜密集使用区域，根据需要定期清除和管理粪肥。
- 对于植被密集使用区域，应限制使用，以保护场地，并让植被恢复养分。

参考文献

American Concrete Institute. 2006. Design of Slabs-on-Ground. ACI Standard 360R-06. Farmington Hills, MI.

Korcak R. F., 1998. Agricultural Uses of Coal Combustion Byproducts. P. 103-119. In Wright, R. J., et al（eds.）Agricultural Uses of Municipal, Animal and Industrial Byproducts. USDA-ARS, Conservation Research Report 44.

USDA-Natural Resources Conservation Service. 2014. Agricultural Engineering Note 4, Earth and Aggregate Surfacing Design Guide, Washington, DC.

保护实践概述

(2014年9月)

《密集使用区保护》（561）

密集使用区保护（HUAP）是一种用于稳定经常被人、动物或车辆密集使用的地面的方法。

实践信息

本实践旨在通过为动物、人或车辆经常使用的区域提供一个稳定的无侵蚀路面来保护和改善水质。

常用的表面处理包括混凝土、沥青混凝土和砾石。某些地方可能需要在处理过的表面上配套一个带顶结构作为所需的资源保护措施。

在家畜集中造成资源问题的地区，本实践通常可实现表面稳定性，包括觅食地、便携式干草圈、浇水设施、饲养槽以及矿物质区域。在这些地区，必须对粪肥和受污径流的收集、储存、利用和处理作出相关规定。

采用本实践，还可使残疾人士能够无障碍地进入休养区。

本实践的预期年限至少为 10 年。本实践的维护要求将取决于生产商选择的表面类型及其预期用途。

需要进行日常维护，确保设施按设计运行。

常见相关实践

《密集使用区保护》（561）可作为独立实践实施，或者与《引水渠》（362）、《过滤带》（393）或《植被处理区》（635）等地表水控制方面相关的保护实践一起应用。可能还需要采用《访问控制》（472）或《栅栏》（382）来修改该区域周围的交通模式。其他常见的相关保护实践包括《顶盖和覆盖物》（367）、《废物储存设施》（313）、《计划放牧》（528）和《供水设施》（614）。

保护实践的效果——全国

土壤侵蚀	效果	基本原理
片蚀和细沟侵蚀	2	通过植被、采用适当材料铺面或安装所需结构，提供所需的覆盖物，保护该地区免受土壤侵蚀。
风蚀	2	通过建立植被，采用合适的材料进行铺面和安装所需的结构，保护地表不受侵蚀。
浅沟侵蚀	2	通过建立植被，采用合适的材料进行铺面和安装所需的结构，保护地表不受侵蚀。
典型沟蚀	0	不适用
河岸、海岸线、输水渠	0	土地密集使用区不会设在河岸上。
土质退化		
有机质耗竭	0	如果用植被保护场地，可能会增加有机质含量。如果使用其他材料来保护场地，有机质含量将会减少或保持不变。
压实	-1	如果使用非植被材料保护场地，通常需要对场地进行压实。如果使用植被来保护场地，压实改变与否，主要取决于建立植被采用的方法。
下沉	0	不适用
盐或其他化学物质的浓度	0	不适用
水分过量		
渗水	0	不适用
径流、洪水或积水	-1	不渗透的表面会导致径流增加。
季节性高地下水位	0	不适用
积雪	0	不适用
水源不足		
灌溉水使用效率低	0	不适用
水分管理效率低	0	不适用
水质退化		
地表水中的农药	0	不适用
地下水中的农药	0	不适用
地表水中的养分	1	土地密集使用区允许收集粪肥，否则这些粪便将被径流带入到受污染的地表水中。
地下水中的养分	0	不适用
地表水中的盐分	0	不适用
地下水中的盐分	0	不适用
粪肥、生物土壤中的病原体和化学物质过量	2	实现更好的径流管理。
粪肥、生物土壤中的病原体和化学物质过量	0	不适用
地表水沉积物过多	2	采取保护措施可以减少侵蚀和沉积物。
水温升高	0	不适用
石油、重金属等污染物迁移	0	不适用
石油、重金属等污染物迁移	0	不适用

（续）

空气质量影响	效果	基本原理
颗粒物（PM）和 PM 前体的排放	2	稳定高交通流量地区可以减少人群、动物和车辆交通产生的扬尘量。
臭氧前体排放	0	不适用
温室气体（GHG）排放	0	如使用，则植被将空气中的二氧化碳转化为碳，储存在植物和土壤中。
不良气味	0	不适用
植物健康状况退化		
植物生产力和健康状况欠佳	2	如果选择使用植被，则该植被应保持在最佳的生长条件，以便达成预期目的。
结构和成分不当	0	不适用
植物病虫害压力过大	4	通过安装和管理措施，控制不需要的植物种类。
野火隐患，生物量积累过多	0	不适用
鱼类和野生动物——生境不足		
食物	0	不适用
覆盖 / 遮蔽	0	不适用
水	0	不适用
生境连续性（空间）	0	不适用
家畜生产限制		
饲料和草料不足	0	不适用
遮蔽不足	0	不适用
水源不足	0	不适用
能源利用效率低下		
设备和设施	0	不适用
农场 / 牧场实践和田间作业	0	不适用

CPPE 实践效果：5 明显改善；4 中度至明显改善；3 中度改善；2 轻度至中度改善；1 轻度改善；0 无效果；−1 轻度恶化；−2 轻度至中度恶化；−3 中度恶化；−4 中度至严重恶化；−5 严重恶化。

工作说明书—— 国家模板

（2014年9月）

此类可交付成果适用于个别实践。其他规划实践的可交付成果参考具体的工作说明书。

设计

可交付成果

1. 能够证明符合自然资源保护局实践中的相关准则并与其他计划和应用实践相匹配的设计文件。
    a. 明确的客户需求，与客户进行商讨的记录文档，以及提议的解决方法。
    b. 保护计划中确定的目的。
    c. 农场或牧场规划图上显示的安装规划实践的位置。
    d. 客户需要获得的许可证清单。
    e. 对周边环境和构筑物的影响。
    f. 证明符合自然资源保护局国家和州公用设施安全政策的文件（《美国国家工程手册》第 503 部分《安全》A 子部分“影响公用设施的工程活动”第 503.0 节至第 503.6 节）。
    g. 制订计划和规范所需的与实践相关的计算和分析，包括但不限于：
        i. 交通类型、设计荷载、场地基础
        ii. 表面处理，包括植被措施
        iii. 用户安全

2. 向客户提供书面计划和规范书包括草图和图纸，充分说明实施本实践并获得必要许可的相应要求。
3. 适当的设计报告（《美国国家工程手册》第 511 部分《设计》，B 子部分“文档”，第 511.10 和 511.11 节）。
4. 质量保证计划（《美国国家工程手册》第 512 部分《施工》，D 子部分“质量保证活动”，第 512.30 至 512.33 节）。
5. 运行维护计划。
6. 证明设计符合自然资源保护局实践和规范并适用法律法规（《美国国家工程手册》第 505 部分《非自然资源保护局工程服务》A 部分《前言》，第 505.0 和 505.3 节）的证明文件。

注：可根据情况添加各州的可交付成果。

安装

可交付成果

1. 与客户和承包商进行的安装前会议。
2. 验证客户是否已获得规定许可证。
3. 根据计划和规范（包括适用的布局注释）进行定桩和布局。
4. 安装检查。
   a. 实际使用的材料（《美国国家工程手册》第 512 部分《施工》，C 子部分“施工材料评估”，第 512.20 至 512.23 节；D 子部分“质量保证活动”，第 512.33 节）。
   b. 检查记录。
   c. 符合质量保证计划的文件。
5. 协助客户和原设计方并实施所需的设计修改。
6. 在安装期间，就所有联邦、州、部落和地方法律、法规和自然资源保护局政策的合规性问题向客户 / 自然资源保护局提供建议。

注：可根据情况添加各州的可交付成果。

验收

可交付成果

1. 竣工文档。
   a. 实践单位
   b. “红线”图纸（《美国国家工程手册》第 512 部分《施工》，第 F 子部分“建造”，第 512.50 至 512.52 节）
   c. 最终量
2. 证明安装过程符合自然资源保护局实践和规范并符合许可要求的文件（《美国国家工程手册》第 505 部分《非自然资源保护局工程服务》，A 子部分“前言”，第 505.3 节）。
3. 进度报告。

注：可根据情况添加各州的可交付成果。

参考文献

NRCS Field Office Technical Guide（eFOTG）, Section IV, Conservation Practice Standard – Heavy Use Area Protection, 561.

NRCS National Engineering Manual（NEM）.

NRCS National Environmental Compliance Handbook.

NRCS Cultural Resources Handbook.

注：可根据情况添加各州的参考文献。

保护实践效果（网络图）

（2014年9月）

喀斯特天坑治理

（527，No.，2015年9月）

定义

治理喀斯特地区的天坑，减少地下水源污染，提高农业安全。

目的

本实践是为了达到以下目的：

- 改善地下水和地表水水质。
- 保护土壤和地表水资源。
- 提高农业安全。

适用条件

本实践可以应用于部分喀斯特地貌保护管理系统，本地形的基岩由碳酸盐岩或硫酸盐岩（如石灰岩、白云石、石膏）构成，可能形成溶蚀洼地（例如天坑）、溶洞或溶蚀沉降（例如，非溶解性岩石区域可能会塌陷到下面的溶洞中）。

本实践不适用于由于地下管道故障或渗漏导致的侵蚀或塌陷，人工建造的地表水系（例如运河），以及修建于土地松软、欠压实或构造不合理地方的管道。

本实践不适用于某些喀斯特天坑，如位于建筑物内部或下方，或是位于有水流通过的地方。这些地区的天坑治理不在本实践范围内。

准则

适用于上述所有目的的总体准则

喀斯特天坑治理的应用和实施应符合所有适用的联邦、州和当地法律、条例和规定。

根据美国自然资源保护局（NRCS）《美国国家工程手册》第 531 部分《地质》的规定，在合格的地质学家监督下，治理地下水、地表水、支流和喀斯特特征地貌，并对其潜在影响进行地质调查。地质调查可能包括从当地专家那里获得的信息，如其他联邦机构、州立机构和学术机构。如果情况复杂且不确定，请使用其他的专业知识进行现场评估，并就治理地点的适用性提供专业建议。

在土地所有者自行管理的天坑周围，针对部分排水区，制订养分和虫害管理计划。但是，这些计划的准备工作不应延误即时安全问题的处理。

清除天坑和已建立的缓冲区中的垃圾和所有其他不合适的材料，同时不能破坏环境。

生物治理。天坑治理至少要在其周围建立植被缓冲带（例如过滤缓冲带、边界缓冲带、河岸森林缓冲区），且要符合美国自然资源保护局相应的保护实践的目的。缓冲区的目的是防止人员、动物和设备干扰。缓冲区还可以增加地表径流，使更多地表水流向喀斯特地貌，减少污染物直接进入天坑的可能性。

从最远的预测塌陷点测量，缓冲区的宽度至少为 25 英尺（注：这可能代表本地质特征的内部部分，而不是从天坑的表面边缘测量）。根据需要扩展缓冲区，以防止集中流道出现并流入天坑。植被缓冲区的宽度将根据所选缓冲区的类型建立和维护。

在植被缓冲区建立的过程中，使用适当的侵蚀和沉积物控制措施，减少进入天坑口的沉积量。不要在已建立的缓冲区内使用营养盐、除草剂、杀虫剂和动物粪便。只使用机械治理的方法清除杂草。

地表水控制。进入天坑的地表水量的变化可能会扰乱地下水文。在可能的范围内，地表水流量应保持在历史（或预发展）水平。加固现存集中流道，并做局部修缮。采用适当的疏水或分流技术，分散施工活动引起的集中渗流。

天坑治理 / 遮盖。通过建立植被缓冲带和驱逐家畜，可以实现对大部分天坑和天坑区域的充分保护。但是，如果一个露天天坑存在安全隐患，可以用反滤层、土工合成材料、石笼或其他合适的方法处理。使用天坑反滤层或塞子堵塞时，重要区域将由合格的地质学家与工程师协商确定合适的设计。

如果可能的话，挖掘天坑区域以获得坚硬、稳定的基岩。根据《美国国家工程手册》第 633 部分第 26 章《关于砂石和砾石过滤器的级配设计》，采集天坑治理的岩石、聚合物和土壤应在水流方向上与过滤器兼容。

在任何情况下，不能填满通向洞穴的天坑。洞穴是指自然形成的地下开放区域或一个或多个小室，其直接导入岩石中，没有沉积物填充。出于安全原因，可能使用门控开口。设计出口，使其不会妨碍活动或对蝙蝠等野生动物物种产生负面影响。

喀斯特地区可为多种高度专业化和敏感的鱼类和野生动物物种提供栖息地，如蝙蝠、两栖动物、鱼类、昆虫和甲壳类动物，包括联邦列入的受威胁或濒危物种。自然资源保护局应遵循所有与《濒危物种法》相关的政策。

注意事项

应考虑当前和计划的土地使用。在平面图上记录天坑的位置，以便天坑上方不会出现建筑物、化粪池排水场、井、饲养场、池塘、动物粪便和其他影响区内的系统。考虑为缓冲区和天坑建立一个保护缓解区。

对于受地表径流污染影响的天坑，应尽一切努力首先处理污染源。虽然保持喀斯特系统的水文特征非常重要，但是让天坑远离水污染可能对保护地下水水质更有利。在某些情况下，可能需要用密封材料完全堵塞天坑，而不是用反滤层对其进行处理。ASTM D 5299 第 6.4 部分提供了适合的密封材料（例如位于饲养场或难以通过任何其他方法保护的天坑）。

天坑治理不应长时间造成地表积水过多或土壤湿度过高。

未来可能由于填充材料固结或下沉到地下空隙而导致沉降，在填充天坑时，可能需要补充填充材料。随着治理时间的延长，可能需要额外的填充。

随着水力重新建立平衡，一个天坑的治理可能会对附近的其他天坑或溶质地貌产生影响。

计划和技术规范

提供的计划和技术规范应描述应用本实践的要求，以及实现其预期要求。

计划和技术规范应包括但不限于：

- 描绘说明天坑和天坑池区域的平面图，包括地形信息和图片。
- 进行地质调查，包括对喀斯特资源潜在影响的研究。
- 如适用，深入到稳定、坚硬的基岩。
- 计划治理措施的详情。
- 在地形图上标明天坑的排水区。
- 如适用，利用地表水安全出水口。
- 适当的特殊安全要求。
- 其他特定地点的具体考量。

运行和维护

提供运行和维护计划，具体说明天坑和天坑地区治理的维护内容，包括：

- 监测和定期检查。
- 养分质和病虫害综合防治。
- 及时修理或更换损坏的部件。

参考文献

ASTM Standard D 5299. Standard Guide for Decommissioning of Groundwater Wells, Vadose Zone Monitoring Devices, Boreholes, and Other Devices for Environmental Activities.ASTM International, West Conshohocken, PA. – Latest Edition.

National Engineering Manual, Part 531 Geology, [M_210_NEH_531] – Latest Edition.

National Engineering Handbook, Part 633, Chapter 26, Gradation Design of Sand and Gravel Filters [H_210_633] – Latest Edition.

保护实践概述

（2015年9月）

《喀斯特天坑治理》（527）

喀斯特天坑治理即通过建立植被缓冲区、栅栏和控制地表水，对天坑进行管理，减少地下水资源污染，提高农场安全。过滤进入天坑的水或堵塞天坑的水也是对天坑的管理活动。

实践信息

本实践适用于土壤和地质条件导致岩溶天坑发育的土地。天坑和天坑区域处理旨在改善地下和地表水水质，保护土壤和地表水资源，提高农场安全。必须由有资质的地质学家对处理对地下水、地表水和岩溶特征的潜在影响进行地质调查。本实践包括清除天坑中的垃圾等异物，建立植物缓冲区，设置栅栏围住天坑和缓冲区，为排水区域制订营养和虫害管理计划，也包括在露天天坑造成安全隐患时在其中安装过滤器或塞子。

其他注意事项包括排干多余地表水，使用适当的侵蚀和沉积控制措施，改变地表水的体积，此类措施可能会干扰地下水文。

常见相关实践

《喀斯特天坑治理》（527）通常与《栅栏》（382）、《访问控制》（472）、《引水渠》（362）、《过滤带》（393）等保护实践一起使用。

保护实践物理效果工作表

州			现场办公室		日期	
实践：《喀斯特天坑治理》（527）			基线设置：			
			适当的土地利用：所有土地用途。			

资源、考虑因素和关注点	物理效果	基本原理
土壤侵蚀		
片蚀和细沟侵蚀	不适用	不适用
风	不适用	不适用
浅沟	中度至严重恶化	集中渗流侵蚀控制是实践的一部分。
典型冲沟	中度至严重恶化	集中渗流侵蚀控制是实践的一部分。
河岸	不适用	不适用
海岸线	不适用	不适用
灌溉引起的	不适用	不适用
块体运动	轻度至大幅改善	反滤层有助于稳定边坡，防止块体移动和天坑扩大。
道路、路旁和建筑工地	不适用	不适用
土壤——条件		
有机质耗竭	不适用	不适用
牧场的场地稳定性	不适用	不适用
压实	不适用	不适用
下沉	不适用	不适用
污染物		
· 盐分和其他化学物质	轻度至中度改善	植被缓冲区可减少土壤/污染物向地下水径流。
· 动物排泄物和其他有机物——N	轻度至中度改善	植被缓冲区可减少土壤/污染物向地下水径流。
· 动物排泄物和其他有机物——P	轻度至中度改善	植被缓冲区可减少土壤/污染物向地下水径流。
· 动物排泄物和其他有机物——K	轻度至中度改善	植被缓冲区可减少土壤/污染物向地下水径流。
· 商品肥料——N	轻度至中度改善	植被缓冲区可减少土壤/污染物向地下水径流。
· 商品肥料——P	轻度至中度改善	植被缓冲区可减少土壤/污染物向地下水径流。
· 商品肥料——K	轻度至中度改善	植被缓冲区可减少土壤/污染物向地下水径流。
残留农药	轻度至中度改善	植被缓冲区可减少土壤/污染物向地下水径流。
泥沙淤积危害	不适用	不适用
水——水量		
牧场水文循环	不适用	不适用
过度渗水	不适用	不适用
过量径流、洪水或积水	不适用	不适用
过量地下水	不适用	不适用
积雪	不适用	不适用
排水口不足	轻度改善	稳定天坑可为支持实践的排水沟提供稳定排水口。
灌溉地用水效率低	不适用	不适用
非灌溉地用水效率低	不适用	不适用
泥沙淤积降低输水能力	不适用	不适用
沉积物堆积从而减少水体蓄积	轻度改善	与本实践有关的侵蚀与泥沙控制措施可减少进入含水层的沉积物，从而减少进入有地下水补给的地表水体泥沙。
含水层透支	不适用	不适用
河道流量不足	不适用	不适用
水——水质		
地下水中：		
· 农药的危害程度	轻度至大幅改善	支持植被或引流可能在地表水进入天坑前截留并使农药降解。
· 过量养分和有机物	轻度至大幅改善	支持植被可以捕捉和利用水中的养分和有机物。

（续）

资源、考虑因素和关注点	物理效果	基本原理
· 盐度过高	轻度至大幅改善	支持植被或引流可降低径流含盐量。
· 重金属危害程度	轻度至中度改善	支持植被可以降低水中重金属的浓度。
· 病原体的危害程度	轻度至大幅改善	支持植被或引流可以捕捉和改善水中的细菌。
· 石油的危害程度	轻度至大幅度改善	将流入水中的水引流到地表处理可以降低石油浓度。
地表水中：		
· 农药的危害程度	轻度至大幅改善	减少水体农药浓度可以减少接受地下水的水体中农药残留。
· 过量养分和有机物	轻度至大幅改善	减少水体养分和有机物浓度可以减少接受地下水的水体中养分和有机物残留。
· 过高的悬浮泥沙和浊度	轻度至大幅改善	减少水体沉积物浓度可以减少接受地下水的水体中沉积量。
· 盐度过高	不适用	不适用
· 重金属危害程度	不适用	不适用
· 有害温度	不适用	不适用
· 病原体的危害程度	轻度至大幅改善	减少水体细菌浓度可以减少接受地下水的水体中的细菌污染。
· 石油的危害程度	不适用	不适用
空气——空气质量		
直径小于 10 微米的颗粒物（PM10）	不适用	不适用
直径小于 2.5 微米的颗粒物（PM2.5）	不适用	不适用
过量臭氧	不适用	不适用
过量温室气体：		
· CO_2（二氧化碳）	不适用	不适用
· N_2O（一氧化二氮）	不适用	不适用
· CH_4（甲烷）	不适用	不适用
氨（NH_3）	不适用	不适用
化学物漂移	不适用	不适用
不良气味	不适用	不适用
减弱能见度	不适用	不适用
不良空气流动	不适用	不适用
不利气温	不适用	不适用
植物——适宜性		
不适应或不适宜的植物	不适用	不适用
植物——条件		
生产率、健康和活力	不适用	不适用
受威胁或濒危植物物种：		
· 根据《濒危物种法》列入或拟列入的植物种类	不适用	不适用
· 减少的物种、关注的物种	不适用	不适用
有害植物和入侵植物	不适用	不适用
牧草品质与适口性	不适用	不适用
野火隐患	不适用	不适用
动物——鱼类和野生动物		
食物不足	不适用	不适用
覆盖 / 遮蔽不足	不适用	不适用
水源不足	不适用	不适用
空间不足	不适用	不适用
生境破碎	不适用	不适用
种群之间和种群内部失衡	不适用	不适用
受威胁和濒危鱼类及野生物种：		
· 根据《濒危物种法》列入或拟列入的鱼类和野生物种	中性	设计、实施并缓解活动，从而维护或增强关注的物种。
· 减少的物种、关注的物种	中性	设计、实施并缓解活动，从而维护或增强关注的物种。

（续）

资源、考虑因素和关注点	物理效果	基本原理
动物——家养		
饲料和草料的数量和质量不足	不适用	不适用
遮蔽不足	不适用	不适用
畜牧用水不足	不适用	不适用
压力与死亡率	不适用	不适用
人类——经济学		
土地——土地利用的变化	轻微到大幅度。	大幅度包括改变或增加其他土地用途。
土地——生产用地	轻度至大幅增长	如果土地投入生产，将大幅增产。
资本——设备变更	中度增长	
资本——总投资成本	中度	中度。
资本——年度成本	不适用	不适用
资本——信贷和农场项目资格	场景	
劳动——劳动力	可忽略不计	
劳动——管理水平变化	可忽略不计	
风险——产量	中度至严重恶化	对健康和人类生命的重大影响。
风险——灵活性	中度至严重恶化	通过允许使用土地占用的天坑，大大降低了风险。
风险——时间	不适用	不适用
风险——现金流量	中度至严重恶化	建设成本增加造成的中度至大幅增加。
盈利能力——盈利能力的变化	中度增长	
人类——文化		
存在或疑似存在的文化资源和历史财产	轻度至大幅增长	处理可能通过减少侵蚀或通过机械活动对考古遗址产生积极影响。
人类——能源		
化石燃料资源枯竭	不适用	不适用
非化石能源资源的利用不足	不适用	不适用

人类方面考虑因素阐释

注意事项	物理效果应表明
土地——土地利用的变化	执行保护实践预期会使土地用途改变到另一种用途的程度。
土地——生产用地	实施保护实践预计会导致生产用地数量增加或减少的程度。
资本——设备变更	实施保护实践预期会导致农场或牧场业务所需资本设备数量增加或减少的程度。
资本——总投资成本	针对实施保护实践所需投资总额增加额而进行的定性衡量。
资本——年度成本	针对运行、维持保护实践所需年度资本成本预期变化所进行的定性衡量。
资本——信贷和农场项目资格	已包括在内，使保护规划者了解实施保护实践的潜在资金可得性。
劳动——劳动力	实施保护实践可能导致农场或牧场作业所需总劳动力增加或减少的程度。
劳动——管理水平变化	实施保护实践可能导致农场或牧场作业所需积极管理总量增加或减少的程度。
风险——产量	因实施保护实践导致作物或家畜产量相关风险预期增加或减少的程度。
风险——灵活性	因实施保护实践导致农场或牧场经营灵活性相关风险预期增加或减少的程度。例如从漫灌改为喷灌系统，增加了农户灌溉的灵活性，从而降低了与作业缺乏灵活相关的风险水平。
风险——时间	因实施保护实践导致农场或牧场经营时间安排相关风险预期增加或减少的程度。

（续）

注意事项	物理效果应表明
风险——现金流量	因实施保护实践导致农场或牧场经营中现金流量相关风险预期增加或减少的程度。
盈利能力——盈利能力的变化	因实施保护实践导致农场或牧场盈利能力预期增加或减少的程度。
存在或疑似存在的文化资源和历史财产	因实施保护实践文化资源干扰、退化或损失风险预期增加或减少的程度。
化石燃料资源枯竭	化石能源（柴油、汽油、丙烷、天然气、煤）、润滑剂和其他材料的使用效率低。
非化石能源资源的利用不足	现有的具有成本效益的替代能源（太阳能、风能、生物燃料、水力发电、地热）没有得到使用或使用效率低下。

工作说明书—— 国家模板

（2015年9月）

此类可交付成果适用于个别实践。其他规划实践的可交付成果参考具体的工作说明书。

设计

可交付成果

1. 能够证明符合自然资源保护局实践中的相关准则并与其他计划和应用实践相匹配的设计文件。
   a. 保护计划中确定的目的。
   b. 客户需要获得的许可证清单。
   c. 符合自然资源保护局国家和州公用设施安全政策（M210《美国国家工程手册》503 部分《安全》，影响公用设施的工程活动，第 503.00 节至第 503.6 节）。
   d. 制订计划和规范所需的与实践相关的计算和分析，包括但不限于：
      i. 地质与土力学（M210《美国国家工程手册》第 531 部分《地质》A 子部分“地质调查”
      ii. 水文条件 / 水力条件
      iii. 结构
      iv. 环境因素
      v. 植被
      vi. 安全注意事项（M210《美国国家工程手册》第 503 部分《安全》，A 子部分“影响公用设施的工程活动”第 503.10 节至第 503.12 节）
2. 向客户提供书面计划和规范书包括草图和图纸，充分说明实施本实践并获得必要许可的相应要求。
3. 适用的设计报告和检验计划（M210《美国国家工程手册》第 511 部分 B 子部分“设计、文件”，第 511.11 节）和（M210《美国国家工程手册》第 512 部分 D 子部分“施工、质量保证活动”，第 512.30 节至 512.32 节）。
4. 运行维护计划。
5. 证明设计符合实践和适用法律法规的文件（M210《美国国家工程手册》第 505 部分《非自然资源保护局工程服务》，A 子部分“前言”，第 505.3 节）。
6. 安装期间，根据需要所进行的设计修改。

注：可根据情况添加各州的可交付成果。

安装

可交付成果

1. 与客户和承包商进行的安装前会议。
2. 验证客户是否已获得规定许可证。
3. 根据计划和规范（包括适用的布局注释）进行定桩和布局。
4. 安装检查（酌情根据检查计划开展）。
    a. 实际使用的材料（M210《美国国家工程手册》第 512 部分《施工》，D 子部分“质量保证活动”，第 512.33 节）
    b. 检查记录
5. 协助客户和原设计方并实施所需的设计修改。
6. 在安装期间，就所有联邦、州、部落和地方法律、法规和自然资源保护局政策的合规性问题向客户 / 自然资源保护局提供建议。
7. 证明安装过程和材料符合设计和许可要求的文件。

注：可根据情况添加各州的可交付成果。

验收

可交付成果

1. 竣工文档。
    a. 实践单位
    b. 图纸
    c. 最终量
2. 证明安装过程符合自然资源保护局实践和规范并符合许可要求的文件［M210《美国国家工程手册》第 505 部分《非自然资源保护局工程服务》，A 子部分“前言”，第 505.3.C.（1）节］。
3. 进度报告。

注：可根据情况添加各州的可交付成果。

参考文献

NRCS Field Office Technical Guide（eFOTG）, Section IV, Conservation Practice Standard – Karst Sinkhole Treatment（527）.

NRCS National Engineering Manual（NEM）.

NRCS National Environmental Compliance Handbook.

NRCS Cultural Resources Handbook.

注：可根据情况添加各州的参考文献。

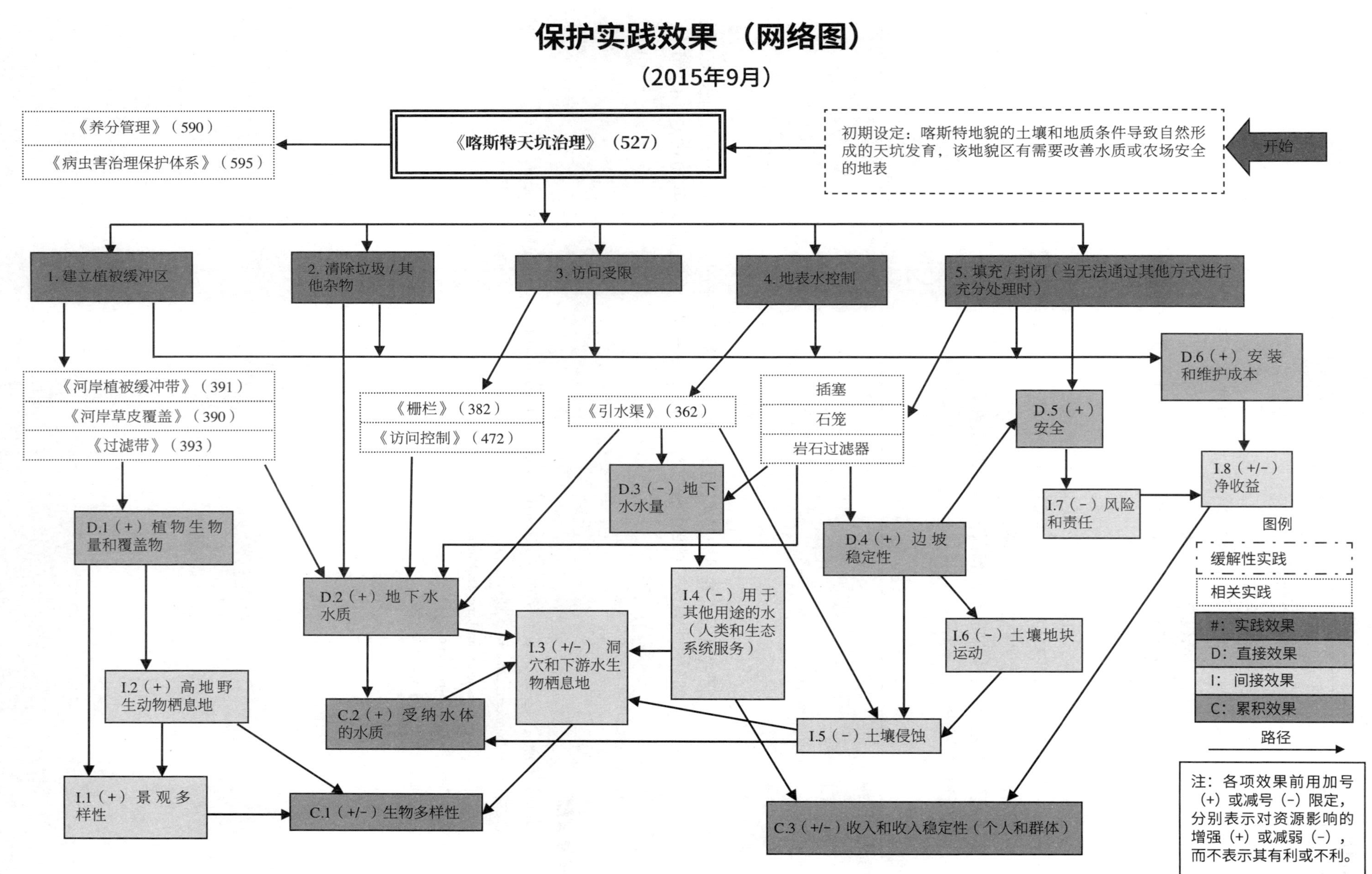
保护实践效果（网络图）
（2015年9月）
开始
初期设定：喀斯特地貌的土壤和地质条件导致自然形成的天坑发育，该地貌区有需要改善水质或农场安全的地表
《喀斯特天坑治理》（527）
《养分管理》（590）
《病虫害治理保护体系》（595）
1. 建立植被缓冲区
2. 清除垃圾 / 其他杂物
3. 访问受限
4. 地表水控制
5. 填充 / 封闭（当无法通过其他方式进行充分处理时）
《河岸植被缓冲带》（391）
《河岸草皮覆盖》（390）
《过滤带》（393）
《栅栏》（382）
《访问控制》（472）
《引水渠》（362）
插塞
石笼
岩石过滤器
D.1（+）植物生物量和覆盖物
D.2（+）地下水水质
D.3（-）地下水水量
D.4（+）边坡稳定性
D.5（+）安全
D.6（+）安装和维护成本
I.1（+）景观多样性
I.2（+）高地野生动物栖息地
I.3（+/-）洞穴和下游水生物栖息地
I.4（-）用于其他用途的水（人类和生态系统服务）
I.5（-）土壤侵蚀
I.6（-）土壤地块运动
I.7（-）风险和责任
I.8（+/-）净收益
C.1（+/-）生物多样性
C.2（+）受纳水体的水质
C.3（+/-）收入和收入稳定性（个人和群体）
图例
缓解性实践
相关实践
#：实践效果
D：直接效果
I：间接效果
C：累积效果
路径
注：各项效果前用加号（+）或减号（-）限定，分别表示对资源影响的增强（+）或减弱（-），而不表示其有利或不利。

衬砌水道或出口

（468，Ft.，2017年3月）

定义

一种由混凝土、石头、合成草坪增强织物或其他永久材料组成的具有耐腐蚀衬砌的水道或具有保护作用的出口。

目的

本实践可作为资源管理系统的一部分，以实现下列一个或多个目的：

- 在不引起侵蚀或洪水的情况下，安全地输送保护实践中或不同水流浓度的地表径流。
- 防止现有沟壑发生侵蚀或冲刷，或对其进行稳固。
- 保护和改善水质。

适用条件

本实践适用于类似以下一种或多种情况：

- 发生以下情况时，需要衬砌来防止侵蚀，例如：集中径流、管道流、陡坡、潮湿、长期基流、渗透、或管道系统等。
- 人或动物的使用使植被不能作为适当的覆盖物。
- 因场地有限，根据设计速度需限制水道或出口宽度，此时需要衬砌保护。
- 土壤具有高度腐蚀性，或其他土壤或气候条件不允许仅使用植被。

准则

用于上述所有目的的总体准则

容量。最小容量必须足以承受10年一遇、一次持续24小时风暴的最大径流速率，但以下情况除外：

- 当内衬水道或出口坡度小于1%时，可将最小设计容量降低到从出口流入的水量。
- 当渠道、结构或管道的直接下游输送能力不能抵抗10年一遇、一次持续24小时风暴时，可将最低设计容量降至下游运输容量。

速度。用曼宁方程计算速度，并给出适合于选定衬砌材料的粗糙度系数。

对具体坡度、水流深度和水力条件进行适当的详细设计分析，若表明无法接受更高的速度，则使用《美国国家工程手册》（NEH）第650部分《工程领域手册》第16章附录16A，或根据NEH 654，技术补编14C，设计岩石抛石衬砌渠道段和汇流区出入口的最大流速和岩石级配限值。

合成草坪增强织物和网格桥面的最大设计速度不能超过制造商给出的建议数值。

利用图1得到混凝土衬砌截面的最大设计速度。

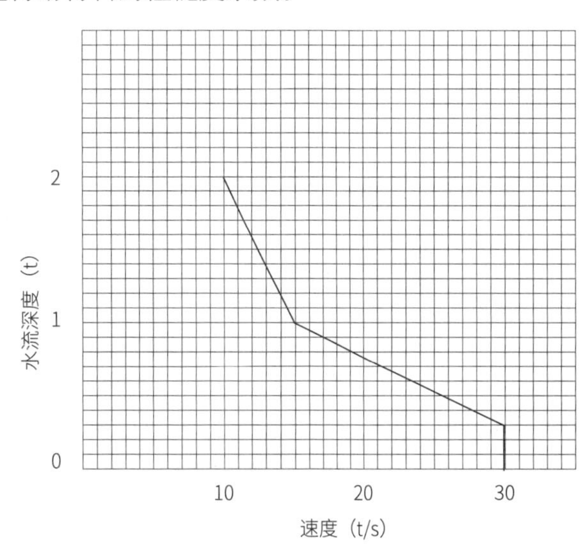

图1　混凝土衬砌渠道最大流速与水深的关系

避免沟道斜坡坡度值处于0.7 ~ 1.3这一临界值之间，但短过渡段除外。限制超临界流体直接流入。

水道或出口排放的水流超出临界值，超出部分必须排进耗能器中，以便将排速降到临界值之下。对于管道下游有内衬的出口，提供能够充分容纳渗流的内衬水道或出口。

斜坡。

边坡允许的最大坡度，水平垂直比不得超过：

无钢筋混凝土：

衬砌高度，1.5英尺或以下……………………………………垂直

手工固定的平板混凝土或用灰浆固定的石板：

衬砌高度，2英尺以下……………………………………………1:1

衬砌高度，2英尺以上……………………………………………2:1

滑模摊铺混凝土：

衬砌高度，3英尺以下……………………………………………1:1

抛石…………………………………………………………………2:1

人造草皮增强织物…………………………………………………2:1

网格铺路材料………………………………………………………1:1

横截面。内衬水道或出口的横截面必须是三角形、抛物线或梯形。整体混凝土的截面可以是矩形。

干舷。一些区域临近铺设或加固的边坡，这些区域无法生长抗侵蚀植被，其内衬水道或出水口最低干舷的设计必须高于高水位0.25英尺。如果植被能够生长和保持，就不需要干舷。

衬砌厚度

最小衬砌厚度不得小于：

混凝土……………………………………………4英尺（如果加固衬砌，其最小厚度为5英寸）

抛石………………………………………………最大石料尺寸加上滤料或垫料厚度

人工草皮强化织物和网格铺路材料……………………………………按照制造商的建议

内衬耐久性。非钢筋混凝土或灰浆固定石板内衬只能用于排水良好或路基排水设施已安装的低收缩膨胀土地区。

相关结构。侧入口、下降结构和消能器必须满足现场的水力和结构要求。等级稳定结构必须符合保护实践《边坡稳定设施》（410）。

出口。所有内衬水道和出口的出口处必须稳定，有足够的能力防止侵蚀和洪水破坏。

土工布。在适当情况下，使用土工布作为岩石、石板或混凝土衬砌与土壤之间的隔膜，以防止土壤颗粒通过衬砌材料从路基上移动。指定土工布要求按照美国国家公路与运输协会标准M2887.3节、《美国国家工程手册》654、技术补编14D或自然资源保护局设计注24《土工布使用指南》制定。

过滤器或垫层。在适当的情况下，使用过滤器或垫层保护管道。根据需要，使用排水沟减少扬压力并收集水流。过滤器、垫层和排水沟的设计应与《美国国家工程手册》第633部分第26章相一致。如有需要，可在排水沟中使用排水孔。

混凝土。对混凝土进行配比，使其具有足够的塑性，可进行彻底的固结，并具有足够的硬度，以便在边坡上保持原位。需要致密耐用的产品。配比的混合物经认证可产生3 000磅/平方英寸的最小强度（28天）。在施工规范中规定养护要求。

伸缩缝。如有必要，混凝土衬砌中的伸缩缝，其间隔必须在8 ~ 15英尺，并保持均匀，以约为1/3的内衬厚度横向排列。为节点提供钢筋或其他均匀的支撑以防止不均匀沉降。

场地和路基准备。适当的场地准备是必要的，为水路衬砌提供一个稳定、均匀的基础。场地应进行分级，以消除任何车辙或不均匀的表面，并在整个施工过程中提供良好的地面排水，并保证航道或

出口的设计寿命。碾压试验可用于识别软土坑、附加车辙或其他土壤条件，这些土壤条件需要通过压实土壤移除和替换，以便为基层、底基层或混凝土衬里提供均匀的表面。

注意事项

将树木、牧草、杂草纳入河道的衬砌部分或靠近衬砌。这可能会改善美学和生境效益，并减少侵蚀。当河道过渡到自然地面，种植将大有裨益。然而，并不是在所有情况下都适合种植。关于种植指南见《美国国家工程手册》654，技术补充材料 14I 和 14K。

鱼类和野生动物资源

本实践可能会影响重要的鱼类和野生动物栖息地，如溪流、洪泛区和湿地。

无衬砌水道的渗漏可能有利于湿地、候鸟栖息地和洪泛区补给。考虑特定地点的资源问题以提高供水效率和增加流量。与湿地相比，栖息地效益更大。

应评估水生生物通道的问题（例如速度、深度、坡度、空气夹带、筛选等），以尽量减少负面影响。应该考虑目标物种的游泳和跳跃能力。

在衬砌水道上应避开或保护重要的鱼类和野生动物栖息地，如木本覆盖或湿地。如果混合种植树木，应该种植在有衬砌水道的草地部分的外围，使树木不干扰水力功能，而树根不会损坏水道的衬砌部分。中高束草和多年生牧草也可以种植在水道边缘，以改善野生动物的栖息地。

设计时应选择有利于授粉者的植物。有野生动物活动的水道，与其他栖息地类型（例如河岸地区、林地和湿地）联通后，效果更佳。

其他注意事项

- 在规划本实践时，应当考虑文化资源。在适当的情况下，当地的文化价值观需要以技术上健全的方式纳入实践设计。
- 在水道两侧设置过滤带可改善水质。
- 必须考虑设计牲畜和车辆的十字路，以防止对水道造成损害。十字路口的交叉设计不得干扰设计流量。
- 当路基表面存在较高的孔隙水压力时，可能发生路基移动，在破坏危及公共安全或财产的地方，应加固混凝土衬板。

计划和技术规范

为衬砌水道或出口制订计划和技术规范，表明应用此实践应达到的要求。

计划和技术规范必须包括：

- 内衬水道或出口布局的平面图。
- 内衬水道或出口的典型横截面。
- 内衬水道或出口的剖面图。
- 衬砌材料规格。
- 多余土壤材料的处置要求。
- 说明安装内衬水道或出口时的具体施工规范。如有需要，包括施工期间集中流量的控制规范。

运行和维护

准备制订一份运行和维护计划供客户使用。该计划至少应涉及以下项目：

- 定期检查有衬砌的水道，特别是大雨之后。及时修复受损区域，清除泥沙沉积物，保持排水能力。
- 控制有毒杂草。避免在定植种植区使用除草剂。
- 在耕作和栽培过程中，避免使用内衬水道作为转弯处。
- 适当地按照规定进行焚烧和除草作业，以提高野生动物的价值，但必须避开高峰期筑巢季节并减少冬季覆盖物。

- 不要把衬砌水道用作田间道路。
- 避免重型设备压过衬砌水道或出口。

参考文献

AASHTO M288. Standard Specification for Geotextile Specification for Highway Applications.

National Engineering Handbook（NEH）, Part 654, Stream Restoration Design, August 2007.

NEH, Part 650, Engineering Field Handbook： Chapter 16, Streambank and Shoreline Protection.

NEH, Part 650, Engineering Field Handbook： Chapter 3, Hydraulics.

NEH, Part 633, Soil Engineering： Chapter 26, Gradation Design of Sand and Gravel Filers.

Robinson, K.M., C.E. Rice, and K.C. Kadavy. 1998. Design of Rock Chutes Transactions of ASAE, Vol. 41（3）： 621-626.

USDA, NRCS Guide for the Use of Geotextiles. Design Note 24（210-VI-DN-24, 1991）.

USDA, NRCS, Pollinator Conservation. http：//www.nrcs.usda.gov/wps/portal/nrcs/main/national/plantsanimals/pollinate/（accessed July 20, 2016）.

保护实践概述

《衬砌水道或出口》（468）

衬砌水道或出口是具有混凝土、石头或其他永久性材料的抗侵蚀衬砌水道或出口结构。

实践信息

本实践旨在于草皮覆盖物不充分或不可持续时，为结构提供保护。适当设计衬砌也能控制渗漏、管道和坍塌或滑动。

本实践适用于需要非钢筋混凝土、现浇混凝土、抛石或类似永久性衬砌的水道或出口。当某一区域的人或动物使严重破坏植被时，或当高昂财产或邻近的设施保证相对昂贵方法的额外费用且保护水道需要依靠植草时，一般有必要采取本实践。

衬砌材料将覆盖结构的整个湿周。如不能在设计高水位线上方立即设置和维护防护草皮，则需在衬砌中设计额外的干舷。

包括设计标准和规范在内的其他信息见当地自然资源保护局《现场办公室技术指南》。

保护实践的效果——全国

土壤侵蚀	效果	基本原理
片蚀和细沟侵蚀	0	不适用
风蚀	0	不适用
浅沟侵蚀	5	对沟渠进行成形和衬砌可够输送径流水而不会引起侵蚀。
典型沟蚀	2	这一举措可稳定现有沟蚀并防止未来沟蚀。
河岸、海岸线、输水渠	0	不适用
土质退化		
有机质耗竭	0	不适用
压实	0	不适用
下沉	0	不适用
盐或其他化学物质的浓度	0	不适用
水分过量		
渗水	2	这一举措可减少来自水道渗透和渗漏。
径流、洪水或积水	2	水道为径流、洪水和积水提供了稳定的输送和出口。
季节性高地下水位	2	这一举措可减少来自水道渗透和渗漏。
积雪	0	不适用
水源不足		
灌溉水使用效率低	0	不适用
水分管理效率低	0	不适用
水质退化		
地表水中的农药	0	不适用
地下水中的农药	0	不适用
地表水中的养分	0	不适用
地下水中的养分	2	这一举措可降低污染地下水的概率。
地表水中的盐分	0	不适用
地下水中的盐分	0	不适用
粪肥、生物土壤中的病原体和化学物质过量	0	不适用
粪肥、生物土壤中的病原体和化学物质过量	0	不适用
地表水沉积物过多	2	这一举措可减少侵蚀和输沙量。
水温升高	0	这一举措能快速输水，而不会导致地表水温度升高。
石油、重金属等污染物迁移	0	不适用
石油、重金属等污染物迁移	0	不适用
空气质量影响		
颗粒物（PM）和 PM 前体的排放	0	不适用
臭氧前体排放	0	不适用
温室气体（GHG）排放	0	不适用
不良气味	0	不适用
植物健康状况退化		
植物生产力和健康状况欠佳	0	不适用
结构和成分不当	0	不适用
植物病虫害压力过大	0	不适用
野火隐患，生物量积累过多	0	不适用
鱼类和野生动物——生境不足		
食物	-2	如有食物来源，它们将会遭到清理。
覆盖 / 遮蔽	-2	如有食物来源，它们将会遭到清理。
水	0	不适用

（续）

鱼类和野生动物——生境不足	效果	基本原理
生境连续性（空间）	0	不适用
家畜生产限制		
饲料和草料不足	0	不适用
遮蔽不足	0	不适用
水源不足	0	不适用
能源利用效率低下		
设备和设施	0	不适用
农场 / 牧场实践和田间作业	0	不适用

CPPE 实践效果：5 明显改善；4 中度至明显改善；3 中度改善；2 轻度至中度改善；1 轻度改善；0 无效果；−1 轻度恶化；−2 轻度至中度恶化；−3 中度恶化；−4 中度至严重恶化；−5 严重恶化。

工作说明书—— 国家模板

（2010年9月）

此类可交付成果适用于个别实践。其他规划实践的可交付成果参考具体的工作说明书。

设计

可交付成果

1. 能够证明符合自然资源保护局实践中的相关准则并与其他计划和应用实践相匹配的设计文件。
   a. 保护计划中确定的目的。
   b. 客户需要获得的许可证清单。
   c. 符合自然资源保护局国家和州公用设施安全政策（《美国国家工程手册》第 503 部分《安全》，第 503.00 节至 503.22 节）。
   d. 制订计划和规范所需的与实践相关的计算和分析，包括但不限于：
      i. 水文条件 / 水力条件
      ii. 衬垫类型
      iii. 出水容量和稳定性
2. 向客户提供书面计划和规范书包括草图和图纸，充分说明实施本实践并获得必要许可的相应要求。
3. 运行维护计划。
4. 证明设计符合实践和适用法律法规的文件（《美国国家工程手册》A 子部分第 505.3 节）。
5. 安装期间，根据需要所进行的设计修改。

注：可根据情况添加各州的可交付成果。

安装

可交付成果

1. 与客户和承包商进行的安装前会议。
2. 验证客户是否已获得规定许可证。
3. 根据计划和规范（包括适用的布局注释）进行定桩和布局。
4. 安装检查。
   a. 实际使用的材料

    b. 检查记录
5. 协助客户和原设计方并实施所需的设计修改。
6. 在安装期间，就所有联邦、州、部落和地方法律、法规和自然资源保护局政策的合规性问题向客户 / 自然资源保护局提供建议。
7. 证明安装过程和材料符合设计和许可要求的文件。

注：可根据情况添加各州的可交付成果。

验收

可交付成果

1. 竣工文档。
    a. 实践单位
    b. 图纸
    c. 最终量
2. 证明安装过程符合自然资源保护局实践和规范并符合许可要求的文件（《美国国家工程手册》A 子部分第 505.3 节）。
3. 进度报告。

注：可根据情况添加各州的可交付成果。

参考文献

Field Office Technical Guide（eFOTG）, Section IV, Conservation Practice Standard - Lined Waterway or Outlet, 468.

National Engineering Manual, Utility Safety Policy.

NRCS National Environmental Compliance Handbook.

NRCS Cultural Resources Handbook.

注：可根据情况添加各州的参考文献。

保护实践效果（网络图）

（2017年8月）

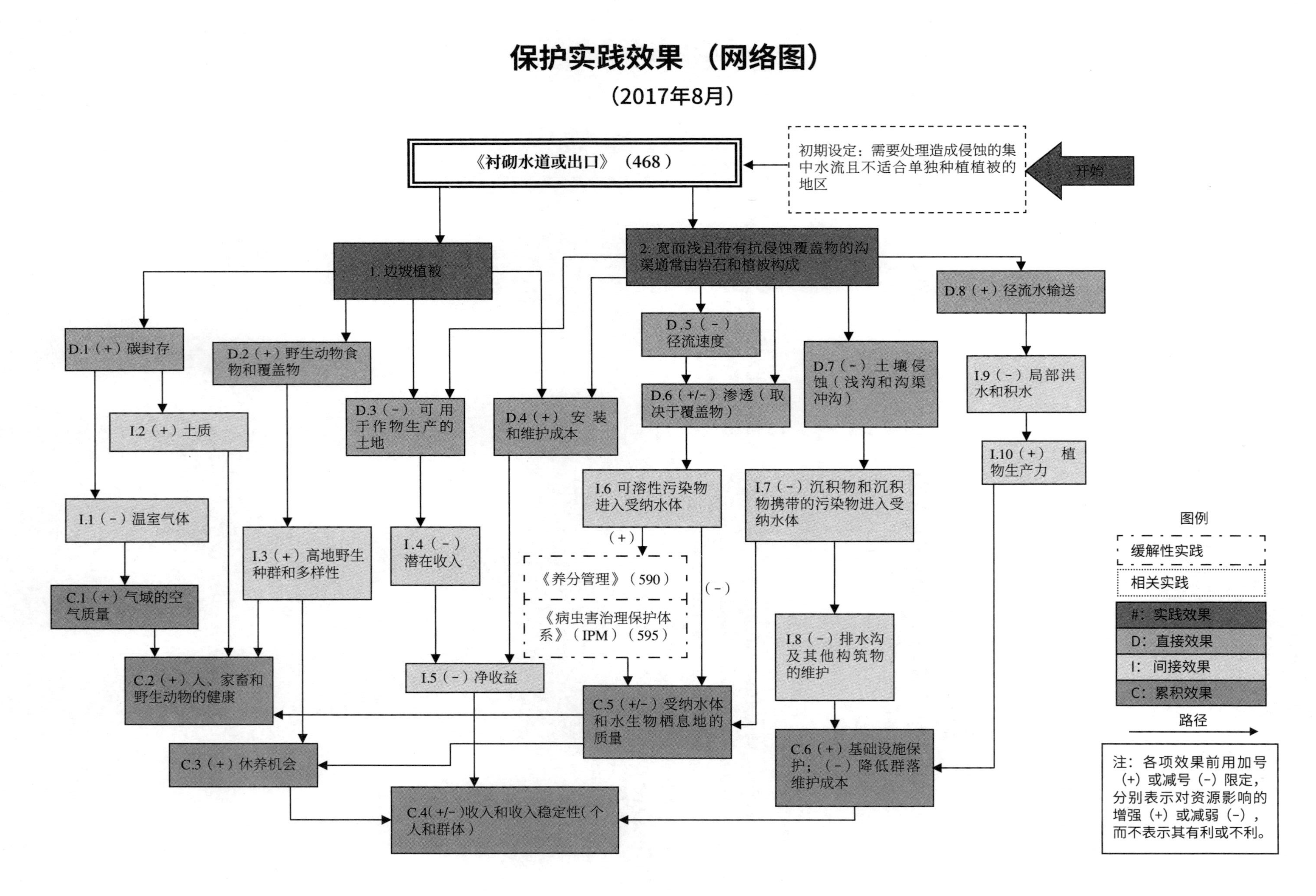

监测井

（353，No., 2014年9月）

定义

设计并修建一口或多口监测井，以获取具有代表性的地下水样品和水文地质信息。

目的

为农业废弃物贮存设施、废弃物处理设施或其他需要注意泄露的区域提供受控入口，方便地下水取样，以长期监测泄露的发生并监测地下水质量。

适用条件

本实践适用于农业废弃物管理系统部件附近的监测井的设计、修建和开发。

本实践不适用于以下情况：

- 制订地下水监测方案。
- 地下水样本采集方法。
- 实验室测试结果的分析或阐释。
- 渗透（不饱和）区地下水的监测。
- 出于任何其他目的修建监测井。
- 临时勘探钻孔。

准则

适用于上述所有目的的总体准则

许可证。土地所有者务必在施工前获得所有必要的工程许可证。承包商务必定位项目区域内的所有地下设施，包括排水砖和其他结构性措施。

水文质地特征。根据美国材料协会 ASTM D5092“地下水监测井设计和安装的实践标准”，在设计监测井之前，对相关区域进行地表和地下调研。利用这些信息来开发现场概念性水文地质模型，确定可能的地下水流经路线以及目标监测区域。

使用《美国国家工程手册》第 631 部分《地质学》的一系列方法进行识别和场地测试，说明地质材料以及影响关注区域内地下水运动和流向的多种因素。

计划。定位并描述所有瓦沟、地下排水渠、地表排水渠、灌溉沟渠、灌溉井、供水井、化粪池排水区、渗透带、采石场、矿山以及其他影响局部地下水和地表流动的水控 / 管理特征。

确定并描述其他，诸如硬土磬、沙沸、动物洞穴、季节性干燥、高收缩 / 膨胀土壤、密积冰渍、冻线的深度和永久冻土高度等影响地下水流动的相关特征。

根据《美国国家工程手册》第 651 部分《农业废弃物管理现场手册》第 7 章来估算水表中水位的纵向和横向的季节变化。

撰写一份水文地质调查报告，包括地质评估地图或所有已确定的特征和说明的草图。

布局。利用这份水文地质调查报告来确定监测井的最佳位置，可以设立在废物贮存设施上或相关区域的上下坡度。

在高度裂隙岩体和岩溶含水层中，即使定位不在现场，也应将监测井放置在渗透率最高的区域。

设计。监测井所有部件的设计必须符合 ASTM D5092 中的标准。

材料。用于建造监测井的材料不得与地下水发生化学反应，也不得进入地下水。避免速凝泥中含有可溶解添加剂，影响从监测井采集水样的化学性质。

对于位于沙砾、砾石含水层以及其他颗粒物质中的常规筛选过的和过滤器过滤的地下水监测井，要确保粒度分布小于 50%，比 200 筛更细，小于黏土颗粒大小的 20%。

在安装前，确保所有于施工、开发和密封的材料均不含污染物。

仅使用商业井滤网或开槽管道。

仅使用带螺纹的接头管道或套管。请勿使用胶水或溶剂焊接接头。

仅使用强度足够的材料以承受井口安装和开发的力度

修建。根据在水文地质调查期间所确定的特定地点条件来选择和设计方案以及修建方法。

仅使用稳定、开放、有垂直孔的钻井或挖掘设备，以便适当地安装监测井。

修建方法必须符合 ASTM D5092 和 ASTM D5787“监测井保护实践标准”。

由于直接推进修建方法符合 ASTM D6724 标准，以及“直接推进地下水监测井的安装指南”和 ASTM D6725“在未固结含水层中直接推装预埋筛管监测井的实践”中提供的指导，所以允许使用该方法。

监测井防护。保护监测井免受诸如霜冻、地面排水、动物或交通设备以及缺乏能见度等因素造成的损害。

在远离井口的地方安装有效的地表排水设施。

在监测井的井口周围修建一个最小半径为 30 英尺的缓冲区。使用栅栏或其他类型的保护措施避免机动车辆或牲畜通行。

确保缓冲区内不会存储、处理、混合或施用肥料、杀虫剂或其他农用化学品等用于清理或应用此类物品的设备。

开发。井口开发程序必须针对监测井渗透的产能最高的水文地质区域。密封非生产区附近的环形空间，防止地下水或地表水中的不同区域化学物质或生物物质交叉污染及混入。请参照 ASTM D5521 所提供的“在颗粒含水层地下水监测井开发标准指南”，以了解各种开发方法。只有在监测井安装、填充和密封操作以及井口保护措施完成后才能进行开发。

记录保存。记录地下水位置时，请参阅 ASTM D5408 所提供的“用于描述地下水场所的数据元素集标准指南：第一部分－附加标识描述”中提供的指南以及 ASTM D5409“数据集标准指南描述地下水场地的要素：第二部分－物理性描述。”

注意事项

在开发概念性水文地质模型时，要考虑地貌性过程、地质构造、区域地层、土壤和岩石特性等因素对地下流动模式、地下水补给位置和污染潜在性等的影响。在设计和定位监测井的物理性位置和深度时，要考虑在有益的溶质和污染物的环境中，物质特性和运动方法以及相关土壤性质（黏土含量，有机物质）的潜在影响。另外，要考虑相关土层固有物质和导电性质（粒径、结构、kSAT）。

注意结合使用地球物理学工具与渗透探测技术，以改进和完善地下水文地质单位的位置、形状、方向和范围的构图。

考虑在其他位置和适当深度位置安装额外的监测井，以确保识别任何潜在污染群的位置和运动方向。

根据 ASTM D6286“为环境场地特征而选择钻探方法的标准指南”中的规定，要考虑更换安装监测井的钻井或挖掘方法。

在可能出现冻胀的情况下，考虑设计备用方案以降低霜冻对监测井的危害。

计划和技术规范

需制订关于建设、安装、完成和开发监测井的计划和技术规范，这些计划和技术规范要叙述实施要求以达到预期目的的实践要求。

运行和维护

运行和维护要求必须与本实践目的一致。

维护和复原程序必须符合 ASTM D5978 中的标准，以确保采集的地下水样本不含人为污染、清除前后采样工作中监测井的淤积，并且可以从井的筛选区域获取准确的地下水位和水力传导性测试数据。

不需要时，可根据保护实践标准《水井停用》（351）使用监测井。

参考文献

ASTM D5092 “Standard Practice for Design and Installation of Groundwater Monitoring Wells”.

ASTM D5408, “Standard Guide for Set of Data Elements to Describe a Ground-Water Site： Part One – Additional Identification Descriptors”.

ASTM D5409, “Standard Guide for Set of Data Elements to Describe a Ground-Water Site： Part Two – Physical Descriptors”.

ASTM D5521, “Standard Guide for Development of Groundwater Monitoring Wells in Granular Aquifers”.

ASTM D5787, “Standard Practice for Monitoring Well Protection”.

ASTM D5978, “Guide for Maintenance and Rehabilitation of Groundwater Monitoring Wells”.

ASTM D6286, “Standard Guide for Selection of Drilling Methods for Environmental Site Characterization”.

ASTM D6724, “Guide for Installation of Direct Push Groundwater Monitoring Wells”.

ASTM D6725, “Practice for Direct Push Installation of Prepacked Screen Monitoring Wells in Unconsolidated Aquifers”.

USDA, NRCS, 2012. National Engineering Handbook Part 631, Geology.

USDA, NRCS, 2010. NEH 651, AGRICULTURAL WASTE MANAGEMENT FIELD HANDBOOK, CHAPTER 7, GEOLOGY AND GROUNDWATER CONSIDERATIONS.

保护实践概述

（2014年9月）

《监测井》（353）

在农业废物储存设施设备周围设计并安装监测井，以获取具有代表性的地下水质量样本和水文地质信息。

实践信息

监测井的设计、安装和开发应选址在农业废物储存设施设备或处理设施对地下水有污染的地方，或监测井为农业废物管理系统的计划组成部分的地方。

在一个或多个监测井设置前，对现场进行地表和地下调查，建立现场水文地质概念模型，识别潜在的地下水流动路径，确定目标监测区的位置。需要专业地质学家协助。

监测井安装类似于水井安装。主要区别在于，修建监测井前必须修建水井，以便进入检测井的水仅来自感标的土壤或岩石层。

须在每个井口周围设立半径至少为 30 英尺的缓冲区。缓冲区必须防止机动车和家畜进入。

保存记录是其重要组成部分。监测计划必须说明监测频率和方法，并确定将进行的水测试类型。

本实践的预期年限至少为 15 年。监测井的作业按计划监测完成。维护工作包括定期检查、修理或更换损坏的部件。

常见相关实践

当监测井达到其使用期限结束时，按照保护实践《水井关停》（351）关闭监测井。

保护实践的效果——全国

土壤侵蚀	效果	基本原理
片蚀和细沟侵蚀	0	不适用
风蚀	0	不适用
浅沟侵蚀	0	不适用
典型沟蚀	0	不适用
河岸、海岸线、输水渠	0	不适用
土质退化		
有机质耗竭	0	不适用
压实	0	不适用
下沉	0	不适用
盐或其他化学物质的浓度	0	不适用
水分过量		
渗水	0	不适用
径流、洪水或积水	0	不适用
季节性高地下水位	0	不适用
积雪	0	不适用
水源不足		
灌溉水使用效率低	0	不适用
水分管理效率低	0	不适用
水质退化		
地表水中的农药	0	不适用
地下水中的农药	0	这一举措对任何资源问题均无直接效果。监测井确实可提供进入含水层监测水质的途径。
地表水中的养分	0	不适用
地下水中的养分	0	监测井对该资源问题无影响。但它确实能提供监测地下水质量的途径。
地表水中的盐分	0	不适用
地下水中的盐分	0	监测井对任何资源问题均无影响。其井确实可提供进入含水层监测水质的途径。
粪肥、生物土壤中的病原体和化学物质过量	0	不适用
粪肥、生物土壤中的病原体和化学物质过量	0	监测井对任何资源问题均无影响。其井确实可提供进入含水层监测水质的途径。
地表水沉积物过多	0	不适用
水温升高	0	不适用
石油、重金属等污染物迁移	0	不适用
石油、重金属等污染物迁移	0	不适用
空气质量影响		
颗粒物（PM）和 PM 前体的排放	0	不适用
臭氧前体排放	0	不适用
温室气体（GHG）排放	0	不适用
不良气味	0	不适用
植物健康状况退化		
植物生产力和健康状况欠佳	0	不适用
结构和成分不当	0	不适用
植物病虫害压力过大	0	不适用
野火隐患，生物量积累过多	0	不适用
鱼类和野生动物——生境不足		
食物	0	不适用
覆盖 / 遮蔽	0	不适用

（续）

鱼类和野生动物——生境不足	效果	基本原理
水	0	不适用
生境连续性（空间）	0	不适用
家畜生产限制		
饲料和草料不足	0	不适用
遮蔽不足	0	不适用
水源不足	0	不适用
能源利用效率低下		
设备和设施	0	不适用
农场 / 牧场实践和田间作业	0	不适用

CPPE 实践效果：5 明显改善；4 中度至明显改善；3 中度改善；2 轻度至中度改善；1 轻度改善；0 无效果；−1 轻度恶化；−2 轻度至中度恶化；−3 中度恶化；−4 中度至严重恶化；−5 严重恶化。

工作说明书—— 国家模板

（2014年9月）

此类可交付成果适用于个别实践。其他规划实践的可交付成果参考具体的工作说明书。

设计

可交付成果

1. 能够证明符合自然资源保护局实践中的相关准则并与其他计划和应用实践相匹配的设计文件。
   a. 明确的客户需求，与客户进行商讨的记录文档，以及提议的解决方法。
   b. 保护计划中确定的目的。
   c. 农场或牧场规划图上显示的安装规划实践的位置。
   d. 客户需要获得的许可证清单。
   e. 对周边环境和构筑物的影响。
   f. 证明符合自然资源保护局国家和州公用设施安全政策的文件（《美国国家工程手册》。第 503 部分《安全》A 子部分“影响公用设施的工程活动”第 503.0 节至第 503.6 节）。
   g. 制订计划和规范所需的与实践相关的计算和分析，包括但不限于：
      i. 水文地质
      ii. 布局
      iii. 缓冲区与监测井保护
      iv. 记录保存
2. 向客户提供书面计划和规范书包括草图和图纸，充分说明实施本实践并获得必要许可的相应要求。
3. 适当的设计报告（《美国国家工程手册》第 511 部分《设计》，B 子部分“文档”，第 511.10 和 511.11 节）。
4. 质量保证计划（《美国国家工程手册》第 512 部分《施工》，D 子部分“质量保证活动”，第 512.30 至 512.33 节）。
5. 运行维护计划。
6. 证明设计符合自然资源保护局实践和规范并适用法律法规（《美国国家工程手册》第 505 部分《非自然资源保护局工程服务》A 部分《前言》，第 505.0 和 505.3 节）的证明文件。

注：可根据情况添加各州的可交付成果。

安装

可交付成果

1. 与客户和承包商进行的安装前会议。
2. 验证客户是否已获得规定许可证。
3. 根据计划和规范（包括适用的布局注释）进行定桩和布局。
4. 安装检查。
   a. 实际使用的材料(《美国国家工程手册》第 512 部分《施工》, C 子部分“施工材料评估”，第 512.20 至 512.23 节；D 子部分“质量保证活动”，第 512.33 节）。
   b. 检查记录。
   c. 符合质量保证计划的文件。
5. 协助客户和原设计方并实施所需的设计修改。
6. 在安装期间，就所有联邦、州、部落和地方法律、法规和自然资源保护局政策的合规性问题向客户 / 自然资源保护局提供建议。

注：可根据情况添加各州的可交付成果。

验收

可交付成果

1. 竣工文档。
   a. 实践单位
   b. “红线”图纸（《美国国家工程手册》第 512 部分“施工”，第 F 子部分“建造”，第 512.50 至 512.52 节）
   c. 最终量
2. 证明安装过程符合自然资源保护局实践和规范并符合许可要求的文件（《美国国家工程手册》第 505 部分《非自然资源保护局工程服务》，A 部分《前言》，第 505.3 节）。
3. 进度报告。

注：可根据情况添加各州的可交付成果。

参考文献

NRCS Field Office Technical Guide（eFOTG）, Section IV, Conservation Practice Standard - Monitoring Well, 353.

NRCS National Engineering Manual（NEM）.

NRCS National Environmental Compliance Handbook.

Cultural Resources Handbook.

注：可根据情况添加各州的参考文献。

保护实践效果（网络图）

（2014年9月）

开始
初期设定：在农业废物贮存或处理设施、农业废物管理系统等区域附近需设置受控地下水取样通道，或存在检测渗漏发生并通过时间监测地下水质量的其他区域时
《监测井》（353）
配备监测井、监测井窝或监测井系统获取采集地下水样品和水文地质数据的通道
D.1（+）关于农业废弃物管理系统的性能信息
D.2（+）当地地下水污染位置、范围、类型及严重程度信息
D.3（+）可能的地表水污染
D.4（+）可能的井水或泉水饮用水污染
D.5（+）可能的诉讼等法律事项
I.1（+）受影响饮用水水源地下水消费者的患病或死亡情况
I.2（−）向生产商收取律师费和减轻执业风险的收入
修复当前或已实施的水井（642）或泉水开发（574）
I.3（−）生产商缓解收入
按照保护实践 521a、521b、521c 或 521d 等内容重新衬砌；将废物管理设施迁移到更合适的位置
C.1（+）生产、管理和生产商净收益
C.2（+）地表水水质和更稳定方水生及沿岸生境
C.3（+）符合饮用水标准的当地地下水质量
图例
缓解性实践
相关实践
#：实践效果
D：直接效果
I：间接效果
C：累积效果
路径
注：各项效果前用加号（+）或减号（-）限定，分别表示对资源影响的增强（+）或减弱（-），而不表示其有利或不利。

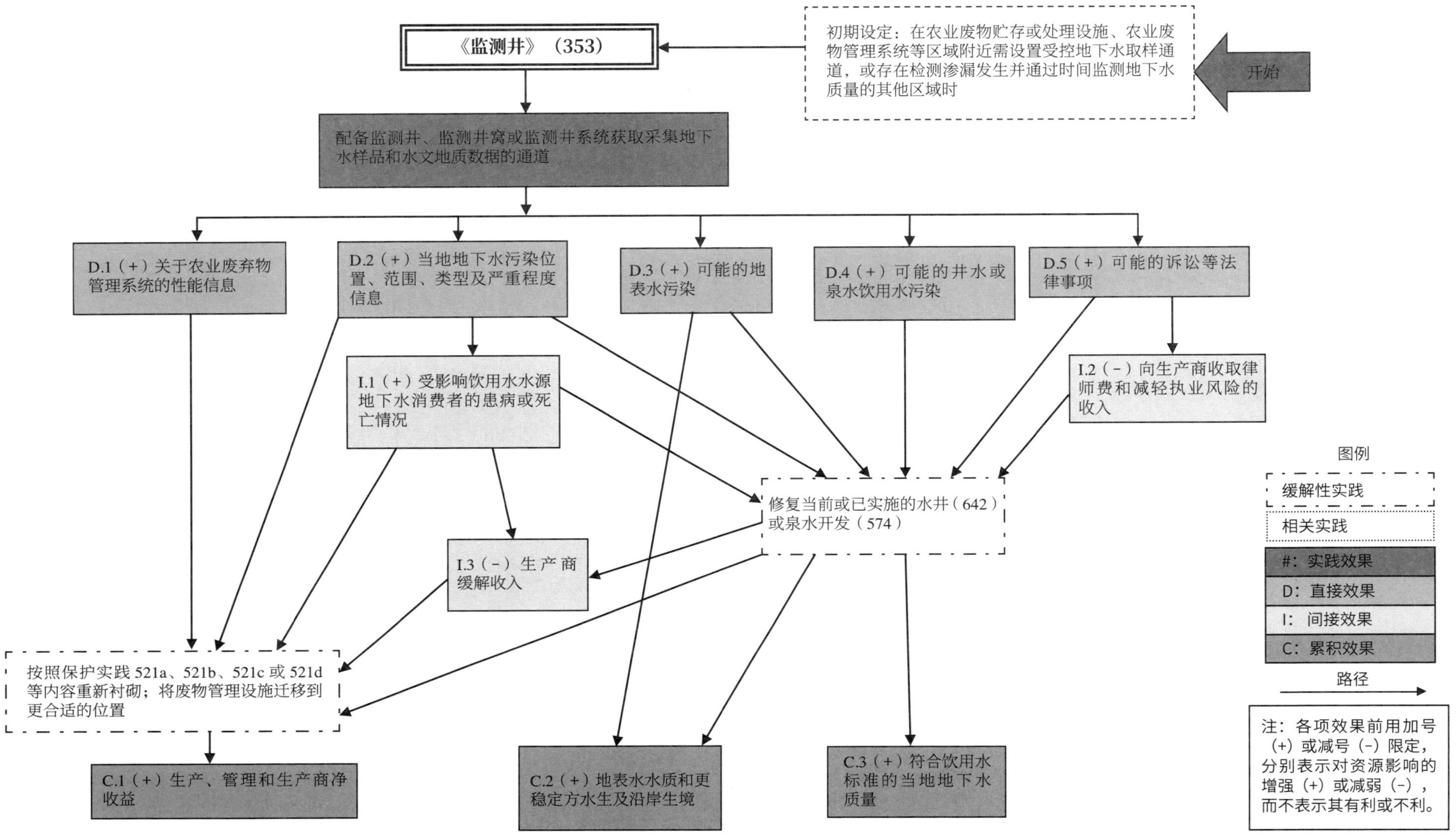